综合电子系统技术教育部重点实验室 2009 年度会议暨
电子科技大学电子科学技术研究院第五届学术会议论文集

主　审：田　忠

主　编：贾宇明　周　鹏

副主编：张　伟　杨海光　何　春

　　　　张昌兵　何琪蕾

电子科技大学出版社

图书在版编目（CIP）数据

综合电子系统技术教育部重点实验室 2009 学术年会暨
电子科技大学电子科学技术研究院第五届学术会议论文
集／贾宇明，周鹏主编.—成都：电子科技大学出版社，
2009.12
　　ISBN 978-7-5647-0247-2

　　I. 综... Ⅱ.①贾...②周... Ⅲ.电子技术－学术会议－
文集 Ⅳ.TN-53

　　中国版本图书馆 CIP 数据核字（2009）第 212388 号

综合电子系统技术教育部重点实验室 2009 年度会议暨
电子科技大学电子科学技术研究院第五届学术会议论文集

主　审：田　忠
主　编：贾宇明　周　鹏
副主编：张　伟　杨海光　何　春　张昌兵　何琪蕾

出　　版：电子科技大学出版社（成都市一环路东一段 159 号电子信息产业大厦　邮编：610051）
策划编辑：辜守义
责任编辑：辜守义
主　　页：www.uestcp.com.cn
电子邮箱：uestcp@uestcp.com.cn
发　　行：新华书店经销
印　　刷：郫县犀浦印刷厂
成品尺寸：210mm×285mm　　印张 23.75　　字数 670 千字
版　　次：2009 年 12 月第一版
印　　次：2009 年 12 月第一次印刷
书　　号：ISBN 978-7-5647-0247-2
定　　价：128.00 元

◆　本社发行部电话：028-83202463；本社邮购电话：028-83208003。

◆　本书如有缺页、破损、装订错误，请寄回印刷厂调换。

目　录

雷达、通信与电子战技术

分布式信源建模及方位估计的研究现状

郑　植[1,2]　李广军[2]　滕云龙[1]

（1. 电子科技大学电子科学技术研究院　成都　610054；2. 电子科技大学通信与信息工程学院　成都　610054）

摘　要：本文首先简要地叙述了分布源的特点和研究意义，然后详细地介绍了分布源建模和波达方向估计方法的研究现状，最后给出了一些在分布源研究方面所面临的难题和挑战。

关键词：分布式信源；波达方向估计

Present Situation of the Modeling and DOA Estimation of Distributed Sources

ZHENG Zhi[1,2]　　LI Guangjun[2]　　TENG Yunlong[1]

（1. Research Institute of Electronic Science and Technology, University of Electronic Science and Technology of China, Chengdu, 610054,

2. School of Communication and Information Engineering, University of Electronic Science and Technology of China, Chengdu, 610054）

Abstract：This paper firstly sketchs the characteristic of distributed sources and research significance. And then the present situation of the modeling and direction-of-arrival（DOA）estimation methods of distributed sources is introduced in detail. At last, some problems and challenges of distributed source research are also given.

Keywords：distributed source，DOA estimation

1 引言

在无线通信中，信号源到达方向（DOA）估计是一个十分关键的问题，尤其是应用于智能天线和移动定位时。在无线通信的复杂电波传播环境中，多径散射非常普遍，它会使信号发生角度扩展，这时就不宜再采用点源而应使用分布源来对信号建模，如图 1 所示。和传统的点目标信号模型相比，分布源模型更加符合无线通信的实际情况。基于点源模型的 DOA 估计方法，由于模型误差，用于分布源时其 DOA 估计性能将急剧下降。因此，研究分布源方位估计，不但有利于智能天线更加精确地指向和跟踪用户，提高系统的抗干扰能力和增加容量，而且能够克服多径传输对目标定位的影响，提高定位的精度。因此，分布式信源建模及方位

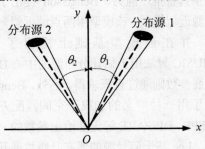

图 1　分布源模型

估计技术已成为无线通信领域的研究热点。

2 分布源建模

分布源研究包括分布源建模和波达方向估计。在分布源建模方面：

Y.Meng 等人建立了具有空间分布的信号源模型，用满足一定分布的角功率密度函数对分布式信号源进行了描述，提出了分布式目标信号源参数估计的联合最大似然估计方法，并通过求解多维非线性最优化问题估计中心角度、扩展角度和信号功率以及与 MUSIC 相比，最大似然联合估计显示了对分布参数的稳健性，估计误差也比较低[1]。

Shahrokh Valaee 等人在文献[2]中提出的关于分布式目标模型的建模方法成为该领域中被广泛引用的经典，并且在文章中提出了几种参数估计方法，这些都成为后来的研究人员从事研究时经常要参考的内容。文章中对分布式目标进行了较为详尽的分析，提出了相干分布式信号（CD）和非相干分布式信号（ID）的概念，在此基础上，将信号子空间和噪声子空间的概念推广到了分布式信号源，从而提出了 MUSIC 类分布源参数估计方法（DSPE）。

与此同时，Y.Meng 等人对分布式信号的协

方差矩阵的特征结构做了细致的分析研究，提出了准信号子空间和准噪声子空间的概念，在子空间渐进正交的基础上提出了 DISPARE 算法，该算法只针对 ID 信号，属于 MUSIC 类算法[3]。

瑞典学者 T.Trump 和 B.Ottersten 发表了分布式信号源参数估计的最大似然方法，所采用的模型是利用三角函数展开近似得到的，取得了很好的近似效果，并且利用第一类贝赛尔函数级数展开式得到了分布式信号源的协方差矩阵的闭合表达式。最大似然的估计方差接近克拉美罗界[4]。

瑞典的 Mats Bengtsson 在其博士论文 Antenna Array Signal Processing for High Rank Data Models 中详细阐述了分布式目标的定义以及建模的方法，包括局部散射型、物理模型和空间频率模型，并给出了参数估计的算法，比如 root-Music 算法、MODE 算法和伪子空间拟合法等等[5]。

以色列的科学家 Raviv Raich 和 Jason Goldberg 在他们的文章 Bearing Estimation for a Distributed Source: Modeling, Inherent Accuracy Limitations and Algorithms 中提出了一种分布式目标模型，他们将信道的时间和空间的变化充分考虑在内，将以往的建模方法加以拓展，称为 PCD 模型[6]。

在 DSPE 分布式信号源模型的基础上，伊朗学者 S.Shabazpanahi 巧妙地利用近似找到了旋转矩阵，提出了分布式目标的 ESPRIT 算法，该算法是一种基于总体最小二乘 ESPRIT （TLS_ESPRIT）的分布式参数估计算法。在 CD 信号下，利用广义阵列流形（GAM）得到了近似的旋转特征结构，从而可以利用 TLS_ESPRIT 估计中心角，通过构造每一信源的一维 DSPE 谱得到扩展角；在 ID 信号下，利用 GAM 得到了近似的协方差矩阵。利用一阶泰勒级数展开，在观测空间针对每一 ID 信号引入了一近似的二维子空间[7]。

韩国的 Seong-Ro 等人在文献[8]中利用两个正交的线列阵提出了一种对三维空间里的分布源进行建模的方法，并给出了方位角、俯仰角的估计方法。

Q.Wu 等人针对互不重叠的分布源建立了离散模型，每个分布源由一定数量的点目标构成[9]。

以上的分布源模型都基于一些共同的假设，比如窄带、远场和处于平坦 Rayleigh 衰落信道等。但在一些实际应用中，这些模型假设可能无法很好地满足。因此，以上分布源模型具有一定的局限性。

3 方位估计算法

在过去的十几年中，出现了许多分布源方位估计算法。其中，代表性较强的方法有三类。第一类方法把点源中的信号子空间和噪声子空间理论推广到分布源中，形成了一类典型的分布源参数估计方法，称之为子空间类参数方法；第二类方法是以最大似然（ML）为代表的参数方法；第三类是分布源的波束形成方法。

3.1 子空间类方法

子空间类方法在分布源 DOA 估计领域已经得到了相当广泛的应用。

Valaee 根据源内多径信号的相关性把分布源模型分为 CD 和 ID 模型，并提出一种针对两种模型的参数估计方法：DSPE[2]，它把经典 MUSIC 方法直接推广到分布源参数估计中，这种方法同 MUSIC 算法一样都将受到阵列流形失配和阵列校正误差的影响。Meng 提出了一种 DSPE 算法的改进形式 DISPARE 算法[3]，用于估计非相干分布源的中心 DOA 和角扩展。在 DISPARE 算法中，阵列的协方差阵由低秩模型近似。Wu 利用矢量算子和 Kronecker 积的性质，提出了一种可以同时估计点源和分布源参数的 Vec-MUSIC 算法[10]。

Raich 通过引入描述时间相关特性的参数，提出了一种 PCD 模型和相应的参数估计方法[6]，CD 和 ID 模型分别是该模型的特例。Asztely 利用分布源阵列流形的一阶泰勒级数展开提出一种 GAM 模型。该模型的方向矢量是点源方向矢量及其导数的线性组合模型。在该模型的基础上，他们还给出了一种利用范德蒙德结构估计信号空间波形的参数估计方法。该方法只适用于均匀线阵和均匀分布的相干分布源情况，对其他情况，它不具备推广能力。Bengtsson 提出了另一种分布源近似模型。该模型用两点源近似一个分布源，并在该模型基础上提出了一种 Root-MUSIC 算法用于估计分布源的中心 DOA，而角扩展参数则通过查表求得。另外，Bengtsson 还提出了用一种广义的加权子空间匹配方法来改善 DSPE、DISPARE 等无法给出参数的一致估计问题。Lee 基于信号源的傅立叶级数展开，提出了一种参数化模型和一种非参数化模型及其相应的分布源 DOA 估计方法[11]，并在信号源的随机角扰动满足均匀、三角和圆分布时，研究了基于噪声子空间的 DOA 估计方法。

万群针对相干分布源模型提出了多种分布源中心 DOA 估计方法，如基于角信号子空间的 DOA 估计方法、基于二次旋转不变性中心 DOA 方向估计方法、极大最大特征值法、极小最小特征值法、子空间的后验稀疏迭代 DOA 估计法等。刘申建等提出了一种有限带宽分布源模型及其参数估计性能评价方法。熊维族给出了极化分布源模型及其参数估计方法[12]。

3.2 最大似然类方法

最大似然（ML）估计算法也常常被用于分布源 DOA 估计。对于每个分布源模型，包含的未知参数为信号能量、噪声能量、分布源中心角和分布源空间角度扩展，似然函数在所有参数正确估计时得到最大化。最大似然方法能够得出非常精准的参数估计值，然而方法的计算量也很庞大。随着分布源数目的增长，算法的计算复杂度将会以指数级增长。为了降低算法的复杂度，近年来，文献[13]提出了一种渐近最大似然（AML）方法来估计非相干分布源的中心 DOA，该方法把四维参数优化问题转化为一维参数优化问题，大大降低了算法的复杂度。

协方差矩阵匹配（COMET）[14]是另一类代表性参数估计方法，该方法通过最小化接收信号的协方差阵和理论协方差阵之间的逼近误差来估计分布源参数，此方法利用了扩展不变原理（EXIP）。COMET 方法的计算量比 ML 方法小，性能则略逊于 ML 方法。当 COMET 方法和 EXIP 结合，DOA 估计和空间角度扩展估计能够得到分解。因此 EXIP-COMET 方法能够用两个一维搜索代替原来的二维搜索。

3.3 波束形成类方法

传统的波束形成算法都是针对点源设计的。对于非相干分布源，Xu 提出了一种扩展的最小方差无失真响应（SMVDR）波束形成器[15]，对单个高斯非相干分布源而言，SMVDR 比子空间方法具有更好的估计性能。另外，其计算复杂度也比子空间类方法低；Hassanien 提出了一种广义 Capon 波束形成器[16]用于估计非相干分布源的中心 DOA 和角扩展参数；Bell 利用二次模式约束提出了一种线性约束最小方差（LCMV-QPC）波束形成器，它通过在期望波束

与获得波束之间的均方误差上强加不等式约束获得分布源的方位估计；Shahbazpanahi 提出了一种非相干分布源稳健自适应波束形成器，它能有效克服传统自适应波束形成器因阵列响应失配、信号失配和小训练样本等导致的性能恶化方面的影响。Zoubir 提出了一种稳健的波束形成方法，该方法通过对不含噪声的协方差矩阵进行自适应处理获得非相干分布源的参数估计。

在相干分布源的波束形成方面，也有一些典型方法被提出。Zoubir 提出了三种针对相干分布源的广义波束形成方法[17]：传统的波束形成器、最小方差波束形成器和修正的最小方差波束形成器，针对上述三种波束形成器，他们还给出了详尽的性能分析。

以上三类方法中，最大似然类方法估计精度最高，但运算量太大，不适合实时处理。波束形成类方法分辨率太低。子空间类方法估计精度高，分辨率高，且运算量相对较低，因而具有更广阔的应用前景。

4 分布源研究的难点

在分布源研究方面还面临着以下诸多技术难题：

（1）分布源的相关性问题。在分布源建模过程中，不但需要考虑同一分布源自身的空间或者空时相关特性，在多个分布源情况下，由于辐射源之间的耦合、泄漏，或者信道传播的不确定性，使得不同的分布源之间也有可能具有一定的相关性。在一些场合的分布源建模中，这种相关性是需要考虑的。

（2）一般的分布源模型都需要假设某种确定的角信号密度或者角功率密度函数，比如高斯分布、均匀分布、三角分布、柯西分布等。然而在实际的分布源建模研究中，会面临很多困难。首先，分布源的角分布形式多种多样，一般无法预先确定具体的函数形式。在分布函数形式未知的情况下，无法得到由多维参数表示的空间谱或待优化的非线性目标函数，所以无法通过多维搜索获得包括 DOA 参数在内的分布源参数估计。其次，若待估计对象只是分布源 DOA，但在搜索过程中分布参数的估计过程也会同时被引入，难免会增加算法的复杂性。此外，基于精确的分布函数描述的分布源模型，一般的分布源 DOA 估计算法在实际应用中受到模型误差的影响较大，并且难以处理点目标和分布式目标同时存在、不同角分布函数形式的分布源同时存在或者

其他较为复杂的信号条件。

（3）目前的分布源模型研究主要基于小角度扩展和空间能量对称分布的假设条件。对于分布源在大角度扩展和空间能量非对称时的情形研究得比较少。因此，需要深入研究非对称和大角度扩展分布源模型及其方位估计方法。

（4）在目前的分布源研究中，一般都假定信号是窄带的，即满足信号带宽的倒数远大于信号掠过阵列孔径所需的时间。但是宽带信通信是未来无线通信的发展趋势和热门方向，如何对宽带分布源进行建模和方位估计是一个值得探究的问题。

（5）噪声模型的形式。在分布源方位估计中，为了简化分析，一般都假定背景噪声为高斯白噪声或者分布参数已知的色噪声。然而在实际环境中，阵列接收到的并不总是高斯白噪声或分布参数已知的色噪声，未知分布参数的色噪声也是常见的。如何在复杂噪声环境中进行分布源方位估计将是一个必须考虑的问题。

（6）以往的分布源建模中，往往基于分布源空间能量分布形式已知的假设条件。在实际中，很难确定这个空间能量分别服从的概率分布形式。因此有必要研究一种更为通用的分布源模型以及相应的 DOA 估计方法，新模型应不依赖于空间能量分布的形式，结构简单，并且能对后续的 DOA 估计带来便利。

（7）二维 DOA 估计更加符合实际情况，是 DOA 估计领域的发展方向。对于二维方向角而言，同样存在着信号的角度扩展。但是目前分布源的二维方向角估计研究才刚起步，还有大量的问题亟待解决，需要进一步的深入研究。

5　结束语

本文首先引出了分布源的概念和研究意义，然后重点讨论了现有的分布源建模及方位估计算法，最后指出了对其进一步研究所面临的各种问题和挑战。

参考文献

[1] Y.Meng, K.M.Wong, Q.Wu, Estimation of the directions of arrival of spreadsources in sensor array processing，Proc ICSP, 1993（10）:430～434

[2] S.Valaee, B.Champagne, P.Kabal, Parametric localization of distributed sources, IEEE Transactions on Signal Processing, 1995, 43（9）:2144～2153

[3] Y.Meng, P.Stoica, K.M.Wong, Estimation of the direction of arrival of spatially dispersed signals in array proeessing, IEE. Proc_F, 1996, 43（1）:1～9

[4] T.Trump, B. Ottersten. Estimation of Nominal Direction of Arrival and Angular Spread Using An Array of Sensors, IEEE Transactions on Signal Processing, 1996, 45（1）:57～69

[5] Mats Bengtsson. Antenna Array Signal Processing for High Rank Data Models，PhD dissertation, Stockholm University, 1999

[6] Raviv Raich, Jason Goldberg. Bearing Estimation for a Distributed Source: Modeling, Inherent Accuracy Limitations and Algorithms, IEEE Transactions on Signal Processing, 2000（48）:429～441

[7] Shahram Shahbazpanahi, Shahrokh Valaee. Distributed source Localization Using ESPRIT Algorithm, IEEE Transactions on Signal Processing, 2001, 49（10）:2169～2178

[8] Seong-Ro LEE, Myeong-Soo CHOI. A Three-Dimensional Distributed Source Modeling and Direction of Arrival Estimation Using Two linear Arrays，IEEE Transactions on Fundamentals, 2003, 86（1）: 206～214

[9] Q.Wu, K.M.Wong, Y.Meng, DOA estimation of point and scattered sources-Vec-MUSIC, IEEE Transactions on Signal Processing, 1994, 89（27）:365～368

[10] Wu Q, Wong K M, Meng Y, et al. DOA estimation of point and scattered sources: Vec-MUSIC. IEEE Signal Processing Workshop on Statistical Signal and Array Processing, 1994:365～368

[11] Lee Y U, Lee S R, Chang T, et al. An analysis of DOA estimation method under a dispersive signal model. ICCSP, 1995: 351～354

[12] 万群.分布源 DOA 估计方法研究[博士学位论文].成都:电子科技大学, 2000, 27～65

[13] Besson O，Vincent F，Stoica P，et al. Approximate maximum likelihood estimators for array processing in multiplicative noise environments. IEEE Trans. on Signal Processing, 2000, 48（9）, 2506～2518

[14] Shallbazpanahi S, Valaee S, Gershman A B. A covariance fitting approach to parametric localization of multiple incoherently distributed sources. IEEE Transactions on Signal Processing, 2004, 52（3）: 592～600

[15] Xu X L. Spatially-spread sources and the SMVDR estimator. SPAWC, 2003:639～643

[16] Hassanien A，Shallbazpanahi S，Gershman A B. A gereralized Capon estimator for loealization of multiple spread sources. IEEE Trans. on Signal Proeessing, 2004，52（1）: 280～283

[17] Zoubir A，Wang Y D，Charge P. New adaptive beamformers for estimation of spatially distributed sources. IEEE Ottennas and Propogation Society International Symposium, 2004: 2643～2646

降秩广义旁瓣相消算法分析

杨丽丽[1]   饶妮妮[1]   郝志梅[2]   杨小军[1]   王刚[1]

(1. 电子科技大学 成都 610054；2. 雷华电子技术研究所 无锡 214063)

摘 要： 在雷达等电子系统中，有时阵列非常大，采用全自适应阵则系统复杂，造价极高，这时须采用部分自适应阵技术。本文在广义旁瓣相消器的框架上，分析了降秩自适应滤波算法：主成分法和互谱法。我们的分析表明，两种算法都是基于特征分解的降秩算法，均能够降低计算复杂度。主成分法根据大的特征值选择特征向量构造降秩变换矩阵，互谱法根据大的互谱值选择特征向量构成降秩变换矩阵。仿真实验结果证明了两种降秩算法的有效性和在工程应用上的优越性。

关键词： 广义旁瓣相消器；特征空间；降秩自适应滤波算法

Analysis on Algorithms for Reduced Rand Generalized Side Canceller

YANG Li Li[1]   RAO Ni Ni[1]   HAO Zhi Mei[2]   YANG XiaoJun[1]   WANG Gang[1]

(1. University of Electronic Science and Technology of China, Chengdu, 610054，2. Leihua Electronic Technology Institute, Wuxi, 214603)

Abstract: Aiming at the reduction of system complexity and cost in full rank adptivity, the partial adptivity has been applied to the fields of Radar etc. Based on the GSC structure，this paper analyses the reduced rank adaptive filtering algorithms. PC-GSC(principal component technique)and CS-GSC(cross-spectral technique)are both reduced rank methods based on eigen-subspace truncation, and have low computational complexity. PC-GSC chooses the eigenvectors corresponding to the large eigenvalues to get transfer matrix, whereas CS-GSC maximizes the cross-spectral metric to select eigenvectors. The results demonstrate its validity and superiority.

Keywords: generalized side canceller，eigen-subspace，reduced rank adaptive filtering algorithm

1 引言

在雷达面临的干扰中，较难对付的是有源干扰。因为雷达的主波束宽度较窄，有源干扰一般从雷达的旁瓣进入。对付这种从旁瓣进入的有源干扰的一个有效方法是广义旁瓣相消技术（generalized side lobe canceller, GSC）。自适应旁瓣相消技术是当存在旁瓣有源干扰时，自适应的修改辅助天线的权值，使干扰信号输入功率最小，即在方向图上表现为在干扰信号到达的信号方向上形成了空间零点，从而抑制了旁瓣的干扰。

但在雷达等电子系统中，有时阵列非常大，采用全自适应阵则系统复杂，造价极高，这时须采用部分自适应阵技术。若要求波束在 L_1 个方向上有最大响应，在 L_2 个方向上形成零点，则要求的自适应权数为（L_1+L_2+1），这往往比总的阵元数小得多。在 GSC 框架下可采用降秩变换的方法来实现，称为降秩广义旁瓣相消。

2 广义旁瓣相消器

广义旁瓣对消器（GSC）是 LCMV 的一种等效的实现结构，GSC 结构将自适应波束形成的优化问题转化为无约束的优化问题，分为自适应和非自适应的两个支路，分别称为主支路和辅助支路，要求期望信号从非自适应的主支路通过，而自适应的辅助支路中仅含有干扰和噪声分量。

由线性约束最小方差（LCMV）准则可表示成如下数学表达式：

$$\begin{cases} \arg\min w^H R w \\ s.t. C^H w = f \end{cases} \tag{1}$$

其中，R 为数据相关矩阵；f 为需要响应；C 为约束矩阵。求得最佳权为：

$$w = R^{-1}C(C^H R^{-1} C)^{-1} f \qquad (2)$$

如图 1 所示，将权向量分解为自适应权和非自适应权，W_q 为主波束权向量，W_a 为辅助通道权，辅助通道权向量应进行自适应调整，则系统的权向量可表示为：

$$w = w_q - B w_a \qquad (3)$$

其中，B 为阻塞矩阵，使 $B^H C = 0$，B 的作用就是将期望信号阻塞掉而不使其进入辅助支路。主波束输出视为需要信号 d，其中有真正需要信号和干扰，辅助波束输出 x_a 仅包含干扰，并调整 W_a 使其尽可能接近 d 中的干扰，从而经相减电路后将干扰从 d 中消去。

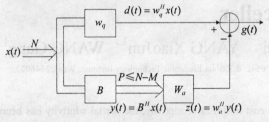

图 1　广义旁瓣相消器

3　基于 GSC 框架的降秩变换算法

如图 2 所示部分自适应阵，在辅助通道权 w_a 前加入一个降秩变换矩阵 Q，降低自适应权的个数。基于 GSC 框架的降秩变换矩阵由阵列协方差矩阵 R 的特征向量构成。根据降秩变换矩阵的构成不同，可分为主分量法和交叉谱法，分别记为 PC-GSC 和 CS-GSC。

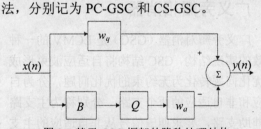

图 2　基于 GSC 框架的降秩处理结构

3.1　GSC 框架主分量法（PC-GSC, Principle Components in GSC Framework）

（1）用有限次快拍数据估计得到辅助通道的协方差和主辅通道的相关矢量。

$$\hat{R} = \frac{1}{M} \sum_{i=1}^{M} x(t_i) x^T(t_i) \qquad (4)$$

$$\hat{r}_{x_0 d_0} = \frac{1}{M} \sum_{i=1}^{M} x(t_i) d(t_i) \qquad (5)$$

（2）对估计得到的辅助通道协方差矩阵进行特征分解，较大的特征值对应于干扰，另外的特征值为噪声功率，对应于噪声。求出干扰子空间和噪声子空间的列向量。

$$\hat{R} = \hat{E}_s \hat{\Lambda}_s \hat{E}_s^H + \hat{E}_n \hat{\Lambda}_n \hat{E}_n^H \qquad (6)$$

（3）主分量法通过取 r 个大特征值对应的特征向量来构成变换矩阵，得到的自适应权值为：

$$W_{PC-GSC} = W_q - B^H V_s \Gamma_s^{-1} V_s^H r_{x_0 d_0} \qquad (7)$$

3.2　GSC 框架交叉谱法（CS-GSC, Cross Spectral in GSC Framework）

显然，主分量法构造的降秩变换矩阵不是唯一的，利用交叉谱也可得到降秩变换矩阵 Q。每个特征向量对应的交叉谱为：

$$CSM_i = \frac{\left| v_i^H r_{x_0 d_0} \right|^2}{\eta_i} \qquad (8)$$

根据式（8），选择较大的交叉谱对应的特征向量 q_1, q_2, $\cdots$, q_r 来构造降秩变换矩阵 Q，即 $Q = [q_1,\ q_2,\ \cdots,\ q_r]$。

4　计算机仿真与性能比较

下面通过计算机仿真来比较 GSC 与 PC-GSC 以及 CS-GSC 算法的性能。设阵列为 16 元均匀直线阵，阵元间隔为半波长，窄带自适应阵，期望信号方向为 0°，干扰角度为 60°，干燥比和信噪比均为 20dB，取快拍数为 32。根据自适应权个数的要求，主成分法和交叉谱法均取 3 个特征向量来构造降秩变换矩阵。

4.1　仿真特征值与交叉谱的分布

由图 3 可知，特征值与互谱都近似于正向分布，即较大的特征值对应较大的互谱。这是因为辅助支路的作用是对消主支路的杂波，不含杂波或杂波非常弱的噪声子空间对应的特征基不可能被优选出来做旁瓣相消，优选出来的只能是那些大特征值对应的特征波束。

降秩自适应旁瓣相消滤波在降秩子空间内寻优，使得自适应处理的维数降低，所需的快拍数减少，收敛速度加快，从而减少了自适应算法的计算量。

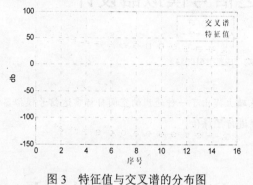

图3　特征值与交叉谱的分布图

4.2　仿真旁瓣相消系统合成后的天线方向图

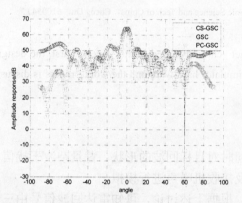

图4　GSC，CS-GSC 和 PC-GSC 方向图

由图4可知，以上三种方法在方向图上表现为在期望信号到达的信号方向上形成了增益，在干扰信号到达的信号方向上形成了空间零点，从而抑制了旁瓣的干扰。其中，干扰抑制的零陷效果最好的是 CS-GSC，为-24.04dB；其次是 PC-GSC，为-13.56dB；最后是 GSC，为-3.17dB。与广义旁瓣相消算法相比，基于特

征空间的降秩算法避免了由小特征值对应特征矢量组成的噪声子空间对权矢量的影响，加快了自适应天线旁瓣相消的收敛速度。

5　结束语

本文在 GSC 的框架上，对两种利用特征矢量构造降秩变换矩阵的降秩广义旁瓣相消算法进行了分析和总结。通过仿真实验可证明，降秩算法用于大型阵列自适应处理时，将大大降低计算量并加快算法的收敛速度。

参考文献

[1] Goldstein J S, Reed I S. Reduced-Rank Adaptive Filtering [J]. IEEE Transactions on Signal Processing, 1997, 45（2）:492～496

[2] Goldstein J S, Reed I S. Subspace Selection for Partially Adaptive Sensor Array Processing [J]. IEEE Transactions on Aerospace and Electronic Systems, 1997, 33（2）:539～544

[3] L. Chang and C. C. Yeh. Performance of DMI and eigenspace-based beamformers[J]. IEEE Trans. Antennas and Propagation, 1992, 40（11）:1336～1347

[4] Yu JL, Yeh CC. Generalized eigenspace-based beamformers. IEEE Trans. on Signal Processing, 1995,43（11）:2453～2461

[5] 龚耀寰.自适应滤波——时域自适应滤波和智能天线[M].第2版，北京:电子工业出版社，2003

[6] 丁向前，王永良，张永顺.降秩自适应滤波算法研究[J].雷达科学与技术，2005，4

一种通用的空间目标雷达信号模拟器设计

陶　君　张　伟

（电子科技大学电子科学技术研究院　成都　610054）

摘　要：本文简要分析了空间目标回波的基本模型，在此基础上提出了一种通用的空间目标雷达信号模拟器的设计，探讨了模拟器硬件系统的组成和工作过程，并对关键模块进行了评估。

关键词：空间目标；信号模拟器；回波模拟

Design of Universal Space Targets Radar Signal Simulator

TAO Jun　　ZHANG Wei

（Electronic Science and Tech Research Institute of University of Electronic Science and Tech of China，Cheng Du，610054）

Abstract：Based on the analysis of basic model of spatial target echo introduced in this paper at first, the design of universal space targets radar signal simulator is proposed, then the simulator hard-ware and the work process is discussed, finally some assessments of the key modules are made.

Keyword：space targets，signal simulator，echo simulate

1　前言

在雷达整机的设计过程中，为了缩短雷达研制周期，雷达的接收发送、信号处理等子模块的开发设计都是并行进行的。在雷达被投入使用之后，也需要一套完善的闭环自检测系统来发现雷达系统存在的一些隐患与缺陷。雷达回波模拟在上述要求下应运而生，它作为系统模拟技术与雷达技术相结合的产物，大大缩短了各种功能雷达的研制周期，现已逐渐发展成为雷达技术的一个重要分支，并被广泛应用于雷达系统的测试评估之中。

国内外关于雷达回波模拟器设计的报道很多，多家公司和研究院都在从事回波模拟器的研究工作。综合来看，国外关于模拟器的研究做得比较全面。他们多采用软硬件结合的设计方式，使系统满足实时性的要求。在硬件设计上运用高速微处理器与DSP技术，同时还采用一些高速的总线技术以及模块化的设计思想，使得所设计的回波模拟器的通用性、可扩展性更强。

2　空间目标回波模型介绍

从本质上讲，雷达回波模拟器实现的就是复现不同环境下目标回波信号。这要求模拟器能同时对目标回波的形状、背景杂波干扰信号以及接收机噪声进行模拟。

根据上述讨论，可知雷达回波信号由三部分组成：目标回波信号、杂波干扰信号、噪声信号，进而可以得到理想回波信号，其表示形式如下[1]：

$$x(t) = s(t) + n(t) + c(t) \tag{1}$$

其中，$s(t)$为目标回波信号；$n(t)$为杂波干扰信号；$c(t)$为噪声信号。

由分析可得，目标回波所携带信息与模拟目标种类、数量、运动方程紧密相关。而杂波干扰信号与模拟的环境有关，对于不同杂波背景要运用不同的杂波模型。比如，海洋杂波多采用k分布模型；复杂地面杂波采用对数-正态分布模型；气象杂波采用瑞利分布。对于噪声的模拟，一般都将外部与接收机噪声看成是高斯白噪声[2]。

本文工作主要是针对目标回波产生模块的设计，这里只探讨目标模型。设雷达发射的线性调频信号，其带宽为B、脉宽为T，可得其信号形式如下[1]：

$$s_t(t) = r(\frac{t}{T})\exp[j2\pi(f_c t + \frac{B}{2T}t^2)] \tag{2}$$

其中，f_c为载频；$r(\cdot)$为信号的包络。设目标距离为R，则其回波信号形式为：

$$s_r(t) = r(\frac{t-\tau}{T})\exp[j2\pi(f_c(t-\tau) + \frac{B}{2T}(t-\tau)^2)] \quad (3)$$

其中，τ 为回波的延时，表示如下：

$$\tau = 2R/c \quad (4)$$

然后对信号进行去斜率处理（stretch），将发射时刻储存的调频信号和回波做差频处理，也就是将两者共轭相乘：

$$s(t) = s_r(t) * s_i^*(t) \quad (5)$$

通过上式就可以得到单频的回波信号。

以上是对单个静止点目标的 Stretch 介绍。对于成像回波多个散射点及运动时，雷达发射波形经目标反射后，雷达接收到的回波形式如下[3]：

$$S(t) = \sum_{k=1}^{N} s_r^k(t) \quad (6)$$

可以看到目标回波是各个散射点回波信号的线性叠加。其中，N 为散射点的个数，$s_r^k(t)$ 是第 k 个散射点所产生的回波：

$$s_r^k(t) = \sigma(r_k)r(\frac{t-\tau}{T})\exp[j2\pi(f_c(t-\tau) + \frac{B}{2T}(t-\tau)^2)] \quad (7)$$

其中，$\sigma(r_k)$ 为散射点反射强度。同样运用（5）式，对回波数据进行去斜率处理，再叠加上目标的速度，距离信息就可以仿真出目标的回波数据。

3　目标回波数据的产生

本设计中对目标回波模拟就是从上述模型出发，根据用户在工控机上设置的目标运动参数、运动姿态、目标个数等信息，以及波束调度接口输入的波束调度参数实时运算的结果，通过轨迹运算模块得到目标在雷达直角坐标系下的位置矢量和速度矢量。进而将直角坐标系下的位置矢量和速度矢量转换为雷达球坐标系下的距离、方位角、俯仰角和径向速度[4]。

然后通过图 1 所示的回波生成框图，将一个相干处理周期中目标回波的延迟信息、多普勒频移反映到回波的包络上，再将回波信号用一帧距离多普勒平面数据表示[4]。最后根据天线方向图，模拟和通道，方位差通道，俯仰差通道的三路回波数据，然后通过数模转换、滤波器组就可得到视频回波模拟信号。

距离多普勒平面数据生成举例如下：设采样频率 f_s 为 10MHz，发射信号脉宽 T 为 20μs，相干处理周期内脉冲个数 N 为 100 个，PRF 为 1kHz，通道数 L 为 3，则距离单元个数：

$$M = f_s \times T = 1\times10^7 \times 2\times10^{-5} = 200 \quad (8)$$

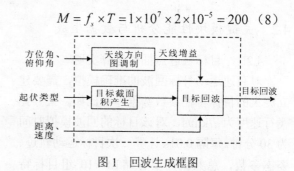

图 1　回波生成框图

因为共有 3 个通道，一个相干处理周期会生成 3 个 $M \times N$ 的回波矩阵数据，其中一个通道的数据量为：

$$num = M \times N = 1\times10^5 \quad (9)$$

目标的距离信息、速度信息就存储在矩阵的不同位置中。

4　一种可行的硬件实现方案

4.1　任务要求以及参数设定

4.1.1　任务及要求

本设计中雷达目标模拟器有两种工作模式：一种实现空间搜索模拟，一种实现目标的成像模拟。空间搜索模式下发送窄带 LFM 信号，能大致通过回波相对于相参本振信号的延时 τ 来确定目标的径向距离。目标跟成像模式下发送宽带 LFM 信号，用于对目标精细结构的识别与成像。系统要求实时地对两种工作模式下的目标回波进行模拟。在搜索模式下要对整个脉冲重复时间段内目标反射的窄带回波模拟；而在成像模式下只需要对跟踪时间门内的宽带回波进行模拟。

4.1.2　参数设定

模拟回波参数的设定影响系统硬件架构设计、总线设计、核心处理芯片的选择、外围存储芯片的选择等。这里根据项目的实际需求，提出两种工作模式下的回波的带宽、脉冲重复频率（PRF）、数字采样率、脉宽等典型参数，如表 1 所示。

表 1　典型工作模式参数

参数＼模式	带宽	PRF	采样率 f_s	跟踪波门	脉宽 T
搜索	10 MHz	100 Hz	15 MHz	—	10μs
成像	1GHz	2.5 kHz	150 MHz	6μs	50μs

4.2 关键模块性能分析与数据生成

4.2.1 目标轨迹点插值运算实现

对高速运动目标回波的准确模拟，需要建立庞大的目标特征参数数据库。比如，某导弹飞行速度为 7km/s，对该目标的回波模拟时间为 30 分钟。每隔 0.01s 计算一次目标运动轨迹、姿态参数，总共就需要存储 1.8×10^5 组目标特征数据。在相邻两组数据时间间隔内，导弹目标飞行的距离为 70m。在实际搜索或者成像过程中，天线主波束指向目标时，系统不一定能在存储数据库中找到该时刻目标对应的运动特征数据，即出现了运动轨迹盲点。盲点的出现，导致漏掉该时刻的回波，模拟回波的逼真度会受到严重影响。

为了解决此问题，可以缩小运动数据之间的时间间隔，增加冗余数据。但这样会增加系统的计算量，同时对存储器空间提出更高的要求。考虑到短时间内目标运动特征参数变化满足线性关系，可采用线性插值法对盲点带来的回波缺失进行处理。

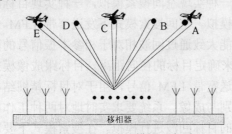

图 2 相控阵回波模拟示意图

如图 2 所示，假设 t_A、t_E 之间间隔 0.01s，t_A、t_E 在运动数据库中对应着两组连续数据，分别表示为 a、e。而在 t_C 时刻，在数据库中无对应数据，应在 t_A、t_E 中的 t_C 时刻插入一个新的近似数据。采用线性插值的方式，由两点式[5]可直接得：

$$c = \frac{t_E - t_C}{t_E - t_A}a + \frac{t_C - t_A}{t_E - t_A}e \qquad (10)$$

采用插值方法不仅可以有效地解决盲点造成的回波缺失，还降低了对工控机运算量以及模拟器内硬件存储空间的要求，同时只增加了少量的运算，且对 DSP 资源的占用较少，有利于工程实现。

4.2.2 回波产生及数据估算

回波产生可以由直接数字频率合成（DDS）产生，也可以由 DSP 综合回波数据再进行数模

转换来实现。考虑到 DDS 自带的 D/A 转换器转换精度、动态杂散范围以及输出信号的要求，回波产生采用后一种方式产生数字回波。以下分两种工作模式，分别对回波数据的产生所需硬件资源进行分析。

（1）搜索模式

将表 1 的参数带入式（8）计算可得一个 PRF，它的数据个数为：

$$num_1 = fs \times T = 1500 \qquad (11)$$

根据系统要求选择合适的动态范围的 DAC，其量化位数为 14 位。则每个脉冲重复周期（10ms）内数据量为：

$$(num_1 \times L \times 14) \div 8 \div 2^{20} \approx 7.691kb \qquad (12)$$

其中，L 为通道数，共有三个通道。

（2）成像模式

假定一个相干处理周期（0.04s）内雷达发射脉冲个数 $N=100$，将表 1 的参数带入式（9），同理可计算得到一个雷达相干处理周期内数据个数为[4]：

$$num_2 = f_s \times T_m \times N = 9 \times 10^4 \qquad (13)$$

式中，T_m 为跟踪波门。同上选择 DAC 量化位数为 14 位。则每个相干处理周期内数据量为：

$$(num_2 \times L \times 14) \div 8 \div 2^{20} \approx 0.45062Mb \qquad (14)$$

通过上述估算，结合前面所述的目标回波产生模型，DSP 对每一个散射点要分别进行 1.5×10^5 次 $\sin(\cdot)$ 运算，对三通道和信号 Σ、方位差信号 $\Delta\alpha$ 和俯仰差信号 $\Delta\beta$ 值的计算[6]，以及三通道幅度值与生成回波数据乘法运算。

为了使回波数据产生的运算速度和精度满足整个系统的要求，可选用 TI 公司的浮点 DSP 芯片 TMS320C6727，其系统最高时钟为 350MHz，性能可以达到 2400MI/s，2100MFLO/s。DSP 进行一次 $\sin(\cdot)$ 运算的耗时为 200 多个系统时钟周期。计算一个散射点回波数据总耗时为：

$$200 \times 1500 = 0.3M \qquad (15)$$

所以可得一个 PRF 中单个散射点的波数据计算耗时约为 0.3M/350M=0.8572ms。能够在一个脉冲重复周期（10ms）内生成三个通道回波数据。但考虑到可以模拟器要能够实现多目标的跟踪、成像，一个脉冲重复周期的运算量会更大，这时就要对算法进行优化。

文献[7]提出用一种优化算法来实现，即查表求值法。该方法预先将 $\sin(\cdot)$ 在 0~2π 范围类

的数据做成一张表格,存储在片外的存储器上。求解 sin(·) 值时,可以根据变量的值直接查表得到结果。每次查为一次存储器的读取过程,该过程耗时约为 20 个系统时钟周期。则 1500 个数据的生成需要时间 85.72μs,加上三个幅度参数的计算,以及分别相乘时间(不超过 15μs)。即一个目标数据产生耗费 0.1ms 左右,显然能满足在一个 PRF 内完成对多个目标回波数据的综合。

上述讨论只针对了数据较多的搜索模式下回波数据产生。只要搜索模式能够实现,模拟目标较少、处理时间较宽裕(40ms)的成像模式下的回波数据产生就一定能够实现。

4.2.3 总线选择

雷达模拟器工作时,实时运算量大,工作主频高,对总线数据传输率提出了较高的要求。这里采用 VME 总线与工控机和 DSP 信号处理板构成的雷达模拟器。VME 总线是一种标准的工业控制总线,其寻址方式采用空间映射形式,数据宽度可达 64 位,峰值传输速率可以达到 320Mb/s,支持分布式的中断处理操作。

根据上述数据量的估算可以定量分析,工作于成像模式,对数据传输要求较高(40ms 内要求总线能够提供 0.45Mb 的数据传输速率);而工作于搜索模式,对数据传输率要求较低(10ms 内要求总线能够提供 8Kb 的数据传输速率)。而总线的极限传输速率可达到 320Mb/s,40ms 以内理论上可以传输 12.8Mb 的数据,20 倍于要求的数据传输量。

经过上述量化分析可发现,VME 总线对于本设计的模拟器很实用,对多个目标同时模拟的情况下,同样也可以满足数据传输的实时性。

4.2.4 数据调度的实现

在设计中运用 FPGA 来实现数据的调度。该模块的功能是缓冲存储从工控机内存调入的数据,并实时提供给雷达回波模拟器,模拟器综合的新数据再通过数据调度输出到 DAC。调度模块的核心内容是片外存储器和相应的地址发生器。考虑片内资源、功耗、成本等因素,设计可选用 Altera 公司的 Stratix II 系列芯片,器片内载有超过 10 万个逻辑单元(LE),峰值功耗低,地址发生器可以运用 FPGA 直接技术实现。同时 FPGA 还控制整个系统工作时序,为 DSP 以及外围芯片提供工作时钟。

4.3 系统的硬件实现

4.3.1 系统的构架

对于空间目标回波模拟器的硬件实现,可以采用实时模拟的方式来模拟,也可以采用数据回放的方式模拟。对比两种方式,不难发现,实时处理对硬件系统运算速度、数据总线宽度等都有较高的要求,但对系统存储空间要求不高;而对于数据回放模拟方式,情况刚好相反。

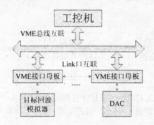

图 3 硬件体系结构

综合上述对回波模拟各方面的分析,并结合项目实际要求,最终选用实时模拟的方式。考虑到系统的通用性、灵活性和可扩展性,设计采用了背板加母板架构的实现方式。目标回波模拟器,ADC 等分别作为一个子模块,做成板卡,插入与 VME 接口母板,通过 VME 总线与工控机通信。硬件体系结构如图 3 所示。

4.3.2 硬件工作流程

用户在工控机上对雷达回波模拟的时间、目标数量和目标运动轨迹参数等进行预设,由工控机软件得到目标运动特征数据库,实时传递给回波产生模块,如图 4 中虚线框所示。

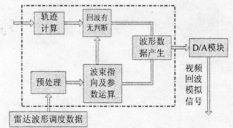

图 4 空间目标雷达回波模块工作流程图

在轨迹计算中对轨迹点参数进行插值处理,同时,模块接收雷达波束调度数据,对天线方向图、波束指向等参数进行预处理。再结合目标运动特征参数判断有无回波,根据判断的结果,以及模拟的目标回波模式(搜索、成像)实时产生三路数字回波数据。最后经过 D/A 模块得到视频回波模拟信号。

4.3.3 硬件实现

设计采用通用计算机和高速数字信号处理芯片 DSP 相结合的方法。经过上述分析讨论,模拟器选用 DSP+FPGA 硬件架构,硬件框图如图 5 所示。

　　其中 DSP 中完成目标轨迹计算、波束调度数据的预处理、回波预判、轨迹点插值运算等算法。VME 总线完成工控机下行数据传输,同时也完成 DSP 产生的回波数据到 ADC 的传输。FPGA 控制系统时序,控制片外存储器数据缓存,产生缓存数据地址。DAC 处理子模块采用高精度的 14 位 DAC,配合低通滤波器实现回波模拟。

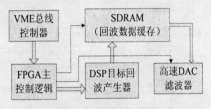

图 5　硬件实现框图

5　结束语

　　本文针对某型空间目标探测雷达,探讨了一种雷达视频回波信号实时模拟的硬件实现方法,定量分析了模拟回波数据对系统关键模块资源的影响。但该模拟器不能实现对复杂目标回波的模拟,系统性能未得到最大的发挥。对于后续的设计工作,应该考虑如何进一步提高模拟的速度,以及如何将目标的运动特性诸如自旋、空翻等因素也反映到回波数据中。因此,空间目标模拟器的设计还有许多需要改进完善的地方。

参考文献

[1] 发锐,通用目标模拟器:[学位论文]. 南京理工大学,2003

[2] 张明友,汪学刚. 雷达系统[M]. 成都:电子科技大学出版社,2006

[3] 范国生,张兵. 多处理机结构的雷达信号模拟器设计与应用[空军雷达学院学报][J],2005

[4] 黄莉. 地基雷达的回波生成和信号处理仿真研究:[学位论文][D]. 成都:电子科技大学,2006

[5] 李庆杨,王能超,易大义. [数值分析][M]. 武汉:华中理工大学出版社,1982

[6] 胡小川. 机载相控阵雷达模拟器系统设计与实现研究:[学位论文][D]. 2003

[7] 刘朝军,陈曾平. 空间目标中频回波信号好的实时模拟与回放:[信号处理][J]. 国防科技大学 ATR 实验室,2006

基于优先级的多功能雷达自适应调度算法研究

陈大伟　张　伟　陈明燕

（电子科技大学电子科学技术研究院　成都　610054）

摘　要：资源管理是多功能相控阵雷达设计中重要的一环，负责分配雷达的时间和能量资源，优化雷达整体性能。本文重点介绍了雷达资源管理模块，给出了调度原则，详细说明任务调度的具体过程，并通过仿真对算法可行性进行验证。

关键字：多功能雷达；自适应调度；优先级

Research On Priority Based Adaptive Scheduling Algorithm for Multifunction Phased Array Radar

CHEN Dawei　ZHANG Wei　CHEN Mingyan

Abstract：The resource management（RM）takes a significant place in the design of multifunction phased array radar, which allocates the time and energy resource of radar to optimize the overall performance of MFPAR. This paper places emphases on the introduce of the RM, provide the scheduling principles, illustrates the detail process of the schedule, proves the validity of the schedule algorithm.

Keywords：multifunction phased array radar，adaptive scheduling algorithm,priority

引言

天线波束快速扫描能力是相控阵天线的主要技术特点[1]，而相控阵雷达调度策略的性能则是发挥这种技术特点的关键。

相控阵雷达调度策略的设计方法有多种，常用的有固定模板、多模板、部分模板和自适应算法。当前针对多功能相控阵雷达，自适应调度算法是最有效的设计方法。

文献[2]给出了自适应调度策略的定义：自适应调度算法是指在满足不同工作方式相对优先级与表征参数门限值约束条件下，在雷达设计条件允许的范围内，通过实时地平衡各种雷达事件请求所需要的时间、能量和计算机资源，为单个调度间隔选择最佳雷达事件序列的一种调度方法。

本文在研究多功能雷达自适应调度算法的基础上，仿真实现了基于优先级的时间窗调度算法。

1　雷达调度模块

雷达调度模块能合理分配雷达各种资源、优化雷达整体性能。如图1所示为本文调度模块功能框图。调度模块主要由雷达任务控制、波形选择、调度器和调度缓冲四个子模块构成。雷达任务控制模块从数据处理模块接受预测信息、关联波形选择模块产生搜索和跟踪任务，以事件请求队列的形式送往调度器，调度器分析事件请求和各种条件约束、选择调度事件，并将调度成功的雷达事件送往调度缓冲。

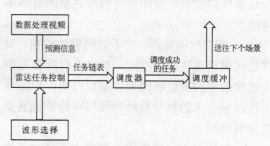

图1　资源调度模块结构

2　任务优先级设定

在相控阵雷达的自适应调度策略中，通常使用的是基于驻留任务优先级的调度方法，如基于任务工作方式优先级的调度算法[4]。在这些调度算法中，高优先级任务被调度后，后面的低优先级任务在时间上不能与其冲突；否则将被丢弃。

本文采用的是基于工作方式的固定优先级

方式。仿真中共设置以下六个优先级层次，从低到高依次为：

1．搜索：按波位对指定区域进行扫描；

2．低优先级跟踪：精度不高，针对低威胁目标；

3．中优先级跟踪：精度中等，针对中等威胁目标；

4．失跟搜索：对失跟目标进行再次搜索和捕获，重新建立目标跟踪航迹；

5．点迹确认：发射验证波束，确定目标或虚警；

6．高优先级跟踪：精度高，针对威胁较大的目标。

3 任务调度

调度器依据设定的调度原则和时间条件约束，对传入的事件请求进行分析安排，放入相应的链表。

自适应调度算法应遵循以下调度原则：

a．优先级原则：应保证在雷达时间能量过载时，将可用资源分配给最高操作优先级的任务，如果必要，当较低优先级的任务不能在某个合理的周期内被调度时，要暂时忽略或放弃这些任务。

b．时间利用原则：在有限的雷达时间资源约束下，使得相控阵雷达对时间的利用率尽量提高。在一个调度间隔内，应尽可能多地安排雷达事件，使得调度间隔内的雷达空闲时间尽可能少。

c．期望时间原则：由于时间窗的约束，对雷达波束请求进行调度时，可以在时间窗范围内适度改变波束驻留的期望发射时间，但应使雷达波束请求的执行发射时间尽可能靠近其期望发射时间。

一般情况下，优先级原则应先满足，其次为时间利用原则和期望时间原则，也可根据优化目标的不同而有所侧重[5]。

文献[6]和文献[7]中提出了时间窗的概念。时间窗的概念是基于雷达的跟踪工作方式，其基本内涵可以概述如下：雷达分辨单元（波束宽度）是一个范围，在一定距离上此范围比较大，此时目标飞过分辨单元的时间较长，可根据 Kalman 滤波的目标位置、速度、距离和雷达波束宽度得知目标飞过波束宽度的时间，根据此时间设计雷达跟踪时间窗。利用这个时间约束，在设计雷达资源调度程序的时候就可以

灵活安排时间分配。于是，时间窗的具体含义为雷达波束驻留的实际发射时间在期望发射时间可以前后移动的有效范围。这样，很多因时间上冲突而被舍弃的事件可以通过时间窗的安排而得到调度，增大了调度容量，提高了时间利用率。

3.1 调度模块结构

如图 2 所示为调度模块结构图。各模块将各自的雷达事件请求送入调度模块，经调度器分析后，再将满足不同约束的雷达事件分别送入执行链表、延迟链表和删除链表中。

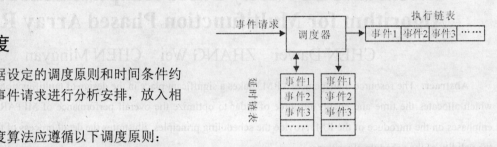

图 2　调度模块结构图

放入执行链表中的事件是发射时间和驻留时间均满足约束的雷达事件；放入延时链表的是不满足当前调度周期约束但可能在下个调度周期被调度的事件；放入删除链表的是既不满足当期调度周期也不满足下个调度周期的事件。

执行链表中的雷达事件序列送入雷达硬件设备；延迟链表中的雷达事件将送入下个调度间隔进行再次分析；删除链表中的雷达事件将被丢弃。

3.2 具体调度流程

图 3 所示是有时间窗约束的调度流程图。与没有时间窗的调度算法相比，此调度流程在当前雷达事件无法满足调度周期条件约束时，增加时间窗调节，使雷达时间轴上尽可能安排更多的雷达事件，以增大调度容量。

4 仿真结果

4.1 场景及参数确定

场景一：调度周期 50ms，有时间窗，10个雷达事件请求。

场景二：调度周期 50ms，有时间窗，10个雷达事件请求。

调度周期起始时间为 0.15s，结束时间为 0.20s。

雷达具体事件的参数设定见表1所示。场景一、场景二的事件请求时序图分别为图4中的左、右图。

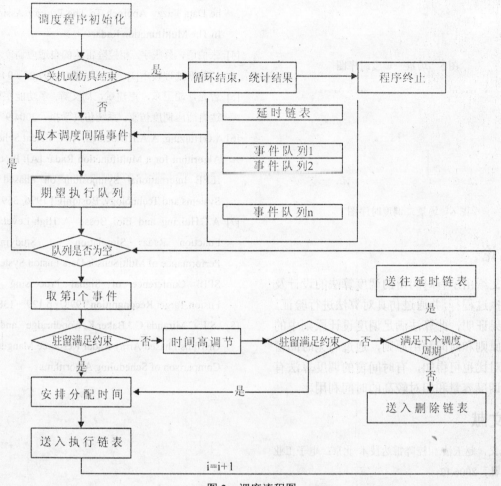

图3 调度流程图

表1 雷达事件参数

雷达事件类型	优先级	驻留时间	时间窗
高优先级搜索	6	5ms	10ms
点迹确认	5	5ms	10ms
失跟搜索	4	5ms	10ms
中优先级跟踪	3	5ms	10ms
低优先级跟踪	2	5ms	10ms
搜索	1	2.5ms	100ms

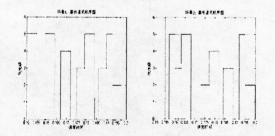

图4 场景一、场景二的雷达请求事件时序图

4.2 仿真结果及分析

图5、图6是调度算法仿真结果，左面的为有时间窗调度算法的调度结果，右面的为无时间窗的调度算法调度结果。其中矩形表示调度成功的雷达事件，矩形宽度表示波束驻留时间，矩形高度表示雷达事件优先级。从图中可以看出雷达事件期望时间发生冲突时，优先级高的雷达事件会抢占优先级低的雷达事件的时间资源（场景一中第十个雷达事件抢占第九个雷达事件时间，场景二中第二个第五个雷达事件分别抢占第三个第六个雷达事件时间）。从与对应的事件请求时序图对比可明显看出，有时间窗的调度算法可提高调度事件数目（场景一中有时间窗的调度比无时间窗算法多调度4个雷达事件，场景二中有时间窗的调度比无时间窗的调度多调度2个雷达事件），增大了调度容量。

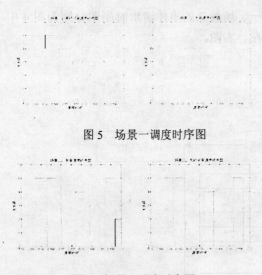

图 5　场景一调度时序图

图 6　场景二调度时序图

5　结论

本文给出了有时间窗的调度算法的设计及详细的执过程行，并通过仿真对算法进行验证。仿真结果证明，此算法满足调度设计原则中的优先级原则和时间利用原则，通过与无时间窗的算法对比也可得知，有时间窗的调度算法有更大的调度容量和相对较高的时间利用率。

参考文献

[1] 张光义，赵玉洁.相控阵雷达技术.北京：电子工业出版社，2006.12

[2] 鲍 R A. 现代雷达的计算机控制. 王连成译. 北京：航空航天工业部，1973

[3] WojciechKomorniczak.,JerzyPietrasiliski*,Bassel olaimad he Data Fuzzy Approch To The Priority Assignment In The Multifunction Radar

[4] 张伯彦，蔡庆宇. 相控阵雷达的自适应调度和多目标数据处理技术[J]. 电子学报，1997,25（9）：1～5

[5] 曾光，胡卫东，卢建斌，周文辉. 多功能相控阵雷达自适应调度仿真. 系统仿真学报，2004.9

[6] A.G.Huizing, A.A.F.Bloemen. An Efficient Scheduling Algorithm for a Multifunction Radar [A]. Proc.of the IEEE International Symposium on Phased Array Systems and Technology, Boston[C].1996. 359～364

[7] A.G.Huizing and Eloi Bosse. A High-Level Multi-Function Radar Simulation for Studying the Performance of MultiSensor Data Fusion Systems[C]. SPIE Conference of Signal Processing Sensor Fusion.Target Recongnition 1998. pp.129～138

[8] S.L.C.Miranda,C.J.Baker,K.Woodbridge and H.D. Griffiths.Phased Array Radar Resource Mangement:A Comparison of Scheduling Algorithms

基于迭代最小二乘投影 CMA 的多用户盲分离算法

唐 玲 宋 弘

（四川理工学院自动化与电子信息学院 四川 643000）

摘 要：本文提出了一种基于迭代最小二乘投影 CMA 的多用户盲分离算法。该算法根据迭代最小二乘投影，即 ILSP 算法可以视为 LSCMA 在多用户情况下的推广形式，解决了当存在多个恒模用户时权值趋向于收敛功率最强的用户的问题，可以在不知道信号先验知识的情况下对来自不同方向上的独立信号进行有效的分离。提出的算法不需要进行繁琐的 Gram-Schmidt 正交化处理，并且在盲分离信号的基础上还可以估计出信号的波达方向。计算机仿真结果表明，分离出来的信号与源信号的相关系数均大于 0.99，且算法的解接近于维纳解，证实了该算法的有效性。

关键字：盲分离；迭代最小二乘投影 CMA；波达方向；相关系数

Multi-user Blind Separation Algorithm Based On The Iteration Least Squares Projection CMA

TANG Ling   SONG Hong

（Automation and electronic information college, Sichuan University Of Science & Engineering, Zigong, 643000）

Abstract：A multi-user blind separation algorithm based on the iteration least squares projection constant modulus algorithm is proposed in this paper. On the basis of the iteration least squares projection which means the ILSP algorithm can being seen as an extension of LSCMA in multi-user situations, the algorithm solves the problem that the weight values tend to converges the strongest users when many constant modulus users exist. And it can separate the independent signals from different directions effectively without knowing the transcendent knowledge of the signals. The proposed algorithm don't need to use Gram-Schmidt orthogonalization procedure, and can estimate the user's DOA on the basis of separation. Computer simulation results show that the correlation coefficient of the signal separated and the source signals are greater than 0.99, and the results of the algorithm are close to those of Wiener's, which confirms the effectiveness of the algorithm.

Keywords：blind separation，iteration least squares projection CMA，direction-of-arrival，correlation coefficient

1 引言

波束形成问题实际上就是信号源的分离问题，或者是多用户分离问题。通信系统中的多用户分离问题正引起人们的广泛关注。学者们提出了很多方案，试图解决多用户分离这一问题。多用户分离问题不仅要把信号和干扰噪声分离，还要区分不同的用户信息，这就要引入更多的信息；盲分离则是在不知道信号先验知识的情况下对用户进行分离。常见的多用户盲分离处理方案主要有以下几种：1.分阶段解决方案[1]，虽然理论上能完成多用户分离，但是分阶段的串行处理结构会造成前级对后级产生积累误差的影响；2.对代价函数的改造，如 LS_MU_CMA[2] 和 LS_AD_CMA[3]，前者是对输入信号的自相关矩阵进行改造，并且需要对输出端口排序，序号较大端口的输出依赖于所有比它序号小的端口的输出，后者不同的是改造了输入信号与输出信号之间的互相关矢量，不再要求对输出端口排序，但是系数的不同取值会造成收敛的不稳定；3.正交化处理方案，主要有对权值的正交化[4]和输出信号的正交化处理[5]。本文在恒模算法的基础上，基于迭代最小二乘投影，即 ILSP 算法可以视为 LSCMA 在多用户情况下的推广形式，它提出了一种多用户盲分离算法，该算法不需要进行 Gram-Schmidt，在盲分离信号的基础上还可以估计出信号的波达方向，具有实现简单、收敛快、性能稳定、分离效果良好的优点。

二 问题形成和信号模型

假设有 d 个相互独立的恒模信号入射到由

m 个阵元组成的线性天线阵列（ULA）上，则阵列第 j 个阵元接收的信号为：

$$x_j(n) = \sum_{i=1}^{d} s_i(n) a_j(\theta_i) + n_j(n) \qquad (1)$$

其中，$s_i(n)$ 为入射到阵列的第 i 个源信号；$n_j(n)$ 为第 j 个阵元上的加性高斯白噪声；$a_j(\theta_i)$ 为 $s_i(n)$ 在波达方向 θ_i 上的导向矢量。（$i=1,\cdots,d$; $j=1,\cdots,m$）

上式表示成矩阵形式为：

$$X(n) = AS(n) + N(n) \qquad (2)$$

$$X(n) = [x_1(n), x_2(n), \cdots, x_m(n)]^T \qquad (3)$$

$$A = [a(\theta_1), a(\theta_2), \cdots, a(\theta_d)] \qquad (4)$$

$$S(n) = [s_1(n), s_2(n), \cdots, s_d(n)]^T \qquad (5)$$

$$N(n) = [n_1(n), n_2(n), \cdots, n_m(n)]^T \qquad (6)$$

其中，$a(\theta_i) = [1, e^{-j\phi_i}, \cdots, e^{-j(m-1)\phi_i}]^T$，在假设窄带信源条件下 $\phi_i = 2\pi(\Delta d/\lambda)\sin(\theta_i)$；$\Delta d$ 是阵元间隔；λ 是载波波长；θ_i 是信号 s_i 的波达角。

本文采用的多输入多输出系统由 d 个波束形成器组成，如图1所示。根据波束形成器的基本概念，每个波束形成器的输出为：

$$Y_i = W_i^H X, \quad i=1,\cdots,d \qquad (7)$$

其中，W_i 表示第 i 个波束形成器的复权矢量。

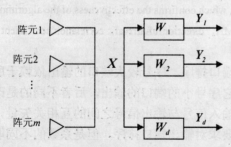

图1　多用户波束形成器系统

现在的问题是，在既不知道信号的导向矢量，也不知道信号源的先验知识的情况下，如何根据一种最优准则，通过同时调整所有的权矢量 W，使得每个波束形成器的输出锁定一个不同的用户。

三　算法分析

基于迭代最小二乘投影的 CMA（ILSP_CMA）[6] 是一种基于特性恢复的算法，可用于对多个信源入射到阵列上的空间特性和波形进行联合检测。ILSP_CMA 是一种节省数据量和计算量的方法，克服了多目标 CMA 和多级 CMA 算法中的很多问题。

将未知信号波形作为待估计的确定量，并假设信号数已知或可以估的，则阵列输出数据的对数似然函数[7] 为：

$$J = -\text{constant} - mN\log_n^2 - \frac{1}{\sigma_n^2} \sum_{n=0}^{N-1} \| X(n) - AS(n) \|^2 \qquad (8)$$

式中，N 是采样数；σ_n^2 是噪声功率。最大似然估计（ML）量将 J 对于未知空间特性 A 和 S（k），$k=0, \cdots, N-1$ 取最大，产生下面的求最小值问题[7]：

$$\min_{A,S} = \| X - AS \|_F^2 \qquad (9)$$

式中，$\| \cdot \|_F^2$ 是 Frobenius 范数的平方；S 元素的模被约束为常数。ILSP_CMA 是解决上式最小化问题的一种有效算法。令 $f(A,S) = \| X - AS \|_F^2$ 是连续矩阵变量 A 和 S 的函数。设定初始权值后可得 S 的估计值为 $\hat{S}$，$\hat{S}$ 的每个元素除以各自的绝对值得到模为1的信号，也就是将每个信号投影到了单位圆上。然后将 $f(A,\hat{S})$ 对于 A 取最小，得到 A 的一个更优估计，这是一个最小二乘问题，A 的估计可由最小二乘解给出

$$\hat{A} = X\hat{S}^H(\hat{S}\hat{S}^H)^{-1} \qquad (10)$$

保持 $\hat{A}$ 固定，再将 $f(\hat{A},S)$ 对连续的 S 取最小值又是一个最小二乘问题，S 新的估计为：

$$\hat{S} = (\hat{A}^H\hat{A})^{-1}\hat{A}^H X \qquad (11)$$

又由 $\hat{S} = W^H X$ 可得更新的权值为：

$$W = \hat{A}(\hat{A}^H\hat{A})^{-1} \qquad (12)$$

ILSP_CMA 算法第 k 次迭代过程小结如下：

1）随机给定初始权值 $W_k = [w_1, w_2, \cdots, w_P]$，计算 $Y_k = W_k X$。

2）令 $D_k = \dfrac{Y_k}{|Y_k|}$，则

$$\hat{A}_{k+1} = XD_k^H(D_k D_k^H)^{-1} \qquad (13)$$

3）更新权值 $W_{k+1} = \hat{A}_{k+1}(\hat{A}_{k+1}^H\hat{A}_{k+1})^{-1}$ （14）

4）重复步骤1）～3），直到算法收敛。

另外在信源盲分离基础上，该算法还可以

得到空间特征 A，即算法收敛后的 $\hat{A}$。由于，每个空间特性的第一个元素取实数值，将空间特征向量的所有元素除以它们各自的第一个元素，可以将空间特性向量的第一个元素置1。$\hat{A}$ 的每个列向量即为各用户的方向向量 $\hat{a}(\theta_i)$，进一步估计出目标方位：

$$\theta_i = \arg\max_\theta |\hat{a}(\theta_i)^H a(\theta)|^2, \quad i=1, \cdots, d \quad (15)$$

其中，$a(\theta)$ 是扫描向量；θ 在整个扫描空间内变化。

另外，对于多用户盲分离算法的性能评价，我们采取以分离出来的信号 y_i 与对应的源信号 s_j 的相关系数作为度量[8]

$$\rho_{ij} = \sqrt{\frac{|E(y_i^* s_j)|^2}{E(|y_i|^2)E(|s_j|^2)}} \quad (16)$$

如果 ρ_{ij} 的值等于1，说明第 i 个分离出来的信号与第 j 个源信号完全相同，由于估计误差不可避免，ρ_{ij} 得值只能接近于1，并且 ρ_{ij} 的值离1越近，分离效果越好。

四 实验仿真

在仿真试验中，假设有 4 个独立的 QPSK 信号入射到 $m=8$ 阵元的均匀线阵上，阵元间距为 0.5λ，λ 为载波波长。入射角分别为 $10°$，$-30°$，$60°$ 和 $-60°$，信号与噪声功率比为 10dB，且在每个阵元上加有复高斯白噪声。

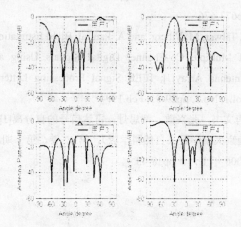

图 2 各用户的阵列方向图

实验 1 测试算法对各用户的分离性能及收敛性能。图 2 所示是算法收敛后 4 个输出端口对应的阵列方向图，从图可以看出该算法能分离出 4 个用户，并在有用用户方向获得较大增益，而在其余用户方向具有较深的零陷。

图 3 所示是输出端口对应的均方误差性能，可见收敛速度相当快，在不到 20 次迭代下就可以收敛，而且性能也很稳定。

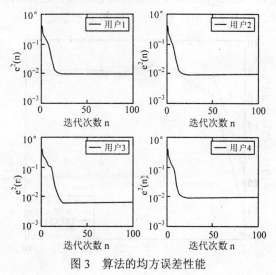

图 3 算法的均方误差性能

由表 4 可见，分离出来的信号与源信号的相关系数均大于 0.99，因此分离效果良好，与格莱姆-史密特正交和改造代价函数的算法相比都有较好的性能。虽然 ILSP_CMA 和 LS_MU_CMA 相关系数很接近，但是从算法的复杂度来看充分说明了该算法的有效性。另外，在对用户信号分离的同时还得到了对四个用户的波达方向的估计值，它们分别为：$10.35°$，$-29.7°$，$60.3°$ 和 $-59.85°$，与源用户信号波达角很接近。

表 4 分离信号与源信号的相关系数

各用户信号		用户 1	用户 2	用户 3	用户 4
相关系数	ILSP_CMA	0.9937	0.9945	0.9940	0.9938
	LS_MU_CMA	0.9935	0.9945	0.9939	0.9937
	GSO_LSCMA	0.9878	0.9740	0.9777	0.9937

实验 2 该实验测试算法恢复各用户的平均输出信噪比与信号之间夹角的关系。信号夹角从 $5°$ 到 $40°$ 每隔 $1°$ 取一个实验点。在相同条件下，求出波束形成最优解——维纳解 $W = (XX^H)^{-1}XS^H$ 在该点的平均输出信噪比，将其与三种算法进行比较。仿真结果比较如图 5 所示，由图可见本文算法的解较其他两种算法更接近于维纳解。

实验 3 测试算法的平均输出信噪比与采样个数之间的关系。采样数从 20 到 1000，每增加 10 个采样取一个实验点，过程同实验2。图 6 所示为实验结果，随着采样数的增大，

ILSP_CMA 的解越来越接近维纳解，当采样数增大到一定程度后，输出信噪比会趋于一个稳定值，GSO_LSCMA 的解相对也比较接近维纳解，但是 LS_MU_CMA 的解却很不稳定。

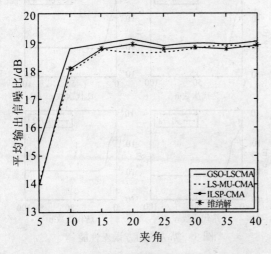

图 5　平均输出信噪比与信号夹角间的关系

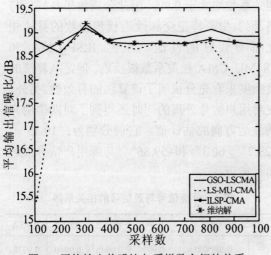

图 6　平均输出信噪比与采样数之间的关系

五　结束语

在研究多种多用户分离的解决方案的基础上，本文提出了一种基于迭代最小二乘投影 CMA 的多用户盲分离算法，即 ILSP_CMA。该算法不需要进行 Gram-Schmidt 正交化处理，

解决了波束形成过程中对同一用户的重复收敛问题，能以较小的计算量迅速收敛至期望权矢量，因此对多用户进行了良好的盲分离，并且在盲分离信号的基础上还可以估计出信号的波达方向，算法的解也很接近于维纳解。通过仿真试验证实了该算法的稳健性和有效性。

参考文献

[1] John J. Shynk, Richard P. Gooch, Performance analysis of the multistage CMA adaptive beamformer[J], IEEE, Vol.2, pp316-320, 1994

[2] Leary, Jonathan, Least-Square Multi-user CMArray: A New Algorithm for Blind Adaptive Beamforming, Conference Record of the Asilomar Conference on Signals, Systems & Computers[C], Vol.1, pp902-905, 1998

[3] Cavalcanti, F.R.P. Romano, J.M.T. Brandao, Least-Squares CMA with decorrelation for fast blind multiuser signal separation[C], ICASSP, Vol.5, pp2527-2530, 1999

[4] P. Sansrimahachai, D.B. Ward and A.G. Constantinides, Multiple-Input Multiple-Output Least-Squares Constant Modulus Algorithms[J], IEEE, pp2084-2088, 2003

[5] 高康强，智能天线波束形成技术研究[J]，西安电子科技大学，2002 年，pp32-37

[6] I. Parra, G. Xu, and H. Liu, A Least Squares Projective Constant Modulus Approach[J], IEEE, 1995, pp673-676

[7] S. Talwar, M. Viberg, and A. Paulraj, Blind Estimation of Multiple Co-Channel Digital Signals Using an Antenna Array[J], IEEE Signal Processing Letters, Vol.1, No.2, pp29-31, Feb.1994

[8] 肖文书，张兴敢，都思丹，雷达信号的盲分离[J]，南京大学学报（自然科学版），第 42 卷，第 1 期，2006 年 1 月，pp38-43

采用平方根 UKF 的高动态 GPS 信号参数估计

杨少委　张旭东

（电子科技大学电子科学技术研究院　成都 610054）

摘　要：针对 GPS 的载波跟踪问题，提出了一种基于平方根 UKF（square root UKF）的高动态 GPS 信号参数估计方法。该方法用状态协方差的平方根而不是状态协方差本身进行递推运算，能有效地解决 UKF 递推过程中协方差矩阵可能出现负定的问题，同时具有更高的估计精度。通过计算机仿真，验证了该算法的可靠性和有效性。

关键词：全球定位系统；平方根不敏卡尔曼滤波；非线性滤波

Parameter estimation of high dynamic GPS signal Using the Unscented Kalman Filter

YANG Shaowei　ZHANG Xudong

（Research Institute of Electronic Science and Technology, University of Electronic Sciences and technology of China, Chengdu, 610054）

Abstract：Aiming at the GPS carrier tracking, an algorithm based on the square root Unscented Kalman filter （UKF） is presented to estimate the parameters of high dynamic GPS signal. The covariance square root matrix, instead of covariance, was taken in filter iteration, which effectively guaranteed a non-negative definite state covariance matrix, meanwhile improved the estimation accuracy. The simulation results show that the algorithm if feasible and efficient.

Keywords：GPS，square root UKF，nonlinear filter

引言

在 GPS 的应用中，高动态环境一般指接收机载体具有较高的速度、加速度和加加速度。高动态环境中，传统应用锁相环的载波跟踪方法在跟踪精度和动态性能方面的矛盾更加突出，在没有外界辅助的条件下很难可靠跟踪载波信号。在高动态情况下，GPS 信号的非线性性更加明显，扩展卡尔曼滤波（EKF）被广泛应用于这种条件下的载波跟踪。但是 EKF 对状态方程的量测方程线性化的方法降低了模型的准确性，特别是对于强非线性系统，估计精度很难得到保证；另一方面，EKF 的滤波过程需要计算非线性函数的 Jacobian 矩阵，当系统模型很复杂时不易实现，而且计算量也相当大[1,2]。针对 EKF 的不足，Julier 等人提出了 Unscented 卡尔曼滤波（UKF）算法[1]。UKF 的基本思想是通过 UT（Unscented Transform）变换，选择一组 sigma 点，使这组点的均值和协方差矩阵与状态向量的均值和协方差矩阵一致，然后将这组点通过非线性的状态方程和测量方程进行滤波迭代，求出状态向量的均值和协方差矩阵

的估计值。UKF 不需要计算 Jacobian 矩阵，也无需线性化状态方程和测量方程，因而不存在线性化误差，比 EKF 具有更高的估计精度[1,2]。文献[3]，将 UKF 应用 GPS 信号参数的估计。但是，在数值计算中往往存在舍入误差，常常会导致协方差矩阵失去非负定性[4]，从而使得 UKF 滤波器无法正常工作。针对这个问题，有关学者提出了平方根 UKF（square root UKF）算法[4]，平方根 UKF（以下称 SR-UKF）不仅可以保证协方差矩阵的非负定性，同时可以提高数值计算精度。

1　GPS 信号模型

经过下变频和 A/D 转换后，GPS 信号被转换为数字基带信号。在下面的讨论中，假设此数字基带信号只包含载波成份。该基带信号经过混频、时间为 T 的积分，得到的 I、Q 两路信号，可表示为[5,6]：

$$r(k) = \begin{bmatrix} A\cos(\theta(k)) \\ A\sin(\theta(k)) \end{bmatrix} + \upsilon(k) \qquad (1)$$

位采样值；A 为信号幅度，因为不需要对其进

行估计，所以将其设为单位值[6]；$\upsilon(k)=[\upsilon_I(k)$ $\upsilon_Q(k)]^T$ 为零均值、单边功率谱密度为 N_0 的高斯噪声向量。$\upsilon(k)$ 的协方差矩阵为[5,6]：

$$R = E\left[\upsilon(k)\upsilon^T(k)\right] = \left(\frac{N_0}{2T}\right)I \quad (2)$$

式中，I 为 2×2 的单位矩阵。

当 T 足够小时，$\theta(k)$ 可以做如下泰勒级数展开[5,6]：

$$\begin{aligned}\theta(k) &= \theta(k-1) + \omega_0(k-1)\cdot T \\ &+ \frac{1}{2}\omega_1(k-1)\cdot T^2 + \frac{1}{6}\omega_2(k-1)\cdot T^3 \\ &+ V_1(k-1)\end{aligned} \quad (3)$$

$$\begin{aligned}\omega_0(k) &= \omega_0(k-1) + \omega_1(k-1)\cdot T \\ &+ \frac{1}{2}\omega_2(k-1)\cdot T^2 + V_2(k-1)\end{aligned} \quad (4)$$

$$\begin{aligned}\omega_1(k) &= \omega_1(k-1) + \omega_2(k-1)\cdot T \\ &+ V_3(k-1)\end{aligned} \quad (5)$$

$$\omega_2(k) = \omega_2(k-1) + V_4(k-1) \quad (6)$$

其中，$\omega_0(k)$、$\omega_1(k)$ 和 $\omega_2(k)$ 为相位过程 $\theta(t)$ 的 1 到 3 阶导数的采样值，分别对应多普勒频率（速度）、多普勒频率变化率（加速度）和多普勒频率二阶导数（加加速度）。多普勒频率 f_d 与 GPS 卫星相对于接收机的速度 v_d 有如下的关系：

$$f_d = \frac{v_d}{c}f_L \quad (7)$$

其中，c 为光速；f_L 为 GPS 信号载波频率。对于 L1 波段 C/A 码来说，$f_L = 1575.42\text{MHz}$。多普勒频率采样值 $f_d(k)$ 与 $\omega_0(k)$ 的关系为 $\omega_0(k) = 2\pi f_d(k)$，多普勒频率一、二阶导数与加速度和加加速度也有相同的对应关系。

$V_i(k)$（$i=1,2,3,4$）为泰勒级数的残留部分，表示状态噪声[5,6]：

$$V_i(k) = \int_{(k-1)T}^{kT}\frac{t^{4-i}}{(4-i)!}Y(t)dt \quad i=1,2,3,4 \quad (8)$$

式中，$Y(t)$ 为相位过程 $\theta(t)$ 的四阶导数。通常视其为零均值高斯噪声过程，设其单边功率谱密度为 N_y，则有：

$$E\left[V_4^2(k)\right] = \frac{N_y T}{2} = \sigma_y^2 T^2 \quad (9)$$

其中，σ_y^2 为 $Y(t)$ 采样信号的方差。

研究表明，将频率和相位一同估计可减小频率估计误差，在门限附近频率估计精度提高更为显著[7]；高动态环境下存在较大的加速度和加加速度，这里也对角频率的一、二阶导数（对应加速度和加加速度）进行估计，这样也可以提高相位和频率的估计精度。因此状态向量可取为：

$$x(k) = \begin{bmatrix}\theta(k) & \omega_0(k) & \omega_1(k) & \omega_2(k)\end{bmatrix}^T \quad (10)$$

状态方程可表示为：

$$\begin{aligned}x(k) &= f(x(k-1),V(k-1)) \\ &= F\cdot x(k-1) + V(k-1)\end{aligned} \quad (11)$$

其中状态转移矩阵 F 为[6]：

$$F = \begin{bmatrix}1 & T & T^2/2 & T^3/6 \\ 0 & 1 & T & T^2/2 \\ 0 & 0 & 1 & T \\ 0 & 0 & 0 & 1\end{bmatrix} \quad (12)$$

$V(k) = \begin{bmatrix}V_1(k) & V_2(k) & V_3(k) & V_4(k)\end{bmatrix}^T$，为零均值高斯状态噪声向量。根据式（3）、（4）、（5）、（6）、（8）和式（9），其协方差矩阵为[5,6]：

$$\begin{aligned}Q &= E\left[V(k)V^T(k)\right] \\ &= \frac{N_y T}{2}\begin{bmatrix}T^6/252 & T^5/72 & T^4/30 & T^3/24 \\ T^5/72 & T^4/20 & T^3/8 & T^2/6 \\ T^4/30 & T^3/8 & T^2/3 & T/2 \\ T^3/24 & T^2/6 & T/2 & 1\end{bmatrix}\end{aligned} \quad (13)$$

令 $L = [1\ \ 0\ \ 0\ \ 0]$，有：

$$\theta(k) = Lx(k) \quad (14)$$

根据式（1），测量方程可写为：

$$\begin{aligned}r(k) &= h(x(k),\upsilon(k)) \\ &= \begin{bmatrix}A\cos(Lx(k)) \\ A\sin(Lx(k))\end{bmatrix} + \upsilon(k)\end{aligned} \quad (15)$$

2 SR-UKF 滤波过程

SR-UKF 算法是在 UKF 算法的基础上采用 Cholesky 分解和 QR 分解，在滤波过程中，直接用状态协方差矩阵的平方根进行迭代[4]。下面对 Cholesky 分解和 QR 分解进行简要的说明。

设 A 为上三角阵，B 对称正定阵，如果 A、B 满足 $A^T A = B$，则称 A 是 B 的 Cholesky 系数，记为 $A = \text{chol}(B)$，称 $A^T A \pm \sqrt{|r|} v v^T$ 的 Cholesky 系数为 Cholesky 一阶更新，记为 $\text{cholupdate}(B, \sqrt{|r|} v, \pm)$，其中 r 为实数，v 为列向量。当 v 为矩阵时，则取 v 的各列连续做 Cholesky 一阶更新。

设 $B \in R^{n^a \times n}$（$n^a \geq n$），其 QR 分解记为 $A = \text{qr}(B)$。其中，$A = [S^T \ 0]^T$ 与 B 同维，$S \in R^{n \times n}$ 为一上三角阵。在下面的滤波过程中，进行 QR 分解后得到的上三角矩阵 S 用于参加运算。

在运用 SR-UKF 算法进行 GPS 信号参数估计时，状态方程和测量方程分别为式（11）和式（15）。下面为具体的滤波过程，这里进行扩维处理，将状态噪声和测量噪声加入状态向量[8]：

$$x^a = \begin{bmatrix} x^T & V^T & \upsilon^T \end{bmatrix}^T \qquad (16)$$

2.1 初始化

$$\hat{x}_0 = E(x_0) \qquad (17)$$

$$P_0 = E\left[(x_0 - \hat{x}_0)(x_0 - \hat{x}_0)^T \right] \qquad (18)$$

$$S_0^x = \text{chol}(P_0) \qquad (19)$$

$$\begin{aligned}
W_0^{(m)} &= \frac{\lambda}{n^a + \lambda} \\
W_0^{(c)} &= \frac{\lambda}{n^a + \lambda} + (1 - \alpha^2 + \beta) \\
W_i^{(m)} &= W_i^{(c)} = \frac{1}{2(n^a + \lambda)} \quad i = 1,2,3,\cdots,2n^a
\end{aligned} \qquad (20)$$

式中，$\lambda = \alpha^2(n^a + \kappa) - n^a$，$n^a$ 表示扩维后的系统状态向量的维数；α 是散布程度因子，通常取一个小的正值（如 0.001）；κ 为辅助尺度因子，一般取为 0；β 为验前分布因子，对于高斯分布，$\beta = 2$ 为最优；$W_i^{(m)}$（$i = 0,1,2,\cdots,2n^a$）为求一阶统计特性（均值）时的权重；$W_i^{(c)}$（$i = 0,1,2,\cdots,2n^a$）为求二阶统计特性（方差）时的权重[3]。

2.2 计算 sigma 点

$$x_{k-1}^a = \begin{bmatrix} \hat{x}_{k-1}^T & 0 & 0 \end{bmatrix}^T \qquad (21)$$

$$S_{k-1}^a = \begin{bmatrix} S_{k-1}^x & 0 & 0 \\ 0 & \text{chol}(Q) & 0 \\ 0 & 0 & \text{chol}(R) \end{bmatrix} \qquad (22)$$

令 $c = \sqrt{n^a + \lambda}$，则 $k-1$ 时刻的 sigma 点为

$$\begin{aligned}
\chi_{k-1}^a &= \left[(\chi_{k-1}^r)^T \ (\chi_{k-1}^V)^T \ (\chi_{k-1}^\upsilon)^T \right]^T \\
&= \left[\hat{x}_{k-1}^a \quad \hat{x}_{k-1}^a + c(S_{k-1}^a)^T \quad \hat{x}_{k-1}^a - c(S_{k-1}^a)^T \right]
\end{aligned} \qquad (23)$$

2.3 时间更新

$$\chi_{k|k-1}^x = f(\chi_{k-1}^x, \chi_{k-1}^V) \qquad (24)$$

$$\hat{x}_{\bar{k}} = \sum_{i=0}^{2n^a} W_i^{(m)} \chi_{i,k|k-1}^x \qquad (25)$$

令 $W = \text{diag}\left(\sqrt{W_1^{(c)}} \ \sqrt{W_2^{(c)}} \ \cdots \ \sqrt{W_{2n^a}^{(c)}} \right)$，

$$\begin{aligned}
X_m = \Big[(\chi_{1,k|k-1}^x - \hat{x}_{\bar{k}}) \ & (\chi_{2,k|k-1}^x - \hat{x}_{\bar{k}}) \\
& \cdots \ (\chi_{2n^a,k|k-1}^x - \hat{x}_{\bar{k}}) \Big]
\end{aligned} \qquad (26)$$

则有：

$$\begin{aligned}
S_{\bar{k}}^x = \text{cholupdate}\Big\{ & \text{qr}\left((X_m W)^T\right), \\
& \sqrt{|W_0^{(c)}|}(\chi_{0,k|k-1}^x - \hat{x}_{\bar{k}}), \text{sign}(W_0^{(c)}) \Big\}
\end{aligned} \qquad (27)$$

$$Z = h(\chi_{k|k-1}^x, \chi_{k-1}^\upsilon) \qquad (28)$$

$$\hat{z}_{\bar{k}} = \sum_{i=0}^{2n^a} W_i^{(m)} Z_{i,k|k-1} \qquad (29)$$

2.4 测量更新

$$\begin{aligned}
Z_m = \Big[(Z_{1,k|k-1} - \hat{z}_{\bar{k}}) \ & (Z_{2,k|k-1} - \hat{z}_{\bar{k}}) \\
& \cdots \ (Z_{2n^a,k|k-1} - \hat{z}_{\bar{k}}) \Big]
\end{aligned} \qquad (30)$$

$$S_k^z = \text{cholupdate}\Big\{ \text{qr}\left((Z_m W)^T\right),$$

$$\left. \sqrt{\left|W_0^{(c)}\right|}\left(Z_{0,k|k-1}-\hat{z}_{\bar{k}}\right),\operatorname{sign}\left(W_0^{(c)}\right)\right\} \quad (31)$$

$$P_{xz}=\sum_{i=0}^{2n^a}W_i^{(c)}\left(\chi_{i,k|k-1}^x-\hat{x}_{\bar{k}}\right)\left(Z_{i,k|k-1}-\hat{z}_{\bar{k}}\right)^T \quad (32)$$

$$K_k=P_{xz}\left(\left(S_k^z\right)^T S_k^z\right)^{-1} \quad (33)$$

$$\hat{x}_k=\hat{x}_{\bar{k}}+K_k\left(z_k-\hat{z}_{\bar{k}}\right) \quad (34)$$

$$S_k^x=\operatorname{cholupdate}\left\{S_{\bar{k}}^x,K_k\left(S_k^z\right)^T,-\right\} \quad (35)$$

3 SR-UKF 仿真分析

在 SR-UKF 估计技术的仿真模拟过程中，采用 JPL 实验室定义的高动态模拟环境，其参数描述如下[3,6]：设 GPS 接收机载体的高动态含有正、负两种加加速度脉冲，脉冲持续时间为 0.5s，幅度为 100g/s，被持续 2s 的恒加速度所分割，加速度的初始值设定为–25g，速度的初始值设定为–100m/s。

在经典高动态 GPS 信号参数估计算法中，算法的频率跟踪门限（跟踪门限定义为失锁概率等于 10%时的信噪比，频率失锁是指频率估计误差超过采样频率的 1/2）约为 25 dBHz[3]。为了对仿真结果有直观的认识，这里取信噪比为 40dBHz，进行 50 次蒙特卡罗仿真，更新时间 T=1ms。高动态环境 GPS 信号的跟踪过程及估计误差分别如图 1～8 所示。由图 1～8 可知，用 SR-UKF 对高动态环境的 GPS 信号的参数进行估计，能够得到很高的估计精度，估计效果令人满意。

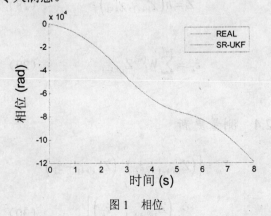

图 1   相位

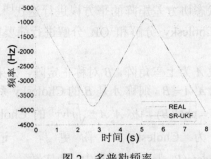

图 2   多普勒频率

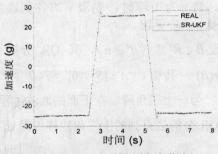

图 3   加速度（多普勒频率变化率）

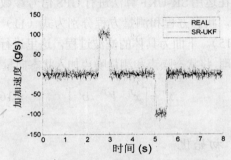

图 4   加加速度（多普勒频率二阶导数）

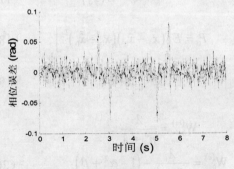

图 5   相位误差

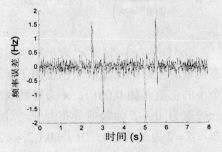

图 6   多普勒频率误差

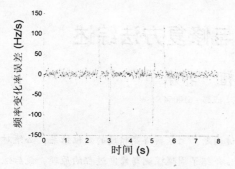

图 7 多普勒频率变化率误差

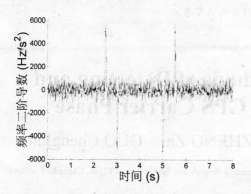

图 8 多普勒频率二阶导数误差

结束语

本文提出了基于 SR-UKF 非线性滤波算法的高动态 GPS 参数估计方法。该方法无需计算 Jacobian 矩阵，仅需代数运算，并且克服了一般 UKF 算法由于舍入误差引起的协方差矩阵出现负定的情况，还具有良好的收敛性。仿真结果表明 SRUKF 方法在高动态环境中可以很好地跟踪 GPS 信号。

参考文献

[1] JULIER S J, UHLMANN J K. A new extension of the Kalman filter to nonlinear systems[A]. The 11th International Symposium on Aerospace/Defense Sensing, Simulation and Controls, Orlando, USA, 1997

[2] JULIER S J, UHLMANN J K, DURRANT-WHYTE H F. A new method for the nonlinear transformation of means and covariances in filters and estimator[J]. IEEE Transactions on Automatic Control, 2000, 45 （3）：477～482

[3] 吕艳梅，井荣华，吴国庆等. 基于 UKF 的高动态 GPS 信号参数估计研究[J]. 系统仿真学报. 2008, 20 （1）:169～172, 209

[4] VAN DEN MERWE R, WAN E A. The square-root Unscented Kalman filter for state and parameter-estimation [A]. Proceedings of the International Conference on Acoustics, Speech, and Signal Processing [C]. New York: Inst of Electrical and Electronics Engineers, 2001. 3461～3464

[5] AGURRE S and HINEDI S, "Two novel frequency tracking loops", IEEE Trans on AES. 1989, 25（5），749～760

[6] VILNROTTER V A, HINEDI S, and KUMAR R, "Frequency estimation techniques for high dynamic trajectories", IEEE Trans on AES. 1989, 25（4），559～577

[7] KUMMAR R. Efficient detection and signal parameter estimation with application to high dynamic GPS receiver [R]. New York: NASA, Dec. 1988, 358～364

[8] 姜雪原，马广富. 基于平方根 Unscented 卡尔曼滤波的无陀螺卫星的姿态估计[J]. 南京理工大学学报.2005 29（4）：399～402, 410

GPS 载波相位周跳探测与修复方法综述

滕云龙　张旭东　郑植　郭承军

（电子科技大学电子科学技术研究院　成都　610054）

摘　要：周跳是载波相位测量数据处理过程中亟需解决的关键问题。为了获得高精度的定位结果，必须对其进行快速准确地探测与修复。本文首先阐述了周跳产生的原因，然后介绍了周跳探测与修复过程的原理，最后综述了较有代表性的周跳探测与修复方法的研究现状及其存在的主要问题。本文的研究为周跳探测与修复问题的解决提供了新的思路，可以作为 GPS 高精度定位以及实时姿态测量等工程应用的参考。

关键词：全球定位系统；载波相位；周跳；探测；修复

A Summary of the Methods of Detecting and Repairing Cycle Slips for GPS Carrier Phase

TENG Yunlong　ZHANG Xudong　ZHENG Zhi　GUO Chengjun

（Research Institute of Electronic Science and Technology, University of Electronic Science and Technology of China, Chengdu, 610504）

Abstract：Cycle slip has been the continuing challenges for high precision positioning results with GPS carrier phase measurements. In order to attain high precision positioning and navigation results with GPS, cycle slips must be correctly detected and repaired. This paper describes the reasons of cycle slips and introduces the principle of detecting and repairing them. Then it summaries the progress and the main problems of different algorithms used for detecting and repairing cycle slips. The research work in this paper paves the way for detecting and repairing cycle slips, and should be valuable in the project application and the theory research of GPS high precision positioning and real-time attitude determination.

Keywords：Global Positioning System（GPS），carrier phase，cycle slip，detecting，repairing

引言

GPS 载波相位测量技术被广泛应用于载体的快速静态、动态、高动态条件下的精密导航定位、姿态测定以及目标跟踪等领域。但是，载波相位测量存在周跳现象；为了获得高精度的定位结果，必须对其进行快速准确地探测与修复[1-8]。

如何快速有效地对周跳进行探测与修复一直是载波相位测量数据处理过程中非常活跃的领域，已出现了多种经典算法。同时，经过广大科研工作者的不断努力和探索，针对经典算法的改进思路也层出不穷，难以枚举。因此，本文着重阐述了较有代表性的周跳探测与修复方法，并分析了它们的基本原理、优点以及局限性。

1　周跳的定义与来源

载波相位测量根据卫星发射的载波信号在传播路径上的相位变化值确定信号的传播距离。卫星发出相位为 φ_s 的载波信号，该信号经过传输到接收机处，其相位变为 φ_k，则由卫星到接收机处的相位变化量为 $(\varphi_k - \varphi_s)$。此变化量包括整周数和不足一周的小数部分，具体可表示为：

$$\varphi_k - \varphi_s = N_0 + \Delta N + \Delta\varphi$$

在测量过程中，只能测定小数部分 $\Delta\varphi$，无法测量初始的整周数 N_0，而整周数变化值 ΔN 须通过多普勒积分由电子计数器累计得到。

由于接收机自身故障或卫星信号意外中断等原因，载波锁相环路短暂失锁，造成多普勒计数暂时中断；环路重新锁定后，多普勒计数重新开始，导致 ΔN 不连续计数，这种现象称为周跳。

载波相位观测值序列产生周跳的原因可总

结为三类：第一类是由于卫星信号被各种障碍物如建筑物、树木、山脉等的遮挡而产生周跳；第二类是由于恶劣的电离层状况、强烈的多路径干扰、载体的高速运动或者较低的卫星仰角，导致接收机接收到的卫星信号的信噪比较低，从而形成周跳；第三类是由于接收机的软件原因导致错误的信号处理，从而形成周跳。

2 周跳探测与修复的原理

载波相位测量序列是时间函数的离散化，它所表达的信息包括卫星与接收机之间在观测历元的距离的量度以及其他随机和非随机的偏差项影响。载波相位测量序列表现为一条光滑的曲线。当出现周跳后，光滑性遭到破坏；而且从发生周跳的历元开始，后续的测量值发生等量阶跃。

周跳探测主要以粗差理论为基础：首先由测量数据组成适当的检测量序列，使得周跳在检测量序列中以粗差的形式表现出来；然后检测序列中的粗差，确定周跳发生的位置。此类方法要求在去掉检测量序列的系统性变化后的随机变化部分要远远小于可能发生的最小周跳值。

在进行修复时，通常对没发生周跳的正常载波相位测量数据进行建模，预测周跳发生时刻的相位值，从而完成修复工作。

3 周跳探测与修复算法

本节重点阐述高次差、卡尔曼滤波、多项式拟合、电离层残差、伪距相位组合、小波变换、外部信息辅助等较为典型的周跳探测与修复方法。

3.1 高次差法

卫星与接收机之间的距离不断变化，从而使载波相位观测值也随时间不断变化；但这种变化是平滑的、有规律的，而周跳将破坏这种规律性[8]。

利用高次差法探测周跳的基本思想是：对不同历元的观测值取 4～5 次差之后，距离变化对载波相位整周数的影响已经可以忽略，此时差值主要由振荡器的随机误差引起，因而具有随机性。但是，如果在观测过程中出现周跳，破坏了载波相位观测值的正常规律，从而使得高次差的随机性遭到破坏，利用这一规律，当高次差变化较大时，即可探测出周跳。但是，

该方法通常只能探测出大周跳，而对小周跳不适用；同时，在高动态的情况下难以区分动态引起的载波相位变化与周跳。

3.2 卡尔曼滤波

卡尔曼滤波方法[9]可对载波相位建立系统方程与观测方程，通过滤波计算实际测量值与滤波推算值之差；若差值超过了预期噪声，则存在周跳，并可根据推算值来完成修复。

卡尔曼滤波方法的优点在于，它是一种序贯估计算法，且求逆矩阵的维数小，比较适用于处理历元间变化较小的双差观测值。但是，在载体机动的情况下由于噪声的不确定，卡尔曼滤波方法的可靠性会有所下降。

3.3 多项式拟合法

周跳发生前后载波相位变化率是连续函数且为载波相位的严格一阶导数。根据这一特性，加拿大学者 Canon 于 1989 年提出了相应的模型。中国学者陈小明博士[8]于 1993 年对 Canon 提出的模型进行了扩充，提出了多项式拟合法。

多项式拟合法的优点在于其模型简单，可以对 L_1 及 L_2 非差载波相位观测值探测周跳；但该方法需要用到载波相位变化率观测量，不适用于不能提供载波相位变化率观测量的接收机，同时对小周跳无能为力。

3.4 电离层残差法

1986 年，美国学者 Goad 首次应用双频载波相位测量的电离层残差探测与修复周跳，称之为电离层残差法[10]。该方法主要考虑不同历元之间电离层残差的变化，但其推证方法不够完善，同时没有解决周跳的多值性问题，因此只能探测与修复小于 5 周的周跳。此外，该方法不适用于单频接收机。

3.5 伪距相位组合法

除了电离层延迟、多路径效和观测误差外，其他误差对载波相位和伪距的影响是相同的。根据这一特性，Blewitt 于 1990 年提出了伪距和相位组合的周跳探测与修复方法[11]。该方法适用于单频、双频的非差数据；但是伪距有限的测量精度会限制码伪距平滑载波相位的应用。

针对这一问题，郑作亚等人[12]分析了非差模式的 Blewitt 方法的局限性，在探测条件、周

跳计算和搜索方面进行了一些改进。

3.6　小波方法

小波方法是目前应用最为广泛的一种周跳探测与修复方法，该方法由 Collin 首次提出[13]。小波方法将周跳现象看成信号中的奇异点，通过判断小波变换后系数的模极大值点确定周跳发生的历元；但该方法对单差效果不明显，主要应用于双差条件下的周跳探测与修复。

小波函数的选取可以直接影响周跳探测与修复的效果，但尚无统一的标准。针对这一问题，已有大量学者对小波方法进行了完善和补充，根据不同的小波探测周跳[14,15]并进行了对比分析。

另外，研究小波变换与其他方法进行组合探测与修复周跳也是研究的热点。组合方法主要根据小波变换探测周跳，然后应用不同的预测方法对载波相位进行建模来修复。较有代表性的组合方法是文献[16]提出的基于小波与神经网络的 GPS 周跳探测与修复方法。

3.7　外部信息辅助

如果仅仅依靠 GPS 自身数据进行周跳的探测与修复，在很多情况下无法满足实际环境的需要，因此有学者提出了通过外部数据进行辅助[17]的周跳探测与修复方法。其中较为适用的方法是采用惯性导航系统（INS）进行辅助。

INS 系统是一种完全依赖自身传感器完成导航任务的自主导航系统，具有数据更新率高、短期精度高和稳定性好的特点[18,19]。根据 INS 进行辅助，可以提高周跳探测与修复的可靠性与环境适应性。另一方面，INS 系统长期稳定性较差，需要对其进行定期修正以增强辅助探测的效果。

3.8　多频数据组合

随着卫星导航系统多个频率的应用，将多频组合观测值的一些组合特性应用到周跳的探测与修复已经成为可能。已有学者开展了相关的研究工作[20]，通过多频载波相位组合观测值的一些长波长特性，结合传统的伪距相位探测周跳原理，对周跳探测进行了研究。

3.9　其他方法

此外，近年来又出现了许多新的方法：范胜林等[21]提出了一种基于载波相位冗余双差

观测量的方法，该方法可用于动态，但要求相邻历元有四颗卫星锁定；杨静等[22]提出了一种最优奇偶矢量的方法来探测周跳，该方法具有良好的鲁棒性，但需要足够多的冗余信息；喻国荣等[23]提出了基于时间相对定位理论的方法，该方法可以对一周量值的周跳进行准确探测，但是如果两颗卫星过于接近，其对站星几何图形的影响是等价的，导致探测的可靠性降低。同时，许多学者也逐步开始研究中长基线情况下的周跳探测方法以及周跳在高阶差分中的时序特征等[24-26]，进一步拓宽了周跳的研究范围。

4　结论

本文介绍了周跳的产生原因，阐述了对其进行探测与修复的原理，详细分析了电离层残差法、伪距相位组合法、小波分析等典型方法的优缺点，并探讨了可能的发展趋势。本文的研究为周跳问题的解决提供了新的思路，可以作为 GPS 高精度定位以及实时姿态测量等工程应用的参考。

参考文献

[1] FENG S J, WASHINGTON O, TERRY M, et al. Carrier Phase-Based Integrity Monitoring for High-Accuracy Positioning[J]. GPS Solutions, doi: 10.1007/s 10291-008-00093-0

[2] CAI J Q, GRAFAREND E W, HU C W. The Total Optimal Search Criterion in Solving the Mixed Integer Linear Model with GNSS Carrier Phase Observations[J]. GPS Solutions, doi:10.1007/s 10291-008-0115-y

[3] LEE H K, WANG J, RIZOS C, et al. Effective Cycle Slip Detection and Identification for High Precision Integrated GPS/INS Systems[J]. Journal of Navigation, 2003, 475～486

[4] 苗赢, 孙兆伟. 星载 GPS 测量数据周跳探测方法研究[J].宇航学报, 2009, 30（2）：521～526

[5] 吴栋,胡武生. 基于神经网络的 GPS 周跳探测的新方法[J].测绘工程, 2008, 17（6）：67～70

[6] CHAI Y J, OU J K. Method for Detecting and Repairing Cycle Slips in GPS Navigation[J]. Transactions on Nanjing University of Astronautics, 2005, 22（2）：121～124

[7] AKIYAMA N, TANAKA T, YONEKAWA M. Recovery Method from Cycle Slip in GPS Positioning

[C], SICE Annual Conference, 2008: 3495～3498

[8] 刘基余. GPS 卫星导航定位原理与方法[M].北京:
科学出版社, 2003

[9] 贾沛璋,吴连大. 单频 GPS 周跳检测与估计算法[J].
天文学报, 2001, 42（5）:192～197

[10] GOAD C C. Precise Positioning with the Global
Positioning System[C]. Proceedings of the Third
International Symposium on Inertial Technology for
Surveying and Geodesy, 1985: 745～756

[11] BLEWITT G. An Automatic Editing Algorithm for
GPS Data[J]. Geophsical Research Letter, 1990, 17
（3）: 192～202

[12] 郑作亚,程宗颐,黄珹等. 对 Blewitt 周跳探测与修
复方法的改进[J].天文学报, 2005, 46（2）:216-224

[13] COLLIN F, WARNANT R. Application of Wavelet
Transform for GPS Cycle Slip Correction and
Comparison with Kalman Filter[J]. Manuscripta
Geodetica, 1995, 20 （3）: 161～172

[14] 郑作亚,卢秀山,韩晓东. 基于一类新小波函数基
的 GPS 载波相位观测值周跳探测[J].武汉大学学
报（信息科学版）, 2008, 33（6）:639～643

[15] 蔡昌盛,高井祥. GPS 周跳探测及修复的小波变换
法[J].武汉大学学报（信息科学版）, 2007, 32
（1）:39～42

[16] YI T H, LI H N, WANG G X. Cycle Slip Detection
and Correction of GPS Carrier Phase Based on
Wavelet Transform and Neural Network[C].
Proceedings of the Sixth International Conference on
Intelligent Systems Design and Applications, 2006

[17] 赵伟,万德均,刘建业. 一种用 INS 辅助 GPS 周跳
检测和求解整周模糊度的方法[J].中国空间科学技
术, 2004（2）:13～18

[18] WANG L J, Zhao H C, Yang X N. The Modeling and
Analysis for Autonomous Navigation System Based
on Tightly Coupled GPS/INS[C].Microwave and
Millimeter Wave Technology, 2008

[19] BRAFF R. Integrated GNSS/altimeter Landing
System[C]. ION GNSS 20th international Technical
Meeting of the Satellite Division. Fort Worth, TX:
The Institute of Navigation, Inc Press, 2007: 2934～
2949

[20] 熊伟,伍岳,孙振冰等. 多频数据组合在周跳探测
和修复上的应用[J].武汉大学学报（信息科学版）,
2007, 32（4）:319～322

[21] 范胜林,黄蓓蓓,袁信. GPS 载波相位周跳检测和修
复方法[J].信号处理, 2003, 19（6）:522～525

[22] 杨静,张洪钺. 基于最优奇偶矢量检测的周跳检测
[J].中国惯性技术学报, 2003, 11（2）: 35～39

[23] YU G R, SHEN R J. Cycle-Slip Detection Approach
Based on Time-Relative Positioning Theory[J].
Journal of Southeast University, 2005, 21（3）: 363～
368

[24] 王爱生,欧吉坤. 周跳在高阶差分中的时序特性及
精确估计[J].大地测量与地球动力学, 2008, 28
（5）:59～64

[25] 常志巧,郝金明,吕志伟. 中长基线周跳实时探测
与修复的新方法[J].测绘科学技术学报, 2009, 26
（2）:132～135

[26] CARL D M, WASHINGTON Y O. A Fast and
Efficient Integrity Computation for Non-Precision
Approach Performance Assessment[J]. GPS Solution,
doi:10.1007/s 10291-009-0134-3.

神经网络在卫星钟差预测中的应用

郭承军　滕云龙

（电子科技大学电子科学技术研究院　成都　610054）

摘　要：为了更好地预测卫星钟差，本文提出了基于神经网络的卫星钟差预测方法，给出了基于径向基函数（RBF）网络进行卫星钟差预测的基本思想、预测模型和实施步骤。同时，还对比分析了神经网络模型与灰色系统理论模型的区别，说明了神经网络模型是其中最适用于卫星钟差预测的模型。最后分别按这两种模型对某卫星钟差进行了预测，结果表明：这两种模型均可用于卫星钟差预测，通过与两种统计预测法的误差进行对比，说明神经网络法预测误差最小。

关键词：神经网络；卫星钟差序列；预测；径向基函数

Neural Network Used In Satellite Clock Bias Prediction

GUO Chengjun　TENG Yunlong

（Research Institute of Electronic Science and Technology University of Electronic Science and Technology of China, Chengdu, 610054）

Abstract：To forecast clock bias better，a method for clock bias prediction based on artificial neural networks is advanced. The basic ideas, prediction models and steps of clock bias forecasting based on radial basis function （RBF）network are discussed respectively. The differences between neural network and other statistical prediction method，such as gray predicting model，are compared respectively. The conclusion is drawn that neural network is the best statistical method of them according to the characteristics of clock bias. The clock bias of satellite are forecasted according to these two models. Results show that both of these models are suitable for clock bias prediction, by compared to errors of those statistical methods，errors of clock bias prediction based on neural networks are much smaller.

Keywords：neural network, clock bias sequence, prediction, RBF

引言

在卫星导航定位系统建设和系统运行维护中，时间同步是卫星导航定位系统的一个关键技术和一项基本性能，直接影响系统导航、定位和授时精度[1]。GPS 为了提高系统时间同步精度，不仅要求各卫星钟采用高稳定性的原子钟，还要求卫星钟定期与地面系统标准时钟比对，以便给出各卫星钟在比对时刻相对标准钟的钟差和钟速修正参数[2]。在利用 GPS 地面跟踪站的微波测距资料估算 GPS 卫星钟差时，由于测量机制的原因，很难将卫星钟差与测站钟差分离，但它们和理想的 GPS 时之间，仍存在着难以避免的偏差和漂移，这使确定卫星钟差成为一个技术难题。

对于卫星钟差的模型研究，一般采用的是多项式拟合或灰色理论的方法。国内外部分学者研究了提高 GPS 卫星钟差拟合和插值精度及灰色理论预测的方法，并取得了一系列进展[3-8]。但是多项式拟合和灰色理论不能完全反映 GPS 钟差的特性，会限制 GPS 高精度定位的发展。

本文提出了一种基于神经网络的钟差预测方法，通过数据仿真得出了一些有益结论，表明该方法是一种有效的钟差预测方法。

1　基于神经网络的钟差序列预测

神经网络的种类很多。径向基函数 RBF 神经网络是一种只有一个隐藏层的三层前馈神经网络结构，其转换函数为局部相应的高斯函数，可以以任意精度逼近任意函数。由于 RBF 网络是一种新颖有效地前向型神经网络，其输出层是对中间层的线性加权，使得该网络避免了繁琐冗长的计算，具有较高的运算速度、外推能力和较强的非线性映射功能。RBF 网络是通过非线性基函数的线性组合实现从输入空间 R^N 到输出空间 R^M 的非线性转换。而钟差序列是一类非线性较强的时间序列,对其进行预测,即从前 N 个数据中预测将来 M 个数据,实质上就是找出从 R^N 到 R^M 的非线性映射关系。因此,可以说径向 0 基网络特别适合于非线性时间序列如钟差序列等的预测[9]。

1.1　径向基函数网络

径向基网络传递函数 radbas 是以权值向量和阈值向量之间的距离 $\|dist\|$ 做自变量的,其中,$\|dist\|$ 是通过输入向量和加权矩阵的行向量的乘积得到的。其传递函数的原型函数为:

$$radbas(n) = e^{-n^2} \tag{1}$$

当输入变量为 0 时,传递函数取得最大值 1。随着权值和输入变量之间距离的减小,网络输出是递增的,所以径向基神经元可以作为一个探测器。当输入向量和加权向量一致时,神经元输出为 1。

利用径向基神经元和线性神经元可以建立广义回归(Generalized Regression)神经网络用于函数逼近。径向基函数网络是由输入层、隐含层和输出层构成的三层前向网络(本文采用的单个输出神经元),隐含层采用径向基函数作为激励函数,该径向基函数一般为高斯函数,如图 1 所示。隐含层每个神经元与输入层相连的权值向量 $w1_i$ 和输入矢量 X^q(表示第 q 个输入向量)之间的距离乘上阈值作为本身的输出。

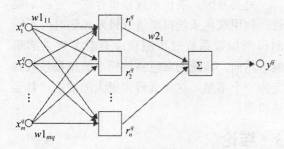

图 1　RBF 网格结构

由此可得隐含层的第 i 个神经元的输入 k_i^q 和输出 r_i^q 分别为:

$$\begin{cases} k_i^q = \sqrt{\sum_j (w1_{ji} - x_j^q)^2} \times b1_i \\ r_i^q = \exp(-(k_i^q)^2) \\ \quad = \exp(\sqrt{\sum_j (w1_{ji} - x_j^q)^2} \times b1_i) \\ \quad = \exp(-(\|w1_i - X^q\| \times b1_i)^2) \end{cases} \tag{2}$$

径向基函数的阈值 $b1_i$ 可以调节函数的灵敏度,但实际工作中更常用另一种参数 C 作为扩展常数,C 与 $b1$ 的关系为 $b1_i = 0.8326 / C_i$。此时,隐含层神经元的输出变为:

$$\begin{aligned} g_i^q &= \exp\left(\frac{\sqrt{\sum_j (w1_{ji} - x_j^q)^2} \times 0.8326}{C_i}\right) \\ &= \exp\left(-0.8326^2 \times \left(\frac{\|w1_i - X^q\|}{C_i}\right)^2\right) \end{aligned} \tag{3}$$

由此可见,C 值的大小实际上反映了输出对输入的响应宽度。C 值越大,隐含层神经元对输入矢量的响应范围越大,且神经元间的平滑度也越好。

输出层的输入为各隐含层神经元输出的加权求和。由于激励函数为纯线性函数,因此总输出为:

$$y^q = \sum_{i=1}^n r_i \times w2_i \tag{4}$$

RBF 网络的训练过程分为两步:第一步为无教师式学习,确定训练输入层与隐含层间的权值 $w1$;第二步为有教师式学习,确定训练隐含层与输出层间的权值 $w2$。在训练以前,需要提供输入矢量 X、对应的目标矢量 T 与径向基函数的扩展常数 C。训练的目的是求取两层的最终权值 $w1$、$w2$ 和阈值 $b1$、$b2$(当隐含层单元数等于输入矢量数时,取 $b2 = 0$)。

此外,径向基函数网络还具有结构自适应确定、输出与初始权值无关等特点。

1.2　基于神经网络的钟差序列预测

由于钟差序列可以看成一个时间序列来处理,假定有时间序列 $x = \{x_i \mid x_i \in R, i = 1, 2, \cdots, L\}$,现在希望通过该序列的前 N 个时刻的值预测出后 M 个值。这里可以采用序列的前 N 个时刻的数据为滑动窗,并将其映射为 M 个值。这 M 个值代表在该窗之后的 M 个时刻上的预测值。

表 1　数据划分方法

N 个输入	M 个输出
$x_1, \cdots, x_N$	$x_2, \cdots, x_{N+1}$
$x_{N+1}, \cdots, x_{N+M}$	$x_{N+2}, \cdots, x_{N+M+1}$
......	......
$x_K, \cdots, x_{N+K-1}$	$x_{N+K}, \cdots, x_{N+M+K-1}$

如表 1 所示，其中列出了数据的一种划分方法。该表把数据分为 K 个长度为 $N+M$ 的有一定重叠的数据段，每一个数据段可以看做一个样本，这样就可以得到 $K=L-(N+M)+1$ 个样本。这样，就可以将每个样本的前 N 个值作为 RBF 神经网络的输入，后 M 个值作为目标输出。通过学习，实现从输入空间 R^N 到输出空间 R^M 的映射，从而达到时间序列预测的目的。

2 仿真结果

为了分析神经网络模型实时预报卫星钟差的精度及其相关特性，利用 2009 年 9 月 21 日四颗卫星钟差较具代表性的卫星的钟差数据进行钟差预报精度分析、神经网络模型与灰色系统模型预报精度比较分析，并与 IGS 预报星历的定位结果比较，验证本文提出的神经网络预报模型的可行性和有效性。

根据上述神经网络模型及数据划分方法，取 $N=6$，$M=1$，即用前 6 个钟差预测后 1 个。仿真中用 1000 个时间历元（30s）的数据进行训练，预测 200 个时间历元的钟差数据，并将预测钟差与真实钟差进行比较。分别用灰色系统模型和神经网络模型进行卫星钟差短期预测，并进行分析比较，如图 2、图 3、图 4、图 5 所示。

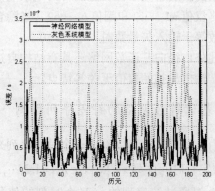

图 2 1 号卫星钟差预报误差对比

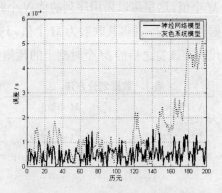

图 3 2 号卫星钟差预报误差对比

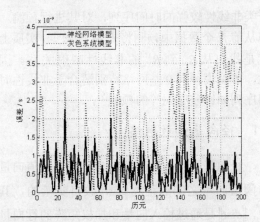

图 4 3 号卫星钟差预报误差对比

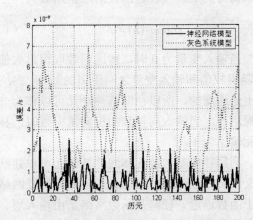

图 5 4 号卫星钟差预报误差对比

由图 2、图 3、图 4、图 5 可以看出，在卫星钟差短期预测中，神经网络模型的预测精度要明显优于灰色系统模型，在实际应用中，可以用神经网络模型来代替灰色系统模型预测卫星钟差。

究其原因，灰色系统模型存在一定的局限性：利用灰色系统模型进行钟差预测时，不同的模型指数系数对预测精度有着非常大的影响。然而，传统的灰色系统模型的指数系数固定为一个常量，这将会带来很大的误差，甚至是错误。

3 结论

（1）由于卫星在空间轨道飞行，卫星钟与地面时间基准的比对不可能连续进行，当卫星运行到地面监测站观测不到的弧段时，卫星钟与系统时间之间的同步只能由卫星钟自己维持，为了得到连续的卫星钟差结果，必须对卫星钟差进行预报。

（2）研究了基于 RBF 网络的卫星钟差预测方法，明确了实施步骤，该方法可以利用 MATLAB 辅助计算，具备可操作性，宜于推广。

（3）基于 RBF 网络的卫星钟差预测效果

令人满意，预测值与真实值的误差在 10ns 之内，与其他统计预测方法相比，预测准确度有一定的提高。

（4）对于卫星钟差预测而言，神经网络法也有一定的局限性。该方法对存在突变的钟差数据解决能力偏弱，虽然允许数据中存在突变，但并不能预计出这种突变，只是能以一定的速度在后续预测中反映出突变的影响。

参考文献

[1] 周忠谟，易杰军.GPS卫星测量原理与应用[M].北京：测绘出版社,2004:99-102

[2] Xu Guochang. GPS Theory, Algorithms and Applications [M].London: Springer, 2003:72-73

[3] 季善标,朱文耀,熊永清.星载GPS定轨中精密GPS卫星钟差的改正与应用[J].导航,1999（3）:100-107

[4] 季善标,朱文耀,熊永清.精密GPS卫星钟差的改正与应用[J].空间科学学报,2001（1）:42-48

[5] 秦显平,杨元喜,焦文海,等.利用SLR和伪距资料确定导航卫星钟差[J].测绘学报,2004,33（3）:206-209

[6] James P C, Everentt R S, Frank M. Improvement of the NIMA Precise 0rbit and Clock Estimates[C].ION GPS 1998,Nashville.1998

[7] Paul A K, Demetrios M, Mihran M. Alternate Algorithms for Steering to Make GPS Time[c]. IONGPS 2000, Salt Lake City,2000

[8] 崔先强,焦文海.灰色系统模型在卫星钟差预报中的应用[J].武汉大学学报·信息科学版,2005(5):447-450

[9] 葛哲学,孙志强.神经网络理论与 MATLAB R2007 实现[M].北京:电子工业出版社,2007.9:117-120

基于 MATLAB 的 DVB-T 系统信道编码的仿真实现

宋水正 周 详 李 浩 田 丹 何 春

（电子科技大学电子科学技术研究院 成都 610054）

摘 要： 本文首先介绍了 DVB-T 系统，再对该系统信道编码进行综述，然后通过信道编码各个模块分析建立链路，最后运用 MATLAB 进行仿真验证，进一步优化 DVB-T 系统的性能。

关键词： 数字视频地面广播；RS编码；卷积编码；内交织

Simulation of Channel Coding to DVB-T System Based on MATLAB

SONG Shuizheng ZHOU Xiang，LI Hao TIAN Dan HE Chun

（Research Institute of Electronic Science and Technology of UESTC, Chengdu, 610054）

Abstract： This paper introduces the DVB-T system, and summarizes the channel coding of the system , then establishes the link by channel coding analysis of each module , finally further optimize the performance of DVB-T system through using of MATLAB simulation verification.

Keywords： DVB-T，RS Coding ，Convolutional Coding，Inner Interleaving

引言

数字视频地面广播技术正逐渐成为无线通信领域的研究热点。目前世界上存在着技术较成熟的三大地面数字电视传输标准，分别是欧洲 DVB-T、美国 ATSC 和日本 ISDB-T。本文主要针对欧洲的数字视频地面广播标准 DVB-T 进行系统信道编码的仿真实现。

1 DVB-T 系统介绍

由于数字电视的传输,需要很高的数据率,如果采用传统的串行数据传输系统,不仅增加了信道带宽,而且容易发生码间干扰、增加误码率。特别是当多径时延扩展与传输数字符号周期处在同一数量级甚至高于符号周期时，符号间的干扰就尤为严重。此时信道的相干带宽小于传输信号的频谱宽度,则会造成明显的频率选择性衰落。移动接收时，还会因为接收环境的时变造成衰落。在现有的电视频段内传输数字视频广播信号,尽管对信源进行了基于 MPEG-2 的压缩编码,数字视频的数据传输率仍很大,因而需要采用高效的调制传输方案和高效的信道编码技术。

欧洲的数字视频地面广播（Digital Video Broadcasting-Terrestrial，DVB-T）标准采用的编码正交频分复用（Coded Orthogonal Frequency Division Multiplexing，COFDM）的调制，各个子信道正交频分复用，大大扩展了子信道传输符号宽度，并结合高效的信道编码和时频交织技术还能有效地对抗突发差错和 AWGN 的干扰引起的随机差错，再利用插入导频能实现对信道响应的快速跟踪。

2 DVB-T 信道编码

2.1 信道编码

数字信号在传输中往往由于各种原因，使得在传送的数据流中产生误码，从而使接收端产生图象跳跃、不连续、出现马赛克等现象。所以通过信道编码这一环节，对数码流进行相应的处理，使系统具有一定的纠错能力和抗干扰能力，可极大地避免码流传送中误码的发生。误码的处理技术有纠错、交织、线性内插等。

提高数据传输效率，降低误码率是信道编码的任务。信道编码的本质是增加通信的可靠性，但信道编码会使有用的信息数据传输减少。信道编码的过程是在源数据码流中加插一些码元，从而达到在接收端进行判错和纠错的目的，这就是我们常常说的开销。在带宽固定的信道中，总的传送码率也是固定的，由于信道编码增加了数据量，其结果只能是以降低传送有用信息码率为代价。将有用比特数除以总比特数就等于编码效率了，不同的编码方式，其编码效率有所不同。

对信道编码一般有下列要求：（1）通透性，要求对所传消息的内容不加任何限制；（2）有与信道相适应的频谱特性；（3）有纠错能力；（4）效率高。

2.2 DVB-T 信道编码主要模块

DVB-T 信道编码主要模块框图如图 1 所示：

图 1 DVB-T 信道编码主要模块

2.2.1 扰码

扰码利用伪随机序列与输入码流进行异或对输入数据进行随机化处理。经过处理后的码流中码元"0"和"1"出现的概率接近相等，相当于将信号的功率谱拓展了。

2.2.2 外编码

外编码，即为 RS 编码。采用的 RS（204,188,8）编码具有很强的纠错能力，可以纠正一个 RS 包中 8 个字节的突发错误。

经过 RS 编码后的 RS 帧格式如图 2 所示：

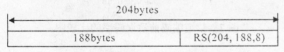

图 2 RS 编码后的 RS 帧格式

2.2.3 外交织

外交织采用 I=12，M=17 的卷积交织。示意图如图 3 所示，这种交织使得交织前在一个RS 包中的字节在交织后不出现在同一个 RS 包中，与 RS 编码配合使外编码的纠正突发错误的能力大大增强。

图 3 外交织数据输入输出示意图

2.2.4 内编码

内编码采用的是卷积码。卷积码在形式上也是分组处理的：每 k 个输入信息码元为一组，经编码处理后加入 r 个校验码元，生成=nk+r个码元的码字。但与分组码不同的是，卷积码字内的 r 个校验码元不仅与本字内的 k 个信息码元有关，还与前面的 n-1 个码字内的信息码元有关，是由本码字和前面的 n-l 个码字内的信息码元按照规定的编码算法共同生成的。

卷积码分为以下两种：

（1）基本卷积码

基本卷积码编码效率为 η＝1/2，缺点是编码效率较低，优点是纠错能力强。本系统采用（2,1,7）卷积编码，如图 4 所示：

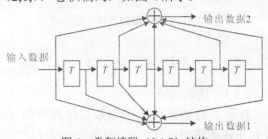

图 4 卷积编码（2,1,7）结构

（2）收缩卷积码

如果传输信道质量较好，为提高编码效率，可以采样收缩截短卷积码。有编码效率为：η＝1/2、2/3、3/4、5/6、7/8 这几种编码效率的收缩卷积码。如果编码效率高，一定带宽内可传输的有效比特率增大，但纠错能力越弱。

2.2.5 内交织

这又分成两部分，一部分是基于块交织的比特交织，另一部分是基于随机交织的符号交织（又叫频率交织）。编码后的数据经过比特交织和符号交织两次交织，可以提高抗突发干扰的性能，降低误码率。

3 DVB-T 信道编码的仿真实现

3.1 DVB-T 信道编码的整体链路

该骗码的整体键路如图5所示。

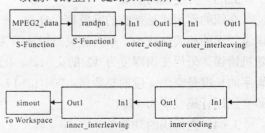

图 5 DVB-T 整体 simulink 链路

3.2 DVB-T 信道编码具体实现链路

该编码具体实现链路如图 6 所示。

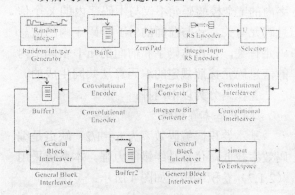

图 6 DVB-T 信道编码具体实现链路

3.3 各个子模块的功能：

3.3.1 扰码的功能

扰码的目的是使二进制数据序列中的 0 和 1 出现的概率近似相等，且限制 0 游程和 1 游程的最大长度。这样可以方便收端从信号中提取定时信息，提高准确性。另外，经扰乱后数字基带信号具有伪随机特性，使信号频谱弥散而保持稳恒，能改善帧同步等子系统的性能。

3.3.2 外编码的功能

经过扰码后的数据，转换为伽罗华域 GF（256）上的符号，进行 RS（204,188）编码，RS（204,188,8）生成多项式和域多项式分别为：

（1）域多项式

$$p(x) = x^8 + x^4 + x^3 + x^2 + x + 1$$

（2）生成多项式

$$g(x) = (x + \alpha)(x + \alpha^2) \cdots (x + \alpha^{16})$$

在 RS（255，239，t=8）编码器输入端的信息字节前，可增加 51 个全零字节来收缩 RS 码。经 RS 编码程序后，将这些无用字节删除，由此，产生出 N=204 字节的 RS 码字。

3.3.3 外交织的功能

交织的作用就是把长的突发错误分散，把信道错误的相关性减小，从而把突发错离散为随机错误。采用交织深度为 12 的交织器，RS 码字的长度是交织深度的整数倍，204/12=17，即交织码行码长度为 17。

3.3.4 内编码的功能

内编码采用的是卷积码，它非常适用于纠正随机错误，但是，解码算法本身的特性却是：

如果在解码过程中发生错误，解码器可能会导致突发性错误。为此在卷积码的上部采用 RS 码块，RS 码适用于检测和校正那些由解码器产生的突发性错误。所以卷积码和 RS 码结合在一起可以起到相互补偿的作用。

3.3.5 内交织的功能

内交织的加入是为了降低接收机中连续突发错误对 Viterbi 译码器的影响。它包括比特交织和符号交织。

4 仿真结果验证实现

结合 DVB-T 的整体 simulink 实现链路，运用 MATLAB，编写出信道编码前后误码率比较的画图程序。

信道编码前后误码率的比较如图 7 所示。

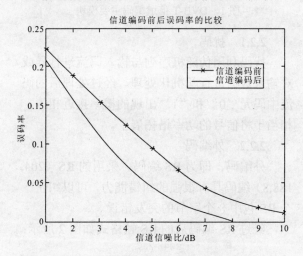

图 7 信道编码前后误码率的比较图

由图 7 可知，通过两条误码率的曲线对比可知：在相同信道信噪比的情况下，经过信道编码后，DVB-T 系统中的误码率显著降低。所以，信道编码能够提高信道的抗干扰能力，可以进一步优化 DVB-T 系统的性能。

5 结语

本文基于 MATLAB 的强大功能，通过搭建链路和编写画图程序，进一步降低了 DVB-T 系统的误码率，实现了信道编码的连续性与通透性，显著地改善了 DVB-T 的性能。DVB-T 信道编码技术，由于有其独特的优点，在无线通信和音视频传输领域中具有广阔的应用前景。

参考文献：

[1] 杨群伟.DVB-T系统信道内码解码的FPGA设计[D]. 电子科技大学.2005

[2] 王宏强，朱维乐.基于FPAG的DVB-T信道外编码优化设计[J].电视技术.2004（02）

[3] 游余新，王进祥，来逢昌.RS（204,188）编码器的设计与实现[J].微处理机.2001（02）

[4] H.Lee, M.L.Yu, L.L.Song. VLSI Design of Reed Solomon Decoder Architectures. IEEE　Circuits and Systems,May,28-31,2000,Geneva

[5] 尹晓方，屈德新.DVB标准RS编码器的FPGA实现[J].军事通信技术.2005（02）

[6] 刘卫国.MATLAB程序设计与应用（第2版）[M].北京：高等教育出版社.2007

浅析临近空间 SAR 成像技术

张顺生　戴春杨　周宝亮

（电子科技大学电子科学技术研究院　成都　610054）

摘　要： 在分析临近空间 SAR（Synthetic Aperture Radar）特点和平台优势的基础上，本文分别对慢速和快速临近空间平台 SAR 的宽域高分辨率成像技术进行了阐述。尤其针对临近空间快速平台 SAR 成像，详细阐述了采用单天线多通道体制和分布式体制解决宽测绘带和高分辨率之间的矛盾，并提出了一种基于全空域全频域合成的宽测绘带高分辨率临近空间 SAR 成像方法。

关键词： 临近空间；慢速 SAR；快速 SAR；宽域；高分辨率

Analysis of Near-space SAR Imaging

Shunsheng Zhang　　Chunyang Dai　　Baoliang Zhou

（Research Institute of Electronic Science and Technology of University of Electronic Science and Technology of China, Chengdu, 610054）

Abstract： On the basis of analyzing the characteristics and platform advantages of near-space SAR, the approaches of wide swath SAR imaging with high resolution of the slow and fast platform near-space SAR are illustrated in the paper. Especially for near-space SAR imaging of the fast platform, the system of single antenna multiple channels and the distributed system are illustrated to resolve the contradiction of wide swath and high resolution, and a novel approach of wide swath and high resolution near-space SAR imaging based on the synthesis of space domain and frequency domain.

Keywords： near-space，slow platform SAR，fast platform SAR，wide swath，high resolution

1　引言

临近空间[1]（Near-space）也称近太空，通常指 20～100 千米之间的区域，20 千米以下是传统航空器的运行空间，100 千米以上是航天器的运行空间。长期以来由于技术上的限制以及没有充分认识临近空间的军事应用价值，临近空间未得到系统性、战略性的开发利用。目前，随着军事需求的牵引和科学进步的推动，临近空间特有的战略意义日益突出，对临近空间平台军事应用的研究正成为各航空航天大国关注的焦点。

临近空间 SAR 是一种新型遥感 SAR，它通过在气球、飞艇或机动飞行器等临近空间平台上装载 SAR 传感器来获取地面目标的二维高分辨率图像。与空基 SAR 和天基 SAR 相比，临近空间 SAR 的平台优势可表现为效费比高、覆盖范围广、长时间监视、生存能力强等特点[2-4]。

（1）效费比高。与卫星相比，气球、飞艇等临近空间平台仅仅需要氢气作为上升动力，而不需要复杂昂贵的地面发射设备；与空载平台相比，临近空间平台具有成本优势。一架无人机的成本一般为几百万到几千万美元，而低成本的飘浮气球费用小于 1000 美元，即便是相对复杂的机动临近空间飞行器，其成本通常在 100 万美元左右。因此，临近空间平台的效费比远高于星载或机载平台。

（2）覆盖范围广。与传统机载 SAR 相比，临近空间 SAR 的覆盖范围更大；与星载 SAR 相比，其覆盖区域要小，但可以通过布置多个临近空间 SAR 平台来提高覆盖区域，而且，多个临近平台的成本也远小于发射一颗 SAR 卫星所需的费用。

（3）长时间监视。由于悬浮气球或飞艇等临近空间平台的滞空时间长，临近空间 SAR 可以对特定感兴趣的目标区域进行长时间连续监视。而大多数低轨道 SAR 卫星对视场中的具体目标一次过顶时间低于 15 分钟，机载 SAR 由于受燃料限制，最长持续时间也仅为几天。

（4）生存能力强。由于临近空间飞行器采

用无金属骨架的软体结构，外层用防电磁波的复合材料和玻璃纤维制造，雷达反射面较小，几乎没有雷达回波和红外特征信号，很难被探测到。而且，目前大多数固定翼战斗机和地空导弹由于不能达到这样的高度而无法对临近空间飞行器构成威胁，这使得临近空间平台具有较强的生存能力。

临近空间 SAR 除具备平台自身的优势外，它还具备传统 SAR 的特点。利用临近空间 SAR 全天时全天候工作的特点可进行更精确的目标分辨和识别，能获取更准确的情报和更精确的军事测绘数据。在军事测绘方面，利用临近空间 SAR 侧视工作可测量地面目标的位置和地形参数；在海洋监视方面，利用临近空间 SAR 可探测航行中的舰船并对广阔的海域进行监视；在军事侦察方面，利用临近空间 SAR 的高分辨率特性可以发现和识别一些重要的军事目标（如飞机、坦克等）和具有战略意义的特殊目标（如机场、桥梁等）。

临近空间是空天一体化作战的重要战略领域，在这个平台上部署传感器，尤其是 SAR 传感器，不仅能够获取新型遥感数据，还可以完成监视、情报侦察和预警等各种军事任务。因此，开展临近空间 SAR 系统及其成像技术研究具有极其重要的军事意义和战略意义。

2　临近空间慢速 SAR 成像技术

临近空间搭载的平台可分为两类：一类是以浮空气球、飞艇为代表的慢速平台，另一类是超高音速飞行器。对于临近空间慢速平台，其显著的一个特点是可以长期停留在热点地区，利用装载在平台上的遥感设备（SAR 雷达），实现对热点地区的高分辨率成像、实时监视和长期的动态追踪。

临近空间 SAR 系统要实现 0.1m 的高分辨成像，其信号带宽达到 1.5GHz 以上，这就需要解决宽带信号产生的问题，更重要的是，目前的 ADC 很难实现 1.5GHz 信号带宽的数据采集。为解决上述问题，一般通过合成获得大的信号带宽[5-7]，其实现方式主要有两种：一种是在发射端发射一系列步进频率的窄带信号，然后在接收端设置相应的参考函数对窄带信号进行解调，并通过升采样、频移、相位校正、时移等处理来合成宽带信号[6]；另一种是在发射端发射一系列相同频率的基带信号，然后在接收端分别与不同中心频率的本振信号相乘，并

通过升采样、频移、相位校正等处理来合成宽带信号[7]。采用合成宽带的方法，可有效降低对 SAR 系统瞬时带宽和采样率的要求。

由于浮空气球、飞艇等平台的飞行速度慢，一般在十几米每秒到几十米每秒之间，方位向要达到 0.1m 的高分辨，产生的多普勒带宽小，对应的 PRF（Pulse Repetition Frequency）也较小。因此，通常不需要采用方位向多波束技术来解决宽测绘带和方位向高分辨率之间的矛盾，通过常规的合成孔径处理就可实现方位向高分辨。

3　临近空间快速 SAR 成像技术

当临近空间 SAR 搭载的平台为超音速飞行器时，这类平台的飞行速度一般在几马赫至十几马赫之间。由于平台的飞行速度快，要实现方位向高分辨，产生的多普勒带宽会很大。为了避免多普勒模糊，方位向的 PRF 必须大于回波的多普勒带宽，即方位高分辨需要较大的 PRF。为了不引起距离模糊，观测带回波必须在一个 PRF 之内，即宽测绘带需要低的 PRF。所以，由于受距离和多普勒模糊的限制，宽测绘带和高分辨率之间存在矛盾。为解决上述矛盾，临近空间快速平台 SAR 成像主要采用两种体制：一种是单天线多通道体制[8-9]，另一种是分布式体制[10-12]。

单天线多通道体制是利用俯仰或方位多波束来获得不模糊的宽测绘带，这里，主要讨论分离相位中心方位多波束 SAR 成像技术。分布式体制是利用多个临近空间平台 SAR 协同工作来实现对地面的宽域覆盖，主要有两种模式：一发多收和多发多收。采用分布式雷达体制，可以实现高分辨成像、干涉成像及地面动目标检测等任务。

3.1　单天线多通道 SAR 成像

按发射天线的个数来划分，方位向多波束 SAR 可分为单发射机多波束 SAR（Single Transmitter Multiple Azimuth Beams，STMAB SAR）和多发射机多波束 SAR（Multiple Transmitters Multiple Azimuth Beams，MTMAB SAR）。

（1）STMAB SAR

STMAB SAR 的基本原理是雷达天线沿方位向被划分为 N_B 个子天线，每个子天线的尺

寸和波束宽度均相同。其中，一个子天线既发射信号又接收信号，其它 N_B-1 个子天线只接收来自同一照射目标区域的回波信号。其工作示意图（以 3 波束为例）如下图所示：

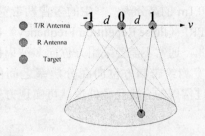

图 1　STMAB SAR 几何示意图

从图中可以看出：经过一个 PRT（Pulse Repetition Time），可获得沿方位向不同位置上 N_B 个通道的回波数据，从而等效提高了 PRF。那么，当天线相位中心间距 d 与系统工作脉冲重复频率 PRF 满足如下关系[8]：

$$PRF = \frac{2V}{N_B \cdot d}$$

时，天线相位中心将在空间组合成一个阵元数为 $N_a N_B$、间距为 d/2 的均匀虚拟线阵，采用常规的 SAR 成像算法就可实现 STMAB SAR 成像。其中，V 为平台速度，N_a 为脉冲数。

当系统工作的脉冲重复频率不满足上式时，STMAB SAR 在方位向采样是一种周期的非均匀采样。若将这种非均匀采样信号直接当作均匀采样信号来处理，相当于对方位向回波信号进行调制，这种调制会导致成像中出现虚假目标，从而影响图像的聚焦质量。因此，需要从非均匀采样信号中重建均匀采样信号的频谱[13-14]，实现 STMAB SAR 的聚焦成像。

（2）MTMAB SAR

MTMAB SAR 的原理与 STMAB SAR 的原理相似，唯一的区别在于每一个子天线都同时发射和接收同一目标区域的回波信号。采用 OFDM（）技术可避免不同子天线发射的信号在空间相互干扰。

那么，具有 N_B 子个天线的 MTMAB SAR 系统具有 $2N_B-1$ 个等效相位中心，相对于 STMAB SAR 来说，MTMAB SAR 对每个天线的利用效率提高了近一倍，这也使得 MTMAB SAR 系统具有更广阔的应用前景。

要同时实现宽测绘带和二维高分辨成像，MTMAB SAR 系统采用所有子阵天线同时发射

和接收不同中心频率的 LFM（Linear Frequency Modulation）信号，在满足宽测绘带且距离向不产生模糊的条件下设计较低的 PRF。方位向利用多相位中心空域滤波的方法[11]来解决多普勒模糊问题，距离向利用多个子阵发射的子脉冲信号通过宽带合成实现距离向高分辨。

3.2　分布式 SAR 成像

（1）单发多收模式

单发多收模式临近空间 SAR 的工作原理是沿平台的运动方向放置 N_s 个临近空间飞行器，每个平台天线的尺寸和波束宽度均相同。其中，一个平台天线既发射信号又接收信号，其他 N_s-1 平台天线只接收同一目标区域的回波信号。其几何示意图（以 3 个临近空间平台为例）如图 2 所示：

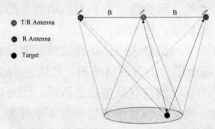

图 2　分布式 SAR 单发多收几何示意图

在单发多收模式下，利用等效相位中心原理，三个相位中心接收的回波信号可看成是一个相位中心在三个不同时刻采样所获得的数据。与常规单波束 SAR 相比，相当于在相同方位空间采样的条件下，可允许方位多波束 SAR 采用降低 N_s 的 PRF，即等效展宽了测绘带。

为实现高分辨率宽测绘带成像，单发多收模式临近空间 SAR 在保证距离向不产生模糊的条件下设计较低的 PRF，这将引起方位向多普勒产生模糊。为解决此问题，一般采用多相位中心空域滤波的方法来解决多普勒模糊，实现分布式临近空间 SAR 的聚焦成像。

（2）多发多收模式

多发多收模式临近空间 SAR 的工作原理是每个发射平台同时发射信号，各个接收平台接收的回波信号中将包含不同发射平台发射信号的回波。以这种模式工作的分布式临近空间 SAR 可看成是一种 MIMO（Multiple Input Multiple Output）SAR。

在多发多收体制模式下，要实现宽域二维

高分辨率成像，一种是采用前文提到的空域滤波解模糊结合距离向宽带合成的方法[11-12]，另一种是采用全空域全频带合成的方法。

对于后一种方法，工作原理如下：分布式临近空间 SAR 采用并发子带方式工作，距离向利用并发子带技术实现高分辨。在并发子带模式下，n 个通道同时发射不同频点的子带信号，接收时每个通道同时接收全带宽回波信号。方位向利用多波束技术实现，接收时 n 个平台同时接收整个观测带的回波信号，并利用 DBF（Digital Beam Forming）技术将不同平台的回波信号进行合成。其处理流程如图 3 所示。

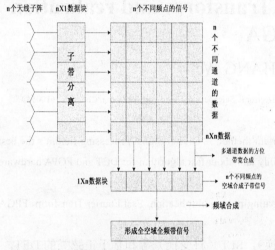

图 3   基于全空域全频域合成的处理流程

形成全空域全频带信号后，采用现有的成像算法，就可实现分布式临近空间 SAR 的宽域二维高分辨率成像。

4 结束语

与空基 SAR 和天基 SAR 相比，临近空间 SAR 不仅具有效费比高、覆盖范围广、长时间监视、生存能力强等平台优势，还具备传统 SAR 全天时全天候工作、高分辨率成像等特点。本文从临近空间平台搭载飞行器的速度出发，对慢速和快速临近空间 SAR 宽域高分辨率成像技术进行了阐述；尤其针对临近空间快速 SAR 成像，详细阐述了采用单天线多通道体制和分布式体制解决宽测绘带和高分辨率之间的矛盾，并提出了一种基于全空域全频域合成的宽域高分辨率 SAR 成像方法。

对于临近空间平台 SAR，目前国外的研究还处于起步阶段。因此，我国科研人员在攻关临近空间飞行器关键技术的同时，需要大力开展临近空间平台 SAR 技术的研究，提高我国临

近空间 SAR 系统的研制水平，使其成为未来空间对抗及服务国家安全的重要角色。纵观国际 SAR 系统的发展趋势以及我国的科技发展计划，深入研究临近空间平台 SAR 系统及其成像技术具有迫切而实际的意义。

参考文献

[1] H. Stephens, Near-space, Air Force Magazine, 2005, 88（7）:31

[2] 尹志忠，李强. 近空间飞行器及其军事应用分析[J]，装备指挥技术学院学报，17（5），64-68，2006

[3] 何彦峰，浅析临近空间平台的军事应用，尖端科技，2007

[4] 李怡勇，李智，沈怀荣. 临近空间飞行器发展与应用分析[J]，装备指挥技术学院学报，19（2），61-65，2008

[5] R.T. Lord, M. R. Inggs, High Resolution SAR Processing Using Stepped-Frequencies, Proc. IEEE Geoscience Remote Sensing Symposium, 490-492, 1997

[6] 白霞，毛士艺，袁运能. 时域合成带宽方法：一种 0.1 米分辨率 SAR 技术[J]，电子学报，2006

[7] J.H.G. Ender, A.R. Brenner, PAMIR—A WideBand Phased Array SAR/MTI System[J], IEE Proceedings-Radar, Sonar and Navigation, 165-172, 2003

[8] A. Currie, M.A. Brown, Wide-Swath SAR[J], IEE Proc.—Radar, Sonar and Navigation, 139（2），122-135, 1992

[9] G.D. Callaghan, I.D. Longstaff, Wide-swath Space-borne SAR Using a Quad-element Array[J], IEE Proc.—Radar, Sonar and Navigation, 146（3），159-165, 1999

[10] D. Massonnet, Capabilities and Limitations of the Interferometric Cartwheel, IEEE Trans. on GRS[J], 39（3），506-520, 2001

[11] 井伟，武其松，刑孟道，保铮. 多子带并发的 MIMO-SAR 高分辨大测绘带成像[J]，系统仿真学报，20（16），4373-4378，2008

[12] 夏玉立，雷宏，黄瑶. 分布式小卫星多中心频率 SAR 实现宽域二维高分辨率成像[J]，电子与信息学报，31（2），501-504，2009

[13] 范强，吕晓德，张平，许猛. 星载 SAR DPCMAB 技术的方位向非均匀采样研究[J]，电子与信息学报，28（1），31-35，2006

[14] Yih-Chyun Jeng, Perfect Reconstruction of Digital Spectrum from Nonuniformly Sampled Signals[J], IEEE Trans. Instrumentation and Measurement, 46（3），649-652, 1997

离散余弦变换原理以及在 FPGA 上的实现

袁 著 张 伟

（电子科技大学电子科学技术研究院 成都 610054）

摘 要：离散余弦变换（DCT）是数字信号处理当中一个重要的变换手段，是目前对于语音和图像信号进行变换的最佳方法。本文主要讨论 DCT 的快速算法以及如何在 FPGA 上面进行 DCT，着重介绍了快速算法的思路和在硬件实现上的各种问题以及解决方法。

关键词：离散余弦变换；地址转换；浮点乘法；快速傅里叶变换；可编程阵列

The theory of Discrete Cosine Transform and realization on FPGA

YUAN Zhu ZHANG Wei

（Research Institute of Electronic Science and Technology,University of Electronic Science and Technology of China, ChengDu, 610054）

Abstract：Discrete Cosine Transform is the one most important method in Digital Signal Processing field,it`s the best way to doing transform for Audio and Image data.This article mainly talk about fast algorithm for DCT and FGPA hardware design solution.

Keywords：Discrete Cosine Transform，Address convert，Floating-point multiplication，Fast Fourier Transform，FPGA

引言

离散余弦变换（后称 DCT）是一种和 FFT 类似的数学变换过程，被广泛用于对音频和静止图像的有损数据压缩，进行压缩的目的在于去掉图像或音频的冗余信息，进一步减少储存空间的占用。由于 DCT 的特殊性，这种变换有很强的"能量集中"特点，自然界当中的图像和声音信号在变换后，都能够集中在低频的部分。这为数据压缩做好了准备。

长期以来 DCT 并没有专门的快速算法,在很长一段时间内限制其应用的范围。但它和 FFT 有很多相似的地方，所以，目前的快速算法都是采用 FFT 来进行近似。本文就对两种快速算法进行介绍，并且给出在 FPGA 上的具体硬件实现方法。

1 DCT 的基本原理

为了分析图像或者语音信号，很多情况下需要对信号进行分解。而最常用的分解方法无非是对信号进行正交分解。这里有基于非正弦类的 WHT（沃尔什-哈达玛变换),HRT（Haar 变

换），SLT（斜变换）等和基于正弦类的 DFT，DCT，DST 变换等。信号的正交分解能够更好地让我们了解信号的本质，也能够方便地对信号进行重构等操作。非正弦类的变换不需要乘法计算，这在 20 世纪 60～70 年代广受欢迎，因为那时处理器还不具备单周期乘法器。但随着 DSP 的发展，基于正弦类的变换越来越获得人们的重视，并且得到广泛应用。其中，应用最为广泛的就是离散余弦变换。在我们的图像压缩、音频压缩当中占有重要的地位。

我们首先给出 DCT 的基本变换公式。1974 年 Ahmed 和 Rao 首先确定了 DCT 的定义，对于给定的序列 $x(n)$，$n = 0, 1, 2, \cdots, N-1$ 有：

$$X_c(0) = \frac{1}{\sqrt{N}} \sum_{n=0}^{N-1} x(n)$$

$$X_c(k) = \sqrt{\frac{1}{N}} \sum_{n=0}^{N-1} x(n) \cos\frac{(2n+1)k\pi}{2N}, k = 1, 2, \cdots, N-1$$

从上面这个通式我们可以得出这个变换的核函数

$$C_{k,n} = \sqrt{\frac{2}{N}} g_k \cos\frac{(2n+1)k\pi}{2N}, k, n = 1, 2, \cdots, N-1$$

这个核函数是实数的。其中的系数

$$g_k = \begin{cases} \dfrac{1}{\sqrt{2}}, & k = 0 \\ 1, & k \neq 0 \end{cases}$$

上面还只是 DCT 的一般数学表达过程，仅从数字层面上还很难看出 DCT 的实际物理意义，这里我们把核函数（以 8 点为例）点用图形的方式绘出，以便能更好理解 DCT 的物理意义。

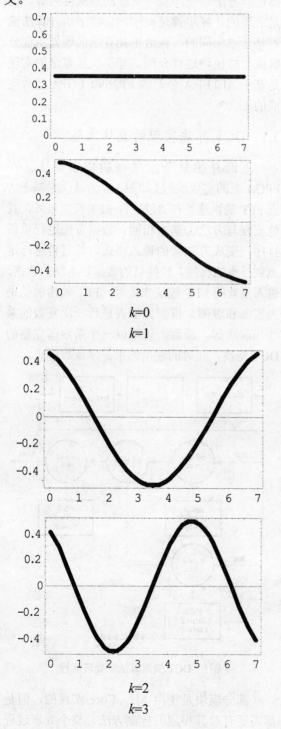

k=0

k=1

k=2

k=3

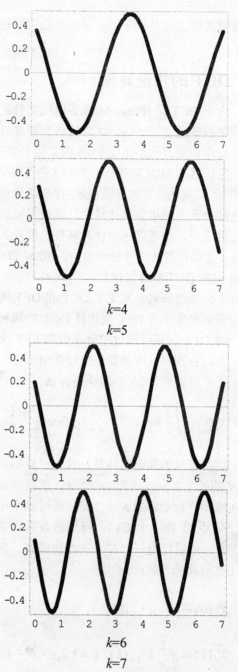

k=4

k=5

k=6

k=7

可见，在 $k = 0$ 时表示的是直流（DC）分量，其他情况下表示了不同 k 值时候的核函数图形。根据正交变换的一般定义，DCT 过程实际上就是在求实际信号与不同核函数的数字积分过程。考虑一种特殊的情况（还是以 $N = 8$ 为例），当信号 $x(n)$ 为：

$$x(n) = \sqrt{\frac{2}{8}} \cos \frac{(2n+1)5\pi}{16}$$

$x(n)$ 与 $k = 5$ 的核函数在进行相乘并求和的时候，$X_c(5)$ 的值为最大，说明此信号在与 $k = 5$ 核函数产生"共振"的值最大。DCT 就如同把信号和很多个不同频率的数字正弦波进行积分，然后得出在不同频率下的幅值。这里的幅值实际上就是指在当前频率下的信号能量大小。

2 DCT 的快速算法

由于 DCT 是 JPEG、MP3 等压缩文件的核心算法数学过程，所以，大量的研究都是针对这些应用而展开的。比如 8×8 的二维 DCT 压缩，变长度的 MDCT 等。事实上这些"短"长度的 DCT 变化实现的方法很多，在高速处理器发达的今天，使用直接计算也只需要很短的时间。很明显，快速算法是针对那些长度较大的 DCT，比如在雷达信号处理当中，1024，2048，4096 点的 DCT 就经常使用。

人们经过研究，发现了 DCT 和 DFT 的关系。于是产生了用 DFT 来代替 DCT 的两种方法。而 DFT 又可以通过完全等价的 FFT 来实现。下面分别对这两种算法进行介绍。

①N 点扩展为 2N 点的快速算法

$$X_c(k) = \sqrt{\frac{2}{N}} \mathrm{Re}\left\{ e^{-jk\pi 2N} \sum_{n=0}^{2N-1} x_{2N}(n) e^{-j\frac{2\pi}{2N}nk} \right\}$$

这个算法的简明思路是，首先对原始长度为 N 的长度扩展，变为 2N 个点，扩展的方法是在原始序列后添加 N 个"0"。再对这个序列做 2N 点的 DFT（FFT），得到的数据再乘以 $e^{-jk\pi 2N}$，最后得到一个 N 点长度的结果，但是要注意前面的系数：

$$X_c(0) = \sqrt{\frac{1}{N}} X'_{2N}(0)$$

$$X_c(k) = \sqrt{\frac{2}{N}} X'_{2N}(k) \quad k=1,2,\cdots,N-1$$

②不扩展计算长度的方法

第一种算法很明显增加了 DFT（FFT）的计算量。因为 DFT（FFT）中会涉及很多复数的乘法，所以提出了一种不改变序列长度的快速计算方法。这个算法首先要对原始序列进行重新排序。方法如下：

$$y(n) = x(2n)$$
$$y(N-1-n) = x(2n+1) \quad n=0,1,\cdots,N/2-1$$

这样排序很好理解，举一个例子：原始序列为 [0,1,2,3,4,5,6,7] 重新排序后的序列为 [0,2,4,6,7,5,3,1]，即偶数顺序、奇数倒序。这个时候的长度还是 N 点。后面的处理流程和前一种算法很类似了。

$$F(k) = \mathrm{Re}\left\{ e^{-jk\pi/2N} \sum_{n=0}^{N-1} y(n) e^{-j\frac{2\pi}{N}nk} \right\}$$

最后，注意取实部后时前面的系数。

3 DCT 快速算法在 FPGA 上的实现方法

在前面提到的两种 DCT 快速算法中都涉及了 DFT（FFT）运算。只是使用的长度不同而已，方法②还涉及对数据的重新排列等，但是大致的计算步骤是相同的。鉴于两种算法流程是基本相同的，在这里把算法的硬件实现分解成一些模块进行介绍。整个快速算法的实现是基于 ALTERA 公司的 EP2S90 FGPA 芯片完成的。

3.1 DCT 算法实现的具体流程

下面介绍复杂度稍高的快速算法②在 FPGA 上的实现流程（如图 1），方法②是基于 N 点 FFT 的快速处理方法。除 FFT 长度以外，其他流程与方法①基本相同。数据首先进行重新排序，变成方法②的输入格式，然后再进行定点到浮点的转换。转换后的数据是单路的数据，进入复数的 FFT 模块来处理，FFT 输出的结果为实部和虚部。根据算法要进行一次复数的乘法和取实部，最后，再乘以一个系数即完整的 DCT 变换，此时的输出结果是浮点数格式。

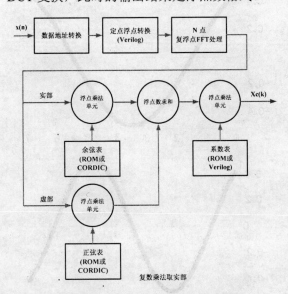

图1　DCT 快速算法②处理流程

部分模块是使用 MegaCore 实现的，但是都需要有对其相应的控制方法。整个处理过程是"全流水线"设计的，保证了处理流程的连续性。同时也做到了在最短时间内处理完整个序列。后面的篇幅中将会介绍各个模块实现的基本方法。

3.1.1 数据重新排序问题

原始序列为 $[0,1,2,3,4,5,6,7]$ 重新排序后的序列为 $[0,2,4,6,7,5,3,1]$，这是在算法②中首先要解决的问题。FPGA 不同于按照程序处理的 CPU 或者 DSP，这里考虑使用 FPGA 内部的双口 RAM 来解决上述问题。

一般的 FPGA 都备有一些片上 RAM，这些片上储存器可以更需要配置成为单口（Single Port）或者双口（Dual Port）工作方式，而在做地址转换的时候我们就需要使用双口 RAM，其核心的思想是：一边按照顺序方式写入，一边按照算法规定的方式读出。

Altera 器件的双口 RAM 支持一边写入一边读取，并且可以是在两个完全不同的时钟域，假设我们要处理长度为 N 的数据，开辟一个大小为 $2N$ 的双口 RAM。接口为图 2 所示。

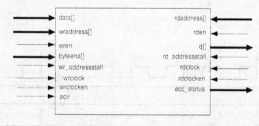

图2 Altera 双口 RAM 示意框图

Altera 的双口 RAM 结构比较清晰，这里主要会使用到读/写地址，读/写使能，读/写数据，读/写时钟等，从框图可以看出，这些端口在物理上面是可以独立出来的。下面是进行地址转换的 Verilog 代码实现（简述）。

写入端代码（N=2048）：

```
reg [11:0] wraddress
assign dataout = datain;  //输入和输出数据
线相同，因为起始地址从 0 开始
always @ （posedge wrclk or negedge nrst）
begin
if（!nrst）
begin
    wraddress = 0;  //nrst 为低电平时清 0
end
if（wren）
begin
    wraddress <= wraddress + 1;  //当 wren
```

为高时，写地址计数器加 1

```
    end
end
```

读取端代码（N=2048）：

```
reg [11:0] rdaddress
reg [11:0] rdaddressOut
assign dataout = datain;  //输入和输出数据
线相同，因为起始地址从 0 开始
always @ （posedge rdclk or negedge nrst）
begin
    if（rdaddress == 0）
        rdaddressOut <= 0;
    else if（rdaddress>0 and rdaddress < 1024）
        rdaddressOut <= rdaddressOut + 2;  //偶数顺序读取
    else if（rdaddress == 1024）
        rdaddressOut <= 2047;
    else if（rdaddress >1024 and rdaddress<2048）
        rdaddressOut <= rdaddressOut -2;  //奇数倒序读取
        ……………………………………
        ……………………………………
    end
always @ （posedge rdclk or negedge nrst）
begin
if（!nrst）
begin
    rdaddress = 0;  //nrst 为低电平时清 0
end
if（rden and wraddress >= 20488）//当写完
一 page 后才开始读取
begin
    rdaddress <= rdaddress + 1;  //当 rden
为高的时候,读地址计数器加 1
end
end
```

3.1.2 定点数到浮点数的转换

由于精度的要求系统后部分设计为全浮点运算，本工程使用输入数据为 8bit 的灰度图像数据。这里涉及一个定点到浮点转换的问题，Altera 并没有提供关于定点浮点转换的相关 MegaCore。鉴于 8bit 数据总共只有 256 种可能性，这里可以使用一个单口 ROM 查表或者直接用 case 语句来实现。考虑到不耗费宝贵的片上 RAM，下面给出 verilog 实现的代码：

```
Reg [31:0] FloatOut
Always @（posedge rdclk and negedge nrst）
Begin
    If（nrst = 0）
FloatOut <= 32'hffffffff;
    Else
        Case（InputData）
        0: FloatOut <= 32'HXXXXXXXX；
//xx 表示对应的 16 进制浮点数值
        1:      FloatOut      <=
32'HXXXXXXXX；
        2:      FloatOut      <=
32'HXXXXXXXX；
        ……………………………
        ……………………………
            Defaule: FloatOut <= 32'Hffffffff;
        endcase
end
```

3.1.3 FFT 处理核的调用

前面提到的两种 DCT 快速算法都使用了 FFT，Altera 的 FFT 属于 MegaCore 系列产品，支持从任意长度、自然序/位反序等的处理模式。

数据的输入时序如图 3 所示。从图中可以看出在 reset_n 信号消失以后，当 sink_ready 为高电平的时候，提供一个周期的 sink_sop 和包含整个数据长度 sink_valid 即完成了所有数据的输入；在时序的最后两行可以看到，FFT 要求输入数据的实部和虚部，但是对于实信号来说，只有实部数据，所以，在使用的时候，虚部的输入数据全部为 0。数据输入的 Verilog 代码和前面进行数据转换的双口 RAM 输入代码相似，并且还不需要写入地址，和 FIFO 的数据输入方法类似。具体编程不再赘述。

FFT 处理数据的输出如图 4 所示，当 source_ready 为高的时候，且在 source_valid 信号为高的时候，source_sop 在一个周期内跳动，这表示已经处理的数据在进行输出了。这里需要注意的是：FFT 处理后的数据为复数，无论所输入信号是实数还是复数，最后的数据都是复数。

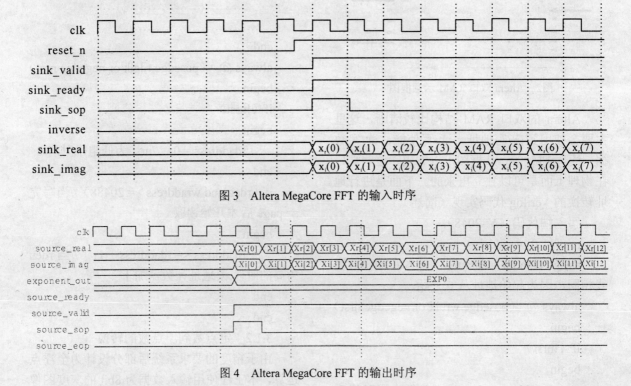

图 3 Altera MegaCore FFT 的输入时序

图 4 Altera MegaCore FFT 的输出时序

3.1.4 数字正弦和数字余弦信号的产生

在①②两种算法中都涉及一个 FFT 输出序列与 $e^{-jk\pi/2N}$ 做一个复数乘法的问题，我们把 $e^{-jk\pi/2N}$ 展开（N 为一常数，取决于具体的处理长度），得到 $\cos(k\pi/2N) - \sin(k\pi/2N)$，这里我们就需要产生一个数字正弦或者余弦信号来完成计算。其方法有两种。

方法一：利用片上的 RAM 来生成正弦和

余弦表的 ROM，实际上 Altera FPGA 内部的 ROM 是根据编译之前的 MIF（Memory Initialization File）文件来确定的，所以这里我们通过一段 C 语言程序来产生一段 MIF 文件内容。MIF 只能接受十六进制方式的数值，也就是说，无论是浮点数还是定点数，都应该表示成十六进制。由于本工程采用的是浮点数，所以在生成了带小数点的浮点数后，还应该将其转换为十六进制格式存入 MIF 文件当中。下面给出部分代码（以正弦为例）：

```
//产生数字正弦
for（cnt=0；cnt<Number；cnt++）// Number
为 N 的大小
    {
    floatTemp=cnt；
    DataFloat[cnt]=sin（-1*（floatTemp*3。
14159265358）/（2*Number））；
    }
//将小数转换为明文的十六进制值再存入
MIF 文件
    for（cnt=0；cnt<Number；cnt++）
    {
    unsigned int i=*（unsigned int *）
&DataFloat[cnt]；//类型转化
    sprintf（str,"%8x；\n",i）；
    for（loop=0；loop<8；loop++）
    {
        if  （    str[loop]==0x20   ）
str[loop]=0x30；//给空格添加字符'0'
    }
    fputs（str,fp）；//将转换后的字符存入
MIF 文件
    }
```

方法二：CORDIC 算法

CORDIC 算法是 Jack Volder 于 1959 年首先提出用于实时导航的计算。CORDIC 算法去掉了复杂程度较高的乘法操作，取而代之的是加减法器和移位器。

这里假设初始向量 $V_1(x_1, y_1)$ 和旋转 θ 度后的向量 $V_2(x_2, y_2)$：

$$x_2 = x_1 \cos\theta - y_1 \sin\theta$$
$$y_2 = y_1 \cos\theta + x_1 \sin\theta$$

重写上述两式得到：

$$x_2 = (x_1 - y_1 \tan\theta)\cos\theta$$
$$y_2 = (y_1 - x_1 \tan\theta)\cos\theta$$

这里进一步深入，若 θ 是正切为 2 的倍数。

即：$\theta_i = \arctan(2^{-i})$，那么

$$\cos\theta_i = \sqrt{\frac{1}{1 + 2^{-2i}}}$$

这个时候，式中所有的计算转变为了加减和位移操作。若用 CORDIC 方法来产生数字正弦或者余弦信号的话。起始向量可以设置为 1。之后所有的序列均可通过顺序累加的过程来取得（由于 Verilog 代码太长，代码略）。

3.1.5 浮点乘法/加法单元

Altera 也提供了浮点乘法和加法计算单元，由于加法单元和乘法类似，这里只介绍乘法单元。如图 5 所示。有 dataa[],datab[] 为数据的输入端口，clk_en 是时钟使能信号，clock 是时钟信号，aclr 为异步清零信号。输出端口中 result[] 是相乘结果的输出；Overflow, underflow 是溢出标志；Zero 是结果为零的标志位；Nan 表示无效。

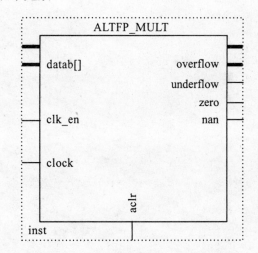

图 5 Altera MegaCore 浮点乘法单元

乘法单元也属于全流水操作。可以把数据在时钟节拍的驱动下源源不断地输入计算模块。唯一需要注意的是首次有效数据的输出周期，以便在控制模块中加入相应的寄存器等待。

计算精度	尾数宽度	锁存周期（可选择的）
单精度	23	5，6，10，11
双精度	52	5，6，10，11
单精度扩展	31-52	5，6，10，11

4 总结

本文讨论的只是基 FFT 实现的快速算法。文中众多模块在 FPGA 上的硬件实现是可行的，并且已在基于 EP2S90 的 FPGA 硬件平台上得到了验证。该快速算法的硬件已在某雷达成像平台上运用，获得了良好的精度和可靠性，为后续的 DSP 处理平台提供了准确的数据。

参考文献

[1] 胡广书. 数字信号处理理论算法与实现（第二版）. 北京：清华大学出版社，2003
[2] Ray Andraka,A survey of CORDIC algorithms for FPGA based computers，FPGA 98 Monterey CA USA，1998
[3] Floating-Point Megafunctions User Guide,ALTERA Corp, 2009
[4] Stratix II Device Handbook,ALTERA Corp, 2009
[5] FFT MegaCore Function,ALTERA Corp, 2009
[6] RAM Megafunction User Guide, ALTERA Corp, 2008

基于图像和 GPS 数据采集的低功耗无人机传输系统设计

马 腾 袁 著 田 忠

（电子科技大学电子科学技术研究院 成都 610054）

摘 要：本文设计了一种实时快速地采集图像和 GPS 数据并无线传输到地面接收器的低功耗无人机传输系统。该设计基于 CCD 图像传感器采集图像信号，使用高动态 GPS 接收器接收无人机的定位信息，在最小系统单片机控制下通过 2FSK 调制方法将 GPS 信号转换成可以无线传输的音频模拟信号，再利用无线音视频传输模块发送到地面的接收端，还原采集的图像和 GPS 数据。实验证明，该无人机传输系统可以实时快速的采集和无线传输图像信息及 GPS 数据，并且功耗很低。

关键词：无人机；图像采集；GPS；无线通信

Design of low-power unmanned aerial vehicle system based on Images and GPS data collection

MA Teng   YUAN Zhu   TIAN Zhong

（Research Institute of Electronic Science and Technology of UESTC, Chengdu, 610054）

Abstract: This paper presents a design of a low-power unmanned aerial vehicle transmission system that can quickly and Real-time collects images and GPS data and transmits them wirelessly to the ground receiver. This system captures image signals Based on CCD image sensor, uses the high dynamic GPS receiver to receive UAV location information, converts the GPS signals into audio analog signals that can be wirelessly transmitted through 2FSK modulation method under the control of the SCM in the minimum system, and then sent the signals to the receiving end on the ground using a wireless audio and video transmission module, restores the images and GPS data of collection. Experiments show that the UAV can quickly and Real-time collects and transmits the images and GPS data wirelessly, and its power consumption is very low.

Keywords: UAV，image acquisition，GPS，wireless communication

1 引言

无人机由于具有成本低、侦察地域控制灵活、地面目标分辨率高、昼夜持续侦察、不必考虑飞行员的疲劳和伤亡问题等优点而在军事低空侦察领域得到广泛的应用[1]。根据无人机系统的项目要求，为保证系统正常工作，设计的关键是确定图像和 GPS 数据采集、信号调制与解调以及降低电力消耗的设计。

2 系统模型与设计原理

2.1 系统模型

本设计包括发射和接收两个部分。空中的无人机首先用图像传感器获得现场视频信号，然后转换为电信号，完成图像采集；同时接收

GPS 坐标等信息，送到单片机后把数字信号变成模拟的音频信号；最后由无线音视频传输系统经过天线将信号发送出去。被地面天线接收后，经过无线音视频传输系统，图像电信号被图像采集卡采集并转换成数字视频信号，系统还原无人机采集的图像；同时音频信号经模数转换后变成数字信号，传送到主机后显示为无人机的坐标等信息。

2.2 设计原理

常用的图像传感器主要有两种：CCD 图像传感器和 COMS 图像传感器。CCD 图像传感器具有低信号噪声、高分辨率、高灵敏度等优点；图像采集系统用于无人侦察系统，对图像的质量要求高。因此，本系统的图像采集部分选用了 CCD 图像传感器[2]。

GPS 在本系統中主要提供設備的定位信息。由於無人機的飛行速度較快，需要採用高動態的 GPS 模塊。高動態 GPS 模塊的作用是在物體移動速度較快的情況下，也能夠達到準確的定位信息。

GPS 接收到的信號是方波數據信號，方波數據信號是無法在空中直接傳輸的。傳輸數字信號理想的方法就是使其變成模擬信號以方便傳輸，然後在接收端將之恢復成原來的數字信號。本次設計採用 2FSK 調製方法來傳輸。

相對 LDO 電源，開關電源具有減少損耗的功能。開關電源一般由脈衝寬度調製（PWM）控制 IC 和 MOSFET 構成。在待機狀態，主電路電流較小，MOSFET 導通時間 ton 也很小，電路在 DCM 模式工作，此時損耗主要由寄生電容損耗、開關交疊損耗和啟動電阻損耗構成。

單片機是無人機系統電力消耗的主要部分，如果能夠降低單片機的功耗，就可以明顯降低無人機系統的功耗。單片機最小系統（或稱為最小應用系統）是指用最少的元件組成的單片機可以工作的系統[3]。同時也可通過工作模式降低單片機的功耗。

3 硬件設計

如圖 1 所示，在硬件設計上把發射端分成七個部分：圖像採集模塊，GPS 接收模塊，調製和解調模塊，單片機主控模塊，無線音視頻傳輸模塊，電源模塊和時鐘模塊。地面接收部分基本相似，如圖 2 所示，只是多了 RS232 串行通信模塊，少了 GPS 接收模塊和單片機主控模塊。其中，發射端使用的是 T1000-24 通用 2.4GHz 無線視頻/音頻發射模塊，接收端使用的是 R2400-STD 通用 2.4GHz 無線視頻/音頻接收模塊。下面分別討論各模塊的設計和單片機 MSP430 低功耗的實現。

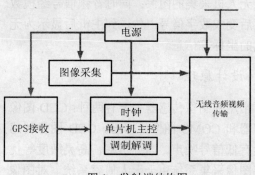

图 1 发射端结构图

3.1 图像采集模块设计

本設計採用 A.K.E A520CCD 器件作為圖像採集系統。A.K.E A520CCD 是高清微型攝像機，它採用 SONY 1/3" Super HAD CCD 影像傳感器和 SONY 高清 CCD 驅動芯片組，能夠輸出清晰、逼真的高分辨率動態圖像，最高有效分辨率可達 752×582（符合 520 電視線標準），最低照度可達 0.5Lux。

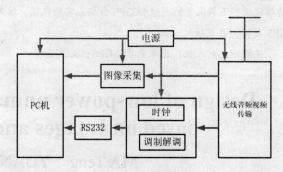

图 2 接收端结构图

A.K.E A520CCD 攝像機是 SONY 雙芯片（SONY CCD 傳感器和 SONY 芯片組）雙板 520 線高清攝像機，隨機配有定焦廣角鏡頭，可以更換板機鏡頭，還可以升級使用大口徑變焦鏡頭。A.K.E A520CCD 可由 12V 直流電源供電，以 3 串鋰電池作為電源。

3.2 GPS 接收模块设计

這裡我們選用的 GPS 芯片是"新月-HC12A"。"新月-HC12A"是一款性能與"新月 HC12"一致的 OEM 模塊，定位數據實時更新率最大可達 20Hz。快速的冷啟動、熱啟動以及重捕獲時間高精度：單機小於 2.5 米，DGPS 差分精度小於 0.5 米。具有 RTCM 差分基準站/流動站功能[4]。

GPS 模塊有自己的數據輸出格式，一般為串行接口，這些數據一般符合 NEMA0183 格式。GPS 固定數據輸出語句（$GPGGA）是一幀 GPS 定位的主要數據，也是使用最廣的數據。$GPGGA 語句包括 17 個字段：語句標識頭、世界時間、緯度、緯度半球、經度、經度半球、定位質量指示、使用衛星數量、水平精確度、海拔高度、高度單位、大地水準面高度、高度單位、差分 GPS 數據期限、差分參考基站標號、校驗和結束標記（回車符<CR>和換行符<LF>），分別用 14 個逗號進行分隔。

3.3 调制解调模块设计

本设计采用 2FSK 调制方法来传输，采用的是 TDK 公司生产的具有半双工的 FSK 功能的 TDK73M223 芯片。电路如图 3 所示，其中，TX 是发送控制线，低电平有效，它与单片机或者 MCU 的一根 I/O 相连，MCU 只有这根控制线与它发生作用。当 TX 有效时，73M223 工作在发送方式。调制后的正弦信号数据从引脚 TXA 送出，幅值是电源电压的 1/4，即 V/4。当 TX 为"1"时，73M223 工作在准备状态，TXA 的幅值被强制到 V/2。TXA 输出的已调制信号通过运算放大器进行调制，和随后的一级设计跟随器作为驱动。最后将音频信号送到无线发送模块。图中的 74HC04 是作为驱动用的，目的在于实现从 3.3V 到 5V 的电平转换。

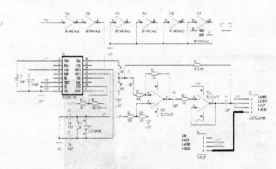

图 3 调制解调电路图

3.4 单片机主控模块设计

3.4.1 单片机最小系统分析

本设计的单片机采用的是 MSP430 系列的 MSP430F1611。单片机是整个系统的关键，要负责接收 GPS 传来的坐标速度等信息，还要控制 MODEM 芯片 TDK73M223 把数字信号变成模拟的信号来发送。考虑到最大限度降低系统功耗的要求，将 MSP430 设计成最小系统，即由主控 MCU、电源、时钟电路、JTAG 调试电路、串行通信等模块构成。这里主要介绍的是 JTAG 接口模块和 RS232 收发模块的设计。

3.4.2 JTAG 接口模块设计

MSP430F1611 是具有 48 KB 可电擦写的 FLASH 存储器型 MCU，并具有 JTAG 调试接口，因此采用先通过 JTAG 调试器将编辑好的程序从 PC 机直接下载到 FLASH 内，再由 JTAG 接口控制程序运行、读取片内 CPU 状态，以及存储器内容等信息供设计者调试[5]。

3.4.3 RS232 收发模块设计

考虑到要和上位机电脑进行全双工通信，在这里我们选择了 SIPEX 公司的 RS232 转换芯片 SP3232 来完成本次设计。采用 SP3232 接口的硬件电路如图 4 所示。SP3232 拥有完整的单电源 RS232 电气转换芯片的性能，提供了一个从 TTL 级别到 RS232 级别的全双工转换功能，内置了负电压发生器，外部是个用于电荷泵的电容。单 3.3V 供电符合本次设计需求。

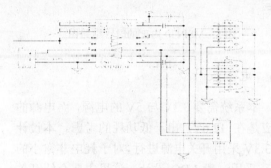

图 4 RS232 收发部分电路图

3.5 时钟电路设计

3.5.1 时钟芯片的选型

整个系统需要一个 RTC 芯片作为整个系统的时间参考，这里选用 Dallas 半导体生产的 DS1302 芯片。DS1302 使用简单的 SPI 接口与单片机连接，操作方便，可靠性高。实时时钟电路 DS1302 是 DALLAS 公司的一种具有涓细电流充电能力的电路，主要特点是采用串行数据传输，可为掉电保护电源提供可编程的充电功能，并且充电功能可以关闭。

3.5.2 MSP430 时钟设计

在本次设计当中，我们使用一个 8M 的时钟供应给整个 430 单片机。对于低功耗的考虑，这里不采用有源晶体供应给整个系统，而是用分立晶体元件来搭建的电路。分离元件搭建振荡电路的好处是，能够有效地减少功率的损失，充分利用了 MSP430 的振荡电路。

下面，再介绍 MSP430 内部的时钟情况。图 5 所示的红线框内是 MSP430 内部的电路。时钟信号为 CMOS 电平输出，74HC04 在这里相当于一个有很大增益的放大器；R2 是反馈电阻，取值一般 ≥1MΩ；R1 作为驱动电位调整之用，C1、C2 为负载电容。

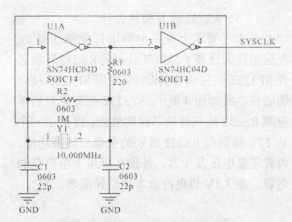

图 5　MSP430 内部的时钟电路图

3.6　电源设计

本系统需要 3.3V 与 5V 的电源，而电源的供应是在 12.6V，出于低功耗的考虑。本设计对 3.3V 采用开关电源进行，对于耗电非常小的 5V，采用一般 LDO 设计。这里主要介绍开关电源的设计。

开关电源选用凌特公司的 LT1374 芯片。电路设计如图 6 所示。事实上，MOS 管已经内置在芯片内部了，外部只需要传统 buck 电路的电感和二极管。一般选择快速恢复二极管或者肖特基二极管就可以了，用来把线圈产生的反向电势释放掉。实际上，由电路当中电感、电容和二极管构成的电路是一个典型的低通滤波电路，目的就是要平滑 MOS 管产生的方波，把脉冲电压变成平稳的直流电压[6]。

3.7　MSP430 低功耗设计

单片机的低功耗控制通过控制 MSP430 单片机系统的工作模式来实现。CPU 内状态寄存器 SR 中的 SCG1、SCG2、OscOff 和 CPUOff 位是重要的低功耗控制位。只要任意中断被响应，上述控制位就被压入堆栈保存，中断处理之后，又可以恢复先前的工作方式。

控制位 SCG1、SCG2、OscOff 和 CPUOff 可由软件配置成 6 种不同的工作模式：1 种活动模式和 5 种低功耗模式。

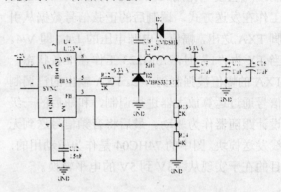

图 6　开关电源电路图

图 7　无人机采集的电子科大体育场图像

表 1　无人机接收 GPS 定位数据

起始符	时间	纬度	经度	有效位	卫星数量	水平精确度	天线高度	单位	大地高度	单位	结束符
$GPGGA	082349.13	3040.68382N	10405.81475E	1	04	8.9	513.4	M	-32.2	M	*4D
$GPGGA	082350.13	3040.68392N	10405.81470E	1	04	8.9	513.4	M	-32.2	M	*45
$GPGGA	082351.00	3040.68396N	10405.81465E	1	04	8.9	513.4	M	-32.2	M	*45
$GPGGA	082352.00	3040.68400N	10405.81460E	1	04	8.9	513.4	M	-32.2	M	*4C

4　硬件测试结果和分析

4.1　无人机采集动态图像

在 PC 上使用视频调试程序，如图 7 所示，可以得到清晰、逼真、高分辨率的电子科大体育场动态图像，有效分辨率达到 752×582。

4.2　无人机接收 GPS 数据信息

在 PC 上使用串口调试程序 sscom32，如表 1 所示，得到 GPS 定位的数据。GPS 每一秒钟定位一次，定位一次的有效数据显示成一行。

以第一行有效数据为例,08 时 23 分 49.13 秒时刻,无人机的坐标为北纬 3040.68382 度,东经 10405.81475 度。

4.3 MSP430 功耗测试

通过软件配置控制位 SCG1、SCG2、OscOff 和 CPUOff 形成 6 种不同的工作模式。经过测试,得到活动模式下单片机的工作电流为 30mA;低功耗模式下单片机的工作电流都低于 30mA,平均电流得以降低。以 3.3V 工作电压计算,单片机活动模式下的功耗约为 99mW,平均功耗要低于 99mW。

5 结束语

以上的测试表明,基于 A.K.E A520CCD 芯片的无人机图像采集系统可以输出清晰、逼真的高分辨率动态图像,实现了图像采集系统低信号噪声、高分辨率和高灵敏度的性能要求;基于新月-HC12A 芯片和 2FSK 信号调制的无人机 GPS 导航定位系统,可以获得高精度、时间准确的定位信息。同时,3.3V 开关电源设计、单片机 MSP430 最小系统设计和低功耗设计,使 MSP430 的平均工作电流明显得以降低,从而降低了无人机的系统功耗。因此,实现了基于图像和 GPS 数据采集的低功耗无人机传输系统设计。

参考文献

[1] Paul G Fah Istrom, Thomas J. Gleason 吴汉平译. 无人机系统导论. 第二版. 北京: 电子工业出版社, 2003

[2] 侯海周. 微型无人机图像处理与传输系统设计:[学位论义][D].南京: 南京理工大学, 2007

[3] 沈建华, 杨艳琴, 翟晓曙. MSP430 系列 16 位超低功耗单片机原理与应用〔M〕.北京: 清华大学出版社, 2004

[4] 新月-HC12A 产品说明书.北京合众思壮公司.[J/OL]. http://www.UniStrong.com. 2006

[5] Texas Instruments. MSP430F1611 Data-sheet. [S]. http://www.ti.com. 2006

[6] LINEAR TECHNOLOGY CORPORA-TION. LT1374 Datasheet.[S]. http://www.linear.com. 1998

基于蚁群算法的网络化子弹药协同攻击策略研究

李 炜 张 伟

（电子科学技术研究院电子科技大学 成都 610054）

摘 要： 网络化智能攻击子弹药对多个目标的协同攻击策略是研究的关键技术之一。本研究利用弹目之间的距离和弹目之间交会角作为影响子弹药分配的主要因素，构建了子弹药的协同攻击决策模型，提出了可以用于子弹药协同攻击决策的蚁群算法，并通过示例计算表明，文中的蚁群算法可以有效地完成子弹药协同攻击决策的任务。

关键字： 子弹药；协同攻击；决策模型；蚁群算法；启发程度

Research on Coordinated Attack Strategy of Networked Smart Sub-munitions based on Ant Colony Algorithm

Abstract: The coordinated attack strategy that plenty of sub-munitions attack multiple targets is one of key technologies of networked smart sub-munitions. The distance and the encounter angle are the two main influence factors for the sub-munitions allocation. Based on that, the decision-making model of coordinated attack strategy is built. The ant colony algorithm for the coordination attack strategy of sub-munitions is presented. It is an effective method to deal with the decision-making of coordination attack of sub-munitions through an example indication.

Keywords: sub-munitions，coordinated attack，decision-making model，ant colony algorithms，heuristic extent

网络化智能攻击子弹药是无人机技术和弹药技术结合的产物，可实现战场侦察、精确打击、毁伤评估、通信中继、目标指示、空中警戒等多种作战功能。在子弹药技术的研究中，多个子弹药对目标的协同攻击策略是能否成功利用子弹药集群作战优势完成对目标毁伤的关键技术之一。如何有效地利用子弹药对多目标形成最大程度的攻击是本文的研究目的。

近年来，对于协同作战决策的研究已经得到了广泛的重视。董彦非等研究了多机空战协同战术决策的方法[1]，田菁等提出了基于模型预测控制理论和遗传算法的多 UAV 协同搜索算法[2]。此外基于自然界中真实蚁群集体行为启发的蚁群算法也得到了应用。例如，利用启发式蚁群算法求解协同多目标攻击空战决策问题[3]。李永宾等以攻击优势和目标战役价值为准则建立攻击逻辑决策模型，利用蚁群算法进行求解[4]。杜天军等提出了多目标空战的 WBG 模型，并利用蚁群算法进行了求解[5]。上述文献都是关于飞机空战的协同攻击策略，而子弹药由于无法重复攻击，所以其攻击策略与飞机空战的决策策略有所不同。对于子弹药协同攻击策略的研究还没有见到。本文提出了网络化子弹药协同攻击的决策模型，并利用蚁群算法

进行算法设计。

1 协同攻击的决策模型

1.1 网络化智能攻击子弹药的特点

智能攻击子弹药可以在目标上方进行"巡弋飞行"，"待机"执行多种作战任务。具有留空时间长、作战范围大的特点，可以根据战场情况的变化，自主或遥控改变飞行线路和任务，实施"有选择"的打击，并实现弹与弹之间的协同作战。

一般将子弹药分为搜索目标、对目标分类、攻击目标以及对目标进行毁伤评估四种工作状态，并且各种状态之间可以任意转换，即处于当前状态下的子弹药可以转换成其他三种状态中的任一种。本文只研究当子弹药处于攻击状态时，对目标的协同攻击策略。此外，利用数据链和无线局域网络技术，子弹药之间可以实现信息共享。任一子弹药个体发现目标，可以立刻被通信区域内的其他子弹药所共享，并且可以将自身的状态信息、任务信息等都传递给其他子弹药。这些特点是子弹药可以实现协同攻击的保证。

1.2 协同攻击决策模型

在多目标区域环境下，如何将目标合理地不重复不遗漏地分配给子弹药，是协同攻击策略研究的核心内容。影响目标分配方案的因素有很多，包括弹目之间的距离、弹目交会姿态、目标易损特性、制导系统特性等。如果假设子弹药个体间无差异，那么在这些因素中，弹目之间的距离和交会姿态就成了两个主要的影响因素。如图1所示。

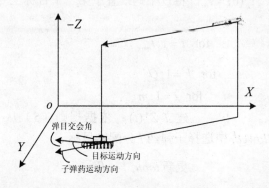

图1 弹目交会角示意图

在目标分配的过程中主要遵循以下几个原则：（1）有利可行原则。既要结合作战意图选择，又要综合全面地考虑子弹药攻击的难度。（2）最大毁伤原则。准确把握子弹药与目标之间引战配合的难度，要把毁伤概率最高的子弹药分配给相应的目标。（3）不重复不遗漏原则。要做到每个可能的目标都有子弹药对其进行攻击，同时避免多个子弹药对同一目标重复攻击。（4）力避风险原则。充分考虑子弹药受到的威胁和可能的损失，以保存尽可能多的子弹药的作战能力。

目标分配的决策过程如下：（1）将目标分配给距其最近的子弹药。一般来讲，离目标越近对目标的威胁越高，攻击的成功率越高，目标实施攻击的飞行距离越小，所受到的威胁也就越小。（2）将目标分配给最佳交会姿态的子弹药。这里的交会姿态主要指弹目交会角。通过引战配合知识可知，交会角越大，对于子弹药引战配合的要求越高，攻击的难度就越大。因此，将目标分配给交会角较小的子弹药是较合理的分配决策方法。

用数学语言描述如下：假设潜在的攻击目标有 m 个，子弹药的个数有 n 个。d_{ij} 表示目标 i 到子弹药 j 的距离，其中 $i \in (1,2,\cdots,m)$，

$j \in (1,2,\cdots,n)$。a_{ij} 表示目标 i 到子弹药 j 之间的交会角；x_{ij} 表示将第 i 个目标分配给第 j 个子弹药。则有

$$x_{ij} = \begin{cases} 1, & j \ attack \ i \\ 0, & otherwise \end{cases}$$

因此，当将第 i 个目标分配给第 j 个子弹药时，目标分配决策函数值就为 $(d_{ij} + a_{ij}) \cdot x_{ij}$。此时认为两种影响因素是同等重要的。如果认为两种影响因素对函数值的贡献不同，那么函数值就可以修止为 $(\rho_1 \cdot d_{ij} + \rho_2 \cdot a_{ij}) \cdot x_{ij}$，$\rho_1$，$\rho_2$，分别表示弹目距离因素和弹目交会角因素的影响权重值。一般的，设定 $\rho_1 + \rho_2 = 1$。

因此目标分配决策问题就是使目标分配决策函数值最小，公式化表示为：

$$\min Z = \sum_{i=1}^{m} \sum_{j=1}^{n} (\rho_1 \cdot d_{ij} + \rho_2 \cdot a_{ij}) \cdot x_{ij} \qquad (1)$$

$$s.t. \begin{cases} \sum_{i=1}^{m} x_{ij} = 1 \ or \ 0, & j = 1,2,\cdots,n & (2) \\ \sum_{j=1}^{n} x_{ij} = 1, & i = 1,2,\cdots,m & (3) \\ x_{ij} \in \{0,1\}, & i = 1,2,\cdots,m, j = 1,2,\cdots,n & (4) \end{cases}$$

式中，约束条件（2）表示为执行攻击任务的每一子弹药只能对付一个目标，并且认为子弹药的数量大等于目标的数量；约束条件（3）表示当多个子弹药可以攻击一个目标的时候，限定任何可能的目标至多只有一个子弹药对其进行攻击；约束条件（4）表示为 x_{ij} 是 0～1 变量。至于权重系数 ρ_1，ρ_2 如何选取，将另撰文进行分析。

2 蚁群算法的实现

假设蚁群中蚂蚁的数量为 Q，蚂蚁 k 创建各自的分配方案。具体做法是将第一个可能的目标分配给任意子弹药，将第二个目标分配给剩余子弹药中的一个，以此类推直至分配完所有可能的目标。依据蚁群系统状态转移规则，蚂蚁 k 将目标 i 分配给子弹药 j 的伪随机规则为：

$$j = \begin{cases} \arg\max\limits_{u \in allowed_k} \{\tau(i,u) \cdot \eta^\beta(i,u)\}, & q \le q_0 \\ J, & others \end{cases} \quad (5)$$

式中，$\tau(i,u)$ 为信息素轨迹强度；$\eta(i,u)$ 为启发程度；$allowed_k$ 为蚂蚁 k 当前可分配的子弹药集；q 为一个在 $[0,1]$ 间均匀分布的随机数；$q_0(0 \le q_0 \le 1)$ 是一个指定的参数；β 为启发程度对蚂蚁决策的影响。J 为依据如下随机比例规则从 $allowed_k$ 中选择一个子弹药。

$$p_k(i,j) = \begin{cases} \dfrac{\tau(i,j) \cdot \eta^\beta(i,j)}{\sum\limits_{u \in allowed_k} \tau(i,u) \cdot \eta^\beta(i,u)}, & j \in allowed_k \\ 0, & otherwise \end{cases}$$

式中，$p_k(i,j)$ 表示第 k 只蚂蚁将目标 i 分配给子弹药 j 的概率。目标 i 和子弹药 j 之间距离越短，弹目交会角越小，将目标 i 分配给子弹药 j 的可能性越大。所以，这里的启发信息为 $\eta(i,j) = \rho_1 \cdot d_{ij} + \rho_2 \cdot a_{ij}$。通常取参数 β 为负值，这样 (i,j) 间的路径越短交会角越小，越受欢迎。蚂蚁 k 在将目标 i 分配给子弹药 j 后，更新用于记录蚂蚁 k 当前不能再分配的子弹药的 $tabu_k$。依据当前的 $tabu_k$ 和约束条件（2）和（3），下一个目标所允许分配的子弹药集合为

$$allowed_k = (1,2,\cdots,n) - tabu_k$$

蚂蚁应用局部更新规则对信息素轨迹进行更新：

$$\tau(i,j) \leftarrow (1-\lambda) \cdot \tau(i,j) + \lambda \cdot \Delta\tau(i,j) \quad (6)$$

式中，$0 < \lambda < 1$。

由实验发现，设置 $\tau_0 = (nZ_{nn})^{-1}$，Z_{nn} 是由最近邻域启发产生的一个路径的长度。当生成全局最优解之后，信息素轨迹进行全局更新，具体规则如下：

$$\tau(i,j) \leftarrow (1-\mu) \cdot \tau(i,j) + \mu \cdot \Delta\tau(i,j) \quad (7)$$

$$\Delta\tau(i,j) = \begin{cases} (Z_{gb})^{-1}, & (i,j) \in globe\_best \\ 0, & otherwise \end{cases}$$

式中，$0 < \mu < 1$。

上述搜索最优解的过程是一个不断重复的过程，当满足迭代次数或者满足某个收敛条件后，算法停止。基于以上的分析，针对子弹药目标分配决策的蚁群算法流程如下：

```
{  初始化
   τij(0) = τ0，将 Q 个蚂蚁置于第一个目标上

   for  t = 1:tmax
     for  k = 1:Q
       for  i = 1:m
          建立 Z^k(t)：依据规则（5）从
allowedk 中选择子弹药 j 分配给目标 i
          更新 tabuk 与 allowedk
          按局部更新规则（6）更新信息
素轨迹
       end
     end
     for  k = 1:Q
          计算各蚂蚁的目标函数值 Zk
     end
   if  找到更优解
          更新最优解
   end
   按全局更新规则（7）更新信息素轨迹
     清空 tabuk
   end
}
```

表 1 弹目距离、交会角和分配函数值

	弹目距离			弹目交会角			分配决策函数值		
	目标 1	目标 2	目标 3	目标 1	目标 2	目标 3	目标 1	目标 2	目标 3
子弹药 1	2	5.4	10.2	0	5	10	1	5.2	10.1
子弹药 2	5.8	3	5.8	5	0	5	5.4	1.5	5.4
子弹药 3	5.4	2	5.4	5	0	5	5.2	1	5.2
子弹药 4	10.2	5.4	2	10	5	0	10.1	5.2	1

3 数值仿真试验

设处于攻击状态下的子弹药个数为 4，可攻击的目标个数为 3，子弹药和目标的分布如图所示。圆形代表子弹药，方形代表目标。此外，在计算目标决策函数值时，为了将弹目之

间的距离和弹目交会角的量纲统一，假设目标的运动方向都为 x 正向，子弹药的运动方向 y 负向，这样弹目交会角可以用弹目之间 x 向距离代替，从而使计算简化。弹目距离和弹目交会角的影响权重系数都设定为 0.5。如图 2 所示。

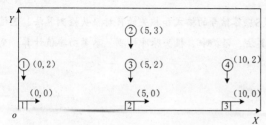

图 2　目标和子弹药分布图

在利用蚁群算法进行计算时，参数选取如下：蚂蚁数 $Q=10$，迭代次数 $t_{max}=100$，启发经验值 $q_0=0.8$，$\beta=-1$，$\lambda=0.2$，$\mu=0.2$。利用 matlab 蚁群算法计算程序，子弹药攻击目标的分配方案为：子弹药 1 攻击目标 1，子弹药 3 攻击目标 2，子弹药 4 攻击目标 3，最优分配方案函数值为 3。计算结果与定量分析的结果一致，如表 1 所示。计算中发现，增大启发经验值 q_0，可以很快地获得最优分配方案，因此，对于战场环境信息完备的情况，可以适当增大 q_0 的设置值。

4　结论

本文的协同攻击决策模型主要考虑了弹目之间的距离和弹目交会角因素，并采用蚁群算法进行求解。通过示例仿真计算可以看出，本文所建立的协同攻击策略，可以实现每一个目标都有一个子弹药实施攻击，并且该子弹药是处于最适宜攻击该目标的位置。

参考文献

[1] 董彦非，冯惊雷，张恒喜. 多机空战仿真协同战术决策方法，系统仿真学报，2002 年 6 月，第 14 卷第 6 期

[2] 田菁，陈岩，沈林成. 不确定环境中多无人机协同搜索算法，电子与信息学报，2007 年 10 月，第 29 卷第 10 期

[3] 罗德林，段海滨，吴顺详，李茂青，基于启发式蚁群算法的协同多目标攻击空战决策研究，航空学报，2006 年 11 月，第 27 卷第 6 期

[4] 李永宾，张凤鸣，李俊涛. 多机协同攻击逻辑的蚁群算法研究，电光与控制，2006 年 12 月，第 13 卷第 6 期

[5] 杜天军，陈光禹，刘占辰. 多目标攻击空战决策 WBG 模型及其蚁群算法，系统工程与电子技术. 2005 年 5 月，Vol.27 No.5

模式 S 应答解码器的算法设计

刘晓斌　张　超　郑　植

（电子科技大学电子科学技术研究院　成都　610054）

摘　要： 本文叙述了模式S应答信号处理的特点，包括模式S应答信号的格式和相关的目标报头检测算法、置信度判定算法以及检错纠错算法等处理算法，并介绍了报头检测算法、沿提取、报头脉冲检测、参考功率值计算、交叠测试、功率一致性测试、DF验证和再触发等处理步骤。

关键词： 模式S；报头检测算法；应答信号处理

Algorithm of answer decoder in Mode S

LIU Xiaobin　ZHANG Chao　ZHENG Zhi

（Research Institute of Electronic Science and Technology of UESTC　Chengdu　610054）

Abstract: This paper firstly sketches the characteristic of Mode S responding signal processing, mainly including Mode S responding signal format and preamble detection arithmetic, confidence determinant arithmetic, and error detection and correction arithmetic. Then, the preamble detection arithmetic is especially introduced in detail, including edge distilling, preamble detection, reference power computing, overlap testing, power coherence testing, DF verification and retouch, and so on.

Keywords: mode S，preamble detection arithmetic，responding signal processing

引言

单脉冲技术的应用在很大程度上解决了传统二次雷达存在的问题，但是在大型航空港等飞机非常密集的地方，时间不同步和混淆信号已经越来越严重；同时单脉冲二次雷达在数据链路的需求方面仍然不能令人满意。针对上述情况出现了一种新的二次雷达标准——模式 S 二次雷达。模式 S 是一种先进的雷达询问系统，它建立在独立编址和选择性询问的基础上，能够解决在模式 A/C 中具有的信号干扰、有限的信息编码、幻影（garble）和异步应答（fruit）等问题，同时在数据链路方面也具有巨大的潜力。基于模式 S 的数据链路技术在航空管理、敌我识别、导航等方面已经得到了广泛的应用。

在模式 S 应答处理中，首先要完成的操作是报头检测，它是一切后续处理的前提和基础。特别是在高密度应答环境下，目标的 fruit 干扰非常严重，能从各种干扰中正确检测出应答报头显得十分关键，它不仅直接影响到数据的解调，而且在某种程度上决定整个二次雷达的性能[1]。

1　模式S扩展应答信号的报头检测[6]

报头检测标志着模式 S 下行数据链处理接收的开始。这一过程有两个输出量：（1）信号的起始时间；（2）接收信号的功率值。在下面的过程开始前，先要用一个功率门限来丢弃非常微弱的信号，这个门限的典型值是 −88dBm。

1.1　有效脉冲位置

如果一个采样点的幅度值高于门限，且其随后连续的 N 个样点或更多样点都在门限以上，那么这个采样点就是一个有效脉冲位置（VPP）。如果采样频率为 10 点/μs，那么 $N=3$。这样定义的目的是，至少存在 4 个连续样点高于门限，信号在门限之上维持至少 0.3μs，于是，可将其判定为有一个脉冲。

1.2　上升沿

如果某个样点是一个有效脉冲位置，且跟前一个样点之间存在真实斜坡（Slope），与后一个样点之间的幅度差异少于真实斜坡，那么此样点可断定为一个上升沿（LE，Leading Edge）。在采样频率是 10 点/μs 的情况下，门限就是 4.8dB。

1.3 初始报头检测

当检测到 4 个符合下面标准的脉冲时，就表明检测到了一个可能的报头。

（1）4 个脉冲具有 0－1.0－3.5－4.5μs 的时序；

（2）标准时序上的上升沿≥2 个；

（3）其余为有效脉冲位置；

（4）采样容差可以＋1（即后延一个样点）或－1（前推一个样点）（两者只可选其一）。

注意：这 4 个脉冲的功率并不要求一致；另外，也没有使用下降沿。

1.4 到达时间

信号的到达时间可以初步估计为：这 4 个脉冲中第一个脉冲的上升沿时间。如果后面的 3 个脉冲中，有两个以上脉冲的上升沿与 0－1.0－3.5－4.5μs 时序匹配，可将到达时间延后一个样点间隔（＋1）或前推一个样点间隔（－1），以使得 4 个脉冲的上升沿更好地与理论的报头时序匹配。

1.5 参考值的产生

报头检测过程里产生一个功率参考值，用于再触发和解调数据块过程。

第一步是在检测到的 4 个报头脉冲中，选择那些上升沿与报头时序匹配的脉冲的上升沿后的 M 个样点，当采样频率是 10 点/μs 时，$M＝3$。

第二步是对任意一样点 S_i（i：1…12），计算在其 2dB 摆幅（±1dB）之内的所有样点数目 C_i，然后找出这些计数中的最大值 C_{max}。如果这个最大值是唯一的，那么产生这个数的样点值 S_i 就作为参考值；否则，当有两个以上的样点（如三个：S_i、S_j、S_k），它们产生的计数（C_i、C_j、C_k）相等且都是最大的，那么丢弃其他所有的计数小于这个最大值的样点。计算剩余样点（S_i、S_j、S_k）的功率，找出最小的 E_{smin}；再丢弃功率大于这个最小值 E_{smin} 2dB 以上的

所有样点。计算剩余的所有样点的平均值，就是报头的参考值。

1.6 重叠信号的 μs 测试

报头检测能够处理多个交迭的报头，但是数据块的处理是很复杂的，每次只能接收一个信号。因此，需要一个再触发功能，检测到某个报头 Preamble1，但随后又接收到一更强的信号 Preamble2 时，就会丢弃先前的那个 Preamble1。

1.7 功率一致测试

功率一致性测试是用来舍弃一些功率波动剧烈的报头脉冲。这些报头脉冲可能是由于引入了大量的噪声，后续的数据位处理很难得出正确的结果，不具有实际的处理意义，因而应该将其舍弃。其思想是通过判定 4 个报头脉冲在有功率上的相似程度来确定是否应该舍弃某个报头。

1.8 DF 认证

为了进一步确定该报头的正确性，我们将对数据位的前 5 个比特的判定结合到报头检测中，只有存在 5 个比特数据，且这 5 个比特数据的幅度与参考功率的差别在一定范围内时，我们才能最后认定该报头为一个真实可靠的报头，进而转入数据位的处理。以报头第一个脉冲的上升沿为时间零点（$T＝0μs$），则最前面 5 个数据位的起始时间为 8μs、9μs、10μs、11μs、12μs。由于模式 S 数据位采用脉冲位置编码，对于任一数据位，都由两个 CHIP 组成，一个为高电平，另一个为低电平，所以用 VPP 信号确定数据存在与否。取每一个数据位中的最大功率，与参考功率比较就能够确定数据是否合理。

1.9 模式 S 报头检测算法流程总结

如图 1 所示，只有通过了一系列标准报头检测算法后的模式 S 应答才能被提交到数据处理进程中，这种严格的报头检测算法保证了模式 S 数据的正确性。

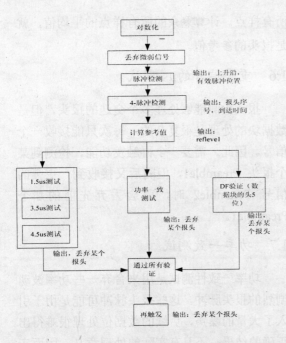

图 1　模式 S 报头检测算法流程图

2　位和置信度判定

由于模式 S 应答信号是由机载异频收发机经过 PPM 编码发送的，在高 A/C 应答 fruit 交迭的环境下，可能使得模式 S 应答的数据位被地面处理器接收后，会产生一些位错误，从而必须对每个位进行准确的判定（0/1），并给它们标上相应的置信度。采用一种改进的基线多样点技术来进行位和置信度的判定。基线多样点算法充分利用了每个比特位的所有 10 个采样值。

依据采样值与参考值的比较，采样值被分成以下两类：

A：在参考值的 +/-3dB 内；

B：低于参考值 6dB。

具体算法如下：

1. 对于每个比特的前 5 个采样值，与报头参考值比较，如果在报头参考值的 +/-3dB 内，则 1a 加 1（中间的 3 个采样加 2）；如果低于报头参考值 6dB，则 1b 加 1（中间的 3 个采样加 2）。对后 5 个采样值，与前 5 个采样值的运算相同，得到 0a 和 0b。

2. 根据下式计算得到 dif。

dif=（1a-0a+0b-1b）<<1；

如果 dif≥3，则此比特为 H1（高置信度的比特 1）；否则如果 dif>0，则此比特为 L1（低置信度的比特 1）；否则如果 dif>-3，则此比特为 L0（低置信度的比特 0）；其他情况下，此

比特为 H0（高置信度的比特 0）。

3. 对 AMP 和 OBA 两路信号分别进行以上计算和判定，然后根据表 1 所示的联合判定准则来做置信度的最终联合判定。

表 1　联合判定准则

		由 AMP 信号决定的			
		H0	L0	L1	H1
由 OBA 信号决定的	H0	H0	H0	L0	L1
	L0/1	H0	L0	L1	H1
	H1	L0	L1	H1	H1

注：上表中 H 和 L 分别表示置信度的高和低，"0" 和 "1" 表示比特值。

3　检错纠错[4]

3.1　循环冗余校验检错

循环冗余校验（Cyclic Redundancy Check）码是一类强大的检错码。模式 S 下行数据链采用一种改进的（缩短的）使用下列生成多项式的（112,88）（即 n=112，k=88）循环冗余校验码：

$$g(x) = x^{24} + x^{23} + x^{22} + x^{21} + x^{20} + x^{19} + x^{18} + x^{17}$$
$$+ x^{16} + x^{15} + x^{14} + x^{13} + x^{12} + x^{10} + x^{3} + 1$$

由此生成多项式的 CRC 码可以检测出任何突发长度小于等于 $n-k$=24 的突发错，并且对于长度等于 25 的突发错的未检错率为 $1/2^{r-1} = 1.19 \times 10^{-7}$；对于长度大于 25 的突发错的未检错率为 $1/2^{r} = 5.96 \times 10^{-8}$，同时，此 CRC 码的汉明距离是 d=6，意味着它可以检测出任意小于等于 d-1=5 个差错。

3.2　保守纠错技术

由于 $g(x)$ 的最高次幂等于 24，若错误图样 $e(x)$ 的最高次幂小于 24（即错误图样在码字的最后 24 比特内），则余数将是该错误图样的准确映像，即：

$$r(x)=e(x) \bmod g(x)=e(x)$$

根据循环码的循环移位特性，对余数补 0 做模 2 除，余数将循环出现，对应错误图样循环左移，即：

$$e^{1}(x) \bmod g(x) = xr(x) \bmod g(x) = r^{'}(x)$$

设 $e(x)$ 的一次循环左移为 $e^{1}(x)$，其中，后一个

等式又可以表示为：

$$xr(x) = q(x)g(x) + r'(x), \quad q(x) = 0 \text{ 或 } 1 \quad (1)$$

于是，一边对码字进行循环左移，一边对余数补 0 做模 2 除。如果在码字的最后 24 比特发现一个与关联的余数相匹配的低置信度比特图样，那么将对应余数中的"1"的低置信度比特取反（仅当余数中的"1"全都对应低置信度比特时）即可实现纠错。

在（1）式中，$xr(x)$ 的最低位是 0，$g(x)$ 的最低位是 1。所以，当 $r_0' = 0$ 时，$q(x) = 0$，于是：$x \cdot r(x) = r'(x) \Rightarrow r() = \dfrac{r'(x)}{x}$ 当 $r_0' = 1$ 时，$q(x) = 1$，于是：

$$x \cdot r(x) = g(x) + r'(x) \Rightarrow r(x) = \frac{g(x) + r'(x)}{x}$$

因此，我们得到错误图样的非循环右移与对应余数的关系：错误图样右移一位，相应的余数若最后一位是"0"，则余数直接循环右移一位；若最后一位是"1"，则余数先与生成多项式模二和再右移一位。

这样，利用错误图样的右移与相应余数的关系，计算将低置信度图样移到码字最后 24 比特时的余数，并利用式（1）找出错误图样。

这种算法对于标准或非标准的 CRC 码都有效。

只有当所有的低置信度位都在一个 24 比特窗内时，保守技术才试图进行纠错。具体算法如下：

1. 根据低置信度数组计算低置信度比特图样 lcbp。并设接收消息的 CRC 校正子为 R，index 是从左边数起的第一个低置信度比特的序号。

2. 检测 R 的最后一位，若为"0"则 R 右移一位；若为"1"则 R 异或上 G 再右移一位。如此进行 89-index 次，得到 $R^{89-index}$。

3. 比较 lcbp 和 $R^{89-index}$，如果 lcbp 中的"1"完全包含 $R^{89-index}$ 中的"1"，即 $R^{89-index}$ & lcbp==R，则将对应 $R^{89-index}$ 中的"1"的低置信度比特取反即可实现纠错；否则放弃纠错。

设发送码字为（Hex）BF2CADA6230D6053DBCCB57EEE0C，并随机产生错误图样和低置信度图样——令错误比特总为低置信度比特（低置信度比特可能不是错误比特）。

于是，我们得到 Matlab 仿真数据如表 1 所示。

表 1　Matlab 仿真数据

接收码字	错误图样（未知）	低置信度图样（已知）	Index	R	$R^{89-index}$
CA010F26230D6053DBCCB57EEE0C	EA5B45	EA5B55	2	E4AB66	EA5B45
BF2CADA53A237853DBCCB57EEE0C	C64B86	DE4FA6	31	6050AD	C64B86
BF2CADA6230D6053DBCDAB5B380C	8F12EB	AF56FB	80	2B6F19	8F12EB
BF2CADF76B026053DBCCB57EEE0C	A2901E	A7B05E	26	BBD1FE	A2901E
BF2CADA6230D62CC8A6CB57EEE0C	A7D468	EFD46A	55	5689D6	A7D468

可见每个 $R^{89-index}$ 均是错误图样的准确映像，即发现了错误图样。保守技术的使用条件是低置信度位不超过 12 个，且都在一个 24 比特窗内，这个约束限制了它只能应用于只有一个较强的 A/C fruit 与之交术，单独使用时成功纠错的概率较低，但是它产生了非常低的未检错率。

3.3　蛮力纠错技术[7-8]

蛮力技术针对随机分布的不超过 5 比特的错误图样。循环冗余校验码的不同位发生错误时，应该使余数不同，即每一个错误位置对应一个唯一的 CRC 校正子，并且对这些单个位校正子进行组合（异或）以后，得到那个组合的一个校正子。

（以下"＋"代表模二和，R_i 是单个位的校正子，E_i 是单个位错误的错误图样）

$$E = E_1 + E_2 + \cdots$$

设 $E_1 \bmod G = R_1$；$E_2 \bmod G = R_2 \cdots$

若 $E_1 \neq E_2 \neq \cdots$；则 $R_1 \neq R_2 \neq \cdots$

并且 $E \bmod G = \{E_1 + E_2 + \cdots\} \bmod G$

$$= E_1 \bmod G + E_2 \bmod G + \cdots$$

$$= R_1 + R_2 + \cdots$$

如果已经正确地完成置信度判定算法，那么数据里所有可能的错误应该只出现在低置信度位上。于是，将所有低置信度位对应的校正子都尝试结合（把它们模二加），然后接受与错误校正子匹配的那一个组合（假设只有一个成功匹配的），把这个组合对应的那些低置信度位取反即完成纠错。即：若

$$R = R_i + R_j + R_k + \cdots \quad (R \text{ 是接收码字的错误}$$

校正子，R_i 是第 i 个低置信度位对应的校正子），则可判定

$$E = E_i + E_j + E_k + \cdots \quad (E_i \text{ 表示第 } i \text{ 个低置}$$

信度位为错误比特的错误图样）。

如果有两个或多个低置信度位的组合跟这个错误校正子匹配，就丢弃该消息；然而，如果一个高置信度比特事实上是错误比特，并且只有一个低置信度位的组合与此错误校正子匹配，则消息会被"纠正"为错误的消息，产生一个未检测错误。

接收机里存放有事先计算好的单个位校正子的表。单个位校正子的计算基于：给定码组长度 n 和最高次幂为 $n\text{-}k$ 的生成多项式，余数与出错位的对应关系也就确定了。设发送码字为（Hex）2E2351D0E43BFCE5E2521CE98187，并随机产生错误图样和低置信度图样——令错误比特总为低置信度比特（低置信度比特可能不是错误比特）。于是我们得到 Matlab 仿真数据如表 2 所示：

表 2　蛮力技术的 Matlab 仿真数据

接收码字（Hex）	错误比特位（未知）	低置信度比特位（已知）	校正子 R（Hex）	匹配的低置信度位组合
2E2351D0E43BBCE5E2121CEB8187	50,74,95	49,50,74,95,105	BC3B92	50,74,95
2E2051D0E43BF8E5E2521CE98187	15,16,54	15,16,54,90,105	833B0D	15,16,54
2E2351D0E43BFCE5E3523CE98387	72,83,103	52,72,83,103,105	0C17F1	72,83,103
2E2351D0A4BBFCE5E25218E98587	34,41,86,102	34,41,86,102,105	71B7C5	34,41,86,102
2E235190E43BFCE5E2531CE90187	26,80,97	26,80,97,102,105	474590	26,80,97

4　仿真结果

通过对模式 S 二次雷达原理和运作机制的深入研究，我们在模式 S 的报头检测、代码提取（即位判定）、置信度判定和代码纠错方面提出了一系列的新概念、新算法和实现方法。根据功率值提取有效脉冲位置（VPP）、上升沿位置（LEP）和下降沿位置（FEP），并利用这些信号共同完成报头检测；增加了数据位（前 5 位）进行报头验证的功能，提高报头的可靠性；如图所示为一组仿真的波形，从中可以看出报头检测流程中的关键信号，最下面为最终报头检测输出。如图所示。

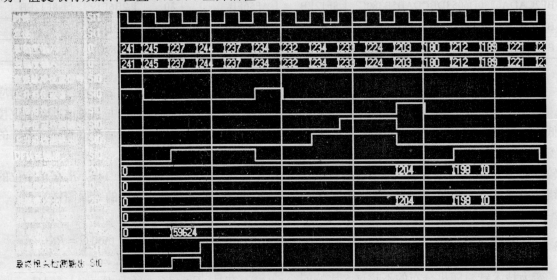

报头检测仿真波形图

参考文献

[1] 崔兆增. 一种 S 模式数据量通信系统. 航空电子技术，1999

[2] 张虹. 单脉冲二次雷达的研制和改进. 现代雷达，2001

[3] 陈非凡，苑京立. 国外敌我识别技术的现状及发展趋势. 电讯技术，2001

[4] 钟睿，毛士艺，张永鹏等. 基于DSP和FPGA的二次雷达信号处理机的实现. 北京航空航天大学203教研室，2002

[5] Mode S Elementary & Enhanced Surveillance Information Notice. European Organization for The Safety of Air Navigation, 2004

[6] ADS—B 1090 MOPS，Revision A，Appendix I ExtendedSq. itter Enhanced a~ piton Techniques[S]

[7] Appendix I Extended Squitter Enhanced Reception Techniques. ADS-B A, RTCA Special Committee 186, Working Group 3,2003

[8] Michael C.Stevens.Secondary Surveillance Radar. Artech House,1988

基于ARM和小波包分析的电力谐波测量系统

杨　霞　谢维成　王成超

（西华大学电气信息学院　成都　610039）

摘　要：本文提出了一个ARM和虚拟仪器技术相结合的谐波实时测量分析系统的设计方案，并采用了小波包变换谐波检测方法，给出了系统的硬件结构图和谐波分析算法并进行仿真，同时给出了LabVIEW结果显示子程序。实验证明，应用小波包变换可较大幅度提高时频分辨率，并可实时跟踪各次谐波的变化情况，切实增强了对电网中的谐波含量实时监测的可行性。

关键词：电力谐波；ARM；小波包变换；LabVIEW

Design and Implementation of Power Harmonic Analysis System Based on wavelet packet transform and the ARM platform

YANG Xia　　XIE Weicheng　　WANG Chengchao

（School of Electrical and information Engineering, XIHUA University, Chengdu, 610039）

Abstract: In this paper, we proposed the design of a real-time harmonic analysis and measurement system, which combines the ARM and virtual instrument technology. We used the wavelet packet transform to detect harmonics, also, we set out the system's hardware structure diagram, harmonic analysis algorithm, the simulation result, and the LabVIEW subroutine which used to show the result. As a result, we proved that we can improve the time-frequency resolution obviously and track the changes of all harmonics on real-time by using wavelet packet transform. We increased the feasibility of monitoring the harmonics content in the grid.

Keywords: power harmonics，ARM，wavelet packet transform，LabVIEW

1 引言

生产设备中存在大量的非线性设备，以及大的电容和电感组合等非线性负载增加，从而产生电力谐波，它们对电力设备，电能质量和通信线路等带来了极大的影响。为了有效地抑制谐波，本文提出了一个基于ARM的谐波实时测量虚拟仪器分析系统的设计，能有效地实时测量电力谐波并分析；利用虚拟仪器技术的功能，突破了传统仪器在数据处理、传送、显示等方面的限制，并可与网络及其他设备互联。

2 系统硬件总体结构

电网信号经过互感器输出被测模拟信号，然后传送到信号调理电路。由信号调理电路对它进行放大、滤波等处理后，送入信号采集模块。将连续的时间信号变为离散的时间信号后，

传送到数据处理模块，由ARM芯片SASUM 2440对采集来的数字信号进行信号处理，同时也可通过接口把数据传送到上位计算机，用LabVIEW编程实现谐波的分析及实时显示。本系统由以下几个模块组成：信号调理模块、数据采集模块、数据处理模块、控制和结果显示模块。其硬件测量总体结构如图1所示。

2.1 信号调理模块

信号调理模块实现将传感器的电信号通过放大、滤波后，再送入A/D转换器，如图2所示。在信号调理的各个环节中都会引入噪声，因此，进行滤波以减弱噪声是该模块的核心。根据测试电力谐波的需要，截止频率应选为2.5kHz以上，在频带宽度内特性应尽可能平坦，当频率高于截止频率时应尽快衰减，因此，选用巴特沃兹低通滤波器。为降低功耗、减小

体积,选用芯片 MAX275 来设计四阶巴特沃兹低通滤波器[1]。通过改变很少的外围电阻参数,可以在很宽的频带范围内改变截止频率。四阶低通滤波器由两个二阶低通滤波器组成。当两个二阶低通滤波器的品质因数均取 0.75,截止频率取为 3000Hz 时组成的四阶低通滤波器截止频率为 2500Hz。并且,在频率小于 1500Hz,即 30 次谐波以内,相对误差不大于 1%。

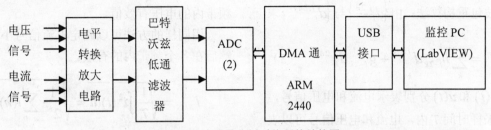

图1 谐波测量分析系统硬件结构图

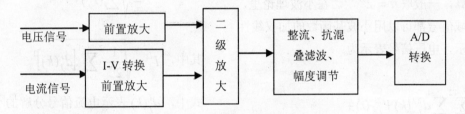

图2 信号调理电路结构图

2.2 信号采样模块

小波包变换能够为信号提供一种更加精细的分析方法,它将频带进行多层次划分,对小波分析没有细分的高频部分进一步分解,并能够根据被分析信号的特征,自适应地选择相应频带,使之与频谱相匹配,从而提高了时频分辨率。因此,小波包变换更具有更广泛的应用价值。

3 小波包变换的谐波检测方法

小波包变换分解后每一个频带都具有相同的带宽,也就是在每一个频带内所包含的谐波次数是一样的,只要分解的次数足够大,理论上就可以很大程度地提高谐波测量的频率范围。

通过小波包分解系数的重构就可以把电力系统中的各个频带内的谐波参数进行测量,还可以同时跟踪观测各个频带内包含的谐波的变化情况。

现在,希望对小波空间 W_j 按照二进制进行频率的细分,以达到提高频域分辨率的目的。

将尺度空间 V_j 和小波子空间 W_j 用一个新的子空间 U_j^n 统一起来来表征[2-3],令:

$$\begin{cases} U_j^0 = V_j \\ U_j^1 = W_j \end{cases} \quad j \in Z \quad (1)$$

定义子空间 U_j^n 是函数 $u_n(t)$ 的闭包空间,而 U_j^{2n} 是函数 $u_{2n}(t)$ 的闭包空间;令 $u_n(t)$ 满足下面的二尺度方程:

$$u_{2n}(t) = \sqrt{2} \sum_{k \in Z} h(k) u_n(2t-k)$$

$$u_{2n+1}(t) = \sqrt{2} \sum_{k \in Z} g(k) u_n(2t-k) \quad (2)$$

$u_0(t)$ 和 $u_1(t)$ 分别代表了尺度函数 $\phi(t)$ 和小波函数 $\psi(t)$。则由式(2)构造了序列 $\{u_n(t)\}$。其中,$n \in Z$ 称为由函数 $u_0(t) = \phi(t)$ 确定的正交小波包。

由于 $\phi(t)$ 由 h_k 唯一确定,所以,称 $\{u_n(t)\}$ $n \in Z$ 为关于序列 $\{h_k\}$ 的正交小波包。

下面给出小波包的分解算法和重构算法,设 $g_j^n(t) \in U_j^n$,则 $g_j^n(t)$ 可表示为:

$$g_j^n(t) = \sum_l d_l^{j,n} u_n(2^j t - l) \quad (3)$$

小波包分解算法:由 $\{d_l^{j+1,n}\}$ 求 $\{d_l^{j,2n}\}$ 与 $\{d_l^{j,2n+1}\}$。

$$\begin{cases} d_l^{j,2n} = \sum_k a_{k-2l} d_k^{j+1,n} \\ d_l^{j,2n+1} = \sum_k b_{k-2l} d_k^{j+1,n} \end{cases} \quad (4)$$

小波包重构算法：由 $\{d_l^{j,2n}\}$ 与 $\{d_l^{j,2n+1}\}$ 求 $\{d_l^{j+1,n}\}$

$$d_l^{j+1,n} = \sum_k h_{l-2k} d_k^{j,2n} + g_{l-2k} d_k^{j,2n+1} \quad (5)$$

设 $i(t)$ 和 $u(t)$ 分别表示电流和电压信号，那么在采样时间 T 内，电流和电压信号可以表示为 $i(n)$ 和 $u(n)$，n=1，2，$\cdots$，2^N-1，为便于计算，一般取 $n=2^{N\,[8]}$。在小波理论里，任何时域信号都可以用小波基函数的加权线性和来表示，电压信号表示为：

$$u(t) = \sum_{i=0}^{2^j-1} \sum_{k=0}^{2^{N-j}-1} d_j^{2j}(k) \Psi_{j,k}^{2i}(t) +$$

$$\sum_{i=0}^{2^j-1} \sum_{k=0}^{2^{N-j}-1} d_j^{2j+1}(k) \Psi_{j,k}^{2i+1}(t)$$

$$= \sum_{k=0}^{2^{N-j}-1} d_j^0(k) \phi_{j,k}(t) + \sum_{i=0}^{2^j-1} \sum_{k=0}^{2^{N-j}-1} d_j^{2i}(k) \Psi_{j,k}^i(t)$$

式中，$d_j^0(k)$ 表示尺度函数的系数；$d_j^i(k)$ 表示小波函数的系数，也称为小波变换系数。

电力系统的电压有效值在某一尺度 j 上可以用小波变换系数表示为：

$$\int u(t)^2 dt = \int \begin{bmatrix} \sum_{k=0}^{2^{N-j}-1} d_j^0(k) \phi_{j,k}(t) + \\ \sum_{i=0}^{2^j-1} \sum_{k=0}^{2^{N-j}-1} d_j^{2i}(k) \Psi_{j,k}^i(t) \end{bmatrix}^2 dt$$

$$= \sum_{i=0}^{2^j-1} \sum_{k=0}^{2^{N-j}-1} [d_j^i(k)]^2$$

所以，电压的有效值的计算公式可以表示为：

$$U_{RMS} = \sqrt{\frac{1}{T} \int u^2(t) dt} = \sqrt{\frac{1}{2^N} \sum_{n=0}^{2^N-1} u(n)^2}$$

$$= \sqrt{\frac{1}{2^N} \sum_{i=0}^{2^j-1} \sum_{k=0}^{2^{N-j}-1} [d_j^i(k)]^2} = \sqrt{\sum_{i=0}^{2^j-1} (U_j^i)^2}$$

其中，$U_j^i = \sqrt{\frac{1}{2^N} \sum_{k=0}^{2^{N-j}-1} [d_j^i(k)]^2}$

式中，U_j^i 表示在分解尺度为 j 时第 i 个节点上频带内的电压有效值。

用同样的方法可以确定电流信号小波包分解后在各个频带内的有效。

$$I_{RMS} = \sqrt{\frac{1}{T} \int i^2(t) dt} = \sqrt{\frac{1}{2^N} \sum_{n=0}^{2^N-1} i(n)^2}$$

$$= \sqrt{\sum_{i=0}^{2^j-1} (I_j^i)^2}$$

其中，$I_j^i = \sqrt{\frac{1}{2^N} \sum_{k=0}^{2^{N-j}-1} [d_j^i(k)]^2}$

式中，$d_j^i(k)$ 表示电流信号分解的小波包系数。

根据公式（5），信号可以通过小波包分解系数重构出各个子频带内的时频信号。重构后的时域信号可以表示为：

$$x(t) = x_0(t) + x_1(t) + \cdots + x_{2^j-1}(t)$$

其中，$x(t)$ 表示原始信号；$x_0(t)$，$x_1(t)$，$\cdots$，$x_{2^j-1}(t)$ 表示经过小波包分解系数重构后在各个子频带内的时域信号。可见，小波包分解系数重构后的各个子频带时域信号的叠加和就是原始信号，分解的频带个数由分解尺度决定。这个性质刚好满足电力系统谐波的特点。通过小波包分解系数的重构就可以把电力系统中的各个频带内的谐波参数进行测量，还可以同时跟踪观测各个频带内包含的谐波的变化情况。

由于小波包分解后的系数可以通过小波重构滤波器重构出在各频带内的时域信号，在实现基于小波包分解系数重构的谐波含量、谐波变化率与谐波功率测量方法，可以部分消除频带重叠带来的误差。计算过程和计算公式的推导都与小波包分解系数下的计算方法一致，只是系数不同而已。

在实践中，因为电力系统主要含奇数次谐波，尤其是 3，5，7，9 次谐波。因此，在选择频带的时候不能太大，否则就不能准确测量每一次谐波的含量。本仿真算法主要采用的就是基于小波包的谐波测量方法，不存在频带分割不均匀的问题，可以实现频带的等间距分割。

4 小波包变换谐波检测仿真

采用小波包算法对其分析，输入电压信号以采样频率为 6400Hz 的速率进行采样得到采样信号，算法仿真用 db43 小波。电压信号经过小波包分解后得到各个频带的小波包分解系数。小波包分解系数重构后可以获得该频带内的时域重构信号。在此，重点就是最优小波包基的选择问题，电压信号 $u(t)$ 的小波包分解，是将 $u(t)$ 投影到小波包基上，获得一系列系数 $d_k^{j,n}$，要用这一系列的系数刻画信号 $u(t)$ 的特征，系数之间的差别越大越好，因为如果只有很少系数的 $d_k^{j,n}$ 很大，那么用这些少数几个系数就代表了 $u(t)$ 的特征，显然这样的小波包基是较优基。要刻画系数序列 $d_k^{j,n}$ 的性质，首先要定义一个序列的代价函数，然后在小波库的所有小波包基中寻找使代价函数最小的基。这里选用也是目前选用较多的香农（Shannon）熵的判断方法。

利用 Matlab 工具箱 GUI 对电压的采样信号进行分析[4]，选用 db43 小波，因为该小波具有正则性、正交性特点。进行五尺度小波包分解，采用系统默认的香农（shannon）熵判定最佳小波包基，然后分析（Analyze），如图 3 所示，分别确定了最佳小波包层及最佳小波包树的选择。

选择 Node Action 中的 Satistics 对小波包分解系数进行重构（Reconstruct），对小波包分解系数 d_5^0 进行重构。

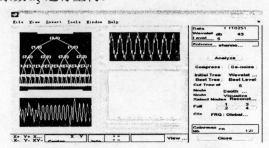

图 3 电压信号小波包分解系数分析

从图 4 所示中重构的波形可以看出一个标准的正弦波形，而图中下面 Standard deviation 的值表示该小波包分解系数重构后的正弦信号有效值为 220.2 单位，即表示是信号中的基波分量。

仿真结果表明，基于小波包分解系数重构算法的谐波含量测量方法得出的结果具有比较高的准确性。

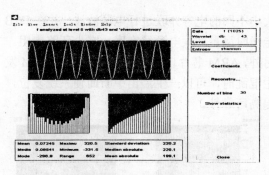

图 4 小波包系数重构

5 系统软件设计

LabVIEW 是美国国家仪器公司（National Instrument）开发的一种虚拟仪器平台。它是一种用图标代码来代替文本式编程语言创建应用程序的开发工具。LabVIEW 功能强大,提供了丰富的数据采集、分析和存储库函数以及包括 DAQ、GPIB、PXI、VXI、RS-232、485 在内的各种仪器通信总线标准的所有功能函数。

LabVIEW 同时也是一种功能强大的虚拟仪器图形化编程语言，利用 LabVIEW 进行产品开发可以极大地提高开发效率。尤其是利用其提供的外部接口，结合以单片机为核心组成的小系统，可以很方便地完成数据采集及处理等功能。不论是在技术上或是在经济上都能够取得良好的效果。

利用 LabVIEW[5-6]编写的谐波测量结果显示子程序的程序框图如图 5 所示，测量结果如图 6 所示。

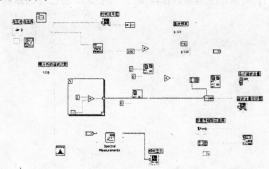

图 5 谐波测量结果显示 LabVIEW 子程序

6 系统抗干扰设计

本系统使用 ARM 芯片就涉及电源系统的电磁兼容性问题。电源干扰主要是从供电设备和电源引线进入系统的，当系统使用滤波性能不好的电源时，会产生电源噪声；当使用较长的电源引线供电时，在电源线上所产生的电压降和感应电势也会产生噪声。所以要采用容值大小不同的电容并联进行电源滤波，并在 PCB 走线时尽量加大电源线宽度，减少环路电阻。另外，ARM 芯片自带的看门狗技术在 ARM 发生混乱时，可以产生溢出中断而使系统复位，提高可靠性。

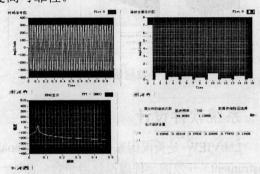

图 6　谐波测量结果

7　结论

本文在谐波分析中有效地利用了 ARM 的数据采集方面的优势和 LabVIEW 虚拟仪器技术的软件平台优势，设计了一个谐波实时分析系统。大量的模拟试验结果表明，系统具有测量精确度高、实时性好、人机界面友好等特点。系统弥补了传统仪器在数据处理、传送、显示等方面的不足，便于维护、扩展、升级，并提供了与其他设备互联的可能，可以实现网络远程实时监控。

参考文献

[1] 樊京，王金菊，张磊.基于 MAX275 的巴特沃兹滤波器设计[J]. 现代电子技术，2006 年第 8 期总第 223 期：13～14

[2] D'Antona Gabriele, Muscas Carlo, Sulis Sara. State estimation for the localization of harmonic sources in electric distribution systems. IEEE Transactions on Instrumentation and Measurement, Special Issue on the 2008 International Instrumentation and Measurement Technology Conference （I2MTC 2008）, Vol. 58, No. 5, pp 1462～1470, 2009

[3] Kanao Norikazu, Hayashi Yasuhiro, Matsuki Junya. Analysis of even harmonics generation in an isolated electric power system .Electrical Engineering in Japan （English translation of Denki Gakkai Ronbunshi）, Vol. 167, No. 2, pp 56-63, 2009

[4] 飞思科技产品研发中心.小波分析理论与 MATLAB 7 实现[M].北京:电子工业出版社，2005

[5] Working Group 36·05·Harmonics, characteristic parameters, methods of study, estimates of existing values in the network[J].CIGRE, Electra, 1981 （77）:35～54

[6] 曾璐，陆荣双.基于 LabVIEW 的数据采集系统设计[J].电子技术，2004 年第 12 期：16～17

光纤通道 N 端口 MAC 层的设计与实现

朱治宇　何　春　宗竹林

（电子科技大学电子科学技术研究院　成都　610054）

摘　要：光纤通道（Fiber Channel）是下一代航空电子系统互联的首要标准。本文在充分理解 FC-FS，FC-PI 协议的基础上，基于现场可编程逻辑门阵列（FPGA）提出了 N 端口 MAC 层的设计思想，实现了 N 端口 MAC 层的帧传输功能。本设计主要用硬件实现 FC-0，FC-1 以及 FC-2 的部分功能，并在 FPGA 上验证了其功能符合 FC-FS 协议标准。

关键词：光纤通道；MAC；N 端口

Design and Implementation of Fibre Channel N-Port MAC

ZHU Zhiyu　　HE Chun　　ZONG Zhulin

（Research Institute of Electronic Science and Technology of UESTC, Chengdu, 610054）

Abstract：Fibre Channel is the preferred standard of next generation of network protocol in avionics environment. Based on the research of FC-FS, FC-PI protocol ,a implementation method of N-Port MAC is proposed in this paper. The hardware modules of FC-0 , FC-1, and part of FC-2 is realized in FPGA , and the function of the design is verified according with FC-FS standard.

Keywords：Fibre Channel，MAC，N-Port

引言

光纤通道是 ANSI T11 小组于 1988 开始起草的一组高性能通信协议，具有低延迟、高带宽、远距离等优良特性。随着大容量的数据存储需要，光纤通道如今已被广泛应用到存储区域网络（SAN），使大规模的分布式应用、集中的数据管理成为可能，由于其本身具有高可靠性、高容错性能和极低的延迟，考虑到光纤通道成熟的商业应用，FC 已经被美国军方选定为下一代先进航空电子系统主干网络的首选协议。

在国外，已经有多家厂商推出了 FC 交换机接口卡等产品。从 1998 年第一代 1GB 的 FC 设备以来，厂商已经陆续推出 2GB、4GB 以及最新的 8GB 升级换代产品；光纤通道协议也历经数次改进，而国内尚无相关产品问世。因此研究 FC 协议处理芯片，对缩小此方面国内外差距具有重要意义。N 端口是对应点对点和交换式结构的光纤通道收发端口，是实现 FC 协议的关键部分。其中，媒体接入控制（MAC）层是实现帧级别传输功能所必需的硬件模块。本文将以光纤通道标准为基础，详细介绍光纤通道通用 N 端口 MAC 层的设计思路。

1　光纤通道简介

1.1　光纤通道协议层

与 OSI 标准七层协议模型类似，光纤通道协议共分为五层，其中：FC-0 层规定了物理层的传输介质和基于光和电收发装置；FC-1 层为传输协议，定义了底层传输，8b/10b 编解码和传输字的检错；FC-2 层为帧与信令协议，该层是光纤通道的核心层，定义了帧格式、序列与交换管理规则；FC-3 层尚未作出完整定义，预留此层作为公共服务层；FC-4 层定义了一系列与上层协议（ULP）的映射，使其既支持网络协议，也支持通道协议。如图 1 所示。

1.2　光纤通道标准帧格式

光纤通道的标准帧格式如图 2 所示。其中，SOF 为起始界定符；SOF 后的 24 个字节为帧

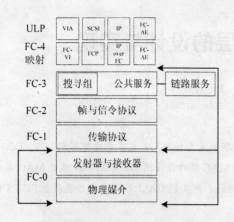

图 1　光纤通道协议层

头信息，内部包含了帧的类型（TYPE）、源地址（S_ID）、目的地址（D_ID）、帧控制（F_CTL）信息；帧头最后 4 个字节为参数域（Parameter），根据不同的上层应用，参数域的含义也不同。帧头后为有效载荷区，为光纤通道传输的数据段，数据段大小从 0～2112 字节变换。其中，可以添加可选帧头，包括网络帧头、联合帧头、设备帧头。有效载荷字节数必须是 4 的整数倍，若不是 4 的整数倍，须在有效载荷后添加填充字节来满足条件；CRC 区域为循环冗余校验码，用于帧内容的检错；EOF 为结束界定符。

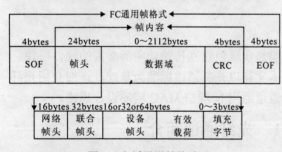

图 2　光纤通道帧格式

1.3　光纤通道拓扑结构

光纤通道支持 3 种网络拓扑结构：点对点、仲裁环和交换式结构。

点对点拓扑是直接将两个端口（N 端口）连接起来，这种拓扑结构连接方式简单、性能稳定可靠，但是只能建立两个节点之间的简单连接。如图 3 所示。

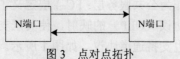

图 3　点对点拓扑

仲裁环拓扑是将 L 端口的接收端与相邻端口的发送端连成一个物理上的单向环，任意两个节点之间都有逻辑上的双向通路，各个节点

通过公平算法（fairness algorithm）共享环路带宽。如图 4 所示。

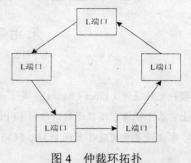

图 4　仲裁环拓扑

交换式结构通过交换机连接各个节点，最多支持 1600 万个节点的寻址。交换机内部采用无阻塞式的交叉开关矩阵实现向各个端口的切换；交换机上的端口（F 端口）与其他节点相连，实现数据的无阻塞式转发。如图 5 所示。

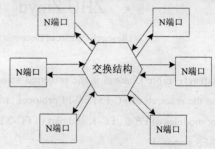

图 5　交换式拓扑

在存储区域网和航空电子系统中，一般会根据实际需要同时使用以上三种拓扑结构，组建混合拓扑的网络。

2　N 端口整体结构

从总体上看，N 端口的协议处理需要软件和硬件协同完成。软件部分完成复杂的协议管理功能；硬件部分应该负责帧级别以下的管理；整个 N 端口采用 SoPC 的思想，FC-0，FC-1 和 FC-2 的部分功能采用硬件实现；FC-2 层序列和交换级别以上的功能使用软件方式实现。其中，N 端口 MAC 层中 FC-0 层为 2Gbps 的高速收发接口；FC-1 层和 FC-2 层为收发通道逻辑。整体结构如图 6 所示。主要划分为发送通道、接收通道、端口状态机、缓存到缓存流量控制器几个模块。如图 6 所示。

FC-1 接收模块主要完成 8b/10b 解码，逗号侦测和 8bit 数据转 32bit 数据解复用功能；FC-1 发送模块主要完成 8b/10b 编码和 32bit 数据转 8bit 数据复用功能；FC1 层以下与串并转换（SERDES）电路连接，实现重定时和数据比特级同步的功能。

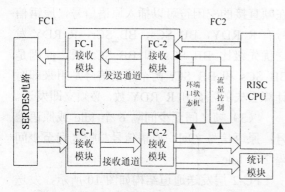

图6　N端口整体结构

FC-2接收模块完成帧和原语的识别，计算帧写入接收缓存的地址，将完整的帧存入接收缓存内；FC-2发送模块主要完成组帧，帧和原语的发送，帧原语之间的间隔控制，根据上层协议要求添加适当的SOF和EOF并生成CRC校验码；自动更新EOF的极性，发送时保证帧之间至少间隔6个填充字，原语信号之间至少间隔2个填充字。FC2层以上与RISC CPU相连，与软件部分实现交互式管理，共同完成FC协议的处理。

端口状态机（PSM）通过两个端口之间的握手和端口之间故障恢复机制，保持链路的激活。

其中端口状态机，FC-2接收通道和发送通道工作在53.125MHz频率下，整个系统符合光纤通道标准。

3　MAC层的设计实现

根据整体设计需求，由于Xilinx公司Virtex-4的FPGA芯片内含速率高达4Gbps的RocketIO硬核，满足本设计中所要求的2Gbps接口；内嵌的PowerPC405处理器能够很好地满足N端口后端软件功能的实现；器件上丰富的逻辑资源和SRAM也满足MAC层的设计需求；因此，作者选择在Virtex-4 FPGA实现N端口MAC层原型样机。

N端口的FC-1层模块与高速RocketIO连接，RocketIO工作在2.125GHz频率下，接收端完成高速串并转换和时钟信号恢复，发送端进行并串转换输出差分串行信号。整个MAC层按功能分为3个部分设计：

（1）FC-1层收发通道；

（2）FC-2层收发通道；

（3）端口状态机。

FC-2层的32位接口寄存器通过PLB总线与PowerPC405处理器连接，统一为寄存器分配地址，供PowerPC访问，接口寄存器主要完成以下功能：

（1）N端口注册时服务参数的设置接口。包括缓存到缓存信用量的管理，R_T_TOV和E_D_TOV定时器的最大计时时间。

（2）数据收发接口。

（3）错误报告接口。将硬件部分的错误报告给上层，并提供统计信息。

（4）测试接口。包括环回测试控制，错误激励使能。

3.1　FC-1层收发通道设计

FC-1层接收通道按功能分为8b/10b解码，8bit数据转32bit数据解复用和无效字的检测，解复用时必须检测K28.5这个传输字符，进行字对齐，确保32bit数据排列的正确性。基于8b/10b解码器的复杂性和高速系统的可靠性考虑，如果直接进行10bit数据解码，解码器工作频率要在200MHz以上，可靠性较低；为了降低频率，调用两个解码器组成20bit并行解码，频率可降为原来的一半。FC-1层发送模块与接收模块功能相反，但不需要检错模块。

3.2　FC-2层收发通道的设计

FC-2层信号由FC2层核心时钟clk_FC2（53.125MHz）控制，通过接口寄存器与PowerPC处理器PLB总线连接，接口寄存器内加入串行环回测试，并行环回测试，端口状态机强制跳转，无效CRC码生成四个可测试性设计接口，方便后续调试。

FC-2层接收通道主要解决帧的存放问题：FC1层接收上来的数据，经过有序集检测模块，区分出原语信号、原语序列和帧，根据检测结果将帧存入帧缓存内。接收通道结构如图7所示。

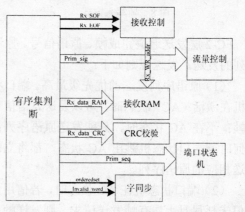

图7　FC-2层接收通道结构

有序集判断模块需要实时检测接收到的 32bit 数据和 k 码标志位,判断是否为帧界定符(SOF, EOF)、原语信号、原语序列。为了支持不同类型的上层应用,有序集判断模块支持 1~6 类所有服务类型的帧界定符检测。帧界定符之间的数据存入帧缓存;原语信号的判断结果传到流量控制模块,进行缓存到缓存信用量的管理;原语序列的判断结果传到端口状态机,维持链路的激活,进行链路失效恢复。

CRC 校验模块对输入数据进行 CRC 码生成,根据帧头和数据产生 CRC 校验码,与数据后接的 CRC 校验码比较,若 CRC 码相等,说明数据无误;若不相等,则说明改帧内含有错误,将 CRC 错误寄存到接收状态寄存器堆内报告给上层协议。光纤通道中循环冗余校验采用 CRC32 编码方式,编码多项式如下:

$$G(X) = X^{32} + X^{26} + X^{23} + X^{22} + X^{16} + X^{12} + X^{11} + X^{10} + X^{8} + X^{7} + X^{5} + X^{4} + X^{2} + X + 1$$

CRC 码生成中引入可测试性设计,通过使能端控制生成错误的 CRC 码。

接收控制模块的主要功能是计算数据写入缓存的地址,通过寄存器堆报告每一帧的状态。本设计中使用 Xilinx 双端口 RAM IP 核作为帧缓存,接收通道和发送通道个使用 8 个帧缓存,每个缓存 2KB,每帧的缓存起始地址固定,方便上层软件控制读取。写入缓存方式与 FIFO 类似,先进先出,从 buffer0 到 buffer7 循环写入,如图 8 所示。

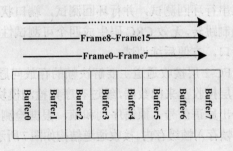

图 8　帧写入方式

FC-2 层发送通道完成帧、原语信号、原语序列的发送。发送规则如下:

(1)原语序列发送的优先级最高。端口状态机在激活(AC)状态时,可以发送原语信号和帧;不在 AC 状态时,只能发送原语序列;任何时刻端口状态机跳出 AC 状态,都将立即发送相应的原语序列。

(2)端口状态机在 AC 状态时,若信用量的值未耗尽且上层有帧发送请求,则发送帧;

在帧直接的空闲符可以插入原语信号,原语信号有 R_RDY, BB_SCs, BB_SCr, R_RDY 发送优先级比 BB_SCs 和 BB_SCr 低。原因是 BB_SCs 和 BB_SCr 两个原语信号是用来即时计算丢失的帧数和 R_RDY 数,必须立即发送。

(3)帧之间至少间隔 6 个 Idle 或原语信号;原语信号之间、原语信号与帧之间至少间隔 2 个 Idle。

FC-2 层发送通道结构如图 10 所示,发送控制模块根据寄存器堆的帧发送请求,完成组帧功能,CRC 编码、EOF 极性更新,发送间隔控制;流量控制模块提供原语信号的发送接口;端口状态机提供原语序列的发送接口。

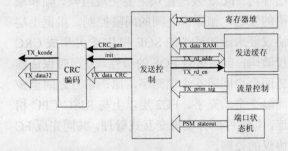

图 10　FC-2 层发送通道结构

3.3　端口状态机设计

端口状态机是 FC-2 层控制整个 N 端口是否能够收发帧,主要完成以下 4 个原语序列协议:

(1)链路初始化协议;

(2)链路重置协议;

(3)链路失效协议;

(4)在线/离线协议。

端口状态机内部逻辑如图 9 所示,分为状态转移和定时器控制部分。状态转移部分按照 FC-FC 状态转移表进行状态的跳变;定时器进行链路错误超时值(ED_TOV)和发射器—接收器超时值(R_T_TOV)的检测,并产生控制信号辅助状态机跳变。

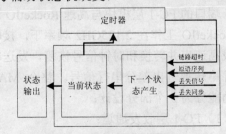

图 9　端口状态机内部结构

为方便进行错误恢复机制测试,本设计中引入可测试性设计逻辑,在端口状态机中还加入强制跳转使能端口 force_state，通过此信号可以迫使端口状态机按照非正常情况跳转，以测试其错误恢复功能。

4 设计功能验证

在此，给出在 modelsim 下的软件仿真结果。在本设计的测试平台（testbench）中，用两种测试方法完成 N 端口 MAC 层基本功能的测试，基本帧正常传输的测试结果如下：

（1）环回（loopback）测试。即一个 N 端口的发送端直接连接到接收端，检测帧是否由发送缓存转移到接收缓存，测试结果如图 11 所示。其中，bcb55858 为 SOF；fdcd9769 为 CRC 校验码；bcb5d5d5 为 EOF；中间部分为数据，环回测试结果正确。

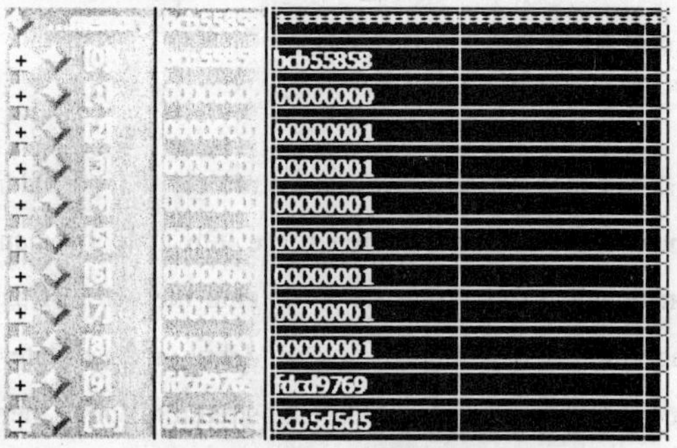

图 11 环回测试波形

（2）点对点测试。即调用 2 个 N 端口模拟点对点的数据传输，检验发送端的帧是否完整写入接收端的缓存，接收状态寄存器堆是否正确。如图 12 所示，写地址从 0 自加到 10，数据正确存入 RAM，RX_status 为接收状态，换算成二进制为 1011000001。其中，最低位 bit0 为 1，为 PowerPC 的中断请求位，1011 表示帧长度，对应写地址 0 到 10，帧长度为 11；bit1 到 bit5 为错误状态报告，全部为 0，表示帧准确无误地被接收到缓存。点对点帧传输功能测试结果正确。

图 12 点对点测试波形

5 结语

光纤通道被广泛应用于存储区域网，并成为下一代航空电子系统首选方案。因此，研究光纤通道接口芯片具有重要的应用价值和市场前景。本文介绍了光纤通道 N 端口的设计思路，在 Xilinx 公司的 Virtex-4 FPGA 下实现了 N 端口的硬件功能，并且引入部分可测试性设计，完成了接口芯片 MAC 层的原型验证。经测试该设计能够按照光纤通道协议标准进行数据帧的传输。由于本设计的通用性，在此基础上，可以继续完成 N 端口后端逻辑和软件开发，从而实现完整的 FC 协议处理器功能。

参考文献

[1] ANSI INCITS. Fibre Channel: Framing and Signaling [S]. April. 2003

[2] ANSI INCITS. Fibre Channel: Physical Interface [S]. 2001.

[3] ANSI INCITS. Fibre Channel: Avionics Environment [S]. February 7 2002.

[4] 余胜生，赵玉峰，周敬利. Fibre Channel 主机适配器的研究与设计[J]. 小型微型计算机系统，2002，23（6）.

[5] 王春红，王世奎. 基于 Vxworks 的 FC-IP 驱动程序的实现[J]. 微电子学与计算机，2007,24（6）.

[6] 曾炼成，曹翠明. 光纤通道交换机 MAC 帧处理的设计与实现[J]. 光通信技术，2005（1）.

[7] 章宇东. SOC 技术在 FC 芯片设计中的应用[J]. 航空电子技术. 2005，36（1）.

基于高速链路的负载均衡策略

张小倩[1]　张超[1]　田忠[1]　许都[2]

（1. 电子科技大学电子科学技术研究院　成都　610054；2. 电子科技大学通信与信息工程学院　成都　610054）

摘　要：为了实现对2.5G高速数据流的流量监控，本文提出了一种将哈希静态均衡与动态自适应均衡相结合的负载均衡策略，将2.5G高速数据流平均分配到四个千兆以太网端口，使各个端口间的通道利用率偏差优于18%，达到负载均衡的目的，并使用Quartus II软件与IXIA仪表等实现对该策略的设计、调试与验证。结果表明，该负载均衡策略可将2.5G高速数据流均衡到四个千兆以太网端口，可广泛应用于高速网络的流量监控及安全检测系统中。

关键词：负载均衡；哈希静态均衡；动态自适应均衡；通道利用率；Quartus II；IXIA仪表

A load balance strategy based on high-speed network

ZHANG Xiaoqian[1]　ZHANG Chao[1]　TIAN Zhong[1]　XU Du[2]

(1. Research Institute of Electronic Science and Technology of UESTC, ChengDu, 610054,
2. Institute of Communication and Information Engineering of UESTC, ChengDu, 610054)

Abstract: In order to monitor the flow of data stream on the 2.5G high-speed network, a strategy of load balance combined by Hash static balance and dynamic self-adaptable balance was discussed. To reach the aim at load balance, through the strategy 2.5G high-speed data stream was averagely distributed to four Ethernet ports. And the warp of using probability of channels among the four ports excelled 18%.Using the Quartus II Debug to design, debug and validate the strategy. The result shows that this load balance strategy ，which successfully distributes 2.5G data stream to four Ethernet ports averagely , can be applied to monitor the high-speed network abroad.

Keywords: load balance，Hash static balance，dynamic self-adaptable balance，probability of using channels，Quartus II; IXIA instrument

1　引言

随着网络速度的提高，为了对用户流量进行实时监测，其相应的网络安全设备的处理能力也必须提高。但这涉及很多问题：设备更新，网络结构调整，规则库转移等，这对系统的总体运行成本带来很大压力。针对此情况而衍生出来的一种廉价、有效、透明的方法以扩展现有网络设备和服务器的带宽、增加吞吐量，加强网络数据处理能力，提高网络的灵活性和可用性的技术就是负载均衡。目前的负载均衡策略主要有以下几种：静态优先权均衡调度算法，轮询调度算法，权重轮询调度算法，最少连接数均衡算法和基于Hash的负载均衡算法等。这些负载均衡策略有些尚未经过验证且存在均衡度不高等问题，并在实际的应用中，分组丢失及漏检现象普遍存在。

针对上述情况，本文提出一种将静态均衡与动态自适应均衡相结合的负载均衡策略，可大大提高通道间的均衡度，降低丢包率和漏检率。其逻辑框图如图1所示。

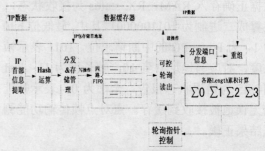

图1　负载均衡逻辑框图

首先提取出IP包数据的首部信息，对其首部信息进行哈希（Hash）运算，同时将IP包数据存入一数据缓存器中，根据Hash结果将2.5G高速IP数据包的长度及其在缓存器中的存储首地址等指示信息分配到四个队列中，实现对2.5G数据流的长期静态均衡；后端采用可控轮询算法，根据流量最小优先的原则实现对四个队列的轮询调度；轮询读出各队列中的IP数据的指示信息；根据指示信息读出数据缓存器中的 IP 数据，并发送到相应的以太网端口；在以太网端口上对 IP 数据及其指示信息进行重组，实现流量的瞬时动态均衡。其中每个队列对应一个千兆以太网端口。

2 高速负载均衡策略

针对 2.5G 的高速网络，采用 Hash 静态均衡与动态自适应均衡相结合的负载均衡策略将 2.5G 高速数据流平均分配到四个千兆以太网端口，从而实现对高速链路的流量监控。前端采用 Hash 静态均衡策略，将 2.5G 高速数据流平均分配到四路队列中，实现流量的长期静态均衡。其中，IP 包数据被存储在 QDR 存储器中，而队列中存储的是 IP 包的长度信息与其在 QDR 中对应的存储首地址信息，保证了报文的先后顺序和流的相关性；后端采用动态自适应均衡策略，根据各个出端口的数据流量值及各个队列的状态信息对各个队列进行轮询调度，并将从队列中读出的 IP 包长度信息与从 QDR 中读出的 IP 包数据进行重组，之后再发送往相应的以太网端口，实现流量的瞬时均衡。这就解决了由于流的瞬时性和突发性所造成的瞬时负载不均衡的问题。所以采用静态均衡与动态自适应均衡项结合的均衡策略可以大大提高各端口间的平衡度，使负载更均衡。

2.1 Hash 静态均衡

前端的静态均衡采用 Hash 均衡算法将 2.5G 高速数据流平均分配到四个队列中。目前面向 IP 流测量的 Hash 算法主要有：异或位移哈希算法、IPSX 哈希算法和 CRC32 哈希算法。其中，CRC32 哈希算法时间复杂度过高，执行效率较低；IPSX 和异或位移哈希算法的执行效率较高，在实际的验证实现过程中 IPSX 哈希算法更易实现。所以，本课题决定采用 IPSX 哈希算法，该算法描述如下：

1. 设 f_1=IP 源地址，f_2=IP 宿地址，f_3=TCP 或 UDP 报文的源端口和宿端口；中间变量 h_1,v_1,v_2 均是 32 比特串；算法的输出是 h_1 的后 16bit 串。

$v_1=f_1 \wedge f_2$；$v_2=f_3$；$h_1=v_1 <<8$；
$h_1 \wedge =v_1 >>4$；$h_1 \wedge =v_1 >>12$；
$h_1 \wedge =v_1 >>16$；$h_1 \wedge =v_2 <<6$；$h_1 \wedge =v_2 <<10$；
$h_1 \wedge =v_2 <<14$；$h_1 \wedge =v_2 >>7$

2. 根据步骤 2 中得出的 Hash 值，对其进行模四运算——Hash%4；根据求模得到的数据值——0、1、2、3，将 IP 分组存储到相应的 0 队列、1 队列、2 队列和 3 队列等四个队列中。

2.2 动态自适应均衡

后端动态自适应均衡主要采用可控轮询算法，轮询四个队列，并按照可控轮询策略决定发送哪个队列的数据分组到相应的以太网端口。该可控轮询策略主要包括负载均衡和流量整形两个方面，其基本设计思想如下。

1. 负载均衡基本设计思想：满队列优先，出端口最小流量次优先。

（1）为每个端口设置一个流量计数器，用于记录已发送的数据流量；

（2）轮询四个队列时：判断是否存在满队列。如果存在多个满队列，就转发满队列中出端口流量最小的队列的数据分组；如果只有一个满队列，就直接转发该满队列的数据分组；

如不存在满队列，则选中其中的非空队列，按出端口流量最小优先的原则进行转发。当只有一个端口的流量最小时，直接发送该队列的数据分组；当有多个端口的流量最小时，转发端口号最小的队列的数据分组。

2. 流量整形基本设计思想：轮询等待时间控制。

由于不同时间内到达某端口的数据量并不统一，如果只是匀速的轮询，单位时间内得到的出口速率起伏必然很大，而采用等待时间间隔控制的轮询方式，可以让出口速率基本控制在预期值附近。所以在各个端口间平衡的同时，通过控制两次轮询操作的启动间隔时间 t，达到对端口速率的调整。

轮询等待时间 $t = [u*($已发送分组长度$) + (1-u)*($将发送的下一分组长度$)]*delta$
其中，t 为轮询启动等待时间；u 为平滑系数，delta 为单位时间内出端口的速率值。

3. 求单位时间内出端口的速率值 delta 的基本思想：滑窗统计各个端口的数据流量值。

为每个端口设置一个流量计数器并设置一个单位统计时间定时器。当转发某端口的数据分组时，累积该端口的流量值。当达到单位统计时间 TIME 时，记录各端口的统计流量值后清空各流量值，重新开始统计计时。连续统计四个单位统计时间内的流量值，求平均作为单位统计时间内的各出端口的流量值 port[i]_flow，则各端口速率值

delta[i] = port[i]_ flow / TIME。

其中 $i = 0$，1，2，3。分别代表端口 0、端口 1、端口 2、端口 3。

4. 可控轮询算法的流程图如图 2 所示。其具体处理流程描述如下：

（a）每次在发送完一个数据分组时，询问四个队列；

（b）判断是否存在满队列。如果存在，判断是否只有一个满队列，如果是，就计算该队列的轮询等待时间，启动等待时间计数器，到达轮询等待时间时，转发该满队列的数据分组；否则，选中满队列中出端口流量最小的队列，计算其轮询等待时间，启动等待时间计数器，到达轮询等待时间时转发该队列的数据分组；

（c）如不存在满队列，选中所有队列中的非空队列；

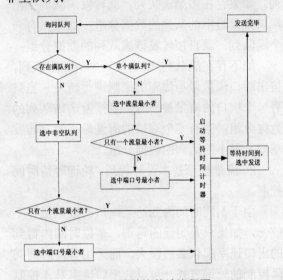

图 2 可控轮询算法流程图

（d）判断非空队列中是否只有一个流量最小值。如果是，就计算该队列的轮询等待时间，启动等待时间计数器，到达轮询等待时间时，就直接转发该队列的数据分组；否则，选中端口号最小的队列，计算其轮询等待时间，启动等待时间计数器，达到轮询等待时间时，转发该队列的数据分组。

3 测试结果

结合 IXIA 公司的仪表及 Quartus II 软件对该负载均衡策略进行板级验证。由 IXIA 仪表随机产生源、目的 IP 地址，随机产生长度在 64byte～1500byte 间的 IP 包，设置相应的配置参数，开始测试该负载均衡策略的实际可行性及其负载均衡效果。图 3 所示是使用 SignalTap II 逻辑分析器捕捉到的信号波形。其中，spram_rd_en[0]，spram_rd_en[1]，spram_rd_ en[2]，spram_rd_en[3]分别为队列 0、队列 1、队列 2、队列 3 的读使能；wait_cycle 为轮询等待时间；rdempty 和 wrful 为各个队列的空满标志；port0_flow，port1_flow，port2_flow，port3_flow 分别为端口 0、端口 1、端口 2 和端口 3 单位时间（1ms,单位时间值人为设置）内的平均流量；port_flow 为出端口的流量值，由图中数值可知出端口速率值变化慢，稳定在某数值附近。ip_len_sum0，ip_len_sum1，ip_len_sum2，ip_len_sum3 分别为四个以太网端口的瞬时流量值，由波形数据可知，四个端口的瞬时流量较均衡，优于 18%。

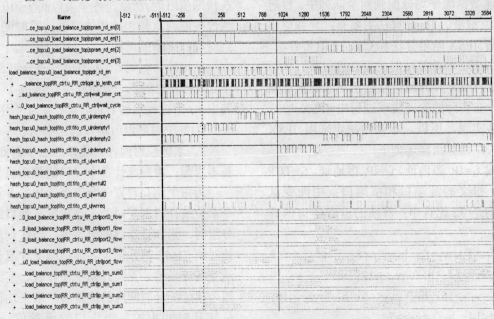

图 3 Signal TapII 波形图

4　结论

本文采用 Hash 静态均衡与动态自适应均衡相结合的负载均衡策略，成功地将 2.5G 高速数据流均衡到四个千兆以太网接口，实现了对 2.5G 高速网络的流量监控。其中的 IPSX 哈希算法及可控轮询算法均是在 Quartus II 硬件设计平台上设计、调试、验证完成，并结合 IXIA 公司的仪表对其性能进行测试。实验结果表明，该负载均衡策略具有较高的均衡度及低误码率和漏检率，在对高速网络的流量检测及内容过滤方面具有重要的实际意义。

参考文献

[1] 王金明，徐志军等. Verilog HDL 程序设计教程[M]. 北京：人民邮电出版社，2004

[2] Douglas E.Comer.用 TCP/IP 进行网际互联第一卷：原理、协议与结构(第四版)[M]. 北京：电子工业出版社，2004

[3] 孟宪福. 基于优先级的任务调度与负载均衡模型研究[J]. 小型微型计算机系统，2005，26(9)：1601～1605

[4] 童小念，舒万能，李子茂. 异构多处理及系统的负载均衡与任务调度[J]. 光学精密工程，2007，15(12)：1969～1974

[5] 赖建新，胡长军，赵宇迪等. OpenMP 任务调度开销及负载均衡分析[J].计算机工程，2006，32(18)：58～60

[6] 罗昊蔓，李岩. 一种新的主动队列管理算法[J]. 计算机应用，2008，28(3)：596～598

[7] 尹德斌，谢剑英，一种新的加权公平队列调度算法[J].计算机工程，2008，34(4)：28～30

[8] 程光，龚俭，丁伟等. 面向 IP 流测量的哈希算法研究[J]. 软件学报，2005，16(5)：652～658

[9] EDA 先锋工作室，吴继华，王诚等. Altera FPGA/CPLD 设计(高级篇)[M]. 北京：人民邮电出版社，2005

基于 S 变换域相干分析的 SAR 图像目标检测

杨朝南　彭真明　张　杰

（电子科技大学光电信息学院　成都　610054）

摘　要：本文提出了一种基于 S 变换域相干分析的合成孔径雷达（SAR）图像微弱运动目标检测的新方法。文中首先给出 S 变换的基本原理，然后对第二代相干算法的运行机理进行分析，并由此得出本文所用的相干公式；利用同一场景的 SAR 图像运动目标在 S 变换域与背景的差别，得到一系列数组，由相干公式计算出相干系数并构成相干图，最后通过相干图进行目标检测。实验表明，该方法能够较好地检测出 SAR 图像中的微弱目标。

关键词：S 变换；相干分析；SAR 图像；目标检测

Targets Detection in SAR Images Used Coherence Analyse Based on S-transform

YANG Chaonan　PEMG Zhenming　ZHANG Jie

（School of Opto-Electronic Information，University of Electronic Science and Technology of China，Chengdu, 610054）

Abstract: A novel dim moving target detection method of Synthetic Aperture Radar（SAR） image which is based on the S-Transform domain coherent analyzing was proposed in this paper. Firstly, the paper describes the basic principle of S-Transform；and analyzes the mechanism of the second generation of coherent algorithm. On the basis of these algorithms, the coherent formula was obtained which was used in this paper. Making use of the difference of moving target and background of S-Transform domain of SAR image with the same scene, coherent image could be constructed by coherent values which were calculated by the proposed coherent formula. In the coherent image, target can be detected by compare the coherent values. Experiments showed that the proposed method could detect the dim target.

Keyword: S-transform，SAR images，coherence，target detection

1　引言*

对 SAR 图像的解译一直是人们研究的热点。目标检测是 SAR 图像解译的关键环节，尤其在目标识别系统中占有重要的地位，这方面的研究吸引着人们极大的关注。经典的目标检测是基于恒虚警率（CFAR）的目标检测，这种方法是在对噪声和杂波正确估计的基础上设定阈值进行检测。经过众多学者的努力，现在已经出现许多新的目标检测方法。例如，改进的 CFAR、双参数 CFAR 检测，以及基于变换域[3]的目标检测方法等。弱小目标检测也一直是人们研究的热点。由于弱小目标在图像上只占有很少的像素，没有纹理、形状等信息，经典的目标检测方法很难检测出来，必须对图像进行一些特殊的预处理，才能较好地检测出感兴趣的弱小目标。

SAR 图像是一种复杂的非平稳信号，必须使用合适的时频分析方法才能对它进行精确的描述。传统的傅立叶变换只是对信号在单频上做分解，虽然频率分辨率可以达到理想的程度，但是失去了时间分辨率，缺乏对信号时间频率同时定位的功能，不能有效地分析信号的局部性能；变换的频谱只能代表信号频率变化的总体效果，难以表达信号统计特性随时间的不平稳变化。信号的局部性能需要使用时域和频率域的二维联合表示，才能得到精确的描述。S 变换是近年发展起来的一种新的时频分析方法，具有良好的时频分析性能。它与小波变换相比，共同点是都具有很好的局部化特征，且与信号的傅立叶谱有直接的联系，因此可有效

* 基金项目：国家自然科学基金项目（40874066，40839905）；总装预研基金(9140A01060108DZ02)；高等学校博士点学科专项基金(20070614016)及中国科学院国防创新基金(CXJJ-259) 的资助。

表征微弱信号特征。

本文提出了一种基于 S 变换域相干分析的 SAR 图像微弱运动目标检测的新方法。文中首先给出 S 变换的基本原理，然后对第二代相干算法的运行机理进行分析，并由此得出本文所用的相干公式。利用同一场景的 SAR 图像运动目标在 S 变换域与背景的差别，得到一系列数组，由相干公式计算出相干系数并构成相干图，最后通过相干图进行目标检测。实验表明，该方法能够较好地检测出 SAR 图像中的微弱目标。

2　S 变换的基本原理

S 变换（Stockwell 等，1996）是一种新的时频分辨率依赖频率发生变化的线性时频表示方法。它是以 Morlet 小波为基本小波的连续小波变换的延伸。在 S 变换中，基本小波是由简谐波与高斯函数的乘积构成的。基本小波中的简谐波在时间域仅作伸缩变换，而高斯函数则进行伸缩和平移。S 变换具有较好的时频分析性质，其时频窗口具有可调的性质，在高频部分具有较好的时间分辨率特性，而在低频部分具有较好的频率分辨率[1]。下面给出二维 S 变换的基本变换式。

对二维图像 $h(x,y)$，定义 $x \to (\tau_1, f_1)$，$y \to (\tau_2, f_2)$，则二维 S 变换的变换公式如下：

$$S(\tau_1,\tau_2,f_1,f_2) = \int_{-\infty}^{\infty}\int_{-\infty}^{\infty} h(x,y)\frac{|f_1 f_2|}{2\pi} \cdot$$

$$\exp[\frac{(x-\tau_1)^2 f_1^2 + (y-\tau_2)^2 f_2^2}{2}]\exp[-i2\pi(f_1 x + f_2 y)]dxdy$$

$$S(\tau_1,\tau_2,f_1,f_2) = \int_{-\infty}^{\infty}\int_{-\infty}^{\infty} h(x,y)\frac{|f_1 f_2|}{2\pi} \cdot \quad (1)$$

S 是二维图像 $h(x,y)$ 的 S 变换；τ_1 和 τ_2 表示时间；f_1 和 f_2 表示频率；(x,y) 是图像的坐标。

由傅立叶变换与卷积定理，得到二维 S 变换在频率域的实现式：

$$S(\tau_1,\tau_2,f_1,f_2) = \int_{-\infty}^{\infty}\int_{-\infty}^{\infty} H(f_1 + f_a, f_2 + f_b) \cdot$$

$$\exp[-\frac{2\pi^2 f_a^2}{f_1^2} - \frac{2\pi^2 f_b^2}{f_2^2}]\exp[i2\pi(f_a\tau_1 + f_b\tau_2)]df_a df_b$$

其中，$f_a \neq 0$；$f_b \neq 0$。　　　（2）

二维 S 反变换与二维傅立叶反变换建立了

直接联系：

$$H(f_1,f_2) = \int_{-\infty}^{\infty}\int_{-\infty}^{\infty} S(\tau_1,\tau_2,f_1,f_2)d\tau_1 d\tau_2 \quad (3)$$

将二维 S 变换公式（2）进行离散化，令 $\tau_1 \to jT_1$，$\tau_2 \to kT_2$，$f_1 \to \frac{u}{MT_1}$，$f_2 \to \frac{v}{NT_2}$，

$f_a \to \frac{m}{MT_1}$，$f_b \to \frac{n}{NT_2}$，则得到离散二维正反 S 变换的实现式（4）和（5）：

$$\begin{cases} H[\frac{m}{MT_1},\frac{n}{NT_2}] = \sum_{j=0}^{M-1}\sum_{k=0}^{N-1} h[jT_1,kT_2]e^{-\frac{2\pi}{N}vk}e^{-\frac{2\pi}{M}uj} \\ S[jT_1,kT_2,\frac{u}{MT_1},\frac{v}{NT_2}] = \frac{1}{MN}\sum_{m=0}^{M-1}\sum_{n=0}^{N-1} H[\frac{m+u}{MT_1},\frac{n+v}{NT_2}]e^{-\frac{2\pi^2 m^2}{u^2}}e^{\frac{2\pi}{M}mj}e^{-\frac{2\pi^2 n^2}{v^2}}e^{\frac{2\pi}{N}nk} \end{cases}$$

$$m \neq 0, n \neq 0 \quad (4)$$

$$\begin{cases} H[\frac{u}{MT_1},\frac{v}{NT_2}] = \sum_{k=0}^{N-1}\{\sum_{j=0}^{M-1} S[jT_1,kT_2,\frac{u}{MT_1},\frac{v}{NT_2}]\} \\ h[jT_1,kT_2] = \frac{1}{M}\sum_{u=0}^{M-1}\{\frac{1}{N}\sum_{v=0}^{N-1} H[\frac{u}{MT_1},\frac{v}{NT_2}]e^{i\frac{2\pi}{N}vk}\}e^{i\frac{2\pi}{N}uj} \end{cases}$$

$$(5)$$

由以上的变换公式可见，从时间域到时频域，然后到频率域，最后又回到时间域。这个过程具有快速无损可逆性，在变换中没有任何信息损失[5]。

3　S 变换域相干分析

本方法的基本思路是，对同样背景、目标位置有位移的两幅 SAR 图像进行 S 变换，在 S 变换域对两幅图像进行相干分析，利用图像上目标与背景在 S 域能量谱特征的差别求得相干值构成相干图像，对相干图像设定阈值进行目标检测。S 变换综合短时窗傅立叶变换和小波变换的优点，提供时间和频率的联合函数，以时间和频率为变量来描述信号的能量密度或者信号的强度，S 变换不存在交叉项的影响，具有较高的时频分辨率[5]。由于 S 变换在时频分析上的优点，当图像变换到 S 域之后在，在 S 域上两幅图像背景的能量谱基本上是一样的。但是两幅图像中目标有移动，则在 S 域的目标能量谱也相应地移动了，在目标对应的位置能量谱发生了变化。

相干技术对信号的突变很敏感，它利用数学方法突出信号的相似性，进而达到检测微弱信号、反映异常特征的一项新技术。相干技术方法分为三代：第一代算法是基于互相关的一种算法，这种算法在资料信噪比较高的情况下对信号有较好的分辨能力，但抗噪能力较差；

第二代算法是基于相似的算法，与第一代算法相比是计算相干性较好的算法，且分辨率较高，但资料品质对相干处理的效果仍有一定的影响；第三代算法是基于本特征结构的一种算法[6]。

根据相干技术在二维图像处理中的特点，本文对第二代相干算法进行分析，并由第二代相干算法给出本文目标检测方法所用的相干公式。第二代相干算法是 Kurt J.Marfurt 等人于1997年针对地震资料进行裂缝检测提出的。Kurt J.Marfurt 在其文章中给出的第二代算法公式是：

$$\sigma(\tau,p,q)=$$

$$\frac{\sum\limits_{k=-K}^{+K}\{[\sum\limits_{j=1}^{J}u(\tau+\Delta\tau_j,x_j,y_j)]^2+[\sum\limits_{j=1}^{J}u^H(\tau+\Delta\tau_j,x_j,y_j)]^2\}}{J\sum\limits_{k=-K}^{+K}\sum\limits_{j=1}^{J}\{[u(\tau+\Delta\tau_j,x_j,y_j)]^2+[u^H(\tau+\Delta\tau_j,x_j,y_j)]^2\}}$$

（6）

其中，$\Delta\tau_j=k\Delta t-px_j-qy_j$

其中，$u(\tau+k\Delta t-px_j-qy_j,x_j,y_j)$ 是地面坐标为 (x_j,y_j) 的点在 $\tau+k\Delta t-px_j-qy_j$ 时刻接收到的地震记录；p 和 q 是地层视倾角参数，τ 是某时刻；Δt 为采样间隔；$k\in[-K,K]$ 为窗口滑动因子；J 为参与相关运算的地震道数目；u^H 是地震道 u 的 Hilbert 变换。由公式可见对 u 和 u^H 进行了相同的处理，不妨先单独考虑对 u 进行的处理，等式如下：

$$C=\frac{\sum\limits_{k=-K}^{+K}[\sum\limits_{j=1}^{J}u(\tau+k\Delta t-px_j-qy_j,x_j,y_j)]^2}{J\sum\limits_{k=-K}^{+K}\sum\limits_{j=1}^{J}[u(\tau+k\Delta t-px_j-qy_j,x_j,y_j)]^2}$$

（7）

上式分子部分可表述为以下矩阵所有元素之和，用 A 表示，即：

$$A=\sum_{m=k-w}^{k+w}\begin{pmatrix}u_{1m}u_{1m} & u_{1m}u_{2m} & \cdots & u_{1m}u_{Jm}\\u_{2m}u_{1m} & u_{2m}u_{2m} & \cdots & u_{2m}u_{Jm}\\\vdots & \vdots & \ddots & \vdots\\u_{Jm}u_{1m} & u_{Jm}u_{2m} & \cdots & u_{Jm}u_{Jm}\end{pmatrix}$$

（8）

其中，下标 m 是样点的序号值，而分母部分则是此矩阵对角线元素之和的 J 倍。不妨将（7）式称为简化版第二代相干算法公式，并令 $\tilde{C}_{2k}$ 代表其计算值，（7）式可写成：

$$\tilde{C}_{2k}=\frac{\sum\limits_{m=k-w}^{k+w}\sum\limits_{i=1}^{J}\sum\limits_{j=1}^{J}u_{im}u_{jm}}{J\sum\limits_{m=k-w}^{k+w}\sum\limits_{i=1}^{J}u_{im}^2}$$

（9）

可证明 $|\tilde{C}_{2k}|\leqslant1$。实际上，对于采样值 $u_{1m},u_{2m},\ldots,u_{Jm}$，不妨假设 $|u_{1m}|\leqslant|u_{2m}|\leqslant\cdots\leqslant|u_{Jm}|$，则依据排序不等式的定义，$\sum_{i=1}^{J}u_{im}^2$ 为 $|u_{im}|$ 的正序和，$\sum_{i=1}^{J}\sum_{j=1}^{J}|u_{im}u_{jm}|$ 为 $|u_{im}|$ 的 $J-2$ 组乱序和、1组逆序和、1组正序和之和，依据排序不等式理论，注意到 $\sum_{i=1}^{J}u_{im}^2$ 只有一组和，而 $\sum_{i=1}^{J}\sum_{j=1}^{J}|u_{im}u_{jm}|$ 有 J 组和，于是有：

$$J\sum_{i=1}^{J}u_{im}^2\geqslant\sum_{i=1}^{J}\sum_{j=1}^{J}|u_{im}u_{jm}|\geqslant\left|\sum_{i=1}^{J}\sum_{j=1}^{J}u_{im}u_{jm}\right|$$

（10）

由于对 $k-w$ 到 $k+w$ 之间的所有 m 都可推出此结论，所以，分子绝对值始终小于等于分母绝对值，故有 $|\tilde{C}_{2k}|\leqslant1$。

排序不等式有个特点：各个数相差越大，其正序和与逆序和相差就越大；若各个数之间很接近，正序和与逆序和的差就很小。而对于地震资料，若地层连续性较好，水平成层无错断，则横向上样点取值应当很接近，$\tilde{C}_{2k}$ 值较大；否则相差较大，$\tilde{C}_{2k}$ 值较小。这就是第二代相干算法的运作机理，第二代相干算法的运作机理使它对不相干性较为敏感。

由以上分析可以设想，若需要突出地震数据体的不相干之处，可以改进第二代相干算法，使用逆序和除以正序和来代替全排序之和除以 J 倍正序和，以进一步提高算法对不相干性的敏感度。根据第二代相干算法的这个思想，取相干公式为：

$$c=\frac{(\sum\limits_{m=1}^{N}|(u_m-v_m)|)^2}{N\times\sum\limits_{m=1}^{N}(u_m-v_m)^2}$$

（11）

式中，c 为相干系数；u_m 和 v_m 为两幅图像的元素；N 为图像窗口内元素的个数，$|\cdot|$ 表示取绝对值，u_m-v_m 表示两幅图像对应位置像素值的差值。对于两组数据，由排序不等式的性质：正序和≥乱序和≥逆序和。式（11）中分子为 u_m-v_m 取绝对值后的数组的乱序和，分母为正序和的 N 倍。所以相干系数 c 为小于等于1的数。

当图像变换到 S 域之后，两幅 S 域能量图中目标对应位置的能量谱比较大。因为目标是移动的，即在 S 域能量图像中目标的位置是不一样的，当计算的元素包含有目标元素时，相应的差值 $u_m - v_m$ 就比较大。相对来说两幅图像背景的变化很小，则相应的差值 $u_m - v_m$ 也就比较小。

由排序不等式的性质，当数组的各元素相差越大时，正序和和乱序和之间的差值就越大。所以，c 越大，表示图像相似度越高；反之，则越低。所以当计算的元素包含有目标的元素时，计算出来的 c 值较小，说明在 S 域信号有突变，即目标存在的位置。根据以上分析，通过计算相干系数，就能够突出图像目标的位置来。从而可以利用比较简单的阈值分割方法实现目标检测。

目标检测算法具体实现步骤为：

第一步：对两幅同样场景的 SAR 图像 $u(x,y)$ 和 $v(x,y)$ 分别进行 S 变换，得到 S 变换域能量特征图 $S_u(\tau_1,\tau_2,f_1,f_2)$ 和 $S_v(\tau_1,\tau_2,f_1,f_2)$；

第二步：用合适大小的窗（比如 3×3 或者 5×5 的窗）依次取两幅 S 变换域能量特征图相同位置的元素，利用式（11）计算相干系数，由相干系数构造相干图。

第三步：对相干图设定阈值 κ，一般讲阈值取经验值 $\sqrt{\mu\sigma}$；μ 为相干图元素均值；σ 为相干图元素方差，进行目标检测。

根据以上步骤,具体算法流程如图 1 所示。

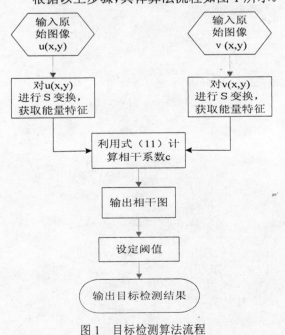

图 1　目标检测算法流程

4　对算法进行仿真实验

为检验方法的有效性，本文对两幅同样背景的动目标 SAR 图像进行仿真实验。图 2（a）和（b）所示是两幅同样背景的 SAR 图像，图中有一移动的点目标。按照上一节提出的方法对这两幅图像进行目标检测。图 3（a）所示是两幅图像进行 S 变换之后，在 S 域利用式（11）求相干得到的相干图。通过相干图就可以利用比较简单的方法进行目标定位了，如图 3（b）所示。由于存在目标的位置对应的相干值小，相应地，在 S 域计算出来的相干图对应的是低能量的位置，所以从相干图上看到目标所在的位置颜色是表示能量低的蓝色。

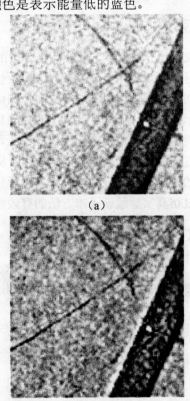

（a）

（b）

图 2　同一场景下的两幅原始 SAR 图像

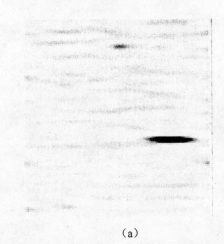

（a）

（b）

（a）S 变换域相干图像；（b）检测结果

图 3　目标检测结果

5　结束语

本文提出一种基于 S 变换相干分析的 SAR 图像目标检测，利用 S 变换的时频分析性能，用以时间和频率为变量的联合分布把图像的能量谱表示出来。由于同样背景下的移动目标在 S 域的能量谱在图像上位置不一样，而背景在同样位置的能量谱却基本一样，利用目标在 S 变换域的这个差别，采用相干技术进行目标检测。通过仿真实验验证了本方法的有效性。

参考文献

[1] 甄莉. 非平稳信号广义 S 变换及其在 SAR 图像分析中的应用研究：[学位论文][D]. 成都：电子科技大学，2008

[2] 甄莉，彭真明. 基于广义 S 变换的图像局部时频分析[J]. 航空学报，2008，29（4）：1013～1019

[3] 张伟，刘文波，张弓，等. 基于 NSCT 域能量特征的 SAR 图像目标检测[J]. 中国雷达，2008.1:32～34

[4] 皮亦鸣，杨建宇，付毓生，等. 合成孔径雷达成像原理[M]. 成都：电子科技大学出版社，2007

[5] 辛欣，张效民. 基于 S 变换的水中目标特征提取[J]. 电声基础，2007，31（1）：10～12

[6] 陈华敏，师学明，李大心. 二维相干技术在微弱信号检测中的应用[J]. 西安工业学院学报，2004，24（2）：118～122

[7] Stockwell R G，Mansinha L，Lowe R L . Localization of the complex spectrum: the S-transform[J]. IEEE Transactions on Signal Processing，1996，17（4）：998～1001

[8] Schimmel M，Gallart J . The inverse S-transform in filter with time-frequency localization[J] . IEEE Transactions on Signal Processing，2005，53（11）：4417～4422

[9] Lee I W，Dash P K . S-transform-based intelligent system for classification of power quality disturbance signals[J] . IEEE Transactions on Industrial Electronics，2003，50（4）：800～805

[10] Mansiha L，Stockwell R G，Lowe R P . Pattern analysis with two dimensional spectral localization : application of two dimensional S-transform [J] . Physic A，1997，239（3）：286～295

基于 SPECAN 技术的子孔径弹载 SAR 成像算法

周宝亮　　张顺生　　戴春杨　　孔令坤

（电子科技大学电子科学技术研究院　成都　610054）

摘　要：由于弹载SAR平台具有运行速度快、机动性大、运动和姿态存在随机偏差、实时性成像要求高等特点，本文提出了基于SPECAN技术的子孔径RD成像算法。在距离向，采用匹配滤波技术实现距离向高分辨；在方位向，采用子孔径处理的SPECAN算法。通过仿真结果可以验证，基于SPECAN技术的子孔径RD成像算法有效地减少了数据处理量，降低了对弹体存储空间的要求，很好地满足了实时成像要求，提高了导弹的打击精度。

关键词：合成孔径雷达；弹载 SAR；实时成像；子孔径；SPECAN

Based on the SPECAN technology sub-aperture RD imaging algorithm

ZHOU Baoliang　　ZHANG Shunsheng　　DAI Chunyang　　KONG Lingkun

（Research Institute of Electronic Science and Technology of University of Electronic Science and Technology of China，Chengdu，610054）

Abstract：Because of the missile-borne SAR's high speed, big flexibility, motion attitude jitter and requirement of real-time imaging etc, in this paper, a sub-aperture RD imaging method based on SPECAN is presented. Realize high resolution by means of match filter technology in range direction. And in azimuth direction, using sub-aperture based on SPECAN method. According to the emulator, we can get a sub-aperture RD imaging method based on SPECAN could reduce data processing quantity, lower requirement of missile storage, satisfied the real-time imaging, and improve shot precision of missile further.

Keywords：SAR，missile-borne SAR，real-time imaging，sub-aperture，SPECAN

1　导论

合成孔径雷达(Synthetic Aperture Radar, SAR)自 20 世纪 50 年代初发展至今，机载 SAR 已获得飞跃式发展，星载 SAR 也逐步走向成熟。而作为 SAR 应用的另一个重要分支——弹载 SAR，由于保密等原因，其公开报道的文献并不多，报道较多的是美国洛拉尔公司的 SAR 导引头。这种 SAR 系统既可用于中段地形匹配，也可在导弹临近目标时提供具有较好分辨率的目标 SAR 图像，以便进行景象匹配，提高打击精度。此外美国 Raython、UDI、GOODYEAR 等公司和研究机构均先后开展了 SAR 导引头的研制。德国、俄罗斯等国也开展了先进 SAR 导引头的研制工作。近年来，国内的一些研究所和高校也一直致力于弹载 SAR 的研究，并取得了一些研究成果[1][2]。

弹载 SAR 是通过装载在弹上的 SAR 传感器获取目标附近的地物地貌图像，并与弹上预存的基准图进行匹配，解算出导弹相对预定区域的位置偏差，并修正导弹惯性导航误差，从而提高导弹的打击精度。然而，由于弹体运行速度快、机动性大、运动和姿态存在随机偏差等特点，要实时产生高分辨率的弹载 SAR 图像，必须研究高效的成像算法和高精度的运动补偿算法。

当弹载 SAR 工作在正侧模式且距离弯曲较小时，非常适合选择 RD 算法。它是一种计算量小、易在并行信号处理器上运行的算法，可以满足实时成像的要求。此外，由于弹体本身预留空间的限制，弹载条件下的天线方位孔径较小，使得方位理论分辨率远高于系统要求，实际处理中常采用部分孔径数据。对于方位向的子孔径处理，可以采用 SPECAN 算法。它是在 RD 算法的基础上，采用去调频加谱分析的方法得到 SAR 图像，且算法的运输量小，易于实时成像。所以，本文提出了一种基于 SPECAN 技术的弹载 SAR 子孔径 RD 成像算法。

2   弹载 SAR 信号模型

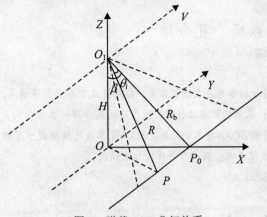

图 1   弹载 SAR 几何关系

弹载 SAR 的基本几何关系如图 1 所示。导弹以速度 V 沿 Y 方向飞行，雷达天线俯仰角为 β，相位中心 APC(Antenna Phase Center)偏离正侧向角度为 θ_i 的情况下，场景中一点目标 P 到天线相位中心的距离为 R，雷达到目标的最近距离为 R_b。

设雷达发射的信号为线性调频信号(LFM)：

$$s(t_p,t_m) = rect(\frac{t_p}{T_p})\exp\left\{j2\pi f_c t_p + j\pi k_r t_p^2\right\} \quad (1)$$

式中，T_p 为发射信号脉冲宽度；f_c 为发射信号载频；k_r 为线性调频率；t_p 为脉冲发射间(快时间)；t_m 为导弹运行时间(慢时间)。$rect(\frac{t_p}{T_p})$ 为宽度为 T_p 的矩形窗函数，即：

$$rect(\frac{t_p}{T_p}) = \begin{cases} 1 & |t_p| \leq \dfrac{T_p}{2} \\ 0 & |t_p| > \dfrac{T_p}{2} \end{cases} \quad (2)$$

那么，雷达接收的回波信号为：

$$s(t_p,t_m)=rect(\frac{t_p-2R(t_m)/c}{T_p})\exp\left\{j2\pi f_c(t_p-2R(t_m)/c)+j\pi k_r(t_p-2R(t_m)/c)^2\right\} \quad (3)$$

点目标回波经去载频、正交解调之后的信号为：

$$s(t_p,t_m)=rect(\frac{t_p-2R(t_m)/c}{T_p})\exp\left\{j\pi k_r(t_p-\frac{2R(t_m)}{c})^2\right\}\cdot\exp\left(-j\frac{4\pi R(t_m)}{\lambda}\right) \quad (4)$$

其中，$R(t_m)$ 为 t_m 时刻雷达天线相位中心至目标 P 的斜距。根据几何关系可得：

$$R(t_m) = \sqrt{R^2+(Vt_m)^2-2RVt_m\sin\theta_i} \quad (5)$$

在 $t=0$ 附近作泰勒级数展开，省略三次项以上的高次项，上式近似为：

$$R(t_m) \approx R-(Vt_m)\sin\theta_i+(Vt_m)^2\frac{\cos^2\theta_i}{2R} \quad (6)$$

其中，式 $(Vt_m)\sin\theta_i$ 称为距离走动；$(Vt_m)^2$ $\dfrac{\cos^2\theta_i}{2R}$ 称为距离弯曲。在弹载条件下，当分辨率不高时，最大距离弯曲通常小于一个距离分辨单元。即使在 1m 高分辨率模式下，虽然在整个合成孔径时间内距离弯曲可能超过一个距离分辨单元，但考虑到实时处理中方位分辨率 ρ_a 和距离分辨率 ρ_r 相匹配即可，并不需要过高，只需根据关系式：

$$(\frac{\rho_a}{\lambda})^2 \geq \frac{R}{8\rho_r} \quad (7)$$

来决定是否需进行弯曲校正[3]。

3   结合 SPECAN 处理的子孔径 RD 算法

在距离向，采用匹配滤波技术实现距离向高分辨；在方位向，由于实时图像的方位宽度的要求和弹体预留空间的限制，弹载条件下天线方位孔径通常比较小，使得方位理论分辨率远高于系统要求，因此采用子孔径处理的 SPECAN 算法[4][5]。

3.1   距离向处理

构造距离向的参考函数为：

$$s(t_p,t_m)=s*(-t_p,t_m)=a_r(t_p)\exp(-j\pi k_r t_p^2) \quad (8)$$

为便于计算，快时间域的匹配滤波一般在频域上进行，匹配滤波后的输出为：

$$s(t_p,t_m)=T_p\cdot sinc\left[\pi k_r T_p\left(t_p-\frac{2R(t_m)}{c}\right)\right]\cdot\exp\left(-j\frac{4\pi R(t_m)}{\lambda}\right) \quad (9)$$

在弹载条件下，合成孔径长度相对较小，对合成孔径期间的回波包络移动可以忽略，即 $R(t_m)\approx R_b$，但对回波相位的影响必须考虑。因此针对这种情况，式(9)可以改写为：

$$s(t_p,t_m)=T_p\cdot sinc\left[\pi k_r T_p\left(t_p-\frac{2R}{c}\right)\right]\cdot\exp\left(-j\frac{4\pi}{\lambda}(R-(Vt_m)\sin\theta+(Vt_m)^2\frac{\cos^2\theta}{2R})\right) \quad (10)$$

3.2 子孔径成像[6]与SPECAN处理[7]

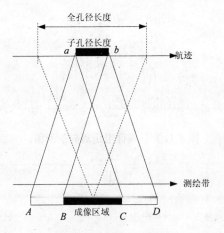

图2 子孔径划分示意图

图2所示为子孔径数据处理时的几何示意图。设导弹从a点运动到b点，录取的时间为ΔT_s，整个孔径的录取时间为T_s。定义子孔径比例因子α为：

$$\alpha = \frac{\Delta T_s}{T_s} \qquad (11)$$

子孔径数据$a\sim b$包括了测绘带上AD区间内所有目标的回波，但只有区间BC内目标的回波持续时间最长，对应的多普勒带宽最宽。假定BC区间内任一点目标p，其回波录取的持续时间为ΔT_s，对应的多普勒带宽为ΔB_a，则：

$$\Delta B_a = \Delta T_s * f_{dr} = \alpha T_s * f_{dr} = \alpha B_a \qquad (12)$$

由方位分辨率计算公式：

$$\Delta \rho_a = \frac{v_a}{\Delta B_a} = \frac{v_a}{\alpha B_a} = \frac{\rho_a}{\alpha} \qquad (13)$$

在全孔径时间T_s内，只需要在ΔT_s内进行数据采集，而在其他时间内不对数据进行采集，从而减少数据量。那么，在$B\sim C$区间中的任一点目标，其分辨率是全孔径分辨率ρ_a的$1/\alpha$。

在实际处理过程中，通常采用针对子孔径数据的去斜处理方法，即SPECAN算法进行处理。根据前面推导的距离徙动公式可以看出：距离走动和距离弯曲的影响分别体现在多普勒中心频率f_{dc}和多普勒调频率f_{dr}上，它对回波

相位的影响必须考虑。将瞬时距离$R(t_m)$表达式带入距离压缩并补偿了距离走动的信号相位调制项中，得到方位向系统响应函数：

$$s(t_p, t_m) = T_p \operatorname{sinc}[\pi B(t_p - \frac{2R_b}{c})] \cdot \exp[-j\frac{4\pi}{\lambda}R(t_m)]$$
$$= T_p \operatorname{sinc}[\pi B(t_p - \frac{2R_b}{c})] \cdot \exp[-j\frac{4\pi}{\lambda}R + j2\pi f_{dc}t_m + j\pi f_{dr}t_m^2]$$

$$(14)$$

设方位向参考函数为：

$$s(t_m) = \exp(-j2\pi f_{dc}t_m)\exp(-j\pi f_{dr}t_m^2) \qquad (15)$$

式中的f_{dr}可以根据运动参数计算得出，也可以根据"MD算法"从回波数据估计出。对距离压缩后的信号进行差频，之后做FFT变换，得到：

$$s(t_p, t_0) = \operatorname{sinc}[\pi B(t_p - \frac{2R_b}{c})] \cdot \operatorname{sinc}[f - f_{dr}t_0] \qquad (16)$$

基于SPECAN技术的子孔径RD成像算法的流程图如图4所示。

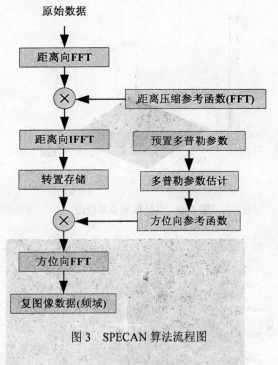

图3 SPECAN算法流程图

4 仿真结果及分析

本文在理想状态下通过对点目标和真实场景的成像来验证基于SPECAN技术的子孔径RD成像算法的可行性，具体的仿真参数如表1所示。

表 1　系统仿真参数

雷达平台飞行高度	10km
工作频段	17.6 GHz
波束俯仰角	45°
波束斜视角	0°
脉冲重复频率(PRF)	25kHz
发射信号带宽	160MHz
发射脉冲宽度	10μs

4.1　点目标成像

图 4 所示为 1/2 孔径中心点目标成像仿真结果。通过表 2 所示可以得出距离向和方位向的分辨率分别为 0.886m 和 0.416m，因此能够很好地满足项目中对成像指标的要求(距离向和方位向分辨率都为 1m)。此外，对于分辨率要求不高的情况下，还可以选择 1/4、1/8 或更小的孔径成像，从而减少数据处理量，满足实时成像要求。

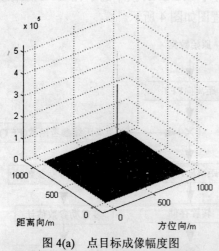

图 4(a)　点目标成像幅度图

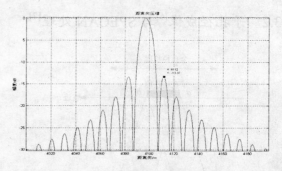

图 4（c）　成像沿距离向剖面图

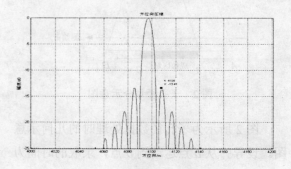

图 4（d）　成像沿方位向剖面图

表 2　点目标成像评估结果

	分辨率	峰值旁瓣比	积分旁瓣比
距离	0.886m	−13.35 dB	−9.65 dB
方位	0.416m	−13.40 dB	−9.25 dB

4.2　真实场景成像

图 5 所示分别为真实场景全孔径、1/2 孔径、1/8 孔径和 1/16 孔径成像的灰度图。通过观察可以看出全孔径成像效果最好，1/2 孔径次之，1/16 孔径成像效果最差。由于采用子孔径技术，方位向相位积累不够，因而成像效果没有全孔径成像效果好。但是，根据前面对于子孔径成像分辨率的推导可知，1/2 孔径成像方位向分辨率为全孔径成像方位向分辨率的一半。因此，1/2 孔径成像方位向理论分辨率为 0.31m，满足项目对于方位向分辨率 1m 的要求。

图 4(b)　点目标成像灰度图

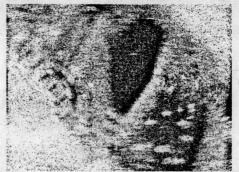

图 5(a)　全孔径成像灰度图

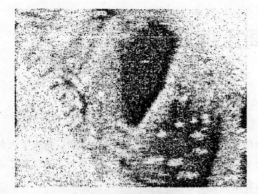

图 5（b） 1/2 孔径成像灰度图

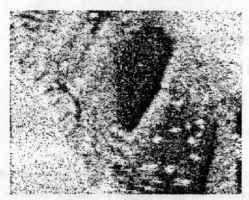

图 5（c） 1/8 孔径成像灰度图

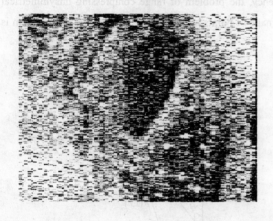

图 5（d） 1/16 孔径成像灰度图

5 结论

采用 SPECAN 技术的子孔径 RD 成像算法，在满足成像性能指标的前提下，虽然以牺牲方位向分辨率为代价，但有效地减少了数据的处理数量，降低了对弹体存储空间的要求，缩短了成像时间，进而满足了实时的成像要求，提高了导弹的打击精度。

参考文献

[1] 张强，梁甸农，董臻. 一种弹载条带式 SAR 成像方法[J]. 无线电工程,2006,36(5):39:49

[2] 俞根苗，邓海涛，张长耀，吴顺君. 弹载侧视 SAR 成像及几何校正研究[J]. 系统工程与电子技术，2006,28(7):997:1001

[3] John C Curlander. Robert N McDonough. Synthetic Aperture Radar Systems and Signal Processing[J]. New York :John Wiley & Sons, INC.1991.171～176

[4] Sack M,Ito M R,Cumming I G. Application of efficient linear FM matched filtering algorithms to synthetic aperture radar processing[J]. IEE Proc. part. F,1985,132:45～57

[5] Moreira Alberto, Mittermayer Josef and Scheiber Rolf. Extended chirp scaling algorithm for air and spaceborne SAR data processing in stripmap and scanSAR imaging modes[J].IEEE Transactions on Geoscience and Remote sensing, 1996，34(5): 1123:1136

[6] Alberto Moreira. Real-Time Synthetic Aperture Radar(SAR) Processing with a New Subaperture Approach[J].IEEE Transactions on Geoscience and Remote sensing,1992,32(4):714:722

[7] Walter G C, Ron S G,Ronald M M. Spotlight synthetic aperture radar signal processing algoritlms[M].USA:A retch House Publishers 1995

改进的大斜视二次距离压缩成像算法

李 飞 张 涛 徐 玮 李 涛 孔祥辉

（西安电子工程研究所 西安 710100）

摘 要：本文基于大斜视成像特点，通过斜视点建立目标模型，分析了大斜视产生耦合的原因，提出了大斜视点目标成像改进算法，重点对距离走动和距离弯曲的校正，以及对二次距离校正和三次相位补偿的方面进行了论述。通过计算机的仿真，得到点目标的成像效果，验证了算法的有效性。

关键词：合成孔径雷达；大斜视；二次距离压缩

Refined Secondary Range Compression Imaging Algorithm for Large Squint Air-borne SAR

Li Fei Zhang Tao Xu Wei Li Tao Kong Xianghui

（Xi'an Rearch Institute of Electronics Engineering, Xi'an, 710100）

Abstract：In this paper, a refined Secondary Range Compression （SRC） imaging algorithm for large squint air-borne Synthetic Aperture Radar （SAR） is presented. Based on the squint mode, set up point model and analyze the reason of coupling. By compensating the cubic phase term of range frequency, the problem of range compressing unsymmetrical sidelobe is improved effectively. Through emulator of algorithm, image of points are presented. The validity of algorithm is proved.

Keywords: SAR，large squint image，SRC

为尽早发现目标，机载和弹载目标成像时对波束进行大角度斜视。斜视 SAR 与正侧视 SAR 相比，可提前探测到飞行平台的前方目标。比如斜距为 100km、45° 斜视角、2° 半功率方位波束宽度时，斜视 SAR 可在方位向提前探测到100km 处的目标，这对于现代条件下局部战争的战场侦察具有重要意义，受到了人们的关注。

1 大斜视原理分析

1.1 大斜视合成孔径的数学模型

如图1所示是点目标与载体瞬时距离的示意图。

横坐标代表方位慢时间，纵坐标代表距离快时间。以某时刻为方位慢时间零点，此时载体位于 O 点，点目标 B 距离 O 点为 R，r 为点目标距离方位向最小距离，经过时间 t，载体运动到 C 点，此时 $R(t,r)$ 是点目标 B 和 C 的瞬时距离。

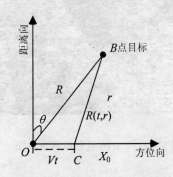

图 1　点目标瞬时距离示意图

$$R(t;r) = \sqrt{r^2 + (X_0 - Vt)^2} \qquad (1)$$

$$X_0 = R\sin\theta \qquad (2)$$

$$r = R\cos\theta \qquad (3)$$

1.2 二维耦合分析

雷达发射线性调频波 $s_t(\tau) = P(\tau)\exp(j\pi b\tau^2)$ 时，接收的点目标基频回波信号在距离快时间——方位慢时间域可写为：

$$S_0(\tau,t;r) = \sigma \times W_a(t) \times P(\tau - 2R(t;r)/C) \times \cdots$$
$$\exp(j\pi b(\tau - 2R(t;r)/C)^2) \times \exp(-j4\pi R(t;r)/\lambda)$$
$$\tag{4}$$

在式（1）中，通常 r 比 $(X_0 - vt)$ 大很多，可以化简为：

$$R(t;r) = \sqrt{r^2 + (X_0 - Vt)^2} = r\sqrt{1 + \frac{(X_0 - Vt)^2}{r^2}} \cdots$$

$$\approx r(1 + \frac{(X_0 - Vt)^2}{2r^2}) = r + \frac{(X_0 - Vt)^2}{2r} \tag{5}$$

把式（5）代入式（4）的相位项中，则有：

$$phase(\tau,t;R) = \exp[j\pi b(\tau - \frac{2r}{c} - \frac{(X_0 - Vt)^2}{rc})^2] \times \cdots$$

$$\exp[-j\frac{4\pi}{\lambda}(r + \frac{(X_0 - Vt)^2}{2r})] \tag{6}$$

得到此式展开的相位为：

$$j\pi b(\tau - \frac{2r}{c})^2 - j2\pi b(\tau - \frac{2r}{c}) \times \frac{(X_0 - Vt)^2}{rc} + \cdots$$

$$j\pi b[\frac{(X_0 - Vt)^2}{rc}]^2 - j\frac{4\pi}{\lambda}r - j\frac{4\pi}{\lambda} \times \frac{(X_0 - Vt)^2}{2r}$$

$$\approx j\pi b(\tau - \frac{2r}{c})^2 - j2\pi b(\tau - \frac{2r}{c}) \times \frac{(X_0 - Vt)^2}{rc} \cdots$$

$$j\frac{4\pi}{\lambda}r - j\frac{4\pi}{\lambda} \times \frac{(X_0 - Vt)^2}{2r} \tag{7}$$

在正侧视或者斜视角度很小的情况下，在一个合成孔径时间内，耦合项（上式第五项）很小，往往可以忽略不计，但是在斜视角较大时，交叉耦合项不能忽略不计，需要进行计算。

2　改进的成像算法

根据驻留相位定理，回波信号距离向傅立叶变化之后的表达式为：

$$S(f_\tau,t,r) = \sigma \times W_a(t) \times P(-f_\tau/b) \times \cdots$$
$$\exp(j\pi f_\tau^2/b) \times \exp(-j4\pi(f_\tau + f_0)R(t;r)) \tag{8}$$

式中，f_τ 为距离频率；f_0 为载波频率，由上式可以看出，第一个相位项是距离频率的平方项。

2.1　距离走动校正

在大视角的情况下，位于相同距离和方位分辨单元的数据会在距离向和方位向上产生扩散。在距离时域，需要减去 ΔR，使距离单元

上走动得到校正，校正表达式为：

$$\Delta R = -(v\sin\theta)t \tag{9}$$

在距离频域上，为：

$$\exp(j2\pi f_r \frac{2\Delta R}{C}) \tag{10}$$

2.2　距离弯曲校正

经过距离走动校正，可以视为正侧视成像，当距离弯曲不能忽略时，需要将弯曲的曲线进行"扳平"。以孔径中心作为时间零点，不同慢时间点曲线轨迹近似为二次曲线。为了对弯曲量进行精确的计算，利用物理上的严格的几何表达式进行分析。

某一时刻，弯曲偏离实际距离 R 的数值为：$\sqrt{y^2 + (x - vt)^2} - R$。其中 x,y 为目标点的坐标位置；R 为中心时刻点的目标距离雷达的距离。以 $f_a = 0$ 为准（孔径中心时刻点），将其他的 f_a 值的回波数据沿距离快时间轴移动 $2(\sqrt{y^2 + (x - vt)^2} - R)/c$，相当于在频域上：

$$\exp(j4\pi f_r(\sqrt{y^2 + (x - vt)^2} - R)/c) \tag{11}$$

2.3　距离压缩

经过距离走动和弯曲校正后，距离向进行压缩处理：

$$\exp(-j\pi f_r^2/b) \tag{12}$$

经过距离压缩之后的信号表达式为：

$$S(f_\tau,t,r_0) = \sigma \times W_a(t) \times P(-f_\tau/b) \times \cdots$$
$$\exp(-j4\pi(f_\tau + f_0)r(t,r_0)) \tag{13}$$

2.4　方位向FFT

对式（13）进行方位向傅立叶变换，得到信号的在距离和方位向上的二维频域，根据驻留相位定理得：

$$S(f_r,f_d) = \sigma \times \exp\left(-j\frac{f_e}{(f_r + f_c)f_{dr}}f_d^2\right) \times \cdots$$

$$\exp\left(j2\pi\frac{f_{dc}}{f_{dr}}f_d\right) \times \exp\left(-j\pi\frac{f_{dc}^2}{f_c f_{dr}}f_r\right) \times \exp\left(-j\frac{4\pi R(t_0)}{c}f_r\right) \tag{14}$$

对 $\exp\left(-j\pi\frac{f_{dc}^2}{f_c f_{dr}}f_r\right)$ 在距离频域上三次展开：

$$\exp(-j(\frac{1}{f_{dr}} - \frac{f_r}{f_c f_{dr}} + \frac{2}{f_c^2 f_{dr}}f_r^2 - \frac{6}{f_c^3 f_{dr}}f_r^3)f_d^2) \quad (15)$$

距离压缩后，经过方位向 FFT，距离向上产生了扩散，特别是在大斜视的情况下，扩散尤其严重，需要进行二次距离压缩。

2.5 二次距离压缩，三次相位补偿

该线性调频分量与目标距离 R 有关，且随方位频率 f_d 的增大而增大。在正侧视情况下多普勒中心频率 f_{dc} 为零，方位频率 f_d 在 $-Bd/2 \sim Bd/2$ 之间；Bd 为多普勒带宽，该调频分量的影响可以忽略。而在大斜视情况下 f_{dc} 将变得很大，f 在 $f_{dc}-(Bd/2) \sim f_{dc}+(Bd/2)$ 之间，这时调频分量的影响就必须考虑，否则已经压缩好的目标在距离向重新扩散。完成二次距离压缩的匹配函数为：

$$\exp(j\frac{2}{f_c^2 f_{dr}}f_r^2 f_d^2) \quad (16)$$

式（15）中第 4 个相位项是距离频率 f_r 的三次函数，正侧视或小斜视情况下，方位频率 f_d 在多普勒零频附近，三次相位项非常小，对成像的影响可以忽略。在大斜视情况下多普勒中心频率远离零频，方位频率 f_d 将变得很大，不能再忽略三次相位项的影响。匹配函数为：

$$\exp(-j\frac{6}{f_c^3 f_{dr}}f_r^3 f_d^2) \quad (17)$$

2.6 方位压缩

根据驻相点方法，完成方位向压缩的方位向匹配聚焦函数为：

$$\exp(j\pi(f_d - f_{dc})^2 / f_{dr}) \quad (18)$$

式中，f_d 是方位向频率；f_{dc} 是多普勒调频中心；f_{dr} 是多普勒调频率，完成方位向的聚焦。

3 计算机仿真

3.1 仿真参数

下面对五个点目标进行成像仿真，成像选择范围是 $300m \times 300m$，具体的仿真参数为：斜视角 $\theta = 60°$，中心斜距 $R = 3km$，发射信号

载频 $f_c = 6GHz$，发射信号脉宽 $Tr = 1.5us$，发射信号带宽 $Br = 150MHz$，载机飞行速度 $v = 100m/s$，正侧视孔径长度 $D = 2m$，方位向和距离向分辨率均为 1m。

3.2 仿真结果

如图 2 所示给出了斜视角 $\theta = 60°$ 时的 5 个点的目标成像结果，5 个点均得到了聚焦。

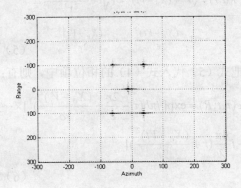

图 2　5 点 60° 成像

如图 2 所示给出了在空间均匀分布的五个点的成像情况，可以看到所有点均得到了聚焦。

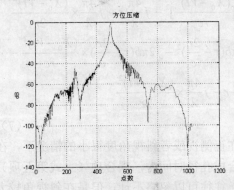

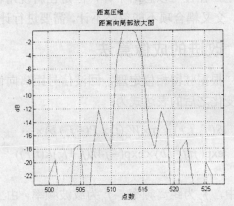

图 3　距离、方位压缩结果

由如图 3 所示的第一幅图可以看出，方位压缩的旁瓣比主瓣低 -45dB，-3dB 带宽仅包含 6 个方位点；第二幅图可以看出，图中凸显 3 个目标，其旁瓣均位于 -30dB 以下，距离向压缩明显；第三幅图是第二幅图的局部放大图，

可以看出主峰位于第 513 个方位点，旁瓣对称分布，比主峰低 12dB，低次的旁瓣依次是 –17dB、–19dB。

3.3 分析与比较

下面进行二次距离压缩与进行改进二次距离压缩的距离向的比较。

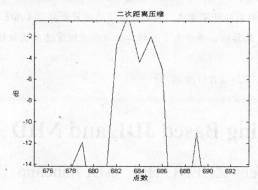

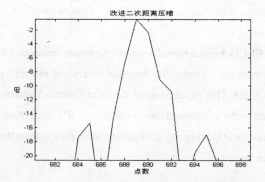

图 4　二次距离压缩和改进二次距离压缩比较

由如图 4 所示可以看出，经过改进二次距离向压缩，在距离多普勒域上，主瓣分裂的情况得到补偿，得到了平滑，旁瓣峰值得到了抑制。

4　结束语

大斜视角式下实时成像对于战场侦察具有重要意义，合理设计硬件实现方案、满足设计要求，是 SAR 大斜视角成像下一步研究方向。本文从前斜视的点模型出发，推导出改进的二次距离压缩成像算法，仿真表明能使主瓣得到平滑和减小旁瓣的问题，是一种适合大斜视角的机载成像算法。

参考文献

[1] 唐肖剑. 单通道 SAR 动目标检测及成像　[学位论文][D]. 西安：西安电子工程研究所，2004

[2] 孙文峰，陈安，邓海涛，俞根苗. 一种新的机载 SAR 图像几何校正和定位算法[J]，电子学报，2007，03：553~556

[3] 宋雪岩，李真芳，保铮. 大斜视 DBS 成像[J]. 现代雷达 2004，01：30~33

[4] 汪亮，禹卫东. 机载 SAR 大斜视角成像算法及性能分析[J]. 电子与信息学报，2006，03：502~506

[5] 李 树，赵亦工，买买提依明. 一种精确的前斜视 SAR 方位高分辨分析方法[J]. 西安电子科技大学学报（自然科学版），2003，12：765~770

[6] 朱岱寅，朱兆达，叶少华，张昆辉，谢求成. 机载 SAR 斜视区域成像研究[J]. 电子学报，2002，09：1387~1389

[7] 保铮，邢孟道，王彤. 雷达成像技术[M]. 北京：电子工业出版社，2005

一种基于 JDL-NHD 的非均匀 STAP 算法

杨　芸　曹建蜀　张　伟　郑　辉　马建春

（电子科技大学电子科学技术研究院　成都　610054）

摘　要：传统空时自适应处理（Space-time Adaptive Processing，STAP）在低计算量需求和非均匀环境下已不再是最优的处理算法，新型的降维 STAP 处理以及非均匀 STAP 是目前的研究重点。本文分析了局域联合处理（JDL）降维算法和基于广义内积（GIP）准则的非均匀检测器（NHD）的算法，并给出了一种二者联合处理雷达回波数据的具体实现方法，能减小计算量并消除干扰目标对检测结果的影响。

关键词：空时自适应处理；局域联合处理；非均匀检测器；多运动目标检测

A Space-time Adaptive Processing Based JDL and NHD

YANG Yun　CAO Jianshu　ZHANG Wei　ZHENG Hui　MA Jianchun

（Research Institute of Electronic Science and Technology, University of Electronic Science and Technology of China,　Chengdu　610054）

Abstract：The conventional space-time adaptive processing（STAP）has not been the optimal processor because of its heavy computational burden and the real nonhomogeneous environments. Thereby, the focus of successive research is concentrated on the new reduced-rank STAP and nonhonogeneous STAP. This paper analyses the Joint Domain Localized（JDL）algorithm and Nonhomogeneity Detector（NHD）based on the generalized inner product（GIP）rule. And a new detective method for radar echo targets detection based on both of them is proposed. Lastly, simulation results show that the performance of the algorithm is efficient in removing interference targets.

Keywords：STAP，JDL，NHD，Targets detection

1　引言

空时二维自适应处理（Space-time Adaptive Processing，STAP）针对现代高性能机载雷达所面临的强地杂波、隐蔽来袭目标及复杂电磁环境等情况提出[1]，其充分利用多个阵元和脉冲信号数据进行自适应处理，是处理呈现空时二维耦合谱特性的杂波的理想方案。

但是常规统计 STAP 方法性能最优的前提条件是必须具有充足的与待检测样本各种干扰数据独立同分布（IID）的训练样本[2]，而实际环境服从 IID 条件的几不可能。再兼之实时处理需求，故现代 STAP 研究更侧重于降维及非均匀 STAP。

降维准最优处理方法因其低计算量以及能实时估计协方差矩阵的优势，已成为真实环境下大系统 STAP 的关键内容。降维处理方法通过近年的研究，已有很多典型的处理提法[3]。辅助通道法（ACR）[4]在理想无误差情况下将计算量从 $(NK)^3$ 减少为 $(N+K)^3$；局域联合处理方法（Joint Domain Localized，JDL）的局域自选性能更好地适应非理想环境，计算量由所选局域大小决定[5]。

目前主要研究的非均匀现象主要包括功率非均匀、干扰目标、分立干扰等。文献[6]中详细论述了非均匀干扰对 STAP 的影响。近年也涌现了大量用于去除非均匀干扰的 STAP 算法[7]，各有侧重不同。Melvin 等人提出了用非均匀检测器（Nonhomogeneity Detector，NHD）来处理包含干扰目标的训练样本，消除干扰目标的影响[8]。

研究证明非均匀干扰在降维 STAP 中无法兼容[9]，降维方法能够提高信号处理器的收敛率，但它对均匀训练样本的需求，使其不能适应于非均匀环境。文献[2]提出了将降维处理和基于自适应剩余功率（ARP）准则的 NHD 结合的处理思路，能有效剔除干扰样本，易于工程实现。基于此，本文实现了 JDL 与基于广义内积（Generalized Inner Product—GIP）准则的 NHD 联合的处理算法，应用于实际雷达仿真系统中，能实现多运动目标的有效检测，消除强干扰目标对待检测距离-多普勒通道的影响。

2　局域联合处理（JDL-STAP）

JDL 属于固定结构降维法[4]，能根据实际需求自由选择待处理局域大小，降低系统 DOF。其主要思想：将空时二维数据 X 经二维傅里叶（2-DFT）变换成角度-多普勒域，然后再选择感兴趣的局域，并根据线性约束最小方差准则（LCMV）做自适应处理。如图 1 所示为其原理示意图。

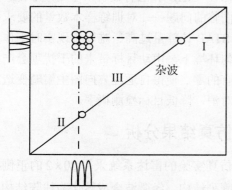

图 1　JDL 原理示意图

本文中采用近似均匀线阵环境[2]，模拟实现 JDL 处理。其数学描述为：

均匀线阵含 N 个阵元，天线阵与飞机飞行方向平行。阵元间距为 d，$d = \lambda / 2$（λ 为雷达工作波长）。方位角 θ，高低角 φ，锥角 ψ，天线主瓣指向为 (θ_0, φ_0)。如果每个阵元在一个相干处理间隔（CPI）接收 K 个脉冲，则其在某一被检测距离环上得到的空时信号可表示为 $NK \times 1$ 维列矢量：

$$X = (x_{1,1}, ..., x_{1,k}, x_{2,1}, ..., x_{2,k}, ..., x_{N,1}, ..., x_{N,K})^T$$

X 为目标回波、杂波回波、噪声回波的加权和。目标的空时二维导向矢量设为 S，表达式为：

$$S = S_s \otimes S_t \qquad (1)$$

其中，$\otimes$ 为 Kronecker 积；S_s 和 S_t 分别为空域、时域导向矢量，且：

$$S_s = \begin{bmatrix} 1 & e^{jw_s} & ... & e^{j(N-1)w_s} \end{bmatrix}^T \qquad (2)$$

$$S_t = \begin{bmatrix} 1 & e^{jw_t} & ... & e^{j(K-1)w_t} \end{bmatrix}^T \qquad (3)$$

其中，w_s，w_t 分别表示空间和时间归一化频率。

由式（2）和式（3）可以看出，空域导向矢量和时域导向矢量的元素就是离散傅里叶变化的系数。故而，空域和时域导向矢量的内积便相当于 2-DFT，由此可将阵元-脉冲域数据 X 转换为波束-多普勒域数据 X，结合图 1，JDL 的降维转换矩阵为：

$$T = \begin{bmatrix} \left[S_S(w_{si}) \otimes S_t(w_{tj}) \right]^T \\ \left[S_S(w_{si}) \otimes S_t(w_{tj} + w_k) \right]^T \\ \vdots \\ \left[S_S(w_{si}) \otimes S_t(w_{tj} + (q-1)w_k) \right]^T \\ \vdots \\ \left[S_S(w_{si} + (p-1)w_n) \otimes S_t(w_{tj}) \right]^T \\ \left[S_S(w_{si} + (p-1)w_n) \otimes S_t(w_{tj} + w_k) \right]^T \\ \vdots \\ \left[S_S(w_{si} + (p-1)w_n) \otimes S_t(w_{tj} + (q-1)w_k) \right]^T \end{bmatrix}^T$$

$$(4)$$

其中，N 为空域采样数；K 为时域采样数；p 表示相邻多个空域波束数目；q 表示相邻多个时域波束数目。

降维后的数据矢量、导向矢量及二次数据的协方差矩阵为：

$$\begin{cases} X_r = T^H X \\ S_r = T^H S \end{cases} \quad (r = p \times q) \qquad (5)$$

$$R_r = E\{X_r X_r^H\} = T^H R T \qquad (6)$$

再根据线性约束最小方差准则（LCMV），降维处理表述为最优化问题为：

$$\begin{cases} \min & W_r^H R_r W_r \\ s.t. & W_r^H S_r = 1 \end{cases} \qquad (7)$$

$$W_{opt} = \mu_r R_r^{-1} S_r \qquad (8)$$

其中，$\mu_r = 1 / (S_r^H R_r^{-1} S_r)$ 为一复常数，由此得滤波器输出 $Y = W_{opt}^H X$。

实际环境中，杂波协方差 R 未知，只能用待检测单元两侧的与其具有独立同分布（IID）的若干个距离门上的数据（Secondary data）来估计它。在高斯杂波加噪声背景下，常用最大似然估计（MLE）$\hat{R}$ 代替公式中的 R。即：

$$\hat{R} = \frac{1}{L}\sum_{i=1}^{L} X_i X_i^H \qquad (9)$$

3 非均匀检测器（NHD）

NHD 是针对含有干扰目标的训练样本的杂波特性不能完全反映待检测样本的杂波特性的问题提出的[10]。其功能是将训练样本中不满足与待检测样本干扰分布 IID 条件的样本检测出来并加以剔除，增加输出信噪比。

基于广义内积（Generalized Inner Product—GIP）准则的 NHD 是一种典型的非均匀检测器[2]，表示对向量 X_l 中的杂波做白化抑制后二维平面上所有的剩余能量。GIP 的检测统计量为：

$$\eta_l = X_l^H \hat{R}_{L+O}^{-1} X_l \quad (l=1,2,\cdots,L+O) \qquad (10)$$

其中，$\hat{R}_{L+O}^{-1}$ 表示对所选则的 $L+O$ 个训练样本的协方差的估计的逆。则：

$$\begin{cases} \eta_i \geq \eta_0 & \text{存在干扰点} \\ \eta_i < \eta_0 & \text{不存在干扰点} \end{cases} \qquad (11)$$

其中，η_0 表示判决门限。

实验表明 GIP 检测统计量服从 x^2 分布[11]，对与选定的判决门限剔除较大者，实际上是剔除了检测统计量排序序列中靠近两头的非常规的训练样本，实现干扰项的剔除。且本文仿真环境假定的动目标处于不同的距离单元上，通过合理的门限设定能自适应得到各检测单元的合理权值，而改善自适应 NHD 的检测性能。

4 JDL 与 GIP-NHD 的联合算法

有效提高雷达系统目标检测中自适应算法的实时性，以及消除干扰目标对目标检测概率的影响，实现低运算量、高适应性的目标检测是本文的工作重点。本文实现的算法是在 JDL 降维处理的基础上，联合 GIP-NHD 对各个距离—多普勒单元进行较为精确的协方差矩阵估计，自适应地求解出相应权值，再对输入的雷达回波数据进行处理，实现目标的检测。具体实现步骤如下：

（1）设置雷达系统参数，假定存在多目标的位置矢量、速度矢量。

（2）模拟出雷达回波信号，包括目标回波、杂波回波和噪声回波。

（3）对回波信号进行 JDL—GIP 处理，实现多目标检测。其具体流程为：

①选择待处理的多普勒通道，对数据做波束—多普勒转换，并实现导向矢量和数据的降维处理。

②在降维处理后选择的处理通道上，遵循 2DOF 准则，选择合适的训练样本数进行 GIP-NHD 处理，通过与门限的比较剔除被认为存在干扰目标的训练样本。

③计算自适应权值，进行恒虚警处理，输出各目标以及杂波的剩余功率。

JDL—NHD 算法有效解决了常规 STAP 方法所面临的问题——对训练样本数量的要求导致的 STAP 计算量过高、难以实现实时工作、非均匀环境下，由动目标带来的干扰项会产生不应有的零点使得自适应方向图主瓣畸变造成信号对消，降低目标检测概率。

5 仿真结果分析

仿真实验的雷达系统采用 20×2 的正侧视面阵阵列结构，经微波合成转化为线阵结构进行仿真。雷达工作波长为 0.66666666m，脉冲重复频率为 280Hz，在一个相干处理间隔（CPI）内的的脉冲数为 48，系统损耗因子设为 10。在载机阵面方位坐标系中波束指向方向为 $(\theta_0, \varphi_0) = (-\pi/2, 0)$。载机飞行高度为 10000m，在载机地理方位坐标系中设置的速度矢量为 $V = [115\text{m/s}, 0, 0]$。

待处理的距离单元范围为 $1250 \sim 2250$m，共 1000 个处理单元。JDL 降维处理中选取的局域大小为 5×7，在 GIP-NHD 之前选择的训练样本数为 105 个，计算过程中的检测统计量门限 η_0 取当次处理计算所得检测统计量序列的均值。

本次仿真共设置了 13 个动目标，分为 4 种对比情况——主波束范围内的目标、在同一个训练样本范围内的多个动目标的强弱对比以及距离远近的对比、在主波束外的强弱不同的目标的检测。目标的方位矢量（如表 1 所示）及速度矢量、所处多普勒通道（如表 2 所示）设置如下：

表1 假定目标的方位矢量

距离单元	方位角	俯仰角	截面积（m²）
1280	–pi/2	0	5
1400	–pi/2	0	8
1408	–pi/2	0	0.5
1416	–pi/2	0	7
1422	–pi/2	0	1
1550	Pi/6	0	8
1660	–Pi/3	0	0.2
1770	–pi/2	0	0.2
1800	–pi/2	0	8
1820	–pi/2	0	1.5
1950	–pi/2	0	2
1990	–pi/2	0	3
2030	–pi/2	0	1.5

（左侧竖排标注：目标方位矢量）

表2 假定目标的速度矢量及 fd 单元

速度值m/s	方位角	俯仰角	fd单元
300	Pi/8	Pi/6	3
330	Pi/6	Pi/8	30
330	Pi/6	Pi/8	30
330	Pi/6	Pi/8	30
330	Pi/6	Pi/8	30
150	–2*pi/8	Pi	25
290	–2*pi/9	Pi/3	11
200	–pi/3	Pi/6	19
200	–pi/3	Pi/6	19
200	–pi/3	Pi/6	19
290	–pi/7	–Pi/7	36
290	–pi/7	–Pi/7	36
290	–pi/7	–Pi/7	36

（左侧竖排标注：目标对应速度矢量）

模拟系统产生的雷达回波如图2所示，是高斯型杂波、均匀分布热噪声和目标所产生回波的复合。通过 JDL-NHD 空时自适应处理后，得到的剩余输出功率如图3所示，恒虚警检测后的结果如图4所示。如图显示，本文使用方法能很好地检测出各个距离单元上相应的目标，检测结果受到干扰目标的影响较小，输出信杂噪比较大，检测结果准确。例如 1400、1408、1416 和 1422 四个距离单元，对其任何一个距离单元进行自适应处理，所选训练样本均能包含该4个单元数据，其相互形成干扰目标影响检测效果，如图4所示，本方法很好地

消弱了此种相互干扰，对回波幅度较小的弱信号的检测效果也比较明显。

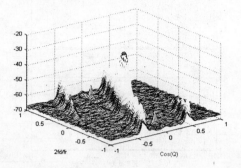

图2 雷达回波测试谱图

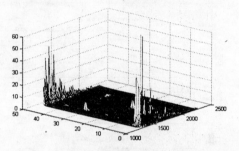

图3 JDL-NHD 算法剩余功率输出

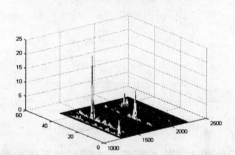

图4 JDL-NHD 算法恒虚警处理输出结果

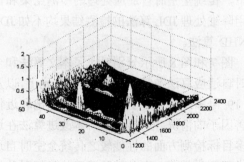

图5 全空时自适应检测的剩余功率输出

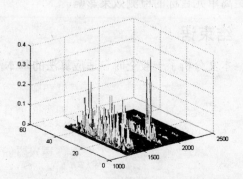

图6 仅基于 JDL 算法的恒虚警输出

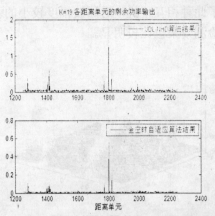

图 7   第 19 个多普勒通道的剩余功率对比输出

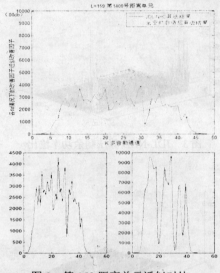

图 8   第 159 距离单元近似对比

如图 5、图 6 所示，在同样的系统参数设置下，传统全空时自适应处理的检测结果和仅使用降维处理 JDL 算法的检测结果均不如 JDL—NHD 算法。

图 7 和图 8 所示分别对比了本文算法和全空时自适应算法在第 1408 号距离单元上，以及第 19 号多普勒通道上的剩余功率输出和近似改善因子的情况。明显看出，本改进算法在运动多目标检测方面的性能较之传统全空时自适应实现更为精确，有效消除了干扰目标对待检测距离单元目标的检测效果影响。

6   结束语

本文分析了一般空时自适应算法的基本流程，以及降维处理算法 JDL 和非均匀检测器的基本思想、具体实现方法、适用环境；并仿真了实际雷达工作环境，实现了一种基于 JDL—NHD 空时自适应算法完成多运动目标的检测，有效消除了非均匀干扰中的干扰目标的影响。但是基于 GIP 准则的非均匀检测器更适用于强干扰目标环境的有效检测，对弱干扰环境还有待进一步仿真测试实现更为高效的目标检测。

参考文献

[1] 范西昆. 机载雷达空时自适应处理算法及其实时实现问题研究: [学位论文][D]. 长沙：国防科技大学，2006

[2] 孙长江. 非均匀环境下的 STAP 算法研究: [学位论文][D]. 南京：南京航空航天大学，2006

[3] 王彤，机载雷达简易 STAP 方法及其应用: [学位论文][D]. 西安：西安电子科技大学，2001

[4] 王永良，彭应宁，空时自适应信号处理[M]，北京：清华大学出版社，2000

[5] ZHANG Lanying, CHEN Zhuming, JIANG Chaoshu, A Study of Robust JDL Adaptive Processing Based on Transformation Matrix[J]. IEEE Trans, 2008

[6] 董瑞军. 机载雷达非均匀 STAP 方法及其应用: [学位论文][D]. 西安：西安电子科技大学，2002

[7] 王永良，彭应宁. 机载雷达空时二维自适应信号处理的进展与展望[J].中国电子科学研究院学报, 2008

[8] William L. Melvin, Michael C. Wicks, Improving Practical Space-Time Adaptive Radar[J]. IEEE National Radar Conf. 1997

[9] 谢文冲. 非均匀环境下的机载雷达 STAP 方法与目标检测技术研究: [学位论文][D]. 长沙：国防科技大学，2006

[10] Gregory N S, Michael L P, Improved Detection of Strong Nonhomogeneities for STAP via Projection Statistics[J], IEEE,2005

[11] Himes B, Michel JH, et al. Statistical analysis of the non- homogeneity detector[J]. IEEE, 2000

浅析 InISAR 成像技术

王维莉

（电子科技大学电子科学技术研究院　成都市　610054）

摘　要：InISAR 作为一种三维成像技术，越来越受到人们的关注。本文将给出 InISAR 技术发展的原因，简要介绍 InISAR 的基本原理，分析成像过程中面临的问题并提出一些解决方法，使读者可以更好地了解和认识 InISAR 成像技术。

关键字：干涉处理技术；ISAR；雷达成像；目标识别

Simply analysing InISAR imaging technique

WANG Weili

Abstract： As one kind of three-dimensional（3-D）radar imaging, InISAR has got widely attaintion. The reason why InISAR could be developed is deduced, the imaging principle, the problems we meet when we make target imaging is also proposed. And we will mention some methods to resolve these problems,too. After reading this article, we hope you could know more about InISAR.

Keywords： interferometric processing technique，inverse synthetic aperture radar（ISAR），radar imaging，target identification

1 引言

雷达成像不仅分辨率高、穿透性好、抗干扰能力强，而且能够全天候、全天时地工作[1]，可以弥补可见光与红外成像技术的不足，具有重要的应用价值。随着雷达技术的发展，以美国为代表的发达国家的雷达成像技术日臻完善，已经在国防和经济建设中发挥重要作用。我国的雷达成像技术正处于蓬勃发展阶段，其研制越来越受到国家的重视。

合成孔径雷达（Synthetic Aperture Radar，简称 SAR）是一种常见的成像雷达，通常将雷达安装在飞机或卫星上，在飞行过程中重复发射与接收信号，将接收信号的幅度和相位信息按阵列回波作合成处理，得到径向和横向二维高分辨的图像。

逆合成孔径雷达（Inverse Synthetic Aperture Radar，ISAR）通过发射大带宽信号得到纵向分辨率，利用目标相对于雷达视线的转动引起的多普勒频率梯度得到横向分辨率，形成二维 ISAR 像。ISAR 同 SAR 具有相同的成像原理，只是运动方相反。通常，ISAR 是地面雷达对空中运动的目标如飞机、舰船、导弹、卫星、天体等进行成像。它们成像的本质都是利用雷达与目标之间的相对运动形成大的有效孔径。

雷达成像技术的优势以及自身的特点，使得 ISAR 成像技术在军事应用上有着重要的作用。好的 ISAR 成像技术为目标探测、识别、预警、跟踪提供优质的信息；反之，广泛的应用价值又对 ISAR 成像技术提出了更高的要求,更全面的数据信息是精确判别目标的依据，对后期的研究与应用也更有利。

然而传统的二维 ISAR 成像技术，对目标进行二维成像，得到的是目标在距离-多普勒平面上的投影。这种二维像存在的最大的缺点是：从图像中，我们无法获得目标的高度信息，也无法确定目标的尺寸。这些信息在军事应用中的作用却越来越大，如果无法得到相关信息，很可能在目标识别时产生误判和漏判，就不利于后期的研究与应用。传统的二维 ISAR 成像技术的不足，使人们开始把视线聚焦在三维成像技术领域。

利用三维成像技术可以得到准确的目标三维图，这对发现周围环境的细微变化是非常有利的，国外有在自动飞机着陆（AAL）系统中采用 InISAR 技术[9]，提高 AAL 系统对环境轻微变化的感应能力，大大提高了着陆安全性。同时，国内也有利用 InISAR 成像技术对地面运动目标三维成像的研究[3]。

针对当前三维成像技术的发展态势，我们有必要深入了解这种技术及其应用。

2　InISAR 成像的原理

InISAR 是将干涉处理技术应用于三维成像领域，以获得优质的三维 ISAR 像。干涉处理技术是对多个二维图像作干涉处理获得三维信息。将其同 ISAR 成像技术结合起来形成的三维成像技术，就称为 InISAR。它是在雷达的水平、垂直方向排列多个天线，不同天线的 ISAR 像对各距离单元有相位差，根据相位差获得目标上不同距离单元上散射点的水平和高度信息；同时由发射的宽带信号获得距离信息，共同形成目标的三维像[4]。

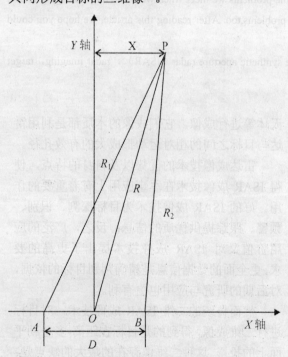

图 1　干涉原理图

如图 1 所示，设 A、B 是水平方向的两根天线，A、B 之间的间距为 D，A 与 B 的中点记为 O，A、B 的沿线为 X 轴，以 O 为中心，和 X 轴垂直的轴为 Y 轴又称为天线电轴（基线）。目标位于 P 处，P 点坐标 (x,y)，P 到 A 的距离为 R_1，P 到 B 的距离为 R_2，P 到 O 的距离为 R。设从天线 A 发射信号，经过点目标的反射后，天线 A、B 接收到的信号分别为 $S_1(t)$ 和 $S_2(t)$，两个信号的相位信息中包含有目标的水平信息，采用干涉处理技术，提取相位差，做如图 2 所示的处理，就可得到目标的水平信息。

处理过程中注意，由于相位差是以 2π 为周期的周期函数，为使测距无模糊，应保证 $|\varphi|<\pi$。

同理，在高度方向放置一个天线 C，对天线 C 和天线 A 的回波信号做如图 2 所示相同的处理就可以得到目标的高度信息。

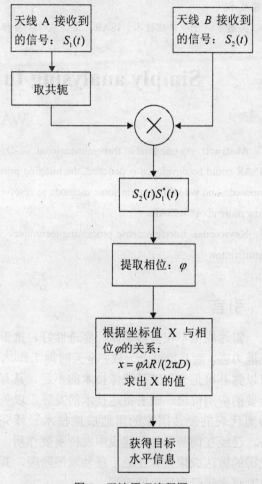

图 2　干涉原理流程图

利用 InISAR 技术，得到的三维像与目标的物理尺寸相一致，且受目标机动性影响小，是提高雷达目标识别概率的有效途径。InISAR 还可以建立动态目标的三维图像，扩大雷达成像的应用范围，为目标成像与识别研究提供了更完善的数据信息。随着雷达技术的发展，雷达目标识别已经成为当今雷达发展的一个重要方向，研究 InISAR 对促进该领域的发展有着重要作用，同时也是对雷达技术发展的促进与扩展。

3 浅析 InISAR 成像存在的问题

3.1 角度闪烁现象的判断

在真实世界中的复杂人造目标，雷达接收到的回波信号中通常会有很高的浮动：如相位闪烁（又称为目标闪烁），破坏了测量结果在干涉测量时应用的相位一致性。在同一个距离单元中只有一个孤立散射点的情况较少，当有多个散射点时，在同一距离单元中具有相同多普勒频移的散射点会投影到同一个分辨单元上去，利用干涉法测角就会出现"角闪烁"现象及测角误差。针对这种现象，提出通过设置阈值 ξ 来判断角闪烁现象[4,7]。

$$\Delta V = \left| \frac{|f_A(x_i, y_j)| - |f_B(x_i, y_j)|}{|f_A(x_i, y_j)| + |f_B(x_i, y_j)|} \right| > \xi$$

上式中 $f_A(x_i, y_j)$，$f_B(x_i, y_j)$ 为用于干涉处理的两个天线接收的回信号。ξ 根据不同的成像情况设置，一般都较小。只有单一散射点的情况，$\Delta V = 0$，没有角闪烁，为理想情况。如果 ΔV 有值，但 ΔV 小于 ξ，也可忽略不计；当 ΔV 满足上式，存在角闪烁，则在干涉处理前要将其剔除；否则，会影响成像结果。

3.2 相位解缠[12]

相位解缠是 InISAR 成像处理中最重要的步骤之一。成像过程中，是通过对两个二维 ISAR 像作干涉处理，从两者的相位差中获取目标的位置信息。由于相位差是以 2π 为周期的周期函数，在实际计算中的相位差，常常会因为超过 2π 的范围，出现相位缠绕现象。它们的数学关系可表示为：计算得到的干涉相位为 ϕ，我们想要的是解缠相位为 φ，两者的关系是：$\varphi = 2k\pi + \phi$，$\phi \in (-\pi, \pi]$。相位解缠处理就是从 ϕ 中恢复出 φ 的过程。

但是，InISAR 的成像目标多为具有非连续性结构的飞机、舰船等，成像目标上会带有一些强散射点，被称为散射中心。它们对成像的影响远比其他弱散射点的影响要大得多。同时，由于散射点的敏感性是不一致的，解缠处理中带来的误差可能会给弱散射点带来较大误差，影响目标成像。因此，只有找到合适的相位解缠算法，才可获得优质的解缠相位，得到高质

量的 InISAR 三维像。

在文献[1, 11]中提出利用参数估计实现图像聚焦，略去相位解缠过程，提高校正的准确性。但是，这要求较大的计算量，在后期的研究中可以考虑简化参数估计的步骤，同时，它又不会损失估计精度，即减少了运算量，还可以提高成像效率。

3.3 基线长度的矛盾

InISAR 成像中，作干涉处理的两天线之间的距离称为基线。成像处理的过程中，对基线的长度有不同的要求：一方面，我们需要有较长的基线来保证相位测量误差最小；另一方面，由于基线长度过长导致的相关现象又会使成像模糊，因此需要较短的基线长度来保证视角的变化角度足够小，以此确保距离测量无模糊。要得到最优的三维图像，必须协调好基线长度在成像过程中的不同要求。我们可以采用多个天线对进行干涉 ISAR 成像[1]。各天线对不同的基线长度用以满足不同的基线长度要求：先用短基线得到角度转动参数，用于相位参数估计，保证误差足够小；再用长基线对距离和相位校正后的信号进行干涉处理，得到正确的成像。

3.4 image registration

在实时三维成像中，出现的"misregistration"现象[10]，是指无法正确分离空间位置不同但在二维投影平面上位置相同的散射点对成像造成误差的现象。由于目标上散射点的多样性，常会出现这种现象，这是在 InISAR 成像中无法避免的问题。解决这个问题是要在成像处理的第一步。在今后的研究中也是需要重点考虑的问题，我们可以考虑采用多个天线，利用各天线之间不同的基线长度，估计角运动参数和干涉成像处理[8]解决该现象。但这种方法计算量大，用到的天线数较多。如果考虑减少天线的数目，优化处理过程，可以到达预期效果同时又不会带来较大误差，就可以最优化解决"misregistration"现象。

4 总结

通过上面的分析与介绍，本文建立起一个初步的 InISAR 成像模型，明确成像步骤，分析成像过程中出现的各种问题并寻找解决这些问题的方法，最终得到优质的 InISAR 成像处

理方法，获得了准确的三维目标像，为目标探测、识别、预警、跟踪提供了详尽的数据信息，为后期的研究与应用打下基础。

参考文献

[1] ZHANG Qun, Tat Soon Yeo, DU Gan, and ZHANG Shouhong. Estimation of Three-Dimensional Motion Parameters in Interferometric ISAR Imaging[J], IEEE Transactions on , 2004,42（2）. 293～300

[2] 罗斌凤，张群，袁涛，张守宏. InISAR 三维成像中的 ISAR 像失配准分析及其补偿方法[J]. 西安：电子科技大学学报, 200,30（6）：739～743

[3] 高昭昭，邢孟道，张守宏. 基于 InISAR 技术的三维成像[J]，电子学报, 35（5），pp. 883-888, 2008.10

[4] 张群，马长征，张涛，张守宏. 干涉式合成孔径雷达三维成像技术研究[J]，电子与信息学报，2001,23（9）：890～898

[5] XU Xiaojian and Ram M. Narayanan. Three-Dimensional Interferometric ISAR Imaging for Target Scattering Diagnosis and Modeling[J], IEEE Transactions on, 2001,10（7）：1094～1102

[6] XU Xiaojian，Ram M. Narayanan. Enhanced Resolution in 3-D Interferometric ISAR Imaging Using an Iterative SVA Procedure[C], IEEE, 2003：935～937

[7] YUAN Weiming. Baseline De-correlation and Image Matching In InISAR[C], IEEE, 2007：397～410

[8] Q Zhang,T S Yeo. Novel Registration Technique for InISAR and InSAR[C], IEEE, 2003：206～208

[9] Mehrdad Soumekh. Automatic Aircraft Landing Using Interferometric Inverse Synthetic Aperture Radar Imaging[J], IEEE Transactions on, 1996，5（7）：1335～1345

[10] MA Changzheng, Tat Soon Yeo, ZHANG Qun,Hwee Siang Tan and Jun Wang. Three-Dimensional ISAR Imaging Based on Antenna Array[J], IEEE Transactions on, 2008,46（2）：504～513

[11] ZHANG Dongchen，LI Pin，WANG Dongjin, CHEN Weidong. A New Interferometric ISAR Image Processing Method for 3-D Image Reconstruction[C], IEEE, 2007：555～558

[12] LI Liya, YUAN Weiming, LIU Hongwei, CHEN Bo, Shunjun Wu. Radar Automatic Target Recognition Based on InISAR Images[C], IEEE, 2007：497～502

[13] XU Xiaojian, LUO Hong, and HUANG Peikang. 3-D Interferometric ISAR Images for Scattering Diagnosis of Complex Radar Targets[C], in SPIE, 1999：208～214

[14] WANG Genyuan, XIA Xianggen, and Victor C. Che. Three-Dimensional ISAR Imaging of Maneuvering Targets Using Three Receivers[J], IEEE Transactions on, 2001，10（3）：436～447

[15] 张群，金亚秋. 强背景杂波下的地面运动目标干涉式三维成像[J]，电子与信息学报, 29（1），2007：1～5

[16] Brian J. Smith, Janice C. Rock. A synthetic Interferometric ISAR Technique for Developing 3-D Signatures[C], IEEE, 2003：1055～1065

[17] James A. Given, William R. Schmidt, Generalized ISAR-part II Interfereometric Techniques for Three-Dimensional Location of Scatterers[J], IEEE Transactions on, 2005，14（11）：1792～1797

[18] ZHANG Qun, Tat Soon Yeo, Three-dimensional SAR Imaging of a Ground Moving Target Using the InISAR Technique[J], IEEE Transactions on, 2004，42（9）：1818～1828

[19] LIANG Huaqiang，HE Mingyi, LI Nanjing, ZHANG Linxi. The Research of Near-Field InISAR Imaging Diagnosis[C], IEEE, 2008

机载相控阵天线和差波束的仿真研究

马建春 曹建蜀

（电子科技大学电子科学技术研究院 成都 610054）

摘 要：本文研究了机载相控阵天线和差波束的计算机仿真。文中首先建立了机载相控阵雷达天线的数学模型，然后重点分析了如何利用泰勒加权和Bayliss法实现在给定副瓣电平下的和差波束，最后给出了相应的仿真结果。实践证明，该仿真方法和计算过程是有效、可行的。

关键词：和差波束；相控阵；泰勒加权；副瓣电平

A study on sum and difference beam simulation for phased array antenna of airborne radar

MA Jianchun   CAO Jianshu

（Research Institute of Electronic Science and Technology, University of Electronic Science and Technology of China, Chengdu, 610054）

Abstract：The simulation of sum and difference beam for phased array antenna of airborne radar is studied. The mathematic model of phased array antenna is established. In order to form sum and difference beam in the assumption of side lobe level, the methods of Taylor synthesis and Bayliss synthesis are applied, and the simulation results are given. The practice demonstrates that the simulation method presented is very efficient and practical.

Keywords：Sum and difference beam, Phased array, Taylor synthesis, Side lobe level

引言

机载雷达与地基雷达相比具有非常明显的优势，包括良好的机动性和规避地物遮挡的能力；较好的生存能力和抗电子干扰能力；能够实现对地面和低空目标的探测等[1]。随着天线技术以及数字波束形成技术的发展，相控阵雷达将是未来机载雷达发展的主流[2]。相控阵雷达与机械扫描雷达有许多共同之处，但天线波束形成和扫描方式的控制却大有差别。尤其是相控阵天线扫描时具有低副瓣电平或在指定角域能实时呈现弱响应，是相控阵雷达抗干扰能力强的本质因素。外界干扰可以从天线主波束以外的任何副瓣区进入，并致命地影响雷达正常工作。因此，降低天线发射和接收波束的副瓣，对于提高雷达的抗干扰、抗反辐射导弹及杂波抑制等战术性能十分重要。本文主要对机载雷达的平面阵相控阵天线进行计算机仿真，并研究了在给定最大副瓣电平下，如何实现和差波束图。

1 天线模型

阵列几何关系如图 1 所示，设载机作匀速直线飞行，天线为 M 行 N 列的矩形侧面阵列，阵元在行和列方向均等间隔放置，间距为 d，并设 $d = \lambda/2$（λ 为工作波长）。阵面法线垂直于载机飞行方向，各行子列与飞行方向平行。图示中，θ 为方位角，φ 为高低角，ψ 为锥角，假设天线主瓣指向为 (θ_0, φ_0)，阵列采用可分离加权。

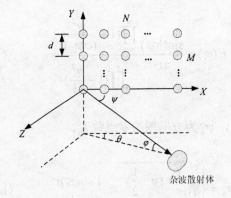

图1 阵列几何图

由如图 1 所示的几何关系可得到列子阵方向图为：

$$f(\varphi) = \sum_{m=1}^{M} I_m \exp\{j\frac{2\pi d}{\lambda}(m-1) \cdot (\sin\varphi - \sin\varphi_0)\} \quad (1)$$

行子阵方向图为：

$$f(\psi) = \sum_{n=1}^{N} I_n \exp\{j\frac{2\pi d}{\lambda}(n-1) \cdot (\cos\theta\cos\varphi - \cos\theta_0\cos\varphi_0)\} \quad (2)$$

其中，λ 为雷达工作波长。则整个阵面总的发射方向图则为：

$$F(\psi,\varphi) = f(\psi)f(\varphi)$$
$$= \sum_{n=1}^{N}\sum_{m=1}^{M} I_n I_m \exp\{j\frac{2\pi d}{\lambda}[(n-1) \quad (3)$$
$$\cdot(\cos\psi - \cos\psi_0) + (m-1)(\sin\varphi - \sin\varphi_0)]\}$$

其中 I_m，I_n 分别为列子阵和行子阵的加权值；空间锥面角 ψ 与 θ，φ 有如下关系：

$$\cos\psi = \cos\theta\cos\varphi \quad (4)$$

2 和差方向图的实现

在相控阵天线的系统性能中，相控阵天线的副瓣特性在很大程度上决定了雷达的抗干扰、抗反辐射导弹及杂波抑制等战术性能，它是雷达系统的一个重要指标。为了在扫描情况下获得较低的旁瓣电平，需要对天线方向图进行综合，常用的线阵和方向图综合方式有Dolph-Chebyshev 法、Taylor 分布、Hamming 分布等，差方向图综合有 Bayliss 法、Zolotarev 等。在本文中主要介绍利用 Taylor $\bar{n}$ 分布以及 Bayliss 法实现机载平面阵天线的和差波束。

2.1 Taylor $\bar{n}$ 分布实现和方向图

Taylor 用 $\frac{\sin\pi\psi}{\pi\psi}$ 作为基函数，通过调整近区旁瓣零点位置，形成一个新的方向图 $F(\psi)$：

$$F(\psi) = \frac{\sin(\pi\psi)}{\pi\psi}\frac{\prod_{n=1}^{\bar{n}}(1-\frac{\psi^2}{(\sigma\psi_n)^2})}{\prod_{n=1}^{\bar{n}}(1-\frac{\psi^2}{n^2})} \quad (5)$$

式中，ψ_n 为方向图的零点位置。

$$\psi_n = \begin{cases} \sqrt{A^2+(n-\frac{1}{2})^2} & 1 \le n \le \bar{n} \\ \pm n & n > \bar{n} \end{cases} \quad (6)$$

参数 $\bar{n}$ 表示有 $\bar{n}$ 个旁瓣被控制，σ 成为波束扩展因子：

$$\sigma = \bar{n}/\sqrt{A^2+(\bar{n}-\frac{1}{2})^2} \quad (7)$$

其中，σ 的作用在于使前 $\bar{n}$ 个等旁瓣电平能平滑过渡到 $\frac{1}{u}$ 包络。方向图也可以 $\sin c$ 函数叠加表示，即：

$$F(\psi) = \sum_{n=-\bar{n}+1}^{\bar{n}-1} B_n \sin c(n(\varphi+\pi)) \quad (8)$$

对应的口径分布，可用类似式（8）的 Fourier 级数得到

$$I(p) = 1 + 2\sum_{n=1}^{\bar{n}-1} b_n \cos(n\pi p) \quad (9)$$

式中

$$b_n = \frac{[(\bar{n}-1)!]^2}{(\bar{n}-1+n)!(\bar{n}-1-n)!}\prod_{m=1}^{\bar{n}-1}(1-\frac{n^2}{\psi_m^2}) \quad (10)$$

由上分析，可以利用式（9）分别计算出机载平面相控阵的列子阵权值 I_m（$m=1,2,\cdots M$），以及行子阵权值 I_n（$n=1,2,\cdots N$），并将 I_m，I_n 代入式（3）中，即可仿真出和方向图。

2.2 Bayliss 法实现差方向图

Bayliss 研究出了一种与 Taylor 和波瓣相当的线口径差波瓣，即与理想 Taylor 波瓣类似的理想 *Bayliss* 差波瓣，和一种与 Taylor 类似的 *Bayliss* 差波瓣。理想 *Bayliss* 差波瓣的所有旁瓣电平都相等，而加权 *Bayliss* 差波瓣只有 $\bar{n}-1$ 个等旁瓣，在旁瓣电平给定的情况下理想 *Bayliss* 差波瓣斜率最大。

Bayliss 加权差方向图为：

$$F(z) = \pi z\cos(\pi z)\frac{\prod_{n=1}^{\bar{n}-1}\left[1-(\frac{z}{\sigma z_n})^2\right]}{\prod_{n=0}^{\bar{n}-1}\left[1-[z/(n+1/2)]^2\right]} \quad (11)$$

其中，$z = uL/\lambda$；L 为线阵长度；即 $L = Nd$；N 为阵元数；d 为阵元间距。波束扩展因子为：

$$\sigma = \frac{\bar{n}+1/2}{z_{\bar{n}}}，\quad z_{\bar{n}} = (A^2+\bar{n}^2)^{1/2} \quad (12)$$

由式（11）的 Fourier 变换得到线源激励函数为：

$$I(x) = \sum_{n=0}^{\bar{n}-1} B_n \sin[(2\pi x / L)(n+1/2)] \qquad (13)$$

其中，$-L/2 \leqslant x \leqslant L/2$，Fourier 系数 B_m 为 $m = 0, 1 \cdots, \bar{n}-1$ 时，

$$B_m = \frac{1}{2j}(-1)^m (m+1/2)^2 \frac{\prod\limits_{n=1}^{\bar{n}-1}\{1 - \dfrac{[m+1/2]^2}{[\sigma z_n]^2}\}}{\prod\limits_{\substack{n=0 \\ n \neq m}}^{\bar{n}-1}\{1 - \dfrac{[m+1/2]^2}{[n+1/2]^2}\}}$$

$m \geqslant \bar{n}$ 时，$B_m = 0$

　　根据以上计算结果，利用式（13）即可求出方位差波束权值 I_{nA} 及俯仰差波束权值 I_{nE}，通过先合成各列子阵的和波束，再利用方位差波束权值 I_{nA} 形成总的方位差波束，由各列子阵首先形成的俯仰差波束形成总的俯仰差波束。

3　仿真结果

　　假设平面阵阵元数为 $M = 24$，$N = 120$，$\lambda = 0.03\,\text{m}$，阵元间距 $d = \lambda/2 = 0.015\,\text{m}$，和差波束最大副瓣电平为 -40dB，仿真结果如图 2 所示。

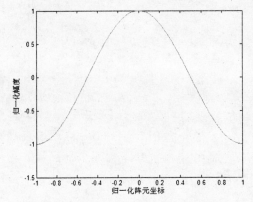

图 2　Taylor $\bar{n}$ 线源口径电流分布

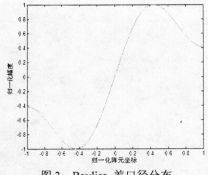

图 3　Bayliss 差口径分布

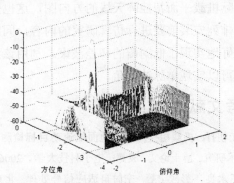

图 4　和波束方向图

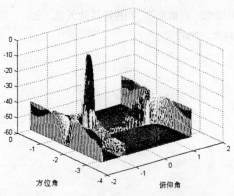

图 5　方位差波束图

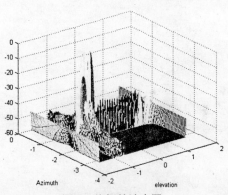

图 6　俯仰差波束图

　　如图 2 和图 3 所示分别给出了线阵阵元 $N=120$ 的 Taylor $\bar{n}$ 分布及 Bayliss 差口径电流分布图；如图 4 至图 6 所示分别给出了机载天线模型为平面相控阵天线的和波束图、方位差波束及俯仰差波束图。从图中可以看出，最大副瓣电平为 -40dB，和给定的最大副瓣电平一致，表明了该仿真方法是正确有效的。

4　结束语

　　本文建立了机载雷达平面相控阵雷达的数学模型，并利用 Taylor $\bar{n}$ 分布和 Bayliss 法实现了在给定最大副瓣电平下，实现和方向图、方位差方向图及俯仰差方向图。从仿真结果可以看出采用此法得到的方向图可以很好地模拟

出实际机载平面相控阵天线的方向图，这也是阵元排列安装前要进行仿真研究的内容，同时也很好地实现了低副瓣的和差波束。利用该结果还可以实现单脉冲测角。

参考文献

[1] 江朝抒. 机载相控阵雷达地面低速动目标检测技术研究. 博士论文. 成都：电子科技大学，2006

[2] 王永良，彭应宁等. 空时自适应信号处理. 北京：清华大学出版社，2001

[3] 束咸荣，何炳发等. 相控阵雷达天线. 北京：国防科大，2007

[4] 常硕等. 相控阵雷达天线方向图仿真研究. 中国雷达. 2008（1）

[5] 张光义. 相控阵雷达系统[M]. 北京：国防工业出版社，1997：272～292

[6] ZHANG Shexin, Direction Pattern Simulation of Density Weighted Phased Array Antenna, SHIPBOARD ELECTRONIC COUNTERMEASUR, Aug., 2006

[7] SHU Xianrong, Phaseed array radar antennas, Nation Defense Industry Press, 2007：98～101

MIMO SAR 发展和展望

胡俊豪 何 春 宗竹林

（电子科技大学电子科学技术研究院 成都 610054）

摘 要：本文介绍了 SAR 的基本概念以及工作模式，详细介绍了 MIMO SAR 的发展以及关键技术；说明了 MIMO SAR 较传统 SAR 所具有的优点和性能；总结了 MIMO SAR 的发展概况；指出了今后的研究方向。

关键词：MIMO SAR；空时编码（STC）；空时块编码（STBC）；数字波束形成（DBF）；分集增益；阵列增益；分辨率；信号处理

Development and Expectation of MIMO SAR

HU Junhao HE Chun ZONG Zhulin

（School of Electronic Engineering，University of Electronic Science and Technology of China，Chengdu，610054）

Abstract：Introduce the base concepts of SAR and the operation modes .Present the overview of development of MIMO SAR particularly. Illuminate the merits and performance improvement of MIMO SAR contrary to conventional SAR. Summarize the development general situation of MIMO SAR. Indicate the future research direction.

Keywords：MIMO SAR，Space-Time Coding（STC），Space-Time Block Code（STBC），Digital Beam Forming（DBF），Diversity Gain，Code Gain，Resolution，Signal Processing

1 前言

合成孔径雷达SAR （Synthetic Aperture Radar）是一种新型的高分辨力雷达体制，它借助于脉冲压缩技术实现距离维的高分辨率，借助于方位多普勒分析的技术实现方位向的高分辨率，它已经被广泛用于军事及民用领域中。传统SAR存在一些内在的问题，比如PRF的限制导致距离向和方位向模糊，方位向分辨率与测绘带宽之间不可调和的矛盾。为了进一步满足需求，SAR技术必须不断提高。

智能天线技术的出现，使得一个高效多功能的雷达传感器得以实现[1]，提出了多天线的概念，MIMO （multiple-inputmultiple-output）结构也在通信领域建立起来，并且得到了广泛的应用。MIMO是移动通信领域里面的一个焦点研究领域。

从20世纪前期，关于MIMO雷达系统的研究就已经开始出现。在MIMO通信系统中，需要得到的符号和数据比特须在估计信道响应的前提下进行检测。而在MIMO雷达系统里面，信道响应包含需要的目标信息，这些信息以时间延时、到达角AOA以及目标的发射率的形式表示。

一个全极化的SAR在时空域中，发射和接收均可以使用两个不同的极化信道，这与MIMO星座类似。MIMO SAR在MIMO这个结构的基础之上是可行的，即SAR的发送端和接收端都采用多天线技术，拥有了优于普通单天线SAR的性能。MIMO系统依靠多天线特性带来的不连续处理的增益，能够处理目标RCS衰减、闪烁以及跳变；在相同带宽的前提下提高分辨率，并获得分集和编码增益。

空时编码STC（space-time coding）、数字波束形成和适当的信号处理算法是MIMO SAR采用的关键技术。本文就MIMO SAR的关键技术和发展进行了归纳和分析，说明了发展现状以及提出对未来发展的展望。

2 简介

大多数雷达系统根据发射天线和接收天线进行分类。基于单一普通天线的单静态SAR被认为是SISO（Single-Input Single-Output）系统。在这样的结构中，基于需求的分辨率和覆盖面积，通过电力控制的波束来实现不同的工作模式，例如条带式、扫描式、聚束式。DBF SAR 系统采取多个接收天线，被分类为 SIMO（Single-Input Single-Output）。使用单发射天线照射一个宽的区域，并且多个接收天线接收散射的电磁能量。在DBF处理的帮助下，此类系统可以以高的分辨率来对一个宽的区域进行观测，因此原理不同的工作模式不是必需的。这种系统结构，在接收端可以获得阵列增益，但是不能获得分集增益。在MIMO系统中，预编码或者预处理的多个信号同时从不同的发射天线发射，然后在接收端，我们可以同时获取阵列增益和分集增益。MIMO SAR子天线结构示意图如图1所示。

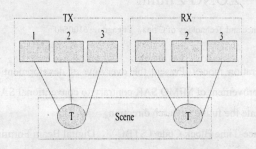

图 1   MIMO SAR 子天线结构示意图

3   MIMO SAR 的发展

3.1   MIMO 技术在 SAR 中的应用

在遥感中，SAR借助星载或机载平台获得地表图像。这一过程是通过雷达波束沿着与传感器运动矢量近乎垂直方向发射相位调制脉冲，接收并记录经地表反射后的回波来完成的[9]。

在移动通信系统中，Alamouti 空时编码方案运用从导频信号估计的信道响应，获得信道响应的包络。这个方法使用两个发送端和一个接收端，展示了MISO（Multiple Input Single Output）的理想性能[3]。Alamouti方案传输原理如图2所示。

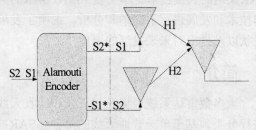

图 2   Alamouti 方案传输原理

在接收端使用DBF的SAR系统，通过数字波束形成机制在方位向产生多个波束，解决了方位模糊问题，并且抑制了由较低脉冲重复频率PRF引起的模糊[2]。

Alamouti方案后来被运用到了MIMO SAR中，在多发端引入空时编码，在发送端和接收端引入数字波束形成。此时，DBF又实现高分辨率宽测绘带宽（HRWS）SAR操作，提高了系统的性能。方位向DBF阵列补偿了由Alamouti方案产生的两倍PRF的要求。DBF在多普勒域实现，并且在波束形成的输出端重建宽的多普勒频谱。波束形成的输出信号传送到Alamouti解码器进行距离压缩。在同样的发射功率和PRF下，MIMO SAR较单一静态SAR在增益和分辨率方面有了明显改进，此时单一静态SAR由于空间频率低而遭受严重的方位模糊[4]。在雷达应用中使用Alamouti方案的一个很大好处就是在接受端我们拥有关于信号波形的正确信息。Alamouti方案在时不变的信道环境下才能提供最好的性能。但是在平台持续运动的情况下，时变信道的影响不可避免，平台在方位向匀速直线运动情况下的校正因子的求法已经有文章给出[4]。校正因子跟目标的坐标和斜距无关。

多个正交的波形通过多个发射天线同时发送，接收端多个接收天线接收来自于多个信道传送的散射信号。MIMO SAR系统利用这个多信道特性来获得编码增益。

3.2   MIMO 技术在 InSAR 中的应用

传统InSAR采用与参考天线分离的附加接收天线和参考天线共同完成成像工作。通过对信号的相干融合，来建立每个目标点的干涉图。严格来讲，如果要保持HRWS（highresolution wide swath）观测，DBF SAR产生一个干涉图较传统方法所需要的接收天线数目必须以2的倍数增加。基于MIMO 结构，现在已经提出了新的InSAR概念。以固定的基线长度在高度方向上添加额外的发射天线。这种MIMO理念对于InSAR来说，可以同时获得阵列增益和分集增益。在高斯白噪声的条件下，若仅仅使用正交信号而不进行空-时编码，由于不完全正交性系统会遭受严重的噪声干扰[5]。可以尝试用Kalman滤波器来改善信号的相关性，此处理可以提高SNR，但是严重的噪声干扰依然存在[6]。使用Alamouti方案可以解决这个问题，这需要将 Alamouti方案与STBC（Space-Time Block Code）结合来完成[5]。文章[5]假设信道响应在连续信号传输过程中是不变的，发射信号在接收端和发送端都是确知的，并且两个目标位置处于相同的方位向和不同的距离向。此方案获得了明显的分集增益，但是仿真结果显示经解码器后的两个目标的响应较实际位置有所偏移。由于Alamouti解码可以完全由发射的基带信号产生，所以解码矩阵不包含任何时间延迟参考信息。文章[5]指出校正矩阵可以通过解析的方法得到。

对于InSAR使用多发射天线可以增进信号质量，例如Alamouti的STBC技术可以使SAR系统获得分集增益和好的SNR。但是使用Alamouti方案，也会带来相当多的限制。比如当SAR平台沿着这个飞行航线以某一速度移动时，会引起时变信道。如果传播距离增大，信道时变性十分重要，它会使分集和SNR降低。降低程度和距离、载波频率和脉冲重复频率成反比。假设目标在连续发射过程中是固定的，并且它的反射率在角度独立，那么时变性可以由几何的方法进行估计。Alamouti方案从多个发射天线与接收天线对重建一个SAR图像，这要求比传统SAR高两倍的PRF，这限制了可利用的测绘带宽。DBF SAR减轻了这个限制。方位向带有接收天线阵列的DBF SAR减轻了理论上对HRWS的限制。而且自适应的DBF使得PRF的灵活选择得以实现，即引起不均匀的空间采样[7][8]。STC结合DBF可以在以好的分辨率对宽的区域进行干涉成像。因此，我们可以看到MIMO SAR结构提高了信号的质量，减轻了由于高的PRF带来的限制。虽然MIMO SAR使得宽测绘带可以采用低PRF，但是值得关注的是，低PRF的代价是信道的时变性。而且，MIMO中的DBF SAR存在测绘带宽与SNR的互相限制问题。这些问题在以后的研究工作中都是值得关注的。

3.3　MIMO SAR 其他发展

将MIMO技术引用到SAR中还可以得到高分辨率的图像。为了成功运用MIMO SAR到实际的成像应用，常系数发射信号合成和理想接收滤波器设计扮演着关键的角色。文章[10]提出了一种循环最优化算法，针对于具有良好自相关和互相关性的常系数发射信号的合成，很具计算上的诱惑力。并且设计了一种可以用来最小化邻近范围散射体对感兴趣距离范围接收信号的影响。

4　展望

MIMO SAR已经得到了迅速的发展，各项研究也将继续。它的进一步发展包括以下几个方面：改进空时编码技术和数字波束形成算法，提高成像效率；结合分布式雷达的相关理念，比如频谱合成技术等，提高距离向方位向分辨率，实现更加精确地成像；对目标和发射/接收端之间的多径传播信道进行精确的数学建模；分析并权衡性能提高和系统复杂性之间的平衡问题；评估MIMO SAR理念在使用可获得的数据实现目标检测和成像的可行性。

5　结束语

MIMO SAR这种新体制的新颖性在于它利用MIMO结构改善了SAR成像性能。研究表明SAR采用MIMO技术可实现诸多好处：可提高信号的质量；可减轻由于高的PRF带来的限制；在相同带宽下，可提高分辨率；可使HRWS观测得以实现；可很大程度上缓解了单SAR存在的一些参数的互相限制等。但是，也存在一些问题并拥有很大的发展空间，我们应该进一步将现在已经成熟的理论运用到MIMO SAR，并进一步研究MIMO SAR多信道的精确数学建模。随着MIMO 技术的发展，MIMO SAR技术研究必将取得新的进步，MIMO SAR有着光明的发展和应用前景。

6　参考文献

[1] W. Wiesbeck, SDRS: Software-Defined Radar Sensors," Proceeding IGARSS[J], 2001，7: 3259～2261

[2] J.H. Kim, A. B. Ossowska, and W. Wiesbeck, Experimental verification of DBF SAR using ground-based demonstrator[J], Proceeding IGARSS, Barcelona, Spain, July, 2007.

[3] A. Paulraj, R. Nahar, and D. Gore, Introduction to Space-Time Wireless Communications[J], Cambridge University Press, Cambridge, UK, 2003.

[4] Junghyo Kim, Werner Wiesbeck,Investigation of a new multifunctional high performance sar system concept exploiting mimo technology[J], Geoscience and Remote Sensing Symposium. IEEE International. 2008，2: 221～224

[5] Jung-Hyo Kim, Alicja Ossowska, Werner Wiesbeck, Investigation of MIMO SAR for interferometry[J],

Radar Conference. European. 2007：51～54

[6] J. W. Garnham, J. R. Roman, and P. Antonik, Waveform diversity pulse compression using Kalman filter based estimation approach[J],IEEE Waveform Diversity and Design Conf. 2006.

[7] G. Krieger, N. Gebert, and A. Moreira, Unambiguous SAR signal reconstruction from nonuniform displaced phase center sampling[J], IEEE Geoscience and Remote Sensing Lett. 2004，1: 260～264

[8] Z. Li, Z. Bao, H. Wang, and G. Liao, Performance improvement for constellation SAR using signal

processing technique[J],IEEE Trans. Aerospace and Electronic Systems, 2006，42: 436～452

[9] Ian G. Cumming, Frank H.Wong, Digital Processing of Synthetic Aperture Radar Data : Algorithms and Implementation[C],pp 3-5,Publishing House of Electronics Industry.

[10] Jian Li, Xiayu Zheng, and Petre Stoica, MIMO SAR imaging signal synthesis and receiver design[J], Computational Advances in Multi-Sensor Adaptive Processing, 2nd IEEE International Workshop on. 2007：89～92

海天背景下凝视红外成像系统作用距离计算方法研究

焦 赞 [1,2] 李 丹 [1] 陈明燕 [2] 郝秋龙 [1]

（1. 中国航天科技集团公司燎原无线电厂 成都 610100；2. 电子科技大学电子科学技术研究院 成都 610052）

摘 要：对红外成像系统作用距离进行理论估算是系统设计和优化方案的关键环节和重要依据。本文研究并建立了一种充分考虑特殊应用背景中各种影响因素的理论计算模型，并进行了实例分析。

关键词：红外成像；海天背景；作用距离；目标辐射亮度

Research of Calculation Method for Operating Range of Staring IR Imaging System in Sky-sea Background

JIAO Zan, LI Dan CHEN Mingyan HAO Qiulong

（1. Liaoyuan Radio Factory of CASC, chengdu sichuan, 610100，

2. Research Institute Electronic Science and Technology of UESTC, chengdu Sichuan, 610052）

Abstract：Theoretical estimation on the operating range of staring IR imaging system ,is pivotal tache and important gist for design and optimize project.Research and bring forward a definition of operating range of staring IR imaging system in sky-sea background, Set up a theoretical calculating model based on all effect factor in this special applied background,and a case analysis.

Keywords：IR imaging，Sky-sea Background，Operating Range，radiation brightness

1 引言

红外成像系统作用距离是指在一定应用背景下，对某一探测目标进行发现、识别、截获和跟踪的最大作用距离，是红外成像系统的一项极为重要的综合性技术战术指标。通过对红外成像系统作用距离计算方法的研究，可以评估研制方案的合理性和可行性。此外，建立红外成像系统作用距离计算模型，可以有效避免设计方案反复和耗资巨大的外场试验，并可以模拟各种极难获得的规定气象条件，为缩短研制周期、降低研制成本提供了有效手段。本文推导出红外成像系统作用距离估算的一般模型，并讨论海天应用背景下的主要影响因素，并进行实例计算。

2 计算模型的建立

据 Hudson 手册，探测器输出的信号电压是落到探测器上的辐射功率和响应度的乘积。对某一光谱区间,信号电压满足以下转换关系[1]：

$$V_s = \int_{\lambda_1}^{\lambda_2} P_\lambda R_\lambda d\lambda = pR \qquad (1)$$

式中，p_λ 为波长 λ_1 到 λ_2 之间的辐射功率，称为有效辐射功率；R 为波长 λ_1 到 λ_2 之间的平均响应度，称为波段响应度。

凝视型焦平面阵列各单元能独立进行光电转换。焦平面上任一像元 x 产生的信号为：

$$V_{xs} = \int_{\lambda_1}^{\lambda_2} P_{x\lambda} \Re_{x\lambda} d\lambda = p\Re \qquad (2)$$

探测器的波段响应度为：

$$\Re_x = \Re = \frac{D^*(\lambda)V_n}{\sqrt{A_d/2t_{int}}} \qquad (3)$$

式中，D^* 为探测器的波段探测率，用来表征焦平面的灵敏度；A_d 为探测器单个像元的面积（cm^2）；t_{int} 为探测器积分时间。

单个目标像元和背景像元接收到的辐射功率差为：

$$\Delta P = |P_t - P_{bg}| = |(L_t - L_{bg})/N_t| \qquad (4)$$
$$A_t A_o \tau_a(R)\tau_o / R^2$$

式中，P_p 为单个像元接收到的路径辐射；N_t 为目标像所占的像元数。

单个目标像元在受到红外辐射时产生的目

标信号电压峰值 V_{ts} 为：

$$V_{ts} = P_t \Re = P_t D^*(\lambda) V_N / (A_d / 2t_{int}) \quad (5)$$

式中，V_N 为探测器噪声电压峰值。

背景像元对应的信号电压峰值 V_{bs}（模型中指的波门内是所有背景像元的平均峰值电压）为：

$$V_{bs} = P_{bg} \Re = P_{bg} D^*(\lambda) V_N / (A_d / 2t_{int})^{1/2} \quad (6)$$

根据红外成像系统信号处理的特点，定义探测器输出的、可检测的最低信噪比 SNR，可由下式计算：

$$SNR = (V_{ts} - V_{bs})/V_N = \Delta V_s / V_N = \Delta P D^*(\lambda) V_N / (A_d / 2t_{int})^{1/2} \quad (7)$$

将 4 式代入 7 式，整理后可得：

$$R^2 = \frac{\left| (L_t - L_{bg}) / N_t \right| A_t A_o \tau_a(R) \tau_o D^*}{\sqrt{A_d / 2t_{int}} SNR} \quad (8)$$

如果信号以模拟形式传输，由于受带宽的影响，信号在传输中会衰减，定义一个衰减因子 δ，确定了红外成像系统作用距离一般模型：

$$R^2 = \delta \frac{\left| (L_t - L_{bg}) / N_t \right| A_t A_o \tau_a(R) \tau_o D^*}{\sqrt{A_d / 2t_{int}} SNR} \quad (9)$$

式中，$\delta = V_p / V_p'$，分子为经过信号处理系统后的脉冲峰值，分母为未经处理的脉冲峰值；R 为系统的作用距离；L_t 是目标的辐射亮度（$W \cdot cm^{-2} sr^{-1}$）。L_{bg} 是背景辐射亮度（$W \cdot cm^{-2} sr^{-1}$）。N_t 为目标在焦平面上所占的像元数；A_t 为目标有效辐射面积（cm^2）；A_o 为光学系统入瞳面积（m^2）；D^* 为波段有效探测率（$cm \cdot Hz^{1/2} \cdot W^{-1}$）；$\tau_a(R)$ 是大气透过率；τ_o 是工作时光学系统的透过率，A_d 为探测器单元面积，t_{int} 为探测器积分时间，SNR 为子系统可探测最低信噪比。

3 模型参数的确定

3.1 L_t——目标辐射亮度

舰船主要有三大红外辐射源：烟囱管壁、排气烟羽、舰船表面。实际舰船结构复杂，辐射情况受环境影响很大，对其进行精确的红外辐射计算相当复杂。由于我们所关心的只是目标舰船主要红外辐射源强度的大小，因此，可

以对实际舰船的辐射情况进行合理简化，基于以下假设[2-3]对各辐射源进行估算：

（1）舰船表面、排气烟羽、烟囱管壁的平均有效辐射温度分别为：$33℃$，$450℃$，$450℃$；

（2）舰船表面红外辐射主要为外生辐射，红外隐身涂层材料发射率为 0.1；

（3）烟囱管壁红外辐射主要为内生辐射。可视为灰体，有效发射率取为 0.96；

（4）烟羽的主要成分为 CO_2 和 H_2O,辐射具有选择性，处于 $3～5\mu m$ 中红外窗口，该部分辐射等效于相同温度下发射率为 0.5 的灰体在 $4.3～4.55\mu m$ 内的辐射；

（6）假设背景温度均匀一致为 $30℃$。

目标在 $\lambda_1～\lambda_2$ 波段内的辐射亮度 L_t 可按下式计算：

$$L = \frac{1}{\pi} \int_{\lambda_1}^{\lambda_2} \varepsilon \cdot \frac{c_1 \lambda^{-5}}{e^{c_2/(\lambda T)} - 1} d\lambda \quad (10)$$

式中，ε 为物体发射率；c_1 为第一辐射常数；$c_1 = 3.741832 \times 10^4$（$W \cdot cm^{-2} \cdot \mu s^4$）（$\times 10^{-16}$ 国际单位制）；c_2 为第二辐射常数，$c_2 = 1.438786 \times 10^4$（$\mu m \cdot K$）（$\times 10^{-2}$ 国际单位制）；λ 为波长，$3～5\mu m$。

计算结果如表 1 所示。

表 1　目标舰船各部位辐射量度

辐射源	舰船表面		烟囱管壁		排气烟羽	
	未隐身	隐身	未隐身	隐身	未隐身	隐身
温度℃	30	30	450		450	
辐射亮度 $Wm^{-2}sr^{-1}$	2.2	0.23	1474.6	884.4	98.8	59.3

上表所用隐身指标参考了 GJB4179-2001 以及目前国际流行的隐身措施。

3.2 L_{bg}——海天背景辐射亮度[4]

由于红外波段无法透过海水。我们只计算海表的辐射量就可以了，它包括以下三部分：

（1）来自海面本身的热辐射；

（2）天空大气照射到海面，经海面反射的辐射；

（3）太阳照射到海面经反射的辐射。

图 1　海空背景辐射

海表面自身辐射亮度可用下式计算：

$$L = \frac{1}{\pi} \int_{\lambda_1}^{\lambda_2} \varepsilon \cdot \frac{c_1 \lambda^{-5}}{e^{c_2/(\lambda T)} - 1} d\lambda \quad (11)$$

式中：T 为海表面绝对温度 K；ε 为海表面发射率与波长 λ、水温 T、光线入射角和海水折射率有关。

由上式可看出求解的关键是确定海表水温 T 和海表面发射率 ε。

1）有关海水温度的确定[5]

由于本文是针对天气条件下的作用距离计算，因此海表水温的变化非常小，可以作为事先已知的定值来进行计算。

2）平静海面的发射率[6]

平静无风的海面可以看成镜面，光辐射的折射遵循 snell 定律，设 θ_i 为入射角，海水复折射率为 $\bar{n} = n + ik$ 假定海面反射率为 ρ，则 ε 可由以下关系式得出：

$$\varepsilon = 1 - \rho \quad (12)$$

$$\rho = \frac{1}{2}(\rho_\perp + \rho_l) \quad (13)$$

$$\rho_\perp = \frac{(q - \cos\theta_i)^2 + p^2}{(q + \cos\theta_i)^2 + p^2} \quad (14)$$

$$\rho_l = \frac{[(n^2 - k^2)\cos\theta_i - q]^2 + [2nk\cos\theta_i - p]^2}{[(n^2 - k^2)\cos\theta_i + q]^2 + [2nk\cos\theta_i + p]^2}$$
$$(15)$$

$$p^2 = \frac{1}{2}[-n^2 + k^2 + \sin\theta_i + \sqrt{4n^2k^2 + (n^2 - k^2 - \sin^2\theta_i)^2}] \quad (16)$$

$$q^2 = \frac{1}{2}[n^2 - k^2 - \sin\theta_i + \sqrt{4n^2k^2 + (n^2 - k^2 - \sin^2\theta_i)^2}] \quad (17)$$

知道 n 和 k 的值就可以计算出海面发射率 ε。

我们所用探测器波段 3.7～4.8μm，中心波长为 4μm。由国外资料查出 n=1.3664；k=0.0415。下图为平静海面发射率随入射角的变化曲线[2]：

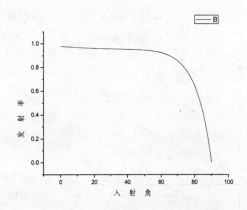

图 2　平静海面发射率与入射角的关系

由图 2 可见：在入射角小于 60°时发射率变化较小，发射率大于 0.9；在入射角为 89.9°时，发射率为 0.015。

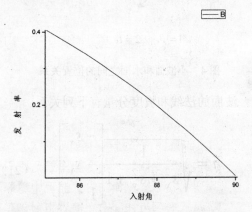

图 3　入射角大于 85° 时入射角与发射率的关系

在入射角大于 85° 时发射率与入射角的关系几乎为线性关系。在红外系统工作阶段，探测器高度为 20m，目标距离为 10km 左右，探测器的天顶角为 1/500 弧度。

3）粗糙海面的发射率 ε

有风浪时，海面可以认为是由许多小波面构成，每个小波面可被近似看成小平面[3]，显然这些小波面的坡度应该服从一级近似的糙粗海面概率模型：

$$p = \frac{1}{\pi\sigma^2} \exp[-\frac{s_x^2 + s_y^2}{\sigma^2}] \quad (18)$$

如果设任一小波面与水平面的二面角为 β（即 L_1 与 L_2 之间的夹角），如图所示，则坡度定义为 $S = \mathrm{tg}\beta$。我们使 x, y 轴位于水平面内，并令 β 角在水平面内的边和 x 轴的夹角为 a（也即 L_2 与 x 轴的夹角），则可证明坡度 s 在两轴上的分量 S_x、S_y（其定义为小波面和坐标平面 zox, zoy 的交线与 x, y 轴之间的夹角的正切）等于

$$s_x = tg\beta\cos\alpha \qquad (19)$$

$$s_y = tg\beta\sin\alpha \qquad (20)$$

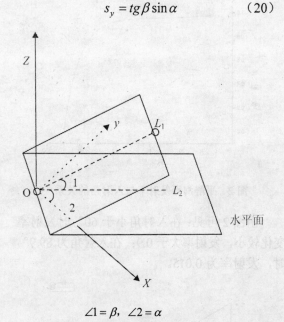

$$\angle 1 = \beta, \quad \angle 2 = \alpha$$

图 4　小波面和水面之间的位置关系

波面的法线和坡度分量有下列关系：

$$\vec{n} = \sqrt{\frac{1}{s_x^2 + s_y^2 + 1}} \begin{bmatrix} -s_x \\ -s_y \\ 1 \end{bmatrix} \qquad (21)$$

σ 为标准方差，在风速 v 低于 14m/s 时可用下式表示：

$$\sigma^2 = 0.003 + 0.00512v \qquad (22)$$

如图 5 所示，入射光线为 $\vec{F}$，探测器的方向以单位矢量 $\vec{E}$ 表示，水平面（无风海面）xoy 和小波面的交线为 1，两面的二面角 Mon2=β，$\vec{Mo}$ 与 x 轴的夹角为 α，则 $\vec{n}_2$ 的方向余弦为 α、β 的函数。$\vec{n}_1$ 为小波面的法线单位矢量，$\vec{n}_1$，$\vec{n}_2$ 和 $\vec{Mo}$ 都垂直于 1，该 3 线共面。

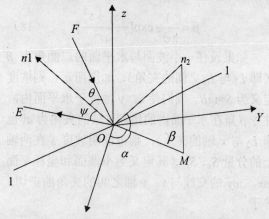

图 5　小波面与水平面之间的位置关系

在分别求得入射光线 $\vec{F}$ 和探测器方向 $\vec{E}$ 的天顶角和方位角后，利用下面的公式可求得海面反射率随方向变化的分布函数。

$$\rho(\vec{n}_i, \vec{n}_f) = \rho \cdot \frac{1 + \cos\theta_f\cos\theta_i + \sin\theta_f\sin\theta_i\cos(\varphi_f - \varphi_i)}{(\cos\theta_i + \cos\theta_f)^3}$$

$$\cdot \frac{1}{\pi\sigma^2} \cdot \exp\left[-\frac{s_x^2 + s_y^2}{\sigma^2}\right] \qquad (23)$$

式中，ρ 为平静海面反射率；θ_i 为入射方向天顶角；θ_f 为探测器方向天顶角；φ_i 为入射方向方位角；φ_f 为探测器方向方位角。

入射光线以 $\vec{F}$ 表示，探测器的方向以单位矢 $\vec{E}$ 表示，则入射角 θ 等于反射角 ψ，设探测器的天顶角为 θ_i，通过适当选取坐标系使方位角为零（在第一级近似情况下，小波面的取向与风向无关，所以探测器测的能量与方位角无关）。则：

$$\theta_i = 90° - \beta - \theta \qquad (24)$$

$$\theta_f = 90° + \beta - \theta \qquad (25)$$

$$\varphi_i = \varphi_f = 0 \qquad (26)$$

由以上分析可展开对海天背景的辐射亮度的计算，结果为：在探测器高低角为 0 度、风速为 12m/s、海水温度 20℃；晴天情况下海天背景的辐射亮为 880 $Wm^{-2}sr^{-1}$。

3.3　目标在焦平面上所占的像元数

目标在焦平面上成像的大小与系统对目标的夹角、光学系统分辨率、大气的透过率、探测器的分辨率、仪器的震动、跟踪是否平稳有关[8]。一般背景和跟踪状态下，要求目标像元数大于 3×3，在极限作用距离下目标所占像元数在 9 左右。

3.4　大气透过率的确定

该项采用由中国科学院安徽光学精密机械研究所研制的大气透过率计算软件进行计算[11]。

3.5　光学系统参数

红外成像系统光学参数如表 2 所示。

表2　红外成像系统参数表

焦距	相对孔径	口径	光学总长	总透过率
136mm	$F/3$	$\Phi 52$	128mm	80%

3.6　波段有效探测度 D*

探测器积分时间：2ms,可调、背景温度为 303K 、中心波长 4μm、NETD=0.05k、探测器单元尺寸 30μm；背景的普朗克光谱辐射强度用普朗克定律来计算：

$$M_{TB} = \frac{2\pi}{\lambda^4}ckT \qquad (29)$$

计算可得：

$$D^* = 2.0 \times 10^{11} \text{cmW}^{-1}\text{Hz}^{-1/2}$$

3.7　可探测最低信噪比

红外系统最低可探测信噪比[7]公式如下：

$$\text{SNR} = \frac{V_{ts}}{V_N} - \frac{V_{bs}}{V_N} = \frac{\Delta V_s}{V_N} \qquad (30)$$

式中：V_N 为噪声电压峰值；V_{ts} 为目标像元对应的信号电压峰值；V_{bs} 为背景像元所对应的信号电压峰值。试验用红外成像系统模-数转换采用 14 位量化，SNR 为 1.5。

3.8　信号提取因子

$$\delta = \frac{V_p}{V_p'} \qquad (31)$$

其中，V_p 为经过信号处理系统后的脉冲峰值；V_p' 为未经信号处理系统的脉冲峰值；δ 表示脉冲信号通过系统后发生的能量衰减。试验用红外成像系统采用数字信号处理系统，我们认为信号通过时没有衰减。该值取 1。

4　计算过程及结果

4.1　计算所用模型及实例参数选取

$$R^2 = \delta \frac{\left|(L_t - L_{bg})/N_t\right| A_t A_o \tau_a(R) \tau_o D^*}{\sqrt{A_d/2t_{int}} SNR} \qquad (32)$$

式中，各参数取值分别为：

δ 为 1；L_t 为 1575.6 Wm^{-2}sr^{-1}；L_{bg} 为 1200 Wm^{-2}sr^{-1}；N_t 为 9；A_t 为 8.1×10-9m2；A_0 为 1.59×10^{-3}m^2；τ_0 为 0.8；D^* 为 2.0×10^{11}cm W^{-1}Hz$^{-1/2}$；SNR 取 1.5；A_d 为 900μm^2；t_{int} 为 8ms。

4.2　计算结果

外场实验条件：探测器高低角为 0 度、风速为 12m/s、海水温度为 20℃，环境温度为 30℃，能见度为 6km，湿度为 60%。

由于大气透过率和作用距离是相互耦合的关系，这里对模型解耦，分步计算[10]。如图 6 所示为大气透过率和作用距离的对应关系：

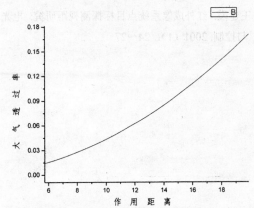

图6　小波面与水平面之间的位置关系

由图 6 得到如下：

表3　作用距离与大气透过率关系表

作用距离	6km	8km	10km	12km	15km
大气透过率	0.0156	0.0277	0.0433	0.0624	0.0974

外场实验条件：探测器高低角为 0 度、风速为 12m/s、海水温度 20 度，环境温度 30℃，能见度 6km，湿度 60%。试验值为 9.1km，计算值为 9.8km。

5　结论

本文通过讨论目标辐射亮度、海天辐射亮度以及系统参数等重要影响因素，确定了红外成像系统的作用距离估算模型，通过实例计算和试验结果比对发现，理论计算结果与试验计果相差不大，并对指导系统设计有一定参考价值。

参考文献

[1] 杨臣华,梅遂生,林军挺. 激光与红外技术手册. 北京：国防工业出版社，1990.59～64

[2] 王卫华，牛照东. 海空背景凝视红外成像系统作用距离研究.红外与毫米波学报，2006（4），150～152

[3] 徐南荣，卞南华.红外辐射与制导.北京：国防工业出版社，1997：334～340

[4] 邢强林，黄慧明，熊仁生. 红外成像探测系统作用距离分析方法研究.光子学报, 2004, 33（7）：893～896

[5] 吴军辉，郜竹香. 一种红外成像系统作用距离试验评估方法.红外技术，2002, 24（6）:44-46

[6] 金伟其，张敬贤，高稚允，等. 热成像系统对扩展源目标的视距计算.北京理工大学学报.1996，16（1）：25～30

[7] 王建霞. 红外成像系统点目标探测视距研究. 电光与控制.2001（1）：24～27

[8] 杨宝成，沈国土，毛宏霞. 海面目标红外辐射场的理论模拟和计算软件. 计算物理. 2001，18（3）：219～224

[9] 白长城，张海兴，方湖宝. 红外物理. 北京：电子工业出版社.1989.105～115

[10] 韩涛，朱学光. 一种大气透过率的计算方法. 红外技术. 2002, 24（6）：51～53

[11] 周凤仙，王路易. 快速精确计算大气透过率的微机软件包—FASCODE. 红外与毫米波学报. 1991，10（5）：398～400

基于固定 EVM 的 OFDM 系统峰平比抑制方法

何兴建[1] 唐友喜[2]

（电子科技大学通信抗干扰技术国家级重点实验室 成都 611731）

摘 要：本文首先介绍了限幅法，然后分析了其不足，提出了基于固定 EVM 的峰平比抑制算法。带内处理和带外处理的固定 EVM 算法，不但峰平比（PAPR）得到了较好的抑制，而且频谱也满足 IEEE802.16 的发射频谱模板的要求。仿真表明，在 64QAM 调制，2048 个子载波，8 倍过采样的条件下，固定 EVM 算法处理后的信号较原始 PAPR 降低了 5.5dB。

关键词：PAPR；限幅；固定 EVM

Peak-to-Average Power Reduction for OFDM System Via Fixed-EVM method

HE Xingjian[1] TANG Youxi[2]

（National Key Laboratory of Science and Technology on Communications，UESTC，Chengdu，611731）

Abstract：This article firstly introduced clipping method，and then analyzed the drawbacks of clipping method. Finally，this article proposed a novel PAPR reduction method，named fixed-EVM algorithm. Through in-band and out-of-band processing method，the fixed-EVM algorithm achieved good PAPR reduction while simultaneously satisfying spectral mask of IEEE802.16. The simulation showed that by using fixed-EVM on a 64QAM Wimax signal with 2048 subcarriers，a 5.5 dB PAPR reduction at the 10^{-4} complementary cumulative distribution function （CCDF）level can be obtained.

Keywords：PAPR，Clipping，Fixed-EVM

1 引言

正交频分复用（Orthogonal Frequency Division Multiplexing，OFDM）是 Wimax 物理层的核心技术之一。OFDM 具有抗多径干扰和均衡简单的优点，但是它自身存在不足：较高的峰值平均功率比（Peak to Average Power Ration，PAPR）[1]。高峰值平均功率比对功放的线性动态范围提出了更高的要求，而高线性的功放实现难度大、成本高，因此高峰值平均功率比问题已成为影响 OFDM 技术商用的难题。

因此，学界近年来提出了各种方法来解决 PAPR 的问题[2]，如限幅[3]、限幅滤波[4]、交织[5]、编码[6]、TR（Tone Reservation）[7]、TI（Tone Injection）[8]、ACE（Active Constellation Extension）[9]、PTS（Partial Transmit Sequence）[10]、SLM（Selected Mapping）[11]等方法。本文从限幅法开始介绍了其不足之处，从而提出了基于固定 EVM 的 OFDM 系统峰平比抑制方法。

2 限幅法

限幅是简单且容易实现的降低 PAPR 的方法，它不仅可以有效控制峰平比，而且复杂度小，冗余度低，是目前应用最为广泛的峰平比方法之一。但是由于限幅是非线性过程，会导致带内失真和带外辐射，这意味着在峰平比降低的同时，系统性能会出现恶化。因此，需要研究限幅噪声的抑制算法，提高系统性能。

传统限幅法的基本原理是预定限幅门限 T_h，对 OFDM 信号包络超过门限的部分直接去掉：

$$\bar{x}(t) = \begin{cases} x(t), & (|x(t)| \le T_h) \\ T_h \cdot \exp(j\angle x(t)), & (|x(t)| > T_h) \end{cases}$$

其中，$|x(t)|$ 表示信号的幅度，$\angle x(t)$ 表示信号

的相位。即输入信号幅度小于限幅门限时，信号直接传输；输入信号幅度大于限幅门限时，保持信号相位不变，幅度限制在门限 T_h。

影响限幅性能最重要的参数是限幅率 CR（Clipping Ratio），其定义为 $CR = Th/\sigma$。Th 是预定的限幅门限；σ 是信号功率的均方根。CR 越小，限幅门限越低，对 PAPR 的降低效果越好；CR 越大，限幅门限越高，对 PAPR 的降低效果越差。

3 固定 EVM 算法

基于传统限幅法的不足，需要从带内噪声和带外辐射两个方面来进行算法的改进。本章主要介绍了基于排序修正法的带内处理和基于添加频谱模板的带外处理，以此改进上述缺陷。

3.1 基于排序修正法的带内处理

基于排序修正法的带内处理在降低了 PAPR 的同时，又能满足带内 EVM 的要求，该算法主要包括以下步骤：

（1）对输入的 OFDM 频域数据进行过采样得到 X_k，再将其变换成时域数据 x_n；

（2）对 x_n 进行预限幅得到 $\bar{x}_n$；

（3）对限幅后的信号进行 FFT 变换，得到频域数据 $\bar{X}_k$；

（4）计算每个子载波的 E_k，$E_k = \bar{X}_k - X_k$，并对其进行升序排列；

（5）从升序排列后的子载波中找出这样的 M 值，使其满足 $\overline{EVM}_{1\sim M} \leqslant EVM_0$，$\overline{EVM}_{1\sim M+1} > EVM_0$，这里 EVM_0 是设定的 EVM 门限，$\overline{EVM}_{1\sim M}$ 表示经过排序后第 1 至 M 个子载波的平均 EVM；

（6）判断 M 是否为 0。如果是，转到步骤 7；反之，转到步骤 8；

（7）保持所有子载波噪声相位不变，幅度修正为 $EVM_0 \cdot S_{max}$。用算式表示为：

$$\tilde{X}_k = X_k + EVM_0 \cdot S_{max} \cdot \exp\left(j\angle E_k\right)$$

其中，S_{max} 表示最大映射幅度。

（8）对于前 M 个子载波，$\tilde{X}_k = \bar{X}_k$；对于 $M+1$ 后的子载波，$\tilde{X}_k = X_k + EVM_0 \cdot S_{max} \cdot \exp\left(j\angle E_k\right)$；

（9）对经过带内调整后的信号 $\tilde{X}_k$ 变换到时域输出。

排序修正法处理过程可用向量（图 1 所示）来解释[12]，假设原始信号为 X_k，限幅后的信号为 $\bar{X}_k$，那么噪声矢量就是 E_k。但是固定的 EVM 门限要求噪声矢量不能超过虚线圆圈的范围，因此就要在虚线圆圈内寻找一个和 E_k 最接近的矢量，即矢量 $\tilde{E}_k$。这样，保持了 E_k 的相位不变，将其模值缩小至圆圈半径，从而在带内保证了平均 EVM 保持在设定的门限内。

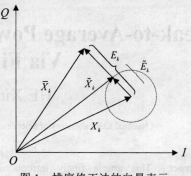

图 1　排序修正法的向量表示

3.2 基于添加频谱模板的带外处理

与带内噪声的分析相似，在对带外进行处理时也应尽可能保持由限幅引入的带外部分噪声不变，这样处理后的 PAPR 再生会相对较小。但是，为了不对相邻频带的用户造成过大的干扰，则要求带外部分噪声的功率不能太大，对于过大的带外噪声需添加频谱模板（Spectral Mask）加以抑制。

带外处理的计算过程如下：

$$\tilde{X}_k = \begin{cases} \bar{X}_k, & \left|\bar{X}_k\right|^2 \leq P_k \\ \sqrt{P_k}\, e^{j\angle \bar{X}_k}, & \left|\bar{X}_k\right|^2 > P_k \end{cases}$$

P_k 表示频谱模板在带外点 K 对应的值。根据 IEEE802.16，带外频谱模板如图 2 所示。

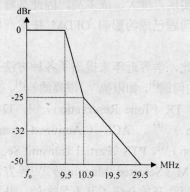

图 2　带外频谱模板

4 仿真结果分析

为了测试固定 EVM 算法降低 PAPR 的性能，本文选取了 2048 个子载波，64QAM 调制，8 倍过采样的 OFDM 频域符号作为输入。其中，固定 EVM 门限设置为 2%；仿真经过 30 次迭代。如图 3 所示为得到的仿真结果：

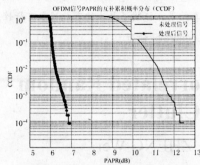

图 3　基于固定 EVM 算法处理后 CCDF 曲线

从图 3 可以看出，在 $CCDF = 10^{-4}$ 时，经过固定 EVM 算法处理后的 PAPR 为 6.8dB，比原信号的 PAPR 降低了 5.5dB。对于 EVM，最大值为 2%，平均值为 1.97%，说明 EVM 被限制在了固定门限内，达到了算法的目的。

5 总结

PAPR 过高是 OFDM 系统的主要缺点之一，限幅法是较易实现的降低峰平比的方法之一。但是，限幅法引起的带内失真和带外辐射会对系统性能带来恶化。本文提出的基于固定 EVM 的 OFDM 系统峰平比抑制方法，降低了峰平比的同时，不但保证了 EVM 在固定门限内，还使带外噪声满足协议中频谱模板的规定。

参考文献

[1] J. Tellado. Peak to Average Power Reduction for Multicarrier Modulation. Ph.D Thesis, Stanford University, 2000

[2] Seung Hee Han, Jae Hong Lee. An Overview of Peak-to-Average Power Ratio Reduction Techniques for Multicarrier Transmission. IEEE Wireless Communications, April 2005:56～65

[3] R. O'Neill, L. B. Lopes. Envelope Variations and Spectral Splatter in Clipped Multicarrier Signals. IEEE PIMRC '95, September 1995: 71～75

[4] Xiaodong Li, Leonard J. Cimini, Jr. Effect of Clipping and Filtering on the Performance of OFDM. IEEE Communications Letters, 1998, 2（5）: 131～133

[5] G. R. Hill, M. Faulkner, J. Singh. Reducing the Peak-to-Average Power Ratio in OFDM by Cyclically Shifting Partial Transmit Sequences. Elect. Lett., 2000, 36（6）: 560～561

[6] A. E. Jones, T. A. Wilkinson, S. K. Barton. Block Coding Scheme for Reduction of Peak to Mean Envelope Power Ratio of Multicarrier Transmission Scheme. Elect. Lett., 1994, 30（22）: 2098～2099

[7] Brian S. Krongold, Douglas L. Jones. An Active-Set Approach for OFDM PAR Reduction via Tone Reservation. IEEE Transactions on Signal Processing, 2004, 52（2）: 495～509

[8] Seung Hee Han, John M. Cioffi, Jae Hong Lee. IEEE Communications Letters, 2006, 10（9）: 646～648.

[9] Brian S. Krongold, Douglas L. Jones. PAR Reduction in OFDM via Active Constellation Extension. IEEE Transactions on Broadcasting. 2003, 49（3）: 525～528

[10] A. D. S. Jayalath, C. Tellambura. Adaptive PTS Approach for Reduction of Peak-to-Average Power Ratio of OFDM Signal. Elect. Lett., July 2000, 36（14）: 1226～1228

[11] R. W. Bäuml, R. F. H. Fisher, J. B. Huber. Reducing the Peak-to-Average Power Ratio of Multicarrier Modulation by Selected Mapping. Elect. Lett., Oct. 1996, 32（22）: 2056～2057

[12] Robert J. Baxley, Chunming Zhao, G. Tong Zhou. Constrained Clipping for Crest Factor Reduction in OFDM. IEEE Transactions on Broadcasting, 2006, 52（4）: 570～575

雷达杂波相关随机序列的仿真和分析

郑 辉 曹建蜀 张 伟

（电子科技大学电子科学技术研究院 成都 610054）

摘 要： 本文对用零记忆非线性变换法产生的 Gaussia 分布、Rayleigh 分布、Lognormal 分布的随机序列进行了研究，详细介绍了算法的原理和步骤。文章最后给出了这些分布的仿真结果，证明了算法的有效性和可行性。

关键词： 零记忆非线性变换法；Gaussian 分布；Rayleigh 分布；Lognormal 分布

Simulation and Analysis for Correlated Random Distributed Radar Clutter

ZHENG Hui   CAO Jianshu   ZHENG Wei

（Research Institute of Electronic science and Technology, University of Electronic Science and Technology of China）

Abstract: The paper has a study on Gaussia distribution、Rayleigh distribution and Lognormal distribution radar clutter ,which are generated by Zero Memory Nonlinearity method. The paper describes the elements and approach in details, and at last gives the simulation results of the dive athletics which show the effectiveness and feasibility of the arithmetic.

Keywords: Zero Memory Nonlinearity，Gaussia distribution，Rayleigh distribution，Lognormal distribution

1 引言

杂波信号的起伏表现为一个具有一定概率分布的相关序列的调制过程，因此，雷达杂波模拟的实质是要求产生一定概率分布的相关序列。

目前，产生具有一定概率分布的相关随机序列有两种典型方法，分别是零记忆非线性变换法（Zero Memory Nonlinearity）和球不变随机过程法（Spherically Invariant Random Process）。零记忆非线性变换法的基本思路是：先产生相关的高斯随机过程，然后经过某种非线性变换得到相关非高斯序列。该方法得以应用的前提是必须得到非线性变换输入与输出的相关函数之间的非线性关系。球不变随机过程法基本思路是：先产生相关的高斯随机过程，然后用具有所要求的单点概率密度分布函数的随机序列进行调制。对于常用的杂波模型，该方法能得到满意的结果。但这种方法受所求的序列的阶数及自相关函数的限制，不易形成快速算法。

本文采用的方法是：用 ZMNL 法产生 Gaussian、Rayleigh、Lognormal 分布。

2 随机序列的仿真

为了使序列具有期望的相关性，在此，有两种变换方法。第一种让高斯白噪声在时域上通过相应的线性滤波器，也就是时域变换法（AR）。采用时域换的方法可以得到任意长度的相关序列，但滤波器阶数很高时运算量非常大。第二种方法就是在频域上采用频率变换法。由于随机过程频谱的采样独立性，对于给定的功率谱序列，我们就可以通过产生一个独立的随机序列的办法来产生随机过程总体。采用频率变换法所得到的相关序列长度受功率谱的频率采样点数的限制，但该方法运算速度快，而且可以通过数据拼接得到长的相关序列。

对于机载雷达环境情况下，地杂波的功率谱并不是尖峰无深谷的功率谱，如果用基于 AR 模型的时域法来产生相关高斯过程，就无法达到令人满意的效果，因此对于机载雷达杂波模拟采用频域法产生相关序列过程。

2.1 Rayleigh 分布杂波的模拟

对于低分辨力雷达（天线波束宽度大于 2^0，脉冲宽度大于 1μs）的地面杂波、海面杂波以及气象杂波，杂波幅度服从 Rayleigh 分布。根据随机过程理论，Rayleigh 分布杂波的正交两路信号可由两个相关高斯序列构成。

Rayleigh 分布的概率密度函数为：

$$p(x) = \frac{x}{\sigma^2} \exp(-\frac{x^2}{2\sigma^2}), x \geq 0$$

相干 Rayleigh 杂波的产生框图如图 1 所示。

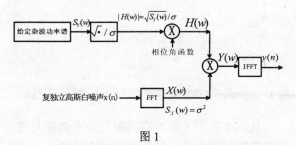

图 1

要模拟幅度分布服从瑞利分布的杂波，首先需要模拟产生高斯分布白噪声，这需要产生两路正交独立的标准正态分布随机数。根据变换抽样法可以得到由（0，1）均匀分布随机数产生标准正态分布随机数的计算公式为：

$$\begin{cases} x_1 = \sqrt{-2\ln\lambda_1} * \cos 2\pi\lambda_2 \\ x_2 = \sqrt{-2\ln\lambda_1} * \sin 2\pi\lambda_2 \end{cases}$$

式中，λ_1、λ_2 分别是两个独立的（0，1）均匀分布随机数。经过上式计算后，x_1、x_2 是相互独立、服从 N（0，1）分布的随机数。

概率论中已经证明：对于正态随机变量 $X \sim N(\mu, \sigma^2)$，如果随机变量 $Y = aX + b$ 则 $Y \sim N(a\mu + b, (a\sigma)^2)$，由此可以将标准正态分布随机数转换成任意均值和方差的高斯分布随机数。

令 x_1、x_2 分别作为复数数据的实部和虚部，就可以得到幅度分布服从瑞利分布的复高斯白噪声。

2.2 Lognormal 分布杂波的模拟

在海情为 2～3 级、脉宽为 200ns、入射角为 4.7°的情况下，发现测量到的海杂波数据用 Log-normal 分布函数拟合更合适。

对一个序列 w_i，其幅度服从正态分布，即 $w_i \sim N(\ln\mu_c, \sigma_c^2)$，经过非线性变换 $z_i = \exp(w_i)$ 后，便可以得到幅度服从双参数的 Log-normal 分布的序列，该分布的概率密度函数（pdf）表示为：

$$f(z) = \frac{1}{\sqrt{2\pi}\sigma_c z} \exp[\frac{-1}{2\sigma_c^2}\ln^2(\frac{z}{\mu_c})], z > 0, \sigma_c > 0, \mu_c > 0$$

假设非线性变换前后序列的互相关系数为：

$$\rho_{ij} = \frac{\ln[1 + sij(e^{\sigma_c^2} - 1)]}{\sigma_c^2}$$

在给定所需要杂波功率谱的形状后，通过 $IFFT$ 便可以得到变换后的互相关系数 sij，再通过上式便可以得到变换前的互相关系数序列 ρ_{ij}，再对序列 ρ_{ij} 做 FFT，便可以得到滤波器的频率响应，即令：

$$Su(w) = FFT(\rho)$$

则按照前面的分析，滤波器的归一化的频率响应为：$|H(w)| = \sqrt{Su(w)/\rho(0)}$ 即可得到。这样即可得到对数正态序列。

2.3 Weibull 分布杂波的模拟

Weibull 分布函数的不对称性小于 LogNormal 分布函数的不对称性，所以对海杂波幅度起伏较为均匀、高分辨雷达和低入射角的情况，选用 Weibull 分布函数较为合理。

Weibull 分布的概率密度函数为：

$$\begin{cases} f(z_i) = (\frac{z_i}{q})^{p-1}(\frac{p}{q})e^{-(\frac{z_i}{q})^p} \\ z_i > 0, p > 0, q > 0, q = (2\sigma^2)^{\frac{1}{p}} \end{cases}$$

这里使用的 Weibull 分布的概率密度函数为：

$$\begin{cases} f(z_i) = (\frac{z_i}{q})^{p-1}(\frac{p}{q})e^{-(\frac{z_i}{q})^p} \\ z_i > 0, p > 0, q > 0, q = (2\sigma^2)^{\frac{1}{p}} \end{cases}$$

由上式可以看出，Weibull 杂波由两个相互独立的序列经过运算生成，而两个序列使用同一个线性滤波器。已经证明，在非线性变换前后，序列的互相关系数之间的关系为：

$$sij = \frac{\Gamma^2(1+1/p)}{\Gamma^2(1+2/p) - \Gamma^2(1+1/p)} \cdot [_2F_1(-1/p, -1/p; 1; \rho i^2) - 1]$$

其中，$\Gamma(.)$ 表示 Gamma 函数；而 $_2F_1$ 为高斯超几何函数。

3 仿真结果和分析

本仿真采用的功率谱模型为高斯谱。其功

率谱模型为：

$$S(f) = e^{-(a\frac{f}{f_{3dB}})^2}$$

其中 α 为常数，f_{3dB} 为 3dB 功率宽度，为了保证 $S(f_{3dB}/2) = 0.5$，则 $\alpha = 2\sqrt{\ln 2} = 1.665$。$f_{3dB}$ 取 100Hz，产生随机序列的样点数为 10 000 个点。

3.1 Rayleigh 分布杂波仿真分析

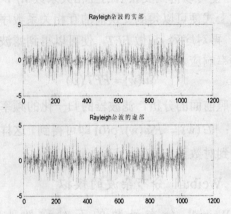

图 2   Rayleigh 杂波的实部和虚部（$\sigma=1.5$）

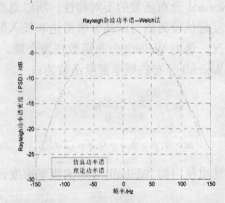

图 3   Rayleigh 杂波的功率谱估计（$\sigma=1.5$）

从图 2 和图 3 可以看出，仿真所产生的杂波幅度和功率谱都拟合得比较好。

3.2 Lognormal 分布杂波仿真分析

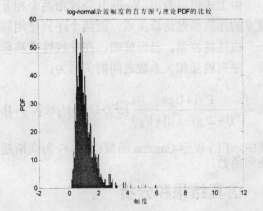

图 4   log-normal 杂波直方图估计（$\mu_c = 1$，$\sigma_c = 0.5$）

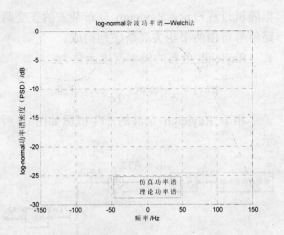

图 5   log-normal 杂波功率谱估计（$\mu_c = 1$，$\sigma_c = 0.5$）

从图 4 和图 5 看，直方图与功率谱都与理论值有很好的吻合，证明仿真的有效性。

3.3 Weibull 分布杂波仿真分析

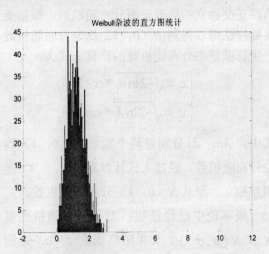

图 6   Weibull 杂波的直方图统计（$p = 2.5$，$q = 1.4$）

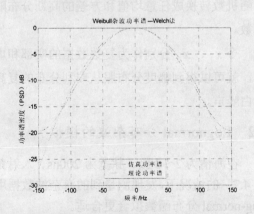

图 7   Weibull 杂波的功率谱估计与理论功率谱的比较（$p = 2.5$，$q = 1.4$）

从图 6 和图 7 看，直方图与功率谱都与理论值有很好的吻合，证明仿真的有效性。

4　结论

本文对零记忆非线性变换法产生的 Gaussia 分布、Rayleigh 分布、Lognormal 分布的随机序列进行了研究，说明了各种分布适用的范围，并对这些常用的随机序列进行了仿真和分析，证明了算法的有效性和可行性。

参考文献

[1] 赵刚. 雷达杂波的建模与仿真. 成都：四川大学硕士学位论文

[2] 阮锋. 机载雷达环境仿真与动目标检测. 西安：西安电子科技大学硕士学位论文

[3] 张长隆. 杂波建模与仿真技术及其在雷达信号模拟器中的应用研究. 成都：电子科技大学博士学位论文

[4] Antipov I. Analysis of Sea Clutter Data. Electronic and surveillance research laboratory ,ADA348339,1998.

[5] Hawkes C.W,and Haykin. Modeling of Clutter for Coherent Pulsed Radar. IEEE Transactions on information theory, 1975，IT-21：703～707

数据融合综述

贾海涛　张　伟

（电子科技大学电子科学技术研究院　成都　610054）

摘　要： 20世纪80年代数据融合技术一直是军事领域重点研究的内容。随着电子侦察与电子对抗技术的不断发展，全域地把握战场信息、明确战场态势、评估威胁等级是现代战争能否取得胜利的重要条件。但是，单一的传感器数据难以承担对现代性性战争的监控作用，因此，布局多种传感器监控已是一种必然趋势。基于多源传感器数据的融合就是对全域信息最佳的把握方法。数据融合技术涉及系统结构、融合算法、信息管理、反馈优化等方向。本文在对当前数据融合技术的调研上，总结了近期数据融合发展的思路与方法，构建了数据融合的整体系统。

关键词： 数据融合；多源传感器；Cross Cueing

Summarization for Data Fusing

JIA Haitao　ZHANG Wei

（Research Institute of Electronic Science and Technology of University of Electronic Science and Technology of China，Chengdu, 610054）

Abstract： In 80's data fusing began the research point for military affairs investigation. With the development of electronic detection and electronic countermine, these is the important condition of the battle success that obtaining the whole information of the area for warfare. But the single sensor can not deal with the entire problems for target identification. So these are necessary direction for laying out some type sensors. So fusing mutli-sensor data can get more information of the battle area. The data fusing includes system framework, fusing algorithm, information management and feedback optimization. This paper presents the results for researching data fusing and summarizes the idea and algorithms in it recently reported, also builds a whole data fusing framework.

Keywords： Data fusing，multi sensors，cross cueing

1　导论

人类和其他生物对客观事物的认知过程，不是单纯依靠某一种感官，而是多个感官的综合，就是通过视觉、听觉、触觉、嗅觉和味觉等多种感官对客观事物实施多种类、全方位的感知，从而获得大量互补和冗余信息；然后对这些感知信息根据大脑的经验与知识（也就是某种未知的规则）进行组合和处理，从而得到对客观对象统一与和谐的理解和认识。我国古代的一个寓言故事"瞎子摸象"讲的也是这个道理：有的盲人把一头大象认成了一根柱子，有的认为是一面墙，还有的认为是一把扇子等。因为每个盲人都认为自身的观测是对整体的观测，所以得到令人啼笑皆非的辨识结果。当人们采用各种传感器技术探测目标从而进行识别的时候，也会由于仅仅得到某一方面的信息导致最终的识别结果悬殊甚大。就如我们日常观察一样，对于水和酒精，如果仅仅从外观色泽上来区分，不从味觉、流动形态等方面来获得相关信息的话，出错的概率是非常大的。所以综合利用多种传感器的目标观测特性来进行分析与识别是正确把握观测事物最为基本的要求，也是获得较高识别率的核心手段之一。而对多传感器数据进行综合统一的过程其实质就是一个融合过程。这种把多种感官信息进行交融的过程就可以称为多传感器信息融合（Multi-Sensor Information Fusion）或称为多源信息融合（Multi-Source Information Fusion）。由于早期的融合方法研究是针对数据处理的，所以有时也把信息融合称为数据融合（Data Fusion）。因此，可以说信息融合古已有之，只是今天赋予了更多的内涵。

2 多源数据融合的概念

多源信息融合是20世纪70年代提出来的，经过几十年的研究，至今仍然没有一个被普遍接受的定义。这是因为其研究内容的广泛性和多样性，很难对信息融合给出一个统一的定义。目前能被大多数研究者接受的有关信息融合的定义，是由美国国防部领导下的 C3I（Command，Control，Communication and Intelligence System）助理机构授权实验室数据融合小组联合指导委员会（Joint Directors of Laboratories Data Fusion Subpanel，JDL DFS）提出来的[1-7]、1994 年由澳大利亚防御科学技术委员会（Defense Science and Technology Organization，DSTO）加以扩展的、从军事应用的角度给出的定义。它将信息融合定义为一种多层次、多方面的处理过程，包括对多源数据进行检测（Detection）、相关（Correlation）、组合（Combination）和估计（Estimation），从而提高位置估计（Position Estimation）和身份估计（Identity Estimation）的精度，以及对战场态势评估（Situation Assessment）和威胁估计（Threat Assessment）及其重要程度进行适时的完整评价。

该定义强调了信息融合的 3 个主要方面：（1）信息融合是在几个层次上对多源数据的处理，每个层次表示不同的信息提取级别；（2）信息融合过程包括检测、关联（相关）、跟踪、估计及数据组合；（3）信息融合过程的结果包括低层次的状态和属性估计及较高层次的整个战斗态势评估。上述定义只适合特殊的行为和给定的应用领域。为此给出具有一般意义上更通用的定义，所谓多源信息融合，就是充分利用不同时间与空间的多传感器信息资源，采用计算机技术对按时序获得的多传感器观测信息在一定准则下加以自动分析、综合、支配，得到被测对象的一致性解释与描述，以完成所需的任务，使系统获得比它的各组成部分更优越的性能。可见，多传感器系统是信息融合的硬件基础；多源信息是信息融合的加工对象；协调优化和综合处理是信息融合的核心。

信息融合研究的关键问题就是提出了一些理论和方法，对具有相似或不同特征模式的多源信息进行处理，以获得具有相关和集成特性的融合信息；研究的重点是特征识别和算法。这些算法使得多传感信息的互补集成，改善不

确定环境中的决策过程，解决把数据用于确定共用时间和空间框架的信息理论问题，同时用来解决模糊的和矛盾的问题。

多源信息融合实际上是对人脑综合处理复杂问题的一种功能模拟。在多传感器系统中，各种传感器提供的信息可能具有不同的特性：时变的或非时变的；实时的或非实时的；确定的或随机的；精确的或模糊的；互斥的或互补的；等等。多源信息融合系统将充分利用每一个信息源的优点，通过对各种观测信息的合理支配与使用，克服其自身的缺点；在空间和时间上把互补与冗余信息依据某种优化准则结合起来，产生对观测环境的一致性解释或描述，同时产生新的融合结果。其目标是基于各种信息源的分离观测信息，通过对信息的优化组合导出更多的有效信息，最终目的是利用多个信息源共同或联合操作的优势来提高整个系统的有效性。在这里，信息的互补性与冗余性是两个基本因素。

多源信息融合系统与所有单传感器信号处理或低层次的多传感器数据处理方式相比，单传感器信号处理或低层次的多传感器数据处理都是对人脑信息处理的一种低水平模仿，它们不能像多传感器信息融合系统那样有效地利用多传感器资源。多传感器系统可以更大程度地获得所探测目标环境的信息量。多传感器信息融合与经典信号处理方法之间也存在本质的区别，其关键在于信息融合所处理的多传感器信息具有更复杂的形式，而且可以在不同的信息层次上出现。这些信息抽象层次包括数据层（即象素层）、特征层和决策层（即证据层）。

3 多源信息融合的重要作用

目前，信息融合技术作为一种智能化信息处理技术，已在民用领域得到广泛应用，如工业过程监视、工业机器人、空中交通管制、环境监视、金融系统、气象预报以及复杂系统的状态监测与诊断维护等。

图像融合是近年来图像工程中一个新兴的研究领域，它将信息融合技术应用于多源影像的复合中，用特定的算法将两个或多个不同影像合成起来生成新的图像。它通过综合运用不同空间分辨率、时间分辨率、波谱分辨率的图像，消除多传感器信息之间可能存在的冗余和矛盾，以增强影像中的信息透明度、改善解释的精度、提高可靠性及使用率，从而获得对目

标更细致、准确与完整的描述与分析。图像融合既可以是基于同类传感器得到的图像，也可以是基于异类传感器得到的图像；既可以在像素级别上完成融合，也可以在特征级别或决策级别上完成融合。图像融合主要应用于遥感地理分布资源信息提取、战场可视化、预警系统、医学三维图像重构、机器人视觉等领域。

用于地球环境观测的遥感技术在军事和民用领域都有相当广泛的应用，利用不同尺度和不同层次上的融合技术对不同传感手段的数据与信息进行融合，以获取更为精确的定量分析结果，可用于监测天气变化、矿产资源分布、农作物收成等。多传感信息融合在遥感领域中的应用，主要是通过高空间分辨率全色图像和低光谱分辨率图像的融合，得到高空间分辨率和高光谱分辨率的图像，融合多波段和多时段的遥感图像可以提高分类的准确性。

智能机器人集人工智能、智能控制、信息处理、图像处理、检测与转换、信息融合等技术为一体，跨计算机、自动控制、机械、电子等多学科，主要对视频图像、声音、电磁等数据进行融合以完成推理，从而达到完成各种工作的目的。

多传感数据融合技术在刑侦中的应用，主要是利用红外、微波等传感设备进行隐匿武器检查、毒品检查等。将人体的各种生物特征如人脸、指纹、声音、虹膜等进行适当的融合，能大幅度提高对人的身份识别与认证能力，这对提高安全保卫能力是非常重要的。

在工业监控应用中往往要求进行多传感器综合监测，包括各种仪表的分布式检测、视频监视和网络化连接，每个传感器基于检测统计量，可以提炼出有关系统故障的特征信息（故障表征）。在故障诊断处理单元，利用这些故障特征信息，并按照多种故障诊断方法对被诊断的对象做出是否有故障发生的推断。而融合中心则基于一定的准则进行融合处理，最终得出对象是否存在故障的决策。

智能交通系统（ATS）和自动车辆系统（AVS）使用各类同质和异质传感器（如：声音传感器、立体摄像机、彩色 CCD 摄像机、背部摄像机、激光雷达、检测雷达等），在路径规划与制导系统中采用多传感数据融合技术，对车辆运行进行自动控制、道路识别、速度控制、交通监视和跟踪定位等。

当然，多源数据融合技术从军事应用开始，

其在军事领域的应用也更为广泛，其重要性也更为突出。

4 多源数据融合研究现状

数据融合（Data Fusion）的概念产生于 20 世纪 70 年代初，实际上，在第二次世界大战期间就已经把多传感器数据融合应用到实际系统中了[8,13]，当时在高炮火控雷达上加装了光学测距系统，综合利用雷达和光学传感器给出的两种信息，不仅大大提高了系统的测距精度，同时也大大提高了系统的抗干扰能力。从这种意义上说，多传感器数据融合系统在二战期间就达到了实用程度。

1973 年，美国研究机构在国防部的资助下，开展了声纳信号理解系统的研究，这可以看成是最早的关于信息融合方面的研究。20 世纪 70 年代末，在公开出版的技术文献中开始出现基于多传感信息综合意义的"融合"一词。1988 年，美国国防部把信息融合技术列为 90 年代重点研究开发的 20 项关键技术之一，且为最优先发展的 A 类[9,14]。2003 年 8 月美国国防部提出"军事转型中的横向融合（Transformational about Horizontal Fusion）"白皮书[10,11,15,16]，注重横向融合尤其是数据融合，目的是加强系统的横向互通能力特别是数据融合能力。2006 年 3 月 16 日美国防部办公厅（OSD）发布了要在未来几年内进行验证的年度技术项目列表，以推动这些领域的快速发展。对付模糊目标的多军种先进传感器（Multi-service Advanced Sensors to Counter Obscured Targets MASCOT）是美国 2006 财年的 10 个项目之一[12,17]，它是一种基于网络中心收集、处理和融合技术的系统，可对采用伪装或其他隐藏和欺骗技术的威胁进行快速探测、定位、识别和报告。

美国三军在战略和战术监视系统的开发中采用数据融合技术进行目标跟踪、目标识别、态势评估和威胁估计，并研制出已广泛应用于大型战略系统、海洋监视系统和小型战术系统的数据融合系统。这些系统包括：战术指挥控制系统（TCACS）、多平台多传感器跟踪信息相关处理系统（INCA）、海军战争状态分析显示系统（TOP）、辅助空中作战命令分析专家系统（DAGR）、空中目标确定和截击武器选择专家系统（TATR）、自动多传感器部队识别系统（AMSVD）目标获取和武器输送系统

（TRWDS）等。美国 90 年代以来研制的数融合系统主要有：全源信息分析系统（ASAS）、战术陆军和空军指挥员自动情报保障系统（LNESCE）、敌态势分析系统（SCS）等。

目前世界上主要军事大国都竞相投入大量人力、物力和财力进行信息融合技术的研究，并已取得大量研究成果。例如，英国的莱茵河英军机动指挥控制系统（WAVELL）、舰载多传感器数据融合系统 （ZKBS）、飞机的敌/我识别系统 （ZFFNIS）、炮兵智能数据融合示范系统（AIDD）等。目前，法国舰艇建造局（DCN）正在研发一种多平台态势感知演示验证系统（TSMPF），使众多平台共享战术态势数据，最好地利用多传感器，从而进行大范围的威胁评估，最好地分配资源，并在 2006 年下半年进行了技术演示系统的现场测试。

国际上对数据融合技术的学术研究也在不断地深入。从 20 世纪 80 年代末，美国便每年两次举行两个关于数据融合领域的会议，由美国国防部联合指导实验室 C3I 技术委员会和国际光学工程学会（SPIE）分别赞助召开。1998 年成立了国际信息融合协会（International Society of Information Fusion ISIF），同年由 NASA 研究中心、美国陆军研究部、EIEE 信号处理学会、EIEE 控制系统学会、EIEE 宇航和电子系统学会发起每年召开一次的信息融合国际会议（International Conference on Information Fusion），至今已开过 14 届（Fusion'95—Fusion'2008）使全世界有关学者都能及时了解和掌握信息融合技术发展的新动向，促进了信息融合技术的发展。

尽管近年来数据融合的理论和应用研究取得了不少成果，但至今还没有形成完整的理论体系，大部分工作都是针对特定应用领域解决特定问题展开的[18]。

国内关于数据融合技术的研究起步相对较晚，20 世纪 80 年代末才开始出现有关多传感器数据融合技术研究的报道。20 世纪 90 年代初，这一领域在国内才逐渐形成高潮。在政府、军方和各种基金部门的资助下，国内一批高校和研究所开始广泛从事这一技术的研究工作，取得了大批理论研究成果。与此同时，也有一些融合领域的学术专著和译著出版。到了 20 世纪 90 年代中期，数据融合技术在国内已发展成为多方关注的关键技术，出现了许多热门研究方向，许多学者致力于多传感器遥感图像的

融合、机动目标跟踪、航迹关联、多传感器目标定位、识别与分类、分布信息融合、数据关联、态势评估与威胁估计以及数据融合在非军事领域中的应用等方向的研究[14]，相继出现了一批多目标跟踪系统和有初步综合能力的多传感器信息融合系统。目前新一代舰载、机载、弹载、星载和各种 C4ISR 系统正在向多传感器数据融合方向发展，将有一批多传感器信息融合系统逐步投入使用。

5　多源数据融合的理论框架

信息融合是一个多级、多层面的数据处理过程，主要完成对来自多个信息源的数据进行自动检测、关联、相关、估计及组合等的处理。美国国防部建立的 JDL 模型将信息融合分为四个不同级别的处理层来实现。1999 年 Steinberg 和 Bowman 等学者将 JDL 模型扩展为五层，如图 1 所示，增加了第 0 层（level 0），但它通常归入信号与处理功能模块中。

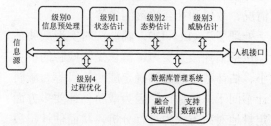

图 1　JDL 信息融合模型

在不同融合层面上的信号处理过程如下：

处理层 0（Level0）：通过预先对输入数据进行标准化、格式化、次序化、批处理化、压缩等处理，来满足后续的估计及处理器对计算量和计算顺序的要求；可以看出处理层 0 为预处理层，主要包括对信号和目标特征的估计和预测，包括各种信号或目标的特征处理，如图像融合中的特征提取、信号检测的相关处理以及电子侦查数据（ELINT）的参数估计。广义的说，这些问题成为某空域和时域的信息发现。在数据驱动的处理中其表现形式可为 DAI/FEO（数据入/特征出）和 EFI/FEO（特征入/特征出）[19]。

处理层 1（Level1）：通过对单个传感器获得的位置与身份类别的估计信息进行融合，获得更加精确的目标位置与身份类别的估什；处理层 1 对目标的参数和状态进行估计和预测，属于低级别处理层，通过这一层可以得到目标的航迹估计与目标识别信息。对于识别具有不

同的层次，从低到高包括目标检测、定位、识别、分类。能达到识别的哪一层取决于传感器的分辨率和输入到传感器信号的信噪比。当处理层1或更低的处理层完成任务后，目标的身份及航迹将被输入到更高层融合，即进行态势评估（处理层2）和威胁估计（处理层3）。

处理层2（Level2）：辅助实时实现对敌方、我方军事的态势估什；主要是用于分析可能的态势，这些态势是由观测数据和一系列事件来体现的。经过处理层1分析得到的数据被处理层2使用，从而可以对指定事件、兵力部署及战争环境的综合因素有更加深入的认识。处理层2在军事方面的应用主要有以下几点：1. 目标聚类：建立起各目标之间的关系，这些关系包括目标间的事件和空间上的联系，相互通信方式以及功能依赖关系等；2. 事件聚类：建立各不同实体在时间上的相互关系，从而识别出有意义的事件；3. 总体考虑与融合：分析在各种态势下的数据，包括天气、地形、海况、水下情况、敌情和社会政治因素等。

处理层3（Level3）：辅助实时实现威胁估计；包括估计敌方实力、辨识受到威胁的机会大小、估计敌方意图和确定威胁等级等。威胁估计不同于态势估计，因为威胁估计要多方面且定量地对敌方火力进行分析，从而估计出敌人行动的进程和火力的杀伤力。威胁估计的主要功能有：1. 实力估计：对敌方火力的大小、位置及作战能力进行预测；2. 预测敌方意图：依据敌方的行动、通信、教义、文化、历史、教育及政治结构预测敌方的意图；3. 威胁识别：通过对敌方的行动的预测，我方要害部门的实际备战状态分析以及对方环境条件的分析，识别潜在的威胁机会；4. 多方面估计：对敌方、我方以及中立方的数据进行分析，包括兵力部署在时间及空间上的效果以及对敌方作战计划的估计；5. 进攻与防御分析：根据交战的规则、敌方的教义以及武器类型模拟与敌方交战，并预测交战的最后结果。

处理层4（Level4）：通过对上述估计的不断修正，不断评价是否需要其他信息的补充，以及是否需要修改处理过程本身的算法来获得更加精确可靠的结果。包括对系统性能的估计和预测以及对系统资源的管理，从而完成对融合过程的监控和评价，达到最佳的融合效果。该处理层与其余各层、系统外部及系统操作人员都要发生联系。处理层4的主要功能包括：

1. 融合评价：对融合过程的性能和效果进行评价，以建立融合的实时控制及实现长远性能的改善；2. 资源管理：合理部署各种资源（传感器、平台及通信等）以实现全局目标；确定对特殊信息源的数据（特殊的传感器、特殊传感器数据、良好的数据及参考数据）要求，改善多层融合结果。

JDL模型又可以分成两层：低处理层和高处理层。低处理层：包括直接数据处理，目标检测、分类与识别，目标跟踪等；高处理层包括态势估计及对融合结果的进一步调整。目前实际的融合算法主要在低处理层进行。现在已经提出多种不同的融合算法用于目标检测、分类、识别及航迹的估计和预测。

6 常规的数据融合技术分类方法

常规的数据分类一般是按照信息的抽象层次来划分，或者是按照系统结构形式来划分。

6.1 按照信息的抽象层次来划分

按照信息的抽象程度，数据融合可以分为三个层次：像素级融合、特征级融合和决策级融合。

6.1.1 像素级融合

像素级融合是最底层的融合，它是在传感器采集到的原始数据或经过简单预处理的基础上对每个传感器的检测数据进行特征抽取，将各特征参数融合后得到关于目标的一个综合的特征向量，并由此进行决策或为后续融合工作提供基础数据，一般在处理流的前端完成。它要求所融合的各传感器信息间具有精确到一个像素的配准精度。这种融合的优点是能提供其他两种层次融合所不具有的细节信息，但信息处理的代价大，传感器信息稳定性差，因此要求有较高的纠错能力，同时还要求各传感器信息来自同构传感器以实现其配准关系。另外，由于通信量大，因而受干扰的可能性大。具体如图2所示。

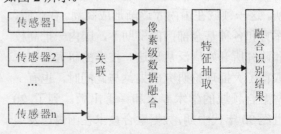

图2 像素级融合

6.1.2　特征级融合

特征级融合是通过对每个传感器的观测数据进行特征抽取以得到一个特征向量，然后把这些特征向量融合起来并根据融合后得到的特征向量进行决策，是进行综合分析和处理的中间层次。一般所说的特征信息应是像素信息的充分统计量，根据这个统计量对多传感器信息进行分类、汇集和综合。这种结构的关键是抽取一致的有用特征矢量，排除无用甚至矛盾的信息，其优缺点介于像素级和决策级融合之间。如图 3 所示。

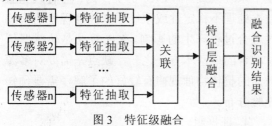

图 3　特征级融合

6.1.3　决策级融合

决策级融合是最高层次的融合，指传感器输出信息是决策数据，已经对目标进行了判决。在决策级融合中不同类型的传感器观测同一个目标，每个传感器在局部完成处理，其中包括预处理、特征提取、识别和判决以建立对目标的初步结论，然后通过相关处理、决策级融合判断，最终获得综合推断结果，从而直接为决策提供依据。因此决策级融合直接针对具体决策目标，充分利用特征级融合所提出的各类目标特征信息，并给出简明而直观的结果，融合的结果将直接影响决策水平。其优缺点与像素级融合相反，其传感器可以是异构传感器，预处理代价高而融合中心代价小，通信量小，抗干扰能力强，处理效果很大程度上取决于各个传感器预处理的性能。由于在融合中心只做简单处理，其性能一般不太高，因此融合性能比像素级差，如图 4 所示。

图 4　决策级融合

对具体融合系统而言，它所接受到的信息可以是单一层次上的信息，也可以是几个层次上的信息。融合的基本过程就是先对同一层次上的信息进行融合，作为更高层次融合处理的数据源，然后再汇入相应的信息融合层次。因此，信息融合本质上是一个由低层到高层、对多源信息进行整合、逐层抽象的信息处理过程。但在某些情况下，高层信息对低层信息的融合起反馈控制作用，即高层信息有时参与低层信息的融合，甚至在某些特殊情况下，也可以先进行高层信息融合。

6.2　按结构来划分

根据融合节点在信息流中的位置，多传感器融合系统大致可以分为三种：集中式、分布式和混合式。

6.2.1　集中式

集中式体系结构是将来自多传感器的原始数据传递到中央融合处理单元集中完成数据配准和关联功能，以及目标跟踪与分类功能。这种方式可以实现时间和空间的融合，处理数据精度高，但是数据关联比较困难，数据传递和处理量大，对通信线路和处理器要求高，系统的实时性比较差，相对来说可靠性较差。如图 5 所示。

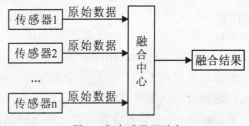

图 5　集中式数据融合

6.2.2　分布式

分布式体系结构是每个传感器对自己的量测数据分别进行处理，产生状态矢量和属性参数，然后将处理结果传递到融合中心进行融合处理。在这种方式中，不是以原始数据进行数据配准、关联、滤波和分类，而是以状态矢量或特征矢量的方式进行。这类结构对通信带宽要求低，计算速度快，可靠性高，但融合精度通常比集中式体系结构低，如图 6 所示。

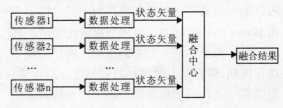

图 6　分布式数据融合

6.2.3　混合式

混合式体系结构是集中式和分布式两种形式的结合，这种结构比较复杂，既要求有分布式体系结构的预处理传感器，还要有将原始数据传递到融合中心的高速通信线路，而且处理器的计算量大，一般用于大型融合系统。如图7所示。

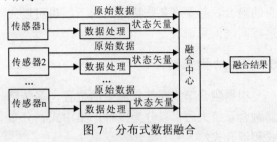

图7　分布式数据融合

7　常规数据融合算法

采用多源信息融合技术，进行运动分析与人体建模的研究，需要对信息融合的算法有所了解。关于信息融合的算法常用的有加权平均、聚类分析法（Cluster）、贝叶斯（Bayes）估计法和多贝叶斯估计法、卡尔曼滤波法（Kalman Filter）、统计决策理论、产生式规则（rule-based approaches）、专家系统（Expert system）、Shafer-Dempster证据推理、自适应决策（Adaptive decision），人工神经网络和模糊推理（artificial neural network，fuzzy inferring）等。由于观测环境和信息类型的不同，需要结合系统的实际情况，选择合适的融合算法。

下面，对一些主要融合算法做一简单描述：

1. 加权平均法

加权平均法是将一组传感器提供的冗余信息进行加权平均，并将加权平均值作为信息融合值。它是一种最简单、最直观地对多传感器低层数据的信息融合方法。该方法存在的最大缺点就是很难获得最优加权平均值，而且确定权值需要花费大量的时间。

2. Bayes估计

Bayes估计是融合静态环境中多传感器低层信息的一种常用方法。其信息描述为概率分布，适用于具有可加高斯噪声的不稳定性。应用Bayes估计方法时，首先应描述出模型，然后，赋予每个命题一个先验概率；再使用概率进行推断，根据信息数据估计置信度获取结果。但当某一个传感器的新信息到来，而此时未知命题的数量大于已知命题的数量时，已知命题的概率是非常不稳定的。Bayes估计融合时必须确保测量数据代表同一实体（即需要进行一致性检测），而且需要给出各传感器对目标类别的先验概率，具有一定的局限性。

3. 卡尔曼滤波（KF）

卡尔曼滤波用于实时融合动态的低层次冗余传感器数据。如果系统具有线性动力学模型，且系统噪声和传感器噪声可用高斯分布的白噪声模型来表示，KF为融合数据提供惟一的统计意义下的最优估计，它的递推特性使系统数据处理不需大量的数据存储和计算。KF分为分散卡尔曼滤波（DKF）和扩展卡尔曼滤波E（KF）。DKF可实现多传感器数据融合完全分散化，其优点是每个传感器节点失效不会导致整个系统失效。而EKF的优点为：可有效克服数据处理不稳定性或系统模型线性程度的误差对融合过程产生的影响。KF算法是传感器信息融合的最基本方法之一，缺点是需要对多源数据的整体物理规律有较好的了解，需要预知先验分布。

4. 证据组合法

证据组合法认为完成某项智能任务是依据有关环境某方面的信息做出几种可能的决策，而多传感器数据信息在一定程度上反映环境这方面的情况。因此，分析每一数据作为支持某种决策证据的支持程度，并将不同传感器数据的支持程度进行组合，即证据组合，分析得出现有组合证据支持程度最大的决策作为信息融合的结果。

证据组合法是对完成某一任务的需要而处理多种传感器的数据信息，完成某项智能任务，实际是做出某项行动决策。它先对单个传感器数据信息每种可能决策的支持程度给出度量（即数据信息作为证据对决策的支持程度），再寻找一种证据组合方法或规则，在已知两个不同传感器数据（即证据）对决策的分别支持程度时，通过反复运用组合规则，最终得出全体数据信息的联合体对某决策总的支持程度。得到最大证据支持决策，即信息融合的结果。常用证据组合方法有Dempster-Shafer证据推理和概率统计方法。

5. 神经网络方法

神经网络方法是根据当前系统所接收到的样本的相似性来确定分类标准。这种确定方法主要表现在网络权值分布上，同时可采用神经网络特定的学习算法来获取知识，得到不确定性推理机制。基于神经网络的信息融合实质上是一个不确定性推理过程，充分利用外部环境的信息，实现知识的自动获取以及在此基础上进行联想推理，经过大量的学习和推理，将不确定环境的复杂关系融合为系统能够理解的符号，神经网络的研究对于多传感器信息融合提供了一种很好的方法，其非线性逼近能力在信息融合中非常引人注目。

神经网络多传感器信息融合的实现，主要分为三个重要步骤：

（1）根据智能系统要求及传感器信息融合的形式，选择其拓扑结构；

（2）各传感器的输入信息综合处理为一总体输入函数，并将此函数映射定义为相关单元的映射函数，通过神经网络与环境的交互作用把环境的统计规律反映网络本身结构；

（3）对传感器输出信息进行学习、理解，确定权值的分配，完成知识获取信息融合，进而对输入模式做出解释，将输入数据向量转换成高层逻辑（符号）概念。

8 Cross Cueing

Cross Cueing 这个概念是美国于 2002 年提出的，但是由于保密的原则，目前该方面的文章未见报告，只有 1 篇文献大致描述了其系统，这也成为当今数据融合系统发展方向的重要指导[13]。

Automated Target and Cross-Cueing System（ATACC 自动目标交互提示系统）是美军一个布置于 Air Force Command and Control Intelligence, Surveillance and Reconnaissance（AFC21SR）Transformation Center（AFTC 空军司令部和智能控制、监控与探测转换中心）的一个项目。ATACCS 是首先加入 AFTC 中的系统。ATACCS 提供多传感器数据交互提示，传感器数据融合和自动目标识别 ATR 功能。另外，它具有监控与侦察、动态智能任务规划系统集成中心。该系统对图像智能（IMINT）传感器系统、智能信号（SIGINT）系统、运动目标显示（MTI）信息进行相关处理。ATACCS 系统将与战场分布统一系统（DCGS）的任务规划者相协调一致，从而使得计划前的信息收集更为有效与准确。为了应对时间敏感目标（TST），ATACCS 系统自动规划很多 Intelligence, Surveillance and Reconnaissance（ISR 智能监控与探测）管理功能。

ISR 数据用来支持环境感知、威胁告警、目标定位与识别、空中任务调度、摧毁效果评估。另外，当布置 ISR 平台和传感器组之后，下行到地面系统的数据将会剧烈增加。当一信号进入地面站之后，地面共用处理器（GCP）搜索数据库以来识别该信号。GCP 通知信号管理监控系统，也可以称为电子支援的一个警报。电子支援系统依次将警告通知监控站，然后监控站通知图像分析中心（IA）。当时机合适的时候，IA 将警报安排一个收集计划。这个全部过程持续的时间从几分钟到数小时不等，这取决于可利用的资源、系统的工作负载和目标的优先级。自然或者人为的环境条件效果将会消弱信息处理效率。对运动和易于变化目标的观测时机的选择是非常困难的。这种为作战单元提供及时而正确的关于目标与环境感知的信息能力是难以想象的重负。收集与处理 ISR 数据需要及时跟踪信息流转。

图 8　未来战争

ATACCS 系统的实施是一种用来减轻数据循环时间的方法。ATACCS 优化了 ISR 平台的运行效率，并且辅助智能分析、为 ISR 战斗计划提供决策帮助。机载处理释放带宽将是目标检测与定位的实质时机。

在 2000 年 6 月航空系统中心授予 Northrop Grumman 电子系统公司一份关于开发 ATACCS 系统的合同。设计 ATACCS 是一种作为改进机载配置的基础系统。ATACCS 系统要求利用已存在的系统和数据库，仅开发出一个联系相关系统协同的软件体系。ATACCS 系统文件和运作方式决定了这个要求。ATACCS 系统是为了减轻 DCGS 操作者对于时间敏感目标的快速反应而设计的。ATACCS 系统的显示应与 DCGS 系统显示相一致。

ATACCS 系统通过目标地理信息有助于为图像分析的工作负担区分其优先级。操作者通过点击目标就可以获得目标的经度、纬度、距离、俯仰信息和目标类型等相关信息。

ATACCS 系统要对 RF－INF 或者其他提示做出相应反映。RF－INF 信息提供包括目标类型、经度、纬度和距离的信息。系统自动评估目标的位置，根据可利用的资源制订出一个信息收集计划。它会根据潜在的目标而制订出一个推荐的信息收集计划。如果没有先验信息可以利用，那么系统将会根据"Pop-pu"（突然出现）的决策箱来推荐一个修正的信息收集计划。当高等级威胁需求来临时，ATACCS 系统会在几秒之内重新规划好信息收集计划。系统可以智能化地采用很多的重新规划的任务。

从分析方式看，成像资源应分配到潜在目标上。信息收集计划会根据任务资源而自动调整，任何任务的调整都要经过信息分析者。直到完成收集，ATR 算法才会根据返回的成像信息运行，并产生对目标的识别度级别。如果规则定义的识别度级别不能达到，系统将再次规划一次成像信息采集。返回的成像信息将会融合成为一个单一目标的信息，ATR 算法根据融合信息和第二次采集的信息进行识别。对数据采用信息融合将会降低 ATR 的识别错误率。ATACCS 系统传递出的融合信息将会给出目标的识别度级别。

ATACCS 系统对可利用的资源在几分钟之内对已知类型的目标进行 RF－INT，运行 ATR 算法融合多传感器数据，并为操作者提供一副大致的图像和给出的威胁等级。

当一个来自 RF-INT 传感器的信号到达地面站之后，地面共用处理器（GCP）搜索数据库以识别该信号。如果 GCP 可以识别该信号，它会将目标的识别信息和其他相关信息通知信号管理监控系统，采用一种 ESM 的形式来告警。ESM 将警告地面站的控制者，控制者将会分析这对潜在目标的相关信息。当机会到达时，图像分析者将会准备好目标图像。这个过程持续时间从几分钟到几个小时不等，这根据飞机的位置而定。操作者必须等待从 IMINT 传感器的图像来决定目标识别的时机。这个过程持续的时间从几分钟到几天取决于系统的工作负载、目标类型、数据库访问情况。对于时间敏感目标将难以接收这个时间的要求。使用 ATACCS 系统将会减少到几个数字时钟内。

9 结束语

本文为大家提供了比较详尽的数据融合概况和系统架构，也阐述了当前实现数据融合的常规算法。重点描述了当前数据融合的发展趋势——Cross Cueing 技术，为进入该领域的研究人员提供了对数据融合当前技术发展的概述。

参考文献

[1] White F E. Data fusion lexicon. Joint directors of laboratories, Technical Panel for C3, sub-panel, naval ocean systems center, San Diego, CA, USA, 1987

[2] White F E. A model for data fusion. In: Proc. 1st National Symposium On Sensor Fusion. Orlando, FL,1988, 2：5～8

[3] Steinberg A N, Bowman C L, White F E. Revisions to the JDL Data Fusion Model, In Sensor Fusion: Architectures, Algorithms, and Applications, Proceedings of the SPIE. Orlando: Florida, 1999, 430～441

[4] D.L.Hall and J.Llinas. A Survey of Techniques for CIS Data Fusion Proceedings of the Second International Conference on Command, Control and Communications and Management Information Systems, Bournemouth, UK, IEEE,London,1987：77～84

[5] W.L.Lakin and J.A.H.Miles. IKBS in Multisensor Data Fusions. Proc.IEE Conference On Advances in C3I,Publication 247,1985：234～240

[6] W.H.King,et al.A Prototype Expert Assistant for Tactical Intelligence Battlefield Situation Assessment. MIT/ONR Workshop on C3I, 1986

[7] W.H.King. Implementation of a time-Dependent Explanation Capability for Tactical Situation Assessment. WESTEX-87 Conf. On Expert Systems,l987

[8] Petre Bladon, Richard J. Hall and W. Andy Wright. Situation Assessment Using Graphical Models. ISIF 2002, PP886-893

[9] Artman H. Situation Awareness and Co-Operation Within and Between Hierarchical Units in Dynamic Decision Making .Ergonomics, 42, 1999, 1404～1417.

[10] Garbis C, Artman H. Team Situation Awareness Communicative Practice. In S. Banbury and S. Tremblay (Eds.), A Cognitive Approach to Situation Awareness: Theory and Application. Aldershot, UK: Ashgate & Town.2004

[11] Vadim P. Kirillov. Constructive Stochastic Temporal Reasoning In Situation Assessment .IEEE Transactions On Systems, Man, And Cybernetics, 1994, 24（8）：1099～1113

[12] L Cholvy. Applying Theory Of Evidence In Multisensor Data Fusion: a Logical Interpretation. ISIFO 2000：17～24

[13] Lt. Michael Hager, Feasibility demonstration of the automated targeting and cross-cueing system （ATACCS） at the air combat command transformation center

多传感器管理与控制算法设计及其应用研究

李 奇[1] 刘铭湖[1] 郝志梅[2] 邱朝阳[2] 饶妮妮[1]

(1. 电子科技大学 成都 610054；2. 雷华电子技术研究所 无锡 214063)

摘 要： 本文依据三级优先准则，设计了一种多传感器管理与控制算法，然后将此算法进行雷达、电子支援措施（ESM）、电子对抗（ECM）和敌我识别器 IFF 的管理与控制的仿真实验；通过仿真实验所得出的实验数据显示该算法分配传感器管理目标的平均正确率达到了 95% 以上，可以提高飞机的生存率和作战效能。

关键词： 三级优先准则；雷达；多传感器管理与控制

Algorithm Design and Application Research Of Multi-sensors' Management and Control

QI LI[1] MINGHU LIU[1] ZHIMEI HAO[2] CHAOYANG QIU[2] NINI RAO[1]

(1. University of Electronic Science and Technology of China, Chengdu，610054，2. Electronic Techonology Institute of Leihua, Wuxi, 214063)

Abstract: Based on the principle of Three Levels Priority, this paper proposes an algorithm of Multi-sensors' Management and Control and then applies it on the simulation of the management and control for radar, ESM, ECM and IFF. The data of the simulation proved that the average accuracy rate of the algorithm which is the allocation of sensor management was up to 95%, and can improve the survival rate of the aircraft and combat effectiveness.

Keywords: Three Levels Priority，Radar，Multi-sensors'Management and Control

1 引言

多传感器管理与控制是以现代信息技术为手段，综合运用计算机技术、管理科学、系统科学、人工智能技术等多种科学知识，通过提供背景材料、协助明确问题、修改完善模型和列举备选方案等方式，为管理者做出正确决定提供帮助的人机交互系统。换句话说，传感器管理与控制就是利用有限的传感器资源，满足对多个目标和扫描空间的需求，以获得各个具体特性的最优值（如检测概率、截获概率、传感器自身的发射能力、航迹精度或丢失概率等），并以这个最优准则对传感器资源进行科学、合理的分配。

多传感器管理与控制研究的核心问题就是依据一定的最优准则，建立一个易于量化的目标函数，再加上传感器资源的约束条件，然后对目标函数进行优化，确定目标选择何种传感器及其工作方式和参数，以获得传感器对目标的有效分配。现代战争相关数据庞大，更新迅猛，单靠人力在实战意义时间限制内把错综复杂的作战信息理出头绪、完成决策方案，难度

很大。现代作战飞机普遍装有多种先进传感器。如果将这些传感器管理与控制都交给飞行员来操纵已不能适应现代战争形势的要求。因此，建立一套自动的传感器管理与控制系统不仅可以大大提高数据融合系统的精度，合理、充分利用传感器资源，而且还大大减轻了飞行员的身体和心理负担。因此，开展传感器管理与控制系统的研究具有重大军事意义。

本文设计了一种多传感器管理与控制算法，然后将此算法进行雷达、电子支援措施（ESM）、电子对抗（ECM）和敌我识别器 IFF 的管理与控制的仿真实验，通过仿真实验验证了本文算法的可行性和有效性。

2 算法设计与应用

本文设计的多传感器管理与控制算法选用了三级优先准则，依次进行任务分配：

准则 1：紧急任务优先。给每个任务建立一个分配级别 UI（urgent index），UI 值越大，任务就越先得到分配，本准则用于确定被分配任务的先后次序。

准则 2：复用能力最小优先。复用能力是

指传感器能完成任务的种类，当满足准则 1 的传感器有多个时，则从中选用复用能力最小的传感器，使系统对后续任务有更多的选择余地。

准则 3：随机分配原则。在前面两条原则的基础上，若还有多个传感器满足要求，则从中随机地选择一个传感器作为最后的分配结果。

任务优先级的确定采用了类似人工决策的方法，其基本思想是：建立一个模糊决策树，其节点为一些语义变量，它们是飞行员在决策过程中通常考虑的一些因素。在此基础上采用正向不确定推理方法获得任务的优先级。如图 1～图 3 所示为我们提出的任务优先级模糊决策树，它们分别对应跟踪、搜索和干扰三种任务。算法流程如图 4 所示。

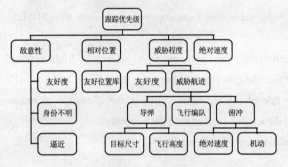

图 1　跟踪任务优先级推理模糊树

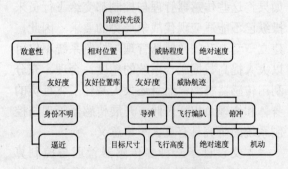

图 2　搜索任务优先级推理模糊树

图 3　干扰任务优先级推理模糊树

最后，将上述算法应用于雷达、电子支援措施（ESM）、电子对抗（ECM）和敌我识别器 IFF 的管理与控制。

3　仿真实验与分析

通过仿真实验获得实测数据后按照下列指标进行算法的性能评估：

$$正确率 ＝ TP/WM \qquad (1)$$
$$错误率 ＝ FP/（TP＋FP） \qquad (2)$$

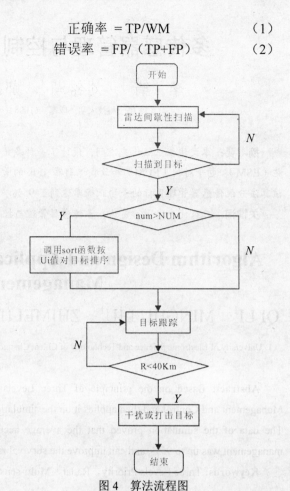

图 4　算法流程图

其中，num 为雷达扫描到的目标数目，NUM 为雷达能跟踪到的目标数目，R 为目标的距离。

$$探测率 ＝ TP/（WM＋TUN） \qquad (3)$$

其中，TP 代表需要管理且算法正确分配了传感器管理的目标数；WM 代表一次战斗中应该管理且传感器能探测到的目标总数；FP 代表需要管理但算法错误分配了传感器管理的目标数；TUN 代表应该管理但传感器不能探测到的目标数。正确率反映了传感器管理与控制算法正确分配传感器管理目标的能力，其值越高，算法管理目标的能力越强，最大值为 1。错误率反映了传感器管理与控制算法错误分配传感器管理目标的能力，其值越小，算法出错率越小，最小值为 0；探测率反映传感器探测目标的能力，其值越高，传感器探测目标的能力越强。正确率和错误率指标用来评估传感器管理与控制算法的性能，探测率用来评估传感器自身的探测性能。

在第一次仿真实验中，笔者选取了 6 个有代表性的目标作为一组仿真数据，仿真后计算得到的性能参数如表 1 所示。

表1 一组代表性目标测试的算法性能

性能参数	正确率（%）	错误率（%）	探测率（%）
	100	0	100

在第二次仿真中，展开了10组仿真实验，每一组的目标随机抽取，数量在6～20个之间不等，测试的性能参数如表2所示。

表2 10组随机抽取目标测试的算法性能

组别	目标数目	正确率（%）	错误率（%）	探测率（%）
1	8	100	0	100
2	10	100	0	90
3	6	100	0	100
4	7	100	0	85.7
5	12	100	0	83.3
6	15	100	0	86.7
7	16	100	0	75
8	8	100	0	87.5
9	18	100	0	83.3
10	20	93.75	6.25	80
平均值		99.38	0.62	87.15

在第三次仿真中，开展了20组仿真实验，分别在横队、纵队、梯队和楔队四种目标设计队形中，取6，8，10，16，20个目标等五种情况，测试的性能参数如表3所示。

表3 20组作战态势目标测试的算法性能

组别	队形	目标数目	正确率（%）	错误率（%）	探测率（%）
1	横	6	100	0	100
2	横	8	100	0	100
3	横	10	100	0	90
4	横	16	85.7	14.3	87.5
5	横	20	68.8	31.2	80
6	纵	6	100	0	100
7	纵	8	100	0	100
8	纵	10	100	0	90
9	纵	16	100	0	87.5
10	纵	20	100	0	80
11	梯	6	100	0	100
12	梯	8	100	0	100
13	梯	10	100	0	90
14	梯	16	100	0	87.5
15	梯	20	87.5	12.5	80

（续表）

组别	队形	目标数目	正确率（%）	错误率（%）	探测率（%）
16	楔	6	100	0	100
17	楔	8	100	0	100
18	楔	10	100	0	90
19	楔	16	100	0	87.5
20	楔	20	87.5	12.5	80
平均值			96.5	3.5	91.4

表1、表2和表3所示的结果均表明，本文设计的多传感器管理与控制算法的平均正确率分别达到了100%，99.38%和96.5%；平均错误率分别为0%，0.62%和3.5%；平均探测率分别为100%，87.15%和91.4%。

通过分析发现，本文建议的多传感器管理与控制算法正确分配传感器管理目标的能力很强，可以达到95%以上，但当管理的目标数目达到20个时，算法容易发生错误。主要原因为：当大量目标同时向我方进攻时，我方无法在短时间内完成全部目标的跟踪和格斗任务，致使某些目标近距离才被我方跟踪及消灭，特别是在横队目标个数为16及20个时，梯队目标个数20个、楔队目标个数20个时，分别出现了2～5个目标没有及时被管理的情况，使我方受到了可能被攻击的威胁，而纵队目标则不存在上述情况。该结果表明，目标队形及目标数目会影响算法的性能。

引起探测率较低的主要原因是：（1）一些目标尽管威胁程度较高，但它们的飞行轨迹超出了ESM、雷达、ECM的探测范围，使这些传感器无法向算法提供相应的目标数据和信息。如果一次战斗中超出传感器探测范围的目标数目越多，则探测率越低；（2）由于ESM、雷达等传感器自身探测能力的限制（例如，因雷达的目标探测概率小于1、测距和测向等误差丢失目标），使得这些传感器不能把丢失的目标数据传递给算法。如果传感器探测时丢失的目标越多，则探测率越低。因此，提高探测率的有效办法是改善传感器自身的性能。

4 结束语

综上所述，本文设计的多传感器管理与控制算法能够自动地进行一系列的传感器管理与控制操作，并把最终结果准确地在显示器上显示出来，辅助或提示飞行员决策，而不用飞行员记忆大量的战场态势和传感器性能数据，在复杂的信号环境下判断一个个条件是否满足，从而大大减轻飞行员的工作负担，使其从繁杂的常规事务管理中解脱出来，集中主要精力进行关键性决策，全身心地投入战斗，提高飞机的生存率和作战效能。

参考文献

[1] Hernandez M L, Kirubarajan T, Bar2Shalom Y. Multisensor resource deployment using posterior Cramer2Rao bounds [J] . IEEE Trans. on Aero space and Electronic Systems , 2004 , 40（2）：399～416.

[2] ZHOU Li, YANG Xiuzhen JU Chuanwen, YU Jinyong. Study on Algorithms of Sensor mode Management. Proc of the 2006 IEEE International Conference on Information Acquisition, Weihai, Shandong, China, August 20 ～ 23, 2006 Page (s) :1369 – 1373.

[3] Ronald Mahler .Unified Sensor Management Using CPHD Filters , 2007 10th International Conference on Information Fusion, 9-12 July 2007：1～7

[4] Angelia Nedich, Michael K. Schneider, Robert B. Washburn, Farsighted Sensor Management Strategies for Move/Stop Tracking, 2005 8th International Conference on Information Fusion, 25-28 July，2005：8 pp.

[5] Aeron, S.；Saligrama, V. Castaon, D.A. Efficient Sensor Management Policies for Distributed Target Tracking in Multihop Sensor Networks. IEEE Transactions on Signal Processing, 2008，56（6）：2562～2574

[6] 周文辉, 胡卫东, 余安喜等. 基于协方差控制的集中式传感器分配算法研究[J]. 电子学报, 2004, 31（B12）：2158～2162

一种基于 FPGA 的 FC-AE-1553 的系统设计

武 鹏 何 春 宗竹林

（电子科技大学电子科技研究院 成都 610054）

摘 要：MIL-STD-1553总线现已成为第二、三代作战飞机的主流总线，FC-AE-1553作为新一代航空电子系统的总线协议。为了使用光纤通道对航空电子系统进行升级，同时与大量现存的MIL-STD-1553设备保持兼容，FC-AE-1553协议桥是实现网络统一的关键部分之一。本文提出了一种基于FPGA的FC-AE-1553的系统设计，可以很好地满足需要。

关键词：MIL-STD-1553；FC-AE-1553；FPGA

A FC-AE-1553 System Design Based on FPGA

WU Peng HE Chun ZONG Zhulin

（Research Institute of Electronic Science and Technology of UESTC, Chengdu 610054, China）

Abstract: The MIL-STD-1553 bus has already became the main bus of the second, third generation of battle airplane. FC-AE-1553 is a next-generation avionics system bus protocol, in order to use fiber channel to upgrade the avionics system , and be compatible for a large number of the existing MIL-STD-1553 devices.FC-AE-1553 protocol for network bridge is a key of the uniform. This paper presents a FC-AE-1553 system design based on FPGA, which could meet the demands.

Keywords: MIL-STD-1553，FC-AE-1553，FPGA

1 引言

随着计算机技术、数据通信技术和网络技术的发展，航空电子系统进一步向通用化、模块化和开放化方向发展，对总线网络的带宽要求也越来越高。光纤通道（Fiber Channel，简称FC)是一个为适应高性能数据传输要求而设计的计算机通信协议，它具有高带宽、低延迟、对距离不敏感、拓扑灵活、支持多种上层协议等优点。以光纤通道来替代现在航空电子的主要网络——MIL-STD-1553，构建新一代的统一航空电子网络，已经成为航空电子系统发展的必然选择。光纤通道除了上述的优势外，由于MIL-STD-1553B 采用屏蔽双绞线作为传输介质，随着越来越多的数字航空系统被综合集成，来自系统外和系统内的电磁干扰、飞机表面和内部的静电放射以及闪电、电磁脉冲等对这种电传输的数据总线系统性能的影响会愈加严重。

FC-AE-1553 作为 FC-AE 的一个部分，定义了对 MIL-STD-1553 的上层协议映射。通过FC-AE-1553，FC 上就可以执行类似于 1553 总线上的实时可确定性行为。其目的之一就是允许利用已安装的 MIL-STD-1553 软件，通过映射使用熟悉的 MIL-STD-1553 概念，做到网络的统一和平滑升级。

统一网络的主要目的是简化结构，消除多种层次的网络和改进系统性能，降低对多种类型仪表和测试设备的需要和经济成本[1][2]。为了能够满足航空航天领域日益增长的大容量数据传输和系统兼容性的要求，本文提出一种基于 FPGA 实现 FC-AE-1553 的系统设计。

2 概述

MIL-STD-1553B 总线是20世纪70年代末为适应机载设备通信要求由美国提出和开发的传输速度为 1Mbps、传输方式为半双工方式的飞机内部时分制指令/响应式多路传输数据总线标准，因其可减少电子设备的体积、重量、复杂性，并具备高可靠性和实时性等特点，大量应用在航空、舰船、坦克、导弹、人造卫星、国际空间站等机动系统平台的电子设备上，同时在测试设备、模拟器等地面基础设施上也得到了广泛的采用。

在现代飞机设计中，综合式的系统结构是航空电子系统的主要结构形式，统一网络已成为航空电子系统深层综合化的必然趋势[1]。光纤通道（Fiber Channel，简称 FC）在航空电子环境下的应用：FC-AE-1553（Fiber Channel-Avionics Environment-1553）适应统一网络的广泛性要求，满足航空电子发展的需要，得到了众多民用、军用公司的支持和参与。

在 FC-AE-1553 航空电子网络中，FC-AE-1553 协议桥是实现网络统一的关键部分之一。FC-AE-1553 协议桥结构图如图 1 所示。

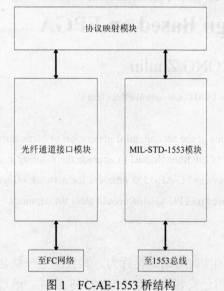

图 1　FC-AE-1553 桥结构

通过 FC-AE-1553 桥，互联传统 MIL-STD-1553 数据总线网络与光纤通道网络，将这两者综合为一个统一的数字化信息网络——FC-AE-1553。达到对原有终端的兼容与带宽速率的扩展。无论从网络规模或通信性能上均较传统 MIL-STD-1553 数据总线网络有了很大的提高。

FC-AE-1553 桥的主要作用就是实现传统的 MIL-STD-1553 总线与 FC 网络之间的桥接，使在多种拓扑结构之间运行单一的协议，完成对传统 MIL-STD-1553 终端设备的兼容。通过 FC-AE-1553 桥，实现航空电子系统 MIL-STD-1553 总线数据网络与光纤通道网络两种不同网络的通信终端之间的互通互联。包括 MIL-STD-1553 总线数据网络中总线控制器（Bus Controller，简称 BC）、远程终端（Remote Terminal，简称 RT）之间的消息传输、光纤通道网络中 NC（Network Controller，简称 NC）、NT（Network Terminal，简称 NT）之间的消息传输以及 MIL-STD-1553 总线终端与光纤通道网络终端之间的消息传输。

通过 FC-AE-1553 桥，将光纤通道的帧转换为 MIL-STD-1553 消息块（message），传送至 MIL-STD-155 网络。同样，将 MIL-STD-1553 消息块转换为光纤通道帧，发送至光纤通道网络。从而实现 2 种不同网络间的实时信息交换。

3　系统设计分析

3.1　系统结构

在充分考虑易用性的基础上，设计采用 SOPC 架构的系统方案。当需求改变时之需要通过对 FPGA 编程即可改变系统板的功能设计。FC-AE-1553 系统构成如图 2，它包括 1553 总线变压器模块、BU61580 模块、光纤接口模块、FPGA、SDRAM，以及测试和与主机通信接口。

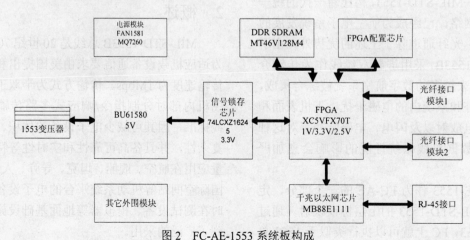

图 2　FC-AE-1553 系统板构成

兼容 1553 协议和 FC 协议，系统采用 1553 协议芯片实现 1553 协议，通过用户模块与光纤连接。系统由 FPGA 完成对接收到的数据进行 1553 协议到 FC 协议的转换并完成两者间的数据交换。光纤 FC0,FC1,FC2 部分协议以及对光纤接口模块的控制。FPGA 用来完成相关数据的采集，并将采集到的数据送往相关的数据接口方便进行分析和对比。

以 1553B 数据转光纤通道数据为例，在工作模式下，1553 数据通过 1553 总线耦合器输入 1553 协议芯片 BU61580，BU61580 芯片读取 1553 数据，并将数据送往 SDRAM；FPGA 从 SDRAM 调用数据并完成 1553 协议到光纤通道协议的转换，实现光纤的上层协议；之后将数据送往光纤底层协议模块，光纤底层协议模块主要完成光纤协议的 FC-0,FC-1 层全部功能以及 FC-2 层的部分功能；光纤底层协议模块处理后的数据将通过 Rocket IO 输出至光纤接口模块，由光纤接口模块完成光信号的转换并通过光纤模块发送至光纤通道。光纤通道数据转 1553B 数据是以上的逆过程。

3.2 系统的硬件设计

通过以上的方案分析，可以得到系统硬件的主体设计。系统主要由光纤接口模块、1553 模块、计算机接口模块以及 FPGA 模块。下面就这几个方面进行详细讨论。

3.2.1 光纤接口模块

光纤接口模块是实现光电转换的关键模块，电信号经过光纤接口模块后转换为光信号发送至光纤通道。光纤接口模块内有一块 EEPROM，通过它可配置光纤接口模块的工作状态。

3.2.2 1553 模块

1553 协议处理部分采用 1553 协议芯片 BU61580 完成 1553 协议相关功能。BU61580 是 DDC 公司研制的一种可以再处理机与 1553B 总线之间全集成化的接口芯片。BU61580 具有灵活的主处理器/存储器接口，能够实现缓冲模式、透明模式、DMA 模式；4Kbit 内部 RAM，可扩展访问 64K×16b 的外部 RAM；内部集成了收发器，通过软件编程可任意选择 BC、RT 或 MT 功能。它能完全实现 MIL-STD-1553B 标准所规定的消息的传输且具有较强的消息管理能力。1553 耦合方式分为直接耦合和变压器耦合，设计中选用变压器耦合方式，采用 PM-DB2725EX，变压比为 1∶2.5。

3.2.3 与计算机接口模块

由于 XC5VFX70T FPGA 内部有 4 个网络 MAC 资源。在应用系统用户板上考虑设计千兆以太网卡方便数据与电脑用户的交互。该部分电路设计采用 MARVEL MB88E1111 芯片设计。MB88E1111 芯片的主要工作流程是：在收到由主机发来的数据后侦听网络线路。如果线路忙，它就等到线路空闲为止；否则，立即发送该数据帧。发送过程中，首先，它添加以太网帧头，然后生成 CRC 校验码，最后将此数据发送至以太网上。接收时，它将从以太网收到的数据帧经过解码去掉帧头和地址检验等步骤后缓存在片内。在 CRC 校验通过后，它根据初始化配置的情况，通知主机接收到了数据帧，并通过编程选择传输模式将数据传输至主机的存储区中。

3.2.4 FPGA 模块

FPGA 是整个系统的核心器件，主要完成 FC-AE-1553 协议的功能，并完成相关数据的采集，送往相关接口进行分析对比。

Xilinx XC5VFX70T FPGA 芯片采用先进的工艺，拥有丰富的片内资源，主要包括 4 个网络 MAC 资源；36Kbit 的 block RAM，片内 RAM 资源可达 5328Kbit；芯片内嵌 PowerPC440 处理器；其数字时钟管理器可以提供广泛而强大的时钟管理功能，包括时钟去歪斜、频率合成等等拥有多达 16 个 RocketIO 资源。

FPGA 光纤接口模块主要完成 FC-0、FC-1 和 FC-2 层部分功能，其逻辑结构如图 3 所示，主要包括 FC-1 层的接收和发送通道、端口状态机、流量控制模块、接收和发送缓存模块、错误统计模块。

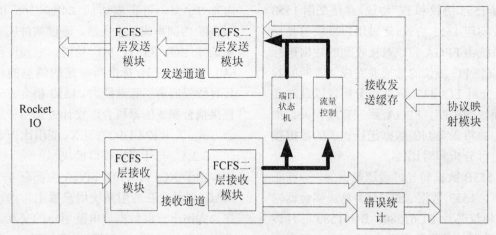

图 3．FPGA 内部逻辑框图

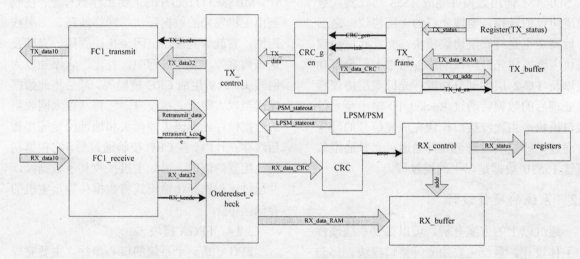

图 4 FPGA 接发送通道详细框图

FPGA 采用 Verilog 语言编程实现以上功能，通过 PowerPC 的控制来完成协议的映射，之后通过接收发送缓存数据进入 FC-1 层发送通道，发送通道受端口状态机和流量控制模块的控制，以满足可靠通信的要求。发送通道主要根据光纤通道协议完成数据的字长转换、字对齐、产生 CRC 校验码以及 8b10b 转换等功能。经过 8b10b 转换后的并行数据送入 FPGA 的 RocketIO 模块，在 RocketIO 模块内完成数据的串并转换并将串行数据高速输出。

需要注意的是，FPGA 每个 BANK 中有 VREF 引脚，通过该引脚可以将每个 BANK 的 FPGA 引脚配置不同的电平标准。在本系统中由于 IO 电平标准为 LVCMOS33，不需要 VREF 参考电平，因此 VREF 引脚当一般的 IO 引脚使用。DDR SDRAM 的引脚接口电平为 2.5V。在设计中主要考虑连接 DDR SDRAM 的 FPGA 引脚对应的 BANK 的参考电压为 2.5V。

BU61580 芯片 5V 供电，信号电平为 5V，FPGA 的 IO 电压为 3.3V，因此，在与 FPGA

相连接的时候，需要通过锁存器实现 IO 接口电平的转换。在本设计中，将 BU61580 芯片的引脚全部通过电平转换锁存芯片连接到 FPGA 的 IO 引脚上，通过引脚可方便对 BU61580 的工作模式进行改变，BU61580 共享的 RAM 通过采用 FPGA 的内部资源来实现。并行数据在 FPGA 中通过串并转换后由 RocketIO 输出至光纤接口模块，RocketIO 和光纤接口模块均采用差分输入。

4 系统测试

FC-AE-1553 系统的测试框图如图 4 所示。具体测试过程：FC 信号发生器的数据通过光纤接口传送到 FC-AE-1553 用户应用系统，传输处理后的数据经 1553 测试仿真卡和 1553 测试控制计算机分析或 FC 协议分析仪分析来完成测试；反之，也需通过 1553 测试控制计算机来发送 1553 协议信号来实现测试。

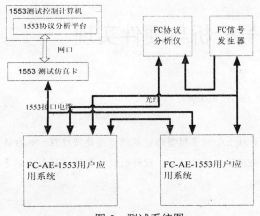

图5 测试系统图

经测试此系统可成功完成 1553 协议与 FC-AE-1553 协议的转换，并且可以独立工作在 1553 网络和 FC-AE-1553 网络中。

5 结语

未来战争是陆、海、空、天、电五位一体的立体化战争，空间装备将成为战争致胜的主要手段之一。空间技术竞争十分剧烈，发展空间、控制空间、利用空间是当今和未来军事发展的关键。FC-AE-1553 作为新一代航空电子系统的总线协议，可以满足日益增长的大容量数据传输需要。本文提出的 FC-AE-1553 用户系统不但可以利用光纤通道对航空电子系统进行升级，同时可以与现存的 MIL-STD-1553 设备保持兼容。在 FC-AE-1553 刚统一标准之际，研究开发出一款 FC-AE-1553 用户系统会使我国在同类产品的竞争中处于优势地位。

参考文献

[1] 林强，熊华刚，张其善.光纤通道综述[J] 计算机应用研究，2006

[2] Alan F.Benner著 胡志先、胡佳妮等译. 存储区域网络光纤通路技术. 北京：人民邮电出版社，2003

[3] ANSI INCITS. Fiber Channel-FC-AE-1553. REV 0.95 [S] December 4, 2006

[4] ANSI INCITS. Fiber Channel-Avionics Environmen（FC- AE）. REV 2.6 [S] July 7, 2002

[5] ANSI INCITS. Fibre Channel-Framing and Signaling（FC- FS）.REV1.90 [S]April. 2003

[6] Department of Defense MIL-STD-1553B: Military Standard Digital Time Division Command/Response Multiple Data Bus Notice 2. [S] 1978

[7] Data Device Corporation MIL-STD-1553A/B NOTICE 2 RT AND BC/RT/MT, ADVANCED COMMUNICATION ENGINE （ACE） 4-08/07-250 [R] www.ddc-web.com

[8] 饶新益. FC-AE-1553 协议桥的分析与研究:[学位论文][D]成都：电子科技大学，2007.04

[9] 林强，熊华钢，张其善.光纤通道中的 1553 总线技术[J] 2004

[10] 王刚，寇明延，李建强.光纤通道在航电设备中的应用和设计[J] 2006

激光制导模拟系统前端信号分析与硬件实现

陈　重　周　东

（电子科技大学电子科学技术研究院　成都　610054）

摘　要：本文简要介绍了激光制导导引头的基本模型，在此基础上分析了模型的前端的信号处理过程，然后提出了一种硬件的实现方法，并且对提出的硬件实现指标进行了理论推算。经过分析，硬件的设计能够达到激光制导模拟系统所需要的指标。

关键词：激光制导；模拟系统；信号处理

Signal Analysis and Hardware Implementation of Laser-guided Simulation System Front-end

CHEN Zhong　　ZHOU Dong

（Electronic Science and Tech Research Institute of University of Electronic Science and Tech of China Cheng Du 610054）

Abstract：This article briefly analyzes the laser-guided seeker's basic model. Based on the model, this article analyzes it's front-end process of signal processing, and then give an implementation method of hardware. And the proposed indicators of the hardware implementation are analyzed. After analysis, hardware design can be achieved by indicators of laser-guided simulation system.

Keyword：laser-guided，simulation system，signal processing

1　前言

随着精确打击目标成为军事导弹袭击的热点，激光制导技术也逐渐受到人们的重视。例如美国的战斧导弹因其在伊拉克战争中由仓库门射入仓库内部然后爆炸而一战成名。激光制导武器的发展也促成了反激光制导系统的广泛研究。

本文中所设计的激光制导模拟系统是模拟激光制导环境来测试激光告警系统的性能指标。模拟系统可以方便快速的验证告警系统的性能，为告警系统的开发和改进提供实验依据。

2　导引头前端硬件结构分析

2.1　激光制导模拟系统简介

激光制导模拟系统是模拟真实的激光制导导弹，根据入射激光的角度来实时调整导弹的飞行角度。在模拟系统中，利用三维转台来模拟导弹的转动方向。该系统总体框图如图1所示。

光电转换部分实现激光信号向电信号的转换，模拟调理部分是对转换来的电信号进行滤波等的调整；波门设置是为了防干扰提出的一种防护措施；采集处理部分是进行模拟量的采集，运用角度误差的算法进行运算并实施控制下一部分电移台来模拟导弹运行轨迹。

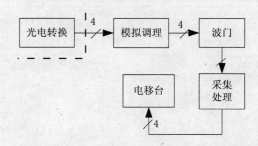

图1　模拟系统总体框图

如图1所示中光电转换部分是以四象限激光探测器为核心构成的，具体的系统前端结构框图如图2所示。光电转换子模块系包括两部分：光学系统和四象限探测器组件构成。其中，光学系统为四象限探测器提供激光的光斑。四象限探测器组件根据光斑的位置来判断入射激光的入射角。本文也正是分析这两个部分。

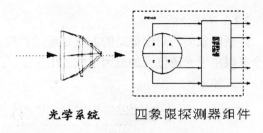

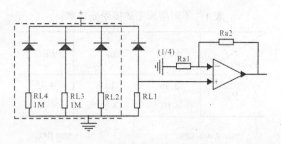

图 2　系统前端结构图

图 4　四象限探测器组件原理图

2.2　光学系统

光学系统通常由透镜和滤光片组成，它的作用就是把远处照射过来的激光按照入射的角度折射或者反射到四象限探测器的某一个特定区域内，形成相对较小的光斑。

导引头所采用的光学系统的视角是不能太大的，因为四象限探测器需要相对较小的光斑来确定计算偏移角，内视角一般为 3° 左右。本设计中采用光学系统的具体指标如下：瞬时视场：±3°；光谱透过率：(TPK)>90%@1.06μm；由两个物镜和一个滤光片组成。三维模型如图 3 所示。

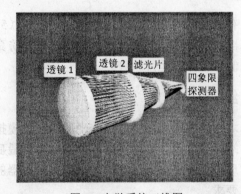

图 3　光学系统三维图

2.3　四象限探测器组件

四象限探测器组件完成的功能是将光斑信号转换成四象限不等的电压信号输出，这四路输出用以判断入射激光方的位角。

四象限探测器组件由两部分组成，前端是由一个光敏面分为四个象限的光电转换二极管构成，这部分将激光强度按比例转换成电压幅度。后面的自动增益运放则是针对接收到的微小的电信号进行放大。由于随着激光光源的远近不同，电压有较大的变化，所以本设计采用了自动增益放大器，以保护光电二极管。组件的硬件原理如图 4 所示。

四个光电二极管代表四个象限，每个象限都有一个电流输出端，然后通过运放以一定的增益将电流量转换成电压量。图 5 所示给出了一种常用的四象限探测器组件 EV2410 的简易内部框图。

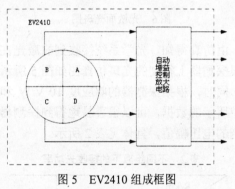

图 5　EV2410 组成框图

3　导引头前端的信号处理

3.1　导引头接收光功率分析

导引头表面接收到的光功率计算可由公式（1）推得：

$$P_3 = (P_L\tau/10^{10})/(d/\theta R)^2 \cos\psi \exp(-aR) \quad (1)$$

公式（1）中各变量分别表示如下：

P_S：探测器接收到的光功率大小；

P_L：威胁激光的峰值功率（这里假设成 2MW）；

τ：光学系统的透射率（0.9）；

d：四象限探测器的光敏面大小（0.01m）；

θ：激光光源的束散角（1mrad）；

R：激光光源到导引头的距离；

Ψ：激光的入射角（$\pi/4$）；

a：大气衰减系数，2.7/V；

V：大气能见度（10km）。

在以上假设参数下，可以得到一些距离情况下四象限探测器上接收到的光功率，具体数值如表 1 所示。

表 1　不同距离下的接受光功率

R/km P_S/w	5/km	7/km	9/km
P_S	3.49×10^{-3}	1.08×10^{-3}	4.45×10^{-4}

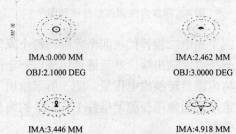

OBJ: 0.0000 DEG　　　　　OBJ: 1.5000 DEG

IMA:0.000 MM　　　　　IMA:2.462 MM
OBJ:2.1000 DEG　　　　　OBJ:3.0000 DEG

IMA:3.446 MM　　　　　IMA:4.918 MM

图 6　光敏面光斑图

由仿真得知，光学系统接收到的激光在四象限探测器上得到的光斑仿真图如图 5 所示

同时，根据探测器的响应度 10^4V/W 和表 1 中所示的数据，可以很容易地得到探测器上得到的电压幅值，具体见表 2 所示。

表 2　不同距离下的接收光功率

R/km V/V	5/km	7/km	9/km
V	34.9	10.8	4.45

3.2　四象限探测器定向原理分析

3.2.1 原理简介

如图 4 所示，光电探测器模块的功能：光电探测器接收光信号并输出，即把落在不同象限的光功率转换成相应的光电流 $I_{P1} \sim I_{P4}$。

$$I_{P1}=R_e P_1$$
$$I_{P2}=R_e P_2$$
$$I_{P3}=R_e P_3$$
$$I_{P4}=R_e P_4 \qquad (2)$$

公式（2）中 R_e 为光电探测器响应度。由 $I_{P1} \sim I_{P4}$ 通过前置放大电路输出电压 $U1 \sim U4$，即通过一定的偏置电阻把光电流转换成相应的电压，R 为偏置电阻。

$$U_1=I_{P1}R$$
$$U_2=I_{P2}R$$
$$U_3=I_{P3}R$$
$$U_4=I_{P4}R \qquad (3)$$

3.2.2 算法分析

判断四象限的角度偏差的方法是通过判断四个象限由于光斑位置的原因造成的电压差。具体公式如下：

$$U_x = k \frac{(U_1+U_4)-(U_2+U_4)}{U_1+U_2+U_3+U_4} \qquad (4)$$

$$U_y = k \frac{(U_1+U_2)-(U_3+U_4)}{U_1+U_2+U_3+U_4} \qquad (5)$$

公式（4）（5）为偏移量误差固定算法，k 为固定的增益系数，分子向是进行象限间的绝对误差的识别，式（4）为判断 x 方向，（5）为判别 y 方向。而分子的目的则是为了实现归一化，因为当光源的位置变化造成四个象限的响应电压统一变化就会影响到绝对误差的变化，这样会影响到后继的角度计算，所以对其进行归一化处理，避免了因距离变化而造成的角度计算误差。

根据上面的分析就不难得出误差角度计算的公式。

$$\theta = \arctan \frac{U_y}{U_x} \qquad (5)$$

有了公式中的角度误差信息，根据式（5）计算出的值进行数据处理，然后实时模拟仿真激光制导导弹的运行轨迹。

4　结束语

本文提出了一种简单地实现激光制导模拟器前端信号接收和处理的实现方法。并且最后的实现指标能够满足一般的室内激光告警器的测试要求。

参考文献

[1] 葛强胜. 车载式激光告警器探测性能分析计算 [J]. 激光与红外，2003

[2] 张承铨. 国外军用激光仪器手册[M]. 北京：兵器工业出版社，1989

[3] 金梅. 激光警戒接受机[J]. 激光技术，1989，（3）

[4] 杨源海. 自动激光跟踪中回波光斑的设计和光学自动聚焦[J]. 激光与红外. 第 18 卷，P36～395

[5] 刑冀川，田超. 基于 LabVIEW 的四象限探测器光电参数测量系统[J]. 系统与设计，2004；26（2）：33～367

A System of High Performance Real-time Imaging and Matching Based on FPGA and DSP

ZHENG Yingxi   ZHOU Bo

（Research Institute of Electronic Science and Technology of University of Electronic Science and Technology of China, Chengdu, 610054）

Abstract：The paper describes a high efficient and low complexity algorithm based on the conception of system. The image design combines high-capacity FPGA and high-speed DSP to implement high resolution. Subsequently, the real-time image is sent to complete image matching. Meanwhile, the whole processing must be real-time. The high processing rate is required because of the amount of data, which increase the difficulty of the design of hardware real-time processing system. The paper shows the feasibility analysis in detail after general introduction of algorithm of key techniques. The design can meet the real-time requirement of the system through the test. At the same time, one meter' resolution imaging and accurate image matching is carried out in the design.

Keywords：SAR，imaging，matching，real-time

1   Introduction

Synthetic Aperture Radar （SAR） can realize two-dimensional and high resolution imaging [1]. The azimuth is the direction along track and the range is cross track of the radar in the mapping band. On range pulse compressing technique is used in radar to obtain high resolution by transmitting wide time-band product linear frequency modulation （LFM） signal. On azimuth proper processing to echo can obtain high resolution through transmitting and receiving pulse signals in the same interval [2].

According to the system parameters, such as pulse repetition frequency （PRF）, band width and resolution and so on, the system must process a frame in one synthetic aperture time. The system is partitioned into three modules including AD data acquisition module, real-time signal processing module and image matching module. The paper mainly introduces the design and implementation of the system. Algorithms of key techniques are briefly given at first.

2   algotithm implementation

2.1   Imaging algotithm

Sub-aperture method, namely the whole aperture is partitioned into many segments, is used here to obtain high resolution. The data of range and azimuth is 4096 points respectively in the system. When realizing imaging, Range-Doppler（RD）algorithm is dominant comparing with time-domain correlation method on the computational effort [3]. Meanwhile, the system compensates some motion errors along track and along normal plane during the course of imaging. The estimation of Doppler parameters is necessary when doing motion compensation, including Doppler centroid （f_{dc}） and Doppler frequency modulation rate （f_{dr}） estimations. Map Drift （MD） algorithm is used to achieve f_{dr} estimation. The contrast optimization autofocusing algorithm is not suitable here because the imaging target is strong reflecting body and is not uniform. Moreover, Phase Gradient Autofocusing （PGA） is not also compatible due to the requirement of real-time. So MD algorithm is selected in the system to compute f_{dr} [1]. The algorithms flow of them are showed in fig. 1 and fig. 2.

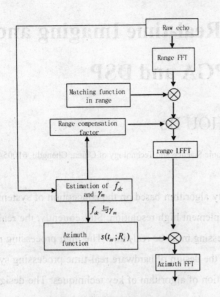

Fig.1 RD algorithm flow chart

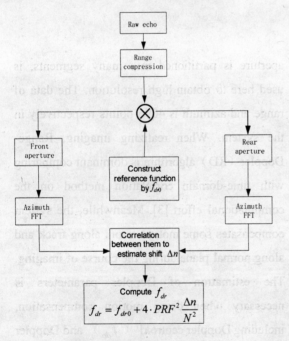

Fig.2 MD algorithm flow chart

2.2 Macthing algorithm

The efficiency of the matching algorithm is very high if every frame of image can be processed in real time. The brief introduction is showed here and the details are given in other papers. The image matching includes the preprocessing to real-time images, namely resolution adjustment among pixels. The matching can only be realized after resolution is the same among pixels between real-time image and reference map. The efficiency of searching algorithm results in the real time of matching system directly. Stratified matching can decrease

the time of searching, which can began with matching template from coarse image, namely low-resolution image, and find matching point approximately. Then find the accurate matching point from reference map step by step again. The matching time decrease over 90% compare with traditional matching algorithm under the same matching result [4] [5].

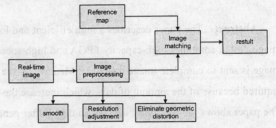

Fig.3 image matching algorithm impletation block graph

3 design of hardware

3.1 The design of system chart

The computation throughput is very high of every segment in the algorithms above, which requires us make full use of hardware resource to meet the real-time processing of the system. Considering the cost and difficulty of debugging, the same design is adopted in imaging and matching of the system. One piece of large capability FPGA, which is EP2S90F1020C3 of Stratix® II series produced by Altera, and two pieces of ADSP-TS202S that belongs Tiger-SHARC series of ADI are used in the design [6]. Moreover, data gathering must be added in front of imaging segment, namely A/D converter. Here AD9230 of ADI is selected that its converting rate is up to 250MSPS.

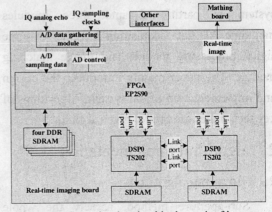

Fig.4 hardware impletation block graph of image

3.2 The analyseis of feasibility

Some parameters are chose here at first. The analysis of feasibility is given according to them.

TABLE 1 system parameters

Parameters	Value
Data in range	4096 points
Data in azimuth	4096 points
Pulse repetition frequency （prf）	30kHz
Sampling rate （f_s）	240MHz
One synthetic aperture time	0.4s

3.3 Range

The maximum average sampling rate is f_{ad_ave}.

$$f_{ad\_ave} = N_r \times \mathrm{PRF} = 4096 \times 30\mathrm{KHz} = 123\mathrm{MHz}$$

Meanwhile, DDR SDRAM is used to store data in the design, which the speed of reading or writing in sequence is double of clock frequency. Namely, the speed of writing of DDR SDRAM in sequence is 400MHz when clock frequency is 200MHz. So we choose 130MHz as the work frequency of range module in the system. FPGA can operate in the frequency of 130MHz by simulation steadily, which can meet the real-time processing of range module.

The data size in a pulse time $5\mu s \times 240\mathrm{MHz} = 1200$ must be. deleted after every pulse compression in range. The residual processed data size after pulse compression in range is $4096 \times (4096 - 1200) = 11862016$. So a frame figure needs $16M \times 16\mathrm{bit} \times 2$ to be stored. Four pieces of DDR SDRAM of $16M \times 16\mathrm{bit}$ is adopted in the design based on ping-pang storage [7].

3.3 Azimuth

A frame figure must be processed in $0.4s$, namely the average speed of reading in azimuth should be higher than $30MHz$. There are some operations, such as special activation and charging etc when reading data line alignment due to storage characteristic of DDR SDRAM. The efficiency is about quarter when SDRAM reads one data every line, namely the maximum reading speed is 100MHz. So we choose 85MHz as work frequency in azimuth module in the system. FPGA can operate in the frequency of 85MHz by former simulation steadily, which can meet the real-time processing of azimuth module [8].

3.4 Autofocusing

1200 range cells can be met to estimate f_{dr} by algorithm simulation. The data after pulse compression is divided into front and rear aperture, which is transmitted to DSP0 and DSP1 respectively by linkports to transposed storage. After that some operations, such as complex-multiply and adding are proceed in two pieces DSP in 1200 times respectively. The result of DSP1 is transmitted to DSP0 by linkport. Two groups of data are proceed with FFT complex-multiply, IFFT and so on in DSP0. The result of f_{dr} in DSP0 is transmitted to FPGA finally.

The following table Ⅱ is time of every segment of computing f_{dr}.

TABLE 2 computational time of f_{dr}

Items		time
storage		0.15s
read		49.2ms
Pre-configure f_{dr}		24ms
Azimuth FFT		66ms
adding		12ms
Transmission		32.8ms
autocorrelation	FFT	55μs
	Multiply in frequency domain	20μs
	IFFT	55μs
Mode		30μs
Max		16μs
Total		0.3014s

From the table, the total time is 0.3014s is less than One synthetic aperture time 0.4s. The design of autofocusing is real-time.

One piece of DSP needs to store data size of $2048 \times 1200 \times 16\mathrm{bit} \times 2 = 2457600 \times 32\mathrm{bit}$. Here two pieces of SDRAM of $4M \times 16\mathrm{bit}$, which can be combined into one piece of SDRAM of $4M \times 32\mathrm{bit}$ [9].

3.5 Image matching

Image matching includes image preprocessing, image matching and some controls, which are completed by two pieces of DSPs and a piece of FPGA respectively.

Image preprocessing is realized by two-dimensional DCT and IDCT, which is completed by FPGA and DSP0. Meantime, some controls are completed by FPGA. The output of DSP0 is sent to DSP1 to proceed subsequent image matching, which is implemented by autocorrelation[10].

The time of DCT of n points is about 37μs and storage time of SDRAM is 0.5μs, which the sum is less than processing time $\frac{4096}{100MHz}$ = 40.96μs of a group azimuth data, which ensures the algorithm real-time.

The data size is 2048×50×32bit×2=200K ×32bit. SDRAM of 256K×32bit can be met.

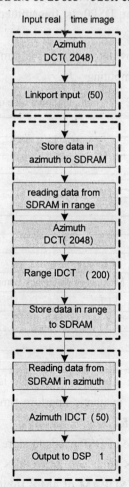

Fig3 image preprocessing flow chart before image mathcing

DSP1 also completes image matching except others in fig. The residual time of preprocessing is listed in the following table Ⅲ.

TABLE 3 evety segment time in DSP1 of preprocessing

Parameters	Time value
Store data to DSP1	1.024ms
Read data in range	2.048 ms
DCT	1.65 ms
IDCT	2 ms
Store data in range	0.1 ms
Read data in azimuth	0.2 ms
IDCT	0.5 ms
Total time	7.522 ms

The image matching is divided into low resolution matching and high resolution matching. The time of them is as follows respectively.

TABLE 4 low resolution matching time

Parameters	Time value
Read reference figure in azimuth	0.9 ms
Delaminating to real-time image and the reference figure	0.065 ms
Two-dimensional real-FFT to reference figure	5.58 ms
FFT in azimuth	0.62 ms
Data storage in azimuth	1.32 ms
Data reading in range	2.62 ms
complex-FFT in range	1.02 ms
Two-dimensional FFT to real-time image	5.58 ms
complex-multiply	0.26 ms
Two –dimensional IFFT	5.58 ms
Mode	0.03 ms
Max	0.04 ms
Total	18.04 ms

The time of high resolution is 0.45 ms.

In general, the total processing time of DSP1 is 26 ms that is less than 0.4 s. DSP1 can complete processing in real time.

Memory requirement: the size of reference figure is 300×4000, which needs 512×4096 ×32bit=2M×32bit. The size of real-time and algorithm is 8×256×256×32bit=512K×32bit. One piece of SDRAM of 4M*32bit can store these data.

4 conclusion

The paper presents brief introduction of some key algorithms and feasible analysis of the hardware design in detail. We can conclude by the former simulations that the design of the system is not only satisfies with the amount of data storage but also completes real-time imaging and matching. At the same time, the system can produce resolution of one meter imaging and precise image matching. The deficiency of the system is that the data size is very big in estimation of f_{dr} that needs to be realized by two pieces of DSP. The cost and the design difficulty of Printed Circuit Board （PCB） are increased. Meanwhile the size of the circuit board is also increased. In the future we can improve the design of algorithms and simplify the design of the hardware. The design of miniaturization can be developed on the condition that it meets the high resolution.

5 Acknowledgment

The authors thank for helpful advices of DAI Chunyang and YANG Wutao and the assistant from LIliang.

References

[1] PI Yiming, YANG Jianyu. Synthetic Aperture Radar imaging theory, University of Electronic Science and Technology of China Press, 2007

[2] DING Lufei, GENG Fulu. Radar Theory, XiAn University of Electronic Science and Technology Press, 2003

[3] CHENG Peiqing. Digital Signal Processing Toturial, BJ: Tsinghua Press,2001

[4] ZHENG Jiang, BAI Xianzhen, and ZHAO Xiaosheng, SAR Image Matching Based on Fractal Theory, ICSP'04 Processdings, pp.1965～1968, 2004

[5] H.S. RANGANATH, S.G. SHIVA, Correlation of Adjacent Pixels for Multiple Image Registration, IEEE TRANSACTIONS ON COMPUTERS, Vol. c-34, No.7, JULY 1985

[6] ANALOG DEVICE, TigerSHARC® Embedded Processor Preliminary Technical Data. ADSP-TS203S，2004

[7] LIU Shuming. TigerSHARC® DSP Application System Design, BJ: Electronic Industry Press, 2004

[8] ZHU Jiang, HE Zhiming, Design and Implementation of the Missile-Borne SAR Azimuth Preprocessing in FPGA, Postgradution Transction 31 of UESTC, 2006

[9] ZHU Jiang, HE Zhiming. Real-time Signal Processing Implementation of the Missile-Borne SAR Using High Performance DSP. 2006 CIE International Conference on Radar

[10] Paul Heckbert. Fourier Transforms and the Fast Fourier Transform（FFT）Algorithm

一种高效的复合式指纹细化算法

韩　玉[1]　周世岗[2]　王建国[2]

（1. 电子科技大学电子工程学院　成都　610054；2. 电子科技大学电子科学技术研究院　成都　610054）

摘　要：在自动指纹识别系统中，细化是最耗时、最重要的部分，而现有的指纹细化算法还存在许多问题。本文对快速细化算法和基于模板匹配的 OPTA 细化算法进行了分析和研究，将两种细化算法有机结合，设计了一组改进的细化模板，提出了一种新的细化算法。实验证明：该算法与快速细化算法和 OPTA 细化算法相比细化更彻底，而且该算法运算速度也大大加快。

关键词：指纹识别；细化；匹配模板

HAN Yu　ZHOU Shigang　WANG Jianguo

Abstract：Thinning has an important position in automatic fingerprint recognition system, also costs the most time. However the existing algorithm still has many problems. Through researching and analyzing fast thinning and the OPTA method based on template matching of image post processing, an improved image template thinning algorithm was proposed based on a group of modified templates. The experimental result proves that the algorithm is completed compared with the two algorithms above, and it enhances the operation speed.

Keywords：fingerprint recognition，image processing thinning，template matching

引言

细化又称为骨架化，即在不影响原图拓扑连接关系的情况下将宽度大于一个像素的图像线条转变为只有一个像素宽度的图像的处理过程，也就是抽取图像的骨架。另外，细化的另一个优点就是减少内存空间，它只需要存储图像必需的结构信息，这样在图像处理过程中能够简化数据结构。因而，细化在图像处理过程中占有重要的地位，是图像分析、数据压缩、特征抽取及模式识别的常用方法。由于细化的重要性，细化算法一直是人们比较关注的问题，因此出现了比较多的细化算法，无论哪种细化算法，都可能会因为目的和用途的不一样产生不同的效果。整个细化过程都不能改变原图的拓扑连接性，也不能有显著的端点缩短，分叉点分离等畸变的现象。在多数情况下，细化所占据的时间大约是整个预处理时间的一半以上，所以，是否有一个快速有效的细化算法是整个指纹预处理算法成功与否的关键。

细化的目的就是找到原图像的骨架，通常是采用模板匹配法。该算法是根据目标像素的局部邻域的图像特征进行处理；此外，还有采用外轮廓计算、神经网络、模糊等细化算法。从处理的过程来看，主要分为串行、并行两种算法。前者是对当前像素进行处理，每一次处理都要依据上一次的处理结果；后者是每次对所有的对象进行处理，处理的过程不依赖上一次的结果。从速度上来说，并行算法要比串行算法快很多，但是并行算法很难保证处理后的图像的连接性。

一种好的细化算法应该满足下列条件：

（1）收敛性：迭代必须是收敛的；

（2）连接性：不破坏纹线的连接信息；

（3）拓扑性：不引起纹线的逐步吞噬，保持原图像的基本结构；

（4）保持性：保护纹线的细节特点；

（5）细化性：骨架像素的宽度为单像素宽；

（6）中轴性：骨架尽可能接近纹线中心；

细化模板一般采用 3×3 大小的窗口，如图 1 所示。首先给出几个定义：

X_4	X_3	X_2
X_5	X	X_1
X_6	X_7	X_8

图　1

黑色为 0，白色为 1。

4 邻点：一点 X 的四个相邻点为 X_2, X_4, X_6, X_8，称为 X 的 4 邻点；

8 邻点：一点 X 的八个相邻点为 $X_1, X_2, X_3, X_4, X_5, X_6, X_7, X_8$，称为 X 的 8 邻点；

8 连通细化：在保证邻近的点为 8 邻点的条件下，如果不存在可以删除的点，则称 8 连通细化；

4 连通细化：如果一个细化图像不是 8 连通细化的，则称 4 连通细化。

1 经典细化算法分析

1.1 快速细化算法

快速细化算法为 4 连通并行细化算法，它的原理是先判断出指纹纹线的边界点，然后再逐步删除。算法描述如下：

（1）遍历整个指纹图像，找出纹线的边界点；

（2）判断该边界点是否应该删除。对边界点 x 定义两个特征变量 n_{sum} 和 t_{sum}：

$$n_{sum} = \sum_{i=1}^{8} x_i ,$$

$$t_{sum} = \sum_{i=1}^{8} |x_{i+1} - x_i| .$$

如果 x 点同时满足：$t_{sum} = 2$，且 $n_{sum} \neq 1$，$n_{sum} < 6$，则可将其删除；

（3）继续寻找下一个边界点，直到没有可删除的点为止。

快速细化算法的运行速度很快，但存在一个严重的缺陷，主要是纹线细化不彻底，如图 2 所示。

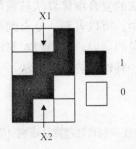

图　2

X_i（$i = 1, 2 \cdots, n$）表示箭头所指向的像素点，如 X_1 即表示图 2 第二行第二列的像素点。首先确定 X_1 和 X_2 两点的 8 邻点分别都有 4 个目标点，根据单像素宽的定义 4，这两个点都应当删除，但是根据快速细化算法式，分别计算这 X_1 和 X_2 两点的 8 邻点 $t_{sum} = 4$，不满足删除条件，所以造成了细化结果不彻底。

1.2 OPTA 细化算法

OPTA 采用了通过删除模板和恢复模板串行迭代方法细化指纹图像。该方法预先定义了若干个删除模板和恢复模板。

删除规则为：如果一个点及其周围的 8 个点与某一删除模板匹配，但不满足恢复模板，则该点可以删除掉。

恢复模板的引用是为了避免出现局部区域的点全部被删除掉，改变了连通性的情况。如图 3 所示为删除模板，如图 4 所示为恢复模板。x 的值为 0 或 1 均可。

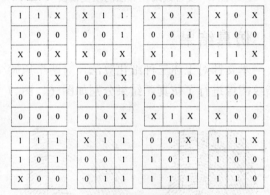

图 3　删除模板

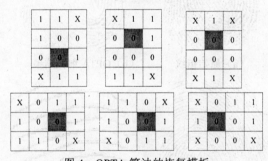

图 4　OPTA 算法的恢复模板

2 复合式细化算法

经过快速细化后的指纹图像仍旧留有 4 连通点，而我们理想的细化结果应该只有 8 连通点，应增加二次细化处理。而 OPTA 算法的模板方式正好可以起到去除 4 连通点的作用。于是，我们的复合式细化算法综合了快速细化和 OPTA 的模板式二次细化，得到了更彻底的细化结果。

由于 OPTA 是串行迭代，后一次的处理依赖于前一次的结果，在后面的仿真结果中可以清楚地看到一些多余点被恢复了，这也许就是 OPTA 算法不能够通用的原因。

本文先对指纹进行快速细化处理，经过仿真发现只遗留了一些固定模式的 8 连通点，所以在进行二次细化时可以采用 OPTA 算法的模板方式除掉这些点。二次细化的处理中，我们继承了 OPTA 细化算法模板，但针对删除模板的结果，我们优化了恢复模板，如图 5 所示。

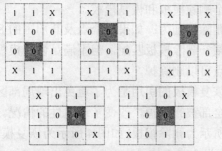

图 5 复合式细化算法的恢复模板

3 仿真结果

本文针对上述三种细化算法，对两个原始指纹图像进行了仿真，结果分别如图 6、图 7 所示。

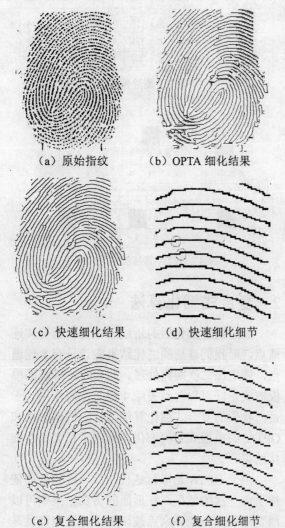

（a）原始指纹　　（b）OPTA 细化结果

（c）快速细化结果　　（d）快速细化细节

（e）复合细化结果　　（f）复合细化细节

图 6

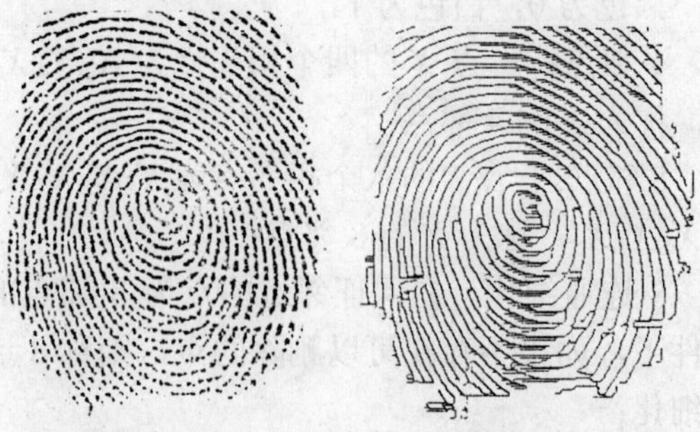

（a）原始指纹　　（b）OPTA 细化结果

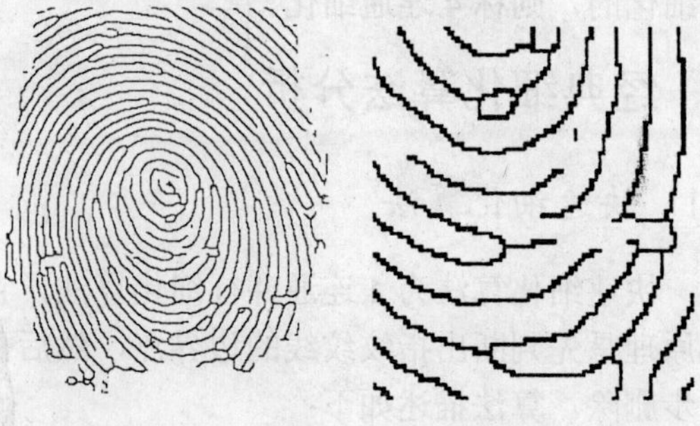

（c）快速细化结果　　（d）快速细化细节

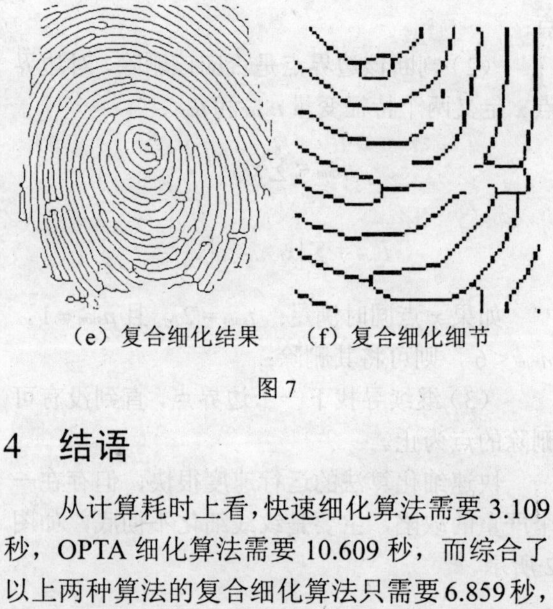

（e）复合细化结果　　（f）复合细化细节

图 7

4 结语

从计算耗时上看，快速细化算法需要 3.109 秒，OPTA 细化算法需要 10.609 秒，而综合了以上两种算法的复合细化算法只需要 6.859 秒，居于两者之中。可以看到，复合细化算法在增强了细化效果的同时，比 OPTA 算法缩短了计算时间，是一种较优的细化算法。

参考文献

[1] 高婧婧. 指纹识别预处理算法研究 [学位论文][D]. 成都: 电子科技大学，2007

[2] 王玮. 自动指纹识别系统关键技术研究[学位论文][D]. 重庆: 重庆大学光电工程学院，2007

[3] 张季. 自动指纹识别算法研究与系统设计 [学位论文][D]. 四川: 西南交通大学，2007

[4] SALEH A A, ADHAMIR R. Curvature-based matching approach for automatic fingerprint identi-

fication[C] // Proceedings of the 33rd Southeastern Symposium on System Theory. Athens IEEE, 2001: 171~175

[5] HAN B, JIA R Q. Optimal two-dimensional interpolatory ternary subdivision schemes with two-ring stencils[J]. Mathematics of Computation. 2006, 75: 1287~1308

[6] 戴春霞. 基于改进指纹图像细化算法的识别系统研究与应用: [学位论文][D]. 湖南: 湖南大学, 2004

[7] 何晶. 若干指纹图像二值化与细化算法研究 [学位论文][D]. 西安: 西安邮电学院, 2008

PCNN 与区域生长算法在图像处理中的比较研究

何长涛　　王卫星

（电子科技大学电子工程学院　成都　611731）

摘　要：本文分析了 PCNN 和区域生长算法在应用于图像分割中的基本思想，结合区域特征明显的实际图像分别应用这两种方法进行了实验，展示了各自应用于图像分割的优缺点，并对这两种方法在图像分割中的实际表现进行了比较。研究表明，PCNN 应用于图像处理时，也是运用了基于图像区域的特征，通过神经元脉冲发放和捕获特性对图像像素进行空间聚类进而达到图像分割的目的，若将两者结合起来会在图像处理中取得更好的效果。

关键词：脉冲耦合神经网络；区域生长算法；图像处理；区域特征

The Comparison Research Between Region Growing Algorithm and PCNN in Image Processing

HE Changtao　　WANG Weixing

（School of Electronic Engineering, University of Electronic Science and Technology of China, Chengdu, 611731）

Abstract：This paper analyses basic principles of PCNN and region growing algorithm in the image processing, and two methods are tested in practical images with obvious regional characteristics, the results show their advantages and disadvantages, and we analyze their actual segmentation results. The studies show that in the processing of image segmentation, PCNN is also based on image region characteristics, and it clusters some pixels to segment images through its neuron pulse distribution and capture characteristics, in the future, we can get better effects if we combine the two methods together in the image processing.

Keywords：pulse coupled neural network，region growing algorithm，image processing，region characteristic

1　引言

20 世纪 90 年代产生的脉冲耦合神经网络 PCNN（Pulse Coupled Neural Network, PCNN），因其模型直接来源于对哺乳动物的视觉特性研究，所以比传统的 BP 网络等人工神经元模型前进了一大步。1999 年，Izhikevich 在数学上严格证明了实际的生物细胞模型与 PCNN 模型的一致性[1]，使这种具有生物学背景的新型神经网络具备了严谨的数学基础，加之其具备独特的脉冲发放特性和无需训练即可实现模式识别[2]、图像分割[3]、目标分类等功能，因此在图像处理领域得到了非常成功的应用。

区域生长的基本思想是将具有相似性质的像素结合起来构成区域。先在每个需要分割的区域找一个初始的种子点，再按照生长准则将种子像素周围邻域中与种子像素有相同或相似性质的像素合并到种子像素所在的区域，再把刚合并的像素作为新的种子像素重复上述的过程，直到没有满足条件的像素可被包括进来为止[4]。这也是其用于图像分割的基本思想。

随着 PCNN 应用研究的深入，对模型与其他图像处理算法的比较研究也日益成为众多学者关注的热点。文献[5]在运用 PCNN 进行颗粒分析时得到了 PCNN 进行图像处理时用到的脉冲并行传播特性完全等价于数学形态学中一定结构元素下的腐蚀运算这一结论；文献[6]在图像的边缘检测、消噪处理和纹理识别等诸方面将 PCNN 与小波变换进行了对比研究。本文则在图像分割思想上将 PCNN 与区域生长算法做了对比研究，通过实际图像的分割效果揭示了 PCNN 模型脉冲发放和捕获特性在思想上也是基于图像区域分割的特性，为在今后的图像处理中两者的有效结合奠定了理论基础。

2　PCNN 与区域生长算法在图像分割中的比较

2.1　基于区域生长算法进行图像分割的基本思想

通常，区域生长算法的基本思想是：以选取的种子像素作为初始生长的起点，然后在种子像素周围邻域中，根据事先确定的生长或相似度准则进行聚类，把与种子像素有相同或相似性质的像素合并到种子像素所在的区域中。然后再将新像素当做新的种子像素继续进行上述的聚类，直到满足条件的像素都被包括进来为止。

在实际应用区域生长算法时需要解决好以下三个问题：

（1）确定一组能正确代表所需区域的种子像素；

（2）确定在生长过程中能将相邻像素包括进来的准则；

（3）制定让生长停止的条件或准则。

2.2　基于 PCNN 图像分割的基本思想

2.2.1　PCNN 的单个神经元标准模型

PCNN 是一种与传统神经网络有很大不同的新型神经网络。将 PCNN 用于图像处理时，一般是一个像素对应一个神经元，由于在 PCNN 中相似输入的神经元具有同时发生脉冲的特性，因此能够弥补输入数据的空间不连贯和幅度熵的微小变化，从而较完整地保留图像的区域信息，这对于图像分割无疑是非常有利的。标准的 PCNN 单个神经元模型如图 1 所示。

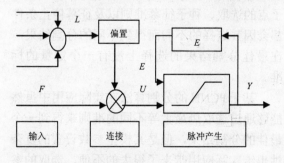

图 1　构成 PCNN 的单个神经元模型

2.2.2　神经元的数学表示及工作原理

图 1 中，单个 PCNN 神经元主要由接收部分、调制部分和脉冲产生三部分组成。接收部分又分为两大分支，其中一个用于接收包含了外部输入信号的馈送输入 F（Feeding Inputs），

其运算关系为：

$$F_{ij}(k) = e^{-\alpha_F} F_{ij}(k) + S_{ij} + V_F (M * (k))_{ij} \quad (1)$$

另一个则用于接收来自其他神经元的连接输入 L （Linking Inputs），其运算关系为：

$$L_{ij}(k) = e^{-\alpha_L} L_{ij}(k) + V_L (K * Y(k))_{ij} \quad (2)$$

式（1）、（2）中 K 和 M 是连接权重矩阵，*表示卷积运算；Y 为神经元点火与否的信息；α_L 和 α_F 为时间衰减常量；V_L 和 V_F 为连接和反馈常量；S_{ij} 为神经元接受的外部刺激。

在连调制部分，反馈输入 F_{ij} 和连接输入 L_{ij} 经过调制后产生神经元的内部活动项，其运算关系为：

$$U_{ij}(k) = F_{ij}(k)(1 + \beta L_{ij}(k)) \quad (3)$$

式（3）中 β 为连接调制常量。神经元的脉冲生成器根据内活动 U_{ij} 的一个阶跃函数产生二值输出，并根据神经元点火与否的状态自动调整阈值的大小。若内部活动项 U_{ij} 比阈值函数 θ_{ij} 大，则 Y_{ij} 取值为 1，称为神经元点火；否则 Y_{ij} 取值为 0，称为神经元未点火。如果神经元点火，则根据 V_θ 对阈值函数按照下面两式进行调整：

$$\theta_{ij}(k) = e^{-\alpha_\theta} \theta_{ij}(k-1) + V_\theta Y_{ij}(k-1) \quad (4)$$

$$Y_{ij}(k) = step(U_{ij} - \theta_{ij}) = \begin{cases} 1 & U_{ij}(k) > \theta_{ij}(k) \\ 0 & \text{otherwise} \end{cases} \quad (5)$$

其中，α, θ 为时间衰减常量；V_θ 为阈值常量。

2.2.3　基于 PCNN 图像分割的基本思想

因为神经网络本身具有分类属性的特征，是实现图像边缘检测、区域分割的基础[7-10]，而脉冲耦合神经网络直接来源于哺乳动物的视觉特性研究，与其他现有的图像分割算法相比，具有明显的优势。

PCNN 在分割中具有的显著特点是：一个神经元的激发会引起相邻连接区域中内部活动状态类似神经元的激发，从而产生一个脉冲序列。而 PCNN 为二维单层连接的网络，每个神经元对应一个像素，因此，每个神经元都处在一个 3×3 的模块之中，若其中有一个神经元点火，则都会使周围其他神经元连接输入 L_{ij} 变为 1，进而促进其他神经元的激发点火。这也是

PCNN 用于图像分割的基本思想。

3　仿真实验及分析

3.1　仿真实验结果

为了比较区域生长算法和PCNN分割算法在实际图像分割中的异同，我们选取了区域特征比较明显的两幅图像作为实验图像，通过实际的图像分割来展示各自算法的优缺点。如图2所示即为实验原始图像和分割后的图像。

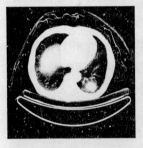

（a）原始图

（b）PCNN 分割结果

（c）区域生长算法分割结果

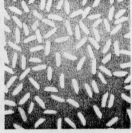

（d）原始图

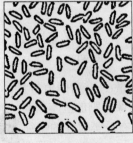

（e）PCNN 分割结果

（f）区域生长算法分割结果

图2　仿真实验结果

3.2　对比分析

3.2.1　主观上的分析

主观上，从图2所示中可以看出，两种方法基本上都能做到对图像比较准确的分割，基于PCNN的分割算法在对图像进行准确分割的同时，保留了大量的图像细节和纹理信息，而纹理元素的方向和频率对后续的目标识别来说是很重要的参数，就这点而言，PCNN在图像分割上优于区域生长算法；而基于区域生长算

法的分割结果则将图像的主要轮廓勾勒得比较清晰，在分割后的图像中没有出现多余的伪轮廓，且区域的连通性也较好，这对于目标检测有着非常重要的意义。

3.2.2　客观上的分析

从两者算法的本质上来讲，都是基于空间像素聚类的分割算法。区域生长算法在初始种子像素的选择上没有固定的方法。本文是通过图像直方图的两个聚类中心像素作为初始的种子像素，一般情况下初始种子像素的选择要根据具体问题的特点来进行，这也关系到整个算法的时效性。

基于PCNN的图像分割算法，其神经元的通信行为完全类似于区域生长的过程，因此，基于PCNN的分割算法应该属于区域分割的范畴。但基于 Johnson 等人改进模型构建起来的算法并没有使空域相邻和灰度相似的神经元完全同步[11]，被捕获的神经元一般都是在下一次迭代中点火的，所以，传统的 PCNN 模型没有彻底地体现出 PCNN 基于区域的特征。这样，才有后来 Robert D Stewart 等人的改进模型[12]。PCNN 虽然有着分割上的很多优点，但是其参数的设置至今都没有一个统一的准则，在进行分割时都是不断地通过实验来最终确定合适的参数，且每幅图像都不相同。本文也是如此，同时采用二维最大熵作为算法收敛的准则。

3.2.3　两种算法在实际工程应用中的处理方法

在实际应用中，针对某幅图像的处理，两种算法均存在一定的不确定性，对于区域生长算法在应用于实际的图像分割过程中，初始种子点的选取、种子征募准则以及征募停止条件都会因其选择的不同而得到不同的分割结果，在最佳分割结果的选择上没有一个定量的标准。

基于PCNN的分割算法在实际应用中虽然能够通过选取熵最大等不同的准则来得到一个最佳的分割结果，但是其模型参数设置的复杂性也给实际应用带来了很大的不便，选取的参数不同得到的分割结果也会不同，而参数的选取目前只是根据操作者主观经验通过反复实验得到的，也没有一个定量的标准。

针对以上在实际工程应用中的缺陷，我们准备提出一种基于区域生长的 Unit-Linking PCNN 模型的图像分割算法，利用 Unit-Linking PCNN 模型参数简单和易于设置的特点和区域生长上的优势，把两者结合起来得到一个既能准确分割图像又便于操作的图像分割算法，使其具备较强的工程应用价值。

4　结论

本文以两种算法应用于图像分割为例进行了上述的对比研究。结果表明，两种算法都是基于空间像素聚类来实现的，在这点上两种算法是等价的。本文通过对比分析，说明了它们各自的优势和不足。Robert D Stewart 等人的改进模型也彻底体现了 PCNN 区域分割的本质，他们的模型必将成为今后 PCNN 区域分割算法研究的方向。区域分割算法属于串行计算的范畴，而 PCNN 模型则具备并行计算的特性，单纯地使用 PCNN 或区域生长都存在一定的局限性；若将两者结合起来恰好实现了算法的优势互补，既增加了计算的时效性，又能做到精确分割，这也是今后 PCNN 研究的一个趋势。在后续的工作中，我们在这方面将做更为详尽的研究，使两者能做到真正的融合。

参考文献

[1] Izhikevich E M. Class I Neural Excitability, Conventional Synapses, Weakly Connected Networks, and Mathematical Foundations of Pulse Coupled Models[J]. IEEE Trans Neural Networks, 1999,10（3）:499～507

[2] John J L. Pulse-coupled Neural Nets: Translation, Ration, Scale, Distortion and Intensity Signal Invariance for Images[J]. Appl Opt, 1994, 33（26）:6239～6253

[3] Liu X, Wang D L. Range Image Segmentation Using A Relaxation Oscillator Networks[J]. IEEE Transactions Neural Networks, 1999, 10（3）:564～573

[4] 章毓晋. 图像工程（第 2 版）[M]. 北京：清华大学出版社，2007

[5] 顾晓东，张立明. PCNN 与数学形态学在图像处理中的等价关系[J]. 计算机辅助设计与图像学学报，2004，16（8）:1029～1032

[6] 田勇，郭建征，马义德等. 小波变换与 PCNN 在图像处理中的比较与结合[J]. 甘肃科学学报，2006，18（4）:53～55

[7] Tzanakou E M, Sheikh H, Zhu B. Neural Networks and Blood Cell Identification[J]. J of Med Systems, 1997, 4（21）:201～210

[8] Spreeuwers L J. Neural Network Edge Detector. In: Gonzalo R A, Charles G B, Jr EDWARD R D, et al. Proceedings. SPIE: San Jose, CA ,USA 1991, 1451: 204～215

[9] Wang T, Zheng C, Li D, et al. Self-organization Neural Network based Ultrasonic Heart Image Segmentation[J]. Journal of Biomedical Engineering, 2000, 19（3）: 355～360

[10] Chao C-H, Dhawan AP. Edge Detection Using a Hopfield Neural Network[J]. Optical Engineering, 1994, 33:3739～3747

[11] 马义德，李廉，王亚馥等. 脉冲耦合神经网络原理及其应用[M]. 北京：科学出版社，2006

[12] Robert D Stewart, Iris Fermin, Manfred Opper. Region Growing With Pulse-coupled Neural Networks: An Alternative to Seeded Region Growing[J]. IEEE Transactions on Neural Networks, 2002, 13（6）:1557～1562

新清单计价下业主方在招投标阶段的风险分析与对策

邵朝红　孙　亮

（山东建筑大学管理工程学院　济南　250101）

摘　要：针对2003计价规范的不足，我国在2008年对《建设工程工程量清单计价规范》进行了修订。修订后的计价规范增加了后期的计量、支付、签证、索赔等规定，并给出了双方风险承担的原则。但是在新的清单计价模式下业主方所面临的风险因素仍然很多，尤其是在招投标阶段，可能会出现一些新的潜在的风险因素。本文就业主方在招投标阶段的潜在风险从自身和投标方两个方面进行了分析，并提出了相应的策略和建议。

关键字：工程量清单；风险；招投标；对策

Risk Analysis and Countermeasures of Owner in the Bidding Phase under the Mode of Valuation with Bill Quality

SHAO Chaohong　　SUN Liang

（School of Management Engineering, Shandong Jianzhu University, Jinan 250101, Shandong ）

Abstract: Construction project amounts list valuation standard has been revised in 2008 for those deficiencies of 2003. The revised valuation standard not only added rules of measurement , payment, visa and claims, but also presented both the principle of risk. But the risk factors of the owner were still many under the new bill of qutantities, especially in the bidding phase, some new potential risk factors may appear. This paper analyzed the potential risks of the owner in the bidding phase from two aspects of the tenderer and themselves, furthermore, put forward the corresponding strategies and Suggestions.

Keywords: Bill of quantities，risk，bidding，countermeasure

1　引言

2008计价规范的颁布，意味着清单计价模式在我国正在不断地走向成熟和完善，业主通过招标这一方式选择合适的承包商在理论上具有优势，但是由于信息的不对称，业主方在这一阶段面临着较多的风险。本文从业主方的角度出发就这一阶段存在的风险进行论述。

2　新清单计价下业主在招投标阶段的风险分析

2.1　来自业主方的风险分析

2.1.1　招标文件编制中存在的风险

在2008计价规范条文4.2.1中规定：国有资金投资的工程建设项目应实行工程量清单招标，并应编制招标控制价[1]。招标控制价是公开的最高限价，并随招标文件一并发至投标人，投标人的报价高于招标控制价的其投标将被拒绝。招标控制价的设立在一定程度上有利于业主方对工程造价的控制，也为投标人编制投标报价提供了参考。但是，这对业主的能力也提出了更高的要求。在编制工程量清单时不仅要求清单编制人熟悉施工过程，编制出高质量的工程量清单，做到不重项、不漏项、不缺项，项目特征描述清晰，而且要快速合理地确定招标控制价；同时，2008计价规范中增加了后期的计量与支付、价款调整、竣工结算的规定，这就要求编制出来的工程量清单不仅要满足招标、评标的要求，更要满足后期的计量与支付、竣工结算、变更索赔的要求。这对那些本来在工程量清单编制方面就存在很多问题的业主来说是个不小的挑战，尤其是在有限的时间内确定合理的招标控制价不是件容易的事。招标控制价确定高了，容易提高所有投标人的整体报价，达不到控制造价的效果；招标控制价确定得太低，有可能将有能力但报价偏高的投标人排除掉，投标单位不多时容易导致招标失败或增加串标的可能性。

2.1.2 合同类型选择的风险

无论是在定额计价模式下，还是在清单计价模式下，业主方一般拥有合同类型选择的主动权[2]，但是，业主往往因选择合同类型不当承担过多风险而造成不必要的损失。虽然在 2008 新清单计价规范中规定，实行工程量清单计价的工程宜采用单价合同。但是并不是所有实行工程量清单计价的工程采用的单价合同都能够激励承包商为实现业主的目标而提高其努力程度。因为工程项目的目标在实施前是比较明确的（即在最短的时间用最少的成本完成高质量的工程），工程的范围也比较清晰，项目的风险主要集中在工程项目的进程中。从专业胜任的角度来看，承包商具有更高的可控度，此时若采用单价合同，表面上看风险分配比较合理，实际上合同缺乏适当的激励，承包商只会努力减少自身成本，而缺乏为业主节约投资的动力，承包商的努力没有和项目的目标挂钩。在建设过程中承包商还可能存在机会主义行为，为了获得更多利润而提出一些损害业主利益的比如扩大不必要的工程范围和内容建议，而业主为了防止承包商的这种行为，可能过分地压低合同价格并加强过程监督，这无形中提高了交易成本，陷入了经济学意义上典型的由个体理性而导致集体非理性的"囚徒困境"式的不利局面。

此外，合同条款本身也存在着风险，尤其是当业主方对工程项目功能及特点不是十分明确的情况下，完全套用标准施工合同文本，对专用条款的拟定与拟建工程的实际情况不相符，等等，都可方能给业主方带来潜在的风险。

2.2 来自投标方的风险分析

2.2.1 投标报价策略给招标方带来的风险

在目前"僧多粥少"的建筑市场上，投标人为了获取中标，并在中标后获得较多利润，通常都会在投标报价时采取一些策略。比如不平衡报价，即在投标总价基本不变的基础上，增加前期工作、有可能变更后工程量增加的项目的报价，减少后期施工及估计变更后工程量减少的项目的报价，为在施工过程中进行索赔创造机会。业主方在评标时一旦审查不严选择了这样的投标单位无疑会增加业主方在施工阶段管理的难度，不利于对投资的控制。

2.2.2 投标方在复核工程量清单时给招标方带来的风险

招标文件发售后至评标前招标方一般会召开一次标前会议，就招标文件、工程量清单及招标控制价中存在的问题进行答疑。投标人往往为了维护自己的利益将清单编制中存在的漏项、缺项提出来，而对清单中多出的项目绝口不提。在 2008 新清单规范中规定工程量清单的准确性和完整性由招标人负责，这样一来因清单中多出的项目而给业主方造成的损失将由自身来承担，这种投标人和招标人之间的信息不对称增加了业主方的风险。

除此，在招投标阶段业主方还可能面临着投标人之间串标、挂靠、评标体系不健全、材料价格信息缺乏等风险[3]，本文在此不再赘述。

3 应对策略与建议

3.1 工程量清单及招标控制价的编制实行"两编一审"

"两编一审"是指同时委托两家具有较高资质的造价咨询单位根据招标文件和图纸及其他相关资料编制工程量清单，经组织对照审查后以其中一家工程量清单作为基准进行修正[4]。同时，两家造价咨询单位根据修正后的工程量清单再分别编制招标控制价，两家编制的招标控制价经对照、审查后以其中一家错误较少的为基础，改正明显的漏项、重项及计算错误后确定为招标控制价。使用这种方法编制工程量清单和招标控制价时，因为是两家单位同时编制并对照审查，即使发生错误但发生在同一处的可能性较小，出现项目描述不同或双方工程量不一致时，一经查图或核算工程量即可发现其中一方必存在错误，使工程量清单和招标控制价的正确率得以大大提高。

如果业主方自己编制工程量清单和招标控制价而不是采用委托的方式时，在发出招标文件后可以要求所有的投标人对工程量清单和招标控制价进行复核，并在标前会议中对有异议的问题进行探讨，经过探讨确定后的工程量清单和招标控制价在评标及施工过程中不允许修改，这在一定程度上可以减少施工过程中因工程量的调整而带来的增加费用。

3.2 合理选择合同类型

一般情况下，业主方掌握着合同类型选择

及拟定的主动权，此时业主方要充分利用这种优势，从如何激励承包商实现项目总体目标的角度设计合同机制。一般而言，工程合同计价类型的选择取决于三个因素，即交易主体对项目风险的可控性、项目风险的出处和项目的复杂程度[5]。对于那些工期较短、施工工艺简单的常规工程项目，从风险可控性角度来看，宜采用总价合同来激励承包商为实现业主目标而提高其努力程度。对于那些工期较长、技术复杂的项目或风险主要集中于项目两端的工程项目，合同形式可选用单价合同或成本补偿合同，以使风险能够合理分担。

此外，在拟定合同专用条款时，业主要充分结合项目的具体特点，对施工过程中可能发生的工程变更涉及的量和价款的调整程序、方法做出明确具体的规定，对于技术风险、管理风险、市场风险及法律法规政策调整等风险范围及幅度进行明确约定。

3.3 限制过度不平衡报价

不平衡报价是投标人在投标报价时常用的策略，如果投标人过分不平衡报价必然会损害业主方和其他投标人的利益。为了限制投标人的过度不平衡报价，在招标文件中可以注明"经评委评定低于正常报价的子项累计金额大于其报价一定百分比（比如 5%）以上并无合理解释的报价可判定为低于成本报价，为废标[6]。"等说明，促使投标单位采取不平衡报价策略时不敢过分低价或高价。至于如何判定低于正常报价，第一，看评委个人对市场材料、用工、机械使用等价格的掌握；第二，看投标人主要子项报价与投标控制价或其他投标人报价相比

是否过分低价，如低于 20% 以上且其解释无法说服评委时就可以判定低于正常报价；第三，看投标单位的措施费用是否和施工组织设计中的工程实体施工措施费用相符合，措施费用明显不能满足施工要求的应判定为废标，以此减少不平衡报价。

4　结束语

招投标阶段在整个工程建设阶段占据着重要的位置，但是，由于招标方和投标方信息的不对称，招标方相对处于信息的弱势地位，因此在选择最合适的承包商方面面临着较多的风险。此外，业主方自身能力的不足也为工程建设项目埋下潜在的风险，尤其是招标控制价的设立，对其高低的把握将对工程造价产生重要的影响。目前，我们大多对工程建设项目各阶段的风险进行了定性的分析，如何将这些风险进行量化是我们下一步研究的重点。

参考文献

[1] 建设工程工程量清单计价规范[S]. GB50500-2008. 北京：中国计划出版社，2008

[2] 李跃水，张建坤. 工程量清单计价下的合同选择分析[J]. 建筑经济，2008 （1）：53～55

[3] 苑智. 工程量清单招标与业主风险防范[J]. 安徽建筑，2007（6）：148～150

[4] 翁奇. 工程量清单计价中建设单位的风险防范[J]. 合作经济与科技，2008：92～93

[5] 夏盛，张尚. 建设工程合同不同计价方式的风险问题研究[J]. 建筑经济，2008（9）：21～24

[6] 白润山，王利文. 实施工程量清单计价遇到的问题及对策研究[J]. 建筑经济，2006（7）：210～212

基于 Selenium 的 Web 自动化测试

朱　姝　毕　亮　田　忠

（电子科技大学电子科学技术研究院　成都　610054）

摘　要：本文介绍采用 Selenium 进行 Web 测试的重要原理和基本方法。Selenium 的三个并行子项目使得测试更加灵活和易于操作，Selenium IDE 自动记录用户操作并生成测试脚本，生成的测试脚本可以用 Selenium Core 手工执行，也能基于 Selenium RC 放入 Java，C#，Ruby 的单元测试用例中自动运行。

关键词：Web 应用；自动化测试 Selenium；测试用例

Automated testing of web-based Selenium

ZHU Shu　BI Liang　TIAN Zhong

（Research Institute of Electronic Science and Technology，University of Electronic Science and Technology of China，Chengdu，610054）

Abstract：Introduce the important principles and basic methods of Selenium on Web testing，Three parallel sub-projects of Selenium makes the testing more flexible and easy to operate.Selenium IDE automatically record user's actions and generate test scripts.The generate test scripts can be performed manually by using Selenium Core，and also can be put into the Java，C#，Ruby automatically run the unit test cases through Selenium RC.

Keywords：Web，Automated testing，Selenium，Test case

1 引言

基于 Web 的应用系统，由于其操作是基于浏览器界面，毋须安装客户端软件，因此，大大降低了客户端的负载和业务变更的难度，减轻了系统部署与升级的成本和工作量，从而在数据集中的环境中得到了广泛应用。然而，随着数据中心数据量和访问量的日益增加，Web 应用系统面临着性能和可靠性的挑战，因此在上线前必须进行严格的性能测试和科学评价系统的性能，从而降低系统上线后的性能风险[1]。

Web 应用的验收测试常常涉及到一些手工任务，例如，打开一个浏览器，并执行一个测试用例中所描述的操作，但是手工测试这些任务可能很花时间，并且容易出现人为错误。因此，使用 Selenium 这种测试工具可以将这些任务自动化，以消除人为因素、节省时间，并消除测试人员所犯的错误。

软件测试自动化是相对手工测试而存在的，主要通过软件测试工具、脚本等来实现，具有良好的可操作性、可重复性和高效性等特点。

2 Selenium 原理与组成

Selenium[2] 是 ThoughtWorks 开发的针对 Web 应用程序的自动验收测试工具。通过编写模仿用户操作的测试脚本，我们可以从终端用户的角度来对 Web 应用程序进行黑盒测试。Selenium 测试可以直接在浏览器中运行，就像真实用户所操作的一样。Selenium 测试可以在 Windows、Linux 和 Macintosh 上的 Internet Explorer、Mozilla 和 Firefox 中运行，其他测试工具都不能覆盖如此多的平台，除了能够进行自动验收测试外，还可以用于浏览器的兼容性测试。

2.1 Selenium 测试的主要原理和方法

（1）捕获和回放：捕获和回放是一种黑盒测试的自动化方法。捕获和回放一般步骤如下：首先将用户每一步操作都记录下来；其次，将所有记录转换为一种脚本语言描述的过程，以模拟用户的操作；然后回放时将脚本语言所描述的过程转换为屏幕上的操作；最后将被测系统的输出记录下来与预先给定的标准结果进行比较。

（2）脚本技术：脚本是一组测试工具执行的指令集合，可以直接用脚本语言编写，也可以通过录制测试的操作产生，然后对产生的脚本进行加强。后者可以减少脚本编程的工作量。脚本技术不仅可以在功能测试中模拟用户的操作，然后进行比较，可以在性能、负载测试上虚拟用户的同时进行相同或者不同的操作，给系统或服务器足够的数据、操作，以检验系统或服务器的响应速度、数据吞吐能力等[3][4]。

2.2 Selenium 的三个组成部分[5]

2.2.1 Selenium IDE

Selenium IDE 是用 JavaScript 写成的 Firefox 插件，其优点在于可以录制脚本，转换成其他语言并且回放等。通过录制 Selenium 测试脚本，进行功能测试和回归测试，也能通过 Java 写 Selenium 测试案例来支持 TDD 测试驱动开发。但目前 Selenium IDE 还仅支持 Fire fox。

2.2.2 Selenium RC

Selenium Remote Control 是一个测试工具，允许使用任何语言编写自动化的 Web UI 测试用例。这个工具提供一个 Selenium Server 可以启动、停止和控制任何浏览器，该服务器使用 AJAX 直接和浏览器进行交互，可以使用 HTTP GET/POST 请求向 Selenium Server 发送命令，意味着使用任何编程语言向 Selenium Server 发送 HTTP 请求来进行自动化 Selenium 测试。

Selenium Remote Control 要求编写额外的测试程序，并且由于 Selenium Server 是由 Java 写成的，因此需要安装 Java 环境。但测试程序的编写不仅限于 Java 语言，Selenium 还支持.NET、Perl、Python、Ruby 等语言。

Selenium RC 主要由两部分组成，如图 1 所示。

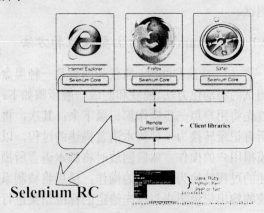

Selenium RC

图 1 Selenium RC 的组成

（1）Selenium Server

Selenium Server 负责控制浏览器行为。总的来说，Selenium Server 主要包括 3 个部分：Launcher，Http Proxy，Selenium Core。其中 Selenium Core 是被 Selenium Server 嵌入浏览器页面中的。Selenium Core 是由 JS 函数的集合构成，通过这些 JS 函数，可以实现用程序对浏览器进行操作。

（2）Client Libraries

Client Libraries 是编写测试案例时用来控制 Selenium Server 的库。

2.2.3 Selenium Core

Selenium Core 使用 JavaScript 和 iframes 嵌入测试自动化引擎到浏览器，这项技术能工作在启用 JavaScript 支持的浏览器中，它使用 JavaScript 来进行 DOM 编程。因为不同的浏览器处理 JavaScript 略有不同，开发者不得不经常调整引擎以支持在 Windows、Mac OSX 和 Linux 上广泛的浏览器。

Selenium Core 需要与被测试的应用系统部署在同一台服务器上，如果对服务器没有部署的权限，那么 Selenium Core 就不能满足需求。因为 Selenium core 是纯 DHTML/JavaScript，所以它受限于 JavaScript 的安全限制，如果无法修改想要测试的 Web 服务器，则最好使用 Selenium IDE 或 Selenium 远程控制。

Selenium core 主要被用做：

（1）浏览器兼容性测试。测试应用程序是否正确工作在不同的浏览器和操作系统上。

（2）系统功能测试。创建回归测试以验证应用程序和用户可接受测试。

3 Selenium 实现自动化测试

Selenium 实现自动化测试是通过简化的用例，编写模拟用户所执行步骤的验收测试，并验证这些步骤的结果是否与预期相符来实现的[6]。

例如，最简单和常见的 Web 应用中邮箱登录用例。大多数人都知道登录页面是如何工作的——输入用户名和密码，然后将数据提交到服务器。如果凭证有效，就可以成功登录，并分享受安全保护的资源。在示例应用程序中的测试用例包含以下用户操作和断言，首先应该将它转换成一个 Selenium 测试用例：

（1）单击登录链接；

（2）验证系统是否要求用户进行登录；

（3）输入用户名；

（4）输入密码；

（5）按下登录按钮；

（6）验证是否登录成功；

（7）点击发送与撰写新邮件。

下面将给出该测试用例执行的过程及结果分析：

弹出 IDE 窗口后，点击右上角红色的圆点，IDE 开始进行脚本录制。录制的时候，直接操作 Fire fox 浏览器窗口，IDE 就自动记录操作。图 2 展示了用于这些需求的 Selenium 录制脚本：

图　2

图中 Selenium IDE 界面由 Command，Target， Value 组成的表格就是脚本。

第一列是 Selenium 提供的命令（Command）。命令用于告诉 Selenium 要执行的操作，IDE 对话框中的 open 表示打开一个网页，clickAndWait 告诉 Selenium 执行鼠标点击并等待下一个新页面的加载。

第二列是命令或断言作用的目标对象。IDE 对话框中 clickAndWait 对应的 Target 就是等待连接的 URL 地址，用户登陆 signIn，连接撰写邮件的操作。

第三列是命令执行所需的某些参数值，本次暂无测试。

录制完成之后用 Selenium IDE 进行脚本转换，将默认的 HTML 的脚本转为 C#，JAVA 等等其他语言的脚本，为日后写 Selenium RC 的测试案例提供极大的方便。如下是将本次测试中的录制脚本转换为 JAVA 语言脚本的输出：

```
package com.example.tests;

import com.thoughtworks.selenium.*;

import java.util.regex.Pattern;
```

```
public class Untitled extends Selenese
TestCase {
    public void setUp（） throws Exception
{
        setUp
（"http://change-this-to-the-site-you-are-testing/",
"*chrome"）;
    }
    public void testUntitled （） throws
Exception {        selenium.open
（"/search?q=gmail&ie=utf-8&oe=utf-8&aq=t&r
ls=org.mozilla:en-US:official&client=firefox-a"）
;
        selenium.click （ "link=exact:Gmail:
Email from Google"）;
        selenium.waitForPageToLoad
（"30000"）;
        selenium.click （"signIn"）;
        selenium.waitForPageToLoad
（"30000"）;
        selenium.click （"link=撰写邮件"）;
        selenium.waitForPageToLoad
（"30000"）;
    }
}
```

回放时将脚本语言所描述的过程转换为屏幕上的操作，然后将被测用例的输出记录下来与预先给定的标准结果进行比较，比较结果如图 3 所示。绿色表示成功通过验证，红色则表示与预先给定标准不符，需要调试。

Untitled		
open	/search?q=gmail&ie=utf-8&oe=utf-8&aq=t&rls=org.mozilla:en-US:official&client=firefox-a	
clickAndWait	link=exact:Gmail: Email from Google	
clickAndWait	signIn	Element signIn not found
clickAndWait	link=撰写邮件	

图　3

调试完成之后再次进行测试并比较（如图 4 所示）。

Untitled	
open	/search?q=gmail&ie=utf-8&oe=utf-8&aq=t&rls=org.mozilla:en-US:official&client=firefox-a
clickAndWait	link=exact:Gmail: Email from Google
clickAndWait	signIn
clickAndWait	link=撰写邮件

图　4

经过调试之后全部通过验证，测试完成。

结束语

本文分析了采用 Selenium 测试工具对 Web 进行测试的基本流程，介绍了 Selenium 的三个并行子项目，以及 Selenium 自动化测试的基本原理和实现方法。通过这种方法能够有效地消除人工测试产生的人为因素，提高了测试效率和可信度。

参考文献

[1] 何蓓.基于 Web 的应用系统性能测试方法的研究. 华南金融电脑，2009，10（5）：5

[2] http://seleniumhq.org/

[3] 常广炎. 基于 Web 系统的性能测试：办公自动化杂志，2008，2

[4] 杨德红. 软件测试自动化在黑盒测试中的应用：现代电子技术，2008，18

[5] Frank Cohen,Getting Started with Selenium http://www.dzone.com

[6] 李国新，罗省贤. 自动化测试技术的研究与实现，电子测试，2008.8

LXI 仪器网络远程交互控制的设计与实现

何庆佳　黄建国　马敏

（电子科技大学自动化工程学院，成都　611731）

摘　要：本文在简单介绍 LXI 总线的优势和 LXI 网络仪器界面设计标准的基础上，对 LXI 仪器网络远程交互控制的关键问题，即如何实现 LXI 仪器网络远程交互的服务结构体系，进行了深入的探讨和分析，并给出了灵活的设计方案；同时，结合 JAVA APPLET、多线程和套接字通信等技术实现了对 LXI 仪器的网络远程交互控制；最后，对笔者参与设计的电子科技大学 LXI 逻辑分析仪的网络远程交互控制的实际情况做了介绍。

关键词：LXI 仪器网络界面设计标准；网络远程交互控制；JAVA APPLET；多线程

LXI Instrument LAN-remote-interface

HE Qingjia，HUANG Jianguo，MA Min

（School of Automation of UESTC　Chengdu　610054）

Abstract：In this paper, we briefly introduced the advantage of LXI bus and the standard for LXI network instrument interface design. We also further discussed and analyzed the key issue for network interactive remote control of LXI instruments, which is how to implement a network-based interactive remote service structure for LXI instruments. A flexible design is then provided, while at the same time achieve the LXI instrument network interactive remote control using Java Applet, multithread and socket communication technologies. In the end, the paper introduced the UESTC LXI logic analyser project in which I actively participated.

Keywords：the standard for LXI network instrument interface design, network interactive remote control JAVA APPLET, multi-thread

1　引言

LXI（LAN Extensions for Instrumentation）[1]即局域网在仪器领域的扩展，它是以 LAN 为基础，基于模块化仪器平台的新一代测试总线技术。LXI 使用户能够快速、经济和高效地创建和重新配置用于研发与制造领域的测试系统，以及航空、国防、汽车、工业、医疗和消费类电子产品领域的测试系统。

相对于已经成熟的 VXI 以及 PXI[2]，LXI 总线有自己独特的优势，不需要昂贵的机箱机柜以及复杂的线缆，只需要最普通的网线，接入现在已非常成熟的局域网，从而使测试人员用可以通过网页浏览器进行网络远程程控仪器与设备，不但节约了成本，而且更加方便快速，从而使搭建整个测试系统变得更加容易，因此将会得到巨大的推广[3]。

LXI 程控仪器与以往的测量测试仪器不同，不再具有传统的显示屏幕和控制按钮，而是通过计算机访问仪器已经设计好的网络界面，或者通过用户自己的编程界面，从而控制仪器进行操作，将测试结果送到计算机上进行显示[4]。

本文利用已经成熟的服务体系架构和 JAVA APPLET 等相关技术，实现了 LXI 仪器网络的远程交互控制，为测试人员提供了更灵活的测试条件。

2　网络交互控制界面标准

由于以往的 Web 虚拟仪器使用界面没有统一的规范，当测试人员控制不同 Web 虚拟仪器的时候，容易造成混淆，而 LXI 关于 LXI 仪器网络交互界面做了统一的规定和规范[5]，如图 1 所示。只要测试人员使用过一种 LXI 仪器，就能使用其他的 LXI 仪器，实现了通用性。

所有 LXI 仪器都必须提供包括产品主要信息在内的欢迎网页及 LAN 配置网页，A 类和 B 类设备还具有同步配置网页以提供相关的网页

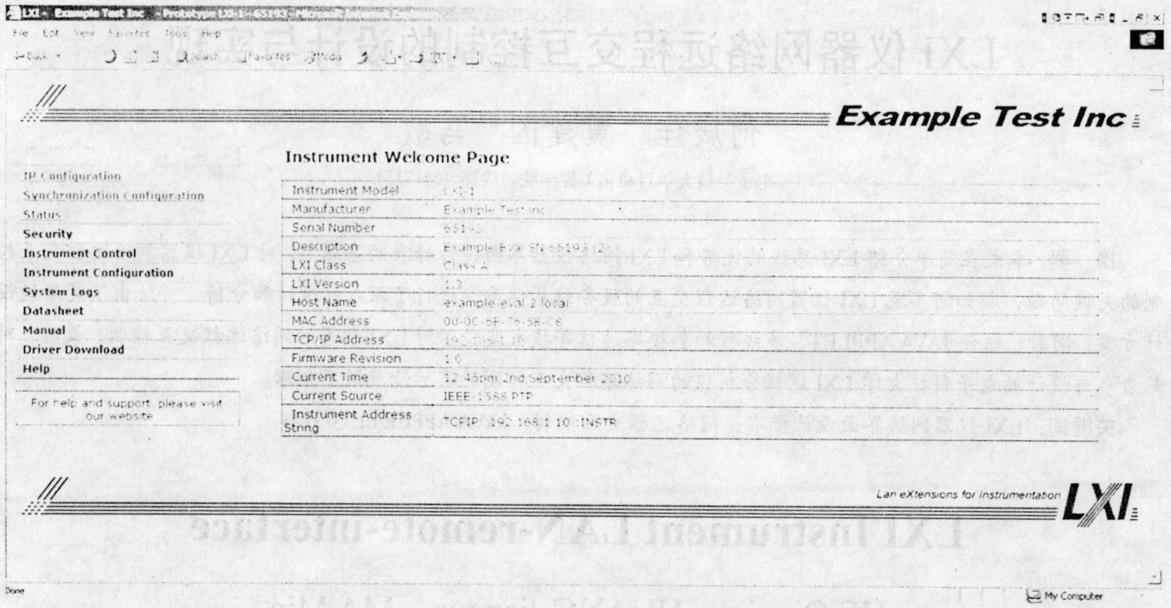

图 1　标准界面

和显示当前的状态[6]。除此之外，LXI 仪器还提供仪器的控制操作界面（即测试界面）以及安全网页。

（1）欢迎网页至少需要显示如下信息：仪器型号、制造商、序列号、描述、仪器类型（A 类，B 类，C 类）、LXI 版本、主机名、MAC 地址、TCP/IP 地址、硬件和软件版本，推荐显示仪器的连接状态。

（2）LAN 配置网页：LAN 网页必须支持用户以下配置：主机名、相关描述、包括 IP 地址、子网掩码、默认网关和 DNS 服务器的 TCP/IP 配置。

（3）同步配置网页：若 LXI 仪器是 A 类或者 B 类必须得有同步配置网页，实现同步的相关配置操作。

（4）测试界面：与 LXI 仪器交互的界面，配置仪器的相关操作，并且同过网络获取测试数据，以波形或图像的形式展示。

（5）安全网页：任何相关修改的网页必须得有密码保护，用户需登录后才能进行操作，而且用户必须能够修改密码，以方便记忆。

3　网络远程交互控制的服务架构设计

每一个 LXI 仪器都是一个 Web 服务器，可以通过网络为测试人员提供服务。现在 Web 服务器采用的服务体系架构主要有 C/S（客户机/服务器）架构和 B/S（浏览器/服务器）架构[7]。

LXI 仪器网络远程交互控制采用了 B/S 和

C/S 的混合架构，结合了两者的优点。软件仪器状态和信息显示网页采用了 B/S 架构的 Web 服务器，仪器进行测试操作的网页界面采用了 C/S 架构。LXI 的远程程控软件使用了 Java Applet[8]技术实现 C/S 架构，将 C/S 架构嵌入 B/S 架构的网页中。当用户打开网页时，Java Applet 将自动下载到用户计算机。

LXI 仪器网络远程交互控制采用 B/S 架构可以使用户能够通过浏览器方便地访问和查看仪器的一些测试之前的信息和相关配置，而不须要安装任何软件，也有助于升级服务软件程序，不需要在每台远程访问的计算机上安装测试软件。而测试界面采用 C/S 架构的 Java Applet，能使测试人员可以更好地欣赏网页上 Applet 产生的多媒体效果，因为它可以实现图形绘制、字体和颜色控制、动画和声音的插入、人机交互及网络交流等功能，从而使测试界面更加人性化和易于操作。

4　网络远程交互控制的实现技术

测试界面最主要的是提供测试人员与仪器的交互功能，即仪器必须能够接收到用户的控制命令并进行测试，将采集到的测试结果以数据的方式显示在测试街面上。仪器与测试人员的交互主要分为两部分：一部分是关于对仪器基本配置的控制，如 IP 地址的修改、密码保护等；另一部分是关于仪器数据采集的控制和处理。

4.1 基本配置的控制与实现

基本配置的控制主要是为测试过程保证通信的安全性和可靠性，分为 IP 地址的读取和修改、密码保护以及 IEEE1588 同步协议的配置。这些配置的流程是：从网页上获取配置的信息，然后将读取的信息保存成文本文件，在保存的过程中，再通过 JAVA APPLET 与网页的交互获取网页配置变化，通知配置程序更新配置。

文本的读取采用了 javascript 的 AJAX 技术，如密码的验证、IP、同步配置信息的获取和更新，进行判断更新显示，或者允许用户对下一步进行验证，如图 2 所示。

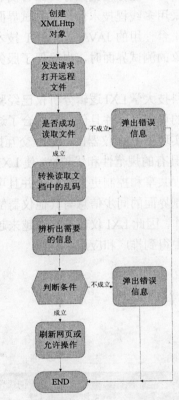

图 2　javascript 的文本读取操作流程

文本的保存功能则只能调用 JAVA APPLET 技术，因为 javascript 的 AJAX 需要安装软件配置代理服务器；否则，因为安全性无法实现，而 JAVA APPLET 则可以通过与网页的交互，即网页中将修改的配置以传参的形式通知 APPLET，这个保存功能主要是针对 IP 地址的更改而实现的。由于 LXI 仪器支持动态路由和静态配置地址，因此，必须得把信息保存下来，让仪器正常运作。

仪器要响应更改配置信息是通过与 APPLET 的监听程序（使用套接字）。当获知网页的某些变量发生变化时，仪器便获得通知，将配置保存至文本文件，并通过同步事件告知配置程序响应动作。

4.2 数据采集的控制与处理

为了提供更好的界面效果和保证通信的实时性，网络数据采集控制使用了双线程处理，主线程专门负责页面的刷新和数据的处理，副线程负责数据的通信，即收发指令和数据，如图 3 所示。

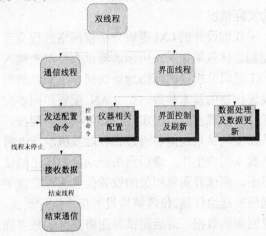

图 3　双线程软件架构

当用户对仪器进行测量方面的设置时，界面控制线程将通知通信线程测试人员已动作，此时通信线程将创建套接字，与仪器的服务器端进行通行，仪器的服务器收到此命令后，调用仪器驱动、配置仪器并采集数据，与仪器进行数据传输。软件收到新的测试数据后，界面线程更新测试数据将波形描绘出来，然后等待用户的下一步操作命令。

4.2.1 数据收发通信技术的实现

使用 Java Applet 技术的 C/S 模型可以提供更好的界面效果，但由于其安全性比较高，限制了对服务器的文件读写，无法实现通过读写本地的数据。因此，获得数据的方式有两种：JSP 技术和 socket 套接字通信技术[9]。但由于 JSP 技术需要在 LXI 仪器端搭建 Web 服务器，而且与我们 B/S 模式的 Web 服务器不兼容，因此会增加仪器的负担。而套接字技术只需要在服务器端做个通信程序，对仪器造成的负担较小。客户端的软件可以嵌套入 Java Applet，实现也较为简单，而且可以在不同平台使用，因此，我们采用了套接字通信技术。

4.2.2 读取网络文本文件

虽然 JAVA APPLET 限制了本机文本文件，而且也无法直接访问服务器的文件，以防止黑客对服务器及本地造成威胁。但是 JAVA APPLET 却提供了另外的一条途径来访问服务器的文本文件或者图片，即通过网络文件的形式进行访问，因此，可以通过此种方式将数据或者波形图片保存起来，方便用户查询。

这种方式也方便软件设计者通过网络的方式加载图标，优化图形界面，使画面更加人性化。

4.2.3 LXI 逻辑分析仪网络远程交互控制的实际情况

我们设计的 LXI 逻辑分析仪网络远程交互控制总体效果如图 4 所示。测试人员首先输入 LXI 逻辑分析仪的网络地址访问该页面，然后设置仪器的基本参数，如 LAN 配置和同步配置，此步骤主要用来实现与其他仪器的配合，从而使测试系统能够通过 LXI 触发机制或者时间脚本同步工作。最后点击启动仪器弹出测试界面。测试界面将相关的设置信息通过套接字通信发送给仪器，仪器解析设置指令执行测试，返回新的数据。最后测试界面将获得的数据描绘在界面上，并且，通过数据处理既可以显示组合通道数据（十六进制），也可以显示组合通道中每个子通道的波形。

与传统逻辑分析仪相比，LXI 逻辑分析仪没有显示器和复杂的控制按钮，从架构上来说是一台具有逻辑分析仪功能的 Web 服务器。通过使用 JAVA APPLET 技术将测试界面嵌套入网页中，并且保存以服务器作为默认主页。测试人员对仪器的控制和测试都是用廉价的计算机通过网络访问该 Web 服务器实现的，由此可见。这种架构不但节约了成本，而且还减小了体积，提高了灵活性，易于组成分布式测试系统和 SI 合成仪器。

5 结束语

由于 Ethernet 技术的广泛应用，LXI 仪器在现代测试领域得以迅速发展，而其网络远程交互控制技术则是重中之重。通过对比以往的 Web 虚拟仪器交互控制的服务体系和技术，实现了 B/S 和 C/S 服务模式共存。结合两者的优点，并且采用多线程技术保证了测试界面的实时性。而平台使用的 JAVA APPLET 技术在提供更新形象的测试界面时，也确保了服务器的安全性。

电子科技大学 LXI 逻辑分析仪已经验证了上述技术的可行性，并且创新地融合了这些技术，从而实现了 LXI 仪器网络远程交互控制。由于 LXI 具有的规范性和优越性，使 LXI 仪器的网络远程共享和控制更为简单，并且可以通过配置控制界面的同步信息与其他仪器配合完成测量工作，因此 LXI 仪器将会在越来越多的测试系统中得到推广和应用。

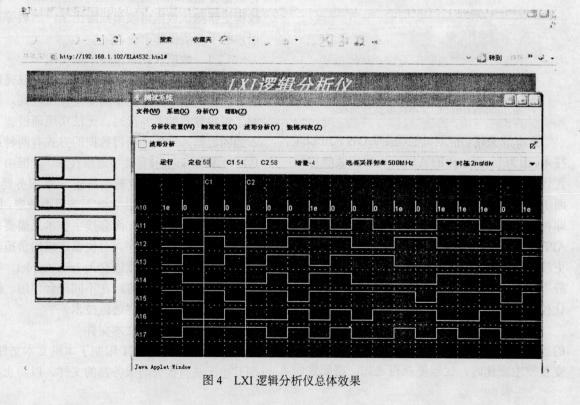

图 4　LXI 逻辑分析仪总体效果

参考文献

[1] 杨柳，樊晓虹，赵建. LXI 仪器的网络规范及网页界面设计. 计算机测量与控制. 2007.15：1824～1826, 1831

[2] 陈长龄，田书林，师奕兵，黄建国. 自动测试及接口技术. 北京：机械工业出版社，2005

[3] 王琦. 新一代仪器总线标准—LXI. 计测技术. 2007 年第 27 卷第 2 期：4-6

[4] 汪晓东. 21 世纪电子测量仪器及自动测试系统的新概念和新趋势. 电子测量与仪器学报. 2005，19（1）：78～80

[5] LXI 联盟. LXI Standard Revision 1.3 October 30, 2008 Edition.

[6] 尹洪涛，黄灿杰，付平，宋洪武. LXI 标准概述. 理论与方法，2007，26（5）：15～17

[7] 侯淑英，包瑞刚. 基于 C/S 与 B/S 相结合的教学管理系统的规划. 辽宁工程技术大学学报. 2006，6（5）：206~208

[8] 邢国庆，黄晓鸣，李金堂等. Java2 教程（第五版）. 北京：电子工业出版社，2003

[9] 黄超. 求是科技. Windows 网络编程. 北京：人民邮电出版社，2003

基于 NS-2 的 WSN 分簇路由协议分析与仿真

朱秀莹[1] 张 可[1,2] 张 伟[1,2]

（1. 电子科技大学电子科学技术研究院 成都 610054；2. 电子科技大学综合电子系统技术教育部重点实验室 成都 610054）

摘 要：随着微机电系统的发展，传感器节点技术的进步使传感器网络得到了大量应用，并引起了人们的重视。由于传感器节点的能量有限，而分簇算法被认为是能够对能量进行高效的管理，从而成为延长网络生存期的最有效的途径之一。本文就从分簇算法的角度进行探讨，对现有的分簇算法进行了分析，并对于基于时延的分簇算法（TDC）和 LEACH 算法进行了仿真比较。

关键词：WSN; 分簇算法; LEAGCH; TDC

Analysis and Simulation of Cluster-based Routing Protocols based on NS2

ZHU Xiuying[1] ZHANG Ke[1,2] ZHANG Wei[1,2]

（1. Research Institute of Electronic Science and Technology of Univ. of Electron. Sci. & Tech. of China Chengdu 610054，
2. School of Computer Science and Engineering of Univ. of Electron. Sci. & Tech. of China Chengdu 610054）

Abstract：Due to recent advances in micro-electro-mechanical systems（MEMS），wireless sensor networks（WNAs）have received a lot of attention as well as wildly-used. For the limited energy supply of sensor nodes and clustering is supposed to be an efficient way to perform energy management and extend the network lifetime. In this paper we begin with the clustering in WSNs, analysis of current cluster-based routing algorithms , make the simulation of LEACH and TDC and compare them.

Keywords：Wireless Sensor Network，Clustering Algorithm，LEACH，TDC

1 引言

无线传感器网络是一种新型的网络和计算技术，它综合了传感器技术、微机电系统（Micro-Electro-Mechanism System，简称 MEMS）、分布式信息处理技术和无线通信技术，能够协作地实时监测、感知和采集各种环境或监测对象的信息并对其进行处理，并将信息传送到用户。它是众多的传感器通过无线通信的方式，相互联系、处理、传递信息的网络。

无线传感器网络在军事、工业、交通、安全、医疗、探测以及家庭和办公环境等很多方面都有着广泛的用途，其研究、开发和应用，关系到国家安全、经济发展等各个重大方面，近年来在国际上引起了广泛的重视和投入。其广阔的应用前景，使得对无线传感器网络的研究与开发成为目前信息领域的一个热点，学术界和产业界对它投入了极大的研究热情。在众多研究领域中，如何使传感器节点自主地采集周围环境的数据并高效地将其向外传输，是无线传感器网络应用与设计的核心问题，而基于分簇的路由协议正是这一问题的解决方案之一。

目前，无线传感器网络使用的仿真工具主要有 NS2、TinyOS、OPNET、OMNET++等。由于 NS2 代码的开源性和模块的丰富，本文使用了 NS2[1]作为仿真工具对分簇协议进行了仿真。

2 WSN 中的典型分层路由算法

目前用于 WSN 的路由协议很多，可以从不同的角度对它们进行分类。从网络拓扑结构图出发，可分为平面路由与分层路由。

平面型路由协议中，各传感器节点在网络中的地位或作用是一样的，数据经过传感器节点间的多跳转发到达基站节点[2]。典型的平面型无线传感器网络路由协议有泛洪协议（Flooding）[3]、信息协商传感器协议（Sensor Protocols for Information via Negotiation, SPIN）[4,5]和定向扩散（Directed Diffusion, DD）[6]协议等。

分层路由协议中，网络中节点的功能是不完全相同的。将网络中的节点分成很多簇，每个簇有一个簇头（Cluster Header, CH）节点和许多成员节点。成员节点负责信息的采集和发送，簇头节点对收到的信息进行处理和转发，并可协调簇内成员节点的发送。低功耗自适应按簇分层（Low Energy Adaptive Clustering Hierarchy, LEACH）[7,8]协议就是一种典型的分层路由协议。此外，较典型的分层路由协议还有 TEEN[9]、TDC 协议、多层聚类算法[10]等。这是本文讨论的中心。

LEACH（Low Energy Adaptive Clustering Hierarchy）算法是一种分布式、自组织的分簇协议。它也是第一种应用于无线传感器网络的层次路由协议。其后的大部分分层次路由协议如 PEGASIS、TEEN 等都是在它的基础上发展而来的。运行 LEACH 协议的无线传感器网络会随机选择一些节点成为簇头，并令所有节点周期性地轮换成为簇头，使整个网络的能量负载达到均衡。在 LEACH 协议中，簇头节点将来自其成员节点的数据进行压缩聚合，然后将聚合后的数据通过单跳的方式直接发送给基站节点，大大减小了整个网络中的数据交换量，使得总体能耗有了大幅度的下降。

TEEN（Threshold-Sensitive Energy Efficient Protocols）协议和 LEACH 的实现机制非常类似，只是前者是响应型的，而后者属于主动型。主动型传感器网络持续监测周围的物质现象，并以恒定的速率发送监测数据；而响应型传感器网络只是被观测对变量发生突变时才传送数据，这样可以节省许多不必要的能量开支[11]。

TEEN 中定义了硬、软两个门限值，以确定是否需要发送监测数据。硬门限是关于传感属性的一个绝对值，当监测数据超过设定的硬门限时，节点才开启收发信机进行数据传输。软门限是当传感属性的变化超过一定范围时，才触发收发信机开始传送信息。节点持续地监测周围的物质现象，当收集到的数据的属性集参数第一次超过硬门限时，节点开始发送数据，并将它作为新的硬门限，并在紧接着的时隙内发送它。如果监测数据的变化幅度大于软门限界定的范围，则节点传送最新采集的数据，并将它设为新的硬门限。通过调节软门限值的大小，可在监测精度和系统能耗之间取得平衡。

而基于时延的分簇算法（Time Delay based Clustering, TDC），在每一轮组簇的过程中，节点以一定的发送功率向周围一定范围内的其他节点发送簇头通告，申明自己希望成为簇头。在这个簇头通告中，节点会附带上其当前的剩余能量信息，所有的节点将会选择自己所获知的剩余能量最高的节点（包括自己在内）成为其簇头，并且在同一簇的范围内只能存在一个簇头。

且每个节点在根据自己的剩余能量设置一个簇头通告时延，尽可能使剩余能量越高的节点的时延越小，它们能够先于周围剩余能量较低的节点发送簇头通告；只有当延时到期并且节点没有发现周围有比自己更适合作为簇头的节点（也就是没有比其剩余能量更高的节点）时，它才会向周围发送自己的簇头通告，并附加上自己当前的剩余能量信息，以此申明自己希望成为簇头。

以上讨论的基于簇的无限传感器网络协议，通常假设簇首间可以直接通信，忽略了簇间路由的建立过程。

3　分析与仿真

本文选择了较典型的分簇协议——LEAGCH 与 TDC 进行仿真和分析。

3.1　对 LEACH 算法的流程分析

LEACH 协议中其操作是分成轮进行的，每一轮包含簇建立和稳定运行两个阶段[12]：首先是在簇建立（setup）阶段，自适应分簇结构形成；接下来是稳定运行（steady-state）阶段进行数据传输。

最初的簇建立阶段，每个节点依据整个网络中簇头节点占所有节点数目的百分比和在过去的操作中充当过簇头节点的次数，来决定是否充当本轮的簇头节点。对于一个节点 n 来说，为节点 n 随机选取一个在 0～1 之间的数字，成为标志值或者节点的 ID 号。如果 n 的这个标志值小于一个门限值 $T(n)$ 的话，节点 n 就充当本轮的簇头节点。门限 $T(n)$ 定义如下：

$$T(n) = \begin{cases} \dfrac{p}{1 - p[r \bmod (1/p)]} & n \in G \\ 0 & \text{else} \end{cases} \quad (1)$$

其中，p 是网络中簇头节点所占总节点数目的百分比；r 为当前的轮数；G 是一个集合，集合中的节点是前 $1/p$ 轮中没有充当过簇头节点的节点。使用这个门限，每个节点会在 $1/p$ 轮操作内充当一次簇头节点。符号 mod 是求模运算符号。

每个确定充当当前轮簇头的节点，会向网络其他节点广播一个广告包。每个节点可能会收到几个来自不同簇头节点的广告包，节点就根据收到消息的信号强弱，选取信号最强的广告包的发送源节点作为自己的簇头节点，加入那个簇头节点的簇，并向簇头节点报告自己加入的消息，如图 1 所示。

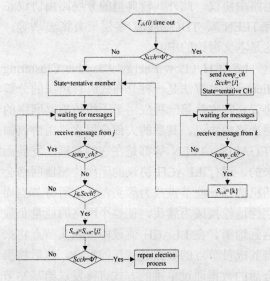

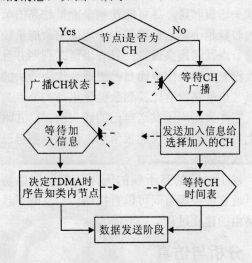

图 1 LEACH 算法流程图

当簇头节点收到了来自成员节点的“报到”消息后，基于成员节点的数目，簇头节点会产生一个 TDMA 时隙表，并通过广播发送到成员节点。

一旦网络中的簇已经形成，并且 TDMA 时隙表也已经定了下来，就开始发送数据。

3.2 对 TDC 算法的流程分析

在 TDC 协议中，组簇过程发生在每一轮的建立阶段，它采用了时延机制来减少组簇过程中控制信息的数量。定义传感器节点 i 的剩余能量为 E_{residual}（i），候选簇头集合 Scch（i），在组簇的过程中节点 i 一旦收到来自另一个节点 j 的簇头通告并且其中的剩余能量信息表明 E_{residual}（i）<E_{residual}（j），那么节点 i 将把标号 j 其候选簇头集合在 Scch（i）中。

在建立阶段，TDC 一共定义了四种节点状态：临时成员状态（tentative member）、临时簇头状态（tentative CH）、最终成员状态（final MEMBER）、最终簇头状态（final CH）。另外，TDC 还定义了两种类型的报文：temp_ch 报文和 temp_member 报文。temp_ch 用于通告节点从临时成员到临时簇头状态的改变，其中包含了报文的类型，发送该报文的节点编号（地址）和其当前的剩余能量；而 temp_member 报文用于通告节点从临时簇头到临时成员状态的改变，其中只包含了报文类型和发送该报文的节点编号。它们的结构如图 2 所示。

TEMP_CH	TYPE (8 bit)	ADDRESS (32 bit)	ER (16 bit)

TEMP_MEMBER	TYPE (8 bit)	ADDRESS (32 bit)

图 2 temp_ch 报文和 temp_member 报文的数据结构

图 3 TDC 算法流程图

TDC 算法使用了 temp_member 报文来通告节点状态从临时簇头到临时成员的转换。如图 3 所示。

节点在建立阶段完成组簇后便进入稳定传输阶段进行数据的传输。成员节点在第一次发送数据信息给簇头时使用带 ACK 的单播形式（如 802.11），并且随机选择发送时间；簇头在本地维护一个时隙号 time_slot，其初始值为 0，在每收到一个来自成员节点的数据后，簇头会将 time_slot 的值加 1 并将其附加在 ACK 中，发送回成员节点。节点通过这样的方式实现时隙的分配。

TDC 算法使用了以下四种种不同的延时机制：完全随机时延、固定斜率时延、渐变斜率时延和自适应试验机制。

显然对于任意节点 i，设置时延最简单的的方法是随机选择一个时延 telc（i）：

$$t_{elc}(i)=U(T_0,T_0+T_{elc_\max}) \qquad (2)$$

其中，T_0 表示节点组簇算法开始的时刻；T_{elc_max} 表示时延 telc 允许设置的最大值。使用完全随机时延机制时，每个节点发送簇头通告

的时延 telc 与其剩余能量没有关系，而是从区间 T_0 到 $T_0+T_{elc\_max}$ 中随机选择。

在其它两种时延设置机制——固定斜率时延机制和渐变斜率时延机制中，我们首先定义了（当前）平均消耗能量 AED（Average Energy Dissipated），假设数据传输已经进行了 R 轮，那么对节点 i 而言

$$AED(i) = (E_{initial} - E_{residual})/R \qquad (3)$$

其中 $E_{initial}$ 表示每个节点的初始能量。由于 $E_{residual}$ 单调递减，随着 R 的增大 AED 的值仅仅在一个相对较小的范围内变化，因此利用 AED 来确定发送时延 telc 较使用 $E_{residual}$ 更为方便。大部分节点的 AED 值将集中在一个相对比较小的范围内。为了确保每个节点相应的发送时延 telc 尽可能在 T_0 到 $T_0+T_{elc\_max}$ 的区域中按照高低顺序均匀地分布，采用了一种非线性的映射来实现，如图 4 所示：

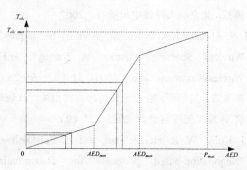

图 4　AED 的非线性映射

在固定斜率时延机制中，采用分段线性函数来近似模拟理想化的映射。首先，根据经验设置 AED_{min} 和 AED_{max} 两个参数，使得大约 80％ 的节点的 AED 值分布在 AED_{min} 到 AED_{max} 之间。在渐变斜率试验机制中，通过调整相应的 AED_{min}（R）和 AED_{max}（R）就使得剩余能量相近的节点所设置的延时仍有足够大的差别来避免可能发生的报文冲突。

在自适应时延机制中，以节点的自身的状况来决定节点的当前能量值及以此为参考的 Telc。成员节点在每一轮最后一次数据传输过程中，将自己当前剩余能量信息附加在数据报文中发送给簇头节点。簇头在收集到成员节点的剩余能量信息后（包括自身的剩余能量信息），取得其中最高的剩余能量值 E_{max} 和最低剩余能量值 E_{min}，并将此能量通告在半径 $R=3×R_{cluster}$ 的范围内广播。所有的节点在本地设置两个同样的参数 E_{local_max} 和 E_{local_min}，其值

为所接收过的能量通告中的最大值和最小值。节点 i 将设置其簇头通告时延 telc（i）的值为：

$$t_{elc}(i) = \left\lfloor \frac{E_{local\_max} - E_{residual}(i)}{\left(E_{local\_max} - E_{local\_min}\right)/N_{slot}} \right\rfloor \times t_{slot} \qquad (4)$$

其中，Nslot 和 tslot 的值由所允许的最长簇头通告时延 T_{elc_max}，节点带宽 B 和控制报文长度 L 决定：

$$t_{slot} = \frac{L}{B}$$
$$N_{slot} = \frac{T_{elc\_max}}{t_{slot}} \qquad (5)$$

3.3　仿真参数及结果

仿真参数如表 1 所示。

表 1　表仿真参数

参数	值
网络规模	100 m×100 m
基站节点位置	（50 m,175 m）
节点数量	100
门限距离（d_0）	75 m
簇半径	25 m
E_{elec}	50 nJ/bit
ε_{fs}	10 pJ/bit/m²
ε_{amp}	0.0013 pJ/bit/m⁴
数据报文长度	100 bytes
广播报文长度	25 bytes
控制报文长度	50 bytes
初始能量	2 J/battery
T_{final}	10 seconds

在能量模型上，利用 Heinzelman 提出的 first order 射频模型仿真[13]。

我们在 NS2 网络仿真软件中实现了 TDC 算法，并通过与 LEACH 算法相比较，验证了 TDC 算法在延长网络生存期上的有效性。仿真中采用了 DSSS（Direct Sequence Spread Spectrum）来减小簇间通信的干扰。另外，在固定斜率时延机制中，我们根据实际仿真中的情况，将

AED$_{min}$ 和 AED$_{max}$ 的值分别设置为 0.004J 和 0.006J，并且在渐变斜率时延机制中令这两个值在数据传输后期变为 0.0045J 和 0.0055J，以适应越来越接近的平均消耗能量。仿真结果如图 5～7 所示：

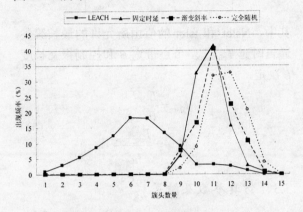

图 5　LEACH 算法和 TDC 算法中
簇头数量出现频率的对比

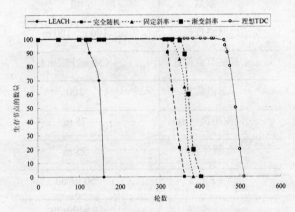

图 6　采用 LEACH 算法和 TDC 算法下的网络生存期

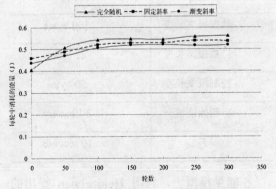

图 7　TDC 算法中使用三种不同时
延机制时每一轮的能量消耗

结束语

由以上结果可知，与 LEACH 算法相比 TDC 算法能够更加高效地使用传感器节点中有限的能源，延长网络生存期。

对比两种算法，可以知道这主要是由于在 TDC 算法中仅以自身当前能量作为簇头选择标准，从而简化了组簇算法，减少了组簇期间的控制信息与信息冲突，减少了网络的能耗，以更小的代价换取簇头更合理的分布，从而达到了能量消耗上的负载均衡，从而延长了网络生存期。

而 TDC 算法的不同试验机制在前几轮数据传输中，由于节点剩余能量之间的差别很小，完全随机时延机制能够很好地工作。但是随着时间的推移，节点剩余能量之间的差别开始变大，完全随机时延机制的性能将会下降，这是因为随机设置的时延 telc 增大了节点发送 temp_member 报文的可能性，增加了系统的能耗。

参考文献

[1] 于斌，孙斌，温暖，王绘丽，陈江锋. NS2 与网络模拟. 北京：人民邮电出版社，2007

[2] J. N. Al-Karaki, A. E. Kamal, "Routing Techniques in Wireless Sensor Networks: A Survey", IEEE Wireless Communications 2004，11（6）：6～28

[3] 郑增辉，吴朝晖. 若干无线传感器路由协议比较研究.计算机工程与设计. 2003，24（9）

[4] J. Kulik, W. R. Heinzelman, and H. Balakrishnan, "Negotiation-based protocols for disseminating information in wireless sensor networks", Wireless Networks, 2002, 8 :169～185

[5] W. Heinzelman, J. Kulik, and H. Balakrishnan, "Adaptive Protocols for Information Dissemination in Wireless Sensor Networks", Proceedings of 5th ACM/IEEE Mobicom Conference （MobiCom '99）, Seattle, WA, August, 1999. pp. 174-185

[6] C. Intanagonwiwat, R. Govindan, and D. Estrin, "Directed Diffusion: a scalable and robust communication paradigm for sensor networks", Proceedings of ACM MobiCom '00, Boston, MA, 2000：56～67

[7] W.Heinzelman，"Application-Specific Protocol Architectures for Wireless Networks"，PhD thesis, Massachusetts Inst. Of Technology, June 2000

[8] 金骥，徐昌庆，葛颖君. 无线传感器网络基于类的 LEACH 路由算法研究.计算机应用与软件，2006，23（11）

[9] A. Manjeshwar and D. P. Agrawal, "TEEN: A Routing Protocol for Enhanced Efficiency in Wireless Sensor

Networks," Proc. of the International Parallel and Distributed Processing Symposium, 2001：2009～2015

[10] Ramesh Govindan, Eddie Kohler, Deborah Estrin, et.al, "Tenet: An Architecture for Tiered Embedded Networks", in CENS Technical Report #56, November 10, 2005

[11] 沈波，张世勇，钟亦平. 无线传感器网络分簇路由协议. Journal of Software, 2006，17（7）

[12] 陈静，张晓敏. 无线传感器网络簇头优化分簇算法及其性能仿真. 计算机应用，2006，26（12）

[13] W. Heinzelman, A. Chandrakasan, H. Balakrishnan, "Energy-Efficient Communication Protocol for Wireless Microsensor Networks", Proceedings of the 33rd Hawaii International Conference System Sciences, Jan. 2000

地质灾害地区多媒体传感器网络智能应用关键技术分析

张可[1,2] 张伟[1,2]

（1. 电子科技大学电子科学技术研究院　成都　610054；2. 电子科技大学综合电子系统技术教育部重点实验室　成都　610054）

摘　要： 本文简要介绍了多媒体传感器网络在地质灾害地区的智能监测应用，分析了地质灾害地区的特点以及多媒体传感器网络特性，进一步介绍了多媒体传感器网络在地质灾害地区智能应用中的部分关键技术，如目标识别与跟踪技术、在网计算与智能算法、数据融合技术、部署与覆盖算法等；最后，还展望了这些技术的研究与应用对地质灾害地区智能监测将起到的促进作用。

关键词： 多媒体传感器网络；智能应用；数据融合；覆盖

Analysis of Key Technologies of Multimedia Sensor Networks Intelligence Application in Geological Disaster Areas

ZHANG Ke[1,2]　ZHANG Wei[1,2]

（1. Research Institute of Electronic Science and Technology of Univ. of Electron. Sci. & Tech. of China　Chengdu　610054；
2. School of Computer Science and Engineering of Univ. of Electron. Sci. & Tech. of China　Chengdu　610054）

Abstract： This paper introduces the intelligence application of multimedia sensor network in geological disaster areas. Firstly, analyzes the characteristics of geological disaster areas and multimedia sensor networks, and introduces some key technologies of multimedia sensor networks intelligence application in geological disaster areas, such as computing in networks, data fusion, deployment and coverage algorithms, etc. Finally, the end of this paper is an overview of the intelligence application of multimedia sensor network in geological disaster areas, and the advantages of researches based on these technologies.

Keywords： Multimedia sensor network，Intelligence application，Data fusion，Coverage

地震等自然地质灾害的发生目前尚不可避免，但是可以通过一系列措施，有效减少自然地质灾害带来的损失。特别是目前四川等省地质活动进入活跃期，地质灾害频发、不断的余震以及 2009 年入夏以来连续暴雨带来的山体垮塌、泥石流等地质灾害时刻威胁着人民群众的生命财产安全。四川等省地质结构复杂多样，且相对较为脆弱，每到夏季多雨、洪水高发期，由此引发泥石流、山体滑坡等次生灾害。对于灾区的道路、桥梁如何采取有效监控措施，及时发现地质灾害险情的发生与报警，最大限度地减轻地震等自然地质灾害带来的损害就成了人们日益关心的研究问题。

1　环境监测与多媒体传感器网络

环境监测是一类典型的无线传感器网络[1]应用。通过使用由互连的传感器节点组成的传感器网络，监测人员可以对所要监控的环境进行不间断的数据搜集或监测预警等。与传统的环境监控手段相比，无线传感器节点本身具有一定的计算能力和存储能力，可以根据物理环境的变化进行较为复杂的监控，传感器节点还具有无线通信能力，可以在节点间进行协同监控[2]。通过增大电池容量和提高电池使用效率，以及采用低功耗的无线通信模块[3]和无线通信协议[4,5]可以使传感器网络的生命期延续很长时间，这保证了传感器网络的实用性。因而，传感器网络适用于多种环境检测。

随着监测环境的日趋复杂多变，由这些传统传感器网络所获取的简单数据已不能满足人们对环境监测的全面需求，人们将信息量丰富的图像、音频、视频等媒体引入以传感器网络为基础的环境监测活动中来，实现细粒度、精准信息的环境监测。由此，多媒体传感器网络[6,7]

应运而生。

近年来，无线多媒体传感器网络技术的研究已引起了各方人员的密切关注。IEEE、ACM组织国际研讨会交流相关研究成果。世界各国纷纷成立了无线多媒体传感器网络组并启动了相应的科研计划。UCLA 的 Mica、MicaZ 等系列传感器节点[8,9]具有感知温度、湿度、声强、光照、超声波、振动等单值数据的能力。Panopts节点[10]能够有效地支持视频序列的获取、压缩、过滤、缓冲及流处理等功能。Ardizzone提出了在多媒体传感器网络混合使用多种通信协议[11]的方法。美国陆军协会 2005 年度联合会议上，L-3 通信公司展示了 AN/GSR-8（V）REMBASS-II 无人值守地面传感器系统的改进型"远视目标识别系统"（REM-VIEW），综合了成像与无人值守地面的传感器系统，以被动方式探测、分类和确定人员与车辆的行进方向，并能就所探测的场景提供高分辨率图像[12,13]。Florida 大学负责启动的 ATSS 项目，利用 UAV在空中对高速公路路面上的交通场景进行监测[14,15]，并以无线方式传回地面视频接收器。Park等人进一步研究如何获取多人姿态交互信息，以用于体育竞技比赛（如足球比赛）对运动员实施识别和跟踪。

2 智能应用与创新性分析

地质灾害特别是严重的地震灾害发生后，正常的管理、生活系统遭到破坏，尤其是在重灾区环境，由于余震不断等原因，各种公路、水坝以及建筑等存在严重安全隐患，如面临垮塌、滑坡以及滚石等危险，极大地威胁着周边环境的人生财产安全，一旦发生安全意外，后果不堪设想。即使在险情没有发生的情况下，在某些地质灾害频发地区，如山地公路、水坝、山区建筑等，也需要部署监测系统，以监视随时可能发生的垮塌、落石等自然地质灾害，达到及时发现灾害的发生、将损失降到最低的目的。目前的其他无线监测系统，如利用 GPRS的视频监测等，由于灾情高发地区环境复杂、恶劣，采用无线多媒体传感器网络方式则更加适合。

由于环境特殊性，所监测场景存在一定的危险性，同时，由于地质破坏或者环境制约，无法有效使用有线连接的监控设备对监测场景进行全天候实时监控。基于多媒体传感器网络的地质灾区智能监测采用综合图像与多源异质

传感器系统，采用半休眠监控方式，通过如振动传感器等方法感应启动展开目标监控，通过对目标的智能识别及多源数据融合判决等技术，以智能方式识别监测环境中可能发生的余震、滑坡、滚石、坍塌等险情，及时向后方监测人员报警。同时，可区分人员、车辆等运动目标，降低虚报率，并就所监测的场景提供监测数据、实时图像等，完成实时智能监测与险情判决，还具有自组织、自配置及低功耗管理、部署覆盖率高等特性，适合在诸多复杂场景，如大坝、山区道路等日常监控，具有广泛的应用前景。

地质灾害地区多媒体传感器网络智能应用将为灾区环境监测带来如下创新优势。

（1）将多媒体传感器网络技术应用于复杂恶劣的灾害险情监控，与传统传感器网络监测相比，不但同样具有自组织、自配置、抗毁性等优势，同时具有更为真实全面的多源异质信息感知监测能力。与现有其他无线音视频监测系统相比，它具有智能特性，变"人工视频监视"为"智能分析告警"。

（2）在对险情特性分析的基础上，通过目标识别及数据融合技术，对以智能方式识别监测环境中可能发生的滑坡、滚石、坍塌、泥石流等险情进行研究，同时可区分人员车辆等运动目标，降低虚报率，使得系统就所监测的场景能够提供准确情报，实现智能监测与险情判决。其中，在数据融合研究，结合监测环境特性，引入振动、红外以及倾角传感、液位传感等可监测泥石流和山体滑坡等的多源异质传感数据，提高综合监测能力。将传统监测使用的多传感器采集数据再人工分析的方式转变为多源传感器智能分析监测。

（3）针对地质灾区险情监测的特殊性，结合智能监测相关研究内容，研究基于能量高效的策略与算法，保证节点长时间工作，实现对灾情的持续监测；

（4）在结合灾区环境实际考察所获取采集的真实环境数据的基础上，研究在地质灾区监测特殊环境下的部署与覆盖策略与算法，实现对特定灾区环境全面有效监测覆盖。

3 智能应用关键技术分析

根据多媒体传感器网络地质灾害地区智能应用的研究目标，应对以下关键技术开展深入研究，并促成技术突破：

1. 基于多媒体传感器网络的地质灾害地区险情监测智能监测方案研究

由于地质灾害地区监测环境的特殊性，对其监测的方案不同于一般主要对车辆、行人的传统目标监测。同时，由于多媒体传感器网络在传统传感器网络监测的基础上又具有其丰富信息感知能力、高能耗、节点处理能力强等特性，对其监测应用必然具有不同的特点。在对实际监测环境的考察基础上，研究如何将其结合灾害险情应用，形成全面、完整和有效的解决方案，是首要的研究问题。

2. 地质灾害地区危险目标识别与监测跟踪判决研究

传统监测中的目标识别与跟踪判决主要针对传统目标，如行人、车辆等，由于地质灾害监测的特殊性，监测的目标主要为落石、塌方、泥石流、余震等非常规监测目标，同时监测系统还需要对进入监测范围的正常目标，如进入监测区域的车辆、行人、动物等非预警目标进行识别判决跟踪。其特性不同，对其的识别与跟踪判决算法必然需要开展针对性研究，保证识别的准确性。同时，该部分的研究需要采集如滚石等实际数据，来进行识别与跟踪判决研究。

3. 在网计算与智能信息处理技术研究

由于受网络资源的限制，监测应用不能在网络中传输全部数据，而是通过对音、视频数据的分析，提取出关键的信息进行传输。这样，一方面可以减少网络的传输负担，延长网络的工作寿命；另一方面可以充分利用节点的处理能力，提高整个系统中多媒体信息处理的分布性，进而减轻汇聚节点的负担，提高整个系统的信息处理速度。因此，智能多媒体信息处理技术将对减少网络能耗、提高监测性能与质量有重要影响。用于多媒体传感器网络的智能多媒体信息处理技术要兼顾两个方面的因素：一是处理的复杂程度，因为多媒体传感器节点的计算能力有限，过于复杂的处理技术并不适合；二是多媒体传感器网络的特点和应用需求，需要改进传统的多媒体信息处理技术，使之适用于多媒体传感器网络。利用分布于网络中的各级节点的不同处理能力，应用低功耗有效计算以及最小化消耗分布算法，通过在网计算功能完成多媒体信息压缩编码、特征提取、目标识别以及冗余信息融合等处理，将数据量小、信息量足的处理结果逐级上传、逐级处理。

4. 多源异质数据融合技术研究

多媒体传感器网络节点会根据监测目标的出现，获取一定的多源异质感知信息，例如引入了振动、声音等信息。与此同时，为了降低网络能耗和传输负担，减少通信量，不要求得到原始完整信息的情况下，对数据进行处理，提取有效的特征，进而加以判决分类。多媒体传感器网络中的目标识别过程，可以在单节点进行特征层的简单识别，降低数据量后，以多节点信息融合为主，采用数据融合技术，经过决策层属性融合，完成最终的目标融合分析。

5. 多媒体传感器网络地质灾区险情监测能耗管理研究

多媒体传感器网络监测质量保障是研究的技术难点，其中涉及节点感知信息质量、网络传输质量、能量需求、网络覆盖质量和网络服务时间等方面，需要从整个网络不同实体来保证监测质量。其中，多媒体传感器网络传输的质量保障中的一个基本关键问题是能量管理，如果能耗过高，网络工作时间短，其他研究也必然失去意义。网络中节点能量、带宽等资源的严重受限，使得支持实时可靠的大数据流媒体传输相当困难。如何设计新型的数据传输与高效管理算法，实现实时、可靠的多媒体传感信息传输，值得深入研究。

6. 多媒体传感器网络地质灾区险情监测部署与覆盖研究

对于节点设计较为复杂，成本较高的多媒体传感器网络来说，随机部署大量冗余节点成本高昂，实施具有一定的困难。从目前的国内外相关研究来看，多媒体传感器网络节点的覆盖部署主要采取针对网络特定应用的有计划部署方式。但是，由于地质灾害灾区情况特殊，环境恶劣复杂，人员到达部署并精确调节在某些情况下有一定的困难，在这样的情况下必须采用随机部署方式。如何在这样的方式下尽可能地提高传感器网络的覆盖率就成了一个亟待解决的问题。例如，可以通过相关覆盖增强算法，调节多媒体传感器网络感知覆盖增强范围，达到最大化智能监测范围的目的。在结合灾区环境实际考察所获取采集的真实环境数据基础上，研究在地质灾区监测特殊环境下的部署与覆盖策略及算法，实现对特定灾区环境全面有效的监测覆盖。

4　总结与展望

　　基于多媒体传感器网络的地质灾区智能监测关键技术研究的开展将会为地质灾害地区监测工作提供一种智能的系统方案，其中多项技术的应用将从多源数据监测、智能判决可靠性、低能耗监测、智能监测覆盖等方面提升地质险情监测系统长时间、高可靠、全方位工作的能力，应用性能将进一步得到提升。而随着这些技术研究工作的不断开展，必将促进更为成熟市场产品的诞生和监测系统工程的日益更新，为智能监测领域注入新的技术源动力。

　　随着这些技术的日益进步与成熟，在越来越多的灾害监测领域将会看到更多基于多媒体传感器网络智能监测系统的身影，结合目前我国对该领域智能监测研究的实际情况，对该领域的深入研究与应用开发也将为国家带来巨大的经济效益和社会效益。

参考文献

[1] David E.Culler, Wei Hong. Wireless sensor networks [J]. Communications of ACM, 2004, 47 (6): 30-33

[2] 张学,陆桑璐，陈贵海，陈道蓄，谢立. 无线传感器网络的拓扑控制[J]，软件学报 2007，18（4）：943～954

[3] Asada G., Dong M., Lin T., et al. Wireless integrated network sensors: Low-power systems on a chip[C]. Proceedings of the 24th IEEE European Solid-State Circuits Conference. Den Hague, The Netherlands. Sept. 21-25, 1998. Elsevier. 1998：9～12

[4] Naveen Sastry,David Wagner. Security considerations for IEEE 802.15.4 networks[C]. Proceedings of the 2004 ACM workshop on Wireless security, October 2004：32～42

[5] Jolly G，KUSCU M C，Kokate P. Younis M, et a1. A low energy Key Management Protocol for Wireless Sensor Network[C]. In: Proc. of the Eighth IEEE Int1. Symposium on computers and communication (ISCC03). Turkey:July 2003, 1:335～340

[6] 马华东，陶丹. 多媒体传感器网络及其研究进展[J]，软件学报, 2006, 17（9）

[7] Tilak S, Abu-Ghazaleh NB, Heinzelman W. A taxonomy of wireless micro-sensor network models[J]. Mobile Computing and Communications Review, 2002, 1（2）:1～8

[8] Asada G, Bhatti I, Lin TH, et al..Wireless Integrated Network Sensors （WINS） [C]. Proceedings of the society of photo-optical instrumentation engineers （SPIE）.Newport beach, CALIFORNIA, MAR 01-04, 1999. Los Angeles:SPIE-INT SOC OPTICAL ENGINEERING,1999, 3673：11～18

[9] Pottie G J,Kaiser W J. Wireless integrated network sensors[J]. ACM communications,2000,43（5）：51～52

[10] 李建中，李金宝，石胜飞. 传感器网络及其数据管理的概念、问题与进展[J]，软件学报 2003,14（10）

[11] 杨珉. 无线传感器网络多播路由技术研究，复旦大学博士学位论文[D]，2003

[12] 杨宜禾，周维. 真成像跟踪技术导论[M]. 西安：西安电子科技出版社，2004

[13] 李象霖. 三维运动分析[M]. 合肥：中国科学技术大学出版社，2003

[14] 唐仁圣. 空中目标实时跟踪算法研究及系统设计. 重庆大学[D]，2004

[15] Estrin D, Govindan R, Heidemann J, Kumar S. Next century challenges: Scalable coordinate in sensor network[C]. In: Proceedings of the 5th ACM/IEEE International Conference on Mobile Computing and Networking. Seattle: IEEE Computer Society, 1999, 263～270

基于堆积能量和协变信息的含伪结 RNA 二级结构
预测迭代化算法

苏光龙　骆志刚　丁　凡　石金龙　蒋晓舟

（国防科学技术大学计算机学院　长沙　410073）

摘　要：预测含伪结的 RNA 二级结构是生物信息学研究中的热点和难点问题。本文提出一种基于堆积能量和协变信息的含伪结 RNA 二级结构预测算法。该方法使用同源比对序列作为输入，以堆积能量和协变信息得分作为茎区得分函数，每次迭代得到得分最优的茎区，在初始序列中将茎区中的碱基标识出来使其不参与以后的迭代。算法通过多次迭代计算出茎区集，从而得到 RNA 二级结构。算法能够预测伪结，时间复杂度为 $O(n^2)$。数据实验结果表明，算法具有较好的预测性能，具有平均 76% 的正确率。

关键字：RNA 二级结构预测；伪结；协变信息；堆积能量

Prediction of RNA secondary structure including
psuedoknots based on stacking energy and covariance

Abstract：The prediction of RNA secondary structure including pseudoknots has important significance in bioinformatics. Various computational methods have been proposed. Here we predict RNA secondary structure using covariance and stacking energy. RNA secondary structure is composed by stems. We compute the set of stem by iterative algorithm. In each iteration, we will get a stem which has the maximum score composed by the energy of stem and the score of stacking covariance. The algorithm can predict the secondary structure including pseudoknots. The time complexity of the algorithm is $O(n^2)$. According to the experiment, we get the result with the average accuracy of 76%.

Keywords：RNA secondary structure prediction, pseudoknot, covariance, stacking energy

1　引言

随着分子生物学的快速发展以及人类基因组计划的完成，RNA 的重要性逐渐被人们所认识。由于实验技术的限制，使得由物理实验预测 RNA 二级结构变得十分困难。因此，通过计算方法预测 RNA 二级结构成为近年来 RNA 研究的热点。

研究发现，伪结在 RNA 二级结构中普遍存在，其对 RNA 的功能有较大的决定作用。伪结的预测是近年来 RNA 研究的热点和难点。已经证明，预测任意类型的伪结是 NP 问题[1]。现在的预测算法能在多项式时间内预测某一种或几种类型的伪结。

RNA 二级结构预测方法大致分为两种：一是基于热力学最小自由能方法；二是基于比较序列分析方法。

（1）基于热力学最小自由能方法。在热力学上，稳定的 RNA 二级结构应该是具有最小自由能量的结构。该方法以单条 RNA 序列为输入，预测具有最小自由能的二级结构。在 RNA 二级结构中，碱基配对是降低 RNA 二级结构能量最主要的因素。因此，最早由 NASSINOV[2] 使用动态规划算法，求得具有最大碱基配对数的二级结构。其后，Zuker[3] 等人在此基础上，考虑碱基配对之间的作用以及环的能量，将二级结构划分为多种模体（motif），每种模体根据环长度具有不同的能量，使用动态规划算法求得具有最小自由能的二级结构。Zuker 算法的时间复杂度为 $O(n^4)$，空间复杂度为 $O(n^2)$。该方法不能预测伪结。Rivas 和 Eddy[3] 基于最小自由能提出了能够预测伪结的动态规划算法 Pknots。该算法可处理的伪结类型十分丰富，但其时间复杂度为 $O(n^6)$，空间复杂度为 $O(n^5)$。由于其高昂的时空消耗，限制了该算法的应用，所以其只能处理短序列 RNA。该类算法还包括能处理简单伪节点的 PKnotsRG[4] 等。

最小自由能方法的预测精度主要受能量参数的影响。除多分枝环的能量是依据实验对其进行了近似处理外，各种环的能量都经过了实验测定并有表可查。该方法主要的问题在于时间复杂度较高，为 $O(n^4) \sim O(n^6)$。

（2）基于比较序列分析方法。该方法以多条同源序列为输入，预测同源序列的公共保守二级结构。在分子生物学中，RNA 结构保守性大于序列保守性，这就意味着在生物进化过程中，即使 RNA 序列的个别碱基发生变化，RNA 二级结构也很可能保持不变。因此，当配对的某个碱基变异时，为了保持原有的配对，另一个碱基也随之改变，这就是协变现象。

基于比较序列分析方法通过度量同源序列间的协变关系来预测他们公共的二级结构。这种方法的预测精度对输入同源序列比对质量的依赖度较高，比对质量越高，预测的精度也就越高。典型的基于比较序列分析方法的算法有 RNAalifold[5]、Construct[6]和 Pfold[7]等。

比较序列分析方法通过多条同源序列之间的协变关系预测 RNA 保守二级结构，其预测结果正确率相对最小自由能方法要高。但缺点是对输入同源序列的比对质量依赖程度较大。而当前多序列比对仍是生物信息学研究的一个难点问题。

还有一些方法结合了以上两种方法，采用启发式算法预测 RNA 二级结构，并且具有较好的性能。典型的启发式算法有 ILM 和 Ifold 等。启发式算法的优点是时间开销相对较低，但缺点是所得结果不一定是全局最优。

当前 RNA 二级结构预测算法的主要问题是时间开销很大。不含伪节点的 RNA 二级结构预测算法，时间复杂度为 $O(n^2) \sim O(n^3)$；含伪结的 RNA 二级结构预测算法时间复杂度相对要高很多，大都在 $O(n^4)$ 与 $O(n^5)$ 之间。

针对当前 RNA 二级结构预测算法时间复杂度较高的问题，本文基于堆积能量和协变信息计算模型，提出一种时间复杂度为 $O(n^2)$，能够预测伪结的 RNA 二级结构预测算法。

2 方法

2.1 基本术语

RNA 序列：RNA 序列可表示成长度为 n 的序列 S：

$$S = s_1 s_2 \ldots s_n \in \Sigma$$

其中 $\Sigma = \{A, C, G, U\}$。

碱基配对：RNA 的四种碱基通过氢键形成 Waston-Crick 配对 A=U、G≡C 和 wobble 配对 G-U，通称为碱基配对，不形成配对的碱基成为自由基，并记碱基配对集 P 为：

$$P = \{A \cdot U, U \cdot A, C \cdot G, G \cdot C, G \cdot U, U \cdot G\}$$

堆积：若 $s_i \cdot s_j \in P$ 且 $s_{i+1} \cdot s_{j-1} \in P$，则碱基对 $s_i \cdot s_j$ 和 $s_{i+1} \cdot s_{j-1}$ 形成堆积。连续的堆积形成茎。

RNA 序列通过自身回折形成茎区和环，从而形成二级结构。对于序列 S 中，任意的 $s_i \cdot s_j$，$s_k \cdot s_l \in P$，当 $i<k$，若有 $i<k<l<j$ 或者 $i<j<k<l$，则 S 形成为不包含伪结的 RNA 二级结构；否则，形成含伪结的二级结构。

2.2 基于堆积能量和协变信息的茎最大化算法

RNA 序列二级结构由环和堆积组成，其中环的能量为正值，堆积的能量为负值。堆积是降低 RNA 二级结构能量、稳定 RNA 二级结构的主要因素。堆积越多，RNA 二级结构也就越稳定。在此基础上，李恒武等人提出了 SMH 算法[8]。

SMH 算法是一种茎区组合方法，其本质是一种贪心算法。RNA 二级结构是由一个个茎区组成的，如果所有的茎区确定了，则二级结构也就确定了。该算法通过迭代得到二级结构的茎区集。每次迭代寻求具有最低能量的最大茎区，存储茎区，然后在初始序列中把茎区中的碱基标识出来，使其不参与以后的迭代。迭代结束后得到茎区集，从而确定序列的二级结构。SMH 算法能够预测伪结，时间复杂度为 $O(n^2)$，空间复杂度为 $O(n)$。该算法不考虑环区能量对结构的影响，只考虑堆积对二级结构能量的影响，降低了预测的时空消耗，但同时也因此导致了其只在预测部分 RNA 序列时才有较高的准确率。

在 SMH 算法的基础上，我们结合序列比对方法，在茎区的打分函数中引入协变信息。协变信息是用来度量多条同源序列不同位点的相关性的。Hofacker[5]等人考虑 RNA 配对原则和一致非补偿性突变，提出了协变信息得分公式：

$$C_{ij} = \sum_{XY,XY} f_{ij}(XY) D_{XY,XY} f_{ij}(XY)$$

C_{ij} 表示 N 条同源序列 i 和 j 两个位点的协变信息得分；$f_{ij}(XY)$ 表示同源序列中 i 和 j 两个位点出现配对 XY 的频率；$D_{XY,X'Y'}$ 表示碱基对 XY 与 $X'Y'$ 的海明距离矩阵，定义如下：

$$D_{XY,X'Y'}=\begin{cases} 0 & XY \in P 或者 X'Y' \in P 或者 XY=X'Y' \\ 1 & X'Y' \in P 且 X 与 X'、Y 与 Y' 仅有一者不等 \\ 2 & 当 XY,X'Y' \in P 且 X=X'、Y=Y' \end{cases}$$

其中 $P=\{A \cdot U,U \cdot A,C \cdot G,G \cdot C,G \cdot U,U \cdot G\}$。

对于同源序列中 i 和 j 两个位点不能形成配对或者两者中有空位，给与非一致序列罚分：

$$q_{ij}=1-\frac{1}{N}\sum_s \pi_{ij}^s$$

其中 s 为 N 条同源序列中的任一序列，当 s 中 i 和 j 两个位点形成配对时，π_{ij}^s 为 1；否则为 0。由一致序列协变信息得分和非一致序列罚分综合得到同源序列的协变信息得分公式：

$$B_{ij}=C_{ij}-\varphi_1 q_{ij}$$

其中 φ_1 为罚分的权重因子。

在 RNA 二级结构中，碱基配对极少孤立出现，几乎都是相邻碱基配对以茎区形式出现。因此，若相邻碱基对的协变信息得分较高，则参考碱基对的协变信息得分也应当较高；另一方面，若相邻碱基对的协变信息得分较低，参考碱基对的协变信息也应当较低。基于此，杨金伟[9]等人对协变信息进行改进，提出堆积协变信息得分公式：

$$B_{ij}^s=\frac{\lambda_1 B_{i-1,j+1}+\lambda_2 B_{ij}+\lambda_1 B_{i+1,j-1}}{2\lambda_1+\lambda_2}$$

其中权重因子 λ_1 和 λ_2 为相邻碱基对之间的影响因子。λ_1 与 λ_2 的比值越大，相邻碱基对之间协变信息得分的相关度也就越大。

根据 RNA 结构的保守性大于序列保守性，在以高质量比对结果作为输入的前提下，如果是序列中真实存在的配对，其堆积协变信息得分必定较高。

我们结合堆积能量和堆积协变信息计算模型，得到茎区的得分函数：

$$E(i,j,1)=stack(i,j,1)-\varphi_2\sum_{k=0}^1 B_{i+k,j-k}^s$$

其中 $stack(i,j,1)$ 为起点为 (i,j)，长度为 1 的茎区堆积能量，φ_2 为堆积协变信息的权重因子。

算法描述如下：

第一步：计算同源序列协变信息矩阵 B^s；

第二步：以堆积能量和协变信息为茎区打分函数，搜索序列中所有长度大于 2 的茎区，比较茎区得分，将得分最高的茎区存入结构数组 stems 中；若没有符合条件的茎，转第四步。

第三步：在初始序列中标识最优茎中的碱基，同时在 B^s 标识相应已配对碱基。转第二步；

第四步：输出茎区列表。

由于算法每次迭代只得到一个茎区，之后在初始序列中标识碱基使其不参加以后的迭代，预测结果不受茎区之间交叉或嵌套关系的限制，得到的茎区之间可能有交叉，所以本算法能够预测伪结。

3　实验结果及分析

我们在 linux 环境下用 C 语言实现了该算法，并命名为 MSCF。预测结果使用敏感度和特异性两个指标评估。敏感度指预测正确的碱基对个数与实际碱基对个数的比值；特异性指预测结果中正确碱基对个数所占的比例。若 RP 表示实际的碱基对个数；TP 表示正确预测的碱基对个数；FP 表示预测结果中虚假配对的数目。则敏感度定义为：$SS=100\times TP/RP$；特异性定义为：$SP=100\times TP/(RP+FP)$。

算法实现后，使用 Clustalw 比对 RNA 家族序列，并将其结果作为输入。表 1 所示给出了部分实验采用的同源序列和参考序列的相关信息，表 2 所示是预测结果与 Pknots 和 ILM 的性能比较。通过表 2 所示可以看出，MSCF 算法比 ILM 较优，部分结果比 PKnots 较好，但总体表现不如 Pknots。

表 1　实验测试的家族序列

RNA	同源序列数	长度(nt)	碱基对数	伪结数
HDV	15	88	27	1
Coronavirus	15	63	18	1
Tombusvirus	12	91	24	1
Enterovirus	12	103	38	1

表 2　MSCF 与 Pknots、ILM 性能比较

	Pknots		ILM		MSCF	
	SS	SP	SS	SP	SS	SP
Coronavirus	83	79	94	77	87	82
Enterovirus	76	97	68	93	82	91
Tombusvirus	79	70	58	58	65	73
HDV	85	77	59	55	73	68
均值	81	80	70	71	76	78

数据实验表明，算法能够正确预测全部伪结和大部分同源序列的茎区，正确率在 76% 左右。随着算法长度的增加，算法预测正确率显著下降。

4 时间复杂度分析

本算法中，同源序列堆积协变信息得分矩阵只需计算一次，时间复杂度为 $O(n^2)$，空间消耗为 $O(n^2)$；算法每次迭代计算最优茎区的过程中，搜索茎区的消耗是 $O(n^2)$。由于不需要记录中间结果，只需记录最优茎区的信息，所以空间消耗为 $O(n)$。假设序列有 m 个茎区，则 $m<n/6$。因此，算法的时间复杂为 $O(m*n^2)$，近似为 $O(n^2)$；空间消耗为 $O(n^2)$，其中，n 为序列长度。

5 总结

本文基于堆积能量与协变信息计算模型，设计了一种含伪结 RNA 二级结构预测算法。该算法结合茎区堆积能量和堆积协变信息得分作为打分函数，采用迭代化方法预测 RNA 二级结构茎区集。算法能够预测伪结，时间复杂度在 $O(n^2) \sim O(n^3)$ 之间。数值试验表明，算法性能较好。算法对于含突起的螺旋区预测准确率较低，茎区得分函数的设计不够精确，随着序列长度的增加，算法性能急剧下降。下一步的工作主要是改进茎区得分函数，使算法能够预测长序列 RNA。

参考文献

[1] Rivas E, Eddy S R. A dynamic programming algorithm for RNA structure prediction including pseudoknots[J]. Journal of Molecular Biology,1999,285:2053～2068

[2] Nussinov R, Pieczenik G, Griggs J R, et a1. Algorithms for loop matchings SIAMJ. Applied Mathematics, 1978, 35（1）:68～82

[3] Zuker M, Stiegler P. Optimal computer folding of large RNA sequences using thermodynamics and auxiliary information[J]. Nucleic Acids Research, 198l, 9: 133～148

[4] Jens R，Robert G. Design, Implementation and evaluation of a practical pseudoknot folding algorithm based on thermodynamics[J]. BMC Bioinformatics. 2004（5）:104

[5] Hofacker, I.L, Fekete, M. and Stadler, P.F., Secondary structure prediction for aligned RNA sequences [J], J. Mol. Biol., 2002, 318:1059～1066

[6] R Luck, S Graf and G Stegger.ConStrut: a tool for thermodynamic controlled prediction of conserved secondary structure[J]. Nucleic Acids Research, 1999,27（21）:4208～4217

[7] Knudsen, B. and Hein, J. RNA secondary structure prediction using stochastic context-free grammars and evolutionary history[J]. Bioinformatics, 1999,15:446～454

[8] 李恒武. 基于堆积的RNA假节预测算法[M].济南：山东大学博士学位论文.2008

[9] 杨金伟. 含伪结的 RNA 二级结构预测算法的研究[M]. 长沙：国防科技大学硕士学位论文. 2007

基于 PON 结构的航电通信协议的仲裁机制设计

赵 磊　贾宇明　宗竹林

（电子科技大学电子科技研究院　成都　610054）

摘　要：文章介绍了一种基于 PON 结构的命令/响应方式航电通信协议，并重点提出了基于该协议的总线仲裁的机制。该机制解决了总线仲裁的问题，提高了总线传输的稳定性；同时，避免了高优先级的终端设备在重新请求访问总线时独占总线，提高了各终端获取总线控制权的灵活性，降低了访问延迟。

关键词：PON；光纤总线；命令/响应；仲裁

Design for Arbitration Mechanism Based On Avionics Environment Communication Protocol Over PON Architecture

ZHAO Lei　JIA Yuming　ZONG Zhulin

（Research Institute of Electronic Science and Technology of UESTC, Chengdu, 610054）

Abstract：This paper presents a command/response avionics environment communication protocol over PON architecture, and brings forward a arbitration mechanism for bus communication based on this protocol emphatically. This mechanism resolves the issue of arbitration for this bus communication protocol. At the same time, avoiding high-priority masters will dominate the bus to the exclusion of lower-priority masters when they are continually requesting the bus and all masters have equal access to the bus. The proposed scheme can achieve high response，low delay for high-performance masters.

Keywords：PON，optical bus，command/response，arbitration

引言

随着光纤传输技术的发展，以及航电系统中各种语音、视频等大数据量业务的传输需求，光纤总线技术在航电控制系统中逐步得到了广泛的应用和发展。在该项技术中，PON 是光接入网的主流技术。它优良的抗电磁干扰能力，低廉的维护费用以及较强的扩展性，使其成为目前最经济和最有发展潜力的光纤技术之一。

与此同时，命令/响应方式是目前众多航电通信协议所普遍采用的一种控制方式。它以其稳定可靠的传输特性而著称，并且已被广泛应用于航空、航天、军事等领域。

但是在目前的航电领域，尚无基于 PON 结构命令/响应方式的相关光纤传输协议的制定和研究。本文就是在这样的背景之下基于光纤通道 FC-AE-1553 协议，提出了一种基于 PON 结构的命令/响应方式的光纤总线传输协议，并针对该协议详细设计了一种总线仲裁机制。该仲裁机制很好地解决了 PON 结构下，命令/响应方式传输请求的总线的仲裁问题。

1　FC-AE-1553 总线与 PON 技术概述

1.1　FC-AE-1553 总线

FC-AE-1553 总线协议是一个命令/响应式协议，但由于其采用了光纤通道技术，所以 FC-AE-1553 的性能在终端数、传输字数和子地址数方面，比传统的 MIL-STD-1553 总线有了很大的扩展，性能也有很大的提高。它允许数据同时在网络和多个网络控制器实体之间进行传输。同时，也支持将多个 1553 集成在一个 FC-AE-1553 网络中，而维持与每条 1553 总线通信的功能。另外，FC-AE-1553 支持远程直接内存存取（RDMA）功能。但由于该协议制定的时间较短，因此还未形成正式标准。

1.2　PON 技术

无源光网络（PON）技术是为了支持点到多点应用发展起来的光接入技术。如图 1 所示，无源光网络由光线路终端（OLT）、光网络单元（ONU）和光分配网络（ODN）组成。

PON 结构是一种下行点到多点、上行多点到点的网络双向传输结构，如图 1 所示。上下行线路分别采用不同波长的的光源作为载体进行传输。在同一时刻，上下行线路的传输互不干扰。

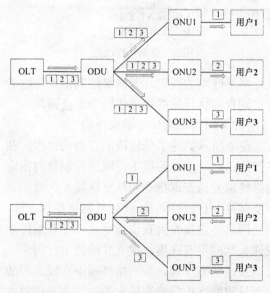

图 1　PON 的下行传输和上行传输

3　基于 PON 结构命令/响应方式总线协议特性

该总线协议利用光纤作为传输介质，拓扑结构采用 PON 结构，与 FC-AE-1553 交换机结构相比大大降低了成本，如图 2 所示。光纤总线故障容错为双冗余方式，其中第二条光纤总线处于热备份状态。每一条光纤总线可以同时进行上下行的数据传输。总线设计传输速率为 2Gb/s，这与 MIL-STD-1553B 的 1Mb/s 传输速率相比，在速率方面得到了极大的提高，充分满足了大数据量传输的要求。

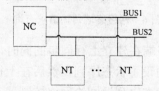

图 2　基于 PON 的命令/响应总线结构

按照功能结构划分，该总线主要由：网络控制器（NC）、网络监控器（NM）、网络终端

（NT）构成。其中，网络控制器负责终端传输请求的仲裁查询、总线同步、数据传输协调以及错误处理等功能；网络监控器用来监控总线通信以及备份传输数据，同时，它还具有与网络控制器冗余切换的功能。网络终端是连接总线与应用设备之间的电路部分，它用来实现应用设备与总线之间的传输会话等功能。

该协议中网络控制器与监控器可以实现冗余切换。网络监控器对网络控制器进行实时监控，当检测到网络控制器发生故障时，网络监控器可替代网络控制器执行总线控制功能。该协议传输帧采用 FC-AE-1553 的帧结构。传输类型主要有 3 大类，分别为网络控制器到网络终端的传输、网络终端到网络控制器的传输以及网络终端到网络终端的传输。

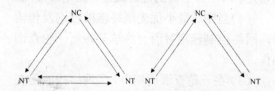

图 3　PON 结构协议与 1553B 传输结构比较

如图 3 所示，不同于 FC-AE-1553 协议，由于受到 PON 结构的物理传输特性限制，该协议对于网络终端到网络终端的传输（NT to NT），无法进行信息的直接交互，需要以网络控制器作为桥梁，通过数据中转实现数据通信。这一传输特点的存在，使得原有 FC-AE-1553 的仲裁机制已不再适用，必须建立一种新的仲裁机制以适应该结构的变化，实现命令/响应方式的传输和控制。

4　仲裁机制设计

4.1　仲裁机制概述

仲裁是由网络控制器控制，依照仲裁规则，通过对终端进行仲裁和查询操作，选出当前执行传输请求的终端并确定其传输类型的过程。在任意时刻，总线上只能执行一个终端的传输请求操作。仲裁机制依照执行顺序可分为两个环节，即仲裁操作和查询操作。如图 4 所示。

4.2　仲裁操作

仲裁操作依照仲裁规则负责选出当前执行查询的终端。根据 PON 的结构特点以及协议所涉及的应用领域要求，仲裁操作遵循以下规则：

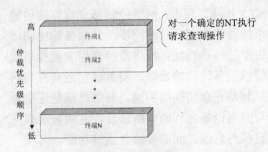

图4　仲裁查询框图

（1）终端仲裁的判定以优先级为标准，执行顺序由高至低。

（2）仲裁优先级判定依照地址大小为标准，即地址越低，优先级越高；地址越高，优先级越低。

（3）每个终端地址值根据其重要性预先分配设定。网络控制器的地址最小，优先级最高。

（4）当完成最小优先级终端的查询及传输后，网络控制器将对所有终端开始新一轮查询操作。

（5）在一轮查询周期内，当网络控制器在执行较低优先级终端的传输请求时，若高优先级的终端有请求操作，则该高优先级网络终端应等到下一轮查询周期再发起传输请求。

（6）若当前网络控制器有模式码传输请求，则一旦处理完该传输，将暂停对下一终端的查询，而直接处理当前模式码的传输请求。

4.3　查询操作

查询操作则是通过一系列判断和检测，确定该请求终端的请求传输类型，并检验其有效性。网络控制器通过网络终端反馈的状态序列中特定位的值的组合，判断当前被查询终端的状态情况，具体详见表1所示。

表1　状态组合表

在线状态	空闲状态	请求状态	状态含义
0	1/0	1/0	离线状态
1	0	0	在线空闲无请求
1	0	1	请求传输
1	1	0	在线繁忙
1	1	1	无效状态

当通过总线仲裁确定一个待查询的终端后，查询操作可分为3个环节，如图5所示，具体说明如下：

（1）网络控制器传输请求自检

当网络控制器自身有传输请求时，则先执行该请求传输，当其请求传输执行完毕后，再

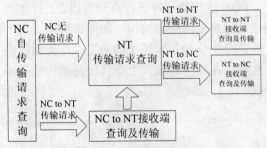

图5　查询操作流程

执行网络终端的查询。若网络控制器无传输请求，则直接执行网络终端传输请求查询。

（2）网络终端传输请求查询

图6所示描述了传输请求查询的过程。在下行线路已同步的前提下，网络控制器向指定网络终端发送查询指令，然后继续发送同步有序集保持下行线路同步。此时若网络终端在线，则当网络终端接收到查询指令后，便开始持续发送上行同步有序集，建立并维持上行同步，直到发送状态序列。若网络终端不在线或因故障而导致网络控制器在规定的时间内未接收到由网络终端发出的上行同步有序集，则网络控制器将重新发送查询指令确认。若在规定的等待时间内仍然无状态反馈，则默认该网络终端状态为"不在线"，并结束本次查询，执行次级优先级网络终端查询操作。

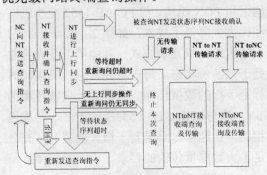

图6　网络终端传输请求查询

网络终端在建立上行同步的同时，将根据自身状态的设置状态序列，然后在上行同步建立后将其状态序列返回给网络控制器，并停止上行同步。如果网络终端有传输请求，则状态序列中包含了其传输请求以及接收网络终端的地址和传输数据量大小。网络控制器将根据该

状态序列中设置的接收地址，在之后发送查询指令对接收网络终端进行状态查询。

但若网络终端在线且接收指令后发送同步有序集进行了上行同步建立，但在规定等待的时间内未能将状态序列返回，网络控制器将重新发送查询指令。若第二次查询仍然超时，则网络控制器默认该网络终端的状态为"在线繁忙，无请求"并结束本次查询，执行次优先级网络终端查询操作。

当网络控制器接收确认完状态序列后，对其请求进行响应操作。若网络终端无传输请求，则终止本次查询，执行次级网络终端查询操作。若网络终端有网络终端到网络控制器的传输请求，则执行网络终端到网络控制器的传输操作。若网络终端有网络终端到网络终端的传输请求，则先执行网络终端到网络终端传输的接收终端状态查询然后再进行传输操作。若网络控制器接收到的状态序列无效，则重新发送查询指令。若第二次仍然无效，则终止本次查询，执行次级网络终端的查询。

（3）接收端状态查询（网络控制器到网络终端的传输或网络终端到网络终端的传输）

当确定传输类型为网络控制器到网络终端的传输或网络终端到网络终端的传输时，网络控制器将对传输目地终端进行状态查询。对于网络控制器到网络终端的传输和网络终端到网络终端的传输，其接收端状态查询准则一致，如图7所示。接收网络终端接收确认查询指令后，开始发送同步有序集进行上行同步。与此同时，接收网络终端对其状态序列进行设置。设置完毕后待上行同步建立完成，接收网络终端发送状态序列给网络控制器。网络控制器接收确认该状态序列后，进行接收端状态确认操作。

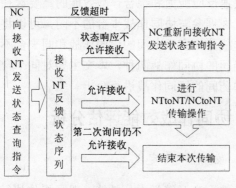

图7　接收端状态查询

如果接收网络终端可以接收数据，则发送

端网络控制器（或网络终端）将向请求网络终端发送传输指令，进行网络控制器到网络终端（或网络终端到网络终端）的数据传输。若网络终端拒绝接收数据或者反馈超时，则重新询问接收网络终端。如果第二次询问仍然拒绝接收或者返回超时，网络控制器将终止本次查询，进行次优先级网络终端的请求查询操作。若第二次状态显示可以接收，网络控制器（或网络终端）将向请求网络终端发送传输指令，进行网络控制器到网络终端（或网络终端到网络终端）的数据传输。若接收端是一个多播组，则网络控制器不需要对接收网络终端进行状态查询，而是直接进行数据传输。

5　结语

本文介绍了一种基于 PON 结构的命令/响应方式的光纤传输协议，提出了一种有效解决该协议总线访问冲突的仲裁机制，并对该仲裁机制重点进行了讨论和设计。经测试，本仲裁机制成功地完成了协议的仲裁操作，较好地解决了总线仲裁的问题。同时，该机制良好的稳定性和访问的低延时性，在基于 PON 的光纤总线研究中，也具有一定的参考价值。

参考文献

[1] DDC. MIL-STD-1553B Designer's Guide. USA, 1998.

[2] CONDER MIL-STD-1553B Protocol Tutorial. USA, 2004.

[3] A Shami, Bai Xiaofeng, Assi C M etal. Performance in Ethernet passive optical networks. Lightwave Technology,2005,23 （4）:1745～1753

[4] ZHENG J, ZHENG S. Dynamic Bandwidth Allocation with High Efficiency for EPON .IEEE Communications Magazine, 2006, 40（2）: 2699～2703

[5] ANSI INCITS. Fibre Channel FC-AE-1553. REV 0.3 .USA , 2004

[6] 李精华，曾丽珍，李云. EPON 上行信道中的动态带宽分配算法研究. 光通信技术, 2006,（1）: 17～19

[7] 王世奎. 航空电子通信系统关键技术问题的浅析[J]. 航空计算技术, 2001, 31（4）: 36～39

[8] 杨彦，韩传久，潘路. 新一代军用数据总线——光纤通道. 沿海企业与科技. 2005, 62（4）:141～142

基于同平台的协同作战效能评估方法探讨

汪 翼 李 炜

（电子科技大学电子科学技术研究院　成都　610054）

摘　要：本文介绍了协同作战效能评估的背景及意义，并针对协同作战介绍了效能评估的概念；对现有的效能评估方法进行了评述，结合协同作战特点对其进行了分析；分析了协同作战的过程、特点以及协同作战中的信息交互，并在此基础上提出了协同作战效能的定义；根据效能评估准则的确定原则并结合协同作战的过程及特点，提出了协同作战效能评估准则的研究方法。

关键词：协同作战, 效能评估, 评估准则

An Investigation into the Effectiveness Assessment of Cooperative Combat on the same Platform

WANG Yi　LI Wei

（RIEST in University of Electronic Science and Technology of China Chengdu 610054）

Abstract: This paper firstly introduces the background knowledge and the signification of the effectiveness analysis of cooperative combat, and reviews the existing methods of effectiveness assessment, of which the character is analyzed combined with cooperative combat. Based on the process, character and communications information of the cooperative combat, the concept of the effectiveness assessment of the cooperative combat is brought forward; finally the measure of the effectiveness assessment of the cooperative combat is analyzed, on the basis of the fundamental of deciding effectiveness assessment measures.

Keywords: Cooperative Combat，Effectiveness Assessment，Measures of Effectiveness

1 引言

在体系作战的现代化高技术战争中，依靠单个先进武器装备进行独立作战的作战样式受到了强有力的挑战。未来战争将是系统与系统、体系与体系之间的对抗，信息战和电子战将贯穿战争的始终，并成为最终决定战争成败与否的关键。协同是战争中最大限度地获取信息优势的必然选择和根本途径[1]。在这种情况下，单个作战平台或者同平台内的单个弹药已经不能充分发挥其应有作用，协同作战将变得越来越重要。现代战争带来的挑战使得协同作战日益受到世界各国军方的关注。

20 世纪 70 年代中期，美国第一次提出了协同作战的概念，并在武器协同研究上取得了很多成果。美国正在研制的新一代作战系统"网火"以及俄罗斯研发的Д-700花岗岩超声速反舰导弹则是最典型的代表。俄罗斯Д700"花岗岩"超声速反舰导弹可将从陆、海、空基传感器，甚至卫星获得的信息进行融合，解算目标数据，实现目标信息共享，进行飞行任务规划，实施自主攻击，其领弹与攻击弹的攻击方式充分体现了导弹之间的协同。

作为一种创新性的体系作战方法，协同作战可以提高对目标的识别能力和捕捉能力，是减少作战费用、提高任务实现可靠性、增强武器快速反应能力和综合作战效能的重要途径。

根据参与协同作战平台的不同，可以将协同作战分为多平台间的协同作战和同平台不同弹药间的协同作战两种，本文主要对同平台不同弹药间的协同作战进行分析。

2 协同作战效能评估分析

2.1 效能评估定义

在军事运筹学中，效能一般是指作战行动的效能或武器系统的效能。武器系统的效能是指在特定条件下，武器系统被用来执行规定任

务所能达到预期可能目标的程度[2]。协同作战的效能是指在执行协同作战任务时所能达到的预期可能目标的程度。

武器系统的效能是研制以及使用该系统所追求的总目标，是研制、规划、配置武器系统的基本依据，是评估武器系统优劣最重要的综合性能指标，是武器装备作战对抗的动力和判断胜负的重要依据[3]。协同作战的效能评估是研究协同作战的重要工作之一，它对论证协同作战这种创新性的作战方法的科学合理性以及弹药之间协同的战术和方案的正确性有着重要的指导意义，是规划、配置协同作战的基本依据，是评价协同作战性能优劣的重要综合性指标。

系统效能是指系统完成规定任务剖面的能力大小，它可用于度量一个系统完成其任务的整个能力，一般以完成任务剖面的概率或完成任务的程度（物理量）为单位[4]。但是不同系统根据其自身特点对作战效能的定义会略有差别，评估方法也不尽相同[5-7]。

由于在未来战争中已经是体系和体系之间、系统和系统之间的对抗，弹药之间、平台之间的协同作战将越来越多地出现在战场上，单一的武器效能评估方法已经不能全面甚至正确地反映其作战效能。并且，由于协同作战必不可少地要求有弹药之间的消息传递，再加上协同战术的多样化，使得对协同作战的效能评估成为一个十分复杂的问题。所以，传统的效能评估方法已经不能适用于新的作战模式下弹药效能评估，需要从新的视点采用新的方法通过新的途径，结合传统的效能评估方法来解决这一问题。

进行协同作战的效能评估首先应尽可能寻找可测量的物理量，例如，每一个攻击波次中发射弹药的枚数是可测量的，而且达到一定成功概率所需要的弹药的枚数也是协同作战效能的具体体现，这可能是解决此问题的有效途径；然后，效能评估应尽可能在对抗中实现，即依据作战、作战仿真或博弈的结果，定量与定性的结合、计算结果与决策者主观思维的结合、经验假定与数据实证的结合、历史战例的分析与现实信息的结合，充分利用"软技术"进行效能评估；最后，使用效能评估结果阐述或描述问题的合理程度，应当明确评估的目的、评估的前提条件和结果的使用范围。

2.2　协同作战效能评估方法简介

目前，传统的比较常见的武器效能评估方法有：ADC 法、SEA 方法、结构评估法、经验假设法、阶段概率法、程度分析法、模糊评估法和信息熵评估法等。

（1）ADC 法

这是美国工业界武器系统效能咨询委员会于 1965 年提出的效能模型，该方法比较全面地反映了武器系统状态及随时间变化的多项战术、技术指标在作战使用中的动态变化与综合应用，从而比较适合复杂的大型武器系统的效能评估。

但是这种方法对于协同作战来讲，使用的评估模型比较简单，评估过程过于简化，能力向量的选取灵活性太大，因人而异，很难统一。并且该方法是以系统状态划分及其条件概率为建模思想，当它应用于状态维数较多的复杂系统时，会出现矩阵维数的急剧"膨胀"，尤其是难以把系统效能分析反映在动态系统的运行过程中。该模型的局限性还表现在只能给出某一特定条件下的效能，不能给出对某一类战场环境的效能。

（2）层次分析法

在建立了指标体系的基础上，将体系分层，可以给出各层的效能度量。实际上是以性能指标集重合于任务指标集的程度作为系统完成作战任务要求的效能值，它通过指标集的相交运算和指标集势函数的相除完成的，所得结果属于[0,1]区间，保证了效能值具有量化可比的特性。

层次分析法在实际研究中也常用于评估作战效能。在用于作战效能评估时，层次分析法的优点是可对多种武器系统方案与使命任务进行分析。其缺点是同评估作战能力时基本一样，即难以描述武器系统与作战概念之间的相互作用和非线性关系，而协同作战效能评估必须涉及武器装备系统、作战环境和作战想定等因素错综复杂的非线性关系，这对于层次分析法来讲是无法描述清楚的。因此，在协同作战效能评估时较少采用层次分析法。

（3）SEA 方法

SEA（System effectiveness analysis）方法是 20 世纪 70 年代末、80 年代初，由美国麻省理工学院信息与决策实验室 A.H.Levis 提出的系统效能分析框架。SEA 方法的主要思想是：系统的效能应包含技术、经济和人的行为等因素在内的"混合"概念。对于一个被评估的人工系统而言,系统的效能还应反映系统用户的需求,并能体现系统技术、系统环境和用户需求变化。因此,系统的效能分析方法应该充分考虑"大范围"因素的影响,并且适应于其中任何一个因素变化的要求。

SEA 方法的难点在于公共属性空间的提取,以及系统能力和使命要求到该空间的映射的建立。系统能力映射的建立是整个评估过程的重点,它必须借助一定的方法,把系统的结构、功能、行为和原始参数对系统运行过程的影响描述出来,从而体现它们对系统完成使命的作用。这种映射一般是非线性的,特别是对于协同作战这种比较复杂的情况,比较难于建立,这就给 SEA 方法的使用带来了困难。

(4)系统模型法

使用系统模型是评估作战效能的一条可行途径。目前使用较多的是影响图方法、兰彻斯特(Lanchester)方程方法和蒙特卡洛(Monte Carlo)方法。

1)影响图方法。它是基于系统动力学的面向系统微分方程模型的一种建模分析方法。这种方法通过分析所研究的复杂系统,找出表征系统运行过程所必须的系统参量,分析各参量之间的相互影响关系并画出系统影响图,根据影响图与系统参量的实际物理意义,运用一定的建模算法,得出综合了系统和作战过程的系统的微分方程,由系统的微分方程模型考察系统各尺度参数和性能参量对作战结果的影响,从而可以评价系统的作战效能。对于协同作战效能评估而言,它的不足是很难建立有效的微分方程模型,即使建立了微分方程,也难于求解。

2)兰彻斯特作战方程。兰彻斯特作战方程是基于古代冷兵器战斗和近代运用枪炮进行战斗的不同特点,建立的一系列描述交战过程中双方兵力变化数量的微分方程组,效能评估的假设前提是点目标毁伤和面目标毁伤的比例大小在一定程度上反映武器装备系统对作战的影响。目前兰彻斯特方程的多数改进属于此类。它的不足是无法反映系统内部因素在战场中的作用,并且无法反映系统在作战过程中的动态变化过程。

由于对兰彻斯特方程研究的不断深入,随机型兰彻斯特方程,变系数兰彻斯特方程,由

多种装备联合交战时的兰彻斯特方程和战术决策的优化等问题都有了新进展,与计算机仿真模拟相结合而构成的混合模型也得到了普遍的应用[8]。在分析矩阵形式的多元兰彻斯特方程的基础上,建立效能评估指标;结合算例,比较分析了对抗双方处于平方律和线性律两种作战方式下的效能。

3)蒙特卡洛方法。该方法基于统计理论,在描述作战效能时有两大障碍:一是基本状态变量的巨额维数,二是信息处理与认识过程的描述。蒙特卡洛方法在描述系统的信息活动时只能采用枚举法,列出所有可能的信息活动及其发生概率,这即使在微观仿真中都是很困难的事情,然而不这样又难于将信息对决策的作用、决策对战果的影响表示出来。

(5)作战模拟方法

作战模拟法也叫作战仿真法,实质是以计算机模拟模型来进行作战仿真实验,由实验得到的关于作战进程和结果的数据,可直接或经过统计处理后给出效能指标评估值[9]。参考文献[10]研究了团级防空系统 C3I 效能仿真,仿真了对敌机攻击流的处理能力,最终归结为效能的计算。参考文献[11]提出了防空导弹效能仿真思路,文献[12]提供了效能-费用仿真的思路。

作战仿真法考虑了对抗条件下,以具体作战环境和一定兵力编成背景来评价,能够实施战斗过程的演示,比较形象,但需要大量可靠的基础数据和原始资料作依托。要得到完整资料有赖于有计划长期收集大量数据,仿真时对作战环境模拟比较困难,如干扰环境的不确定性等直接影响结果。总之,作战模拟对于武器系统作战效能评估具有不可替代的重要作用。它省时、省费用等,它在一定程度反映了对抗条件和交战对象,考虑了武器装备的协同作用、武器系统的作战效能诸属性在作战全过程的体现以及在不同规模作战效能的差别。特别适合于进行武器系统或作战方案的作战效能指标的预测评估[13]。

(6)探索性分析方法

探索性分析是美国兰德公司在研究国防规划与武器装备论证问题时提出的一种方法,它与"情景空间分析"和"探索性建模"关系密切。其基本思路是考察大量不确定性条件下各种方案的不同后果,以追求方案的灵活性、适应性与稳健性。为实现对多维不确定性空间的有效探索,一般采用必要的实验设计技术来减

少对空间的采样点。探索性分析允许在深入细节之前，先获得宏观的、总体的认识，从而可以很好地辅助方案的开发和选择。此外，它可以探讨在什么样的条件或假设下，一种给定的能力（比如说改进的武器系统或指控系统）才是充分的和有效的，从而服务于"基于能力的规划"，这一点对需求论证是极其重要的。探索性分析方法的不足是要求建模人员要对问题有深入的理解，建模要具有高度的艺术性；运行次数随变量数的增长而急剧增长，要求计算资源巨大。所以，探索性建模方法主要解决宏观范围内的作战效能评估问题。

（7）量化标尺评价法

量化标尺评价法的基本思想是首先根据战技指标体系来确定系统的分层结构和评价项目，然后确定各分层系统评价项目的加权系数，根据各指标的给定量化标尺，对各指标进行评价，最后对系统进行综合效能评估。

量化标尺法出发点更适合于系统不同方案的综合比较，缺点在于量化标尺的选取很难统一，所以不适合协同作战的效能评估。

现在随着武器系统的发展以及协同作战等新的作战方式的出现，效能评估也逐渐出现了新的方法和思路：一方面传统的效能评估方法在继续改进，并出现了在此基础之上的新的方法；另一方面在评估某项指标时，往往会用到两种或两种以上的方法来进行。

3 协同作战效能评估准则分析

3.1 协同作战特点分析

（1）协同作战过程

弹药投放后，分别有自己的轨迹对目标区域进行搜索，与可以联系到的弹药进行通信。一旦发现目标或者疑似目标，与可以联系到的弹药进行信息交互，决策后由处于最有利条件的弹药发起攻击。该范围内没有发起攻击的弹药起到毁伤评估的作用，以确认目标被摧毁；否则继续发起攻击，如此往复，直至完成任务。

（2）协同作战中的各类信息

协同作战过程中包含大量信息，它们是对协同作战进行特性分析和效能评估的基础。通过对这些信息的分析，可以对协同作战的过程进行分析，进而进行效能评估。这些信息主要有：

a）某一次协同中各个个体参数信息。它是指在多个弹药进行协作的一个波次中，每一个弹药个体的信息，其中包括每一个弹药视场内目标或疑似目标的捕获率、识别率等。

b）各个弹药相互协同的信息。它是指在协作的一个波次中，经过协同以后各个弹药对协同区域内目标或疑似目标的捕获率、识别率等。

c）协同作战过程中的各类目标信息。是指在执行某次协同时在协同区域内的目标信息、虚假目标信息。包括目标或虚假目标的毁伤情况、被探测情况等。

d）协同作战过程中的环境信息。不同环境、不同作战条件下弹药会有不同的杀伤率、发现目标概率等。

通过以上对协同作战的分析，协同作战效能可以定义为：在各类信息已知的情况下，各个弹药按上述的协作过程成功完成既定任务的能力。

3.2 评定协同作战效能的准则分析

传统武器系统效能的量度是指对系统完成特定任务程度（或能力）的定量描述，它是评估、比较系统效能的具体尺度[3]。传统武器系统效能评估理论认为，由于系统不同或要求和着眼点不同，系统效能的量度准则也不同。不同类型的系统，往往有不同的量度准则；同一类型的系统，也可以由若干个效能量度准则。因此，选择适当的效能量度准则是效能分析的首要问题。由于每一个准则对应一个指标，因此，系统效能量度准则的选取可以转化为适当的选取系统的效能指标。但无论选择怎样的量度准则或效能指标。都必须基本反映系统要实现的真实目标。

建立评估指标体系是完整、正确效能评估的基础。深入分析系统的各个组成要素，选取具有代表性的评估指标，使之能全面综合地表征被评对象[14]。指标体系是进行系统评价工作的基础和依据，评价指标体系是否合理、完整，直接关系到最后的评价结果。评价指标体系应该既能反映实际问题对系统的功能需求，又能反映不同层次评价指标之间的相互关系[15]。选择合适的指标体系并使其量化，是进行系统效能评价的关键。目前，在武器系统效能评估指标体系研究方面存在的主要问题有：（1）指标体系不够统一，存在多种结构；（2）以 WSEIAC 模型为框架建立的指标体系中，能力指标应该包含的子指标不够完善。

由于大量随机因素的影响，弹药武器系统完成特定任务的能力（即效能）具有不确定性，因此，往往用体现系统目的的各种概率或数学期望等作为系统效能的量度指标。然而，采用多个指标描述弹药武器系统的效能时，会使效能评估工作变得比较困难。往往出现这样的情况，按某一个或几个指标来看，系统的效能是高的；而按另外一个或几个指标来看，该系统的效能是低的。产生这类问题的原因主要是平等对待各项效能指标，没有将效能指标的主次区分开。实际上，评估弹药系统的效能指标应该根据弹药系统完成任务的目的分开主次，分别考虑其对弹药系统效能的贡献。

针对弹药武器系统的特点和作战使用需求，尽管弹药系统的效能指标很多，但是加入协同战术以后，所有的指标就不能单一地独立地进行分析。与传统的弹药武器系统作战效能相比，协同作战的效能评估势必要加入一些新的效能指标。这些指标在对协同作战效能上所占的比重应该是不一样的，针对不同的任务目标，比重也应该有主次区分。

与传统的弹药效能评估相比，协同作战的效能评估中的指标应该是能反映协同作战的，协同作战的基本协同行为主要包括目标识别、目标捕获、协同攻击、毁伤评估等。因此，可以根据这些协同行为提出协同作战效能评估的准则并进行分析，从而可以对协同作战进行效能评估的进一步分析。

4　结束语

协同作战作为一种创新性的体系作战方法有着广阔的应用前景，对其效能评估还处于刚刚起步的阶段，本文在分析协同作战的过程及特点基础上，根据效能评估准则的确定原则，提出了协同作战效能评估的准则的研究方法，对以后进一步研究协同作战的效能评估有着积极的意义。

参考文献

[1]　雷中原，李为民，崔超. 基于斯特兹理论的地空导弹协同作战效能评估，先进制造与管理. 2008，27（5）：44～47

[2]　付东，方程，王震雷. 作战能力与作战效能评估方法研究，军事运筹与系统工程. 2006 年 12 月，35～40

[3]　张克，刘永才，关世义. 关于导弹武器系统作战效能评估问题的探讨. 宇航学报，2002：58～67

[4]　张安. 航空武器系统分析导论[M]. 西安：西北工业大学出版社，2001

[5]　沈如松，张育林. 基于 Petri 网的航天装备体系作战效能评估方法[J]. 系统仿真学报，2005，17（3）：538～540

[6]　蔺美青，杨峰，李群. 基于算子树的导弹突防作战效能评估方法研究[J]. 系统仿真学报，2005，18（7）：1950～1953

[7]　周振浩，王行仁. 巡航导弹作战效能评估系统[J]. 系统仿真学报，2002，14（12）：1638～1641

[8]　唐铁军，徐浩军. 应用兰彻斯特法进行体系对抗效能评估，火力与指挥控制. 2007：53～56

[9]　金振中，贾旭山. 武器装备作战效能的评估方法，战术导弹技术. 2007：20～26

[10]　邓苏，于云程. 一种防空 C3I 系统的效能分析方法. 系统工程与电子技术. 1992，（3）：48～53

[11]　刘付显. 防空武器系统效能分析. 空军导弹学院硕士论文. 1993，3:7～33

[12]　徐安德. 防空导弹武器系统费效分析的仿真研究. 上海航天. 1993，（3）:18～20

[13]　刘杲靓，综合航空电子系统效能评估研究. 西北工业大学硕士学位论文. 2007，21～22

[14]　胡方，黄建国，张群飞. 灰色聚类理论在鱼雷系统效能评估中的应用，弹箭与制导学报，2007 年 2 月，288～291

[15]　顾辉，宋笔锋，谢永锋. 地空导弹武器系统效能评估指标体系研究，数学的实践与认识，2008（4）：102～109

一种基于 LDP 协议与虚拟 IP 组的 MPLS 组播方案理论研究

刘 涛 何 春 吕 恕 宗竹林 饶渐升

（电子科技大学电子科学技术研究院综合电子系统技术教育部重点实验室 成都 610054）

摘 要： MPLS（多协议标签交换）技术的应用实现了比在 ATM 中更好的集成 IP，大大改善了中枢骨干网数据转发的服务质量，已被业内普遍认为是下一代互联网络的主要技术之一。组播技术可以大大节省带宽，在今天网络多媒体视频、网络游戏等要求高实时性、大数据量的新应用广泛使用的今天，有着越来越重要的意义。本文提出了一种新的创造性的基于 MPLS LDP 协议的利用虚拟 IP 组来实现在 MPLS 网络中实现组播的理论方案，并建立了详细的模型，可以有效解决在 MPLS 网中实现组播。

关键词： MPLS；组播；虚拟 IP 组；LDP

A MULTICAST SCHEME THEORY RESEARCH BASED ON MPLS LDP AND VIRTUAL IP

LIU Tao HE Chun LV Shu ZONG Zhulin RAO JianSheng

（Rsearch Institute of Electronic Science and Technology of Univ. of Electron. Sci.&Tech. of Chnia, Chengdu, 610054）

Abstract： The application of MPLS（Multi-Protocol Label Switching） in integrating IP is more effective than ATM in networks,it improves the QOS of centre net work,has already been considered as the one of the most important technology of next generation networks. Multicast technology in net work can save the bandwidth effectively,today,the application of net multimedia video,net game and so on is more and more used widely and is more and more important.This article put forward a new scheme that based on MPLS LDP and Virtual IP Group to solve the problem that the realization of multicast in MPLS networks.,and establish the particular model,put forward a scheme that can solve the problem that realize the multicast in MPLS net effectively.

Keywords： MPLS，Multicast，Virtul IP Group，LDP

1 引言

现有的 IP 技术是不提供非面向连接的网络路由技术可靠保证的。但在大规模数据交换与流通的网络中，IP 转发的速度与可靠性等问题将成为网络 QOS（服务质量）的瓶颈[1]。ATM 技术的出现在一定程度上解决了上述问题，但在二、三层结合性以及协议运用的范围上仍有不足。MPLS（多协议标签交换）技术是一种与传统 IP 相结合的网络技术。它的出现有效地解决了与 IP 更好的集成问题[2]，并支持多种协议，且在 VPN、流量工程及最优数据传输等方面有着独特的优势，是业内普遍认可的下一代网络技术的主要技术之一，现已得到越来越广泛的应用。随着现代网络应用尤其是新业务如网络视频、网络游戏、远程多媒体视频会议等的应用增多，使网络带宽不足与安全性及保证 QOS 等问题已越来越严峻。而组播技术正是解决这一问题的有效途径之一。组播是点到多点的通信方式，但又不同于广播通信，它是将同一数据包发给一组特定目的对象（群组）的通信方式[3]。在 IP 组播已日渐成熟的情况下，如何在 MPLS 中实现组播，有其越来越重要的意义。本文提出了一种新的创造性的基于 MPLS LDP 协议[4]和虚拟 IP 作组 FEC 的在 MPLS 网络云中实现 IP 组播的理论方案，以求有效解决在 MPLS 中实现可靠的任意建立与拆除的多播技术。

2 理论概述

本理论方案的核心思想是只修改传输 IP（逻辑 IP 或称为回环接口 LDP ID），不修改端口实际 IP 来创建 LDP 对话。比如说，在一个 MPLS 网云中的一棵组播树里的 LSR（标签交换路由器）我们将它在逻辑上认为是一个特有的集合，这个集合统一标记为一个 FEC[5]（不失一般性，比如 1）。在这个树中任一 LSR 发送的数据可到达其他属于该 FEC 1 的 LSR。而这种行为在实现的角度就是基于 MPLS LDP 协议为组内分配虚拟 IP 的方法[6]。即指定一些虚拟 IP 地址凌驾于一个 MPLS 网络云之上，这些地址被分为不同的 FEC（转发等价类），而属相同 FEC 的 LSR 被分配指定组的虚拟 IP（或者说是一组指定的虚拟 IP 标识了一个特定的 FEC 或组）。

3 模型建立

不失一般性。我们假设一个 MPLS 网络云中有 20 个 LSR，如图 1 所示。

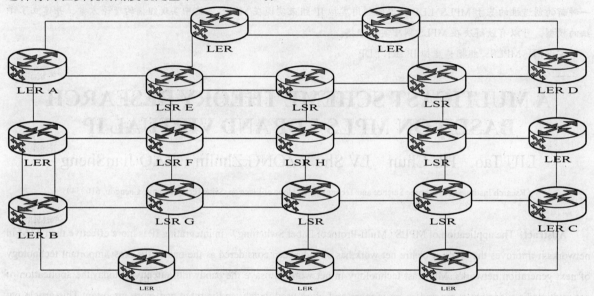

图 1　20 个路由器的 MPLS 网络

我指定一组虚拟 IP 与相应的 FEC 相映射，如表 1 所示。

表 1　组播 FEC 与虚拟 IP 的映射

FEC	虚拟 IP
FEC1	10.200.156.1…10.200.156.20
FEC2	10.200.157.1…10.200.157.20
FEC3	10.200.158.1…10.200.158.20
FEC4	10.200.159.1…10.200.159.20
FEC5	10.200.160.1…10.200.160.20
…	…
FEC98	10.200.253.1…10.200.153.20
FEC99	10.200.254.1…10.200.154.20
FEC100	10.200.255.1…10.200.255.20

3.1 虚拟 IP 表的说明

将这样一张表存储于每一个边界路由器（LER）的内存中，如 A、B、C、D….在设定虚拟 IP 时，需做如下四点说明：

1. 虚拟 IP 不能与 MPLS 网络中 LSR 各端口的实际 IP 以及各 LSR 的初始 LDP ID（回环接口）相重复；否则造成冲突导致错传。

2. 在对于此网络外的网络所传进数据报的 IP 要加以区分，避免定义为相同的 FEC。也就是虚拟 IP 的分配要有其特殊性[7]，不能与内外网络的 IP 相混，这要根据实际情况，本文只是举出一个特例来说明方案的思想。

3. 网络内能同时出现的组不能超过 100 个。这个上限可以变动。

4. 组内任一个 LSR 可随时加入任一组。

3.2 组播树的实际建立过程

第一种情况，边界路由器作为源（或 RP），如表一中的 A，在这种情况下，只需将加入组的 LSR 分配一个 FEC，并用 hello 消息通告和分配给组内 LSR 一个虚拟 IP，以改变其传输地址（transport ip addr）[8]，此地址仅组内成员可见，这样他们就同属于一个 FEC，并进行相应的标签捆绑进行转发。同时，将此组虚拟 IP 的

组号通告给其他 LSR，使其不再使用该组虚拟
IP 作为组播之用。具体实现方法后叙。

第二种情况，内部 LSR 作多播源（或 RP），
如表中的 E。此时，它要通过向最近的边界路
由器申请一组未使用的虚拟 IP，申请成功后用
相同的方法建立多播树。

4　具体过程及理论上的实现

1. 路由器内存中建立虚拟 IP 组与 FEC 映
射的 VIPF 表（如表 1），即在栈中顺序存储这
些项目。

2. 图 1 所示中的一个 LSR E，作为组播的
发起者或是源节点（RP），它向邻近的 LER A
申请一个虚拟 IP 组，如 10.200.255.1，…
10.200.255.20，其数量涵盖了组内路由器的数
量，并为自己预留一个虚拟 IP，如 10.200.255.1，
并分配标签进行绑定。需要注意的是，此时我
使用的是基于路由器的标签空间而不是基于端
口的标签空间[9]，因此在划定多播组大小时只
考虑路由器的个数，而不考虑路由器端口数量
的情况。

3. 路由器 F 要加入多播组 1,这有两种情
况：

第一种，F 主动加入[10]，如图 2（a）所示。
此时 F 主动请求，E 同意或不同意。

第二种，E 主动要求 F 加入，此时 F 被动
响应，F 同意或不同意。如图 2 所示。这里我
们不是一般性地设 E 的 a 端口的 IP 为
10.200.255.21, F 的 b 端口 IP 为 10.200.255.22，
LSR E 的回环接口为 0，LDP ID 为 10.200.255.
23/32，LSR F 的回环接口为 0，LDP ID 为
10.200.255.24/32。

4. E 顺序的从 VIPF 表中取出 10.200.255.2/
32,用 LDP hello 消息告知并修改 LSR F 的 LDP
ID 为 10.200.255.2，并通告自己的 LDP ID 为
10.200.255.1/32。如果 LSR E 和 LSR F 间有多
条链路相连，则要在全部链路上通告上述信息
（如图 3 所示）。之后，B 也将对 FEC1 进行标
签捆绑[12]。此时，双方建立起一个 TCP 的直连，
在逻辑上，在 LSR E 的眼中，LSR F 的 LDP IP
已变为 10.200.255.2/32，与自己属于同一 FEC
1；而在 LSR F 的眼中，E 的 LDP ID 已变为
10.200.255.1/32，都同属于 FEC 1。而在其他路
由器看来，他们的 IP 都与原来没有变化。于是
在 LIB 和 LFIB 中，各自建立了相应的标签绑
定，形成了一条双向 LSP，方向是从 E 到 F 和

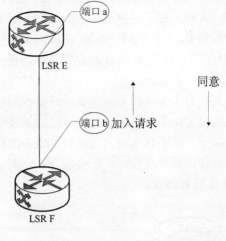

（a）

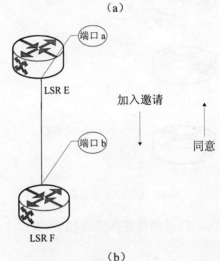

（b）

图 2　组播建立机制图解

F 到 E。我们假设 LSR E 给发往 B 的 FEC 1 捆
绑标签 1，F 收到标签 1 便知是 E 发往自己；
而 F 将给发往 E 的 FEC 1 的标签分配标签捆绑
2, E 收到标签为 2 的包时就知道是 F 发给自己
的。这还是很简单的，与单播很相似。

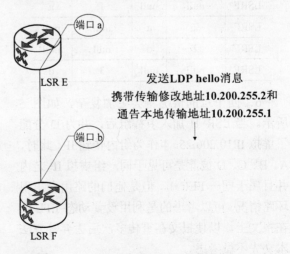

图 3　利用 LDP hello 消息进行传输地址的修改

5. 节点的情况会有一点复杂,如图 4 所示。

LSR G 也加入了多播组,方法是通过 B 向 A 得到批准,并被分配了虚拟 IP 10.200.255.3.G 给从 d 转发给 E、F 的属同一多播(FEC 1)的报文分配标签 3,由于 E 与 G 的位置对称,我只分析 E,F 节点的情况。

首先,对于 E(或 G)来说,只要收到标签为 2 的报文,就是 F 或 G 发往自己的组播报文,便收下。对于 B 来说,他收到 1 或 3 的标签时,须作出两种操作[13]:一是收下;同时,向 LSR G 或 E 转发。

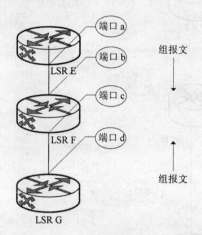

图 4　三个 LSR 的情况

因此,EFG 的标签捆绑的 LFIB 表如 2 所示。

表 2　标签交换表

	入站标签	入口	出站标签	出口
LSRF	1	b	2	c
LSRF	1	b	收下	null
LSRF	3	c	2	b
LSRF	3	c	收下	null
LSRF	null	null	1	a
LSRF	2	a	null	null
LSRF	2	d	null	null
LSRF	null	null	3	d

6. 四个点的情况将会更加复杂,如图 5 所示。当 LSR H 加入多播组后,并为 D 分配了虚拟 IP10.200.255.4 作为组内传输 IP。此时,A、B、C、D 彼此是可见于同一组虚拟 IP 之内并且属于同一 FEC 1,但是他们的路由会出现环路情况。可以考虑的是利用设置动态 TTL 值在报文上,以使报文在重传多次后丢弃等方法本文先不做考虑。

7. LSR 的退出组(树)

如图 5 所示,假设现在 H 要退出组(主动或被动),那么 H 就应该发出携带其虚拟 IP 与真实 IP 的消息给 RP LSR E。E 便收回虚拟 IP10.200.255.4,并恢复 H 在 LFIB 中的原标签与路由,并向 H 发出应答 LDP hello 消息,从而双方建立起独立于组播的新会话。

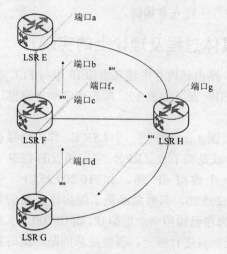

图 5　四个 LSR 的情况

8. 当一个组播书 RP 彻底撤销时,由源发出撤销命令,所有组内路由移除虚拟 IP,相互以 LDP hello 通告从 LFIB 中移除该 FEC 的标签。

5　该理论存在的问题及后续工作

5.1　多播形成环路与重路由的问题

大量的报文在链路中循环流通,相同的报文重复经过相同的链路和路由器进行流通,因为一组虚拟 IP 被分为相同 FEC 进行转发所致。这个问题将会严重影响带宽的使用率[14]。可以考虑将重复报文丢弃或是设定动态的 TTL 值[15],由一些算法算出一些不是很重复的路径。这在今后的工作中仍需考虑。

5.2　路径的选择与流量工程[11]的兼顾问题

如图 5 所示,G 到 H 可直接到达,或经由 F 到达。显然前者要更短。但是,如果前者链路严重拥塞,而后者顺畅,则选择后者会较快[16]。此问题还有待解决。

5.3　在 NS2 中的方真实现问题。

本文提出了初步的理论框架,提出了一种基于虚拟 IP 的 MPLS 网络中的多播实现理论。在今后的工作中会不断加以改正。

参考文献

[1] A.Anjali and W.K.Bin，"SuPPorting Quality of Sevrice in IP multicast networks，"Computer Communications，26（14）：1533～1540

[2] J.H.Cui，D.Maggiorini，J.Kim，K.Boussetta and M.Geria，"A Protocol to ImProve the State Scalability of Source Specific Multicast，"In Proceedings of IEEE Globecom2002，Taiwan，17-21 November，2002

[3] B.Cain，S.Deering，I.Kouvelas，B.Fenner and A.Thyagarajan，"Intenret Group Management protocol，Version3，"RFC3376，Oct2002

[4] K.Long，Z.Zhang，and S.Cheng，"Load balancing algorithms in MPLS traffic engineering，"High Performance Switching and Routing，2001 IEEE Workshop on，Page（s）:175-179，29-31 May 2001

[5] L.Aguilar."Datagram Routing for Internet Multicasting，"In ACMSIGCOMM'84 Communications Architectures and Protocols，1984：58～63

[6] McCanne.S.Jacobson. V.andVetterli.M.Receiver -driven layered multicast，Proc.Of ACM SIGCOMM，Palo Alto，CA，USA，Aug.1996，Pages:117－130

[7] L.H.M.Costa，S.Fdida，and O.C.M.Duarte."Hop-by-hop Multicast routing protocol，"Proceedings of SIGCOMM'01，Aug2002

[8] A.Ballardie，"Core Based Trees（CBT version 2）Multicast Routing － Protocol Specification，"RFC2189，Sep1997

[9] Karen Webb，Building Cisco Multilayer Switched Netwoks，Cisco Press，331～418

[10] E.Rosen，A.Viswanathen and R.Callon，"MultiProtocol Label Switching Architecture，"RFC3O31，Jan2001

[11] B.Yang and P.Mohapatra，"Edge router multicasting with MPLS traffic engineering，"Networks, 2002.ICON 2002. 10th IEEE International Conference on，Page（s）:43-48，27-30 Aug.2OO2

[12] A.Habib,S.Fahmy,and B.Bhargava.Design and evaluation of an adaptive trafficconditioner for differentiated services networks.IEEE International Conference on Computer Communications and Networks,Phoenix,Arizona,Oct.2001：90～93

[13] N.Christin,J.Liebeherr,and T.Abdelzaher.A quantitative assured forwarding service.IEEE INFOCOM,New York,NY,June 2002.

[14] Building Next Generation Network Processors.Agere Systems White Paper,Apr.2001.

[15] H.Holbrook and B.Cain.Source-Specific Multicast for IP.IETF Internet Draft draft-ietf-holbrook- ssm-arch-00.txt

[16] S.McCanne,V.Jacobson,and M.Vetterli. Receiver-driven layered multicast.in Proc.ACM SIGCOMM, 1996：117～130

一个基于约简概念格的关联规则提取算法

陈 湘 吴 跃

（电子科技大学电子科学技术研究院综合电子系统技术教育部重点实验室 成都 610054）

摘 要：关联规则挖掘是数据挖掘领域中重要的研究分支，概念格是数据分析和规则提取的有效方式，利用概念格的性质可以有效地实现关联规则的挖掘。本文提出了一种基于约简概念格的关联规则快速求解算法，该算法通过建立约简概念格来代替原始数据库以缩小挖掘源的规模，并且在约简概念格的基础上快速求解出全部的频繁项集。文章最后的性能研究实验证明了该算法的正确性和优越性。

关键词：数据挖掘；关联规则；约简概念格

Mining Association Rules Based on Base Set and Concept Lattice

CHEN Xiang WU Yue

Abstract：Mining association rules is an important branch of data mining. Concept lattice is an efficient technique of analyzing data and mining rules. A new algorithm based on simplified concept lattice is proposed in this paper. The approach is to replace the original database with the simplified concept lattice and then find all the large sets based on the lattice. Through the experiments on performance study, it can be seen the proposed algorithm has much superior performance in both efficiency and the generation of the useful results to *Apriori* algorithm.

Keywords：Data mining，Association rule，Simplified concept lattice

1 引言

关联规则是数据挖掘的重要模式之一，自*APRIORI*算法[2]出现以来，大量基于此算法的改进算法从不同方面提高了关联规则的挖掘效率。概念格是数据分析和规则提取的有效方式，概念格对于提高挖掘关联规则的效率有着显著的作用。概念格的建立是基于概念格挖掘关联规则应用中最关键的技术。谢润等提出了一种逐层建格法[6]，该方法能够在基础数据库的基础上建立完整的概念格，程序实现流程比较清晰，但是存在针对大型数据库建格效率低下，挖掘效率不够充分的问题。胡学钢等提出了一个建立约简概念格的方法[5]，该方法建格效率比较充分，易于从概念格上提取关联规则。本文主要就是改良该算法的效率，在建立约简概念格的过程中加入频繁项集的判断，使得最终建立的约简概念格只包含频繁项集。同时在建立好约简概念格的基础上提出了一种新的频繁项集提取方法，使得挖掘关联规则更具效率和可操作性。

2 相关概念

2.1 关联规则的基本定义

关联规则的基本概念可以通过一系列的定义来进行描述。设 $I=\{i_1, i_2, \cdots, i_m\}$ 是项（item）的非空集合，用 2^I 表示 I 的所有子集。设 D 为事务 T 的集合，而事务 T 则是某些项的集合，并且 $T \in I$。每一个事务有唯一的标识符，记为 TID。项的集合称为项集（itemset），包含 k 个项的项集称为 k_项集。设 X 是一个项集，如果 $X \in T$，那么称事务 T 包含 X。

定义一：设 $X, Y \in 2^I$ 并且 $X \cap Y = \phi$，形如 $X \Longrightarrow Y$ 的蕴涵式称为一个关联规则。

定义二：包含项集 X 的事务 T 在 D 中所占的百分比称为项集 X 的支持度，记作 $f(X)$。f 是一个值域为（0，1）的函数，并且对于任意的 $X \subseteq Y$ 都存在 $f(X) \geq f(Y)$ 的关系式。空集的支持度为1，即 $f(\phi)=1$。关联规则 $X \Longrightarrow Y$ 的支持度记为 $f(X \cup Y)$，即包含 X 和 Y 二者的事务在 D 中所占的百分比。

定义三：设 $X \Longrightarrow Y$ 为一个关联规则，同时包含 X 和 Y 二者的事务在 D 中所占的百分比称为该关联规则的置信度，它的值为 $f(X \cup Y) / f(X)$。

定义四：给定一个事务集 D，挖掘关联规则问题就是产生支持度和置信度分别大于用户给定的支持度阈值（minsup）和置信度阈值（minconf）的关联规则，这样的规则也被称为强规则。

定义五：设 $X, Y \in 2^I$，如果 $f(X) \geqslant$ minsup，则称 X 为频繁项集。

2.2　概念格的基本定义:

定义一：称 (U, A, R) 为一个形式背景，其中 $U = \{x_1, x_2, \cdots, x_n\}$ 为对象集，每个 $x_i (i \leqslant n)$ 称为一个对象；$A = \{a_1, a_2, \cdots, a_m\}$ 是属性集合，每个 $a_j (j \leqslant m)$ 称为一个属性；R 是 U 和 A 之间的一个二元关系，$R \subseteq U \times A$，存在唯一的一个偏序集合与之对应，并且这个偏序集合产生一种格结构，这种由背景 (U, A, R) 所诱导的格 L 就称为一个概念格。

定义二：格 L 中的每个节点是一个序偶（称为概念），记为 (X, Y)，其中 $X \in P(U)$ 称为概念的外延；$Y \in P(A)$ 称为概念的内涵。每一个序偶关于关系 R 是完备的，即有性质：

1）$X = \alpha(Y) = \{x \in U \mid \forall y \in Y, xRy\}$
2）$Y = \beta(X) = \{y \in A \mid \forall x \in X, xRy\}$。

在概念格节点间能够建立起一种偏序关系。给定 $H_1 = (X_1, Y_1)$ 和 $H_2 = (X_2, Y_2)$，则 $H_1 < H_2 \Leftrightarrow Y_1 \subset Y_2$，领先次序意味着 H_1 是 H_2 的父节点或称为直接泛化。

事务数据库 T_D 可以方便地理解成一个形式背景 $K = (D, I, R)$，其中 D 为数据库 T_D 中事务的集合，I 为数据库中所有可能特征（项）的集合，对于 $x \in D, y \in I$（xRy 当且仅当 y 属于事务 x 的项集）。根据与形式背景 K 对应的概念格，可以计算出所有的频繁项集。

3　用索引号表示的项

一般的数据库表示形式都是用一个交易号（索引）包含若干个数据记录（项）来表示，如表 1 所示。

对于概念格的一个概念 $C = (A, B)$，如果将概念对应到数据库中的每一个 1_项集，需要求出每一个 1_项集的索引号。针对表 1，可以将其表示为如表 2 所示的形式。

表 1　示例数据表

交易号	项
1	ACD
2	BCE
3	ABCE
4	BE

表 2　用交易号表示的数据表

项	交易号
A	13
B	234
C	123
D	1
E	234

如果找出数据库中的所有频繁 1_项集的交易号后，那么，后续由产生的频繁 n_项集的交易号都可以从后述的性质中得到。

对任意的 $X = \{x_1 x_2 \ldots x_r\} \in 2^I$，其中 $x_i \in I$（$i = 1, \cdots, r$），用 $tids(X)$ 表示项集 X 的交易号，用 $numTids(tids(X))$ 表示 $tids(X)$ 中的交易号数量，那么有以下性质：

$$tids(X) = tids(x_1) \cap tids(x_2) \cap \ldots \cap tids(x_r)$$

并且，项集 X 的计数值

$$count(X) = numTids(tids(X)).$$

例如，对表 2 所示的数据库，项集 AB 的计数值为：

$$count(AB) = numTids(tids(AB))$$
$$= numTids(tids(A) \cap tids(B))$$
$$= numTids(14)$$
$$= 2$$

这个性质很简单，但是对于后续的关联挖掘很有用。.

4　构建概念格

4.1　构建约简概念格

构建约简概念格的过程可以分为两大步骤：

（1）扫描数据库得出所有带索引的频繁 1 项集作为概念格的基本节点（概念）；

（2）以基本节点为基础以逐步插入的方法建立概念格。

步骤 1 通过扫描一次数据库就可以实现，

步骤 2 的关键在于插入方法的实现。下面是插入方法的具体策略：

设待插入概念 $C=(A,B)$，其中外延 A 是索引，内涵 B 是项集。在插入概念 C 时，根据格中概念的外延与 A 不同需要做不同的处理。假设最顶端的概念为 C_{top}，一般是全概念 $(FULL,\phi)$。插入概念 C 需要确定其直接超概念和直接子概念，搜索从最顶端开始，与 C_{top} 比较有以下两种情形：

（1）如果 $A_{top}\subseteq A$，则 $A_{top}=A_{top}\cup A$，$B_{top}=B$，完成插入；

（3）如果 $A\subset A_{top}$，则把 C_{top} 作为 C 的直接超概念，继续搜索概念格直到找到 C 的直接子概念。

假设格中顶端节点的直接子概念 $C_k=(A_kB_k)$，根据 C 与 C_k 比较的结果，有以下四种情形：

（1）如果 $A=A_k$，则 $B_k=B_k\cup B$，对 C_k 的所有子概念 $C_i=(A_i,B_i)$，执行操作 $B_i=B_i\cup B$，完成插入；

（2）如果 $A\subset A_k$，则 $B=B_k\cup B$，将 C_k 作为 C 的直接超概念，继续沿着 C_k 的子概念搜索概念格，直到找到 C 的直接子概念；

（3）如果 $A_k\subset A$，则 $B_k=B_k\cup B$，把 C_k 的直接超概念作为 C 的直接超概念，同时把把 C_k 作为 C 的直接子概念。对 C_k 的所有子概念 $C_i=(A_i,B_i)$，执行操作 $B_i=B_i\cup B$，继续把 C 与顶端节点的下一个直接子概念进行比较；

（4）如果 $A\cap A_k\neq\phi$，则产生相交的新概念 $C_n=(A\cap A_k,B\cup B_k)$，如果 C_n 的支持度小于预设支持度，则放弃 C_n，进行下一个概念的插入。如果 C_n 的支持度大于预设支持度，则 C_n 的直接超概念就是 A 和 A_k，C_n 的直接子概念需要沿着 A 和 A_k 的双边向下搜索。

根据以上算法，把所有带索引的频繁 1_项集作为概念格的基本节点按照索引顺序一一插入概念格就可建立一个完整的约简概念格。由于插入的过程中对于各个概念相交产生的新节点进行了是否频繁的判断，可以保证约简概念格的所有节点都是频繁节点（即其内涵所包含的项集是频繁的），这个对于从约简概念格上快速提取出所有频繁节点是一个关键的性质。

下面是算法的应用示例。对于表 2 所示的数据库，假设支持度预设为 0.33，由于 D 的支持度为 0.2，不是频繁项集，需要排除掉。那么带索引的频全部繁 1_项集如表 3 所示：

表 3　频繁 1_项集

项	交易号	支持度
A	13	0.5
B	234	0.75
C	123	0.75
E	234	0.75

利用前述的约简概念格建立方法，可以得到概念格如图 1 所示：

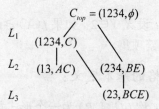

图 1　约简概念格

4.2　在约简概念格的基础上提取频繁项集

约简概念格有以下几条重要性质可以保证从其上快速提取完整的频繁项集：

（1）约简概念格中的节点都是频繁节点；

（2）频繁项集的所有子项集也是频繁项集；

（3）从约简概念格可以求出完整的频繁项集。

在建立好约简概念格之后，可以采取一种称为"逐层递进法"的策略来提取频繁 k_项集（$k\geq2$）：

（1）从概念格的第二层开始依次求出频繁 k_项集；

（2）频繁 k_项集可以从约简概念格的第 k 层和第 $k+1$ 层求出；

（3）把第 k 层节点 $C_k=(A_kB_k)$ 包含的频繁 k 项集 B_k 的全部 $k-1$_子项集 B_{k-1} 和 C_k 的直接超节点所包含的项集相比较，如果 B_{k-1} 不在 C_k 的直接超节点所包含的项集中，则产生新频繁节点 (A_kB_{k-1})。所有新产生的频繁节点和概念格 $k-1$ 层原有节点所包含的频繁项集就构成了全部的频繁 $k-1$ 项集。

针对图 1 所示的概念格，利用上述算法可以提取出全部的频繁项集如表 4 所示。

表 4　频繁项集

项数 k	频繁项集
1	A, B, C, E
2	AC, BE, BC, CE
3	BCE

5 性能测试

为了验证本文介绍算法（BaseCL 算法）的正确性和效率，下面，将该算法和 Apriori 算法进行比较测试。

测试平台为：奔腾 2.4G，内存 512M，操作系统是 Windows XP 下的 cygwin。

测试数据采用 IBM 编制程序生成的模拟数据，参数选择和定义如表 5 所示。测试结果如图 2 所示。

表 5　参数设置

参数	T	I	P	
描述	交易数量	项目数量	模式数量	数据文件大小（M）
T10.I1.P100	10K	1K	100	3.2
T100.I10.P1000	100K	10K	1000	32.2

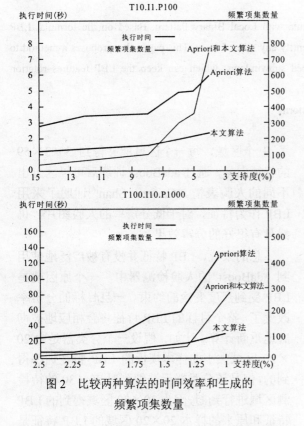

图 2　比较两种算法的时间效率和生成的频繁项集数量

从图中可以看出，本文所示算法在找出项集的数量上和 Apriori 算法完全一致，这证明了本文算法的有效性；从图中还可以看出，本文算法在各种支持度下的时间执行效率都高于 Apriori 算法，特别是支持度越小的时候，本文算法的效率越高，这个则证明了本文算法的高效性。

6 总结

通过建立扫描数据库得出全部频繁 1_项集，并在此基础上建立约简概念格可以提高建立概念格的效率，通过"逐层递进法"在约简概念格上搜索频繁项集可以保证算法的正确和效率。基于这两点的本文算法从理论和实验都证明了其挖掘的高效性和有效性。

参考文献

[1] R. Agrawal, T. Imielinski, and A. Swami, "Mining Association Rules between Sets of Items in Large Databases", *Proc. ACM SIGMOD Conf. Management of data*, 1993：207～216

[2] R. Agrawal and R. Srikant, "Fast Algorithms for Mining Association Rules", *Proc. 20th Int'l Conf. Very Large Databases*, 1994：478～499

[3] Wai-chee Fu, Wang-Wai Kwong, Jian Tang, "Mining N-Most Interesting Itemsets", 2000

[4] K. Wang, Y. He and J. Han, "Mining Frequent Itemsets Using Support Constraints", *Proc. 20th Int'l Conf. Very Large Databases （VLDB'00）*, Cairo, Egypt, Sept. 2000

[5] 胡学钢，王媛媛. 一种基于约简概念格的关联规则快速求解算法. 计算机工程与应用. 2005，41（22）：180～183

[6] 谢润，李海霞，马骏，宋振明. 概念格的分层及逐层建格法. 西南大学学报. 2005，40（6）

使用 LBP 尺度变换进行人脸定位

孙睿[1]　马争[1]　魏云龙[2]

（1. 电子科技大学通信与信息工程学院　成都　611731；2. 电子科技大学电子工程学院　成都　611731）

摘　要：本文提出了一种关于 LBP 的尺度变换公式，基于该公式可以实现训练单一区域大小的样本的 LBP 特征，对任一大小子窗口区域进行判断，实现人脸定位。同时，本文还提出了一种使用二进制环状子窗口的方法，该方法能够使在利用子窗口获得的特征向量保持旋转不变性。最后的实验证明了该方法的可行性。

关键词：LBP；人脸定位；adaBoost；尺度变换

Face location with LBP scale transform

SUN Rui[1]　MA Zheng[1]　WEI Yunlong[2]

（1. School of Communication and Information Engineering, University of Electronic Science and Technology of China, Chengdu　611731,

2. School of Electronic Engineering, University of Electronic Science and Technology of China, Chengdu, 611731）

Abstract：This paper proposes a scale transform formula with Local Binary Pattern. Based on the formula, LBP features from single fixed size templates can be trained to identify any size of faces. This paper also proposes a method to obtain particular detecting sub-areas called binary ring-shaped subwindows, which can keep the LBP features rotation invariant.

Keywords：LBP，face location，adaBoost，scale transform

1　概述

局部二进制特征（Local Binary Patterns，LBP）作为一种带有图像局部纹理的基本属性，它生成的直方图被证明是一种非常有用的纹理特征，能够适应不同的旋转与光照。自从 LBP 首次被 Timo Ojala[1]引入用于分辨材料的纹理细节以后，越来越多的研究将 LBP 方法运用到图像识别的其他领域中。在人脸识别中，采用 haar-like 特征的 adaboost 级联分类器[2]被视为最经典的人脸识别方法之一。但是对于识别在复杂光照环境获得的图像来说，高的检测率往往意味着需要在不同的光照环境准备更多的样本，但是实际中我们获得的样本的光照条件都比较单一，在数量上也很可能达不到训练的要求（Viola 方法通常建议训练样本数量在几千到 1 万左右）。因此，一些研究者开始探索使用 LBP 的特征来取代 haar-like 特征来作为 adaboost 分类器的特征向量，用于进行目标识别，并将此运用到解决一些特殊的问题，比如光照或者是旋转问题。

YING Zilu[3]选择了算子将人脸图片划为了 9 个区域，每一个区域能够得到 $3 \times 3 \times 59$ 的特征向量，通过 adaBoost 训练后可以区分出不同的人脸表情。Caifeng Shan[4]证明了采用 LBP 作为特征，对于低分辨率的人脸图片，仍然具有很好的分辨效果。

总的来说，LBP 特征并没有被广泛地使用到 adaBoost 的人脸检测器中，一个原因就是 LBP 受到尺度变换的约束。一旦目标的分辨率改变了，整个目标的 LBP 特征将会相应地被彻底地重新计算。比如，假设一个分类器是由 20×20 区域大小的样本模板的 LBP 特征训练得到的，但是该分类器无法做到对 30×30 的待检测区域进行判断，因为 30×30 区域得到的 LBP 特征和原来的样本 20×20 区域的 LBP 特征是不匹配的。也就是说，检测一幅图像任一大小的子窗口区域，就需要有一个与该子窗口区域相同大小的样本的 LBP 特征所训练出的分类器，这对于图像中的目标检测来说无疑是复杂化了。一种处理的办法就是将待检测图像逐比例缩小而保持检测子窗口大小不变，而该子窗口大小正好与训练样本大小一致。该方法的不足之处是由于待检测图像经过比例缩小，定出的目标位置按相应比例还原后在原始图像上存在着一定精度上的偏差。

本文提出了一种方法，不采用对原始图像进行缩放的方式，而是改进了相应的 LBP 公式，从而达到对任一大小区域的 LBP 特征都能进行归一化的计算，因此可以实现训练单一区域大小的样本的 LBP 特征，对任一大小子窗口区域进行判断。本文还提出了一种使用二进制环状子窗口的方法，在人脸识别中对于旋转与光照适应性上都有很好的效果。

2　LBP 理论扩展

2.1　LBP 参数实数化

LBP 算子首次被使用是用于作为一种局部图像对比度的参考值。最基本的算子是将中间一个点的像素值作为一个门限，与周围 8 邻域的点的像素值做比较。一个 LBP 码就是将所有邻域点的门限值乘上该点相应的二进制比重求和而得到的。

接下来 Ojala[5] 提出了新的推导，并将该算子记为 $LBP_{P,R}$，其中，P 是指环绕的邻域点的个数；R 是邻域点与中心门限点的距离，如图 1、图 2 所示。

Pattern = 11110001
LBP = 128 + 64 + 32 + 16 + 0 + 0 + 0 + 1 = 241

图 1　计算 LBP 编码的例子

 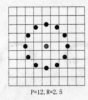 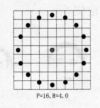

P=8,R=1.0　　P=12,R=2.5　　P=16,R=4.0

图 2　LBP 环状对称的领域组合

当 LBP 在最初使用时，P 与 R 都要求为正整数。但是，实际上在计算邻域点位置坐标时，很难将所有邻域点的坐标刚好落在整数坐标轴上。本文实际在选取领域点时采取了取整的办法，并且认定 R 可以为任一的正实数。如果有一个中心点我们记为 $I(x, y)$，P 和 R 都已经给出，那么所有的 LBP 邻域点可以如下表示：

$$\{I_n = I(x + round(R\cos(2n\pi / P)), y + round(R\sin(2n\pi / P))) \mid n = 1, 2, \cdots P\}$$

其中，round（）就是四舍五入取整函数。这样 LBP 码可以被重新定义为：

$$LBP_{P,R} = \sum_{n=1}^{P} s(I_n - I_0)2^n$$

其中，$s(x) = \begin{cases} 1, x \geq 0 \\ 0, x < 0 \end{cases}$。

2.2　二进制环状子窗口

单一的 LBP 码提供了极少的信息，不足以用来区分目标，更强大的工具是计算局部区域内所有点的 LBP 码，然后统计出一个 LBP 直方图作为特征向量。为了在固定区域内获取更多的特征向量，采用了子窗口方法。子窗口的形状、大小与位置都可以在该固定区域内任意选择，而在被子窗口覆盖的区域，将重新统计出新的 LBP 直方图特征向量。LBP 算子可以视作对旋转具有不变性，但是求出的直方图特征向量却不一定具有这个特点，这要取决于子窗口形状与位置的选取。本文提出了一种子窗口的选取方法：假设该固定区域的中心点为 $I(x, y)$，区域是宽度为 $2R+1$ 的正方形，那么首先确定的环状子区域 d_1 到 d_n 的集合如下表示：

$$d_i = \{I(x+m, y+n) \mid r_{i-1}^2 \leq m^2 + n^2 < r_i^2\}$$

其中 m 和 n 为满足关系式的任意整数，r_i 是 d_i 的外环半径，并且有 $r_0=0$，$r_n=R$。这 n 个子区域有 2^n-1 种组合方式，假定 $b_i=1$ 表示将 d_i 区域纳入组合，而 $b_i=0$ 表示相反，并且将 b_1 到 b_n 看成是某个 n 位二进制数 N 的比特位，那么我们确定子区域的第 N 个组合方式就是我们第 N 个子窗口。例如，当要确定第 237 个子窗口时，我们首先得到 $b_8=1$，$b_7=1$，$b_6=1$，$b_5=0$，$b_4=1$，$b_3=1$，$b_2=0$ 和 $b_1=1$，如图 3 所示。

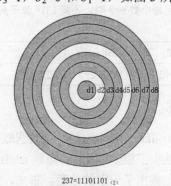

237=11101101 (2)

图 3　环状子窗口选取举例

这说明 d_8, d_7, d_6, d_4, d_3 和 d_1 子区域组合到了一起。

2.3 边缘区域

需要指出的是，由于 LBP 是周围点与中心点的数学计算，那么当计算的中心点距离图像边缘距离小于 R 将无法得到 LBP 值。也就是说如果对某个图像计算所有的 $LBP_{P,R}$ 码，将会产生一个边缘为 R 的无 LBP 值的空白地带。

2.4 尺度变换

假设某个 $LBP_{P,R}$ 码是由一个宽度为 $2R+1$ 的区域得到的，如果该区域是由一个 $2SR+1$ 的区域缩放得到的，而缩放的采样率恰好就为 S，那么我们可以显然的看出在缩放前的 $LBP_{P,SR}$ 码与现在的 $LBP_{P,R}$ 码是相同的。相似的，假设有一个已经计算出全部 LBP 码的区域，其中区域中心点表示为 $I(x, y)$，其他任一点坐标表示为 $I(x+a, y+b)$，其中 a 与 b 分别表示与中心点相对横纵坐标的距离。那么 $I(x+a, y+b)$ 的 $LBP_{P,R}$ 码将与缩放前 $J(x+Sa, y+Sb)$ 的 $LBP_{P,SR}$ 码相同。即

$$LBP_{P,R}(I(x+a, y+b)) = LBP_{P,SR}(J(x+Sa, y+Sb))$$

3 方法

3.1 特征的获得

我们将环状子区域的宽度（即 $r_i - r_{i-1}$）都设为 2，并将子区域数量 n 设为 8，因此基本分类器窗口的大小为 31×31，在此基础上同时使用了 $LBP_{8,1}^{riu2}$、$LBP_{16,2}^{riu2}$ 和 $LBP_{24,3}^{riu2}$ 对该区域进行计算生成三组 LBP 特征向量，特征向量的数量如表 1 所示。

表 1　子区域个数 n=8 时，不同 LBP 算子对应的特征数量

	$LBP_{8,1}^{riu2}$	$LBP_{16,2}^{riu2}$	$LBP_{24,3}^{riu2}$	总数
数量	9×255	17×255	25×255	13005

3.2 训练

与 haar-like 特征相比较，我们选取的特征数量相应地少了很多，因此在级联 adaBoost 的参数选择上做出了一定的改变。首先，我们只选取了 5 层级联的方式，同时将每级的分类器的命中率（hit rate）降到 0.98，虚警率（false

alarm）降到 0.1。这样，如果选择好了合适的正负样本，那么，就得到了用于检测的基本分类器窗口。

3.3 检测

基本分类器窗口只能对 31×31 大小的图像进行判断，如果要对全图进行检测，需要逐步按比例放大基本分类器窗口后再对图像进行遍历。每次按某个比例 S 放大后，需要重新计算全图的 $LBP_{8,S}^{riu2}$、$LBP_{16,2S}^{riu2}$ 和 $LBP_{24,3S}^{riu2}$ 查找表，并根据检测区域的中心点重新确定环状子区域所有点 $I(x+a, y+b)$ 的新位置 $I(x+Sa, y+Sb)$，然后在相应的查找表中求出 LBP 直方图特征向量，最后将特征向量通过分类器得出是否为目标的结论。

4 实验

实验的所有图片来自 CAS-PEAL[6] 数据库。该数据库提供了编号为 1-1042 的测试者在不同情况下的人脸图像，我们选取了其中普通组（一般情况的图片）、表情组（测试者带有不用的表情）、装饰组（测试人员戴有不同帽子或眼镜）和背景组（背景颜色的不同，造成不同程度的反光）进行测试。其中，在前三组（相同光照条件)选取了 1～500 号的人脸作为正样本，对所有组的 501～1042 号图片进行人脸定位测试，得到的结果见表 2 所示。其中，我们认为偏差在人脸大小 10% 以内算作准确定位，而偏差在人脸大小 20% 以内算作可接受的定位。

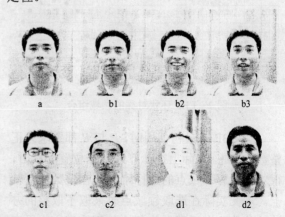

图 4　CAS-PEAL 人脸数据库例子

（a 为普通组；b1、b2、b3 为表情组；c1、c2 为装饰组；d1、d2 为背景组）

表 2　CAS-PEAL 人脸数据库测试结果

	总数	准确	可接受	成功率
普通组	540	391	518	95.9%
表情组	840	606	804	95.7%
装饰组	721	493	685	95.0%
背景组	240	140	219	91.3%

5　结论

从实验结果看出，使用 LBP 尺度变换的方法对于图片中进行目标定位还是具有一定的实用性，特别是考虑到我们选取的样本光照条件单一、数量也相对较少，并且对于不同旋转和光照条件几乎不受到影响。但是从算法的运行速度与 haar-like 特征相比差距较大，还不能满足实时性的要求。

参考文献

[1] T Ojala, M PietikaÈinen, and D Harwood, "A Comparative Study of Texture Measures with Classification Based on Feature Distributions," [J]Pattern Recognition, 1996, 29：51~59

[2] Rainer Lienhart, Alexander Kuranov and Vadim Pisarevsky, "Empirical Analysis of Detection Cascades of Boosted Classifiers for Rapid Object," [J] Lecture Notes in Computer Science, Pattern Recognition, 2003, 2781：297~304

[3] YING Zilu and FANG Xieyan, "Combining LBP and Adaboost for facial expression recognition," [C] 9th International Conference on Signal Processing 2008. 26-29 Oct, 2008: 1461~1464

[4] SHANG Caifeng, GONG Shaogong and McOwan, P.W., "Recognizing facial expressions at low resolution," [C] IEEE Conference on Advanced Video and Signal Based Surveillance, 2005. 15~16 Sept. 2005: 330~335

[5] T Ojala, M PietikaÈinen, and T MaÈenpaÈa, "Multiresolution gray-scale and rotation invariant texture classification with local binary patterns," [J] Pattern Analysis and Machine Intelligence, IEEE Transactions on Volume 24, Issue 7, July 2002: 971~987

[6] GAO Wen, CAO Bo, SHAN Shiguang, CHEN Xilin, ZHOU Delong, ZHANG Xiaohua, ZHAO Debin. "The CAS-PEAL Large-Scale Chinese Face Database and Baseline Evaluations," [J]IEEE Trans. on System Man, and Cybernetics （Part A）2008,38（1）：149~161

RS 码级联 LDPC 码编码技术研究

田广和

（电子科技大学电子工程学院　成都　610054）

摘　要：本文研究了 RS 码与 LDPC 码的级联编码，采用块交织技术实现了 3 路 RS（31,15）码与 31 路 QC-LDPC（36,24）码的级联。仿真结果表明，本文设计的级联码纠错性能优于单一形式的 3 路并行 RS 码和 15 路并行 LDPC 码。

关键词：RS 码；QC-LDPC 码；级联编码；FPGA

Joint Iterative Encoding For Reed-Solomon Codes with LDPC Codes

TIAN Guanghe

（School of Electronic Engineering, Univ. of Electron. Sci. & Tech. of China, Chengdu, 610054）

Abstract：This paper carried out a kind of concatenated code by three collateral RS（31,15）codes and 31 collateral LDPC（36,24）codes, and it is implemented with block- interlaced technology. Simulation results show that the joint iterative codes performance much better than unique encoding of RS or LDPC codes.

Keywords：Reed-Solomon Codes，QC-LDPC，Joint Iterative Encoding，FPGA

引言

在无线数字通信系统中，由于信道存在多径传输与随机干扰，使信号不可避免地存在多径衰落和干扰严重等情况。在这种情况下，单一纠错码不能很好地实现差错控制，而采用级联编解码的方式则可以很好地完成差错控制功能。RS 码在通信系统、数字存储等系统中应用广泛，在一般的应用中；RS 码可以作为单码单独使用；但是在信道条件极为恶劣的应用中，可以将其作为外码提供纠错能力更强的串行级联码，这样在不增加译码复杂度的情况下，可以得到高的编码增益和与长码相同的纠错能力。LDPC 码信道编码技术是信道编码界重要的成果之一。理论研究表明，码率为 1/2LDPC 码在 BPSK 调制下的性能距 Shannon 限仅差 0.0045dB，是目前最接近 Shannon 限的纠错码[1]。

本文设计实现了基于 FPGA 的 RS 与准循环 LDPC 码的级联编码，该级联编码系统实现简单、占用硬件资源少，实现了良好的信道编码效果，适用于信道条件恶劣的情况。

1　RS 编码原理与实现

1.1　RS 码编码原理

RS 码是一种线性的块编码，其表现形式为 RS（n,k），当编码器接收到一个数据信息序列后，将该信息序列分成若干长度为 K 的信息块，并通过运算将每个数据信息块编码成长度为 N 的编码数据块。RS 编码码字由数据信息和奇偶校验位共同组成。RS 码的编码运算是根据数据信息 $m（x）$ 和生成多项式 $g（x）$，通过线性运算得到码字冗余校验信息 $p（x）$ 和最终传输码字 $c（x）$ 的过程。

本文设计的 RS（31,15）码是 RS（255,239）的缩短码，基于有限域 GF（2^m）。RS 编码器的编码运算步骤如下：

$$g(x) = (x+1)(x+a)(x+a^2)\cdots(x+a^{15})$$
$$= x^{16} + x^{15}a^{120} + x^{14}a^{104} + x^{13}a^{107} + x^{12}a^{109}$$
$$+ x^{11}a^{102} + x^{10}a^{161} + x^9 a^{76} + x^8 a^3 + x^7 a^{91}$$
$$+ x^6 a^{191} + x^5 a^{147} + x^4 a^{169} + x^3 a^{182} + x^2 a^{194}$$
$$+ xa^{225} + a^{120}$$

（1）确定 RS 编码器的生成多项式 $g（x）$。本文选用的生成多项式如下所示：

式中多项式系数为有限域 GF（2^m）中元素，可由域本原多项式计算得到。

（2）利用公式（1）通过取模运算产生码字冗余校验信息 p（x）。其中，$x^{2T}m(x)$ 为被除数，生成的多项式 g（x）为除数。

$$p(x) = (x^{2T}m(x))\bmod(g(x)) \qquad (1)$$

（3）利用公式（2），通过加法运算生成最终的 RS 编码码字 c（x）。

$$c(x) = x^{2T}m(x) + p(x) \qquad (2)$$

1.2 RS 编码的实现

RS 码的编译码是建立在有限域 GF（2^m）上的，编译码过程需要大量的有限域算术运算。而有限域乘法算法复杂，需占用大量硬件资源，产生大量的延时，因此，选择合适的有限域乘法器是设计译码器过程中的重要工作。为节省硬件资源及提高数据处理速度，本文对乘法器结构进行了优化，根据参考文献[2]中的方法设计了基于对偶基的有限域常数乘法器。

编码器的核心是有限域除法电路，其电路结构如图 1 所示。

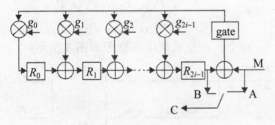

图 1　RS 编码器框图

该电路由 16 个有限域加法器、16 个有限域乘法器和 16 个寄存器组成，具有 16 级流水线结构，每一级包含了一个加法器、一个乘法器和一个 D 触发器组。编码器电路工作过程如下：

（1）首先将输出开关拨到消息端（A），然后将门开启，把 k 个信息码字 m_0，m_1，…，m_{k-1} 串行移位进入电路中，同时使信息码字送入通信信道。从前端将消息向量 m（X）移位输入电路等价于将消息 m（X）预先乘以 X^{2f}。一旦所有的消息码字全部进入电路中，则寄存器中的 $2t$ 个值就构成了余式多项式，即为校验位 b（X）的系数。

（2）关闭门，以断开反馈连接。

（3）移出 $2t$ 个校验码字到信道中。这 $2t$ 个校验码字 $b_0,b_1,\cdots,b_{2t-1}$ 就与 k 个信息码字

$m_0,m_1,\cdots,m_{k-1}$ 共同构成了一个完整的码字。

2　LDPC 编码原理与实现

2.1　准循环 LDPC 码

LDPC 码编码的核心是校验矩阵 H 的构造。目前主要有两类构造方法：一类是随机构造法，其校验矩阵和生成矩阵不规则，编码复杂度较高，如 Gallager 构造法、PEG 构造法等；第二类是结构化构造法，它由几何、代数和组合设计等方法构造，其校验矩阵具有某种特殊的结构，因而其硬件实现极其简单。本文采用的准循环构造法[3]就是结构化构造法中的一种。

准循环 LDPC 码是一类具有低复杂度编码的构造码。它可以利用简单的移位寄存器完成编码，其复杂度与生成矩阵有关。它的奇偶校验矩阵是由一些零阵和循环置换阵构成。

2.2　校验矩阵的构造及生成矩阵

准循环 LDPC 码的校验矩阵由一系列 $b\times b$ 的循环阵组成。令 P 是一个 $b\times b$ 的置换阵，令 H 为 $cb\times tb$ 的矩阵，定义如下：

$$H_{qc} = \begin{bmatrix} p^{\sigma_{11}} & p^{\sigma_{12}} & p^{\sigma_{1(n-1)}} & p^{\sigma_{1n}} \\ p^{\sigma_{21}} & p^{\sigma_{22}} & p^{\sigma_{2(n-1)}} & p^{\sigma_{2n}} \\ & & & \\ p^{\sigma_{m1}} & p^{\sigma_{m2}} & p^{\sigma_{m(n-1)}} & p^{\sigma_{mn}} \end{bmatrix}$$

其中，$p^{\delta_{ij}}$ 为 P 矩阵循环 δ_{ij} 位后的矩阵。

本文设计的 LDPC（36,24）码，使用了 Eleftheriou[4]建议的校验矩阵：

$$H_{QC} = \begin{bmatrix} I & I & I & I & I & I \\ P & P^2 & P^3 & P^4 & O & I \end{bmatrix}$$

其中，I 是 6×6 的单位阵，P^i 为 I 循环右移 i 位的矩阵。

准循环 LDPC 码 C_{qc} 的生成矩阵 G_{qc} 须满足的充分必要条件是 $H_{qc}G_{qc}=[0]$，这里 $[0]$ 是一个 $cb\times(t-c)b$ 的零阵。因此，构造出校验矩阵后就可以求得具有系统形式的生成矩阵。系统形式的校验矩阵如下所示：

$$G_{qc} = \begin{bmatrix} I & 0 & \cdots & 0 & G_{0,0} & G_{0,1} & \cdots & G_{0,c-1} \\ 0 & I & \cdots & 0 & G_{1,0} & G_{1,1} & \cdots & G_{1,c-1} \\ \vdots & \vdots & \ddots & \vdots & \vdots & \vdots & \ddots & \vdots \\ 0 & 0 & & I & G_{k-1,0} & G_{k-1,1} & \cdots & G_{k-1,c-1} \end{bmatrix}$$

其中，GZ_0 是 $b×b$ 循环矩阵。

设 $g_{i,j}$ 为循环阵 $G_{i,j}$ 的生成器（即 $G_{i,j}$ 的第一行或第一列），如果求得所有的 $g_{i,j}$，G_{qc} 的所有循环体 $G_{i,j}$ 也就可以得到。因此，生成矩阵 G_{qc} 完全可以由 $c(t-c)$ 个循环生成器组成。

令 $u=(1, 0, \cdots, 0)$，$0=(0, 0, \cdots, 0)$，这两个向量的长均为 b。则对于 $1 \leqslant i \leqslant t-c$，子阵 G_i 的第一行为

$$g_i = (0 \cdots u \ \ 0 \cdots 0 \ \ g_{i,1} \ \ g_{i,2} \cdots g_{i,c}) \quad (3)$$

其中，u 在 g 的第 i 个部分。因为 $H_{qc} G_{qc}^T = [0]$，所以 $H_{qc} g_i^T = 0$。我们令 $z_i = (g_{i,1}, g_{i,2}, \cdots, g_{i,c})$，$M_i = [A_{1,i}^T \cdots A_{c,i}^T]^T$（$H_{qc}$ 的第 i 列循环体）。根据 $H_{qc} g_i^T = 0$ 可以得到：

$$M_i u^T + D z_i^T = 0 \quad (4)$$

其中 D 是方阵且满秩，它有逆矩阵 D^{-1}。那么，由式（4）可得：

$$z_i^T = D^{-1} M_i u^T \quad (5)$$

计算出 $z_1, z_2, \cdots, z_{t-c}$，就可以得到 G_{qc} 循环体的所有生成器 $g_{i,j}$。

对于本文采用的校验矩阵，对应的生成矩阵循环生成器为：

g0_0 = 6'b100001, g0_1 = 6'b000001;
g1_0 = 6'b100010, g1_1 = 6'b000010;
g2_0 = 6'b100100, g2_1 = 6'b000100;
g3_0 = 6'b101000, g3_1 = 6'b001000;

2.3　QC-LDPC 编码器的设计

求得生成矩阵 G 后，就可以根据 $C=mG$ 求得编码码字。生成矩阵 G 与校验矩阵 H 一样具有准循环特性，因此可以简化硬件结构。

令 $a=(a_1, a_2, \cdots, a_{(t-c)b})$ 为 $(t-c)b$ 比特的信息序列。把这个信息序列分成等长的 $(t-c)$ 个部分，则：

$$a = (a_1, a_2, \cdots, a_{(t-c)}) \quad (6)$$

其中 $1 \leqslant i \leqslant t-c$，第 i 个部分 a_i 由 b 个连续的信息位组成：

$$a_i = (a_{i,1}, a_{i,2}, \cdots, a_{i,b}) \quad (7)$$

那么码字

$$v = aG = (a, p_1, p_2, \cdots, p_c) \quad (8)$$

当 $1 \leqslant i \leqslant c$ 时，第 j 个校验部分

$$p_j = (p_{j,1}, p_{j,2}, \cdots p_{j,b}) \quad (9)$$

当 $0 \leqslant l \leqslant b$ 时，令 $g_{i,j}^{(l)}$ 为发生器 $g_{i,j}$ 的循环右移 l 位；$g_{i,j}^{(-l)}$ 为发生器 $g_{i,j}$ 的循环左移 l 位，且

$$g_{i,j}^0 = g_{i,j}^b = g_{i,j} \quad (10)$$

$$p_{jl} = a_1 \cdot g_{1,j}^{(l)} + a_2 \cdot g_{2,j}^{(l)} + \cdots + a_{t-c} \cdot g_{t-c,j}^{(l)} \quad (11)$$

用 $g_{i,j}^{(l)}(k)$ 表示 $g_{i,j}^{(l)}$ 的第 k 位（$0 \leqslant k \leqslant b$），则

$$a_i g_{i,j}^{(l)} = a_{i,1} g_{i,j}^{(l)}(1) + a_{i,2} \cdot g_{i,j}^{(l)}(2) + \cdots + a_{i,b} \cdot g_{i,j}^{(l)}(k)$$

观察上式可以知道：

$$a_i \cdot g_{i,j}^{(l)} = a_i^{(-l)} \cdot g_{i,j} \quad (12)$$

本文针对 LDPC（36,24）码型，根据上式（循环矩阵生成器）设计了冗余位循环移位求和电路（CSS），如图 2 所示。

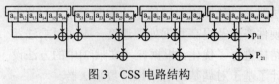

图 3　CSS 电路结构

将寄存器循环左移依次输出：

$$P_{1,2}, \ P_{1,3}, \ P_{1,4}, \ P_{1,5}, \ P_{1,6}$$

$$P_{2,2}, \ P_{2,3}, \ P_{2,4}, \ P_{2,5}, \ P_{2,6}$$

整个冗余位求解电路框图如图 3 所示：

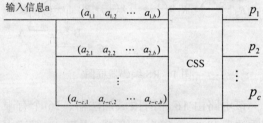

图 3　冗余位求解电路

3　级联编码的 FPGA 实现

本文采用内码为短码的形式进行设计，采用 3 路并行 RS（31,15）作为外码，31 路 LDPC（36，24）作为内码进行级联，在有效保证低复杂度译码的同时，提高了 RS（31,15）的可靠性。如图 4 所示。

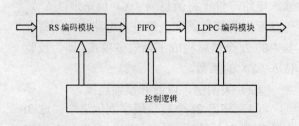

图 4　级联编码的框图

本文采用 Verilog 语言设计级联编码系统，并在 Quartus II 和 Modelsim 6.0 环境中进行了仿真。仿真结果如图 5 和图 6 所示。

如图 7 所示为级联码性能图。RS（31,15）级联 LDPC（36,24）码率为 0.32，横坐标表示比特错误的可能性，即接收的错误比特和所有比特的比率；纵坐标表示不可纠错的可能性，即不可纠错的比特和所有码比特的比率。

如图 8 所示为对 360 比特信息分别用 3 种方法进行编解码的性能图。实线表示 3 路并行 RS，虚线表示 15 路并行 LDPC，点划线表示 3 路 RS 级联 31 路 LDPC 的性能比较图。

图 5 RS 编码模块仿真结果

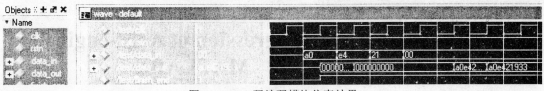

图 6 LDPC 码编码模块仿真结果

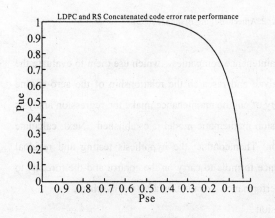

图 7 级联码性能图

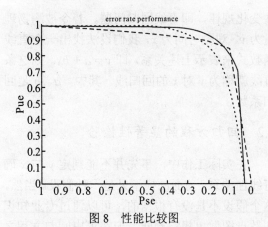

图 8 性能比较图

由图可以看出，在比特错误的可能性小于 0.5 时，级联码的不可纠错的可能性就比 RS 码小，亦即此时级联码的纠错性能比 RS 好；当比特错误的可能性小于 0.25 时，级联码的不可纠错的可能性就比 15 路并行 LDPC（36,24）码小，亦即此时级联码的纠错性能更好。在实际情况中，比特错误的可能性往往是小于 0.25 的。因此可以得出结论，以 360 比特信息块为例，本文所设计的以短码作为内码形式的级联码纠错性能优于单一形式的 3 路并行 RS 码和 15 路并行 LDPC 码。

结论

本设计实现了多路 RS 码与 LDPC 码的级联编码。由仿真结果及性能图可以看到，该编码系统能够实现，能够较好地完成信道编码，尤其是信道恶劣的条件下，能够更好地完成差错控制功能。

参考文献

[1] 文红，符初生，周亮. LDPC 码原理与应用[M]，成都：电子科技大学出版社，2006

[2] 刘波等. 精通 Verilog HDL 语言编程[M]. 北京：电子工业出版社，2007

[3] LI Zongwang, ZHENG Lingqi, LIN Shu. Efficient Encoding of Quasi-Cyclic Low-Density Parity-Check Codes[J]. IEEE Transcation on Communications, 2005, 1:71~81

[4] E. Eleftheriou and S. Olqer. Low-Density Parity-Check Codes for Multilevel Modulation[J]. Proceedings of 2002 IEEE International Symposium on Information Theory（ISIT2002），2005, 442

基于 MATLAB 的航空发动机试车数据的线性回归研究

隋永志[1]　李书明[1]　倪继良[2]　黄燕晓[1]

（1. 中国民航大学　天津 300300；2. 北京飞机维修工程有限公司　北京　100621）

摘　要：航空发动机试车数据是航空公司、航空维修企业评价发动机维修质量的重要数据。为了分析和研究发动机各性能参数之间的关系，为了更好地评估发动机的维修质量，本文利用 MATLAB 对燃油流量（FF）和发动机排气温度（EGT）进行回归分析。本文首先建立了线性回归数学模型，进而计算回归系数，得出线性回归方程；然后对回归方程进行了假设检验和残差分析；最后又利用所得的经验公式对 FF 和 EGT 进行控制和预测，旨在为大修以后的发动机性能评估提供理论基础。

关键词：MATLAB；航空发动机；试车数据；线性回归

Research on Linear Regression of Aero-engine Test Data on　MATLAB

SUI Yongzhi[1]　LI Shuming[1]　NI Jiliang[2]　HUANG Yanxiao[1]

（1. Civil Aviation University of China, Tianjin 300300，2. Ameco-Beijing,Beijing, 100621）

Abstract：Aero-engine test datas on the airlines and aviation maintenance companies，which use them to evaluate the quality of engine maintenance, are important datas. In order to analyze and research the relationship of the aero-engine performance parameters,and so as to more effectively assess the quality of engine maintenance ,make the regression analysis of FF and EGT on MATLAB in this paper. First of all, linear regression mathematic model is established . Next, calculate the regression coefficients,and obtain the linear regression equation. Then,conduct the hypothesis testing and residual analysis to that regression equation. At last, use the obtained experience formula to carry on the control and the forecast to FF and EGT.These can provide the theoretical basis for aero-engine performance　evaluation after the overhaul.

Keywords：MATLAB，aero-engine，test datas，linear regression

引言

　　航空发动机试车数据由多个气路性能参数组成，不同性能的参数从不同侧面反映了发动机的性能状况，并且这些性能参数之间存在着相关关系。不同的相关关系能够具体地反应发动机某一个单元体的性能状况。本文利用 MATLAB 强大的统计分析功能（仅统计工具箱 Statistic Toolbox 中的功能函数就达 200 多个），对试车数据中的 FF 和 EGT 进行分析处理；然后通过几个简单的命令编程，建立它们之间的回归方程，从而进行预测和控制。

1　线性回归分析

1.1　一元线性回归模型

　　一元线性回归是研究被测物理量随时间线性变化规律，即直线回归问题。若令被测物理量为 y，观测时间为 x，我们设法找出一个直线函数式来表示上述关系，即 $y = a + bx$。则这条直线就称为 y 对 x 的回归线。其中，a、b 是回归系数。

1.2　回归方程的显著性检验

　　在实际工作中，事先并不能判定 y 与 x 确有线性关系，前面的模型只是一种假设。当然，这个假设不是没有根据的，可以通过专业知识和散点图做出粗略判断。但在求出回归方程之后，还需对这种线性回归方程同实际观测数据拟合的效果进行检验。本文的检验过程放在如表 1 所示的方差分析表中进行。具体的计算可以在 MATLAB 中编写 M 文件，然后调用并进行计算。

表1　方差分析表

方差来源	偏平方和	自由度	方差	F值	F_α	显著性
回归	SSR	1	SSR/1	$F = \dfrac{SSR/1}{SSE/(n-2)}$	$F_{0.05}(1, n-2)$	
剩余	SSE	$n-2$	SSE/（$n-2$）		$F_{0.01}(1, n-2)$	
总和	SST	$n-1$				

对于检验水平 α 的选取，视具体情况而定，通常取 $\partial = 0.01$ 和 $\partial = 0.05$。从 F 分布表上查出 $F_{0.01}(1, n-2)$ 和 $F_{0.05}(1, n-2)$。如果 $F > F_{0.01}(1, n-2)$，说明回归方程为高度显著，则在方差分析表的"显著性"栏标记"＊＊"；如果 $F > F_{0.05}(1, n-2)$，说明回归方程为显著，则在方差分析表的"显著性"栏标记"＊"；如果 $F < F_{0.05}(1, n-2)$，说明回归方程不显著，则不做任何标记。

1.3　残差分析

在进行回归方程的显著性检验之后，还不能保证数据拟合得很好，也不能排除由于意外原因而导致的数据不完全可靠，比如有异常值出现、周期性因素干扰等。只有当与模型中的残差项满足有关的假定时，才能放心地运用回归模型。因此，在利用回归方程做分析和预测之前，应该用残差图帮助诊断回归效果与样本数据的质量，检查模型是否满足基本假定，以便对模型做进一步的修改。

1.4　利用经验公式进行预测和控制

1.4.1　单值预测和区间预测

经验回归函数的一个重要应用是，可利用它对因变量进行单值预测和区间预测。

$\hat{y}_0$ 是在 $x = x_0$ 处因变量新值 y_0 的单值预测，利用经验公式 $\hat{y} = \hat{a} + \hat{b}x$ 得 $\hat{y}_0 = \hat{a} + \hat{b}x_0$。

假设区间预测的置信因子为 ∂（通常 $\partial = 0.05$），利用经验公式得到 y_0 的置信水平为

$1 - \partial$ 的置信区间为：

$$(\hat{a} + \hat{b}x_0 \pm t_{\partial/2}(n-2)\hat{\sigma}\sqrt{1 + \frac{1}{n} + \frac{(x_0 - \overline{x})^2}{S_{xx}}})$$

其中，

$$\hat{\sigma}^2 = \frac{Q_e}{n-2}; \quad Q_e = \sum_{i=1}^{n}(y_i - \hat{y}_i)^2 = S_{yy} - \hat{b}S_{xy};$$

$$S_{yy} = \sum_{i=1}^{n}(y_i - \overline{y})^2, \quad S_{xy} = \sum_{i=1}^{n}(x_i - \overline{x})(y_i - \overline{y})。$$

1.4.2　控制

控制问题可以看成是预测问题的反问题。若要使因变量的值以 $1 - \partial$ 的概率落在制定区间（y_1，y_2）内，那么自变量应控制在什么范围内呢？可以通过以下方程组求解：

$$\begin{cases} y_1 = \hat{a} + \hat{b}x_1 - t_{\partial/2}(n-2)\hat{\sigma}\sqrt{1 + \frac{1}{n} + \frac{(x_0 - \overline{x})^2}{S_{xx}}} \\ y_2 = \hat{a} + \hat{b}x_2 + t_{\partial/2}(n-2)\hat{\sigma}\sqrt{1 + \frac{1}{n} + \frac{(x_0 - \overline{x})^2}{S_{xx}}} \end{cases}$$

求解出 x_1、x_2 的值。欲使因变量在某个区间（y_1，y_2）内取值，自变量就应该控制在 x_1 和 x_2 之间。

2　运用MATLAB对发动机试车数据的处理过程

下面以国航 PW4056 机队 FF 与 EGT 之间关系为例，如表2所示。介绍如何利用线性回归模型处理发动机试车数据。

表2　国航 PW4056 发动机机队试车小偏差数据

ENG-SN	724631	724400	727418	724404	724399	717571	724397	727415	727415	724437
FF	0.13	0.11	2.36	1.44	1.86	2.32	5.14	4.91	3.96	0.03
EGT	4.94	0.71	10.63	4.1	7.77	14.79	19.34	26.2	21.68	2.94
ENG-SN	724494	724493	724493	724493	717563	717563	727309	724499	724436	724400
FF	2.93	0.13	3.24	3.68	0.83	1.53	0.69	-0.31	-0.12	0.01
EGT	7.69	0.70	14.48	16.04	-0.78	1.61	4.33	-4.96	-3.86	5.91
EGT-SN	727417	724441	727416	727418	727418	724481	724481	727437	727437	724456
FF	1.15	1.40	-0.49	1.92	2.58	-0.50	0.82	1.34	4.71	5.32
EGT	8.00	4.26	-0.57	6.65	16.32	-4.51	2.67	6.58	23.80	20.28

2.1　散点图

在 MATLAB 命令窗口中输入：

x=[0.13 0.11 2.36 1.44 1.86 2.32 5.14 4.91 3.96 0.03 2.93 0.13 3.24 3.68 0.83 1.53 0.69 −0.31 −0.12 0.01 1.15 1.4 −0.49 1.92 2.58 −0.50 0.82

1.34 4.71 5.32]；回车运行。

y=[4.94 0.71 10.63 4.1 7.77 14.79 19.34 26.2
21.68 2.94 7.69 0.7 14.48 16.04 –0.78 1.61 4.33
–4.96 –3.86 5.91 8 4.26 –0.57 6.65 16.32 –4.51
2.67 6.58 23.80 20.28]；回车运行。

　　再输入 scatter（x,y）命令，得散点图如图
1 所示。

　　由散点图，我们可以粗略估计出 x（FF）
和 y（EGT）存在线性关系。

2.2　回归方程的显著性检验

　　我们通过编写 M 文件计算方差分析表，进
行显著性检验。在 MATLAB 窗口中输入命令，
调用所编写的 M 文件。得到方差分析表如表 3
所示。

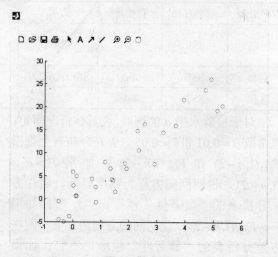

图 1　散点图

表 3　PW4056 试车数据方差分析表

方差来源	偏平方和	自由度	方差	F 值	F_α	显著性
回归	1849.7	1	1849.7	170.48	4.196	＊＊
剩余	303.78	28	10.849		7.6356	
总和	2153.4	29				

　　由方差分析表可知 $170.48 > 7.6356$，即：
$F > F_{0.01}(1, n-2) = F_{0.01}(1,28)$。所以回归方程是
高度显著的。

2.3　系数及其置信区间

　　在 MATLAB 命令窗口中输入如下命令：
alpha=0.05；%显著性水平
x=x'；% x 转置
y=y'；
X=[ones（30,1）x]；
[b,bint,r,rint,stats]=regress（y,X,alpha）；
得结果

b =　　　　　　　　bint =
　-0.0150　　　-1.7668　　　1.7369
　4.4840　　　　3.7805　　　5.1874

stats =

　　0.85893　　170.48　1.9829e-013
由此我们得到回归系数的估计值：

$$\hat{a} = -0.015 \quad \hat{b} = 4.4840$$

　　$\hat{a}$ 的置信区间为 $[-1.7668, 1.7369]$，$\hat{b}$ 的置
信区间为 $[3.7805, 5.1874]$

　　由 stats（3）<0.05 可知回归模型

$y = -0.015 + 4.4840x$ 成立。

2.4　作拟合曲线图

　　在 MATLAB 命令窗口中输入 " cftool
（x,y）"，出现 curve fitting toool 用户图形界面，
然后点击 Fitting 按钮，弹出 Fitting 窗口后再点
击 New fit，在 Type of fit 中选择所需函数类型
（此处为多项式函数 Polynomial）；然后选择所
需 函 数 形 式（此处为线性函数 linear
polynomial）；最后点击 Apply。得拟合曲线如
图 2 所示。

2.5　残差分析

　　在 MATLAB 命令窗口中输入 rcoplot
（r,rint）命令，得到残差分布图如图 3 所示。

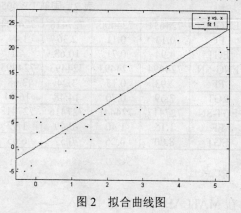

图 2　拟合曲线图

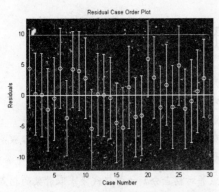

图3　残差9分布图

由残差分布图可知，各个点的置信区间均包含零点。说明没有异常数据。

2.6　利用经验公式进行控制和预测

在试车时如果知道一台发动机的 FF 为 -0.65，给定置信因子 $\partial = 0.05$，就可以利用经验公式对 EGT 进行预测。

由上面求得的回归方程即经验公式得，当 FF $x_0 = -0.65$ 时，发动机排气温度的估计值 $\hat{y}_0$ 为 $\hat{y}_0 = \hat{a} + \hat{b}x_0 = -2.93$。又因为

$$S_{yy} = \sum_{i=1}^{n}(y_i - \overline{y})^2 = 2153.4$$

$$S_{xy} = \sum_{i=1}^{n}(x_i - \overline{x})(y_i - \overline{y}) = 412.5031,$$

$$Q_e = S_{yy} - \hat{b}S_{xy} = 303.7770,$$

$$\hat{\sigma}^2 = Q_e / (n-2) = 10.8492$$

$$t_{\partial/2}(n-2) = t_{0.025}(28) = 2.0484$$

所以得到 EGT 的置信水平为 0.95 的置信区间为 (-2.9296 ± 7.0668)，即 $(-9.9964, 4.1372)$。而 EGT 的实际值为 -0.53，在这个区间之内。由此，证明预测是正确的。另外还要注意，如果工作中出现实际值不在置信区间的情况，也不能马上否定预测。正确的做法是：首先检查试车台的传感器是否有故障，然后再对预测做出判断。例如，脏的压气机叶片、放气活门漏气等都会引起 EGT 升高。

实际工作中还碰到这样的情况，工程师在试车时，要保持 EGT 在 $(-4.51, 23.80)$ 范围内，FF 该怎样取值，这就是控制问题。

可以通过求解下面的方程组来确定 FF 的控制范围：

$$\begin{cases} -4.51 = -0.015 + 4.4840x_1 - 7.0668 \\ 23.80 = -0.015 + 4.4840x_2 + 7.0668 \end{cases}$$

即 $\begin{cases} x_1 = 0.57 \\ x_2 = 3.74 \end{cases}$

所以，要控制 EGT 在 $(-4.51, 23.80)$ 范围内，FF 应该控制在 $(0.57, 3.74)$ 范围内。这个结果对于科学地设计试车方案具有非常重要的指导意义。同时它又可以提高试车的效率，从而降低航空企业的维修成本。

3　结论

本文借助 MATLAB 建立了 FF 和 EGT 的线性回归数学模型，并根据散点图初步判断它们之间存在线性关系；然后又通过假设检验验证了该回归模型是高度显著的，进而对数据进行了残差分析；在没有异常数据的基础上，又利用所得的经验公式对 FF 和 EGT 进行控制和预测，为航空公司和航空维修企业在完成发动机大修以后，对发动机的维修质量进行评估提供了理论基础，从而大大提高了试车的精度和效率，具有很大的经济效益。

参考文献

[1] Hoerl A.E.and Kennard, R.W. Ridge Regression: Biased Estimation for Non-orthogonal roblems. Technometrics, 1970（12）:55～88

[2] WANG Guoliang.Exploration of Bearing Desire of Married Reproductive Women in China. The Fourth China Japan .Kunming:Symposius on Statistics,1991

[3] HE xiaoqun.Discriminant Model of Comparatively Well-off Level of Chinese City .Hong Kong: Contemporary Multivariate Analysis and Its Applications, 1997

[4] 何晓群，刘文卿. 应用回归分析. 北京: 中国人民大学出版社，2001

[5] 陈桂明，威红雨，潘伟. MATLAB 数理统计（6.x）. 北京：科学出版社，2002

[6] 苏金明，阮沈勇. MATLAB 实用教程. 北京:电子工业出版社，2008

[7] 王岩，隋思涟. MATLAB 回归分析.青岛理工大学学报，2006，27（4）:129～130

一种骨架抽取的岩石裂隙开启度测量方法

赖 均[1,2]　王卫星[1]　刘敏祥[2]

（1. 电子科技大学电子工程学院　成都　610054；2. 重庆邮电大学计算机科学与技术学院　重庆　400065）

摘　要：本文提出了一种通过裂隙骨架和裂隙边界处理来实施对裂隙开启度进行测量的方法。其实现步骤是对裂隙图像实施骨架抽取获得裂隙骨架，然后通过改变像素个数阈值来实施对骨架的剪枝，直至获得裂隙的主干骨架；然后对裂隙图像进行边缘跟踪获得裂隙边界，并且对骨架曲线求取拐点并对拐点分割的骨架线段求取骨架的拐点处的切方向与法方向，其后通过各段法方向平行线与裂隙边缘的交点来计算岩石裂隙的宽度。与其他测量方法相比，它不仅实现了计算机的自动测量，而且测量的精确度更高。实验结果表明此方法极为有效。

关键词：图像处理；岩石骨架；裂隙宽度；细化算法

Rock Fracture Width Measurement Method Based on Corner Segment Algorithm

LAI Jun[1,2]　WAMG Weixing[1]　LIU Mingxiang[2]

（1. School of electronic engineering, UESTC, ChengDu, 610054;

2. The School of Computer Science and Technology, CQUPT, ChongQing, China, 400065）

Abstract：The paper propose a measure width method of rock fracture aperture using digital image processing technique. It include several steps: firstly, get the skeleton of rock fracture with our thinning algorithm; secondly, acquire the main skeleton through canceling the burr skeleton not relation to the direction of the rock fracture; thirdly, divide the fracture into a number of segments by acquiring the curve inflection point; fourthly, measure the width of rock fracture aperture using cross pots of Parallel lines with normal direction on these curve inflection pots. The experiment demonstrates the measure method not only achieves automatic measurement by computer, but also improves the accuracy of aperture measurement comparing to other algorithms.

Keywords：Image Processing, Rock Fracture, Fracture Width, Thinning Algorithm

1　概述

公路、桥梁、边坡和土石坝以及军用工事和机场、码头等设施、设备，由于自然力的作用或内部材料的性质因素常常出现裂缝和裂口，在允许的条件下需要对这些可能存在的潜在的危险进行评估，而评估的依据就是这些裂隙的迹长和开启度，因此，对裂隙的测量具有非常重要的意义！1994年我国水利部发布的土石坝安全监测技术规范 SL60-94 中规定：对土石坝表面裂缝，一般可采用皮尺、钢尺及简易测点等简单工具进行测量[2]。故采用手工方法测量岩石裂隙宽度常使用卷尺或直尺测量，但是随着量测尺度愈大或比例尺愈小，则量测精度愈差；使用测隙规测量，易受到自然条件的影响，引起的随机误差和系统误差较大[3-4]；不

仅如此，手工方法都需要大量的人力劳动，工作效率较低。另外还有一些确定岩石裂隙宽度的间接方法，如经验公式、水利实验法[4]、根据 X 射线 CT 方法推导出的岩石体应变公式得出裂隙宽度公式[5]-[6]等，这些方法均涉及概率论与数理统计以及岩石力学方面的知识，对使用者要求较高，应用范围不广，测量工作比较繁杂且所得结果精确度不高。

随着计算机图像处理能力的大幅提高，用于物体尺寸测量的数字图像技术在近 20 年内得到了快速发展。然而，那些通常图像裂隙宽度测量方法，比如，等面积圆直径算法采用先计算裂隙的面积、再用等面积圆的直径来表示裂隙的宽度是很不科学的，最多只能代表平均裂隙宽度；而且，这种算法也不能反映形状信息、不能反应裂隙沿裂隙方向的宽度的变化情

况。第二种 Ferret Box 算法不具备测量旋转不变性的，故进行多次取值和比较，而且它建立在裂隙分段的基础上，只能测量某一小段上的平均裂隙宽度，不能测量裂隙上任何一点的宽度。另一种是等椭圆面积算法，用它对裂隙宽带进行测量时，如裂隙是椭圆形状时，采用等面积椭圆算法测量物体长度和宽度，这是最佳选择，但对于形状不像椭圆的裂隙，测量的误差则比较大。

综上所述可知裂隙宽度的测量对岩体的重要性。本文经过多年对岩石裂隙图像的采集、图像裂隙跟踪与测量的研究基础之上[7]-[11]，研究分析了常用的宽度测量方法，再结合岩石裂隙的特性，提出了适合岩石裂隙宽度测量的测量算法。

2 基于骨架的裂隙开启度测量

2.1 岩石裂隙骨架抽取

图像处理技术通常的骨架抽取方法是：获得图像目标的骨架，就是想象一个图像目标四周被火点燃，燃烧的速度四周保持一致，那么四周由边界向质心方向（向内部中心）燃烧时，相互遇到的那条线就是目标的骨架。抽取骨架可以模拟烧草的模型，即逐层均匀地剥掉图形的边界。在满足拓扑不变和几何约束条件下，通过重复剥离边界点直至得到一个连通点集，最后剩下最里层已经不能再剥掉（否则会影响连通性）的部分就构成了图形的骨架。但是，在剥离的过程中：其一，要求保持图像目标的连通性，特别是线条类的图像目标；其二，不能改变图像目标的个数；其三，不能改变目标内的空洞个数；其四，不能改变不同目标的相互关系（位置关系等）。一旦有像素涉及改变上述内容的，则一律不能被当做删除的图像像素。鉴于这种骨架抽取算法缺点，本文提出了一种基于结构元素的逐层骨架抽取算法，算法描述如下：

（1）符号定义：$T(p)$-待处理点 p 的二值灰度值；$N(p)$-p 点的非零八邻域的。

（2）条件：（a）$2 \leqslant N(p) \leqslant 6$；（b）$T(p) = 1$；（c）$p_2 * p_4 * p_6 = 0$；（d）$p_4 * p_6 * p_8 = 0$；

（e）$p_2 * p_4 * p_8 = 0$；（f）$p_2 * p_6 * p_8 = 0$

（3）结构元素组如图 1 所示：

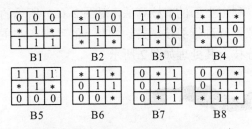

图 1　结构元素组（*表示：0 或 1）

（4）算法步骤

1）设 A 为裂隙像素集合，设定 B 为图 2 所示的结构元素，$P(A)$ 为 A 的边界表示，先通过 B 对 A 进行腐蚀操作，然后用 A 减去腐蚀图像得到 A 的边界，即 $P(A) = A - (A \ominus B)$；

2）如果 p 点满足（a）、（b）、（c）、（d）条件，则标记边界点 p 为删除；

3）对标记点进行结构元素击中处理，击中的则取消删除标记；否则，删除做了标记的边界点；

4）若还有可删除的边界点 p 则转第 2）步；否则结束。

2.2 骨架的剪枝

尽管以上骨架提取方法和通常的骨架抽取算法相比存在诸多优点，但是有可能抽取的骨架依然有很多的裂隙骨架分枝，这样会因存在非主干毛刺而影响本基于骨架的宽度测量算法的实施，故需要采用以下骨架剪枝算法进行剪枝，算法步骤如下：

1. 设立剪出分枝的最大像素个数阈值；

2. 求取骨架端点集合，并判断各端点是否有分枝点的八邻接。

3. 如果有分枝点八邻接，判断该分枝点的是否有其他分枝剪完；如果该分枝点有其他分枝剪完，则此端点不可删除；如果该分枝点没有其他分枝剪完，则删除端点，并对该分枝点做标记。如果无分枝点八邻接，判断有无端点八邻接，有则不可删除该端点，无则删除该端点。

4. 如果图像不在变化或重复次数达到设定次数转第 5 步，否则转第 2 步。

5. 对骨架端点集合进行以原骨架图像为约束的八邻域的膨胀，去除与原图像分枝点的四邻接膨胀点。

6. 如图像不在变化或重复次数达到设定次数后输出剪枝后的骨架图像结束，否则转第 5 步。

利用上面的剪枝算法，对图 2（a）所示的裂隙骨架进行剪枝，去除骨架上的毛刺和非主干分枝，其处理如图 2 所示。

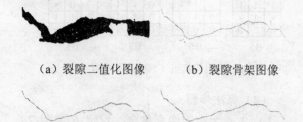

（a）裂隙二值化图像　　　（b）裂隙骨架图像

（c）骨架一次剪枝图像　　　（d）骨架二次剪枝图像

图 2　裂隙骨架的生成

对图 2（a）所示的利用前述骨架抽取算法抽取骨架见图 2（b）所示的，可见裂隙骨架有很多非主干分枝。利用上述剪枝算法把非主干分枝剪去，第一设置阈值为 30 像素，被剪的分枝设为白色，如图 2（c）所示；再设置 35 像素为剪枝阈值，剪枝后结果见图 2（d）所示。

2.3　骨架点集曲线拟合

（1）最小二乘法曲线拟合

对给定的数据组 $(x_i, y_i)(i=1,2,\cdots,n)$，求一个 m 次多项式（$m<n$）：

$$P_m(x) = a_0 + a_1 x + \cdots + a_m x^m \quad (1)$$

使得裂隙骨架与拟合曲线的平方误差：

$$e^2 = [y - P_m(x)]^2 \quad 其中 y = f(x) \quad x \in R$$

为最小，即选取参数 $a_i(i=1,2,\cdots,m)$，使得

$$\min_{a_0,\cdots,a_m} F(a_0, a_1, \cdots, a_m) = \min_{a_0,\cdots,a_m} \sum_{i=1}^{n} [y_i - P_m(x_i)]^2 \quad (2)$$

$P_m(x)$ 即为这组数据的最小二乘 m 次拟合多项式。由多元函数求取极小值可得以下方程组

$$\frac{\partial F}{\partial a_j} = -2 \sum_{i=1}^{n} [y_i - \sum_{k=m}^{m} a_k x_i^k] x_i^j = 0 \quad (j=1,2,\cdots,n)$$

$$(3)$$

可获得数据点集的 $(x_i, y_i)(i=1,2,\cdots,n)$ 的最小二乘 m 次拟合多项式。

（2）平面曲线的切线与法线

利用最小二乘法进行曲线拟合后，再对曲线上的点进行法线求取，其方法如下：

设平面曲线方程为 $F(x,y)=0$，它在点 (x_0, y_0) 的某领域内满足隐函数定理条件，切线斜率为：

$$k = -\frac{F_x}{F_y}$$

其切线方程为：

$$F_x(x_0, y_0)(x - x_0) + F_y(x_0, y_0)(y - y_0) = 0 \quad (4)$$

其法线方程为：

$$F_y(x_0, y_0)(x - x_0) - F_x(x_0, y_0)(y - y_0) = 0 \quad (5)$$

2.4　裂隙骨架拐点获取和边界检测

拐点又叫做扭转点，即在其前后存在的一个邻域内使得其前后曲线段的凸凹特性相反。或者说，过拐点的切线把邻域内的曲线段分成两部分，后者位于此切线的异侧。拐点的连线就构成弯曲的折线，不同层次的拐点连线反映着线状物体不同级别的趋势走向。拐点常用曲率来判断，曲率最小点（零曲率点）即拐点，它是曲线凹向的变化（凸凹交替）点，是图形数学弯曲的分界点。

在数字图像条件下曲线不是由显式数学函数来表示，而是由离散坐标点来表示。可以利用两相邻矢量叉积的原理来判定拐点所在的折线边；然后利用曲线光滑原理，在已确定的折线边的两个端点之间，建立一条光滑曲线，把后者看成是原始折线的精确曲线，对它进行曲线段凹向改变点（拐点）的定位计算。从图 3（a）可以看到，利用数字曲线的拐点检测算法，可以检测出骨架线的拐点，如图中红点所示，可以利用拐点对裂隙进行分段，在这个基础上进行裂隙的开启度测量。

图 3　（a）骨架拐点图　　　（b）带骨架的裂隙边界

2.5　基于裂隙骨架的裂隙开启度测量算法

在数字图像分析中，对裂隙测量的方法大都是在对裂隙分段的基础上进行的，把每一段裂隙当成物体来进行测量。而本算法是找到适合岩石裂隙宽度测量的方法，能准确测量裂隙的实际宽度，并不需要对裂隙实施分段就能进行测量，具体算法描述如下：

（1）抽取裂隙骨架。

（2）对骨架进行剪枝，获得主干骨架。

（3）求取骨架线上任一点的切线。对骨架进行曲线拟合，并求取骨架线上点的切线方向。

（4）求切线的垂线，得其与裂隙上下两边界相交点。

（5）计算两边界交点之间的距离即为此处裂隙骨架点处的裂隙宽度。

3　实验结果与分析

3.1　裂隙骨架抽取实验

在可见光采集系列的岩石裂隙图像中选取3对有代表性的裂隙图像，见图4所示。图4（a）上裂隙宽度较大，裂隙分支较少，裂隙明显，但裂隙有孔洞且裂隙有断裂；图4（a）中裂隙宽度相差较大（有大的裂隙也有微小裂隙）、裂隙走向曲折且交叉和分支较多。图4（a）所示为下裂隙都较小，宽度较统一，但曲折复杂、断断续续且边界较粗糙、有齿状。实验对三幅可见光裂隙图像进行了处理，图4（b）所示为裂隙图像经预处理、去噪、分割、连通闭合和剔除小连通分量二值化的结果，图4（c）则是本文细化算法提取骨架的结果。

从实验可以看出本文所采用的骨架抽取算法得到的骨架清晰分枝少、对边界不敏感、骨架居于裂隙的中心，它反映了抽取的骨架图像具有拓扑性、中心线性、单像素性和抗干扰性等。

3.2　裂隙开启度测量实验

如图5（a）所示是紫外光岩石裂隙图像，如图5（b）所示骨架抽取得到的裂隙的骨架，可见骨架处于裂隙的中心线上，并能很好地反映裂隙有形状信息。骨架有一些分枝，这些分枝体现了裂隙的边界凹凸情况，需要对其进行剪枝处理。如图5（c）所示就是得利用前述剪枝算法对其进行剪枝所得的主干骨架图。如图5（c）所示是对裂隙的骨架进行处理得到的拐点（见图上的红点），从拐点在骨架上的分布可以看出，它很好的反应了骨架以及裂隙的走势，可以根据拐点来进行骨架分段。如图5（e）所示是利用本文方法对裂隙进行开启度测量所得的裂隙宽度的分布图。从图上可以看到图的前半部分的裂隙宽度主要分布在90～120之间，后半部分就要集中在70～90之间；纵观裂隙图可以看到裂隙的前半部分的平均宽度比后半部分的平均宽度要宽，可见裂隙宽度分布图很好地反应了图5（a）所示的裂隙宽度信息。此外，图5（e）所示测度线前半部分有一个较大的低谷点，从裂隙图二值图上也可以看出左侧刚好有一个较大的凹处，而后半部分的宽度比较平衡，但结尾部分逐渐窄缩，这些特征和原图裂隙特征一致。

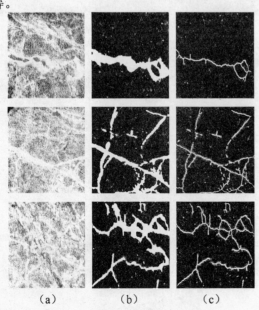

（a）　　　　（b）　　　　（c）

图4　岩石裂隙及对应的骨架

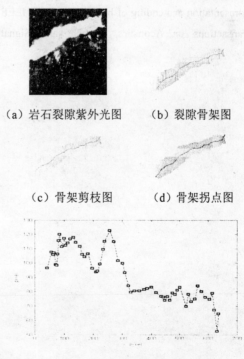

（a）岩石裂隙紫外光图　　　（b）裂隙骨架图

（c）骨架剪枝图　　　（d）骨架拐点图

（e）裂隙宽度分布图

图　5

结论

对公路、桥梁、边坡、堤坝和涵洞等设施、设备的检测是关系到国计民生的大事，而目前大多采用人工测量的方式，非常费时费力，而且对于一些非常危险的设施、设备需要 24 小时不间断的观测和预警，这是一个非常大的负担。本研究依据数字图像距离测量的理论基础上根据裂隙图像特征实施裂隙宽度测量，裂隙长、宽度表现了结构面的结合程度的关系，因此采用各种先进的手段采集这些设施的重要裂隙图像，采用图像处理的技术实施对裂隙宽度测量具有重要的意义。本文的算法结合岩石裂隙的特性，采用了传统的图像学距离测量方法，基于裂隙骨架的岩石裂隙开启度测量算法。文中以获取的真实岩石裂隙进行测量。从测量结果数据可以看出，此方法较为适合对岩石裂隙的宽度进行测量，能够比较准确地得到裂隙宽度信息以及裂隙宽度分布变化信息。所以，此方法在裂隙宽度测量上是极为有效的！

参考文献

[1] 朱志澄. 构造地质学. 武汉: 中国地质大学出版社[M]. 1999

[2] Maragos PA, Schafer RW. Morphological skeleton representation and coding of binary images[J]. IEEE Transactions on Acoustics, Speech, and Signal Processing, 1986,34（5）:1228～1244

[3] 赵磊，陈琼，陈中. 一种新的改进 OPTA 细化算法[J]. 计算机应用，2008，47（10）:1023～1026

[4] 贾瑜，饶建辉. 一种对文字图像细化的改进 Hilditch 算法研究[J]. 武汉工业学院学报，2006，25（3）:266～270

[5] Ivanov D, Kuzmin E, Burtsev S. An efficient integer-based skeletonization algorithm. Computers and Graphics, 2000,24（1）:41～51

[6] 范留明，李宁. 基于模式识别技术岩体节理裂隙图像的智能解译方法研究[J]. 自然科学进展:2004,14（2）:178-182

[7] 王卫星. 基于紫外光和可见光的岩体节理裂隙图像获取[J]. 金属矿山:2006（3）:289～292

[8] BingCui, Weixing Wang and LingGan, Complicated rock joints geometry complexity analysis based on image processing[C], Proceedings of the 6th World Congress on Control and Automation, June 21 - 23, 2006, Dalian, China

[9] 黄超，王卫星. 基于裂隙方向的岩石节理裂隙缝合[J].微计算机信息，2007,23（3）:233～238

[10] 王卫星，段姣.基于数字图像处理技术的岩石节理宽度测量[J]. 微型机与应用,2005,42(10):724～728

[11] WANG weixing, JING wenbiao, HUANG yin. Rock fractures tracing by image processing[J], Journal of Fudan university（nature sicence），2004, 43（5）: 930～933

基于无线传感器网络的信任管理模型设计

陈祥云　　陈珊珊

（南京邮电大学计算机学院　南京　210003）

摘　要：无线传感器网络由于计算能力有限，传统的安全机制不再适用。以信任计算模型为核心的信任管理则给 WSN 的网络安全提供了一种新的解决方案，研究其在这一网络场景中的应用具有较强的理论价值和现实意义。本文在分析 WSN 网络的特点和它面临的安全挑战的基础上提出了一种适合无线传感器网络的信任管理模型。

关键词：无线传感器网络；网络安全；信任管理

Design of Trust Model in Wireless Sensor Networks

CHEN Xiangyun　　CHEN Shanshan

（College of Computer; Nanjing University of Posts and Telecommunications, Nanjing; 210003）

Abstract：Due to the limited computing power, the traditional security mechanisms are difficult to be adopted in wireless sensor networks. Trust management provides a new security mechanism to WSN network security. To study the scene in the application of this network has strong theoretical and practical significance. This paper analyzes the characteristics of WSN network and its security challenges, and we propose a new trust management in wireless sensor networks applications.

Keywords：Wireless sensor networks，network security，trust management

1　引言

随着微电子技术、计算技术、无线通信和传感器技术的飞速发展和日益成熟，无线传感器网络虽然发展时间不长却引起了学术界、军界和工业界的广泛关注。无线传感器网络（简称 WSN）是一种能在没有网络基础设施的环境下，由传感器节点临时组成的一种自组织、自管理的无线网络，它在给各类应用中带来巨大便利的同时，也面临比传统网络而言更为严峻的安全挑战：无线传感器网络通常体积较小，尤其在某些应用环境中被大量抛洒，其计算能力和储存容量往往非常有限，这使得传统的安全加密机制因为需要大量的数学计算能力而无法被实际采用；无线传感器网络属于无中心自组织结构，网络拓扑结构本身也在不断变化，传统的具有可信第三方的认证体系也不再适用；在 WSN 中节点被捕获的情况时常发生，如果无法及时识别这些俘获节点，整个网络将被控制。因此，如何有效地在资源极其有限的条件下将取得的感知对象信息安全传输到目的节点，是传感器网络技术研究的主要问题 [1]。

由于传统安全机制只能通过对节点进行"身份标识"来确定节点的真假，不能通过对其行为的分析确定节点是善意还是恶意，因此不能及时识别恶意节点。基于信任管理的网络安全机制被称为软安全，它从非密码学的角度来考虑网络的安全因素。在网络中采用信任管理机制的目的是要建立一个由可信节点组成的可信网络，其方法是：通过对节点历史行为的评价动态检测到失效节点、恶意节点及可疑节点，从而过滤无效或恶意数据。本文首先对无线传感器网络面临的安全问题进行分析，并对信任管理方面的研究进行综述，最后提出了一种适用于 WSN 的复杂度较低的信任管理模型。

2　无线传感器路由安全面临的问题

无线传感器网络面临的安全问题大多集中在路由协议方面[2]，恶意节点利用协议的漏洞采取不同方式欺骗其他节点消耗不必要的能量或者让其他节点之间的信息不能正常交互。目前，比较典型的攻击行为如下：

（1）发布虚假路由：发布虚假路由指通过欺骗、篡改或重发路由信息，攻击者向 WSN 中注入大量欺骗路由报文，把自己伪装成发送路由请求的基站，使全网范围内的报文被吸引到某一局域内，致使各传感器之间能效失衡。

（2）女巫（Sybil）攻击[3]：WSN中每一个传感器都应有唯一的一个ID号与其他节点进行区分。女巫攻击的特点是：攻击节点伪装成具有多个身份标识ID的节点。当通过该节点的一条路由遭到破坏时，网络会选择另一条自认为完全不同的路由，由于该节点的多重身份，该路由实际上又通过了该攻击点。

（3）污水池（Sinkhole）攻击[4]：不同数据在其他网络里传输有不同的目的地，但在WSN中传感器得到的数据一般只有一个目的地（基站）。攻击节点利用收发器功率大、收发能力强、距离远的特点，可以在基站和攻击点之间形成单跳路由或是比其他节点更快到达基站的路由，以此吸引附近大范围内的传感器以其为父节点向基站转发报文。污水池攻击"调度"了网络数据报文的传输流向，严重破坏了网络负载平衡；同时，也为其他攻击方式提供了平台。

（4）欺骗性确认攻击：该攻击方式充分利用了WSN无线通信的特性。其目标是使发送者认为弱链路或者"死"节点是"活"的。比如，源节点向某一邻居节点发送信息包，当攻击者侦听到该邻居处于"死"或"僵死"状态时，便冒充该邻居向源节点回复一个消息，告知收到信息包，源节点误以为该节点处于"活"状态，这样发往该邻居的数据等于进入了"黑洞"。

3　信任管理相关研究

由于研究的出发点不同导致很难对信任有一个统一的定义。一般认为[5]：信任是实体根据经验，在特定环境中和特定时间下，对其他实体未来行为的主观期望。由定义可知，信任关系基于特定环境而存在，信任要根据具体内容来推导。在一定环境中，存在多个影响信任关系的因素，这些因素可被称为信任属性。信任关系按其获得方式，分为直接信任和推荐信任。直接信任是指通过实体之间的直接交互信息得到的信任关系；推荐信任是指通过中间实体间接获得的对目标实体的信任关系。推荐信任建立在中间推荐实体的推荐信息基础上，根据源实体对这些推荐实体信任程度的不同，会对推荐信任有不同程度的取舍。在推荐信任中根据推荐路径的长度不同可以分为直接推荐信任

（推荐路径长度等于1）和间接推荐信任（推荐路径长度大于1）。如图1所示。

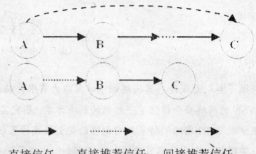

　　　直接信任　　直接推荐信任　　间接推荐信任

图1　三类信任关系

信任管理机制大致可以分为两类：基于策略的信任管理系统（客观信任管理系统）和基于声望的信任管理系统（主观信任管理系统）。在基于策略的信任管理系统中，实体使用基于公钥技术的凭证以及验证机制来建立对其他实体的信任；基于声望的信任管理系统则通过观察搜集实体在网络中交互表现来评估其信任，也称为基于行为（Behaviors）的信任管理，其所研究的信任关系更接近于人际网络的特征，是可度量的、动态的，并可能受到多方面因素的影响。由于无线传感器网络的分布式特点和能耗资源的限制，基于策略的信任管理系统显得过于庞大而缺乏动态适应性，因此，本文所提出的信任管理模型属于基于行为的信任管理。

4　无线传感器网络的信任管理模型设计

4.1　无线传感器网络信任管理模型的目标

信任管理在无线传感器网络中的应用目标是利用信誉度概念进行路由选择[6]，对恶意行为进行监测统计，从而避免具有欺骗行为的恶意节点参与路由，并对那些恶意节点实行隔离。

4.2　节点信任值的初始化

由于信任的不确定性特征，行为信任评估一般都采用不确定性推理和概率论的方法。本文在直接信任值计算过程中使用了简单贝叶斯概率模型方法：在相同环境条件下，实体采取的行为近似于概率 P 的二项事件，因此可利用二项事件后验概率分布服从 Beta 分布的特性推导信任关系。假设 j 为 i 的路由节点，信任检测过程中 i 向 j 发送的检测包总数是 $(m+n)$，

其中 m, n 分别是节点 j 成功转发的数据包数量和未成功转发的数据包数量，则 i 对 j 的直接信任值为：

$$T^d_{ij} = \frac{n+1}{m+n+2}$$

根据小世界理论，信任和推荐都可以通过较短的路径在相连的两个实体间传播。所以本文只考虑邻居节点的推荐信息，虽然网络内节点之间没有形成一致的全局信任图，但已经可以达到对每个节点提供可信决策支持的目的。假设节点 k 为节点 i 和节点 j 共同的邻居节点，则 i 通过 l 个推荐节点所得到的对 j 的间接信任值大小为：

$$T^r_{ij} = \sum_{i=1}^{l} T^d_{ik} T^d_{kj}$$

节点的总体信任值将综合评价直接信任值和间接信任值，从而获得对节点更为客观准确的信任评估值，i 对 j 的总体信任值为：

$$T_{ij} = \frac{1}{l+1} T^r_{ij} + \frac{l}{l+1} T^d_{ij}$$

4.3 节点信任值的更新

在信任管理系统更新阶段，我们既要考虑节点的历史行为所积累的信誉，同时也要考虑动态更新信任变化的敏感性，及时反应节点行为的变化，尽快发现被俘节点减少其对网络的影响。我们定义时间衰减参数 β 表示数据的老化程度，每次在获得新的检测数据 m 后以加权的方式来更新数据：

$$m_{new} = m_{old} \times \beta + n$$
$$n_{new} = n_{old} \times \beta + n$$

4.4 决策与应用

上面两个阶段将得到源节点对路由中的所有节点的信任值，整个路径的信任值由这些节点的信任值相乘得来：

$$RouteT = \prod T_{ij}$$

信誉度高的路由具有较高可信性，但也可能导致较多跳数，从而产生较高延迟，消耗较高的能量；较低的可信级的路由受到攻击的可能性增大，但是可能具有较少的跳数和延时，消耗较低的能源。因此我们在采用信誉管理机制的同时应该考虑 j 节点的链路质量（E_j），定义最终的决策信任值为：

$$RouteT_{(final)} = w_r \times RouteT + (1-w_r) \times E_j$$

其中，参数 w_r 可以根据网络的实际情况和用户自身的业务需求设置。最终所选择的路由将同时考虑链路质量和信任评价两个因素。对于那些信任值很低的路由节点，基站将对其发出警告或者将节点排除在网络拓扑结构之外。

5 仿真分析

仿真环境中，节点总数为 100，恶意节点的比例为 20%，节点位置随机分布。节点部署完成后，中心节点启动邻居发现过程，同时在中心节点中建立整个网络的拓扑结构。选取一个节点作为源节点，向中心节点申请路由，启动路由发现过程；中心节点收到请求后进行回复，收到回复的源节点将根据节点的决策信誉值建立路由路径；源节点向中心节点发送数据，测试该路径是否有效。每次实验中随机选择 10 个节点发起请求，共进行 12 次实验，每次实验前重新分布节点。每次试验结束，如果恶意节点的信任值低于 0.5，则认为成功判断出恶意行为（如图 2 所示），攻击判断成功率表示为判断出的恶意节点与恶意节点总数的比值；如果在源节点选择的路由路径中不包含恶意节点，则认为恶意节点被成功隔离（如图 3 所示）一次，隔离次数与 10 的比值定义为成功隔离率。

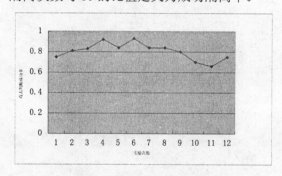

图 2 恶意攻击判断成功率

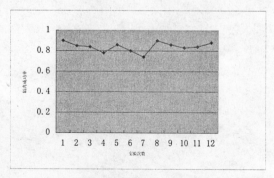

图 3 恶意节点隔离成功率

仿真结果表明采用本文提出的信任机制能够有效地检测恶意行为，使用信誉值和链路质量来综合考虑路由路径的选择，有效地避免了恶意节点的攻击行为并能够选择满足业务需要的路径。本信任模型的计算过程相对简单，因此可以减少能源消耗,延长传感器节点的寿命。

6 总结和展望

无线传感器网络有着广阔的应用前景,但资源有限的无线传感器网络相对于传统网络显得更加脆弱,信任管理为解决安全问题提供了新的思路,结合无线传感器网络自身的特点研究适合这一应用场景的信任管理机制具有极大的研究价值和现实意义。本文在分析传感器网络所面临的主要问题的基础上提出了一种信任管理机制,仿真表明该模型保证了对恶意行为的检测和对恶意节点的隔离。

参考文献

[1] Editor, Ten emerging technologies that will change the world[J], Technology Review,200 3,106（1）:22～49

[2] KARLOF C, WAGNER D. Secure Routing in Wireless Sensor Networks: Attacks and Counterme-asures[D] . proceedings of 2003 IEEE International Workshop on Sensor Network Protocols and Applications , Anchorage , Alaska , 2003 :113～127

[3] J. Newsome et al., The Sybil Attack in Sensor Networks: Analysis and Defenses[J], Proc. IEEE International, Conf. Info. Processing in Sensor Networks, Apr. 2004

[4] C. H. Edith, J. C. Liu, M. R. Lyu. On the Intruder Detection for Sinkhole Attack in Wireless Sensor Networks. IEEE International Conference on Communications, Istanbul, Turkey, June 2006: 11～15

[5] M. Blaze, J. Feigenbaum, J. Lacy. Decentralized trust management [A]. In: Proc. of the 1996 IEEE Symp. On Security and Privacy[C], Washington IEEE Computer Society Press, 1996, 164～173

[6] Deng J. Han R. Mlshra S. INTRSN:Intrusion-Tolerant Routing in Wireless Sensor Networks[C]. The 23rd IEFE International Conference on Distributed Computing Systems（ICDCS'2003）, Providence, RI, 2003

基于组件技术的仿真系统软件设计

郑钧耀 张 伟 王 磊

（电子科技大学电子科学技术研究院 成都 610054）

摘 要：雷达仿真系统中组建化技术已经成为构建雷达仿真系统不可缺少的重要组成部分。组件技术是在结构化设计和面向对象技术的基础上发展起来的，是面向对象技术之后软件开发的标准方法体系，是面向对象开发技术的延伸。将组建化技术应用于雷达仿真系统是提高完成雷达仿真软件系统效率的重要途径，也是当今软件技术发展的时代所趋。雷达仿真系统中组件是经过封装有定义完备接口的组件包，是具有接口义务的合成单元，并且明确规定了所有背景的依赖关系。雷达组件具有独立性，能够独立地开发；具有接口性，所提供的服务被明确、完备的定义，同时也明确定义了期望从外部得到服务的接口。雷达仿真系统中的组件也具有合成性，能够与其他组件合成，可定制部分属性而不用修改组件本身，因而具有可重用性。

关键词：雷达仿真系统；组件化；接口；可重用性

Radar Simulation System Design Base on Component Technology

ZHENG Junyao ZHANG Wei WANG Lei

（UESTC Chengdu 610054）

Abstract：Radar Simulation System set up to build the radar-based technology has become indispensable simulation system components. Component technology is in structure design and object-oriented technology developed on the basis, is object-oriented technology, software development, following the standard method of system is an extension of object-oriented development techniques. The formation of technology used in radar simulation system is to improve the efficiency of the system to complete radar simulation software, an important way, but also today's software technology development trend of the times. Radar Simulation System components are encapsulated components with well-defined interface package, is a synthesis of the obligation interface unit, and expressly provides that all background dependent relationship. Radar components independent, able to develop independently. With the interface nature of the services provided are clear and complete definition, but also a clear definition of the desired receive services from the external interface. Radar Simulation System also have synthetic components can be synthesized with other components, some properties can be customized without having to modify the components themselves, also make components reusable.

Keywords：Radar simulation system，component-based，interfaces，reusability

1 仿真系统及组件功能

1.1 仿真系统结构

雷达传感器数据仿真系统由 3 部分组成：雷达探测仿真子系统、ESM 截获仿真子系统、IFF 识别仿真子系统。传感器仿真软件接收到战场传递过来的数据后由仿真软件进行相关的运算处理，然后通过 UDP 协议经互联网络将仿真软件计算输出数据发送出去[1]，如图 1 所示。

图 1 传感器数据仿真软件系统结构

1.2 系统中各组件及功能

1.2.1 主控模块

主控模块由参数设置、仿真控制、综合显示与处理、仿真协议、帮助组成。参数设置完成雷达探测仿真子系统、ESM 截获仿真子系统、IFF 识别仿真子系统的参数输入并传递给各个子系统[2]。

1.2.2　参数设置

参数设置包括雷达参数设置、ESM 参数设置、IFF 参数设置，它属于主控制模块中一个子模块。雷达参数设置包括工作参数、天线参数、信号处理参数、损耗系数、工作模式、噪声参数、干扰参数；ESM 参数设置包括测频接收机参数、测向接收机参数、天线参数，IFF：IFF 工作参数、IFF 天线参数、IFF 工作模式。

1.2.3　仿真控制

仿真控制包括仿真设置与仿真计算两部分，仿真设置输入仿真控制，包括雷达、ESM、IFF；控制参数包括发送数据周期、发送延迟时间、目标 IP 地址、UDP 端口。点击仿真启动以后，计算线程开始运行，发送延迟时间完毕后即向外部发送数据。

1.2.4　综合显示与处理

综合显示与处理主要完成雷达传感器、ESM 截获信息、IFF 识别信息的显示与处理，使用直方图、折线图或波形图显示结果[3]。

1.2.5　Oracle 数据库存储数据

此模块主要使用 SQL 语言存储 RCS 样本库、传感器参数库、传感器输出库，可以完成这些数据的读出、写入、修改、删除等。

2　雷达仿真系统组件设计

2.1　仿真系统组件的设计特点

2.1.1　仿真并行化

仿真系统组件中各部分仿真计算是按多线程设计，各子仿真线程并发运行，线程之间可以实时交换数据信息。[1]

2.1.2　面向对象的仿真

面向对象的仿真是根据组成系统的对象及其相互作用关系来构成仿真模型。这里的对象既是系统分析与设计的基本单位，也是软件实现的基本编程单位。[4]

2.1.3　系统结构组件化

软件设计采用组件化设计结构，大大提高了系统的可靠性、可维护性和可扩展性。[5]

2.2　系统中各组件及功能

2.2.1　雷达仿真子系统各组件功能结构

雷达仿真子系统主要由参数设置、仿真计算、综合显示三个模块组成，如图 2 所示。

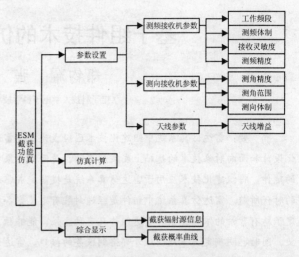

图 2　ESM 截获仿真子系统功能结构图

2.2.2　ESM 截获仿真子系统功能结构

ESM 截获仿真子系统主要也是由参数设置、仿真计算、综合显示三个模块组成；参数设置包括测频接收机参数、侧向接收机参数、天线参数组成；综合显示包括截获辐射源信息、截获概率曲线两部分。

2.2.3　IFF 识别仿真子系统功能结构

IFF 识别仿真子系统主要也是由参数设置、仿真计算、综合显示三个模块组成。

3　雷达仿真系统组件实现

仿真软件采用面向对象的方法进行设计，在 Windows XP 环境下，用 Visual C++6.0 进行系统开发。该仿真软件为设计人员与用户提供了一个便捷的调试运行和仿真结果分析的环境，用户可以方便地进行参数设置、控制仿真进程并观察数据。

3.1　仿真系统主界面的设计

仿真系统组件主界面是基于 Visual C++6.0 单文档工程生成，具有菜单栏、状态栏、背景等，如图 3 所示。

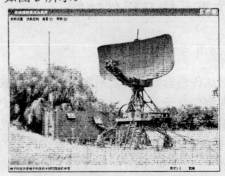

图 3　仿真系统组件主界面图

3.2　仿真系统中参数设置模块

　　仿真系统中参数设置模块是一个基于对话框的类，包含了静态文本框、编辑框、单选框、复选框等，此模块完成相应的参数设定并完成全局变量值传递，如图 4 所示。

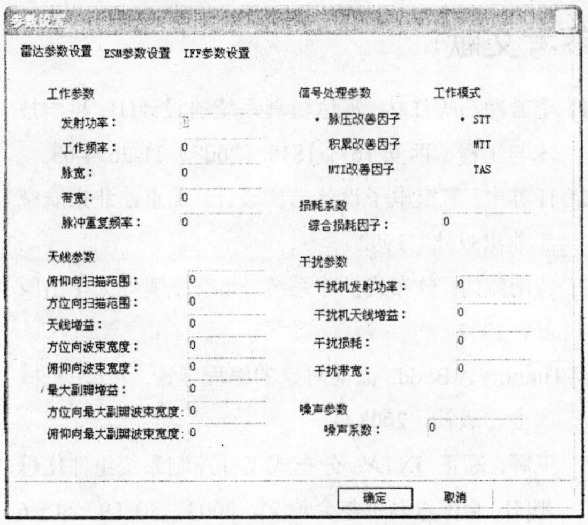

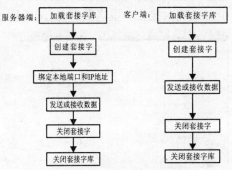

图 4　参数设置组件界面图

3.3　仿真系统中仿真控制模块

　　仿真系统中仿真控制模块也是一个基于对话框的类，包含了静态文本框、编辑框、复选框等。此模块完成雷达、ESM、IFF 多线程选择计算程序和利用 UDP 协议将数据包发送出去。

3.3.1　Windows 下多线程编程

```
HANDLE hThread1 = CreateThread（NULL,0,RadCmp
            NULL,0,NULL）;//创建创建线程函数
CloseHandle（hThread1）;//CloseHandle
```

CreateThread 函数用来创建一个线程，返回值是一个线程句柄。注意：关闭线程句柄并没有关闭线程，等线程函数返回以后线程才自动关闭。

```
DWORD  WINAPI  CSimSet::RadCmp（LPVOID
lpParameter）
{
        Asm_Gain /= 2;//雷达计算线程
        return 0;
}
DWORD  WINAPI  CSimSet::EsmCmp（LPVOID
lpParameter）
{
        return 0;//ESM 计算线程
}
```

```
DWORD  WINAPI  CSimSet::IffCmp（LPVOID
lpParameter）
{
        return 0;//IFF 计算线程
}
}
```

3.3.2　使用 WinSock 套接字用 UDP 协议发送数据

　　UDP 协议是工作在 OSI 模型传输层面向无连接的不可靠的传输协议。Windows 下面用 Winsock 套接字进行编程具体流程如图 5 所示。

服务器端：加载套接字库　客户端：加载套接字库

创建套接字 → 绑定本地端口和IP地址 → 发送或接收数据 → 关闭套接字 → 关闭套接字库

创建套接字 → 发送或接收数据 → 关闭套接字 → 关闭套接字库

图 5　参数设置组件界面图

　　用 UDP 协议发送数据包中的部分代码如下：

```
//加载 1.1 版本的套接字库
if（!AfxSocketInit（））//加载套接字库，进行版本协商
    {
            AfxMessageBox（"加载套接字失败！"）;
            return FALSE;
    }
//初始化套接字
BOOL CSimSet::InitSocket（）
{
}
//使用定时器每隔 m_cycle ms 时间间隔发送一次数据
SetTimer（1,m_cycle,NULL）;
void CSimSet::OnTimer（UINT nIDEvent）
{
    // TODO: Add your message handler code here
and/or call default
    //1.首先要得到 IP 地址
    DWORD dwIP;
    （（CIPAddressCtrl*）GetDlgItem
（IDC_IPADDRESS1））
            ->GetAddress（dwIP）;
    //2.定义地址结构体变量
    SOCKADDR_IN addrTo;
```

addrTo.sin_addr.S_un.S_addr=htonl（dwIP）;

addrTo.sin_family=AF_INET;

//UpdateData（TRUE）;

addrTo.sin_port=htons（m_port）;

//4.发送数据

sendto（m_socket,m_pBuf,m_len+1,0,

　　　　（ SOCKADDR* ） &addrTo,sizeof

（SOCKADDR））;

　　CDialog::OnTimer（nIDEvent）;

}

　　传感器仿真软件可以实现雷达仿真，设置模块中可以同时接收和发送数据，如图 6 所示。

图 6　UDP 协议包中接收数据

4　总结

　　该雷达仿真系统的设计实现了一种采用组件化、多线程和网络通信协议技术，经过实际的仿真试验，实现了雷达系统的仿真功能。该系统在航电仿真系统上取得了良好的效果。

参考文献

[1] 李云冲，陈红林. 雷达仿真系统的设计[J]. 科学技术与工程，西安 1671-1819（2007）11-2694-03

[2] 任苏中. 航空电子设备结构设计. 北京：北京航空工业出版社，1992

[3] 特南鲍姆. 分布式操作系统. 北京：清华大学出版社，1997

[4] Timothy A.Budd. 面向对象的编程导论. 北京：机械工业出版社，2003

[5] 王辉，高正. JXTA：分布式飞行控制系统组件化思想[J]. 全国直升机年会论文，2004，30（9）:4~6

数据存储和优化研究综述

穆 丰

（电子科技大学电子科学技术研究院 成都 610054）

摘 要：在数字信息量激增、网络迅猛发展、软硬件价格低廉、人力成本显著上升这几大背景之下，传统文件系统已经很难满足新形势下的数据管理需求，而"高效的数据管理方式"、"高质量的存储服务"以及"存储优化和自治"备受关注。说到数据存储，数据库系统无疑是当今最成熟的数据存储系统。以这几个发展方向为出发点，本文全面介绍了存储管理系统、海量分布式存储技术、数据库系统以及存储优化方面的一系列相关工作，总结了这些领域的研究现状和发展趋势，同时指出了现有工作的不足。最后，本文讨论和展望了数据存储系统的研究方向。

关键词：语义文件系统；个人信息管理系统；对象存储；对等网；数据库系统；性能优化

Research Overview of Data Storage and optimizing

MU Feng

Abstract：With the development of information and communication technology, hardware and software cost micro-dollars, the manpower cost becomes the major part of TCO（Total Cost of Ownership）, and the amount of data digitalized and stored is growing quickly. Storage system today is faced with the following new research challenges and opportunities: rich metadata and effective data retrieval methods are essential; storage is better as a service; automatic storage system is emphasized. Obviously, database system is the most mature system when mentioned data storage system. In this paper, we comprehensive introduce storage and management system., distributed data storage technology, database system and automatic optimization. Several future research directions in this field are discussed at the end of this paper.

Keywords：semantic file system，personal information management，object-based storage，peer-to-peer，performance optimization

1 绪论

人类正进入一个数字信息爆炸的时代：首先，计算机技术的进步，特别是廉价的存储技术的出现，为巨量信息提供了物理存储基础；其次，社会信息化进程的加快，政府机关、企业、教育、医疗等机构大量的数据正在或者已经被信息化，这是数字信息量激增的源动力；而有线和无线网络技术的发展，尤其是互联网的普及，为数据共享和扩散提供了重要渠道，进一步刺激了信息增长，直接导致信息总量以几何级数增长。据有关方面统计，全球信息量每20个月就会翻一番。在数字信息量激增、存储价格低廉、网络迅猛发展这几个大背景之下，基于目录树的传统文件系统已经很难满足存储管理的要求，存储系统开始面临以下新的挑战和发展机遇：

其一，高效的数据管理和查找方式。保存信息的最终目的是为了信息的访问和利用，因此数据表达、组织以及在此基础之上的数据查找方法，包括数据的浏览、检索、查询方法，是重中之重。信息总量巨大，也庞杂，汇聚各种有用的数据和无用的垃圾信息，而相对来说，用户查找的有用信息往往非常少，就好像稻草堆里的一根针。巨大的数据量加大了数据查找难度，面对海量数据人们往往难以及时、准确地找到所需数据。目前流行的数据管理系统如关系数据库、文件系统、搜索引擎等，各有不足，尚不能完全满足数据快速查找的需求。关系数据库的查询太过复杂，数据模式约束过于严格，可伸缩性较差；而文件系统只支持浏览功能；搜索引擎则只支持关键词检索，不支持浏览功能。所以，有效的数据管理和查找方法是一个迫切需要解决的研究课题。包括语义文件系统和个人信息管理系统在内的各种新型存储管理技术正是在这种背景下产生的，通过赋予数据灵活的语义，建模数据和数据之间的相关关系，组织数据成图结构，提供高效方便的数据浏览和查找服务。

其二，高质量的网络存储服务。

在当今这个网络时代里，各种在线 WEB 应用层出不穷，提供相册服务的有 Flickr、Yahoo!相册等；提供视频服务的有 YouTub 等；提供电子邮件服务的有 Gmail、Hotmail 等；提供办公服务的有 offieeLive 等，这些在线应用已经深入生活和工作的方方面面，正如"云计算"和"网格计算"所畅想的，在不远的将来，存储和计算必定以网络服务形式提供，使用存储和计算资源将和使用电力一样便捷。网络存储服务作为"云计算"和"网格计算"的核心设施，是整合当前这些 WEB 应用、统一管理用户数据的基础。因为具有大容量、低成本、高可靠性等优势，以及随时随地访问数据的能力，高质量的网络存储服务必定具有特殊的研究价值和广阔的市场前景。网络存储服务的规模和潜在的用户量对分布式存储系统提出了一系列要求：

（1）海量存储空间。能够为大量用户提供海量存储空间；（2）高可用性、可靠性。无论是政府、组织，还是个人，都需要存储大量重要的、关键数据，一旦这些数据丢失或者仅仅是在一段时间之内不可访问，轻则造成经济损失，重则对国计民生造成影响；（3）高可伸缩性。存储服务的存储空间和访问量增长潜力巨大，因此系统必须具有高可伸缩性，支持通过系统动态扩容，以应付将来可能的服务增长。

其三，存储优化和自治。

存储系统的规模和复杂度与日俱增，导致系统维护和运营的人力成本迅速提升，目前已经超过存储软硬件成本，成为总体拥有成本中占比最高的因素，而且可以预见，该比例仍然会不断提高。为了降低运营和人力成本，具有自我调优、自我配置等各种自适应功能的自治计算应运而生，已经成为一个研究热点。

目前，已有大量面向以上三个问题的研究工作，语义文件系统和个人信息管理系统等存储管理系统主要关注高效的数据组织和查找方式，分布式海量存储技术的核心研究问题仍然是存储性能、可靠性、可用性、可伸缩性，各种自治存储模型和系统优化方法也成为研究焦点。但是，存储管理系统较少关注存储质量和性能问题，分布式存储技术较少关注高效的数据组织和查找方式，鲜有全面针对以上三个挑战的分布式数据存储和管理系统研究。

数据库技术是计算机科学技术发展最快、应用最广泛的领域之一。在信息管理自动化程度日益提高的今天，数据库技术已经成为现代计算机信息系统和应用系统的基础和核心。数据库技术最初产生于 20 世纪 60 年代中期，从最初的层次模型、网状模型，到目前的关系模型、面向对象模型，已经经过 40 多年的发展。数据库建设是现代信息产业的基本建设工程，一个国家拥有多少自己的数据库、能用数据库提供多少服务，是各国经济实力、文明程度和科技水平的重要标志。我国引进数据库技术开始于 20 世纪 70 年代末，自 80 年代以来，我国数据库建设有了较大发展，例如在微型计算机上运行的数据库和当前大型数据库系统的引入和应用方面。但从对数据库系统的应用效果和对数据库技术指标掌握上来比较，我国与发达国家之间仍然存在较大的差距。

数据库技术应用从传统的商务数据处理不断扩大到许多新的领域，如计算机图像处理、多媒体应用、商业管理、GIS 等，要使这些领域中应用的信息系统高效、正常、安全地运行，其中，最为显著的就是数据库的性能问题。在网络应用和电子商务高速发展的时代，信息系统在国民经济建设中担负着越来越重要的任务，如何使有限的计算机系统资源充分发挥应有的作用，如何保证用户的响应速度和服务质量，如何保证未来的某个时间保持现有的运行性能，这些问题都属于数据库性能优化的范畴。随着数据库规模的不断扩大，数据库系统的性能问题也越来越突出，数据库应用系统能否正常、高效地运行备受关注，数据库优化技术方法的探索具有非常重要的意义。

2 存储管理系统与海量分布式存储

2.1 引言

When processing, storage, and transmission cost micro-dollars, then the only real value is the data and its organization.

-Jim Gray in his Turing Talk

正如图灵奖获得者 Jim Gray 所言，随着计算机处理能力的提高、网络技术的不断进步以及存储容量和速度的飞速发展，数据处理、存储、传输越来越廉价，数据和数据组织才是真正最有价值的东西。

存储管理系统、海量分布式存储技术是分

布式数据存储和管理系统最相关的两个领域，在此，回顾这两个领域的相关研究成果。

首先，我们从语义文件系统和个人信息管理系统这两个方面，回顾存储管理系统的相关系统和技术的发展历程，介绍相关的重要研究成果；之后，针对存储管理系统中的查询技术进行专题讨论，总结查询和索引的发展趋势；接着，讨论分布式存储的热点技术和关键技术，从对等存储技术和基于智能设备的存储技术这两个角度，介绍分布式存储技术的最新研究成果；然后，在系统优化方面，概括数据相关检测和挖掘算法，以及基于数据相关的系统优化方法；最后，我们分析现有研究呈现的趋势和不足并进行总结。

IT 技术的发展为人类提供了巨量的电子信息，据伯克利的一份调查[1]，1999 年全球数字信息量已经达到 1 700PB，而且这个数字每一年就翻番。如此大规模的数据量对存储管理系统，特别是对文件系统带来了很大的压力和挑战，基于目录树的传统存储管理方式已经很难满足存储管理的要求，因此大量存储管理系统包括语义文件系统、个人信息管理系统悄然出现，新型存储管理系统已经成为一个研究热点。最新的存储管理系统，如 LiFS、WINFS、SEMEX、iMEMEX 等，均通过引入相关关系，组织数据成图状结构，并基于相关改进浏览和查询方式，以突破传统文件管理方式的束缚。

2.2　语义文件系统

从 90 年代初期开始，研究者已经充分认识到传统文件系统的局限性，因此语义文件系统成为大量研究的关注焦点。早期的语义文件系统的大多兼容原有文件系统模型，其特点是通过可定制的文件属性增强文件元数据信息，基于查询实现视图或者虚拟目录，实现基于内容的文件分类访问。

第一个语义文件系统是 MIT 的 SFS[2]（Semantic File System），SFS 采用可自定义的"属性-值"扩展传统文件系统元数据，并设计了可扩展的插件体系结构用于元数据自动提取。SFS 率先引入了基于查询的虚拟目录，但它只支持简单的"属性-值"表达式（如"author"："John"），以及表达式之间的布尔"与"操作。虚拟目录之间的文件分隔符"/"被解析为"与"操作，如目录 Q1/Q2 的内容等于查询"Q1^Q2"的结果。SFS 还指出了文件内容更改和查询一致性问题，给出了一致性维护策略。

之后提出的语义文件系统大多都受到了SFS 的影响。Multistructred naming system[3]系统中，每个查询都有一个唯一的标签，用户可以为标签设置"父子关系"，并以此构造树状命名空间。系统中文件可以用标签路径、文件满足的查询条件以及混合方式命名。该系统的缺点是只能通过查询构建目录，不提供把文件放入任意目录的能力。Prospero[4]系统通过 filter 插件实现视图，允许用户自定义个性化的文件系统名字空间。类似 SFS，Nebula[5]系统也用"属性-值"表示文件，但是支持更为强大的查询能力，提供类似虚拟目录的视图功能，并把视图组织成 DAG 结构。Synopsis 文件系统的特色是支持异构数据集成访问，该系统利用 synopse 对象表示文件、文件属性，支持 synopose 对象的查询，并通过 synopse 中的特定方法访问文件内容。HAC[6]结合传统的目录式文件组织方式和基于内容查询的组织方式，"虚拟目录"和真实目录一样作为一个实体存在于系统之中，因此支持普通目录的所有操作，包括增加文件、删除文件等。

也有一部分语义文件系统建立在数据库的基础之上，Inversion 文件系统利用 POSTGRES 数据库维护文件元数据，DataLink 建立在 IBM DB2 数据库的基础之上，利用数据库维护文件元数据，提供文件查询能力，保证数据访问的 ACID 属性。LISFS 利用数据库维护关键词和文件之间的映射关系，该系统中关键词起到目录的作用，每条路径就相当于多个关键词的组合查询，而根目录等同于查询"true"。

近年来提出的语义文件系统开始关注文件之间的相关关系，把相关作为系统内建的一部分。pStore 提出一种存储模型设想：利用语义网中的 RDF 描述文件元数据、版本相关、依赖相关、父子相关、内容语义相关、访问和上下文相关等相关关系。加州大学圣克鲁兹分校的 LiFS 项目采用带属性的链接（Link）建模相关关系，把 Link 当成最基本的功能来实现：利用 Link 记录文件出处和版本关系，以此改进查询能力、构造视图等。PStore 还处在模型和设想阶段，LiFS 的查询能力较弱，所以都需要进一步的深入研究。

工业界也已经开始研发语义文件系统。微软公司正在开发的 WINFS 是文件系统和关系数据库的结合体，用统一的"item"概念描述文件和目录以及其他非文件类型信息，例如电子邮件、日程表等，并用持有关系（Holding Relationship）和引用关系（Reference Ralationship）描述 Item 之间的关系。苹果公司的 Spotlight 采用类似 SFS 的插件提取文件元数据，并用数据库管理文件元数据，此外，为文件内容创建索引，因而能够同时支持元数据查询和基于内容的关键词检索。类似的产品还有 GLS（GNU/Linux Semantic Storage System）[7]，Be File System[8] 等。WINFS 迟迟未能推出，Spotlight 等其他系统未能有效利用相关关系，缺乏更强的语义表达能力，因此更好的语义文件系统将会有广阔的市场空间。

2.3 个人信息管理系统

个人信息是和人类生活密切相关的数据，包括通信录、照片、文章、视频等，这些信息数据量巨大且具有较高价值，但却缺乏管理，往往以各种格式分散在个人计算机、数码相机等各种数字设备中，存储和管理个人信息的需要解决数据异构、数据语义、高效的数据查找等难题，因此，个人信息管理系统（Personal Information Management）已经引起了研究者的广泛关注。

事实上，早在 1945 年 Bush 就提出了个人信息管理系统（PIM）memex 的设想，但是受限于当时 IT 技术，PIM 很难成为现实。经过这么多年的沉寂，PIM 的梦想最近受到热情的追捧，成为 2003 年 lowell 数据库研究报告的一个重要议题，之后相继出现在 VLDB 的 panel 和 SIGMOD 的 keynote 中，相关的 workshop "The PIM workshop" 也于 2005 年开始举办。

Freeman 等人分析了当时存储系统的不足，提出理想存储系统的六点需求：（1）存储透明性，不强制用户命名文件，以及选择文件路径；（2）查询和动态虚拟目录；（3）数据自动归档；（4）相关文档自动总结和压缩；（5）上下文提醒功能；（6）随时随地在不同设备上访向数据的能力。在此基础上，Freeman 等人提出 LifeStreams 按照时间顺序组织文件成为"文件流"，提供多种"流过滤器"用于创建虚拟目录、组织文件、定位文件、总结文件，以及实时监视进入系统的数据。虽然 LifeStreams 的文件流模型比较有特色，但是缺乏高效的检索和查询研究。

LifeStreams 之后，更多的系统原型被提了

出来。SIS[9] 和谷歌桌面工具为各种类型的个人信息（包括文件、电子邮件、网页等）建立文本索引，并统一采用关键词检索数据。My LifeBits[10] 采用图状数据结构组织文档，图中节点表示文档，边表示文档之间的相关关系；与之相类似，HayStack[11] 项目用对象和对象之间的关联关系描述个人信息，支持用户手工指定相关关系，从特定格式文件中自动提取相关关系，以及从用户访问习惯中获取关联关系；MyLifeBits 主要关注多媒体数据；HayStack 着重视图用户界面，均缺乏高效的搜索和查询研究。

SEMEX 的目标是提供基于数据相关的浏览方式，提高用户生产率。SEMEX 利用领域模型从特定格式文件中提取文件语义信息，通过"引用分析"技术，从异构数据源中自动分析和提取实体对象以及关联关系。结合基于属性的关键词查询以及基于关联的结构查询，该项目取得比较的好数据查找效果，但却较少关注存储、检索性能问题。

iMemex 项目提出灵活的 iDM 数据模型用于表示个人数据和数据相关关系，结构化的关系数据、半结构化的 XML 数据、无结构化的文本数据，甚至是数据流都能纳入该模型之中。iDM 为每个资源定义资源视图（Resource View：包括名字、属性、内容、组这四个组件），并用 Resource View 构成的图表示系统中的所有信息。该项目还给出了一套类似 XML 中 XPATH 的查询语言 iQL，iQL 同时支持值查询、结构查询和内容关键词查询。iMemex 目前处在模型、框架等初级研究阶段，尚未深入到数据存储、查询实现、数据安全等方面。

2.4 对等存储技术

海量存储技术具有重大的研究和市场价值，随着数据量的增大和数据复杂度的提高，存储技术不停地更新换代，存储产品也层出不穷，从最早的 NFS、AFS、CODA 等分布式文件系统，到后来的 xFS、PVFS、GFS 等集群文件系统，为了降低成本，目前的分布式系统趋向于建立在廉价的服务器、PC、普通存储设备之上，由于系统规模巨大和系统设计复杂，服务器、设备故障、软件出错更加频繁，因此系统的自组织能力、数据可靠性、可伸缩性已经成为海量存储系统的关键功能。

P2P 存储系统，也即对等存储系统，是指存储节点以一种功能对等的方式组成的一个存

储网络。田敬等人总结了对等存储技术的优点：不依赖中央控制，系统自然具有高扩展性，且不存在单点性能瓶颈问题；各个节点功能对等，使得整个系统在缺失任意节点后仍能正常工作，也即有高容错性；高扩展性和高容错性进而使得利用廉价机群搭建大规模高性能存储服务成为可能；由于没有也没法进行中央控制，P2P 存储系统能够极大减小存储系统总的拥有开销。

对等存储技术是由对等文件共享系统如 NaPster、Gnutella 等发展而来，因此早期的对等存储系统，如 OceanStore，CFS，PAST，FarSite，大多面向广域网络。CFS 和 PAST 都是只读的存储系统，两者都基于分布式哈希表（DHT）设计。CFS 按照数据块组织文件，利用覆盖网络 Chord 确定块的负责节点，存储数据块到负责节点，并复制到它的 k 个后继节点上。PAST 根据文件 ID，存储文件到 Pastry 指定的负责节点，以及离文件 ID 最近的 k 个节点上。OceanStore 基于伯克利的 Tapestry 后缀路由算法设计，同时支持纠删码和完整复本两种冗余策略，不同于 CFS 和 PAST，文件碎片及其复本能够自由地存放在任意节点上，为此 OceanStore 在文件 ID 对应的根节点处维护碎片位置信息，此外根节点还负责通过心跳检测碎片所在节点状态。当出现节点错误的时候，数据的多个根节点联合决定修复数据的策略。OceanStore 通过数据多版本化来支持数据更新，即数据的每次更新都不会覆盖原有数据，而是产生数据的一个新版本，从而绕开复杂的数据一致性维护问题。其他知名存储系统还有 Ivy，Pastiche；国内有清华大学的 Granary，北京大学的 UPStore 和华中科技大学的 HANDY 等，这里不再一一介绍。

2.5　基于智能存储设备的分布式存储技术

越来越多的分布式存储系统构建在"存储砖"或者"对象存储设备"（OSD）等"智能存储设备"之上，以提高系统的可伸缩性。这些系统把底层的磁盘管理、数据块分配以及访问控制等安全策略交给智能存储设备管理，而客户端可直接访问智能存储设备获取数据，避免了 I/O 瓶颈。

对象存储技术源于卡内基梅隆大学的 NASD 项目，比较有名的分布式对象存储系统 Cluster File System 公司的 Lustre；Panasa 公司

的 ActiveScale；IBM 的 zFS 等。这些系统基于传统分布式文件系统架构设计，数据恢复往往依赖于中心元数据服务器，缺乏自组织能力。最新的 Serrento 和 Ceph 系统，则开始尝试结合对等网络技术和对象存储技术提供更好的存储服务。Ceph 是加州大学圣克鲁斯分校提出的基于对象存储设备 OSD 的 PB 级别文件系统。Ceph 聚集多个对象到 PG（placement group），并以 PG 作为复制和负载均衡的基本单元。它的最大特色是采用高效的伪随机数据分发函数（data distribution function）CRUSH 来分发和定位 PG。基于 CRUSH，Ceph 中每个节点，包括客户端和服务器，都知道数据的全局分布，因此节点之间以对等的方式实现 PG 级别的数据复制和对象更新，维护对象数据一致性。但是 Ceph 的数据分发和定位算法不够自由，因为它无法自由选择对象及其复本的存储位置。而且在系统扩容时，为了维护 CRUSH 的正确性，系统需要移动大量数据。

在基于"存储砖"方面，经典的系统有 GoogleFS，FAB，RepStore，Kybos 等。惠普的 FAB 项目旨在利用廉价的存储砖，替换昂贵的磁盘阵列。FAB 中卷（volume）由 256MB 的段（segment）组成，每台服务器都保存卷到段、段到机器这两层映射关系，系统利用分布式一致性协议 Paxos 维护映射表的一致性。系统可靠性通过段复制实现，基于投票的数据更新算法能够数据一致性，处理存储砖失效、网络分区等非拜占庭错误。FAB 的缺点是：随着集群规模的增大，映射表占用的空间不容忽视，而且 Paxos 协议带来的代价将会降低整体性能。

GoogleFS 是一个针对 Goolge 公司的搜索引擎应用实现的一个专用文件系统。GoogleFS 主要面向上百兆字节甚至几个吉的大文件，因此它采用 64MB 的大块（chunk）来分配文件的存储空间。系统有多个大块服务器和唯一的主节点（master）组成，大块服务器负责大块存储和访问，主节点存储所有的文件元数据，维护复本信息，统计负载信息，控制分布式锁协议，实现复本恢复。由于大文件和大块减小了系统运行时元数据、主节点没有成为系统瓶颈，这也为存储系统设计提供了一个切实可行的思路：利用大块数据减小系统运行时元数据。

3　存储优化和自治

随着软硬件成本的下降，在存储系统总体

拥有成本中，人力成本已经占到支配地位。为了降低成本，自治存储模型，如卡内基梅陇大学的 self*[12]、加州大学伯克利分校的 Auto Loop[13]、惠普的 Hippodrome[14]等，陆续出现。系统自我优化作为实现自治的重要方法，一直以来都是一个重要的研究方向。最近提出的存储管理系统均强调数据相关，将其纳入数据模型之中，利用数据之间的相关关系组织数据成图结构，以增强模型表达能力，提高系统浏览、查询有效性。存储系统中天然存在各种数据相关，主要包括访问相关、内容相关[15]，这些数据相关反映了用户和应用程序的数据访问习惯和模式，以及数据之间的语义相似性，自动提取这些相关关系可以用于：优化磁盘布局[16]，通过预取提高缓存命中率，增强数据查找效果，去除冗余数据，减少网络带宽和磁盘空间占用，加快下载速度，减少用户工作量，提高用户工作效率，为系统提供自治能力。

访问相关指的是数据访问模式的相似性，目前已经有大量访问相关的计算方法。在线计算方法可以分为"概率图方法"和"后续访问方法"。Griffioen 等人提出概率图（Probability Graph）用于维护文件之间的访问相关关系，图中节点表示文件，边的权重表示文件相关程度。当一个文件被打开的时候，认为该文件和近期被打开的其他文件相关，增加相应边的权重。概率图可以用来预测文件访问：文件 A 被访问之后，文件 B 被访问概率为边（A，B）的权重除以"A 所有导出边的权重和"。Griffioen 等人用该预测方法优化文件预取操作，取得了不错的效果。Bhadkamkar 等人提出了类似的"访问图"概念（Access Graph），并基于"访问图"优化磁盘布局。Connections 利用"隔离级别"、"窗口大小"、"方向"、"访问"等四个参数扩展概率图为关系图（Relation Graph），而后基于关系图改进文件查找效率。Kuenning 等人给出概率图的优化方法，仅记录权重最大的 k 条边（即最相关的 k 个文件），并采用公共邻接节点计算任意两个文件之间的相关度。

后继访问方法 Noah 及其改进算法 Recent Popularity 则认为文件和紧随其后访问的文件相关，为每个文件维护一个相关文件列表，记录最近时间内的 k 个相关文件，并预测该列表中出现频率最高的文件将紧接着当前文件被访问。由于只把紧随其后访问的文件当成相关文件，Noah 和 Recent Populariy 会遗漏很大一部

分相关文件，它们的另外一个缺点在于无法计算全局相关度。

C-Miner 和 C-Miner*是 Li 等人提出的线下访问相关算法，它们利用 CloSpan 序列挖掘算法从访问日志中挖掘频繁闭序列，然后从频繁序列生成相关关系。虽然算法不具实时性，但是 Li 等人通过分析和实验证明数据挖掘算法检测出来的相关关系，能够反映数据语义，并在较长一段时间内保持稳定，这为线下挖掘算法的有效性提供了依据。

在线访问相关检测方法，其优点是系统实时性高，缺点是运行时代价较大，很难应用到海量存储系统中。虽然线下挖掘算法能够处理更大的数据量，但是，一方面 CMiner 等算法无法挖掘跨服务器访问相关；另一方面这些算法依赖支持度裁剪搜索空间，不能检测支持度较低但是相关置信度较高的访问相关。无支持限制的访问挖掘，以及跨服务器相关挖掘是迫切需要解决的问题。

内容相关是指文件的数据相似性。Manber 提出了最早的文件内容相关检测方法 sif，sif 使用 Rabin 指纹函数为文件所有定长子串计算指纹，得到文件的指纹集，并利用指纹集计算文件相似性。之后，Broder 等人提出利用最小独立置换方法从指纹集中提取一个子集作为特征指纹，在不降低效果的情况下，提高内容相关度的计算性能。另外，目前已有一些高相似文件的检测方法，这些方法均采用基于内容的文件分块算法计算变长块，利用公共变长块计算内容相似度。

在系统优化方面，内容相关除了可以提高数据压缩比，还能提高查询效果。虽然存储系统可能提供各种各样高级的查找功能，但是这些功能需要依赖于用户输入的大量元数据信息。为了省事，用户很少会为文件指定很多的关键词。内容相关的对象通常具有相似的语义，因此可以从相关对象处提取关键词，改进查询效果。Jia 等人提出利用网络资源的冗余性，从文件副本文件名中获取更多关键词，以提高文件被检索的概率，取得了不错的效果。Pucha 等人的研究结果表明相似副本的数目远远超出相同副本数目，因此，利用内容相关度较高的文件提取关键词，必定能够取得更好的效果，也是一个非常值得研究的问题。

4　数据库系统

20 世纪七八十年代，美国的 Tony Daugherty 提出了数据库性能优化的概念，不仅对数据库应用系统的研究起了重要作用，而且对数据库性能问题的研究也开创了先河。大约 10 年后，《performance Tuning Basics》中提出了"性能调整"的概念，指出性能调整是一项通过修改系统参数、改变系统配置（硬件调整）、优化组件应用来改变系统性能的活动。对此，Oracle、MS SQL Server 等数据库业界通常认为性能调整的目的是通过将网络流通、磁盘 I/O 和 CPU 时间减少到最小，使每个查询的响应时间最短并最大限度地提高整个数据库服务的吞吐量。在数据库性能调整和优化技术的发展过程中，人们逐渐认识到数据库的性能调整技术是保证应用系统和数据库稳定、高效运行的一项重要技术。

随着数据库理论的逐步完善、成熟和发展，对数据库应用系统性能优化研究也逐渐深入，优化技术和方法日趋完善和成熟，尤其在关系数据库应用方面。目前，数据库实例优化研究大多集中在 Oracle、SQL Server 和 Sybase 等数据库方面，它们所采用的优化技术大多为查询优化技术，而且取得了很好的效果。MS SQL Server 对性能调整和优化的研究尤为深入，特别是针对其自身的特点，在数据库服务器调整方法、大小估计与容量规划、应用调整等方面提出了较好的理论和实践方法。人们所熟悉的 Oracle 数据库在确定数据的分布时，为了提高代价估计的精确度，引入直方图来描述数据值的分布。在它的 Oracle 10G 版本中，将基于规则的优化方法完全剔除，查询优化器在处理查询时只使用基于代价的优化方法，并在性能优化调整方面提供了自动数据库诊断监控器 ADDM、应用端到端追踪、自动化统计信息收集及自动共享内存管理等新特性。现今，起源于伯克利的数据库研究计划的关系型数据库管理系统 PostgreSQL，已经对查询优化给予了很大的改进，其中的重要突破是将基因算法应用到查询领域中来，通过既定的随机搜索对包含有极广查询需要的数据库进行操作。此外，美国的 Austin Institute 着重于数据库体系结构的研究，涉及内存结构方面的数据库缓冲区高速缓存、重做日志缓冲区、共享池等问题，提出了数据重分布、共处理连接等概念[17]。MIT 的

Irene Grief 看到随着数据库规模的扩大和系统中用户数目的增加，内部竞争的复杂性增大，导致了数据库性能问题，按照投资优化策略（ROI），提出了 10 个步骤解决数据库性能问题：

（1）进行正确的数据库逻辑设计减少存储量；

（2）进行正确的数据库物理设计减少多个软件竞争同一资源；

（3）选择高效算法编写有效的应用程序；

（4）优化数据库内存结构；

（5）必要时优化物理内存结构；

（6）必要时优化数据库；

（7）必要时优化 0S；

（8）必要时优化网络；

（9）必要时优化客户机；

（10）必要时优化 I/O。

国内对数据库技术的研究起步较晚，对数据库优化技术的研究和应用相对来说不如国外成熟。目前，自主研发的主要国产数据库有北京人民大学金仓信息技术有限公司的 kinghase ES、北京航天神州软件公司的 OSCAR、东软集团有限公司的 OpenBASE 和武汉华工达梦数据库有限公司的 DM2。国家 863 计划对国产数据库软件产品的研究开发给予了特别支持，设立了国家 863 计划"数据库管理系统及其应用"重大专项，极大推动了国产数据库软件的成长。其中，数据库 KinghaseES 对于运行过程中 CPU、内存等资源的使用经过了优化的系统设计处理，对他们的占用要求不高，而且可以根据应用需要灵活调整，显著提高了系统整体工作效率。OSCAR 在代价估算上采用与 SYSTEM-R 类似的算法，主要考虑 I/O 开销和 CPU 开销，代价估算所需要的信息都存储在系统表中，它通过查询提升技术、查询计划缓冲机制、并发控制设计等优化技术提高数据库查询性能。OpenhBASE 数据库系统采用了基于统计的查询优化策略，可以根据数据字典中的统计数据进行存取路径选择实现自动查询优化：它支持逻辑优化和多字段复合索引以及嵌套循环等多种高效的连接查询算法，它采用有限高度 B 树索引机制，实现了简单型和结构型两种类型的索引文件。但 OpenBAsE 查询优化模块没有考虑查询重写，不能更好地发挥查询优化的效能，而且由于它采用的是近乎于穷尽的搜索方法，从而不能很好地处理多连接查询的优

化问题。

近年来，针对基于数据库应用系统遇到的问题和数据库 WEB 应用的需求，国内外研究机构、公司提出许多数据库性能调整的理论、原型和商用系统。有的研究机构提出了一种基于 WEB 数据库系统设计实现的性能调优新方法，该方法包括由 RDBMS 配置优化、应用模型设计优化和编程优化。在编程时通过减少与后台连接和断开操作、建立和使用索引、多用存储过程和优化 SQL 语句以优化系统性能。有研究者分析 MIS 数据库性能优化模型问题，结合数据库系统整体性能规划和软件竞争约束，提出了基于队列理论的单队列性能优化模型和封闭队列网络性能优化模型的建模方法。清华大学的汪东升提出了 RHCE（remote high computing environment）的概念，通过合理划分本地机和远端机的工作任务，引入增量更新，压缩传送，检查点设置和恢复等多种传输措施，并集成负载平衡工具，提供身份检查，日志记录等安全机制，B/S 结构 WEB 工作模式，具有联网、远程执行过程对用户透明、系统安全性好等特点，满足数据库 WEB 应用的性能调整和优化需求。

目前，在数据库设计方面主要是采用反规范设计，来提高数据库应用系统的查询性能，常用的反规范技术有冗余数据、镜像表、派生表、分解表、组合表和重新组表等；此外，还有合理组织数据库物理文件、建立合适索引和使用视图等。在查询优化方面，主要优化技术有索引技术、代数技术、物理优化、代价估算优化、语义优化等，针对 ORDER BY、GROUP BY 和 DISTINCT 的排序优化，针对嵌套查询的连接超图 CHG 优化，联合选择条件主内存优化，表连接优化技术和估算查询结果的直方图法等。在系统性能测试和维护阶段，主要是调整数据库内存分配、参数设置以及回滚段的管理等。在硬件调整方面，绝大多数高性能解决方案都采用共享存储器簇结构，在这种结构中，多个服务器都连接到外部 RAID 子系统上。还有研究提出了低成本的解决方案，例如在两个完全独立系统之间通过 TCP/IP 协议实现磁盘数据复制的高性能系统。

在数据库优化工具方面，可以分为数据库产品自带的性能优化与监测工具以及专有的性能优化工具两类。数据库产品自带的性能优化与监测工具有 Oracle 提供的 Performance Manager、SQL 语句跟踪工具等；Sybase 的 Sybase Adaptive Server Enterprise 和查询分析器;SQL Server 2000 提供的企业管理器、Query Analyzer、SQL Profiler、Index Tuning Wizard 等工具。而专有第三方性能优化工具不仅包括了数据库自带的性能优化与监测工具的功能，而且绝大多数都提供了数据分析、警告、与其他 RDBMS 产品集成等附加功能。

5 小结

综上所述，存储管理系统和海量存储技术这两个领域已有大量的研究成果。

存储管理系统呈现如下发展趋势：

（1）基于图的数据组织和浏览方式。最新的存储管理系统，如 LiFS，WINFS，SEMEX，iMEMEX 等，均通过引入相关关系，组织数据成图结构，并基于相关改进浏览和查询方式，以突破传统文件管理方式的束缚。

（2）简单易用的查询方式。"属性-值"查询、内容关键词查询等简单查询方式，因为其易用性，仍然是目前主流。

（3）支持基于结构的查询。除了关键词，"属性-值"等信息之外，数据之间的相关关系也是定位数据的重要手段。类似 XML 查询和检索领域，当前研究工作已经开始在查询中考虑连通关系、最短距离等结构信息。

海量分布式存储技术的发展趋势如下：

（1）对等存储技术是研究热点。对等存储技术相比传统分布式架构具有高可伸缩性和自组织特性，自诞生之日起就备受关注，无论是广域网存储系统，还是局域网存储系统，都已经开始应用对等技术。直接应用 DHT 网络存储数据存在多种缺陷，因此一般用对等网络技术管理系统运行时元数据。

（2）对象存储技术蓬勃发展。传统基于数据块的访问模式限制了存储系统的性能，通过把底层的磁盘管理、数据块分配以及访问控制等安全策略交给智能存储设备管理，对象存储技术可以为海量存储提供更好的可伸缩性和系统性能。

（3）数据复制和定位大块化。GoogleFS 的 chunk（64M），Ceph 的 PG（由大量对象组成），FAB 的 Segment（256M）等等，虽然在名称和叫法上略有不同，但其主要思想都以大块数据作为复制和定位的基本单元，一方面可以减小系统运行时元数据,提高系统可伸缩性；

另一方面可以聚簇存放数据，优化磁盘结构，提高恢复速度，增强系统可靠性。

然而，当前研究也存在一些不足之处。存储管理系统较少关注存储量和性能问题。查询处理研究还处在起步阶段，包括排序、索引、优化等各方面都还未深入研究。索引方面的工作尚不完善，缺乏一种高效率的距离索引。在海量存储方面，GoogleFS 缺乏通用性，Ceph的数据分发和定位算法不够自由；Serrento 的广播策略最终会导致可伸缩性问题。每种系统都存有各样的问题，因此，自组织、可伸缩，能提供数据一致性支持的读写存储系统仍需大量研究。

在系统优化方面，当前研究还不够充分和全面。在访问相关层面上，首先，已提出的线上访问相关检测算法或者线下相关挖掘算法不能处理大数据量，且无法挖掘跨服务器的访问相关；其次，已有算法通常依赖支持度（访问频率）保证性能，势必造成遗漏大量有价值的访问相关。在内容相关层面上，只有基于相同副本的关键词提取和查询改进方法，不能充分利用资源冗余这个特性。

参考文献

[1] P.Lyman, H.R. Varian, J.Dunn, et al. How much information. 2000 October

[2] D. Gifford, P. Jouvelot, M. Sheldon, et al. Semantic file system, in 13th ACM Symposium on Operating Systems Principles. 1991, ACM：16～25

[3] S. Sechrest, M. McClennen. Blending hierarchical and attribute-based file naming. In Proceedings of the 12th International Conference on Distributed Computing Systems. 1992

[4] B.C. Neuman. The prospero file system: global file system: A global file system based on the virtual system model. Computing Systems,1992. 5（4）：407～432

[5] M.Bowman, C. Dharap, M. Baruah, et al. A File System for Information Management. in Proceedings of the ISMM International Conference on Intelligent Information Management Systems. 1994

[6] M. Bowman, R. John. File System: From Files to File Objects, in Workshop on Distributed Object and Mobile Code. 1996: Boston, MA

[7] M.A. Olson. The design and implementation of the Inversion file system, in Proceedings of the Winter 1993 USENIX Technical Conference. 1993: San Diego, California, USA.P：205～217

[8] D. Giampaolo. Practical File System Design: The Be File System. 1999, SanFrancisco, California: MORGAN KAUFMANN PUBLISHERS.

[9] S. Abiteboul, R. Agrawal, P.B.M. Carey, et al. The Lowell Database Research Self Assessment. The computing Research Repository （CoRR），2003

[10] J. Gemmell, G. Bell, R. Lueder, et al. Mylifebits: Fulling the memex vision ,in ACM Multimedia. 2002

[11] D. Quan, D. Huynh, D.R. Karger. Haystack: A platform for authoring end user semantic web applications, in ISWC. 2003

[12] M. Abd-El-Malek, W.V.C. II, C. Cranor, et al. Early experiences on the journey towards self-* storage. IEEE Data Eng. Bull., 2006. 29（3）：55～62

[13] L. Yin, S. Uttamchandani, J. Palmer, et al. AUTOLOOP: Automated Action Selection in the "Observe-Analyze-Act" Loop for Storage Systems, in POLICY 2005：129～138

[14] E. Anderson, M. Hobbs, K. Keeton, et al. Hippodrome: Running Circles Around Storage Administration, in FAST. 2002：175～188

[15] C.A.N. Soules, G.R. Ganger. Why can't I find my files? New methods for automating attribute assignment, in 9th Workshop on Hot Topics in Operating Systems（HotOS IX）. 2003, the USENIX Association

[16] M.Bhadkamkar, J. Guerra, L. Useche, et al. BORG: Block-reORGanization and Self-Optimization in Storage Systems, in Technical Report TR-2007-07-01. 2007, Florida International University

[17] 党会军. 数据库性能测评与分析（硕士学位论文）. 北京科技大学，2002. 6

[18] 余力华. 分布式数据存储和处理的若干技术研究. 浙江大学. 2008

[19] 刘博. 数据库性能调整与优化. 大连理工大学. 2007

[20] K.Schnaitter, S.Brandt. Querying the Linking File System. 2004 December 8

[21] S.Ames, N.Bobb, K.Greenan, et al. LiFS: An attribute-rich file system for storage class memories, in Proceedings of the 23rd IEEE / 14th NASA Goddard Conference on Mass Storage Systems and

Technologies.2006

[22] Y.padioleau, B.Sigonneau, O.Ridoux. LISFS: a logical information system as a file system, in Proceedings of the 28th international conference on Software engineering.2006, ACM shanghai, China: 803~806

[23] S.Ames. LiFSBrowse: A Visual, User Environment for the Linking File System. Technical Report UCSC-SSRC-07-08, 2007

[24] J.-P. Dittrich, M.A.V. Salles. iDM: A Unified and Versatile Data Model for Personal Dataspace Management, in VLDB.2006

[25] M. Antonio, V. Salles, JensPeter, et al. iTrails: Pay-as-you-go Information Integration in Dataspaces, in VLDB.2007, VLDB Endowment, ACM: Vienna, Austri

[26] L. Blunschi, Jens-Peter, D. Olivier, et al. A Dataspace Odyssey: The iMeMex Personal Dataspace Management System, in CIDR. 2007

[27] Apple. Spotlight Overview. 2007

[28] A. Salama, A.Samih, A. Ramadan, et al. GNU/Linux Semantic Storage System. 2005

[29] D. Giampaolo. Practical File System Design: The Be File System. 1999, SanFrancisco, California: MORGAN KAUFMANN PUBLISHERS

[30] S. Abiteboul, R. Agrawal, P.B.M. Carey, et al. The Lowell Database Research Self Assessment. The computing Research Repository （CoRR）, 2003

[31] M. Kersten, G. Weikum, M. Franklin, et al. Panel: A Database Striptease or How to Manage Your Personal Databases, in International Conference on Very Large Data Bases. 2003

[32] G. Bell. Keynote: MyLifeBits: a Memex-Inspired Personal Store; Another TP Database, in SIGMOD International Conference on Management of Data. 2005, ACM

基于贝叶斯理论的P2P信任模型

徐海湄　韩　宏　李　林　李　梁

（1. 电子科技大学计算机科学与工程学院　成都　610045；2. 重庆通信学院　重庆　400035）

摘　要：本文基于贝叶斯理论，提出了一种新的P2P系统信任模型。该模型根据节点的当前历史交易情况，先验经验计算出节点的可信度，节点选择与可信度高的节点进行交易。数学分析及仿真实验表明该模型能有效地抵抗恶意节点的攻击，与经典信任模型Eigentrust相比，较大程度地提高了整个P2P系统的成功交易率。

关键字：贝叶斯理论；后验概率密度；假设检验；交易历史记录

A trust model of P2P system based on theory of probability and statistics

XU Haimei[1,2]　　HAN Hong[1]　　LI Lin[1]　　LI Liang[1]

（1. School of ComputerScience&Engineering, University of Electronic Science&Technology of China，ChengDu，610054,

2. College of ChongQing Communication,ChongQing, 400035）

Abstract：Based on Bayesian theory, the paper presents a novel P2P trust model BStrust. The history records of transactions and empirical estimation are used to figure out the trust value of every peer. Every peer trades with the peer with high credibility. Mathematical analysis and simulation show BStrust can resist attacks of malicious peers and improve the successful download rate of the whole P2P system compared with traditional model Eigentrust.

Keywords：Bayesian theory，Posterior probability density，hypothesis testing，history records of transactions

1　引言

经典的概率统计学以获取到对象（总体）的大样本为分析基础，在样本比较少的情况下，有效性大大降低。而贝叶斯统计方法则充分利用先验信息、小样本的现场信息，推算出具有更小的平方差和平方误差的更为精确的后验结果。文献[1]指出美国在研究MX导弹过程中，利用贝叶斯理论把发射实验从36次减少到25次，可靠性却从0.72提高到0.93，节省费用2亿5千万美元。

贝叶斯统计的基本思想是[2]：在得到对象总体的样本前就对其有一定认识，用先验概率表示，基于当前得到的样本对先验概率做修正，得到后验概率分布，而各种统计推断都在后验概率的基础上进行。

设对象总体的概率密度函数为$p(x|\theta)$，参数θ的先验概率密度函数为$\pi(\theta)$。获得样本X的观察值为$x=(x_1, x_2, \cdots, x_n)$，样本和参数$\theta$的联合概率密度分布为$h(x,\theta)=\prod_{i=1}^{n} p(x_i|\theta) \times \pi(\theta)$，样本的边际概率密度分布$m(x)=\int_{\Theta} h(x,\theta)d\theta$，则$\theta$的后验概率密度分布为：

$$\pi(\theta|x) = \frac{h(x,\theta)}{m(x)} = \frac{p(x|\theta)\pi(\theta)}{\int_{\Theta} p(x|\theta)\pi(\theta)}$$

这就是贝叶斯公式的概率密度函数形式。

基于贝叶斯理论的信任模型在无线传感器网络中[3]得到深入研究与应用，取得良好效果。与无线传感器网络不同的是P2P网络的每个节点不仅仅与邻居存在交易行为，跟网络的任意节点都可能进行点对点通信，这使基于贝叶斯理论的P2P信任建模增加了复杂性。

2　相关工作

Eigentrust[4]与 PeerTrust[5]是比较经典的信任模型，两种模型都采用迭代方法由局部信任值推算出全局信任值，计算复杂，通信流量大，并且容易陷于恶意节点的共谋攻击。文献[6～11]在Eigentrust与Peertrust的基础上做了局部改进，但是没有克服两种算法的固有缺陷。

Bittorrent[12]采用 Tit-for-tat 作为文件共享

系统中的资源分配方法，节点 A 根据从节点 B 得到的下载速率决定其上传给节点 B 的速率，Axelrod[13]证实这种只存在于两个节点之间的直接信任机制简单有效，且能抵御恶意节点的攻击。

Zoran 等人[14]认为当前的信任模式要分为两大类：基于概率推测的模式利用可获取的少量反馈评价信息使系统具有抗恶意攻击的健壮性；而基于社会网络的模式则依赖于整个系统的所有可得反馈评价信息递归计算直到收敛的方式构建信任机制。数学分析与仿真实验表明对于系统中只有小部分恶意节点时，概率推测模式更有效；而存在过半节点恶意时，社会网络模式更适用。

NICE 模式[15]中，每次交易成功后，接收服务的一方签发反馈 Cookie 给发送方，表示发送方可以向其申请服务。Cookie 可以在节点之间相互传递，直到找到任意两个节点之间的友好路径。此模式适用于经常交互的节点自组织成合作团体，恶意节点无法获取 Cookie 则被隔离到团体外。此类信任机制基于互利原则（reciprocation）。

Abdul-Rahman[16]第一次在信任模型中提出要有选择地信任目击者（witness）提供的反馈评价信息，例如节点 i 根据直接交易经验得出节点 j 值得信任，但是目击者 k 告知节点 i，节点 j 不值得信任，此时节点 i 必须考虑节点 k 的可信性。Xiong Li[5]中提出节点认为直接经验最可信的前提下，行为与其相似的目击者提供的反馈信息应给予较高的权重。

Carbo[17] 第一次提出用模糊集合理论推断信任值的模型。表示信任值的模糊集合越宽（a wide fuzzy set）则说明此信任值的不确定性越大，而窄的模糊集合表示此信任值越可靠。

3   基于贝叶斯理论的信任模型

3.1   信任值的计算

定义 1   节点的全局信任值

在当前时间周期 $T(t)$ 内，根据网络中所有节点与节点 i 的交易历史评估出节点 i 愿意提供服务的概率，称为节点 i 的全局信任值 θ_i，$0 \leq \theta_i \leq 1$，任意节点具有全局唯一的信任值。

$\theta_i = 1$ 表示无私节点，任何时候以 100% 的概率为其他节点提供良好服务；$\theta_i = 0$ 表示自私

节点，任何时候都不提供服务或者提供虚假的恶意服务；$0 < \theta_i < 1$ 表示节点是混合策略节点，自私行为获利大时则自私，无私行为获利大时则无私。

定义 2   交易记录

网络中两个节点每发生一次交易行为，接受服务的一方会给提供服务的一方做行为记录，节点 i 对节点 j 的行为记录

$$x_{ij} = \{s_{ij}, f_{ij}\}$$

其中，s_{ij} 表示节点 j 提供给节点 i 的服务成功的次数；f_{ij} 表示节点 j 提供给节点 i 的服务失败的次数。

定义 3   节点 i 的交易样本数量

$$n = \sum_{j=1}^{N} (s_{ji} + f_{ji})$$

其中，N 表示系统中节点的总数量。

汇聚一个当前时间周期 T 内网络中所有节点对节点 i 的行为记录 $x_{ji}(j=1,2,\cdots,n)$，估计出节点 i 的当前全局信任值 $\theta_i (0 < \theta_i < 1)$。

令节点 i 提供服务的任一交易

$$X_k = \begin{cases} 1, \text{交易成功} \\ 0, \text{交易失败} \end{cases} \quad (k=1, \cdots, n)$$

那么每个交易 X_k 的概率分布为：

$$p(X|\theta_i) = \begin{cases} \theta_i^x (1-\theta_i)^{1-x} & x = 0.1 \\ 0 & \text{其他} \end{cases}$$

令 $y = \sum_{j=1}^{n} s_{ij}$，那么 $X_1, \cdots, X_n$ 的联合概率函数为：

$$p_n(X|\theta_i) = \theta_i^y (1-\theta_i)^{n-y},$$

取 θ_i 的先验概率密度函数 $p(\theta_i)$ 服从 beta 分布：

$$p(\theta_i) = \frac{\Gamma(\alpha+\beta)}{\Gamma(\alpha)\Gamma(\beta)} \theta_i^{\alpha-1} (1-\theta_i)^{\beta-1} \quad \forall 0 \leq \theta_i \leq 1, \alpha \geq 0, \beta \geq 0$$

则 θ_i 的后验证概率密度函数为：

$$p_n(\theta_i|X) = \frac{p_n(X|\theta_i)p(\theta_i)}{\int p_n(X|\theta_i)p(\theta_i)d\theta_i} \propto p(X|\theta_i)P(\theta_i) \propto \theta_i^{\alpha+y-1}(1-\theta_i)^{\beta+n-y-1}$$

所以，θ_i 的后验概率密度函数 $p_n(\theta_i|X)$ 服从参数为 $\alpha+y$，$\beta+n-y$ 的 beta 分布。

θ_i 的贝叶斯估计是其后验分布 $p(\theta_i|X)$ 的

均值

$$E(\theta_i) = \int_0^1 \theta_i \, p(\theta_i | X) d\theta_i$$

因此，θ_i 的后验平均值为：

$$E[\theta_i] = \frac{\alpha + y}{\alpha + \beta + n}$$

即在时间周期 T 内信任值 θ_i 的后验分布的均值为：

$$\frac{\alpha + y}{\alpha + \beta + n}$$

如果 θ_i 先验分布服从【0，1】上的均匀分布，即 $\alpha = \beta = 1$ 则先验均值为 0.5，即在对节点概率一无所知时候认定它提供服务的概率 0.5，这给予每个新节点相同的机会提供服务或者接受服务。

3.2　BStrust 的安全性

P2P 网络的自组织、匿名、高度动荡（churn）的特性使 BStrust 存在如下安全问题：

（1）Free-riding 攻击：自私节点无限制从无私节点或者混合节点处获得服务，但从不提供服务给系统；

（2）诋毁攻击：恶意节点故意给与之交易过的节点提供负面的评价，例如，成功的交易被记录为不成功；

（3）共谋攻击：恶意节点相互勾结，诋毁团伙外的节点，抬高对同伙的评价；

（4）睡眠攻击：节点如果在某个时间周期 T 内获得较高信任值后一直不提供服务，信任值就会始终维持在较高的水平，这会导致节点只接收服务，而不提供服务。

在 BStrust 中，节点的行为分为交易行为与反馈行为。交易行为指一个节点愿意提供服务的概率，即全局信任值；反馈行为指的是一个节点评价给其提供过服务的节点。诋毁与共谋攻击是节点通过反馈行为实现的；free-riding 攻击和睡眠攻击是节点通过交易行为实现的。

根据节点的反馈行为将节点分为两大类：诚实节点与恶意节点。

诚实节点总是如实记录与之交易过的节点行为。

恶意节点分为简单恶意节点 NM（Naïve and Malious）、恶意集体 CM（Collusive and Malicious）、策略恶意节点 SM（Strategic and Malicious）节点。

简单恶意节点随机分布在网络中，通过反馈对诚实交易行为进行诋毁。

恶意集体则是多个恶意节点形成联盟通过反馈行为对团伙外的节点进行诋毁，而对团伙内的节点提高反馈评价。

策略恶意节点：这类节点先是以无私节点的身份提供良好服务，等信誉值升高以后，便诋毁无私节点，并且开始提供恶意服务。

以往的信任模型都认为全局信任值低的节点才会进行诋毁与共谋攻击，而信任值高的节点必然会提供诚实反馈。值得注意的是一个交易行为可信的节点并不总是如实评价其他节点，例如以 100% 的概率提供良好服务的无私节点并不一定是诚实节点，文献[3～11]将其混为一谈使诋毁与共谋攻击变得容易。

本文采取贝叶斯判别的方法将恶意节点筛选出来，用诚实节点的反馈评价评估出真实的信任值。贝叶斯判别就是接受具有较大概率的假设，这与贝叶斯统计推断是一致的。

令诚实节点集合 A 评估出节点 i 提供服务的概率为 θ_0，集合 B 评估出节点 i 提供服务的的概率为 θ_i，设如下两个假设：

$$H_0 : \theta \in [\theta_0 - \varepsilon, \theta_0 + \varepsilon]$$
$$H_1 : \theta \notin [\theta_0 - \varepsilon, \theta_0 + \varepsilon]$$

ε 可选择很小的数，使得 $[\theta_0 - \varepsilon, \theta_0 + \varepsilon]$ 与 $\theta = \theta_0$ 难以辨别。ε 可选择为 θ_0 的允许误差内一个较小的正数。

设 θ_i 表示节点 i 成功提供服务的概率，在时间周期 T 内收集诚实节点集合 A 与节点 i 的 n 个交易样本，其中 $x = \sum_{j=1}^{n} s_{ij}$，则成功次数 X 的概率函数为：

$$\pi(\theta_i | x) = \binom{n}{x} \theta_i^x (1 - \theta_i)^{n-x}$$

若取 θ_i 的先验分布为共轭先验 $Be(a,b)$，则后验概率密度为：

$$p(\theta_i | x) = \frac{\Gamma(n + a + b)}{\Gamma(x + a + b)} \theta_i^{x + a - 1} (1 - \theta_i)^{n - x + b - 1}$$

因此求出 θ_i 的贝叶斯估计为：

$$\theta_0 = E[\theta_i] = \frac{\alpha + x}{\alpha + \beta + n}$$

同时在时间 T 周期内收集节点集合 B 提供的节

点 i 的 k 个交易样本，其中 $z = \sum_{j=1}^{k} s_{ij}$，则成功次数 z 的概率函数为：

$$f(z|\theta_i) = \binom{k}{z} \theta_i^z (1-\theta_i)^{k-z}$$

θ_i 的先验分布为共轭先验 $Be(a,b)$，则后验概率密度为：

$$g(\theta_i|z) = \frac{\Gamma(k+a+b)}{\Gamma(k+a+b)} \theta_i^{k+a-1} (1-\theta_i)^{k-z+b-1}$$

令 $a_0 = \int_{\theta_0-\delta}^{\theta_0+\delta} g(\theta_i|z)d\theta_i$

$$a_1 = \int_0^{\theta_0-\delta} g(\theta_i|z)d\theta_i + \int_{\theta_0+\delta}^{1_0} g(\theta_i|z)d\theta_i$$

比较 $\delta_1 = a_1/a_0 \gg 1$ 接收 H_1，认为集合 B 提供的反馈评价与集合 A 的相似性大，可以归类为诚实节点集合；若 $a_1/a_0 \ll 1$，则拒绝，认为在 A 集合诚实的情况下，集合 B 的评价发生机率很小，认为集合 B 提供的反馈评价存在诋毁或者共谋攻击；若 $a_1/a_0 \approx 1$，继续收集样本，进入下一轮假设检验。

对于睡眠攻击，采取信任值老化策略。令 n_i 表示在时间周期 $T-1$ 内节点 i 提供成功服务的次数 $n_{max} = \max\{n_i\}$ $i=1,\cdots,N$，则：

$$\theta_i(T) = \frac{n_i}{\sum_{j=1}^{N} n_j} \theta_i(T-1)。$$

BStrust 在比较精确地推断出节点的信任值后，每个节点都选择与信任值高的节点进行交易，从而使自私节点的 free-riding 行为得到遏制。

4　仿真实验

为分析所提出的信任模型，本文在 PeerSim[18] 的基础上建立了仿真环境。仿真的应用背景是文件共享，即节点通过一定的策略查找所需文件，并从所有拥有该文件的节点中选择信任值高的节点下载该文件；同理，节点选择信任值高的节点上传文件。考虑到实验的可控性与可操作性，我们只设计 4 组实验（实际的网络环境要复杂的多，恶意节点的类型也比较复杂）。

仿真环境设置为：节点总数为 1000 个，其中无私节点与自私节点比例各占 35%，混合节点占 30%。每个节点进行 20 次查询，每次查询引起一次交易。每组实验做 10 次，取平均值。实验分 4 组进行。

实验评估标准：下载成功率 SDR（Successful Download Rate），SDR＝成功交易次数/交易的总次数

实验 1：free-riding 攻击

在引入 30% 的简单恶意节点的情况下，对 free-riding 攻击进行的测试结果如图 1 所示。AN 的 SDR 一直维持在较高的水平，SN 的 SDR 随着时间急剧下降，MN 的 SDR 刚开始时候有所下降，在 SDR 降低后终止了自私行为，SDR 逐渐升高。因此 free-riding 攻击行为得到遏制。

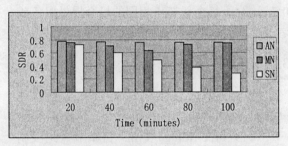

图 1　三类节点的 SDR 随时间的变化情况

实验 2：NM 类仿真

图 2 所示是节点为 NM 的情形下，Bstrust 与 Eigentrust 的 SDR 比较的结果分析图。在简单恶意节点随机分布时候，两者效果相当，在 50% 依然接近 75% 的 SDR。

在 Eigentrust 中，信任值高的节点提供的反馈评价可信度越大。例如信任度为 0.8 的节点 j 对节点 i 提供的反馈为 0.8，i 的真实值为 0.2，信任值为 0.2 的节点 k 提供的反馈评价为 0.2，但 Eigentrust 中认为节点 j 的评价更可信，导致 i 的估计值更加偏离真实值。如果 NM 节点全部由信任值高的节点担当，从图 3 所示中看出，Bstrust 显示出明显的优势。

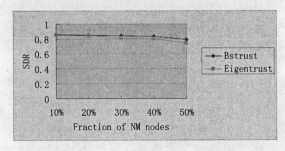

图 2　不同规模的 NM 节点存在时的 SDR

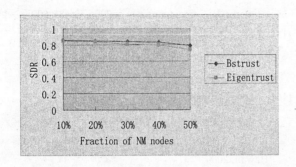

图 3 由信任值高的节点充当 NM 时的 SDR

实验 3：CM 类仿真

CM 类节点合谋攻击。在合谋节点均匀分布在网络中的各类节点时，对于不同规模的 CM,BStrust 模型有效地抑制了共谋攻击的影响，在 50% 的 CM 情况下，SDR 达到 71% 左右。

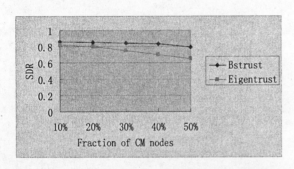

图 4 不同规模的 CM 节点存在时的 SDR

实验 4 SM 攻击

将策略恶意节点固定在 30%，比较此种情况下两种系统中无私节点的 SDR 变化情况。

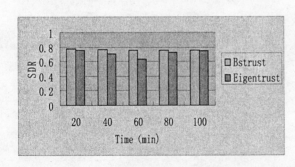

图 5 相同条件下两种系统的无私节点的 SDR

每个 SM 节点在获取到高的信任值后，便诋毁无私节点，并开始恶意交易行为。在 Eigentrust 中，信任值高的节点反馈评价的权值越大，因此无私节点的信任值下降很快，SDR 因此很快下降，但是由于 SM 节点的恶意交易行为使自身信任值下降，反馈评价的权重因此下降。无私节点因此慢慢恢复了较高的 SDR。在 BStrust 中，信任值的计算通过贝叶斯判别方法剔除了恶意节点的反馈评价，因此，无私节点的信任值始终维持在稳定的较高水平。

5 结论

本文深入研究了 P2P 网络中节点之间信任值的计算问题，分析了基于现有的基于推荐的由局部信任迭代推算全局信任值的评估模型，提出了一种基于贝叶斯理论的信任模型，充分利用先验信息和当前的反馈评价样本，推算出更加精确的全局信任值，实现了各种攻击下的实验仿真。数学分析和仿真结果表明，BStrust 有效地隔离了恶意节点与自私节点，提高了整个网络的交易成功率。

参考文献

[1] 朱慧明,韩玉启. 贝叶斯多元统计推断理论[M]. 北京：科学出版社，2006：1~135

[2] 梅长林，周家良. 实用统计方法[M]. 北京：科学出版社，2002：85~143

[3] Saurabh Ganeriwal, Laura K.Balzano, and Mani B.Srivastava. Reputation-based framework for high integrity sensor networks[J]. ACM transactions on sensor networks,2008,4（3）:1~15

[4] S.D.Kamvar,M.T.Schlosser. EigenRep:Reputation Management in P2P Networks[C].The twelfth international world wide web conference. Budapest, Hungary. ACM Press,2003:123~134

[5] XIONG Li and LIU Ling. PeerTrust: Supporting Reputation-Based Trust for Peer-to-Peer Electronic Communities[J]. IEEE transactions on knowledge and data engineering, 2004,16（7）:843~857

[6] 彭东生，林闯，刘卫东. 一种直接评价节点诚信度的分布式信任机制[J]. 软件报，2008，19（4）：946~955

[7] Wang YF, Y and Sakurai K. Characterizing and reputation economic and social properties of trust and reputation systems in P2P environment[J]. Journal of computer science and technology ,2008,23（1）:129~140

[8] 李景涛，荆一楠，肖晓春，王雪平，张根度. 基于相似度加权推荐的 P2P 环境下的信任模型[J]. 软件学报，2007，18（1）:157~167

[9] 张骞,张霞,文志学,刘积仁,Ting Shan. Peer-to-Peer Multiple-Grain Trust Model. 软件学报,2006,17（1）:96~107

[10] ZHOU Runfang, HWANG Kai Cai. Gossips trust for

Fast reputation aggregation in peer-to-peer networks[J]. IEEE transactions on knowledge and data engineering, 2008,20（9）:1282～1295

[11] R.ZHOU and K.HWANG. Powertrust: a robust and scalable reputation system for trusted P2P computing[J]. IEEE transaction on parallel and distributed systems[J], 2007,18（4）:460～473

[12] Cohen,B. Incentive build robustness in bittorrent[C]. In Ist workshop on Economics of peer-to-peer systems.2003

[13] Axelrod, R. the evolution of cooperartion[M] .Basic Books,1984

[14] Zoran Despotovic,Karl Aberer. P2P reputation management:probabilistic estimation VS. social

networks[J]. Computer networks 2006,50:485-500

[15] Lee S, Sherwood R, and Bhattacharjee B. Cooperative peer groups in NICE[C], in IEEE Infocom, Apr. 2003:1272～1282

[16] Abdul-Rahman,A.&Hails,S. Supporting trust in virtual communities[C].In proceedings of Hawaii's international conference on systems sciences, maui, Hawaii, 2000

[17] Carbo,J.,Molina,J.&Davila,J. Comparing predictions of of SPORAS vs. a fuzzy reputation agent system[C]. In third international conference on fuzzy sets and fuzzy systems, Interlaken ,2002: 147～153.

[18] The PEERSIM website. [Online]. Available：http:// peersim. sourceforge.net/ 2009-4-22

便携式航管雷达开场功能测试分析仪系统设计

李庆　田忠　杨瀚程　张超

（电子科技大学 电子科学技术研究院　成都　610054）

摘　要：为了满足机场值站人员对雷达工作状态和雷达故障检测更加简便的需求，本文提出了一种新型的便携式航管雷达开场功能测试分析仪的系统设计方案。该系统通过高速数据采集卡采集前端 L 波段接收的雷达信号数据，并将数据交予嵌入式处理平台去处理，完成对雷达性能和工作状态的检测、辅助故障定位分析。

关键词：DMA；二次雷达；幅移键控；信号处理；滑窗检测

The System Design of A Portable Test Analyzer for ATC Radar's Performance

LI Qing　TIAN Zhong　YANG Hancheng　ZHANG Chao

（Research Institute of Electronic Science and Technology, University of Electronic Science and Technology of China, Chengdu, 610054）

Abstract：The system use a new way to design a portable test analyzer for ATC radar's performance to meet the needs of the airport technician to detect the radar's running states and analyze its malfunction easier and more convenient. The data of radar signal which is received by the band L receiver, is collected by the high-speed data collection card, and then the system send this data to embedded process platform to process it, and post the result of radar's running states to the screen, and also it can help to give the possible malfunction.

Keywords：DMA，second surveillance radar，ASK，signal process，sliding window detection

前言

目前我国民航系统已经在全国数百个大、中、小型城市完成了航管地面雷达站的建设和布局，其中包括有大约 60 部 Alenia 雷达、30 多部雷神雷达和不少的 Thalas 雷达等。各雷达站由于雷达种类不一、国外专业雷达测试设备价格昂贵、专业技术人员缺乏等原因，未能建设好一套经济高效的雷达检测、维护、维修设备和人员配置体系，所以，国内各级雷达站，特别是基层雷达站，迫切需要一种简单易用、功能强大、轻便易携的航管雷达功能测试分析设备，能够迅速、准确、高效地判断雷达状态，并辅助进行故障定位分析等；以利于值班人员及时发现问题并进行管理维护，从而保障航管雷达的正常工作。

结合以上情况，研究和开发一种符合各航管雷达站实际需求的便携式航管雷达开场测试分析仪产品显得尤为必要。

1　系统架构

该系统主要被划分为三个模块（如图 1 所示）：L 波段接收模块、高速数据采集模块和嵌入式处理平台。另外，电源模块采用锂电池供电，满足便携的需求，外部接口方便系统功能的扩展。

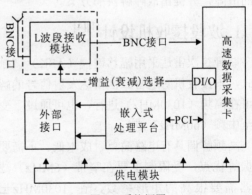

图 1　系统框图

在机场复杂环境和强电磁干扰情况下，系统通过天线和 L 波段接收机模块接收航管雷达天线的射频信号，应用高速数据采集卡进行采集和存取；后端应用算法软件对采集的信号进行抗多部雷达混叠和去强干扰处理，分离、提取出各部雷达的相关信号；根据雷达天线特征，实现航管雷达天线场型测试分析，描绘出天线水平方向图并输出相应的测试结果及状态；同时检查航管雷达天馈系统天线增益、馈线插损、发射机功率等的综合效果并输出测试状态结果。

整个系统可以实现的功能有：

a. 完成对航管雷达天线场型、雷达发射链路整体状态的测试、分析、判别；

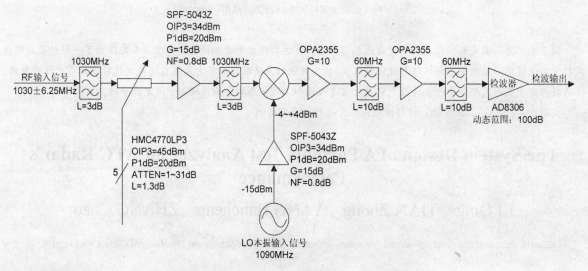

图2　接收机射频前端（中频解调）结构框图

b. 应用核心算法软件对采集到的多目标雷达信号进行分析判别处理；

c. 处理后的测试数据绘制成天线水平方向图，并以直角坐标或极坐标的形式形象地显示测试结果；同时输出被测雷达的关键功能、指标点的测试值，以供测试人员全面了解被测雷达天馈系统的工作状态和工作情况。

d. 专家模式对测试结果非正常的情况，通过数据库连接完成对问题的分析，给出可能出现的故障，并提出故障解决的方案。

2　L波段接收机设计[1][4]

航管二次雷达采用幅移键控（ASK）调制方式，本接收机对航管二次雷达发射信号的解调可在高频（1030MHz）进行，也可通过下变频至中频（60MHz）进行。

高频解调具有电路简单、成本低、不需要本振等优点，受限制主要在窄带（6MHz）滤波器需要很高的矩形系数，在1030MHz±12.5MHz外需要大于60dB以上的带外抑制，一般声表面波和介质滤波器很难达到以上要求的指标，即使两级滤波器串联也较困难。

中频解调方案则将射频信号下变到60MHz中频，60±12.5MHz外大于40dB~50dB以上的声表面波滤波器容易实现，如图2所示使用两个中频滤波器可得到80dB以上的带外抑制。

一般说来，中频检波器的动态范围比高频检波器的动态范围宽得多。

高频检波电路简单，但带外抑制不能达到要求，动态范围达到要求也较为勉强；中频检波电路复杂，但带外抑制和接收动态范围可以达到指标要求。

L波段频段频谱拥挤，很多军民用雷达、通信、导航系统都工作在这个频段，如果本接收机不能很好地抑制带外信号，则容易受到带外信号干扰，必须有效地抑制带外信号。此外，本接收机为分辨雷达主、旁瓣信号以及其他雷达信号，需要较宽的动态范围。权衡以上两点，本接收机选择中频检波的接收机射频前端方案，如图2所示。

3　高速数据采集

数据采集可以说是整个系统的枢纽，它完成前端数据的接收，并将数据提交给终端处理。因为前端有大量的数据需要采集，如果采集的速率不够高、数据采集不够完整，将影响后端的脉冲位置判断，上升沿、下降沿提取判定，功率一致性判断，天线方向图绘制，抗干扰、抗交叠处理等。除了完成数据采集和传输的功能外，该模块还需根据采集的前端信号的强弱和信号串扰的情况来完成对接收机灵敏度的反馈控制。

该设计中采用高速数据采集技术[2]和　PCI

加 DMA 处理方式，解决了大容量数据传输和存储处理问题。

便携式航管雷达开场功能测试分析仪采用 20MS/s 的高速数据采集，采用了 PCI+DMA 处理方式的大容量数据传输、存储处理技术，系统内部开辟存储缓冲池，数据块处理后存储缓冲池进行回收再利用。其具体实现功能模块如 3 所示。

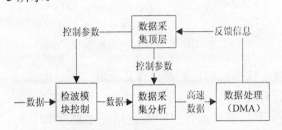

图 3　数据采集分析软件系统模块功能图

4　抗混叠去干扰设计

本设计中采用了一种新型的抗混叠处理及抗干扰处理方法，解决了多达 4 部雷达同时工作带来的信号相互混叠和幻影脉冲的技术难题。

4.1　抗混叠设计

抗混叠技术针对在外场实地采集信号时，存在多部雷达信号与被测目标雷达信号之间的混叠而设计的。本系统所采用的多部雷达抗混叠技术，能通过确定信号动态门限，判定脉冲有效位置，并提取信号上升沿、下降沿，计算脉冲幅度，提取 P1/P3、P2 脉冲并计算 P1/P3、P2 脉冲的有效位置和幅度值，然后将幅度及角度值存入相应的幅度矩阵和角度矩阵，最终通过相应算法分离、提取、相关出每部雷达的角度值和幅度值，从而实现了多部雷达的抗混叠设计。其具体处理流程如图 4 所示。

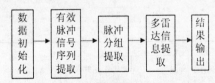

图 4　抗混叠处理的流程图

有效脉冲信号序列提[3]包括有效脉冲位置、脉冲上升沿和下降沿提取。如果当前存在一个高于门限值的视频信号，并且该信号能保持在门限值之上一段时间，则当前点为一个有效脉冲位置。一般地，该时间为一个标准模式 S 脉冲宽度的 80%，上升沿和下降沿的提取也

采用功率比较的处理思想。对于上升沿而言，当在一个短时间内（Δt）内出现视频信号的增长幅度超过沿变化的门限值（slope），同时该点不能是一个过渡性变化点（如图 5 中 B 点）、不能是一个尖脉冲（如图 5 中 E 点），那么，这个点为一个上升沿点（如图 5 中 A、C、D）。

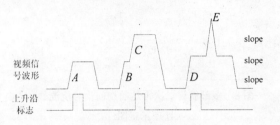

图 5　上升沿位置提取

在检测下降沿时，短时间内（Δt）内出现视频信号的减小幅度超过沿变化的门限值（Slope），同时该点也不能是一个过渡性变化点（如图 6 中 B 点所示）、不能是一个 V 形突发凹陷点（如图 6 中 D 点），那么，这个点为一个下降沿点（如图 6 中 A、C、E 点所示。）

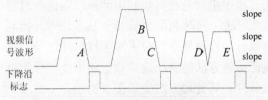

图 6　下降沿位置提取

脉冲分组提取：因为雷达询问模式[5]是有限的，P_1，P_2，P_3 在时间间隔上只有几种固定的组合方式，常见的询问格式有 P_1，P_3 间隔为 8μs 的 A 模式和 21μs 的 C 模式。

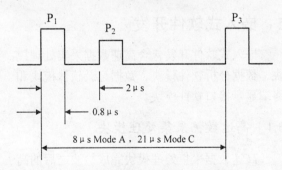

图 7　常见询问信号格式

图 8 所示就给出了多部航管雷达询问信号抗混叠处理结果的示意图，从 P1，P3 的时间间隔上分析，我们从图观察出该混叠询问信号包含两种询问模式。

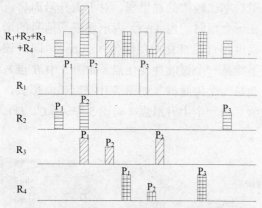

图8　多部航管二次雷达的询问信号抗混叠
处理示意图

4.2　抗干扰处理方法

抗干扰处理技术针对机场范围内环境复杂和强电磁干扰情况下，测试接收天线可能将同频段的这些干扰信号一并接收进来并进行相应处理。后端如若不进行抗干扰相应处理，将会导致测试精度变差，甚至导致误判等。本抗干扰方法中主要是在后端利用动态门限进行滑窗检测[5]法，同时利用去异步干扰方法[3]，提高有效脉冲检测概率同时去除干扰脉冲信号。实践证明该方法能够快速高效去除干扰，保留有效脉冲。其处理方法见如图9所示。

图9　抗干扰处理方法框图

5　嵌入式软件开发

嵌入式软件开发包含高速数据采集处理模块、数据分析软件模块、数据记录软件模块和终端显示接口软件模块。

5.1　高速数据采集处理模块

高速数据采集处理模块完成检波之后的高速数据采集、处理、检测和判别处理等；提供和顶层应用程序、显示界面的上层接口等。其模块内部的处理框如图10所示。

5.2　数据分析软件模块

数据分析软件主要包括天线场型、方向图的分析；雷达询问模式、询问脉冲上升、下降沿、宽度的分析处理；判别分析处理和各种环

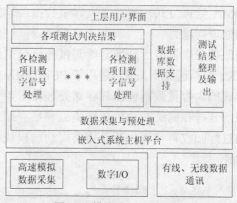

图10　模块内部处理框图

境干扰下的解扰处理计算及分析。同时生成绘制天线方向图的数据以及功率、询问模式、上升/下降沿数据等供后端应用程序调用和分析处理、显示等，从而完成该系统软件的设计。

5.3　数据记录软件模块

该模块主要完成数据记录、重现、存储、导入导出等功能，该模块数据有数据库保存，将多次测试结果进行对比分析，可在最快的时间内发现雷达工作状态的异常现象。

5.4　终端显示接口软件模块

显示接口模块用于处理显示各种检测状态。提供友好的人机交互界面、操作、显示、放大、缩小等功能；某些数据和状态的判别分析等；某些关键数据备份输出和测试检测结果记录等；提供专家诊断接口，把获取的信息和数据库文件进行对比分析，给出雷达工作异常状况下的故障诊断。其终端软件显示模块划分如下：

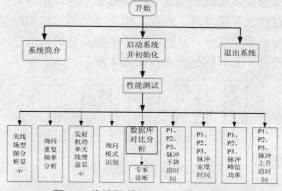

图11　终端软件处理显示模块划分

6　现场测试

本测试系统选择场地要求：测试场地最好与二次雷达天线平齐；测试场地周围无高山、

建筑物遮挡；测试场地选择在离机场雷达站 0.5km～30km 为宜；综合上述几点来选择合适的测试场地。

利用该测试分析仪，我们对机场的某型雷达进行了测试，从数据采集到处理结束，测试结果如表 1 所示。

表 1 测试值与标称值对比

雷达参数	标称值	测试值	测试偏差
−3dB 波束宽度（°）	2.4	2.9	0.5
−10dB 波束宽度（°）	4.5	5.23	0.7
天线增益（dB）	27	22.9	4.1
峰值功率（kw）	2.5	2.2	0.3
天线旋转周期（S）	4	3.96	0.04
脉冲发射重复周期（Hz）	300	304	4

测试结果比较接近雷达的标称值，且在允许的误差范围之内。能够对雷达天馈系统的关键指标进行正常测试。现场测试的雷达方向及状态如图 12 和 13 所示。

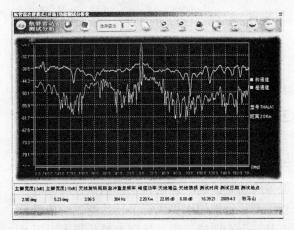

图 12 测试出的某雷达直角坐标下天线性能参数

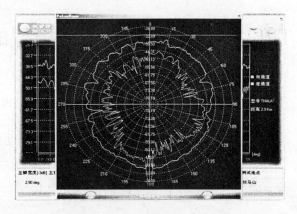

图 13 测试出的某雷达极坐标下天线性能参数

7 结语

本系统所实现的便携式航管雷达开场功能测试分析仪实现了便携式、小型化、智能化、低成本、高性价比的航管雷达测试分析设备，独有的抗混叠处理算法实现了多达 4 部雷达信号的分离，填补了国内相关产品的技术空白，降低雷达维护成本，提高维护效率，缩短雷达故障检测的时间，为民航系统航管雷达站的高密度本地监控维护提供了高性价比的解决方案。

参考文献

[1] 张宇. 单脉冲二次雷达接收机的研制. 电子科技大学硕士学位论文, 2005.3

[2] 何朝阳, 高金萍. 基于 PCI 总线的高速高精度实时数据采集系统[J]. 计算机测量与控制, 2003, 11（5）

[3] 朱芸. 模式 S 应答接收机数字处理系统设计. 电子科技大学硕士学位论文, 2006.4

[4] 张爱国, 肖文书, 张兴敢. 雷达接收机综合测试系统研究. 测试测量, 2003.11

[5] 张尉. 二次雷达原理. 北京:国防工业出版社, 2007

TPI、TMMI 基于成熟度模型的测试过程改进模型比较研究

周焕来　　高　翔

（电科科技大学电子科学技术研究院　成都　610054）

摘　要：本文介绍了在测试过程改进领域的两大主流模型测试过程改进模型（TPI）和测试成熟度模型集成（TMMI），并比较分析了两大模型的特点和异同，并给出了测试过程改进模型的选择建议。

关键词：测试过程改进；测试过程改进模型（TPI）；测试成熟度模型集成（TMMI）

Maturity Level based Software Testing Process Improvement Model Comparison between TPI and TMMI

ZHOU Huanlai　　GAO Xiang

（Research Institute of Electronic Science and Technology，University of Electronic Science and Technology of China, Chengdu, 610054）

Abstract：This article introduces the Test Process Improvement Model（TPI）and the Test Maturity Model Integration（TMMI），summaries the similarities and differences of the two main-steam software testing process improvement models. At the end, this article gives the author's personal opinions about how to choose a model to use in the software testing process improvement practices.

Keywords：Software Testing Process Improvement，Test Process Improvement Model（TPI），Test Maturity Model Integration （TMMI）

1 引言

随着信息科技的迅猛发展，计算机软件系统已经渗透到现代社会生活的方方面面，软件在带给我们极大的生活、生产便利的同时也给现代社会提出了新的课题，即：如何保证软件的质量，特别是软件已经广泛的应用与军事、医疗、通信、航空等重要而高度涉及安全的领域的时候，到目前为止通过软件测试对软件系统进行模拟验证仍然是阻止软件质量缺陷的最有效的、最直接的方法。

如今，软件测试已经从一个项目中的简单活动发展成了一个内容十分丰富、过程非常复杂的独立科学技术领域，测试理论、工具、技术层出不穷，发展日新月异，已经成为一个软件产业的关键课题。

软件测试过程在软件产业中的重要性要求我们不断的改进软件测试水平。当前在业界内同时存在着几个有影响力的测试过程改建模型，其中最重要的是 TPI、TMMI 两个模型，对这两个模型进行比较和分析，避免测试团队在选择使用测试过程改进模型时的举棋不定成

了产业的发展要求。

2 软测过程改进模型的概念

根据软件工程研究的成果：提供一个软件产品或服务的过程水平决定了这个软件产品或服务的质量。这一理论在软件测试领域即为：软件测试过程的水平决定了软件测试的质量，提升一个企业或组织的软测水平从根本上说是改进和提升这个企业或组织的软件测试过程水平，软件测试过程改进由此提出，即：

通过一系列的科学方法评估和发现软件测试过程的效率和性能瓶颈并加以改善的活动序列即为软件过程改进活动，软件测试过程改进活动所遵循的理论框架即为软件测试过程改进模型。

在测试过程改进模型领域最有影响力的两个模型为：

- 测试过程改进模型 TPI：The Test Process Improvement Model；
- 测试成熟度模型集成 TMMI：The Test Maturity Model Integration。

在讨论和评价一个企业或组织的测试过程

水平的时候，美国卡内基·梅隆大学软件工程研究所（SEI-CMU）在 CMM/CMMI（能力成熟度模型/能力成熟度模型集成）中提出的成熟度（Maturity Level）概念是分析和评价"过程水平"的事实工业标准。TPI 和 TMMI 都采用了成熟度概念，但是两个模型的成熟度模型结构和内容又有着显著的差异，我们将重点比较这两个模型中的成熟度模型及其内容的差异作为我们厘清两个模型选用标准的主线。

3　TPI、TMMI 模型介绍

3.1　MMI 模型介绍

TMMI（Test Maturity Model Integration）测试成熟度模型集成是由 TMMI 基金会开发的一个用于指导测试过程改进的框架模型，TMMI 受美国卡内基·梅隆大学软件工程研究所的用于改进整个开发过程的能力成熟度模型集成（SEI-CMMI）启发形成，并定位于对 SEI-CMMI 模型中描述不够充分的软件测试领域进行补充和丰富，TMMI 的目标是涵盖全部的软件质量活动。

TMMI 模型认为一个测试组织从混沌到优化需要经历初始阶段、已管理阶段、已定义阶段、已量化阶段、已优化阶段等 5 个过程成熟度等级，每一个过程成熟度等级都是一个测试组织的发展里程碑，并成为测试组织发展到下一个过程成熟度等级提供基础，从而形成了一套完整的指导测试组织提升测试过程水平的完整模型。

3.1.1　TMMI 的成熟度等级模型介绍

TMMI 的能力成熟度模型类似 CMMI，分为 5 个能力成熟度等级分别为：

- 等级 1　初始级；
- 等级 2　已管理；
- 等级 3　已定义；
- 等级 4　已量化；
- 等级 5　已优化，

每个能力成熟度等级由支撑这个等级的若干关键过程域（Process Area）构成，每个关键过程域指出了一系列的通用目标（Generic Goals）和特定目标（Specific Goals），而实现这些通用目标和特定目标的方式是通用实践（Generic Practices）和特定实践（Specific Practices），TMMI 的能力成熟度级别就由这些内容构成。如图 1 所示。

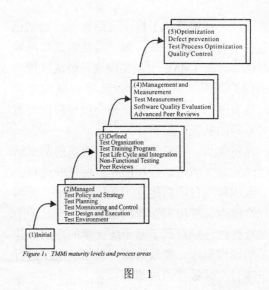

Figure 1：TMMi maturity levels and process areas

图　1

TMMI 的成熟度等级的内部结构如图 2 所示。

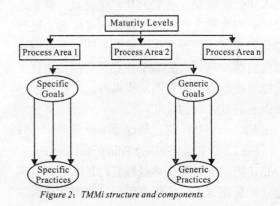

Figure 2：TMMi structure and components

图　2

3.1.2　TMMI 的 5 个成熟度等级介绍

初始级，TMMI 的初始级是测试团队的自然形态，测试过程是无序和混乱的。

已管理级，在 TMMI 的已管理级，测试过程开始变成一个可管理的过程，测试过程已经与程序调试清晰分离。测试计划已经制定，在计划中明确了测试方法以及什么样的测试活动应该展开，所有计划内容都已经得到了测试团队和管理层的认可。测试活动得到了适当的监控，以保证测试过程在日程压力的情况下得以推进。测试活动设计展开和执行，并建立了事前定义的测试环境。

已定义级，在 TMMI 已定义级测试过程不再是一个编码阶段的附属阶段，而是良好地集成到了整个项目开发生命周期中。测试计划已经在项目计划阶段就已经完成，标准测试过程已经在组织级别建立，并进行着持续的改进。独立的测试团队和对团队的培训模式已经形成。整个组织已经充分认识到了质量控制评审的重要性，评审贯穿了整个生命周期。测试已经包含了非功能性测试，如可用性测试和可靠性测试等。在 TMMI 已定义级别，测试过程将在不同的项目实例中保持一致即可以成功复制，显著区别于已管理级中每个项目实例会有很大差异的状况。

已量化级，在已量化级整个组织的测试活动已经是定义清晰、合理的并可度量的过程。整个组织和项目团队建立了量化的质量目标和过程性能指标并用来管理测试团队。产品质量和过程性能已经得到了基于统计学的理解，建立了组织度量库，度量数据用来帮助组织进行基于项目实际数据的决策。

已优化级，基于前面的 4 个能力成熟度级别的积累，已优化级的测试过程已经可以胜任成本和效率控制。在 TMMI 已优化级，整个组织能够应对通常的测试过程中的可变因素进行量化的理解，并在量化理解的基础上改善测试过程的性能瓶颈。在 TMMI 已优化级，测试组织能通过创新性的和不断积累的过程和技术革新改善测试过程的性能。

3.1.3　TMMI 的主要过程域介绍

测试方针和策略（Test Policy and Strategy），TMMI 测试方针和策略过程域的目标是开发和建立一套测试方针，建立组织级或者项目级的测试策略，并建立了测试性能度量元以度量测试性能。

测试计划（Test Planning），TMMI 测试计划过程域的目标是在已识别的风险、已定义的测试策略的基础上定义测试手段，并建立和维护一份合理的计划以指导测试活动。

测试监控（Test Monitoring and Control），TMMI 测试监控过程域的目标是保证测试活动按照计划进行并在出现于计划的偏差的时候采取适当的行动。

测试设计和执行（Test Design and Execution），TMMI 测试设计和执行过程域的目标是通过建立测试设计规约、有组织地执行测试活动来提高测试过程的能力。

测试环境（Test Environment），TMMI 测试环境过程域的目标是指导测试团队建立和维护一个充分、适当的测试环境，包括测试数据等保障测试活动以良好管理和可重复的方式执行。

测试组织（Test Organization），TMMI 测试组织过程域的目标是识别和组织一个高水平的测试团队，这个测试团队也同时负责组织测试过程的改进并负责收集测试过程资产。

测试培训（Test Training Program），TMMI 测试培训过程域的目标是建立测试培训体系以保障测试活动能被高效地执行。

测试生命周期和集成（Test Lifecycle and Integration），TMMI 测试生命周期和集成过程域的目标是建立和维护一套组织测试过程资产、工作环境标准，并整合测试周期到整个开发项目生命周期中。

非功能测试（Non-Functional Testing），TMMI 非功能测试过程域的目标是改善测试过程能力中的非功能测试部分，如可用性测试和可靠性测试等。

同行评审（Peer Reviews），TMMI 同行评审过程域的目标是确认工作制品满足规约需求并更早的排除选定的工作制品的缺陷。

3.2　TPI 模型介绍

TPI（The Test Process Improvement model）测试过程改进模型由 Koomen 和 Pol 于 1997 年创立。TPI 的理念是：测试过程非常重要，但具有很多的困难，在实践过程中充满了不确定性，需要提供一套用于分析一个组织测试过程强、弱项的评估框架，并能帮助指出改进活动。

3.2.1　TPI 成熟度模型的介绍

TPI 模型包含 3 个成熟度等级和 14 个级别，每个成熟度等级包含一定数量的级别，这些级别指明了那些关键域需要改进。

控制级，最初的 1～5 个级别的主要目标是使得测试过程可控。可控的测试过程必须具有阶段特性并与已定义的测试战略相吻合。规约技术被用于测试，缺陷报告和沟通得以执行，测试过程得到了管理。

效率级，第 6～10 之间的 5 个水平的主要目标是完成一个有效的测试过程。测试过程已经自动化、整合化并已经扎根于整合开发组织中。

优化级，最后 3 个级别的主要目标是优化测试过程。持续改进和优化成为组织文化的一部分。

3.2.2　TPI 关键过程域介绍

TPI 共有 20 个关键域，每个关键域都含有不同的等级，最低的等级为 A，最高的等级为 C，等级个数每个关键域都略有不同。这些关键域是：

测试策略，测试策略关注于用最小的成本尽可能多地检测那些最重要的缺陷，测试策略定义了用什么样的测试来发现那些质量风险。

生命周期模型，在测试过程中，一定数量的阶段被定义，如计划、准备、规格说明、执行、结尾等，每个阶段执行特定的活动，每个活动有相应的目标、输入、过程、输出等，构成了测试过程的生命周期。

参与点，测试通常是在软件开发完成后开发，然而更早的开始测试有利于更早的发现和以更小的成本排除缺陷。

估算和计划，测试计划和测试估算指明了那些工作应该被开展已经需要的相关资源情况。

测试规格技术，测试规格技术是指通过输出信息获取测试案例的标准化方法，使用测试规格技术能够更深入地进行测试以保障质量，同时能提高测试的可复用程度。

静态测试技术，静态测试技术是指不通过运行程序就能检查产品的方法，检查单是主要的可用方法。

度量元，度量元是数据化的产品和过程的特性。度量元是重要的跟踪测试过程和质量进展的手段，用于控制测试过程、比较不同的测试过程效率等。

测试工具，测试工具是指自动化测试工具，自动化测试工具意味着更短的周期和更大的测试，灵活性也更高效。

测试环境，测试执行所需的全面环境，包括：硬件、软件、通信工具、设备仪器已经相关的文件和数据库系统。测试环境极大地影响着测试的质量、测试过程的成本。

办公环境，测试人员的办公室、办公设备和电脑等。办公环境也是影响测试效率的一个重要方面，良好的办公环境能给测试团队带来良好的热情。

职责和热情，测试团队的职责和热情是良好的测试过程的保证，不仅一般的测试人员的职责和热情应该得到保证，管理层也同样如此。

测试职能和培训，在一个测试过程中，团队组合非常重要，一个适当整合了不同经验、知识、背景、风格、技巧的团队是非常必要的。同时，培训对组建这样一个团队也非常关键。

方法论范围，对每一个测试过程而言，一定的方式方法需要引入，包括：活动、规程、守则、技术等。必须在组织内使用一套能够适用于全部状况的方式方法，应对每种情况而不用重复考虑同样的情况。

沟通，在每个测试过程中，沟通是最重要的内容。沟通形式对一个平滑的测试过程来说非常关键，它不仅能够创造良好的测试条件、改善测试策略，而且还能够帮助提高进度和测试质量。

汇报，汇报的目标是提供给客户或者是开发团队理由充分的建议。

缺陷管理，缺陷在整个生命周期内必须得到良好的管理，以支持对质量趋势的分析得出合理的质量改进建议。

测试进程管理，整个测试进程中的各个环节都应该很好地进行维护和复用，所有要进行的管理，包括：测试计划、规约、数据库、各种文件等，如果不进行良好的管理，测试可能因为错误的版本等因素完全失败。

测试过程管理，控制每个活动和每个过程的四个方面非常根本：计划、执行、监控和调整。这些方面必须在每个活动中定义如何实现和评估。

评估，评估是指评价中间制品如需求和功能设计等，评估的好处是缺陷可以被更早地发现和排除，这样可以大大节约时间和成本。

低级别测试，众所周知低级别测试主要是指单元测试和集成测试，程序员是低级别测试的主要人员。低级别测试通常效率较高，因为不需要过多的沟通，而且，缺陷的发现者和缺陷的产生者是同一个人，因而缺陷修正效率很高。

4　比较与结论

4.1　TPI 模型与 TMMI 模型的比较

4.1.1　模型总体比较

两个模型都有同样的目的，TPI 和 TMMI 都是通过对过程域当前实践状态的识别来找到改善测试过程的方向。TPI 成熟度模型分为 3 级，TMMI 分为 5 级。TPI 成熟度的级别不像 TMMI 采用某种理论逻辑组织这些等级，TPI 比 TMMI 包含了更多的关键过程域，并且过程域并不限定在固定的等级。

4.1.2　关键过程域的比较

TPI 中的测试策略（Test Strategy）对应的 TMMI 过程域为测试计划（Test Planning ）和测试生命周期和集成（Test Lifecycle and

Integration），其主要异同是：（1）测试策略在 TMMI 中属于测试计划的一部分。（2）TPI 通过测试类型（白盒、黑盒等）更深入地描述了测试策略。

TPI 中的生命周期模型（Life-cycle model）对应的 TMMI 过程域为测试计划（Test Planning），两者的主要异同是：（1）两个模型都表示测试必须进行计划。（2）TPI 比 TMMI 有更清晰的阶段，如计划、规约、执行和收尾。规约阶段在 TMMI 中更像是计划的一部分。

TPI 中测试介入点（Moment of involvement）对应的 TMMI 过程域为测试生命周期和集成（Test Lifecycle and Integration），两者的主要异同是：（1）两个模型都认为测试应在软件开发生命周期中尽可能早地执行。（2）TPI 中关键过程域的级别越高测试介入开发生命周期的阶段越早。（3）TMMI 采用 V 模型，测试贯穿整个软件开发生命周期。

TPI 中测试估算和计划（Estimating and planning）对应的 TMMI 过程域为测试计划（Test Planning），两者的主要异同是：（1）两个模型都讨论了计划活动。（2）TMMI 中的测试计划谈到了非常广阔的范围，包括目标、风险分析、测试策略等。3）TPI 中的估算和计划主要关注与（人力）资源的分配。

TPI 中测试规约技术（Test specification techniques）对应的 TMMI 过程域测试计划（Test Planning），两者的主要异同是：（1）两个模型都阐述了测试案例需要被指明。（2）TMMI 强调测试计划方针必须被标识，TPI 则描述了更多的测试规约技术的更多细节。

TPI 中度量元（Metrics）对应的 TMMI 过程域为测试度量（Test Measurement），两者的主要异同是：（1）TPI 中项目、过程、系统、组织等测试度量元被详细地进行了规定。（2）TMMI 并未详细规定度量元而是认为度量元只是过程的一个方面，TMMI 重视开发度量元的过程。

TPI 中测试环境（Test environment）对应的 TMMI 过程域为测试环境（Test Environment），两者的主要异同是：（1）两个模型都描述了测试环境的建立对测试性能的重要性。（2）TPI 给出了更多的测试环境建立的细节。（3）TMMI 则更强调分析和有序地建立项目所需的测试环境。

TPI 中测试职能和培训（Testing functions and training）对应的 TMMI 过程域为测试组织（Test Organization）和测试培训（Test Training Program），两者的主要异同是：（1）两个模型都描述了任务和职责需要被分配。（2）TPI 更深入地描述了一些测试职能。（3）TMMI 则更深入的描述了培训，培训目标和培训计划应被指定，而 TPI 则只谈到测试人员应具备适当的教育经历。

TPI 中方法论的范围（Scope of Methodology）对应的 TMMI 过程域为通用目标测试管理过程制度（Institutionalize a Managed Process）。两者的主要异同是：（1）两个模型都阐述了方法，如规程和技巧应被采用。（2）TMMI 中规程过程必须尽快在组织级建立项目级使用。（3）TPI 中则允许指定项目级规程。

TPI 中沟通（Communication）对应的 TMMI 过程域测试组织（Test Organization）和测试计划（Test Planning），两者的主要异同是：（1）TMMI 中组织应负责建立沟通渠道。（2）TPI 中描述了更多沟通的细节并被认为是计划中的一部分。

TPI 中测试过程管理（Test process Management）对应的 TMMI 过程域为测试计划（Test Planning）测试监控（Test Monitor and Control）。两者的主要异同是：（1）大多数活动在两个模型中是相同的。（2）TPI 区别出了测试部门和组织级的纠正偏差活动，而 TMMI 没有。

TPI 中评估（Evaluation）对应的 TMMI 过程域为同行评审（Peer Review），两者的主要异同是：（1）两个模型都认为评审应在开发生命周期的早期开展。（2）TPI 指出了通过风险分析来选择应该评估的关键工作制品。

4.1.3 小结

TPI 和 TMMI 两个模型有着显著的差别，TPI 的能力成熟度模型不基于任何科学研究或理论框架，TMMI 则采用 Gelperin and Hetzel's 模型作为基础。TPI 的关键过程域是跨能力成熟度等级的，而 TMMI 的关键过程域被限定在固定的能力成熟度级别。

另外，TMMI 没有独立描述以下 TPI 过程域办公环境、汇报、缺陷管理、测试进程管理、低级别测试。

4.2 总体结论和建议

4.2.1 结论

通过前述的模型内容的介绍和比较分析，

我们看出两个模型都是基于成熟度模型的测试改进模型,都具备评估、评价组织当前实践水平的能力,并能在评估、评价的基础上指出改善建议,但是两个模型也有着明显的差异或特点,主要有:

第一,TMMI 是一个在整体上更容易理解和操作的测试过程改进模型,也是两个模型中唯一将关键过程域限定在固定的能力成熟度级别上的模型,这样的模型结构明确了一个组织在整体上达到一定成熟度级别的明确条件,显得清晰明确,对从一个混沌的测试组织向高成熟度级别改进的组织来说更易于理解。

第二,TMMI 是唯一明确了与整个开发过程改进模型整合方法的模型,TMMI 开宗明义的指明了 TMMI 与 CMMI 的关系为补充和完善,TMMI 可以很好地和 CMMI 整合,这样就在全部两个模型中独特地指明了测试过程与开发过程的整合方法。本文认为这一特点具有非常关键的现实意义,在软件行业实践中我们都能体会到测试过程是整个项目开发过程中的一个相对独立的领域,但是与开发过程实际上是密不可分的,应该将测试过程与开发过程一起考虑过程改进的路径才能取得较好的过程改进效果。

第三,TPI 具有丰富的关键域指导价值,TPI 的关注点与 TMMI 比较更多地关注了项目细节,他们对测试类型(白盒、黑盒等)以及如何制定测试案例等项目细节给出了更细致的信息,对一个技术水平不高的测试团队来说更具有实用价值。

4.2.2 测试过程改进模型选择建议

当测试团队与开发团队有紧密联系时,应选择 TMMI 作为测试过程改进模型。如前所述,开发过程和测试过程的改进是整个项目和组织过程改进的组成部分,如果测试部门是一个开发部门的独立子单元的话,在选择测试过程改进模型时应选择 TMMI 以便于与整个组织的过程改进整合。

当测试团队的 TMMI 成熟度水平较高时整合建议 TPI 模型;反之,则不建议。TMMI 更多关注了整个组织的改进,更适于建立测试组织的组织级的过程改进文化,在建立了适当的过程改进文化后来采用 TPI 的更多的 TMMI。没有涉及到的关键过程域将能很好地发挥各个模型的优势,建立一个理想的测试组织。反过来操作的话,会因为组织过程障碍而影响测试过程改进的效果,至少会增加过程改进的难度。

在独立运营的测试团队中可以将 TPI 作为过程改进的初选模型。在独立运营的测试团队中可以将 TPI 作为优选,TPI 更多地关注了测试实践的技术部分,区别于 TMMI 关注的组织文化部分,所以可以将 TPI 作为测试过程改进的第一阶段使用,在碰到组织过程改进文化方面的障碍时引入 TMMI 加以解决。

参考文献

[1] Gelperin, D., Hetzel, B., The growth of software testing. Communications of the Association of Computing Machinery31, 1988.

[2] I. Burnstein, Practical Software Testing, Springer Professional Computing, 2002

[3] ISO 9000 Quality Management Systems – Fundamentals and Vocabulary, International Organization of Standardization, 2005

[4] 何新贵,王纬. 软件能力成熟度模型. 北京:清华大学出版社,2001

An improved fingerprint segmentation algorithm based on statistic characteristics and gradient

LIU Yongxia　　QI Jin

（Electrical Engineering Department University of Electronic and Science Technology of China, Chengdou, 610054）

Abstract：Fingerprint image segmentation is a very significant step in the processing of automatic fingerprint recognition system, abbreviation-AFIS. Good fingerprint segmentation can perfectly extract foreground region and remove background region. The foreground is the component that originates from the contact of a fingertip with the sensor. The noisy area is called the background. Fingerprint images with different qualities and levels can be segmented successfully by statistic characteristics and gradient methods in this paper. A great many of fingerprint images in FVC2002 have been experimented, and the results show that our algorithm is practical and robust for the fingerprint images which have different qualities.

Keywords：segmentation；statistic characteristics；gradient；fingerprint image

1　Introduction

Fingerprint images never change of human life span and the uniqueness of each individual finger are the foundation of fingerprint identification, which is very popular among the biometric security systems for its characteristic [1]. The fingerprint images preprocessing could be divided into some parts：Segmentation, orientation, image enhancement, binaryzation, thining, the post-processing, minutiae feature extraction, matching and verification [2]. The quality of fingerprint image has a crucial effect in a successful matching process. Usually, segmentation, as a significant processing of fingerprint image preprocessing, can reduce size of fingerprint image. The main purpose of the fingerprint segmentation is to divide the fingerprint image into non-fingerprint context region and effective fingerprint region, so it can make post-processing focused on the effective region [1].

Up to now, there are several segmentation algorithms in the literature. The paper [3] adapts the different phase response of ridges and valleys to extract foreground in the fingerprint image on the basis of Gabor filter bank. This method is more complicated than the method in our paper. the paper [4] introduce the method that makes fully use of the gradient coherence, gray value mean and variance to complete the segmentation.

In the paper [5], the average gradient, which is expected to be high in the foreground and low in the background, on each block is computed. The method described in the paper [6], which is based on the relation between mean and variance in each block, is to gain the segmentation of the fingerprint image.

2　Statistic characteristics information segmentation method

Through the observation and analysis of lots of different fingerprint images, we can learn that fingerprint image consists of the following four regions：

（1）Foreground regions of fingerprint images；

（2）Background regions of fingerprint images；

（3）The regions with noise can be restored；

（4）The regions cannot be restored；

According to the statistical characteristics of fingerprint image information, gray scale mean of fingerprint prospect region is much lower than contexts but fingerprint prospects region variance is just the opposite. Besides, noise areas have no regularity [6]. As a result, we can use these characteristics of fingerprint image to achieve the preliminary segmentation.

To fingerprint images, prospect regions for characteristics of fingerprint images are basically the same. Background region contains high gray-scale and low gray-scale regions （see Fig.1）, so we adapt different segmentation principles and criterions considering the situation of contexts. However, fingerprint of each type has its own characteristics. Because of this, the processing is more flexible.

Fig 1 fingerprint images

The statistic characteristics of the fingerprint images are to calculate the gray value mean and variance [1]. As a result of the analysis, the gray-scale mean and variance of the entire fingerprint image can be computed by equations （1） and （2） as follows:

$$mean\_I = \frac{1}{col \times row}\sum_{i=1}^{col}\sum_{j=1}^{row} I(i,j) \qquad (1)$$

$$var\_I = \frac{1}{col \times row}\sum_{i=1}^{col}\sum_{j=1}^{row}(I(i,j) - mean\_I)^2 \quad (2)$$

Where, $I(i,j)$ is supposed the gray-scale of each point (i,j) in the image, *col* and *row* as the size of image. *mean_I* and *var_I* are the mean and variance of the fingerprint image.

The fingerprint images of different types are normalized after processing. The processed fingerprint image reduces the change of the ridge and valley intensity and remains the same for the minutiae. Supposing expectation value of gray value *mean_ex* and variance *var_ex*, the normalized image 1 can be calculated as the formula （3）:

$$I(i,j)=\begin{cases} mean\_ex + \sqrt{\dfrac{var\_ex \times (I(i,j)-mean\_I)^2}{var\_I}}, & if\ I(i,j) \ge mean\_I \\ mean\_ex + \sqrt{\dfrac{var\_ex \times (I(i,j)-mean\_I)^2}{var\_I}}, & others \end{cases} \qquad (3)$$

Now, the types of fingerprint images mentioned above （Fig.1） are normalized as follows （in Fig. 2）.

Fig 2 normalized fingerprint images

For more accurately segmentation results, the fingerprint image is segmented into $w \times w$ blocks using the normalized fingerprint image. Each block's mean formula and block's variance formula （see equation （4）） can be obtained through the similar calculation with the image's overall mean and variance.

$$mean\_block(k,l) = \frac{1}{block\_col \times block\_row}\sum_{i=1}^{block\_col}\sum_{j=1}^{block\_row} I'(i,j) \ (4)$$

$$var\_block(k,l) = \frac{1}{block\_col \times block\_row}\sum_{i=1}^{block\_col}\sum_{j=1}^{block\_row}(I'(i,j) - mean\_block(k,l))^2 \quad (5)$$

Where, the size of each block of the fingerprint images is $block\_col \times block\_row$, the *k*th line and *l*th of image block mean and variance are defined as *mean_block* and *var_block*.

On the foundation of *mean_block* and *var_block*, the image can be divided into the foreground area and the background area, and moreover, segmentation of background gray value is set to the value 0. From the above formula（4）and（5）, know that standard deviation is positive. Here, we use the ratio of standard deviation and the mean to set the threshold [6][9], as the equation （6）.

$$th\_block(i,j) = \sqrt{var\_I'(i,j)\big/(mean\_I'(i,j))^2} \ (6)$$

The preliminary segmentation is shown in the figure3. And moreover, this result does not meet our requirements.

Fig 3 the preliminary segmentation

In the figure 3, several small blocks which are isolated still remain in the fingerprint images. So considering the structure of these images, the operation can be improved by following methods.

A block of the image can be implemented using convolution mask:

1	1
1	1

The boundaries of image block are not handled after convolution mask processing, so we should deal with the boundary image block. If the convolution module results have two or more in the foreground block, and meanwhile itself is background block, this block is set in the foreground. Otherwise if the results are in less than two prospects and it is foreground, set it as the background. Other pieces in fingerprint image, as the convolution module value exist six or more in the foreground and itself is context, define it as foreground block. Similarly, if the result of module is in less than three prospects and itself is prospect, set it as background. The processed images are shown in the Fig. 4.

Fig 4 the next（further） processing based on the fig3

3 The simplified gradient vector segmentation

Gradient segmentation method of Fingerprint images is often used to obtain the orientation of fingerprint to enhance image contrast [7]. The gradient characteristics not only show the contrast but also reflect the structure of ridge and valley. The fingerprint images gradient can be getting easily without considering any prior information except for the gray-scale value of fingerprint image. In addition, the simplified gradient vector needs not to calculate direction of the gradient, only need the magnitude of gradient [8]. It can be obtained by the formula（7）.

$$grad\_I(i,j) = |I(i-1,j) - I(i+1,j)| + |I(i,j+1) - I(i,j-1)| \quad (7)$$

Where, the original image 1, *grad_I* is defined as the gradient of image.

The threshold value can be determined by the sum of each block. With the assistant of it, the result of segmentation is showed in the Fig.5. From the fingerprint, only using the gradient method often engendered over-segmentation for fingerprint images, obviously. So we can provide another way to achieve better effect. The detail will be introduced in the part 4. Other processing of fingerprint images are the same with the statistic characteristic method.

Fig 5 another segmentation method by the simplified gradient of fingerprint image

4 Describe our Algorithm in detail and analyze the result

Now we known that the way described above are both effective. In summary, our segmentation algorithm can be stated as follows：

（1）The size of the fingerprint *I* is *col×row*. Then calculating the mean and variance of the fingerprint image（*mean_I* and *var_I*）by the equations （1）and（2）.

（2）Normalize the original image（*set as I'*）according to the equation（3）. Set the *mean_ex* and *var_ex* as $0.8 \times mean\_I$ and $0.8 \times var\_I$ of the fingerprint images.

（3）Divide the original fingerprint image into non-overlapping blocks with size of *w×w*, in our paper, here *w*=12. Compute each block's mean and variance *block_mean* and *block_var* with the use of formulas（4）and（5）. And gain the threshold *th_block* by the equation（6）, if *th_block* is less than designed thresthod *th_block*, mark this block as the prospect region, otherwise set it as context region. Prospect area and context area marked 1 and 0, respectively.

（4）Calculate the gradient value of the whole fingerprint image 1 based on the formula

（7）. Then count the sum of the gradient value about each block, *sum_block*.

（5）based the *sum_block* value, set the maximum of *sum_block* the for *max_block*, if the condition *sum_block* ≥ 0.3 × *max_block* satisfied, this block area is believed to be the prospect area.

Following the introduced ways, the segmented fingerprint can be obtained. In order to compare the partition results to different fingerprint images, they are shown in Fig.6. our method is successful.

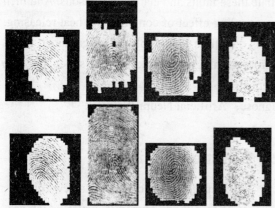

Fig 6 （a）~ （d）: different fingerprint images； the first line and second line are segmented by the common gradient and our method respectively

5 Conclusions

In the paper, we use the fingerprint images in FVC2002 to test our algorithm. Four databases have been collected by using three commercially available scanners. The fourth databased was synthetically generated by using SFinGE software [10]. The size of fingerprint image in the four databases is different. Otherwise DB1, DB2 and DB4 are 500dpi, DB2 is 569dpi. In order to verify the robustness and practicability of our method, we carry out experiments on fingerprint images of various levels. Our method adapts easier calculation such as the statistic characteristic and the first derivative of fingerprint image. From the Fig.6, the segmentation of fingerprint images is successful. The backgrounds have been removed and the foregrounds have been reserved. the boundaries of the fingerprint images is smooth and accurately. The condition of over-segmentation is often found in

the general gradient segmentation （such as （b）and （c）of in the Fig.6）, and meanwhile our method strip away the deficiency. There are many advantages of our method：（1）our method is much less susceptible to various backgrounds of the fingerprint images；（2）the operation is simply and the effect is receivable；（3）the region contour of fingerprint foreground is very smooth and accurate.

6 Reference

[1] D. Maltoni, D. Maio, A. K. Jain, and S. Prabhaker. Handbook of Fingerprint Recognition, Springer, London, 2009

[2] LI Hao, FU Xi. Visual C++ Algorithm and Implementation of Fingerprint Pattern Recognition System, posts & telecom press, Dec 2008, 60 ~ 66

[3] S. Bernard and N. Boujemaa. Fingerprint segmentation using the phase of multiscale Gabor wavelets. IEEE Asian Conference on Computer Vision, January 2002

[4] A. M. Asker and H. G. Sabih. Segmentation of fingerprint images. Proc. ProRisc 2001 Workshop on Circuits, Systems and Signal Processing, November 2001, 276 ~ 280

[5] Dario Maio and Davide Maltoni, Direct gray-scale minutiae detection in fingerprints, IEEE Trans. On Pattern Analysis and Machine Intelligence, vol. 1999. 27 ~ 40

[6] GAN Shukum, OU Zongying and WEI Honglei. The pre-processing algorithm for segmentation of fingerprint image based on gray level statistics. Journal of jilin institute of chemical technology, 2006, 23（1）: 68 ~ 71

[7] R. C. Gonzalez and R. E. Woods. Digital Image Processing, Second Edition, Prentice Hall, 2007

[8] YU Chengpu, XIE Mei, QI Jin. An Effective Algorithm for Low Quality Fingerprint Segmentation. IEEE 3rd International Conference on Intelligent System and Knowledge Engineering. 2008. 1081 ~ 1085

[9] N. Otsu. A threshold selection method from gray level histogram. IEEE Transactions on Systems, Man and Cybernetics, 1979, 9（1）: 62-66

[10] Fingerprint Verification Contest 2004, FVC2004: Available at （http://bias.csr.unibo.it/fvc2002/）

Fault detection and diagnosis of screw chiller with ANN*

CHUAN He(串禾) [1]   ZHANG Yu(张瑜) [2]   ZHENG Jie(郑洁) [2,3]

([1] Faculty of Electrical Engineering Chongqing University，Chongqing 400045；

[2] Faculty of Urban Construction and Environmental Engineering Chongqing University，Chongqing 400045

[3] The Key Laboratory of Three Gorges Reservoir Area of Chinese Education Ministry，400045）

Abstract: Based on the previous research about FDD, an experiment is presented. It simulated eight faults, including: the change of the flow rate of chilled water, cooling water and refrigerant； the addition of non-condense gas； the shift of cooling water temperature and the alteration of external cold load. Also a set of characteristic parameters were defined to differentiate these faults and clarify the reasons. And then a detection model based on ANN was initially set up. The coupling effect of compression, heat releasing, throttling and heat absorption were considered in the models. Finally a FDD tool was programmed based on ANN with the experiment results. It was formulated from training stylebook and test stylebook. The application of it proved that the network was good and practical.

Keywords: water cooling chiller of screw； fault diagnose； Artificial Neural Network

1 Introduction

Artificial neural network（ANN） is to form neural networks artificially for the implementation of some functions basing on the knowledge of neural network of human brain. It has powerful functions to store and process informations. So it is widely used in the fields of control and mode identifying[1-2]. Due to the complexity of HVAC, it is difficult to apply a single fault detection and diagnosis （FDD） method. Therefor the IEA annex25 defines a number of reference models, such as air handling units, heating systems, chillers, heat pumps, etc. Accordingly ANN is mostly used in forecasting [3]and fault diagnosis in HVAC. The reference[4-9] have done some research on FDD in air-conditioning system, but this article focuses on the research of FDD in refrigeration system. The FDD strategy need not detect the steady state of the system and can work at different running modes. As a result the time of FDD is reduced. So this paper is for the purpose of using ANN to diagnose the faults normally happening in the refrigeration systems and doing some researches on the fault diagnosis of screw chiller.

2 Detection mechanism

The refrigerating cycle of screw chiller consists of four thermodynamic cycles which are compression, heat releasing, throttling and heat absorption. The change of one or some parameters will lead to the shift of many other parameters[10-13].

The eight faults simulated in this paper are the decrease or increase of the cooling water flow rate； the decrease or increase of chilled water flow rate； the addition of non-condensable gas； the decrease of cooling load； the water temperature entering of the condenser is superhigh and the decrease of the refrigerant flow[14-20].

3 Experiment scheme and devices

3.1 Experiment Scheme

By the theoretical analysis, the external parameters' change is caused by the shift of the interior parameters （such as: evaporation temperature, condensing temperature, the cooling water temperature leaving and entering the condenser）. Therefore, some interior parameters could be selected as the characteristics parameters of the faults.

In order to understand the actual operation and judge the potential failures, several necessary physical points were set for measurement[21-22]. The location and name of the measuring point are shown in Figure 1.

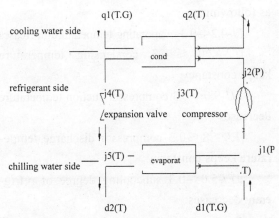

In the figure: q—cooling water side; d—chilled water side; j—refrigerant; P—pressure side; T—temperature measuring point; G— flux measuring point

Fig.1　The measuring position and parameters

3.2　Experiment Devices

There are a single-screw chiller, a chilled water pump, a cooling water pump, two electrostatic precipitators, a water separator and a water collector in the refrigeration machinery room. And all the operation parameters are set as constants. The chilled water temperature leaving the water chiller and entering the coil is 12℃, the off-coil temperature is 7℃, and inlet temperature of cooling water is 32 ℃. The performance parameters of the two pumps are: Lift （32m water column）; Rated flow （100 m³/h）; Power supply （3Φ-380 V-50 Hz）; Input power （15 kW）.

4　Results analysis

4.1　The cooling water flux decreasing

With the decrease of the cooling water flux, the experiment results are shown in the figure 2. Considering the errors, the evaporating temperature and the compressor's suction temperature do not change when the cooling water flux changes; the condensing temperature, the compressor's discharge temperature and the subcooling degree of refrigerant increase as the cooling water flux decreasing. The principle for predicting this fault is concluded as following:

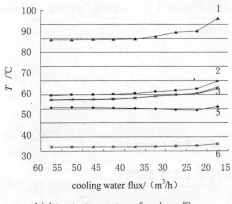

1 inlet water temperature of condenser℃

2 condensing temperature℃

3 temperature of outlet cooling water℃

4 outlet water temperature of condenser℃

5 temperature of inlet cooling water℃

Fig.2　The curve of the system parameter with flux of cooling water decreasing

$|T1\text{-}4.2|\leqslant0.3$ Evaporating temperature keeps constancy

$T2\text{-}42.0>0.3$ Condensing temperature increasing

$|TJ1\text{-}9.0|\leqslant0.3$ Compressor's suction temperature keeps constancy

$TJ2\text{-}78>0.3$ Compressor's discharge temperature increasing

$\varDelta TJ\text{-}5.0>0.3$ Subcooling Degree of refrigerant increasing

Attention: all of the units in the 4.1 to 4.8 are℃.

4.2　The cooling water flux increasing

We controled the regulating valve of the pipe to increase the cooling water flux. The experiment results are shown as figure 3. It shews that the evaporating temperature does not change when the cooling water flux changes.

The principle for predicting this fault is concluded as following:

$|T1\text{-}4.2|\leqslant0.3$ Evaporating temperature keeps constancy

$T2\text{-}42.0<\text{-}0.3$ Condensing temperature decreasing.

$|TJ1\text{-}9.0|\leqslant0.3$ Compressor's suction temperature keep constancy

$TJ2\text{-}78<\text{-}0.3$ Compressor discharge temperature decreases

ΔTJ-5.0<−0.3 Sub-cooling degree refrigerant decreasing.

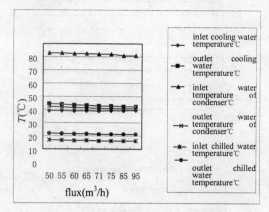

Fig.3　The curve of the system parameter with flux of cooling water increasing

4.3　The chilled water flux increasing

As we can see from figure 4, when the chilled water flux is increasing, the power of compressor increases; the parameters of cooling water almost keep constancy; evaporating temperature increases; condensing temperature almost keeps constancy; compressor suction temperature increases.

The principles for predicting this fault are concluded as following:

$T1$-4.2>0.3 evaporating temperature increases

$|T2$-42.0$|$≤0.3 condensing temperature keep constancy

$TJ1$-9.0>0.3 compressor suction temperature increases

$|TJ2$-78$|$≤0.3 compressor discharge temperature keeps constancy

ΔTJ-5.0>0.3 subcooling degree of refrigerant increases

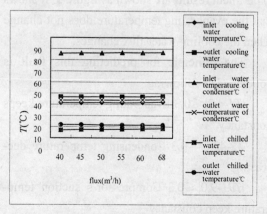

Fig. 4　The curve of the system parameter with flux of chilled water increasing

4.4　The chilled water flux decreasing

According to the changes of the parameters, the principles for predicting this fault are shown as following:

$T1$-4.2<−0.3 evaporating temperature decreases

$|T2$-42.0$|$ ≤ 0.3 condensing temperature keeps constancy

$TJ1$-9.0<−0.3 compressor suction temperature decreases

$|TJ2$-78$|$≤0.3 compressor discharge temperature keeps constancy

ΔTJ-5.0<−0.3 subcooling degree of refrigerant decreases

4.5　Addition of non-condensable gas

The principle for predicting this fault is shown as following:

$T1$-4.2>0.3 evaporating temperature increases

$T2$-42.0>0.3 condensing temperature increases

$TJ1$-9.0>0.3 compressor suction temperature increases

$TJ2$-78>0.3 compressor discharge temperature increases

ΔTJ-5.0>0.3 subcooling degree of refrigerant increases

4.6　The exterior cooling load decreasing

According to the changes of the parameters, the principles for predicting this fault are shown as following:

$T1$-4.2<−0.3 evaporating temperature decreases

$T2$-42.0<−0.3 condensing temperature decreases

$TJ1$-9.0<−0.3 compressor suction temperature decreases

$|TJ2$-78$|$≤0.3 compressor discharge temperature keeps constancy

$|\Delta TJ$-5.0$|$≤0.3 subcooling degree of refrigerant keeps constancy.

4.7　The temperature of inlet water exceeded

When the temperature of inlet water is exceeded, the principles for predicting this fault are shown as following:

T1-4.2>0.3 evaporating temperature increases

T2-42.0>0.3 condensing temperature increases

TJ1-9.0<-0.3 compressor suction temperature decreases

TJ2-78>0.3 compressor discharge temperature increases

ΔTJ-5.0>0.3 subcooling degree of refrigerant increases

4.8　The refrigerant flux decreasing

The principles for predicting this fault are shown as following:

T1-4.2<-0.3 evaporating temperature decreases

T2-42.0<-0.3 condensing temperature decreases

TJ1-9.0>0.3 compressor suction temperature increases

TJ2-78>0.3 compressor discharge temperature increases

ΔTJ-5.0>0.3 subcooling degree of refrigerant increases[23].

5　The application of artifical neural network on the fault diagnosis of screw chiller

Artificial neural network has integrated many advantages of the biology neural network. And it has some inherent characteristics, such as: able to work on two or more tasks at the same time; highly nonlinear overall function; able to memorize and correct errors and associate thoughts; able to adapt and learn by itself.

5.1　The model of artificial neural network on the fault diagnosis of screw chiller

By the experimental results, we can see that when each fault occured, the five characteristic parameters had different change values. They are shown in table 1. Therefore, we can choose the different change of the characteristics parameters to represent the different fault. So the ANN is introduced to deal with the different changes of characteristics parameters. And the model of artificial neural network on the fault diagnosis of screw chiller is as figure 5.

Table 1 the internal relationship between fault and characteristic parameters

	ET	CT	CST	CDT	S-BDR
the cooling water flux decreasing	=	+	=	+	+
the cooling water flux increasing	=	-	=	-	-
The chilled water flux increasing	+	=	+	=	+
the chilled water flux decreasing	-	=	-	=	-
the addition of non-condensable gas	+	+	+	+	+
the exterior cooling load decreasing	-	-	-	=	=
the temperature of inlet water exceeded	+	+	-	+	+
the refrigerant flux decreasing	-	-	+	+	+

In the figure : ET—evaporating temperature; CT—condensing temperature ; CST—compressor suction temperature ; CDT—compressor discharge temperature ; S-CDR—subcooling degree of refrigerant; '+'— increase; '='— constant; '-'— decrease.

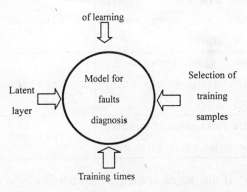

Fig. 5　Establishment of faults diagnosis model

According to the network trained, the program of faults diagnosis can be obtained.

5.2　Prediction example

Input the data collected from the chiller when it0 is operating to the program of faults diagnosis, as table 2 and table 3.

Table 2　experimental validation

Input	Fault Type
13.1, 8.2, 34.1, 39.2, 16.44, 5.38, 78.8, 36.6, 8.8, 78.1, 4.7	normal
12.7, 7.7, 30.8, 36.2, 5.3, 14.6, 75.7, 33.9, 8.5, 4.6, 4.4	normal
12.4, 7.5, 33.4, 38.3, 15.66, 5.66, 78.1, 36.0, 8.4, 77.6, 4.4	normal
10.8, 6.3, 33.6, 38.4, 16.15, 5.10, 78.5, 36.0, 6.4, 77.9, 4.3	non-condensable gas
12.3, 7.6, 33.9, 38.8, 16.35, 5.30, 78.7, 36.3, 8.3, 78.1, 4.5	non-condensable gas
12.7, 7.9, 32.8, 37.6, 17.71, 5.34, 81.7, 35.3, 7.6, 79.9, 4.7	Cooling water flux is too small
12.9, 8.3, 32.7, 37.6, 20.55, 5.53, 95.3, 37.0, 10.3, 93.5, 4.0	Cooling water flux is too small

Table 3 comparison between output of network and experiment results

Output of network	Experiment results
0.0081, 0.0201, 0.0640, 0.2256, 0.0170, 0.0358, 0.0492, 0.0447, 0.0492, -0.0447	00000000
0.0041, 0.1036, 0.0036, 0.0645, 0.1314, 0.0592, 0.0645, 0.0394, 0.0645, 0.0394	00000000
0.0197, 0.1527, 0.0497, 0.1946, 0.0581, 0.1850, 0.0661, 0.0088, 0.0661, 0.0088	00000000
0.0107, **0.9909**, 0.0031, 0.0248, 0.0348, 0.0124, 0.0301, 0.0265, 0.0301, 0.0265	01000000
0.0150, **0.9966**, 0.0372, 0.0481, 0.0301, 0.0939, 0.0108, 0.0097, 0.0108, 0.0097	01000000
0.0485, 0.1916, **0.9179**, 0.0159, 0.0629, 0.0231, 0.0721, 0.1625, 0.0721, 0.1625	00010000
0.0270, 0.0243, **0.9966**, 0.0104, 0.0121, 0.0067 0.1134, 0.0221, 0.1134, 0.0221	00010000

If the output is bigger than 0.9, the type of fault can be predicted. The performance of network needs to be tested by a large amount of samples. In this paper, the network has been tested by the data obtained from 100 faults experiments, and the output of the network is close to the experiments. The conditions for predicting the faults have been met. So it is proved that the performance of the network is good[24].

6 Conclusion

From the experiment, it can be obtained that the change of one or some parameters will lead to the shift of many other parameters. Then five interior parameters （evaporating temperature, condensing temperature, compressor suction temperature, compressor discharge temperature, subcooling degree of refrigerant） were chosen as the characteristic parameters, and a model of fault detection and diagnosis of screw chiller based on ANN was set up. The application of it

proved that the performance of the network is good and it is practical.

Acknowledgements

This work was supported by the national science foundation （No.50678179）.

References

[1] LI Xiaoming, Hossein Vaezi-Nejad Ph.D., Jean- Christophe Visier Ph.D. Development of a Fault Diagnosis Method for Heating System Using Neural Networks[J]. ASHARE Transactions, 102,1996（Ⅰ）：607～614

[2] LI Xiaoming, Ph.D., Jean-Christophe Visier, Ph.D., Hossein Vaezi-Nejas, Ph.D. A Neural Network Prototype for fault Detection and Diagnosis of Heating Systems[J]. ASHARE Transactions, 103, 1997（Ⅰ）：634～644

[3] ZHOU Enze, MEI Ning, DONG Hua, etc. Based on Artificial Neural Network Prediction radiant floor control air-conditioning system[J]. HVAC，2007, (05)：13～17 （In Chinese）

[4] LI Zhongling, JIN Ning, ZHU Yan. Application of artificial neural network for fault diagnosis of air-conditioning systems research[J]. REFRIGER-ATION AND AIR - CONDITIONING，2005,(01)：50～53 （In Chinese）.

[5] HOU Zhijian, LIAN Zhiwei, YAO Ye. Data mining based sensor fault diagnosis and validation for building air conditioning system[J]. Energy Conversion and Management. 2006（47）2479～2490

[6] Henk C.Peitsman,Vincent E.Bakker. Application of Black-Box Model to HVAC Systems for Fault Detection[J]. ASHARE Transactions 102.1996（Ⅰ）：628～640

[7] Chia Y.Han,Ph.D.,Yunfeng Xiao,Carl J.Ruther. Fault Detection and Diagnosis of HVAC System[J]. ASHARE Transactions, 105, 1999（Ⅰ）:568～578

[8] Ian B. D. Mclntosh,John W. Mitchell. Fault Detection and Diagnosis in chillers-Part Ⅰ:Model Development and Application[J]. ASHARE Transactions, 106, 2000（Ⅱ）:268～282

[9] Natascha S.Castro. Performance Evaluation of a Reciprocating Chiller Using Experimental Data and Model Predictions for Fault Detection and Diagnosis[J]. ASHARE Transactions, 108, 2002 （Ⅰ）:889～902

[10] Srinivas Katipamula, PhD Michael R. Brambley.

PhD Methods for Fault Detection, Diagnostics, and Prognostics for Building Systems[J]. HVAC& RESEARCH VOLUME 11, NUMBER 1 JANU~ARY 2005

[11] LI Haorong, James E.Braun,Ph.D.,PE., AN Improved Method for Fault Detection and Diagnosis Applied to Packaged Air Conditioners[J]. ASHARE2003 03-8-2.

[12] CHEN Bin, James E. Braun, Ph.D., P.E. Simple Rule-Based Methods for Fault Detection and diagnostics Applied to Packaged Air Conditioners[J]. ASHARE Transactions, 107,2001（Ⅰ）：847~857

[13] John M.House, Ph.D., Hossein Vaezi-Nejad, PH.D. J.Michael Whitcomb, P.E. An Expert Rule Set for Fault Detection in Air-handling Units [J]. ASHARE Transactions , 107, 2001 （Ⅰ）：858~871

[14] Meli Stylianou, Darius Nikanpour. Performance monitoring Fault detection and diagnosis of Reciprocating Chillers [J]. ASHARE Transactions, 102, 1996（I）：615~627

[15] Arthur L.Dexter, Ph.D., C.Eng., Mourad Benouarets, Ph..D. A Generic Approach to Identifying Fault in HVAC Plants [J]. ASHARE Transactions,102,1996（Ⅰ）：550~556

[16] Won-Yong Lee,Ph.D., John M.House,Ph.D., Cheol Park,Ph.D., George E.Kelly,Ph.D. Fault diagnosis of an Air-Handling Uint Using Artificial Neural Networks[J]. ASHARE Transactions, 102,1996（Ⅰ）:540~549

[17] Meli Stylianou,P.Eng. Application of Classification Function to Chiller Fault Detection and Diagnosis [J], ASHARE Transactions, 103,1997（Ⅰ）:645~656

[18] Won-Yong Lee,Ph.D.,John M.House, Ph.D., Dong Ryul Shin,Ph.D. Fault Diagnosis and Temperature Sensor Recovery for Air-Handling Unit[J]. ASHARE Transactions,103, 1997（Ⅰ）：621~633

[19] Sabine Kaldorf, Peter Gruber, Ph.D. Practical Experiences from Developing and Implementing an Expert System Diagnostic Tool[J]. ASHARE Transactions, 108, 2002（Ⅰ）：826~840

[20] ZHENG Jie, ZHOU Yuli, LIU Tuo. Fault diagnosis and its application in HVAC facilities management [J]. Journal of Chongqing University（English Edition）. ol.2,Special Issue, 2003:311~314

[21] Won-Yong Lee, Ph.D., Cheol Park,Ph.D., George E.Kelly, Ph.D. Fault Detection in an Air-handling Unit Using Residual and Recursive Parameter Identification Methods [J]. ASHARE Transactions, 102,1996（Ⅰ）：528~539

[22] Par Carling. Comparison of Three Fault Detection Methods Based on Field Data of an Air-Handling Unit [J]. ASHARE Transactions, 108,2002（Ⅰ）：904~920

[23] LIU Tuo, ZHENG Jie, ZHOU Yuli. HVAC The Analysis Of Fault Characteristics And The Establishment Of Diagnosis System[J]. Journal of Guizhou Industry University 2003. 32（add 2）：175~178（In Chinese）

[24] Andersen, K.K., and T.A. Reddy, 2002. The error in variables（EIV）regression approach as a means of identifying unbiased physical parameter estimates: Application to chiller performance data[J]. International Journal of Heating, Ventilating, Air Conditioning and Refrigerating Research 8（3）：295~309

双频段压控振荡器设计

徐小良　刘辉华　谭炜锋

（电子科技大学电子科学技术研究院　成都　610054）

摘　要：本文基于传统压控振荡器原理，设计并改进了传统的振荡器延时单元结构；通过适当的参数调整，设计满足要求的双频段环形振荡器，为通信传输芯片提供 1.0625G 和 0.53125G 两种时钟信号。经过性能指标仿真验证，其相位噪声分别达到 95.1dbc/Hz 和 101.7dbc/Hz。无论是在高频带还是在低频带，其参数指标都能满足设计要求。

关键词：PLL；环形振荡器；双频段；VCO；相位噪声

The Design of Dual-band VCO

XU Xiaoliang　LIU Huihua　TAN Weifeng

（Research Institute of Electronic Science and Technology of UESTC, Cheng Du, 610054）

Abstract: This article which is based on traditional principles of voltage-controlled oscillator, is designed and improved the basic unit structure of the oscillator delay；Through appropriate parameter adjustments, the design meets the requirements of the dual-band ring oscillator for communications transmission chips which require 1.0625GHz and 0.53125GHz two kinds of clock signals. The phase noise achieves to 95.1dbc/Hz and 101.7dbc/Hz. Both in the high or low-frequency band, the main parameters achieve design requirements.

Keywords: PLL，Ring oscillator, Dual-band, VCO, Phase noise

锁相环，简称 PLL，是自动频率控制和自动相位控制技术的融合。由于其环路结构简单、性能良好，因而在许多新型电子设备，特别是通信系统中得到广泛的应用。PLL 一般由 VCO（压控振荡器）、CP（电荷泵）、PFD（鉴频鉴相器）以及分频器组成。其中，VCO 是 PLL 设计中的关键模块。VCO 一般分为 LC 型和环形两种，由于环形振荡器具有易于集成、调谐范围大的优点，在集成电路技术中得到广泛的应用。

本文提出了一种基于 MOS 寄生电容调节的可编程延时振荡单元，使振荡器能在两个频段稳定工作，且相位噪声、线性度等主要指标都能满足芯片设计要求。

1　环形振荡器工作原理

环形压控振荡器的工作原理是：依靠每一级的 DEALY（延时）单元对小信号噪声进行放大，形成大信号振荡，当满足"巴克豪森准则"时，从而形成稳定的振荡波形。由每一级的大信号延时 T_D，则可以推论出电路的振荡频率。负反馈回路的振荡频率由公式（1）给出：

$$f = 1/(N \cdot T_D) \qquad (1)$$

通过公式（1）可以看出，适当调节每一级的 DELAY 单元的延时就可以调节环路延时，从而最终起到调节频率的目的。而每一级延时 T_D，则可通过基本的 DELAY 单元电路设计来满足要求，如图 1 所示。

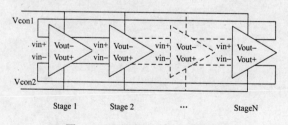

图 1　环形振荡器的工作原理图

2　DELAY 单元设计

2.1　压控原理

由"巴克豪森准则"限制：

$$|H(j\omega_0)| \geq 1$$
$$\angle H(j\omega_0) = 180^0 \quad (2)$$

传统的环形振荡器设计一般为 3 级甚至更多级，以满足相位变化的要求；经典的环路设计一般为 3 级或者 4 级结构。本文采用 3 级环路振荡器设计结构。图 2 所示为传统的差分振荡器 DELAY 单元。

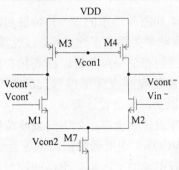

图2　传统设计 DELAY 振荡单元

由传统 DELAY 单元电路可以推导出该 DELAY 的延时时间为：

$$T_D \propto \tau = R_{on3,4} C_L = \frac{C_L}{\mu_p C_{ox}(\frac{W}{L})_{3,4}(V_{DD} - V_{cont} - |V_{THP}|)} \quad (2)$$

$$f = \frac{1}{N \cdot T_D} = \frac{\mu_p C_{ox}(\frac{W}{L})_{3,4}(V_{DD} - V_{cont} - |V_{THP}|)}{N \cdot C_L} \quad (3)$$

其中 N 为环形振荡器的级数。

从公式以及上图结构可以看出适当调节 M_3 和 M_4 管子宽长比系数就可调节每一级的延时，起到改变频率的目的。

2.2 改进措施

但是，此控制只能通过改变线性区的 PMOS 管来改变振荡频率，其控制范围通常只有 2∶1，这难以满足要求；且在宽带中，当 VCONT 端的控制电压较大时，VCO 输出的波形不理想，线性度则不满足设计要求，这会使后续的处理电路实现变得较困难。

为了满足设计要求，在跨度较大的范围内满足一定的频率以及噪声要求，故对传统振荡其结构进行改进，提出新的解决方案，如图 3 所示。

其为最基本的延时单元，该结构具有较好的噪声抑制特性，主要表现在下述 5 个方面：

（1）采用差分结构，可以较好地抑制输入共模噪声和由电源线干扰引入的噪声。

（2）两个 PMOS 管组成交叉耦合的二极

管，使得延时单元对共模噪声不敏感，稳定了延迟时间，同时也提高了系统的线性度。

（3）两个 NMOS 耦合对管构成了正反馈结构，与放大管并联增加了直流增益，从而实现高速转换的目的；输出波形的对称化和对电源电压的不敏感特性更好地改善了噪声特性。

（4）结构中去除了尾电流源，进一步减小了由电流源带来的噪声。

（5）此外，图 3 所示增加了可控 MOS 电容（M_5、M_6），通过控制电容的大小来控制整体电路的延时时间。

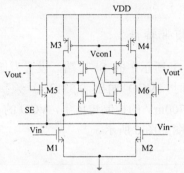

图3　改进的 DELAY 单元

通过公式（3）可以看出，改变每一级的输出电容值大小很容易改变振荡器的振荡频率；故而通过控制选择端口，SE 选择不同电压，可设置不同的输出电容，从而达到选择 1.0625G 和 0.53125G 甚至多频带选择的目的。

3　电路测试结果

基于图 3 所示设计的电路结构和反馈回路，我们从振荡器的主要参数、频率以及相位噪声等方面来说明其设计性能。

3.1 高频带特性

当图 3 所示中的 SE 端，设置为高电平（VDD）时，VCO 输出 1.0625G 频率。在 0～200mV 的控制电压的情况下，VCO 的 V～F 波形仿真图如图 4 所示。

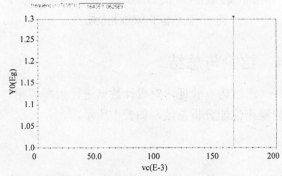

图4　高频带下 V～F 特性曲线

相同设置状态、高频段下的 VCO 相位噪声曲线如图 5 所示。

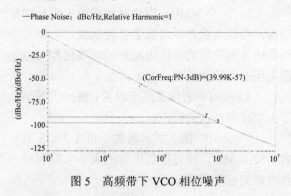

图 5　高频带下 VCO 相位噪声

3.2　低频带特性

当图 3 所示中的 SET 端，设置为低电平（VSS）时，VCO 输出 0.53125G 频率。在 500mV～700mV 的控制电压下，VCO 的 V～F 波形仿真图如图 6 所示。

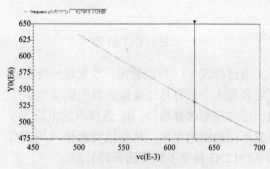

图 6　低频下带 V～F 特性曲线

相同设置状态、低频段下的 VCO 相位噪声曲线如图 7 所示。

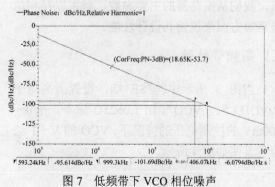

图 7　低频带下 VCO 相位噪声

4　结论与总结

通过仿真验证，对设计数据进行频率和相位噪声性能分析总结，如表 1 所示。

表 1　主要性能指标分析总结

主要指标	高频段	低频段
频率点（GHz）	1.0625	0.53125
相位噪声（600K）	90.0	95.6
相位噪声（1M）	95.7	101.7

从图 4 和图 6 所示的 V～F 特性曲线可以看出，电压频率关系成正比关系，线性度较好；从表 1 总结的相位噪声分析，在高频和低频输出时，其相位噪声在频率偏移 600K 处达到 90dbc/Hz 以上，满足设计要求。

但是在设计中也存在如下问题亟待解决：高频下，VCONT 端所需的控制电压为 164mV 左右，比较前续的 CP 电路所需的控制电压，此电压值稍小，增加了 CP 电路以及整体环路的设计难度。

参考文献

[1] 李桂华，孙仲林，吉利久. CMOS 锁相环 PLL 的设计研究. 半导体杂志，2000 年 9 月，第 25 卷 3 期

[2] Behzad Razavi. Design of Analog CMOS Integrated Circuits. Xian Jiaotong University Press. P392

[3] 孙铁，惠春，王芸. 一种具有低电源敏感度的高速 CMOS 压控振荡器——微处理机，2007（3）

[4] 徐江涛，原义栋，田颖，姚素英. 一种高速低相位噪声锁相环的设计. 天津大学学报. 2008，41（4）

[5] AbidiAA. Phase noise and jitter in CMOS ring oscillators. [J]. IEEE Journal of Solid—State Circuits.2006.4.1（8）：l803～1816

[6] 张开伟，戴庆元，肖轶，赵懿. 一种高频二级交叉耦合压控振荡器—电子器件，2007，30（2）

[7] 曾健平，谢海情，晏敏，曾云，彭伟. 低相位噪声、宽调谐范围 LC 压控振荡器设计. 电路与系统学报. 第 4 期第 l3 卷。2008，13（4）

2.45GHz WLAN 干线放大器设计

李力力　　尉旭波　　王莎鸥

（电子科技大学电子科学研究院　成都　610054）

摘　要：本文设计并制作了基于 IEEE802.11b/g 传输协议的 WLAN 干线放大器，采用 S 参数进行系统原理仿真设计并优化。该射频电路高密度集成了 MMIC 芯片、贴片元件以及控制线传输线，实现了放大 AP 信号功率至 2W，有效地扩大网络的覆盖范围，避免频率交叉产生的干扰，同时降低网络的建设成本。该器件性能优良，信号发射功率为 33dBm，发射增益为 20dBm，信号接收功率增益为 16dB，噪声系数小于 2.5dBm，输入驻波比小于 1.3。

关键词：WLAN；多芯片组件（MCM）；干线放大器；自动增益控制（AGC）

2.45GHz WLAN Trunk Amplifier Design

LI Lili　　WEI Xubo　　WANG Sha'ou

（Research Institute Of Electronic Science And Technology of UESTC, Chengdu, 610054）

Abstract：A WLAN trunk amplifier based on IEEE802.11b/g transport protocols was designed. The small signal S parameters were used in system simulation design and optimization. MMIC chips, lunmped components, control wire and transmission line were highly integrated in the circuit. Since the AP's power was amplified to 2W, The area which the wireless net covered with was efficiently extended and the interfere because of across frequency was avoided. What's more, it depressed the cost of building net. It has good performance of 33dBm power ,20dBm gain when the signals were transmited, while the signals were took over, it has 16dB gain 2.5dB noise figure and VSWR1.3.

Keywords：WLAN，MCM，Trunk Amplifier，Automatic Cain Control(AGC)

1　引言

随着科学技术发展的日新月异，使人类的工作方式和生活方式发生了巨大而深刻的变化。最近十几年，国际互联网（Internet）和企业内部网（Intranet）迅猛发展，各种信息，包括文字、图片、声音和图像，广泛地通过网络传播到各种信息终端。便于用户携带的各种智能终端，如个人数字助理（Personal Digital Assistant）、膝上电脑（Laptop）和手机（Mobile Phone）的体积越来越小，这些智能终端正逐渐成为人类工作学习和生活不可缺少的工具[1,2]。有线网络的巨大成功、无线技术的迅猛发展及其终端的日益微型化为无线局域网（WLAN）提供了必要的技术准备。这些技术综合了有线网络和无线网络的优点：与传统的有线网络相比，它可以在不破坏大楼设施的情况下实现信息的共享和传播；与无线广域网（Wireless WideArea Networks）相比，它可以根据需要实时地建立或撤销一个临时网络。由于适应了大容量、高速率的多媒体数据业务的传播要求，无线局域网（WLAN）已迅速成为通信领域新的热门课题之一[3]。

WLAN 放大器能有效地增加无线设备的覆盖范围和桥接距离，同时提高覆盖边缘区域接入设备连接的传输速率，满足 IEEE802.11b/g 协议的无线发射指标，特别适合于室内分布系统（多网合一）中进行合路使用，其主要作用是放大无线 AP 的信号，这样能有效地扩大网络的覆盖范围，避免频率交叉产生的干扰，同时降低网络的建设成本。

由于无线局域网巨大的市场潜力，世界各国的工业界和科技界都投入了巨大的力量，加强这方面的研究与开发工作。高集成度、低功耗，低成本、小型化和高功率以及应用更方便、范围更广泛，成为无线局域网芯片组的发展趋势[4]。如表 1 所示。

表　1

工作频点	2400~2483MHz
工作方式	双向时分双工（TDD）
工作标准	IEEE802.11b/g
自动功率调节	是
最大输出功率	33dBm

2 系统设计

2.1 系统设计指标（如表2所示）

表　2

接收增益	16dB
发射增益	20dB
AGC范围	12dB
噪声系数	<3.2dB
平坦度	1.0dB
时延	<1uS

2.2 系统设计方案

该电路由两个主要支路构成，一条支路为发射支路，用于接收 AP 发射的 RF 信号，然后通过电路中的两级放大器放大后通过天线发射出去；另一条支路为接收支路，当发射完后，外界信号由天线接收并导入接收支路，经放大处理后输入 AP，如图 1 所示。

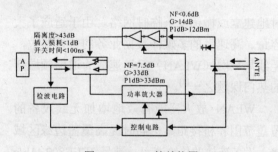

图 1　WLAN 的结构图

电路主要由功分器、限幅器、单刀双掷开关、功放、低噪放、比较器、天线等组成，电路中所有连接微带器件的信号端口均匹配到 50Ω。

其工作原理为：信号通过功分器分成两个支路，一路接信号输入输出支路，一路通过检波管检波然后输入控制电路。当 AP 发射 RF 信号时，信号功率比较大，检波得到高电平，此时控制电路控制单刀双掷开关打到发射支路，同时控制启动功放管，关闭低噪放管，信号放大后通过天线发射出去；当 AP 接收 RF 信号时，信号功率比较小，检波得到低电平，

此时控制电路控制单刀双掷开关打到接收支路，同时控制关闭功放管，启动低噪放管，信号进入天线后经过 1/4 波长线过滤后，通过低噪声放大器放大后，输入 AP，完成接收。由于 AP 在发射信号时采用 OMDF 体制，为了抑制信号的均峰比，在功放管前加入了自动增益控制电路（AGC）。

2.3 系统仿真优化

系统仿真优化主要针对电路中的功放支路和低噪放支路。功放支路的仿真优化图如图 2 所示，低噪放支路的仿真图如图 3 所示。

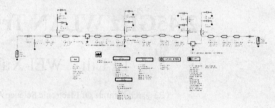

图 2　功放仿真优化图

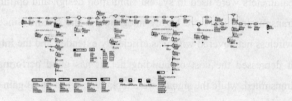

图 3　LNA 仿真图

通过 ADS 仿真优化，功放支路的增益为 20dB，P_{1dB} 为 35dBm；低噪放支路的增益为 24dB，噪声为 0.6dBm

2.4 电路制作

该电路使用 PCB 作为基板，使用 N 型母头接口尺寸 14mm（长）×68mm（宽）×23mm（高）重量约 800g，图 4 所示为 WLAN 干线放大器实物图。

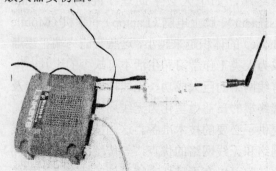

图 4　WLAN 干线放大器实物图

3 结果和讨论

该 WLAN 电路工作电压为 12V，电路接收时电流小于 0.5A，电路发射信号时电流小于 1.5A。通过矢量网络分析仪、频谱源和噪声仪进行测试，实测结果如图 5～8 所示。

图 5 接收增益 S_{21}

图 6 接收输入驻波 S_{11}

图 7 接收噪声系数

图 8 发射增益 S_{21}

实际测试时发现接收支路的噪声很大，最大值达到了 2.5dBm，仿真时两级低噪放电路噪声只有 0.6dBm，为何噪声会变得如此大，究其原因是在天线与低噪放管之间加的二极管导致。噪声指标主要由第一级电路决定，而这个二极管就位于第一级电路，作为天线段开关，增加功放之路与低噪放支路之间的隔离，防止发射信号时，大功率信号泄漏到接收支路，损坏低噪放晶体管。

4 结语

设计并制作了基于 IEEE802.11b／g 工作标准的 WLAN 干线放大器，将 AP 功率放大到了 2W。进行了系统仿真设计，对系统的噪声、功耗、增益、功率、稳定性等进行了综合分析。测试结果表明，该 MCM 电路具有良好的性能，完全满足技术指标，成功设计出了低成本、低功耗、高功率的 WLAN 器件。

参考文献

[1] 杨以凤. 无线局域网及其应用. 电力系统通信. 2001,（1）:50～52

[2] 唐炯. 基于 WLAN 技术的无线局域网的应用.电脑与电信.2007,（5）:25～27

[3] 黎连业，郭春芳，向东明. 无线网络及其应用技术. 北京：清华大学出版社，2004，12～14

[4] 石秉学，李永明，廖青. WLAN（无线局域网）芯片组的研究与发展. 中国集成电路.2003,（8）:7～13

余数系统基本问题的研究

敖思远　李　磊

（电子科技大学电子科学技术研究院　成都　610054）

摘　要：余数系统（Residue Number System）源于古老的"中国剩余定理（CRT，Chinese Reminder Theory）"。余数系统的研究属于集成电路设计前端基础研究，是代数学、数字信号与信息处理、计算机算术、集成电路设计四个领域的综合。本文结合过去 50 年来余数系统的研究成果，对余数系统的乘加运算、大小比较和转换电路的基本算法做了总结介绍，并介绍了余数系统的研究难点。可以预见，随着研究的不断深入，余数系统将在未来的基于并行机制的 VLSI 系统中得到广泛应用。

关键词：余数系统；超大规模集成电路；转换电路；乘法器

The Researching of the Residue Number System

AO Siyuan　LI Lei

（Research Institute of Electronic Science and Technology of UESTC, Cheng Du, 610054）

Abstract: Residue Number System （RNS） is derived from Chinese Remainder Theorem （CRT）. The research of RNS belongs to the basic study of the front-end IC design. It is the integration of algebra, digital signal and information processing, computer arithmetic and IC design methodology. The fundamental issues of RNS application, including multiplication, addition, number comparison, sign detection and conversion, are introduced in this paper based on the previous research. The research topics, which can help the application of RSN in the DSP systems, are also introduced and analyzed in this paper.

Keywords: RNS，VLSI，conversion circuit，multiplier

1　前言

随着工艺的发展和需求的增长，VLSI 的集成度越来越高，面积、功耗和速度之间的矛盾越来越突出。余数系统利用一个互为质数的余数基将一个大动态范围数字划分为几个小动态范围数字，各分量之间完全独立运算，在加、减乘法运算中系统时延同位宽无关，无进位传播问题，因此在数字信号处理系统中表象出了很好的"面积×功耗×时延"特性。本文结合过去 50 年来余数系统的研究成果，对余数系统的乘加运算、大小比较和转换电路的基本算法做了总结介绍，并介绍了余数系统的研究难点。可以预见，随着研究的不断深入，余数系统将在未来的基于并行机制的 VLSI 系统中得到广泛应用[1]-[3]。

1.1　余数系统的概念

余数系统（RNS: Residue Number System ）是一个古老的数字表征系统。在 RNS 中，一个余数系统由一组称为余数（RNS-base）的互为质数的数$\{m_1, m_2, \cdots, m_n\}$来定义[4]，整数 X 可以用对该余数基的余数向量$\{x_1, x_2, \cdots, x_n\}$来表征（$x_i = X \bmod m_i$），能表示的 X 动态范围为 $M = m_1 m_2 m_3 \cdots m_n$，这样将传统的多位数（bit）的复杂运算用多个并行的较少位数的简单运算来实现，如图 1 所示，从而降低了单次运算的复杂度、时延和功耗。因此，基于"余数系统"的 DSP 算法是数据通道（Data Path）实现技术的新兴研究点之一，将两种并行处理方法结合起来，可以为数据通道设计在高速、低复杂度、低功耗等方面找到较好的平衡点。如图 1 所示。

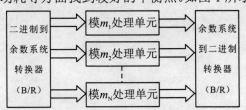

图 1　基于余数系统的处理单元结构

1.2　余数系统特点

利用 RNS 可以将传统数域中的乘加运算用一组较小数值范围内的并行、独立的余数空间的乘加运算来代替，从而使基 RNS 的数字信号处理系统具有以下两个主要特点：

高速：进位位的"传播"是影响 VLSI 运算速度最重要的因素，利用"模运算"的概念将传统数域进位的"传播"距离截短，而且余数向量计算时没有相互的进位关系[5]。

低功耗：由于将原来单次复杂运算用并行的多个独立简单运算来代替，使得传统运算方法在利用 VLSI 技术实现所需资源（如硅片面积）减少从而达到低功耗；另一方面，由于运算速度提高，运算单元在完成所承担的运算后即可转入"休眠"状态，可进一步降低功耗。

1.3　余数系统研究概况

从上世纪 50 年代至今，业界学者对 RNS 的基本问题及 VLSI 实现进行了深入研究，最初在密码系统中得到了广泛应用，借助其独立并行特性将其应用拓展到了很多领域。例如在图象处理中，利用 RNS 的并行特性可获得高速、低功耗 VLSI 实现，而且可在编码过程中对图象进行加密。在 CDMA 系统中，可以获得低功耗高带宽效率，同时利用冗余余数系统可实现部分误码检测和纠错功能。此外，在数字信号的常用处理单元中（如 DWT、FIR、FFT、相关器等）RNS 也得到深入研究和应用。"余数系统"的 DSP 方法可以很好地提高系统性能。一系列的研究成果表明，在很多领域，尤其是乘加结构丰富的 DSP 系统中，RNS 不仅可以获得高速的 VLSI 实现，而且功耗和面积都可大大减小。目前对 RNS 的研究主要集中在 R/B 转换，余数基选择及余数基的扩展和压缩，数值处理单元（包括算术运算、大小比较、符号检测及溢出检测等）及特殊应用等方面。但在 VLSI 实现中，RNS 还有一些基本问题未得到较好解决，尤其在大小比较、溢出检测、除法运算及余数空间扩展等方面如何高效实现最为困难，因此，限制了其在通用微处理器上的广泛应用，这也是目前 RNS 仅用于特殊 DSP 系统的重要原因之一[6]。

2　主体

关于余数系统主要研究的问题有转换电路、模加法器和模乘法器、符号检测与大小比较。其中，转换电路主要有前向转换电路和后向转换电路。

2.1　转换电路

2.1.1　前向转换电路

从普通二进制系统到余数系统的转换称为"余数系统的前向转换（B2R）"。余数系统与普通二进制系统之间的转换，均依赖于一定的余数基。就典型的基的前向转换，对 2^n-1 的转换，可以通过简单的移位操作和模 2^n-1 加法实现。用类似的方法实现模 2^n-1 的前向转换，对 2^n+1 的转换，可以通过简单的移位操作，一个补码操作和模 2^n+1 加法来实现。

至此，我们完成了余数基 $\{2^n-1, 2^n, 2^n+1\}$ 的前向转换。对于其他形式的余数基，其前向转换也可参照本章讲述的方法来完成。

2.1.2　后向转换电路

余数系统到普通二进制系统的转换称为"余数系统后向转换"（R2B）。R2B 转换问题一直是余数系统中最难的一个方向，从而也成为了系统的瓶颈。目前，关于这方面的讨论很多。

目前，现有文献中主要的后向转换方法有三种，分别是：

1. 混合基转换（MRC：Mixed Radix Conversion）；

2. 中国剩余定理（CRT：Chinese Remainder Theory）；

$$X = \left\langle \frac{M}{m_1}c_1x_1 + \frac{M}{m_2}c_2x_2 + ... \frac{M}{m_L}c_Lx_L \right\rangle_M \quad （1）$$

可知，当余数基确定后，$(M/m_1) \times c_1$ 为一常数。因此，对于特定的余数系统，基于 CRT 的 R2B 转换，实际上是数乘的累加，最后再做一个模 M 的运算。从计算上来讲等同于常系数的数字滤波器。因此基于 CRT 的 R2B 转换实现可以参照数字滤波器，特别是 FIR 滤波器的实现，进行优化。

3. 新中国剩余定理[9]（New CRT）。

由 CRT 的表达式，将 M 展开：

$$X = \left\langle \begin{array}{l} m_2m_3...m_Lc_1x_1 + m_1m_3m_4 \\ ...c_2m_2 + ... + m_1m_2m_3 \\ ...m_{L-1}c_Lx_L \end{array} \right\rangle_M \quad （2）$$

$$= x_1 + \langle m_1 A \rangle_M$$

其中，

$$A = Kx_1 + m_3 m_4 \cdots m_L c_2 x_2 + \cdots + m_2 m_3 \cdots m_{L-1} c_L x_L$$

$$X = x_1 + m_1 \times \langle A \rangle_{m_2 m_3 \dots m_L}$$

上式称为新中国余数定理[7]。可以看出，相对于 CRT，它将模 M 的计算简化成了模 M/m_1 的计算，模运算为原来的 $1/m_1$，能显著地提高计算速度，从而改善 CRT 带来的系统速度瓶颈。一个大模数的模运算在反向转换中始终不可避免，这就决定了速度瓶颈在反向转换中必然存在。

2.2 模加法器和模乘法器

2.2.1 模加法器

模加法器是构建 RNS 系统的基本单元，与传统二进制加法不同的是模加法没有最终的进位位，且结果在[0,M]内，在完成加法的同时应完成模运算，模加法器的研究都是基于传统二进制加法器和查找表并结合模操作的特性进行的，例如 Bayoumi 和 Jullien 给出了基于两个 CLA（Carry Look Ahead）二进制加法器的实现方法。ELMMA 使用两个重叠的 ELM 树并行计算 X+Y 和 X+Y+t，然后根据它们的进位位决定最后的结果。部单元的互联线，做加法运算时，进位位的计算和部分和的计算同时进行。一个 4bit 的 ELM 加法树，树枝为输入并计算同 CLA 类似的，这些信息逐级上传，每一级都根据上一级的部分和信息更新部分和并传递到下一级。每个节点都是一个简单的处理单元，EM 中共有 4 种处理单元，分别称为 P-cell，Q-cell, S-cell 和 E-cell，分别用简单逻辑门电路实现。ELMMA 使用两个重叠的 ELM 树并行计算 X+Y 和 X+Y+t，然后根据它们的进位位决定最后的结果。基于 ELM 算法的模加法器关注芯片内联线的减少，而 VLSI 设计中内联线的设计将是一个重要问题，因此可提高速度、功耗和面积特性。在文献[8]中，分别给出了基于 ELM 算法的模加法器同 Bayoumi 和 Hiasat 的方法的面积功耗及时延等方面的比较。对比结果表明若 Bayoumi 和 Hiasat 的方法不加以改

进，则基于 ELM 的模加法器的"面积 X 功耗 X 时延"性能较它们分别提高 37%和 80%，即使优化后也平均提高了 30%左右。

2.2.2 模乘法器模乘法器的基本结构[9]

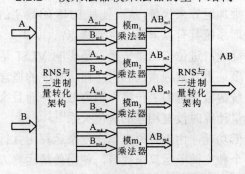

图 1　模乘法器的基本结构

如图 1 所示，对于模乘法器的实现，减少部分乘积项是减小模乘法器复杂度的有效方法。例如，可利用多输入模加法器和变形的 Booth 重编码技术减少部分乘积项。目前，对模乘法器的研究大都针对具体的模形式进行，不同的模形式对模乘法运算有最深刻的影响，其中对模为 $2n+1$ 模乘法研究最多，通常需要用到的是消 1 数值表示（Diminished-one Representation），但是这种方法需要额外的转换电路，在带来优势不明显的情况下付出额外转换电路的代价是不明智的[9]。在文献[10]中给出了一种通用的与模无关的模乘法器实现算法，将输入的二进制比特每两个或三个组成对，可用简单的或门实现乘法器的内部处理，而不是使用很多全加器或半加器，可大大简化实现复杂度。实现结构如图 2 所示。

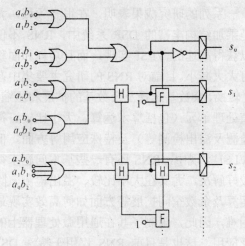

图 2　与模无关的模乘法器

表1　与基于 FA 乘法器的比较

模	面积（晶体管）			时间（门延迟）			面积×时间
	本文提出	基于 FA	%	本文提出	基于 FA	%	%
11	260	360	27.78	24	24	0	27.78
13	310	416	25.48	28	28	0	25.48
17	556	1456	61.81	54	64	15.63	67.78
19	506	1120	54.82	42	50	16.00	62.05
21	496	1008	50.79	30	36	16.67	58.99
23	450	924	51.30	44	46	4.35	53.42
29	556	700	20.57	34	34	0	20.57
31	416	516	19.38	28	28	0	19.38
37	688	2144	67.91	64	76	15.79	72.98
41	720	1408	48.86	54	60	13.33	55.68
43	672	1660	59.52	52	60	10.00	63.57
47	622	1380	54.93	52	58	10.34	59.59
53	888	1648	46.12	58	58	0	46.12
59	612	768	20.31	42	42	0	20.31
61	692	888	22.07	42	42	0	22.07

可见其在面积×时间上有很大的优势。另一种实现通用乘法器的方法是直接利用传统二进制乘法器结构，但根据模的特点选择合适的加法器简化实现复杂度。在文献[11]中还提出了一种乘法器结构，如图3所示。

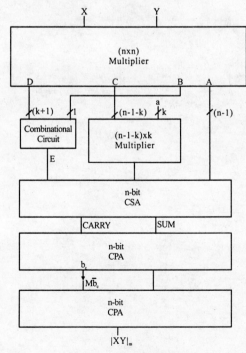

图3　分组模的乘法器

该结构在硬件上的优势如表2所示。

表2　该结构在硬件上的优势

应用结构	提出的乘法器	基于 PRNS 乘法器
n×n 的乘法	1.25	2.5
n bit CPA	2	2
n bit CSA	1	0
其它的组合逻辑	用到	用到

2.3　符号检测与大小比较

符号检测和大小比较是余数系统基本问题之一，同传统二进制系统相比，由于 RNS 的非权重特性，大小比较和符号检测较困难。对于数值大小的比较，最简单直接的方法就是做减法，然后判断符号位，因此大小比较问题最终归结为符号检测。CRT 和 MRC 是实现 RNS 大小比较的基本方法，最直接的方法就是将 RNS 表示的整数转换成二进制数或 MRS 表示的整数，然后再进行大小比较，但直接应用 CRT 或 MRC 无疑会大大增加电路复杂度和实现代价。

3　总结

过去50年来，学者们对 RNS 的一系列基本问题做了深入讨论，主要集中在如何减小 RNS 基本运算 VLSI 实现复杂度和特殊应用场合方面的研究。从过去研究情况来看，基于通用 RNS 算法大大少于基于特殊余数基下的研究，在 RNS 的加法、乘法、转换电路等方面已经有了丰硕的成果，但对于 RNS 的大规模应用，还有很多问题需要解决。从前面的介绍知道，对于大小比较及符号检测电路实现并不高效。由于我国集成电路起步较晚，因此对于 RNS 在 VLSI 前端设计中的应用研究并不多，如今，集成电路产业是我国高新技术的重点发展对象，因此对 RNS 的研究非常必要。

参考文献

[1] The International Technology Roadmap for Semiconductors （ITRS）, Semiconductor Industry Association , San Jose , CA ,2001

[2] William J .Dally and Steve Lacy , VLSI Architecture : Past , Present , and Future

[3] Wei Wang and M . O . Ahmad , RNS Application for Digital Image Processing , Proce edings of the 4th IEEE International Workshop on System-on-Chip for Real - Time Applications （I WSOC'04）

[4] Ming-Hwa She , Su-Hon Lin, Chichyang Chen, and Shyue-Wen Yang, An Efficient VLS I Design for a Residue to Binary Converter for General Balance Moduli, IEEE TRANSACTIONS ON CIRCUITS AND SYSTEMS-I I :EXPRESS BRIEFS, 51（3）

[5] Ahmad A. Hiasat, VLSI Implementation of New Arithmetic Residue to Binary Decoder s , IEEE TRANSACTIONS ON VERY LARGE SCALE INTEGRATION VLSD SYSTEMS, 13（1）

[6] S.J. MEEHAN, S.D. ONEIL, and J.J. VACCARO, An Universl Input and Output RNS Converter, IEEE TRANSACTIONS ON CI RCUITS ASD SYSTEMS . VOL. 37. -6 JCVE 1990

[7] M.A. Bayoumi, etal. A VLSI implementation of residue adders , IEEE Trans. Circuits Syst. 1987，34（3）：284～288

[8] R.A. Patel, M. Benaissa, N.Powell, S.Boussakta, ELMMA: A NEW LOW POWER HI GH-SPEED ADDER FOR RNS, SIPS 2004

[9] 叶春，张曦煌. 基于 FPGA 乘法器架构的 RNS 与有符号二进制量转换, 微电子学与计算机, 2005，22（11）

[10] Leonel Sousa and Ricardo Chaves, Universal Architecture for Designing Efficient Mod ulo 2n+1 Multipliers, IEEE TRANSACTI ONS ON CIRCUITS AND SYSTEMS-1: REGULAR PAPERS, 2005, 52（6）

[11] Ahmad A. Hiasat, New Efficient Structure for a Modular Multiplier for RNS，IEEE TRANSA-CTIONS ON COMPUTERS, 2000, 49（2）

一种窄带低噪声放大器（LNA）的设计

罗俊炘 范海涛 钱可伟

（电子科技大学电子科学技术研究院 成都 610054）

摘 要：选用 ATF-55143 放大管，利用负反馈设计低噪声放大器（LNA），采用 ADS 辅助设计，设计窄带（1.595Hz±21MHz）低噪声放大器（LNA）。该放大器由三级构成，整个带内增益为 40dB，噪声系数小于 1dB，增益平坦度小于±0.5dB，输入驻波比小于 1.3，输出驻波比小于 1.5。

关键词：低噪声放大器；噪声系数；驻波比；匹配

Design of a narrowband Low Noise Amplifier

LUO Junxin FAN Haitao QIAN Kewei

（RIEST，University of Electronic Science and Technology of china,Chengdu, 610054）

Abstract: a narrowband （1.595GHz±21MHz）low noise amplifier （LNA） was designed by ADS software subsidiary designing, based on the feedback technology and using ATF55143 amplifier tubes. The low noise amplifier （LNA） was made up of three stages; the gain above 40dB, noise figure less than 1dB,the gain flatness below ±0.5dB, input standing-wave ratio below 1.4 and output standing-wave ratio below 1.5.

Key words: Low Noise Amplifier，noise figure，standing-wave ratio，match

1 引言

低噪声放大器（LNA）是接收前端的核心部分，其性能的好坏直接影响到接收信号的质量，被广泛应用于无线电通信、雷达系统以及卫星通信系统中[1][2]。因而设计一款较好性能的低噪声放大器（LNA），对于后端处理来说，具有重大的意义。本文主要以窄带低噪声放大器（LNA）的设计过程来讲述应该如何有序地设计低噪声放大器（LNA）。

2 设计原理

2.1 几种匹配方案

一般而言,在绝大部分的放大器的设计中，匹配方案有分立元件匹配和分布式匹配网络两种。在分立元件匹配中，大部分采用三个集总元件的匹配网络来调节电路的匹配，一般有 L 型网络、T 型网络和Π型网络。由于在高频中，电路分析的理论是传输线理论，因而分布式匹配网络在高频电路中更具有灵活性优势。其匹配方法主要有：单个短截线匹配技术，1/4 波长变换器和短变换器技术。

2.2 噪声系数

噪声系数是衡量低噪声放大器（LNA）性能好坏的重要指标。在多级联低噪声放大器（LNA）中，其表达式为[3][4]：

$$F = F_1 + \frac{F_2 - 1}{G_1} + \frac{F_3 - 1}{G_1 G_2} + \ldots + \frac{F_n - 1}{G_1 G_2 \ldots G_{N-1}}$$

从上式可以看出，低噪声放大器（LNA）噪声系数受其第一级噪声系统的影响最大。因此，在设计过程中，低噪声放大器（LNA）的第一级中的噪声系数应该尽可能小。

2.3 稳定性

稳定性对低噪声放大器（LNA）来说是相当重要的。尤其对于一个多级电路来说，上一个主要问题，一个放大器的整体稳定因子 $K>1$ 是一个放大器稳定性的充要判据，有时中间级可能是 $K<1$[3]。稳定方法如图 1 所示。

在低噪声放大器（LNA）中，由于 a 和 b 中电阻将恶化噪声系数，因而在第一级中都没有考虑用这种方法，在第一级中大多采用的是 c 和 d。并联负反馈（c）使低噪声放大器（LNA）获得平坦的增益，拓展变压器的带宽；串联反馈（d）使低噪声放大器（LNA）同时获得较好的输入阻抗匹配和较低的噪声系数。

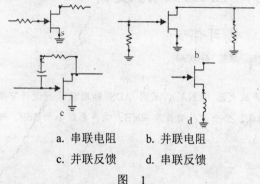

a. 串联电阻　　b. 并联电阻
c. 并联反馈　　d. 串联反馈

图 1

3　设计过程

3.1　第一级设计

由于第一级噪声是影响整个系统噪声的关键，因而，要求第一级尽可能小。根据双端口网络匹配原理，尽可能在第一级使其输入端匹配，使输入驻波比也尽可能小，以免在第二与第三级的设计时，更改第一级中的参量而造成第一级处于不稳定。在工程中，考虑到仿真与实际中情况的差别，如噪声、稳定因子等，都要留一定的余量，一般要求在带内无条件稳定即 $K>1$，在 0～30GHz 内要求 $K>0.95$，$B>0$。通过优化和适量手动调整后，得第一级电路设计图如图 2 所示。仿真结果图如图 3 所示。

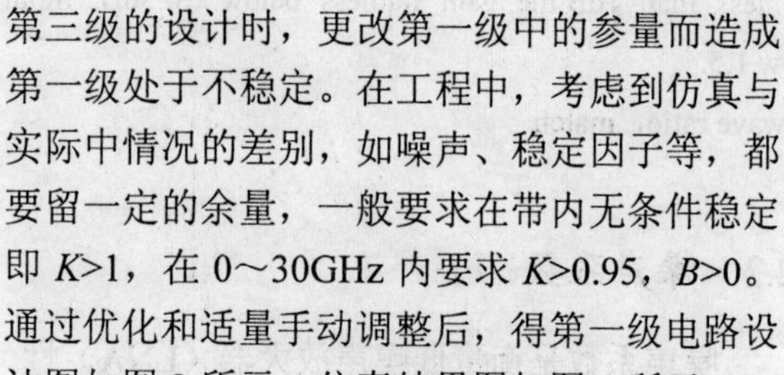

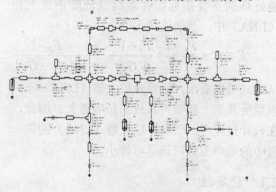

图 2　第一级电路图

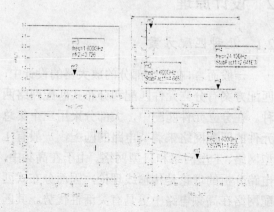

图 3　第一级仿真结果

3.2　第二级设计

在第二级设计中，要求和第一级差不多，除了噪声不用考虑以外，为了使电路稳定，因而在电路中加入一定的 Π 形结构。由于第二级电路设计还应兼顾考虑第一级的输入驻波比，因而在第二级稳定时，加入到第一级中，通过手动调整第二级，使输入驻波比尽可能小。通常第一级确定后，所有第一级内的参量都不能改变，因而，第二级加入并调整后，还应该再次把第二级单独仿真，查看第二级单独时是否稳定。得到第二级电路图如图 4 所示，仿真结果如图 5 所示，第一、二级联结后仿真结果如图 6 所示。

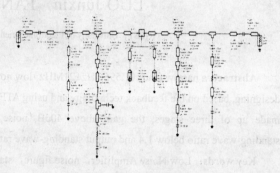

图 4　第二级电路图

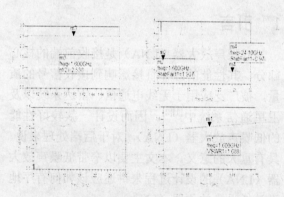

图 5　第二级仿真结果

图 6　第一、二级仿真结果

3.3 第三级设计

第三级设计和第二级差不多，但要考虑输入驻波比和输出驻波比。通过仿真和调整后得到第三级电路图如图 7 所示，仿真结果如图 8 所示，联接到前两级上，得到的仿真结果如图 9 所示。

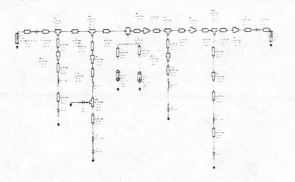

图 7 第三级电路

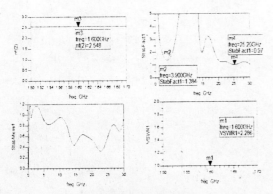

图 8 第三级仿真结果

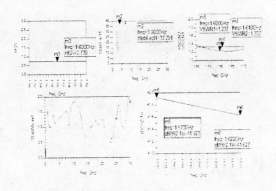

图 9 三级仿真结果

3.4 版图设计

从节约成本的角度来讲，应使版图尽可能小型化，同时也要考虑加工的可行性。将以上电路图加上供电电路后生成版图，通过 AutoCAD 辅助软件，同时引入实际中的器件大小，更改以后的加工版图如图 10 所示。

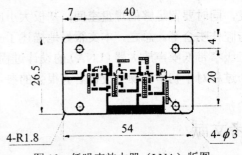

图 10 低噪声放大器（LNA）版图

4 实物与测试结果

经过加工后得到低噪声放大器（LNA）实物图示如图 11 所示，测试结果如图 12、图 13 所示。

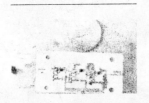

图 11 实物图

图 12 20dB 衰减增益和噪声

图 13 输入驻波与输出驻波

从最终测试结果输入驻波为 1.04，比设计中的 1.232 好；输出驻波为 1.224，也比设计中的输出驻波 1.337 好，但噪声系数与增益要稍稍差一点。总之，该设计数据与实验数据基本吻合。

5 结论

在整个设计过程中，设计者除了完成电路的仿真外，同时还应该对生产工艺有一定的了解，不能过分追求基板上的微带线的线宽精度；对于电路中连接集总元件，要从实际中的元件出发，同时要留足够的焊盘空间；基板大小应该与腔体吻合等。总之，本文很好地描述了一个三级窄带低噪声放大器（LNA）的设计过程，整个过程对于初学低噪放设计者有很强的参考意义。

参考文献

[1] 李嗣范. 微波元件原理与设计[M]. 北京：人民邮电出版社，1982

[2] 王聚波，陈国鹰，康志龙，许敏. 低噪声放大器的 ADS 设计与仿真. 河北工业大学学报，2007（5）

[3] 文光俊，谢甫珍，李家胤译 单片射频微波集成电路技术与设计

[4] 张肇仪，周乐柱，吴德明等译. 微波工程. P426

基于 ADS 的三级低噪声放大器设计

王洪全　　钱可伟

（电子科技大学 电子科学技术研究院 成都 610054）

摘　要：本文介绍了应用噪声较小、增益较高且工作电流较低的放大管 Avago ATF-55143，设计了较高增益的低噪声放大器，阐述了 RC 反馈技术，损耗一定增益，实现输入输出匹配和放大器的无条件稳定。结合 ADS 软件的辅助设计，研制的低噪声放大器，在工作频段内增益大于 40dB，工作电流小于 40mA，噪声系数小于 1dB，驻波比小于 1.3。该放大器成本较低、体积较小，完全满足设计指标要求。

关键词：低噪声放大器；噪声系数；ADS 仿真；优化设计

Design of three stages Low Noise Amplifier based on ADS

WANG Hongquan　　QIAN Kewei

（research institute of electronic science and technology, university of electronic science and technology of china, Chengdu, 610054）

Abstract：A new high gain low noise amplifier （LNA） was developed to use Avago ATF-55143 amplifier tube which has low noise、high gain and low operating current. The serial inductive RC feedback technologies are used to provide good input and output match and to ensure unconditional stability, while certain overall stage gain loss is caused. Designing and simulating LNA with ADS software subsidiary design. The LNA shows the gain above 40 dB, operating current below 40mA noise figure less than 1dB and VSWR less than 1.3dB, with low cost and small volume. The result showed that the design meet the performance requirements.

Keywords：low noise amplifier，noise figure，ADS simulation，optimization design

1　引言

随着现代雷达、导航、微波通信和电子对抗技术的发展，要求微波系统向小型化、固体化、低噪声及高接受灵敏度等方向发展[1]。正是由于这种需求，使得微波低噪声半导体管和相应的低噪声放大器得到了迅速发展和广泛应用。衡量通信质量的一个重要指标是信噪比，而改善信噪比的关键就在于降低接收机的噪声系数，噪声系数降低，将很大程度地提高接受灵敏度、善信噪比[2]。微波放大器作为微波系统前端的一个关键部件，其性能好坏直接影响到整个系统的性能。如何减小低噪声放大器的尺寸和降低低噪声放大器的噪声系数，一直以来都是人们不懈努力的方向。

本文利用 E-PHEMT 器件高增益、超低噪声等优点，应用栅极和漏极间的 RC 负反馈技术，进行了一种高增益的低噪声放大器设计，该低噪声放大器工作电压为 5V，电流小于 40mA，工作频率为 2491±4MHz，通带增益为 40dB±0.5dB，噪声系数小于 1.1dB，输入驻波比小于 1.5，输出驻波比小于 1.8。

2　电路设计

2.1　器件选择与偏置电路

为保证低噪声放大器的技术指标，首先要根据频率及增益等要求选择低噪声放大管。该设计要求晶体管的电流低、增益高、噪声低，而 Avago ATF-55143 在通信频段内具有低的噪声系数（NF）以及较高的三阶交截点（IP3）和增益，低成本，工作频率在 VHF 到 6GHz 范围，采用 SOT-343 封装，工作电流小且供电方式简单，此外，它的静态工作点较稳定，不易自激。由于设计要求工作小于 40mA，增益为 40dB±0.5dB，根据 ATF-55143 管的数据手册，选择放大器工作点为 2.7V、10mA，单极增益约 16dB，故选择三级放大电路；三级放大电路很容易产生自激，而且尺寸较大，所以直流偏置电路选择应尽量简单，在管子的漏极和栅极加偏置，源极为直流接地状态，采用常用的电阻自偏压结构为基体管提供相应的直流电压和电流。偏置电路如图1所示。

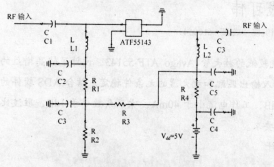

图1　低噪声放大器偏置电路图

在供电电压为5V的条件下，经过计算R_1为10K，R_2为300Ω，R_3为1300Ω，R_4为200Ω，R_2和R_3分压后为放大管提供2.7V电压，R_1主要起限制栅极电流作用。电路中的C_2、C_3、C_4、C_5为旁路电容，L_1和L_2为高频轭流电感，C_1、C_6作为隔直电容。为了进一步得到精确的偏置电阻值、可以对偏置电路进行直流仿真；根据源级和漏极电压值对电阻进行微调，以满足偏置条件。

2.2　稳定性设计

因为有源器件都存在内部反馈，反馈的大小取决于放大器的S参数、匹配网络以及偏置条件，当反馈量达到一定程度时，将会引起放大器输入或输出出现负阻，产生自激振荡[3,4]，因此，电路的稳定性设计必不可少，本设计中增益为40dB，且为三级放大，更容易产生自激，故需要更全面地考虑稳定性。设计时利用ADS中Stab_face（s）和Stab_meas（s）直接对器件稳定性分析，并保证在0~30GHz范围内单极绝对稳定，即Stab_face（s）的值大于1，Stab_meas（s）的值大于0，三级连接在一起后同样满足以上条件。具体如图2所示。

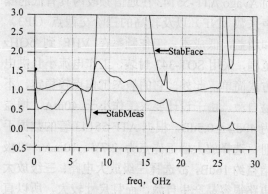

图2　低噪声放大器稳定性系数

除了满足Stab_face（s）的值大于1，Stab_meas（s）的值大于0条件外，在结构设计上及装配工艺上都要考虑稳定性因素。放大器腔体的横向宽度要小于最高频率的半波长，以避免腔体内空间产生波导传输效应，这项要求和一般低噪声放大器原理是一样的。必要时，腔体的上盖还要贴敷微波吸收材料，以减小空间耦合引起的增益起伏。在版图空白处添加大面积的通孔接地[5]，一方面为了保证散热和接地效果良好，另一方面是为今后调试留下焊接空间。该放大器由于采用三级结构，总尺寸必然较长，因此，微带基板要采取措施压紧在底板上，防止翘曲。把基板的空闲面积尽量多地铺满接地金属层，保证螺钉数量足够多，并把螺钉孔的孔壁金属化，使基片上的金属层与地金属层完全连通，进一步改善接地状况，从而提高其稳定性。

2.3　射频匹配

输入、输出的射频匹配对整个低噪声放大器的带内带外增益、稳定性、输入和输出回波损耗都有很大的影响。本文采用了栅极和漏极之间的负反馈，反馈网络由电阻和电容组成，其作用主要是调节噪声系数和端口驻波比，同时兼顾电路的稳定性。通过ADS软件仿真可看出，反馈对整体电路的稳定性有很大的影响，其RC反馈应采用0402规格的微波器件，焊接pad点尺寸尽可能小，距离尽可能近，且需要考虑实际版图中微带长度等。放大器对噪声匹配使用高通阻抗匹配网络，高通网络由串联电容C_1和并联电感L_1组成，电路损耗将与噪声系数直接相关，C_1同时也作为隔直电容，同样L_1为PHEMT的Gate提供直流偏置，它们都发挥着双重作用[6,7]。C_2为L_1提供良好的旁路功能。这一网络在低噪声系数、输入回拨损耗和增益之间存在着折中选择。电容C_2和C_5提供了带内稳定性，电阻R_1和R_4则提高了低频稳定性。输出上的高通网络由串联电容C_6和并联电感L_2组成，同样L_2也为PHEMT提供直流偏置。

2.4　最终放大器设计

装配好的低噪声放大器如图3所示。

图 3　低噪声放大器实物图

该电路基板采用的是 Rogers 4350B，该基板厚为 0.5mm，介电参数为 3.48，金属导体厚度为 34μm，装配后实物尺寸为 55mm × 27mm × 9mm，利用 5V 单电源供电。

3　仿真与实验结果

3.1　仿真结果分析

利用 ADS 软件，通过 S 参数仿真得到低噪声放大器的各项参数，功率增益和噪声系数如图 4 所示。从图中可见，低噪声放大器在工作频段内增益大于 40dB，并有良好的增益平坦度，噪声系数约为 0.763dB，远小于设计要求的 1.1dB。

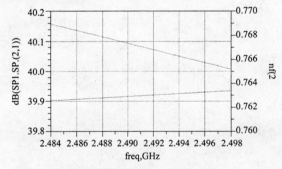

图 4　增益和噪声系数与频率的关系

实际测试噪声最大为 0.91dB，与仿真有一定差别，这主要是由于腔体两端的 SM 接头损耗及电路中噪声有关，在电源处接大容量的钽电容能很好地改善电源噪声，在设计负反馈时第一级反馈线路上电阻 R 的阻值，对整体噪声影响很大。ADS 仿真发现，R 阻值越大噪声越小，但过大会影响稳定性。应兼顾两者取合适值，本设计中取 R 为 2kΩ。输入\输出驻波仿真结果如图 5 所示。可见，输入\输出驻波均小于 1.15dB，特别是输出驻波只有 1dB，有效降低了输出端反射损耗。

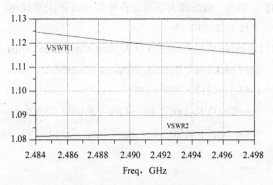

图 5　输入/输出驻波比与频率的关系

3.2　实测结果分析

将装配好的低噪声放大器用 E4440A 型矢量网络分析仪和 N8975 型噪声系数分析仪等测试，实际的测试结果如表 1 所示。测试表明，低噪声放大器的增益约为 39.8dB，与仿真结果相比略有下降，输入驻波最大为 1.38dB，输出驻波最大为 1.26dB，虽然比仿真结果有所下降，但均能很好的满足设计要求。

表 1　低噪声放大器实际测试结果

频率 /MHz	增益 /dB	噪声系数 /dB	输入驻波 /dB	输出驻波 /dB
2487	40.125	0.85	1.27	1.20
2489	40.084	0.86	1.38	1.26
2491	40.021	0.89	1.28	1.24
2493	39.872	0.91	1.31	1.23
2495	39.724	0.90	1.26	1.20

4　结论

本文讨论了一种高增益的低噪声放大器设计，设计中采用 Avago ATF-55143 放大管，应用栅极和漏极间的 RC 负反馈技术，采用三级放大电路，充分考虑了放大管的直流偏置设置、匹配及稳定性能，避免了放大器产生自激振荡。仿真测试结果表明，在低噪声放大器工作频率 2491 ± 4MHz 内，通带增益达 40dB，噪声系数最大为 0.91dB，输入驻波小于 1.38dB，输出驻波小于 1.26dB。与 ADS 仿真结果相比，性能略有下降，但都很好满足设计要求。

参考文献

[1] 刘晶怡，费元春. S 波段低噪声放大器 CAD 设计[J] 现代雷达. 2004.26（5）:59~61

[2] 钱可伟，田忠. 0.1~2.8GHz 超宽带低噪声放大器的研制[J]电子元件与材料. 2008.27（8）:62~64

[3] 于洪喜. 微波放大器稳定性分析与设计[J]空间电子技术. 2003.2:10～13

[4] Lehmann R E, Heston D D. X-band Monolithic Feries Seed back LNA[J]. IEEE Trans. on Electron. Devices, 1985.32（11）:2729～2735

[5] Shaeffer D K, Lee T H.A 1.5V 1.5 GHz CMOS low noise amplifier[J]IEEE J Solid-State Circuit 1997.32 （5）:745～759.

[6] Guillermo Gonzalez. 微波晶体管放大器分析与设计[M]. 白晓东译. 第二版, 北京: 清华出版社, 2003: 200～230

[7] 麻来宣, 张晨新, 李中, 等. 利用图解和 CAD 方法设计低噪声放大器[J]. 微计算机信息, 2007 （05）:302～304

用于卫星通信的螺旋天线的仿真设计

黄　朋　曾　刚

（电子科技大学物理电子学院　成都　610054）

摘　要：螺旋天线具有高增益、圆极化及很宽的工作频带等特性。本文介绍了螺旋天线的辐射模式，并根据卫星天线的设计指标设计出相应的天线，采用电磁仿真软件 CST 2008 进行仿真并得到较好的仿真结果，并讨论了反射板尺寸的变化对天线性能的影响。

关键词：螺旋天线；增益；辐射模式

Simulation Design of Helix Antenna for Satellite Communication

HUANG Peng　ZENG Gang

（Institute of Applied Physics of University of Electronic Science and Technology of China, Chengdu, 610054）

Abstract：Helix antenna have high gain ,circular polarization and very wide frequency band. The radiation mode is introduced ,and the helix antenna is designed for satellite communication. The helix antenna is simulated using the electromagnetic field simulation software CST 2008 , and the result is well. The affection brought by the ground broad dimension is discussed.

Keywords：Helix antenna，Gain，Radiation mode

1　引言

在卫星移动通信和全球定位系统（GPS）中，常常需要一种体积小、重量轻、宽波束的圆极化天线[1]。卫星通信还要求天线具有宽频带，以及具有心形或赋形方向图和高增益等特性。螺旋天线的特点是某一频段内沿天线轴线方向辐射为最大且辐射圆极化波，再一个特点是工作频带宽[2]。基于螺旋天线的优点，使得其能在卫星通信中得以应用。

2　螺旋天线的辐射模式分析

螺旋天线是金属导线绕成的螺旋状结构的天线，一般是圆柱式的，通常采用同轴馈电。如图 1 所示给出了圆柱形螺旋天线结构示意图及其几何参数：D 为螺旋直径；S 为螺距；a 为螺旋线半径；L 为 1 圈的平均周长；N 为圈数；l 为天线轴长。

螺旋天线的辐射特性基本取决于 D/λ。当 $D/\lambda < 0.18$ 时，称为法向模式，相应的天线称为法向模螺旋天线；当 $0.25 < D/\lambda < 0.46$ 时，称为轴向模式；当 D/λ 进一步增大时，螺旋

天线方向变为圆锥形，如图 2 所示[3-4]。

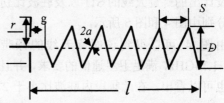

图 1　螺旋天线基本结构

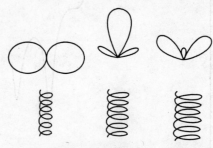

（a）边射　（b）端射　（c）圆锥方向图

图 2　螺旋天线直径 D/λ 与方向图的关系

轴向螺旋天线其螺旋一圈的长度约为一个波长，天线的最大辐射方向在螺旋的轴向。主要特点为：（1）沿轴线有最大辐射；（2）辐射场为圆极化；（3）输入阻抗近似为纯电阻；（4）有较宽的频带[5]。

3 轴向螺旋天线的仿真设计

常规的轴向模螺旋天线要求匝数在 3 圈以上、螺距角在 12°～14°之间，这样就导致天线的轴向尺寸较长。后来日本学者发现了少匝数和小螺距角相结合的螺旋天线同样可以辐射良好的圆极化波[6]。

3.1 仿真模型

仿真设计在 CST 2008 中建立模型，如图 3 所示，天线的辐射方向是沿 Z 轴的正方向传播。

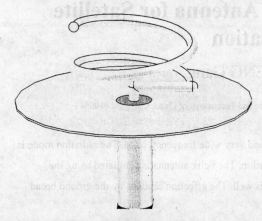

图 3 加反射板的螺旋天线

采用电磁仿真软件 CST 2008 进行仿真，得到设计出的螺旋天线的 S11 以及驻波比仿真结果分别由图 4 和图 5 所示。

由图 4 可以得到该螺旋天线的频带为 1.49～1.74GHz，满足卫星通信的要求，并且由图 5 也可以看出，在此频段内驻波比小于 2。

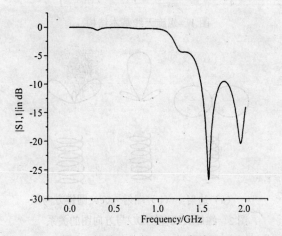

图 4 螺旋天线的 S11 仿真结果

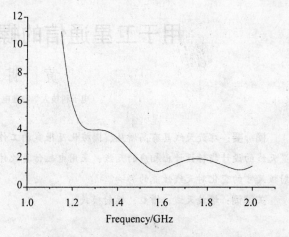

图 5 螺旋天线的驻波比的仿真结果

3.2 螺旋天线参数变化对性能的影响

天线参数的变化都会对螺旋天线的性能产生影响，有些参数变化甚至对天线性能影响较大。因此，针对该螺旋天线，主要研究了反射板尺寸变化对其性能产生的影响。

研究螺旋天线的性能时，通常认为反射板应为无穷大，实际上不可能做到。图 6 和图 7 所示分别给出了圆形反射板半径对天线方向图以及 S11 参数的影响。

由图 6 可以看出，当反射板尺寸较小时，天线后向辐射损耗比较严重，没有起到抑制后向反射、增大主辐射方向增益的作用；当增大接地板尺寸至 $R=60cm$ 时，方向图增益与主辐射方向趋于稳定。由图 7 所示结果显示，随着反射板尺寸的增大，螺旋天线的通带向低频方向移动。

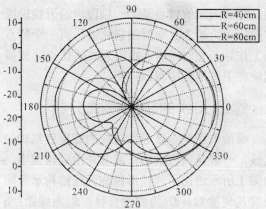

图 6 螺旋天线的方向图与反射板半径 R 的关系

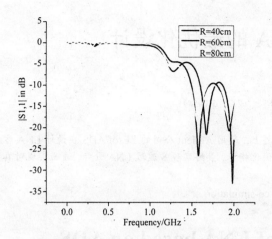

图 7 螺旋天线的 S11 参数与反射板半径 *R* 的关系

4 结论

随着人们对卫星通信的要求越来越高，卫星天线技术的发展对宽频带、圆极化天线提出了更高的要求。由于螺旋天线具有宽频带，并且在主辐射方向上易实现圆极化的特点，其应用前景十分广阔。本文提出了适用于卫星通信的天线，并借助仿真软件 CST 2008 进行仿真。还对相应的天线参数进行了初步分析且得到了相应的结论，对以后相同类型天线的设计有一定的参考价值。

参考文献

[1] 林敏，杨水根等. 一种新型螺旋天线的设计，通信技术与设备. 2000，3

[2] 吴文洲，王剑等. 圆极化 GPS 螺旋天线设计与分析，火力与指挥控制. 2008，11

[3] 林昌禄. 天线工程手册. 北京：电子工程出版社，2002

[4] YU Xinfeng，GAO Min. Simulation Design of Ultra-wideband Helix Antenna. Radar Symposium, 2008 International 21-23 May 2008

[5] 高阳. 全球定位系统中的小型介质加载四臂螺旋天线. 浙江大学硕士学位论文，2008，5

[6] 李相强，刘庆想等. 短螺旋天线改进设计，微波学报. 2009，2

基于 ADS 仿真的 LNA 的最优化设计

拓伯乾

（电子科技大学空天科学与技术学院　成都　610054）

摘　要：本文主要是在分析低噪声放大器基本原理的基础之上，运用 Agilent 公司的 EEsof/ADS 在设计 LNA 方面强大的仿真工具以及优化工具和联合仿真方法实现设计的最优化指标，最终实现 S 波段 LNA 设计，进而实现对真实电路更加接近的仿真。

关键字：低噪声放大器；EEsof/ADS；最优化；EM/circuit co-simulation

The Optimization Design of LNA based on ADS Simulation

TA Boqian

（Institute of Astronautics and Aeronautics UESTC, Chengdu, 610054）

Abstract：This paper mainly analyses low noise amplifier（LNA） based on basic theory is studied, the software Agilent ADS is used to simulate 、optimize and EM/circuit co-simulation the circuit for specification optimized The designs finally comes true the whole circuit of LNA is S-Band.,andthe fabricated LNA satisfies the specification, and the simulation most agrees with the real circuit the well.

Keywords：Low noise amplifier，EEsof/ADS，Optimization，EM/circuit co-simulation

1　引言

在整个接收机系统中，低噪放的性能直接影响着整个系统的性能，因此，要尽可能地做好低噪放的设计。本文是基于安捷伦公司推出的强大的 EEsof/ADS 软件，充分利用其强大的偏置、匹配、仿真、优化、联合仿真等一系列的基于理论的仿真优化工具，实现了 LNA 真正接近于实际的仿真，大大缩短了设计时间和提高了工作效率，同时还使精确度大为提高。

2　低噪声放大器的基本原理

2.1　噪声系数

系统的噪声系数定义为输入端与输出端各自的信噪比之比：

$$F = \frac{(S/N)_{input}}{(S/N)_{output}} \geq 1 \qquad (1)$$

式中，F 表示噪声因子；NF 表示噪声系数。尽管两者被互换，对于功率增益为 G 的放大器来说，噪声系数还是可以写成如下形式：

$$F = \frac{S_i/N_i}{GS_i/G(N_i+N_a)} \qquad (2\text{-}2)$$

$$F = 1 + N_a/N_i \qquad (2\text{-}3)$$

2.2　增益

低噪声放大器（LNA）输出端必须与滤波器相配，以保证滤波器的众多特性，如插入损耗、带内波动以及带外衰减等。我们从接收机特点知道低噪声放大器的增益最好是可控制的。在通信电路中，控制增益的方法一般是改变放大器的工作点、改变放大器的负反馈量、改变放大器谐振回路的 Q 值等，这些改变都可通过载波电平检测电路产生自动增益控制电压来实现[1]。

2.3　稳定性

电路的稳定系数 K。其定义为：

$$k = \frac{1 - |s_{11}|^2 - |s_{22}|^2 + |\Delta|^2}{2|s_{12}||s_{21}|} \qquad (4)$$

其中，$|\Delta| = |s_{11}s_{22} - s_{12}s_{21}|$。
必须使

$$\begin{cases} K > 1 \\ 1 - |S_{11}|^2 > |S_{12}S_{21}| \\ 1 - |S_{22}|^2 > |S_{12}S_{21}| \end{cases} \quad (5)$$

才能保证电路的绝对稳定。式（5）中任何一个条件不满足，放大器都将是潜在不稳定的。当放大器出现不稳定的情况时，常常采用在其不稳定的端口串联或者并联一个电阻的方法来稳定[3]。

3 ADS 仿真电路设计

本文运用安捷伦公司的 ATF58139 作为仿真管，根据要求需 2.5GHZ～3GHZ 噪声小于 1dB，增益大于 13dB 且 S 11 和 S22 在带内都小于–20dB,根据安捷伦给出的 Vds=5V, Ids=135mA 其 S 参数及噪声都满足设计要求，在其基础之上进行直流仿真。

3.1 直流偏置的分析

利用 ADS 自带场效应管直流仿真模型直流仿真电路，如图 1 所示。

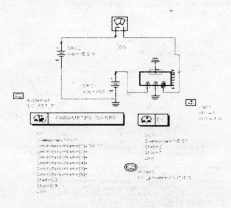

图 1　直流仿真电路

仿真结果如图 2 所示。

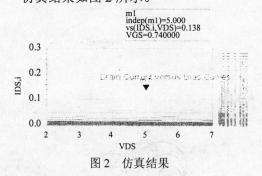

m1
indep(m1)=5.000
vs(IDS.i,VDS)=0.138
VGS=0.740000

图 2　仿真结果

通过上述结果可见，VGS=0.74V 可近似达到 V_{ds}=5V, I_{ds}=135mA 的偏置要求，这样就可以在后面的仿真电路中加入偏置以达到我们的偏置要求。

3.2 低噪声放大器匹配和偏置的反馈匹配设计

根据低噪放设计，其输入匹配要尽可能接近最佳噪声匹配方可使匹配噪声达到最小噪声，而为了达到最大增益则输出按共轭匹配，安捷伦公司则提供了 Design Guide 工具，在其 Amplifier 项中选择 S 参数仿真，分析结果如图 3 所示。

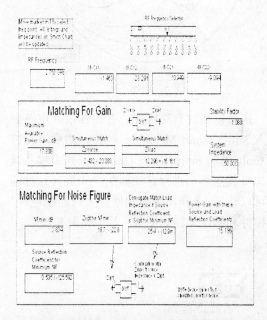

图 3　S 参数、共轭匹配及最佳噪声匹配

根据图 3 所示，改变频率值可改变其相关参数，由于其只有 500M 的带宽且相对带宽只有 18%，所以可以选择中心频率进行匹配。由图 3 所示可实现单级放大器的最佳匹配。

利用 ADS 的 Smith 圆图工具可实现对匹配电路的初步设计，如图 4 和图 5 所示，通过手动将其输入/输出进行匹配，从而对电路实现初步的匹配。

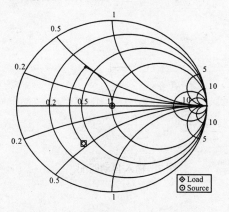

图 4　输入匹配

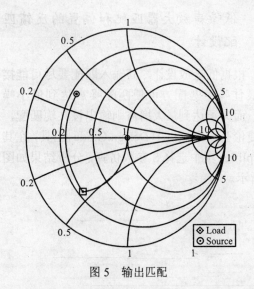

图 5　输出匹配

还可以通过自动匹配。首先在设计电路中加入 Smith Chart Matching 控件，然后，再打开 tools 里的 Smith Chart Utility，在其中输入其源与负载点然后进行自动匹配，一般有几种匹配可以选择，选择反射小和增益大的匹配电路，其控件和匹配电路如图 6、图 7 和图 8 所示。

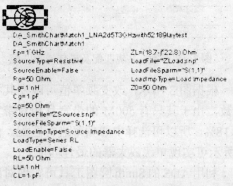

图 6　Smith Chart Matching 控件

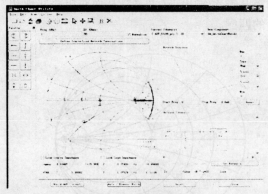

图 7　输入自动匹配

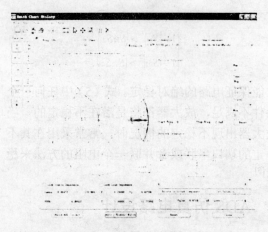

图 8　输出自动匹配

根据图 9 可见，最佳 S 参数点匹配离最佳增益匹配较远，并且其为点匹配则无法知道其最佳匹配的区域。

安捷伦公司同时在 Design Guide 工具中还提供了强大的增益圆图、噪声圆图、稳定性图工具，如图 10 所示。

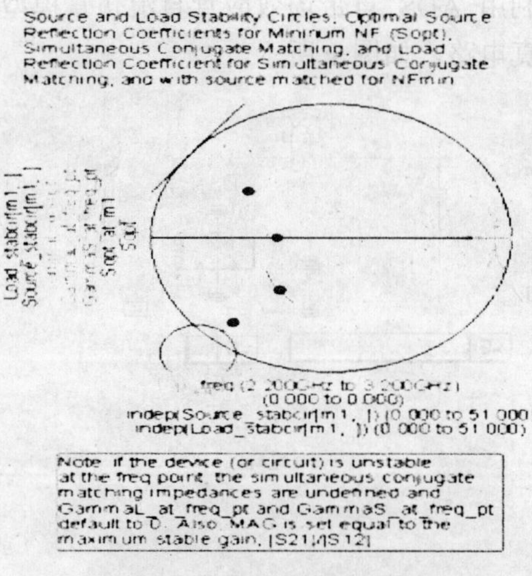

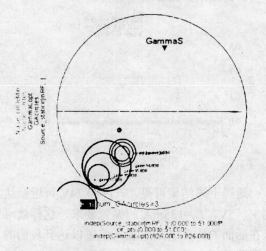

图 9　最佳匹配圆图表示

图 10　仿真结果

由图 10 所示。可以看到所在频率范围内的增益圆、噪声圆、稳定性圆，从而找到匹配的方向，由图可见其稳定性在所在频段都是稳定的。

本设计中运用了反馈偏置网络，如图 11 所示。

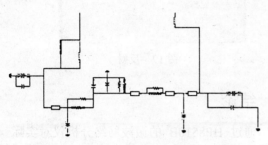

图 11 反馈偏置电路

同时，为了更好地实现对反射及增益的要求，加入了源极反馈电路，如图 12 所示。

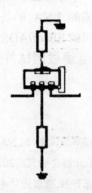

图 12 源极反馈电路

3.3 电路仿真及优化

根据上述的分析及准备，可以得到仿真电路如图 13 所示。

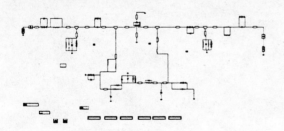

图 13 单级仿真 LNA 电路

对 S 参数以及稳定性进行仿真其反射较差，是因为其为点匹配且最佳噪声匹配和共轭匹配离得较远，可根据图 10 对其进行调试。当进行到一定阶段对所在电路进行优化，由于加入反馈偏置电路和源极反馈，则可实现其增益平坦和带内的稳定。

在进行完上述过程之后可对电路进行优化，把增益、噪声系数、S11 和 S22 设为目标，对其进行优化。ADS 提供了多种优化方式，可先进行几次 Random 仿真，然后运用 Gradient 方式进行仿真，仿真结果如图 14 所示。

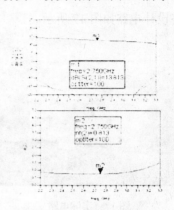

图 14 增益、反射、噪声

由于其为无条件稳定，其图如图 15 所示。

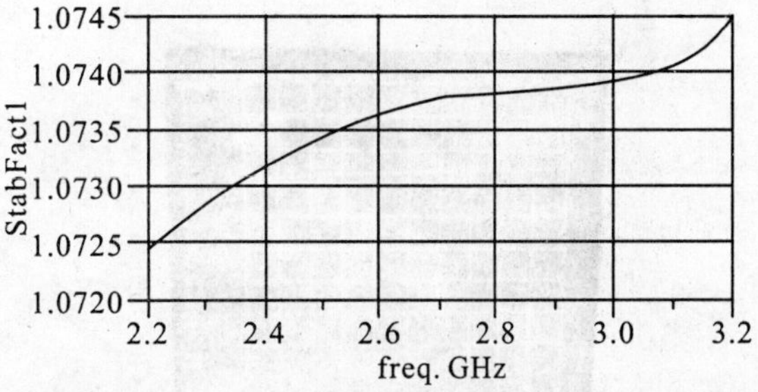

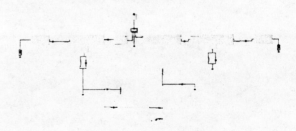

图 15 稳定性

3.4 联合仿真

上述结果首先是用电路的理想模型仿真，等达到或好于结果时将其电容、电感、电阻换为封装元件进行仿真的结果。为了进一步使电路更加接近实际电路我们进行联合仿真，生成 Layout 文件，在 momentum 中的 Component 中生成 Layout 器件，其将可在 Component Library 中找到，新建 Design 文件加入封装元件进行联合仿真，如图 16 所示。

图 16 联合仿真版图

经过联合仿真得出，在低噪声放大器的工

作频带为 2.5～3GHZ，因为管子本身的原因其已经达到 1dB 以内，增益也大于 13dB 且平坦度较好，其反射 S11 和 S22 所在频带小于 20dB。

4　实物与实际电路测试

最终设计电路如图 17 所示。

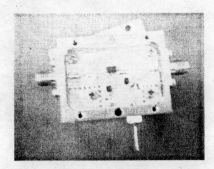

图 17　实际电路

运用矢量网络分析仪测试的增益及反射如图 18 和图 19 所示。

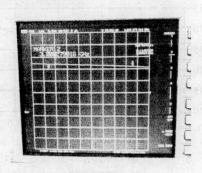

图 18　增益

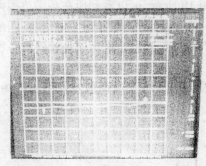

图 19　反射

5　结论

通过 HP8510B 的微波网络分析仪对实际电路进行测试如图 17 和图 18 所示。其增益大于 12dB 且反射小于 –10dB，同时，通过 HP8970A 的噪声系数测，试仪对实际电路进行测试其在带内噪声小于 1dB。

所以通过上述的 LNA 的仿真，真正实现了通过安捷伦公司的 EEsof/ADS 使设计达到了所期望的最优值且通过测试得到了很好的验证。

参考文献

[1] 吴国增,杨颖.低噪声放大器（LNA）的网络匹配设计方法研究.电子元器件研究，2007，9（1）

[2] 黄香馥,陈天麒,张开智.微波固体电路. 成都：电子科技大学出版社.1988.140～143

[3] 清华大学.《微带电路》编写组.微带电路.1976.1～29

S 波段低噪声放大器的小型化设计

范海涛　罗俊忻　钱可伟　唐伟

（电子科技大学电子科学技术研究院　成都　610054）

摘　要：本文利用微波 CAD 软件 ADS2005，结合放大器设计理论，利用两种负反馈技术，并通过进行版图优化设计出结构紧凑，性能指标好的 S 波段小型化低噪声放大器。在频段 2491.75±4MHz，增益大于 40dB，噪声系数小于 0.8dB，工作电流小于 40mA，该低噪声放大器成本低，体积较小。

关键词：低噪声放大器；小型化；负反馈技术；ADS

Miniature design of S-band LNA

FAN Haitao　LUO Junxin　QIAN Kewei　TANG Wei

（RIEST, University of Electronics Science and Technology of China, Chengdu, 610054）

Abstract：With the CAD software ADS2005 and amplifier design theory, using two kinds of feedback technology and layout optimism method a good architecture and good performance S-band LNA is designed and produced. The power gain > 40dB, noise fact < 0.9dB, working current < 40mA, this LNA has low cost, but a small volume.

Keywords：LNA，miniature，feedback technology，ADS

1 引言

LNA 主要用于接收机前端，其作用是放大接收到的微弱信号，降低噪声干扰。LNA 的设计对整个接收机性能至关重要，其噪声系数直接反映接收机的灵敏度。随着通信、雷达技术的发展，对微波低噪声放大器也提出了更高要求，低噪声系数、高功率增益已经成为 LNA 指标。如何权衡各指标之间的关系是设计中的难点问题[1]。本文利用微波 CAD 软件 ADS2005，结合放大器设计理论[4]，设计出结构紧凑、性能指标好的低噪声放大器。

2 低噪声放大器的设计

2.1 稳定性设计

根据指标要求，选择噪声小、增益较高的放大管 ATF55143。稳定性是放大器的头等大事，如果电路不稳定，产生自激，则谈不上满足任何技术指标。稳定性设计的方法主要有两种，一种是反馈电路网络的应用，一种是匹配网络的应用，匹配网络的设计还要兼顾电路输入输出驻波比。反馈网络的应用将在后一节中详细描述。先看一下匹配网络的设计。匹配网络一般是在电路后端采用并联电阻电感网络，在 ADS 软件中原理如图 1 所示。

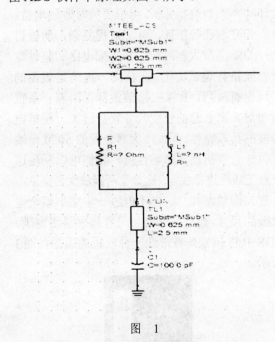

图　1

还有一种方法就是在电路后端串联一个小阻值电阻，可以增加电路的稳定性。但是这个电阻会增加电路的噪声系数，因为电阻本身会产生噪声。这种方法一般在最后不得已的情况下才用。

2.2　负反馈电路的应用

原理框图如图2：

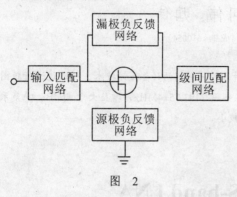

图　2

其中漏极和栅极之间的负反馈网络用来调节噪声系数和电路的稳定性，这个负反馈网络由微带线和集总元件组成。集总元件最好采用0402封装的表贴元件，这样寄生参数在可控范围内。源级串联负反馈网络易于实现输入/输出匹配[2]，改善输入输出驻波。用微带线代替集总元件构成源极负反馈网络，结构简单，易于缩小电路尺寸。

2.3　电路的优化设计和版图布局优化设计

利用ADS软件，对ATF55143电路的s参数和噪声系数进行分析。由于要同时兼顾增益、噪声和驻波比等指标，计算过程复杂，所以借助ADS队放大器的前后级匹配电路和整体性能参数进行调试优化[3]。值得一提的是版图的布局也有技巧，如果三级放大器都沿着一条直线布局，那么总的长度尺寸就会过大。根据电磁波的传输特性，两级放大器之间的50欧姆线可以任意弯折而不影响性能，我们可以利用这一点把版图进行优化，比如让两级放大器呈90°放置，调整结构，这样不但进一步缩小整个电路板的尺寸，而且使电路布局看起来紧凑饱满。ADS中的50欧姆微带线一种弯折的版图如图3所示。

图　3

3　实物图片及结果分析

仿真结果如图4所示。

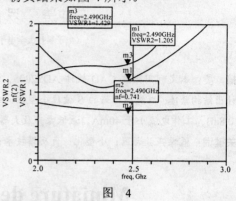

图　4

电路板实物如图5所示。

图　5

组装完毕用矢量网络仪和噪声仪分别对其进行测试。测试结果输入输出驻波<1.5，增益为40.7dB，相对于仿真结果42.9dB有所降低。噪声系数为0.85dB，比仿真的0.741要大0.11个dB。原因分析，引起功率增益降低和噪声系数恶化的原因是测试设备和夹具，腔体SMA接头和连接电缆会使信号损耗，并产生噪声。

4　结论

ADS软件仿真对微波器件的设计能提供有效的帮助，以本方法设计的低噪声放大器与实物有较好的一致性。该低噪声功放大器使用了两种负反馈技术，提高了放大器的性能，同时兼顾了放大器的尺寸缩小，并且并通过版图优化，将放大器尺寸控制在可接受范围之内，从而有利于实现电路的小型化。

参考文献：

[1] 谢涛等. X波段宽带低噪声放大器设计. 中国科学院研究生院学报，2008（5）

[2] 方伟，吴毅强. 低噪声放大器的设计及仿真. 南昌大学，科技广场，2007

[3] 许志兵. 用ADS设计低噪声放大器. 武汉理工大学学报，2006（11）

[4] Ludwig R, Bretchko P. 射频电路设计——理论与应用[M]. 王子宇，张肇仪译. 北京:电子工业出版社，2002.

LC 振荡器中相位噪声与非线性频谱变换研究

李智鹏　鲍景富　唐普英

（电子科技大学电子工程学院　成都　611731）

摘　要：本文在 Samori 模型的基础上，提出了一种新的 LC 振荡器相位噪声非线性模型。通过分析稳态振荡情况下器件的工作状态，讨论了振荡器中的器件噪声通过非线性的频谱变换与线性的频谱整形后转换为振荡器输出相位噪声的物理过程，得到了一个较通用的 LC 振荡器的相位噪声表达式，且该表达式直接与电路中的参数有关。通过设计了一个 2.9GHz 的 Colpitts 振荡器，使用 ADS 软件仿真验证了该模型的准确性。

关键词：LC 振荡器；非线性模型；相位噪声；频谱变换

A Study of Phase Noise and Nonlinear Spectrum Conversion in LC-oscillator

LI Zhipeng　BAO Jingfu　TANG Puying

（School of Electronic Engineering, University of Electronic Science and Technology of China, Chengdu, 611731）

Abstract：A new nonlinear model of phase noise in LC-oscillator is presented in this paper which is based on Samori's model. The operation condition of device in steady-state oscillator is analyzed to discuss the physical process that transform device noise into phase noise by nonlinear spectrum conversion and linear frequency shaping. A closed-form formula as a function of circuit parameters for the phase noise is derived in general condition. This model is verified by design a 2.9GHz Colpitts oscillator use ADS simulation.

Keywords：LC-oscillator, nonlinear model, phase noise, spectrum conversion

振荡器作为一个重要单元模块，广泛的应用于无线射频通信系统之中。而相位噪声作为振荡器的一个重要指标，由于其对整个系统性能有着非常重要的影响，几十年来一直是人们研究的热点[1][2][3]。

按照器件噪声变换到相位噪声的过程，可以分为加性噪声、低频乘性噪声与高频乘性噪声[4]。第一种属于线性噪声，而后两种属于非线性噪声，在文献[5]中证明了非线性噪声对振荡器输出相位噪声的影响比线性噪声更加显著，因此振荡器的非线性效应在分析时不可忽略。Samori 模型[6]考虑到了大信号情况下振荡器的非线性，分析了器件噪声与稳态振荡信号之间互相混频后引起的噪声频谱折叠效应，但该模型只适用于交叉耦合结构的差分振荡器；同时也不能完全解释相位噪声谱的成型过程。本文将其进行推广与完善，得到一个适用范围更广、更加准确的相位噪声模型。

1　LC 振荡器模型

振荡器可分为有源部分和谐振回路部分，其中有源部分提供振荡所需的能量，谐振回路部分选择输出频率。实际所观测到的相位噪声是由器件噪声转换得到，其中包含了频谱变换效应，即位于低频和高频处的噪声通过变频转换到振荡频率 ω_0 附近，这是由器件的非线性所引起[7]，在振荡器中主要发生在有源器件中。因此可以将振荡器分为线性和非线性部分，如图 1 所示。

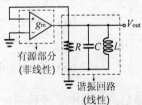

图 1　LC 振荡器的等效模型

振荡器的有源部分通常是由 MOS 或双极性晶体管构成。由于 MOS 管功耗、成本低，且 CMOS 工艺集成度高，其截止频率也已经接近或超过了双极性晶体管，因此 MOS 管在振荡器中的应用越来越多。在这里，主要针对 MOS 管进行分析。

2　噪声频谱变换

2.1　有源器件的工作状态

在典型的 LC 振荡器中，晶体管都工作于 B 类或 C 类模式[8][9]，即在一个振荡周期内其导通角 Φ 小于 180°，其工作模式类似于一开关。Colpitts 振荡器是一种在无线射频领域应用非常广泛的 LC 振荡器，其电路结构如图 2 所示。其中，V_{DD}、V_G 为直流偏置电压。下面对其进行详细的分析来阐述振荡器相位噪声产生的物理过程，其结果也适用于其他类型的 LC 振荡器。

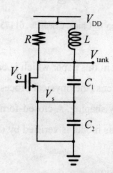

图 2　Colpitts 振荡器电路原理图

从图 2 中可以看出振荡器谐振回路输出电压 V_{tank} 经电容分压后反馈到 MOS 管源级，因此 MOS 管源级交流电压为：

$$V_s(t) = A_s \cos(\omega_0 t) \qquad (1)$$

其中，ω_0 为振荡器振荡频率；A_s 为源级交流电压的幅度。假设 MOS 管导通时都工作于饱和区，可以将工作于 B 类或 C 类模式下的 MOS 管的漏极余弦脉冲电流表示为：

$$I_{ds}(\omega t) = \begin{cases} \dfrac{1}{2}\mu_e C_{ox} W/L \left[V_s(t) - V_{dc}\right]^2 \\ \qquad |\omega_0 t - 2k\pi| < \Phi \\ 0 \\ \qquad |\omega_0 t - 2k\pi| \geq \Phi \end{cases} \qquad (2)$$

上式中 k 为整数；μ_e 为电子迁移率；W/L 为沟道的宽长比；V_{dc} 表示 MOS 管栅极与源级之间的有效直流电压。通过分析有：

$$\cos(\Phi) = \frac{V_{dc}}{A_s} \qquad (3)$$

将上式代入（2）式，得到

$$I_{ds}(wt) = \begin{cases} \dfrac{1}{2}\beta A_s^2 [\cos(w_0 t) - \cos(\Phi)] \\ \qquad |w_0 t - 2k\pi| < \Phi \text{时} \\ 0 \\ \qquad |w_0 t - 2k\pi| \geq \Phi \text{时} \end{cases} \qquad (4)$$

其中，$\beta = \mu_e C_{ox} W/L$，在 MOS 管中跨导可以表示为：

$$g_m(t) = \begin{cases} \beta A_s [\cos(w_0 t) - \cos(\Phi)] \\ \qquad \text{当} |w_0 t - 2k\pi| < \Phi \text{时} \\ 0 \\ \qquad \text{当} |w_0 t - 2k\pi| \geq \Phi \text{时} \end{cases} \qquad (5)$$

可见跨导 $g_m(t)$ 也是一周期时变函数，将其展开为傅里叶级数形式：

$$g_m(t) = \sum_{n=-\infty}^{+\infty} g_{m(n)} e^{jn\omega_0 t} \qquad (6)$$

其中 $g_{m(n)}$ 为 n 次谐波分量的系数，其值为：

$$g_{m(n)} = \begin{cases} \dfrac{1}{\pi} \cdot \beta A_s (\sin(\Phi) - \Phi\cos(\Phi)) & n=0 \\ \dfrac{1}{\pi} \cdot \beta A_s (\Phi - \cos(\Phi)\sin(\Phi)) & n=1 \\ \dfrac{2}{\pi} \cdot \beta A_s \dfrac{\sin n\Phi\cos\Phi - n\cos n\Phi\sin\Phi}{n(n^2-1)} \\ & n \geq 2 \end{cases} \qquad (7)$$

2.2　噪声的非线性频谱变换

噪声源在各次谐波附近都有分量，通过与跨导作卷积运算，会将各次谐波附近的噪声边带搬移到载波附近，引起了频谱变换（折叠）效应。即位于 $n\omega_0 + \Delta\omega$ 处的噪声电压 $V_{U(n)}/2$ 会在 $\omega_0 + \Delta\omega$ 处产生噪声电流分量 $I_U/2 = g_{m(-n+1)} \cdot V_{U(n)}/2$，在 $\omega_0 - \Delta\omega$ 处产生电流分量 $I_L/2 = g_{m(n+1)} \cdot V_{L(n)}^H/2$；同样，位于 $n\omega_0 - \Delta\omega$ 处的噪声电压 $V_{L(n)}/2$ 也会在载波边带处产生噪声电流。其过程如图 3 所示，需要注意的是低频处噪声上变频稍有不同。因此，在载波频偏 $\Delta\omega$ 处的噪声电流可以表示为：

$$\begin{bmatrix} I_L^H/2 \\ I_U/2 \end{bmatrix} = \begin{bmatrix} g_{m(-1)} \\ g_{m(1)} \end{bmatrix} \cdot \left[V_{(0)}/2\right] +$$

$$\sum_{n=1}^{+\infty} \begin{bmatrix} g_{m(n-1)} & g_{m(-n-1)} \\ g_{m(n+1)} & g_{m(-n+1)} \end{bmatrix} \cdot \begin{bmatrix} V_{L(n)}^H/2 \\ V_{U(n)}/2 \end{bmatrix} \qquad (8)$$

其中，下标 L 表示下边带；下标 U 表示上边带；上标 H 表示共轭对。

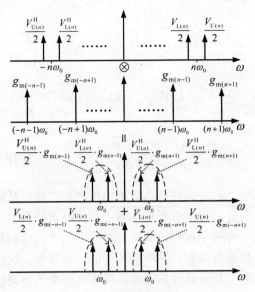

图 3　跨导非线性所引起的噪声频谱变换

因为

$$g_{m(n)} = g_{m(-n)}$$
$$V_{L(n)} = V_{L(n)}^H \qquad (9)$$
$$V_{U(n)} = V_{U(n)}^H$$

将式（8）变换为单边带谱型，得到

$$I_L = I_U = \frac{1}{2} \cdot [(g_{m(-1)} + g_{m(1)})V_{(0)} +$$
$$\sum_{n=1}^{+\infty} (g_{m(n-1)} + g_{m(n+1)})V_{L(n)} + \qquad (10)$$
$$(g_{m(n-1)} + g_{m(n+1)})V_{U(n)}]$$

其中，$V_{L(n)} = V_{U(n)} = V_{(n)}$，因此噪声电流单边带功率谱密度为：

$$\overline{I_L^2} = \overline{I_U^2} = \sum_{n=1}^{+\infty} \left| g_{m(n-1)} + g_{m(n+1)} \right|^2 \overline{V_{(n)}^2} +$$
$$\frac{1}{4} \left| g_{m(-1)} + g_{m(1)} \right|^2 \overline{V_{(0)}^2} \qquad (11)$$

通过分析有源器件中跨导与噪声源的互调，解释了各次谐波附近的噪声是如何折叠到载波边带的，也解释了单边带噪声如何在载波旁产生两个边带及为何这两个边带几乎是对称的，这是线性模型无法解释的。

3　噪声频谱整形

3.1　MOS 管中的噪声源模型

MOS 管中的噪声源主要是热噪声和闪烁

噪声两种，这两种噪声都会因跨导的非线性发生频谱变换效应。MOS 器件的噪声模型如图 4 所示[10]。

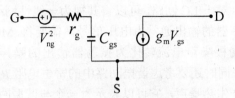

图 4　MOS 管噪声源模型

为了便于分析，可以将 MOS 管噪声源等效为与栅极相串联的电压源，其单边带功率谱为：

$$\overline{V_{ng}^2} = \overline{V_{ngth}^2} + \overline{V_{ngfl}^2}$$
$$= 4kT\gamma \cdot \frac{1}{g_m} + \frac{K_f}{C_{OX}WL} \cdot \frac{1}{f} \qquad (12)$$

上式中第一项表示热噪声，其中：k 为波尔兹曼常数；T 为绝对温度；γ 为一常数，对于长沟道器件来说，其值大约为 2/3。第二项为闪烁噪声：K_f 是一个与工艺有关的常量，数量级约为 $10^{-25}\text{V}^2\text{F}$；$C_{OX}$ 为单位面积的栅氧化层电容；W 和 L 为分别为源漏方向栅极的长度和宽度。

由于 $g_m(t)$ 为一周期函数，在一个周期内是时变的，在这里，取其一周期内的平均值为：

$$\overline{g_m} = \frac{1}{T} \int_0^T g_m(t)dt$$
$$= \frac{1}{\pi} \beta A_s (\sin\Phi - \Phi\cos\Phi) \qquad (13)$$

因此，对于由 MOS 管的非线性所引起的噪声频谱变换在载波处所产生的边带噪声电流为：

$$\overline{I_L^2} = \overline{I_U^2} = \frac{1}{4} \left| g_{m(-1)} + g_{m(1)} \right|^2 \cdot \frac{K_f}{C_{OX}WL} \cdot \frac{1}{f} +$$
$$\sum_{n=1}^{\infty} \left| g_{m(n-1)} + g_{m(n+1)} \right|^2 \cdot 4kT\gamma \frac{1}{g_m} \qquad (14)$$

3.2　谐振回路中的频谱整形

晶体管的将位于各次谐波附近上的噪声转化到载波附近，但并非观测到的相位噪声谱。这是由于谐振回路具有对噪声频谱整形的作用。即可将相位噪声的形成分为两个过程：第一步是由非线性器件所引起的噪声频谱折叠，第二步是 LC 回路对噪声谱的整形，将噪声谱整形为 $1/f^3$，$1/f^2$ 等形式，这才是所观测到的相位噪声谱。

对于 LC 回路，可以将其视为一线性网络。振荡器的输出通常为电压信号，需要将 MOS 管漏极噪声电流转化为振荡器输出的噪声电压，同时还要考虑谐振回路中的寄生电阻 R 也会产生热噪声，它可以表示为一个与谐振回路并联的电流源[11]。因此反馈线性网络如图 5 所示。

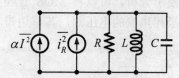

图 5　反馈线性网络示意图

其中，$\overline{I^2}$ 表示晶体管输出的噪声电流；α 为非线性网络端口到线性网络端口的噪声转换参数；$\overline{i_R^2}$ 为谐振回路寄生电阻 R 所产生的热噪声电流。其功率谱密度为：

$$\overline{i_R^2} = \frac{4kT}{R} \tag{15}$$

对于 LC 回路，在偏移载波频率 $\Delta\omega$ 处的回路阻抗近似为：

$$Z(\omega_0 + \Delta\omega) \approx -j\frac{R\omega_0}{2Q\Delta\omega} \tag{16}$$

因为谐振回路电阻热噪声与晶体管噪声是无关的，所以在频偏为 $\Delta\omega$ 处的输出电压噪声功率谱密度为。

$$
\begin{aligned}
\overline{V_n^2(\omega)} &= \left(\alpha\overline{I^2} + \overline{i_R^2}\right) \cdot \left|Z(\omega_0 + \Delta\omega)\right|^2 \\
&= \left\{\left[\frac{1}{4}\left|g_{m(-1)} + g_{m(1)}\right|^2 \cdot \frac{K_f}{C_{OX}WL} \cdot \frac{1}{\Delta f}\right.\right. \\
&\quad \left.+ \sum_{n=1}^{\infty}\left|g_{m(n-1)} + g_{m(n+1)}\right|^2 \cdot 4kT\gamma \cdot \frac{1}{g_m}\right] \cdot \\
&\quad \left.\alpha + \frac{4kT}{R}\right\} \cdot \frac{R^2\omega_0^2}{4Q^2\Delta\omega^2}
\end{aligned} \tag{17}
$$

振荡器中任何噪声分量叠加在载波信号上都会产生等幅的幅度噪声和相位噪声，且幅度噪声可由振荡器自身的幅度限制机制充分削弱，可以忽略掉。因此可以得到输出的单边带相位噪声如式（18）所示，

$$
\begin{aligned}
L(\Delta\omega) &= 10\log\frac{\frac{1}{2}\overline{V_n^2}}{V_{tank}^2}. \\
&= 10\log\left\{\cdot\left[\left[\frac{1}{8}\left|g_{m(-1)} + g_{m(1)}\right|^2 \cdot \frac{K_f}{C_{OX}WL} \cdot \right.\right.\right. \\
&\quad \frac{1}{f} + \left.\sum_{n=1}^{\infty}\left|g_{m(n-1)} + g_{m(n+1)}\right|^2 \cdot 2kT\gamma \cdot \frac{1}{g_m}\right] \cdot \alpha \\
&\quad \left.\left.+ \frac{2kT}{R}\right\} \cdot \frac{R^2\omega_0^2}{2Q^2\Delta\omega^2 A_{tank}}\right\}
\end{aligned} \tag{18}
$$

其中，A_{tank} 为振荡器输出电压的幅度值。从以上的分析可以看到振荡器中相位噪声的产生可以分为两个过程，即有源器件中的非线性的频谱折叠与谐振回路中的线性的频谱整形，这样可以较好地解释振荡器相位噪声产生的物理过程及器件的非线性对相噪的影响。

4　计算与仿真

下面通过一个的实例来验证前面的理论，使用 ADS 软件设计一个 2.9GHz 的 Colpitts 振荡器：NMOS 管采用 BSIM3 模型[12]；晶体管沟道的宽度 W 与长度 L 分别为 100μm 和 0.35μm；阈值电压 V_T=0.7V；漏极偏置电压 V_{DD}=5V，栅极偏置电压 V_G=0.5V；在谐振回路中电感 L=1nH，C_1=9.2pF，C_2=4.6pF，R=500Ω。在稳定振荡时，其谐振回路输出电压 V_{tank}、反馈到源级电压 V_s 及漏极电流 I_{ds} 如图 6 所示。可以看出 MOS 管工作于 C 类模式。

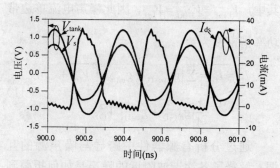

图 6　Colpitts 振荡器电压与电流仿真示意图

通过计算得到其导通角 Φ=75.43°，跨导的谐波系数与导通角 Φ 的关系如图 7 所示。可以看出高次谐波系数与三次谐及以下的系数相比很小，在计算时几乎可以忽略不计，因此，在这里只考虑三次及其以下谐波对频谱变换的影响。

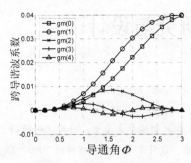

图7 跨导谐波分量系数与导通角Φ的关系

根据文献[8]，在Colpitts振荡器中转换参数 α 为

$$\alpha = \left(\frac{C_2}{C_1 + C_2} \right)^2 \qquad (19)$$

将上述参数代入式（18），通过计算和ADS中采用谐波平衡法仿真得到输出信号的相位噪声谱如图8所示。

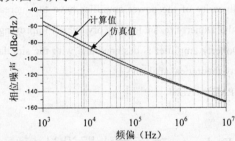

图8 2.9GHz Colpitts振荡器相位噪声计算与仿真结果比较

在频偏各处的相位噪声值如表1所示。

表1 2.9GHz Colpitts振荡器相位噪声仿真值与计算值

	计算值（dBc/Hz）	仿真值（dBc/Hz）
10kHz	−83.35	−87.54
100kHz	−110.12	−112.62
1MHz	−132.16	−133.70

从图8和表1中可以看出计算值与仿真值吻合得很好，在 $1/f^3$ 区域差值在4dB左右，在 $1/f^2$ 区域差值在2dB以内。说明该模型在考虑振荡器非线性效应的情况下，能够准确地计算出振荡器的相位噪声。

5 结论

本文中从理论上分析了振荡器中器件噪声转化为输出相位噪声的非线性过程，分析了大信号情况下有源器件的工作状态，在其基础上进一步探讨了有源器件的非线性所引起的噪声频谱变换效应和谐振回路对噪声频谱的整形作用，得到了一个准确且适用范围更广的振荡器

相位噪声模型，且该模型可由振荡器中电气参数直接计算出相位噪声，很具有工程实用性。另外，还通过设计一个2.9GHz的Colpitts振荡器，使用ADS谐波平衡法仿真验证了该模型的准确性。

参考文献

[1] Leeson D B. A Simple Model of Feedback Oscillator Noise Spectrum [J]. IEEE Proc. 1966, 54: 329～330

[2] Hajimiri A, Lee T H. A General Theory of Phase Noise in Electrical Oscillators [J]. IEEE Journal of Solid-State Circuits. 1998, 33（2）: 179～194

[3] Demir A, et al. Phase Noise in Oscillators: A Unifying Theory and Numerical Methods for Characterization [J]. IEEE Transactions on Circuits and Systems –I. 2000, 47（5）: 655～674

[4] Razavi B. A Study of Phase Noise in CMOS Oscillator[J]. IEEE Journal of Solid-State Circuits. 1996, 31（3）: 331～343

[5] Nallatamby J, Prigent M, Obregon J. On the Role of the Additive and Converted Noise in the Generation of Phase Noise in Nonlinear Oscillator[J]. IEEE Transactions on Microwave Theory and Techniques. 2005, 53（3）: 901～906

[6] Samori C, Lacaita A L, Villa F. Spectrum Folding and Phase Noise in LC Tuned Oscillators[J]. IEEE Tra on Circuits and Systems –II. 1998, 45（7）: 781～790

[7] Siweris H J, Schiek B. Analysis of Noise Upconversion in Microwave FET Oscillators[J]. IEEE Transactions on Microwave Theory and Techniques. 1985, 33（3）: 233～242

[8] Andreani P, Xiaoyan W, et al. A study of Phase Noise in Colpitts and LC-tank CMOS Oscillator[J]. IEEE Journal of Solid-State Circuits. 2005, 40（5）: 1107～1118

[9] Mazzanti A, Andreani P. Class-C Harmonic CMOS VCOs, With a General Result on Phase Noise[J]. IEEE Journal of Solid-State Circuits. 2008, 43（12）: 2716～2729

[10] 拉扎维 著. 陈贵灿, 程军, 张瑞智 译. 模拟CMOS集成电路设计[M]. 西安: 西安交通大学出版社, 2002: 166～197

[11] Thomas H Lee 著. 余志平, 周润德 等译. CMOS射频集成电路设计[M]. 北京: 电子工业出版社, 2006: 507～510

[12] Weidong L, Xiaodong J, et al. BSIM3v3.3 MOSFET Model User's Manual[M]. UC Berkeley, 2005: Ch-8

Doherty 功率放大器的研究与设计

白　翔[1]　唐友喜[2]

（电子科技大学通信抗干扰技术国防科技重点实验室　成都　611731）

摘　要：在现代通信系统中，功率放大器的效率和线性度对系统性能的影响越来越大，针对这一问题，本文研究了提高功率放大器效率的 Doherty 技术理论，然后通过 ADS 软件仿真，设计了一个符合指标的 20W　Doherty 功率放大器，证实了 Doherty 技术对提高效率作用明显。仿真结果验证了理论分析的正确性。

关键词：Doherty；功率放大器；功率附加效率（PAE）；ADS

Research and Design on Doherty Power Amplifier

BAI Xiang[1]　TANG Youxi[2]

（National key Laboratory of Science and Technology on Communication, UESTC, Chengdu, 611731）

Abstract：In modern communication systems, efficiency and linearity of the power amplifier have the increasing influence of the system performance. Aiming to solve this problem, the Doherty technology theory, which improving the efficiency of power amplifier, is studied in this paper. Then a 20W Doherty amplifier is designed and with the simulation with ADS2008. Simulation results support the correctness of the Doherty theoretical analysis.

Keywords：Doherty，power amplifier，power add efficiency（PAE），ADS

1　引言

众所周知，在现代通信系统中（如：WCDMA、TD-SCDMA、CDMA2000），信号通常具有很高的峰均比（PAPR, Peak to average power ratio）。这要求功率放大器能够提供足够高的线性度来不失真地放大这些高峰均比的信号。为了满足线性的要求，功率放大器需要在很大的回退区间上工作。然而随着无线通信设备的小型化和低成本化，通信设备的散热装置也应该小型化和简单化，这就要求功率放大器具有高效率。如何设计具有高线性和高效率的功率放大器已成为一项热门课题。

在众多技术当中，Doherty 技术以其电路结构简单，提升效率明显的优势，成为当今功率放大器提高效率的方向。本文通过计算机辅助设计，以 Freescale 公司 MRF6S21050L 为模型，利用 Doherty 技术设计了一种 20W 功率放大器的实现方案。ADS 仿真结果表明，输出额定功率在 20W 时，功率附加效率（PAE）达到 43%。

2　Doherty 功率放大器设计

2.1　Doherty 功率放大器原理

经典 Doherty 功率放大器是由 Doherty, W.H.在 1936 年发表的论文[1]中首次提出的，主要应用于当时的短波广播基站。

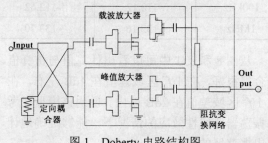

图 1　Doherty 电路结构图

如图 1 所示，经典 Doherty 功率放大器由四部分组成：

1. 载波放大器。偏置在 AB 类的放大器，在小功率信号输入时（即输出功率未达到回退区间。回退区间：从最大输出功率回退 6dB 点到最大输出功率点），单独工作；在大功率信号输入时（即到达回退区间），和峰值放大器一起工作。

2. 峰值放大器。偏置在 B 类或 C 类的放大器，输出功率未达到回退区间时，不工作；到达回退区间，工作。

3. 阻抗变换网络。输出功率未达到回退区间时，载波放大器输出端的阻抗为 $2R_{opt}$，使载波放大器提前饱和；在回退区间，使载波放大器输出端的阻抗从 $2R_{opt}$ 渐变回 R_{opt}。

4. 定向耦合器。具有功分器和在峰值放大器两路延时 1／4 波长的作用，功分器作用是将输入信号分两路分别送给载波放大器和峰值放大器，1／4 波长延时是由于阻抗变换网络引起了载波放大器那路有1／4 波长的延时，为保证上下两路信号同相位合成，在峰值放大器这路前要进行1／4 波长延迟。

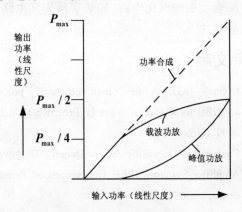

图 2　Doherty 电路工作原理图

如图 2 所示，Doherty 放大器工作时，额定输出功率是两个管子的输出功率的合成。随着输入功率的减少，当输出功率下降到峰值输出功率回退 6dB 点时，峰值放大器关闭。另外，由于 Doherty 电路构造的特点，在 6dB 功率回退点到峰值输出功率点之间的区域，载波放大器的效率一直保持接近极限效率（B 类放大器极限效率≈78.5%）的水平[2]。

Doherty 电路的关键技术是：当峰值放大器处于工作状态时，载波放大器一直保持在最大输出电压状态，从而保持了高的效率。这一点是由于随着峰值放大器输出信号的增大，载波放大器后接的可视阻抗由大变小完成的[3][4]。

2.2　Doherty 功率放大器设计

根据额定输出功率 20W，增益 43dB，工作频段 2110～2170MHz 等设计指标要求。选择 Freescale 公司的 MRF6S21050L 管子，该管子的额定功率为 50W，Doherty 结构由两个 MRF6S21050L 管子构成，再回退 6dB，正好满足额定功率的指标要求[5]。

要设计 Doherty 功率放大器，首先，我们要对单管 MRF21050L 选择合适的静态工作点，设置偏置电路；再进行阻抗匹配，最后再把主辅功率放大电路合成设计 Doherty 功率放大器。

对 MRF21050L 模型在 ADS 下进行静态工作点扫描。仿真结果如图 3、图 4 所示。根据仿真结果，选择合适的静态工作点为 V_{GS}=2.7V，V_{DS}=28V。

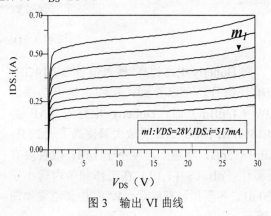

图 3　输出 VI 曲线

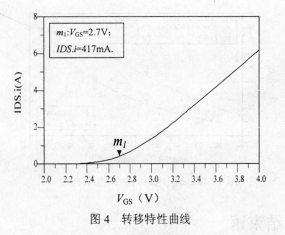

图 4　转移特性曲线

下一步，我们可以利用负载牵引技术对放大器进行输入输出阻抗匹配，也可以用 MRF6S21050L 的 Datasheet 上推荐的输入输出阻抗，通过 Smith 圆图，进行阻抗匹配，对得到的结果进行优化得到最佳的阻抗匹配。单管 MRF6S21050L 电路搭好后，就可以进行 Doherty 电路的设计了，经过最终电路优化，具体电路如图 5 所示。

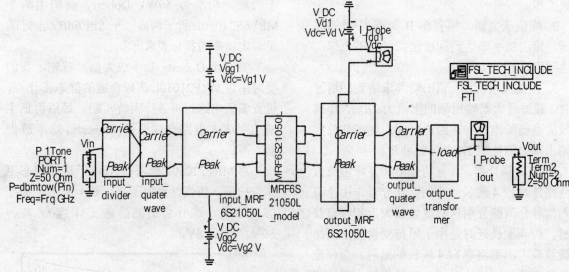

图 5   Doherty 仿真电路图

对 Doherty 电路仿真，输入信号为 2.14GHz 的单音信号，可以看到：在额定输出功率为 20W（43dBm）时，Doherty 电路的 PAE 为 44.15%，比平衡式 AB 类放大器提高了近 21%；Gain≈15dB，增益平坦度小于 1dB，线性度有所恶化；dB（S（1,1））在工作频带内远小于 -20dB。各项指标都满足。PAE 仿真结果如图 6 所示。

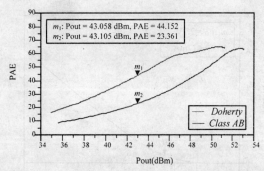

图 6   Doherty 电路的 PAE 仿真曲线

结束语

本文探讨了一种提高功率放大器的方法，即 Doherty 电路。可以看到，Doherty 电路能够有效地提高功率放大器的功率附加效率（PAE），但其线性会变差，这与其峰值放大器工作在 C 类有关，所以在 Doherty 的基础上，一般都会增加线性化电路，如数字预失真电路，以增强线性[6]。

参考文献

[1]   Doherty WH. A new high efficiency power amplifier for modulated waves[J] Proc,IRE,1936,24（9）;1163～1182

[2]   Frederick H.Raab. Efficiency of Doherty RF Power Amplifier Systerms. IEEE Transactions on Broadcasting，1987，BC33（3）

[3]   Vani Viswanathan. Efficiency enhancement of base station power amplifiers using Doherty technique. Virginia; the Virginia Polytechnic Institute and State University 2004

[4]   Stevel Cripps. Advanced Techniques in RF power amplifier Design. Artech House.

[5]   Freescale Semicoductor. Wireless RF Product Freescale Semicoductor Device Date DL110; Arizona, 2004, 5:508～521

[6]   Stevel Cripps. RF power amplifiers for wireless communications. Artech House.

Ka 波段 COBRA 天线辐射特性研究

周钱科　罗　勇

（电子科技大学物理电子学院　成都　610054）

摘　要：本文阐述了 COBRA 天线的工作原理，运用口面场法计算出了天线的辐射公式，最后借助于 MATLAB，对 Ka 波段的 COBRA 天线进行了数值分析，实现了天线的任意极化轴向辐射。在工作频率为 34GHz 时，增益可达 27.3dBi，主瓣宽度为 4.6°，旁瓣电平−10.2dB。

关键词：高功率微波；COBRA 天线；TE_{01} 模

Radiation Characteristics of Ka Band COBRA

ZHOU Qianke　LUO Yong

（School of Physical Electrics, University of Electronic Science and Technology of China, Chengdu, 610054）

Abstract: This paper described the principle of operation for COBRA. Basing on the analysis of aperture field, the radiation equation was worked out. Lastly, by means of MATLAB, numerical analysis on Ka band COBRA was made and the antenna radiated an arbitrarily polarized boresight field. At the operating frequency of 34GHz, the gain, angular width, side lobe level　respectively 27.3 dBi, 4.6 degree, -10.2 dB.

Keywords: high-power microwave，COBRA，TE_{01} mode

前言

许多高功率微波源以同轴 TEM 模、圆波导 TM_{0n} 或 TE_{0n} 模作为其输出模式[1]。例如，磁绝缘线振荡器（MILO）高功率微波源最初会在同轴结构中提取微波能量，然后把能量从同轴 TEM 模转换成圆波导 TM_{01} 模。相对论速调管振荡器（RKO）也使用了一种类似的微波提出结构。如果这类轴对称模式微波直接辐射，会产生一个轴向为零的圆环状方向图。通常，模式转换技术用来改变这种不理想的模式，使它转变为其他辐射具有轴向峰值的模式，如圆波导 TE_{11} 模或矩形波导 TE_{10} 模。但是，模式转换的同时也增加了系统的功率损耗（模式转换效率常介于 50%～75% 之间），同时转换器本身也增加了系统（包括源、转换器和天线）的重量和长度[2]。另一种方法就是使用 Vlasov 辐射天线，但这种天线辐射增益较低[3]，最大值方向不在轴向上，而且还随着频率而改变。所以，对于高功率应用来说，怎样使轴对称模式的微波源辐射产生高增益、轴向具有最大值的方向图成为研究的热点。

本文介绍的同轴波束旋转天线（COBRA），可以直接采用轴对称模式的微波源产生一个高增益的任意极化方向图，轴向具有最大值。同时，COBRA 结构可以与许多高功率微波源相兼容，并能适应这些源输出区域所存在的强电场。另外，COBRA 天线可以产生圆极化场，有效地增加了和潜在目标口径进行能量耦合的概率。

1　COBRA 天线的工作原理

图 1 所示描述了一个以终端开口圆波导为馈源的抛物反射面天线。馈源位于抛物反射面的焦点上，产生轴对称模式的微波。馈源照射到抛物反射面上，如果反射面是传统的旋转抛物面，虽然增益相比其他天线来说有所提高[4]，但辐射产生的依然是空心圆环状的方向图。如果适当调整抛物反射面的结构，使得各部分到达口径面的路径不同，就可以达到调整各部分口径面上相位的目的。如图 1 所示，反射面下半部分有一个按照角度变化的凸起，这样上下部分路径长度不同所带来的相差，可以使得各部分到达口径面上时具有相同的相位。可见，关于口径面上下对称的两点电磁场大小和方向都相同，辐射将产生轴向具有最大值的线极化

波。

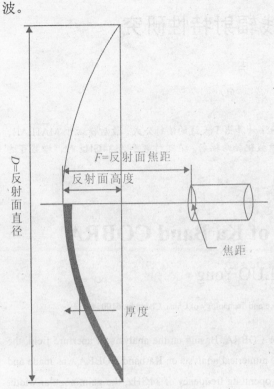

图 1　COBRA 截面图

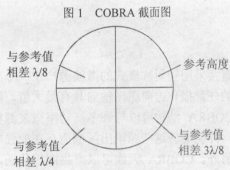

图 2　抛物反射面四等分图

　　如图 2 所示，抛物反射面被等分为四部分，第一象限为参考部分不作调整，到达第二、三、四象限所经历的路径长度与到达参考部分所经历的路径长度之差分别为 $\lambda/8$、$\lambda/4$、$3\lambda/8$，则可以使关于口径面中心对称的两点相位相同，辐射将产生轴向具有最大值的圆极化波。

2　COBRA 天线辐射场的数值分析

　　因为入射场为轴对称模式，所以大小应与角度无关。假定入射场电场只有 a_φ 分量（分析结果同样适用于只有 a_ρ 的情况），则在柱坐标系中电场可以写为 $E(\rho,\varphi)=E(\rho)a_\varphi$。根据柱坐标与直角坐标之间的转换关系 $a_\varphi = -a_x\sin(\varphi) +a_y\cos(\varphi)$，入射波在口径面上的电场可表示为：

$$\begin{cases} E_x^A = -E(\rho)\sin(\varphi)e^{-j\psi(\varphi)} \\ E_y^A = E(\rho)\cos(\varphi)e^{-j\psi(\varphi)} \end{cases} \qquad (1)$$

　　相位 $\psi(\varphi)$ 取决于微波从馈源到反射面再到口径面之间的距离，是 φ 的函数。设口径面的直径为 $D=2a$，被均分为 N 等分，相位 φ 可表示为：

$$2\pi(n-1)/N=\varphi_{n-1}\leqslant\varphi\leqslant\varphi_n=2\pi n/N$$

$n=1, 2, \cdots, N$，则口径面第 n 部分的电场和第 1 部分的电场相位之差为：

$$\psi(\varphi) = \frac{2\pi(n-1)}{N} \qquad (2)$$

$n=1, 2, \cdots, N$，此式表明，口径面随着阶梯的变化相位逆时针增加。

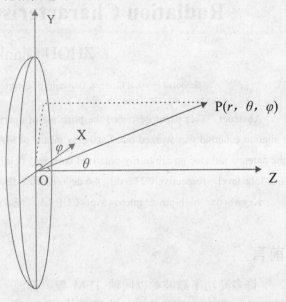

图 3　天线辐射的计算模型

　　在球面坐标系中，辐射电场可以由矢量电位表示：

$$E(r) = jw\varepsilon\eta a_r \times F(r) \qquad (3)$$

　　其中矢量电位为

$$F(r) = \frac{e^{-jkr}}{4\pi r} \int_{SA} 2[E^A(\rho',\varphi') \times n]e^{jk_x x+jk_y y}ds' \qquad (4)$$

式中，ω 为工作频率；ε 为介电常数；$\eta=\sqrt{\mu/\varepsilon}$ 为空间波阻抗；S_A 表示对口径面的积分；n 为口径面的法向向量；式中，$k_x = k\sin(\theta)\cos(\varphi)$，$k_y = k\sin(\theta)\sin(\varphi)$。根据口面场分布，考虑到式（2）的相位表达式，可以写出矢量电位的两个直角分量的具体表达式：

$$F_x = \frac{e^{-jkr}}{2\pi r}\sum_{n-1}^{N}\exp\left\{j\frac{2\pi(n-1)}{N}\right\}\int_{\varphi_{n-1}}^{\varphi_n}\int_0^a E(\rho')$$

$$\cos\varphi' e^{jk\rho'\sin\theta\cos(\varphi-\varphi')}\rho'd\rho'd\varphi' \qquad (5)$$

$$F_y = \frac{e^{-jkr}}{2\pi r} \sum_{n=1}^{N} \exp\{j\frac{2\pi(n-1)}{N}\} \int_{\varphi_{n-1}}^{\varphi_n} \int_0^a E(\rho') \quad (6)$$
$$\sin\varphi' e^{jk\rho'\sin\theta\cos(\varphi-\varphi')} \rho' d\rho' d\varphi'$$

其中，ρ'，φ' 为口径面坐标；r，θ，φ 为辐射场坐标。如图 3 所示。

3　计算与仿真结果

本文取圆波导 TE_{01} 模为入射波模式，工作频率为 34GHz。圆波导馈源半径为 6mm，长为 20mm，抛物反射面焦距 F=45mm，直径 D=120mm，段数 N=4，计算结果均在 XOZ 平面上（$\varphi=0°$）。

如图 4 所示为反射面使用传统的旋转抛物面天线与 COBRA 天线的对比图。从图可知，旋转抛物面天线增益可达 25.8dBi，但最大值方向偏离中心轴 3.6°；COBRA 天线增益可以达到 27.3dBi，而且轴向取得最大值，主瓣宽度为 4.6°，旁瓣电平为–10.2dB。

图 5 所示为辐射场的 θ 极化和 φ 极化方向图。在轴向上两个极化分量相等，φ 极化方向的主瓣窄、旁瓣高，而 θ 极化方向的主瓣宽、旁瓣低。从图可知，数值计算的结果在±15°区域内与理论分析基本一致，结果具有较高的准确性。

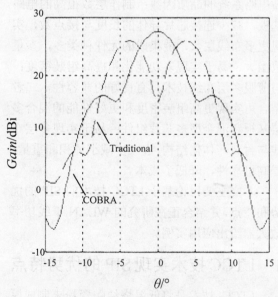

图 4　传统天线与 COBRA 天线对比图

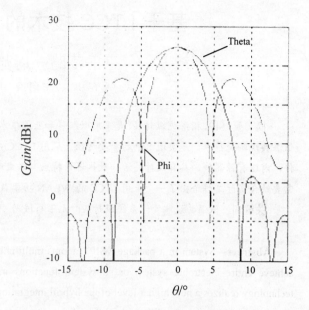

图 5　COBRA 天线极化方向图

4　结论

COBRA 天线在 Ka 波段内能够实现对 TE_{01} 模的圆极化轴向辐射，比使用一般的传统天线辐射具有更高的增益、更好的方向性，可以作为高功率微波轴对称模式的辐射天线。

参考文献

[1] Courtney C C, Baum C E. The Coaxial Beam-Rotating Antenna（COBRA）: Theory of Operation and Measured Performance [J].IEEE Transactions on Antennas and Propagation, 2000, 48（2）: 299～309

[2] Dahlstrom R K, Haswin L J, Ruth B G, Libelo L F. Reflector Design for an X-band vlasov antenna[A]. Int Sym Digest IEEE, 1990, AP: 968～971

[3] Thumm M. High-power millimeter wave mode converter in over-mode circular waveguides using periodic wall perturbation [J]. Int J Electronics, 1984, 57（6）:1225～1246

[4] 徐福锴，周海京，丁武. 改进型 COBRA 透镜天线的设计[J]. 强激光与粒子束，2005，17（8）：1256～1258

基于 LTCC 技术的 SIP 的研究与应用

王莎鸥　尉旭波　李力力

（电子科技大学电子科学与技术学院　成都　610054）

摘　要：SIP，指系统级封装，是采用微组装和互连技术在单封装内尽可能实现完整的系统或子系统功能。LTCC，低温共烧陶瓷技术，是实现 SIP 的重要途径。采用 LTCC 技术的 SIP 实现了更高层次的混合集成，可以集成无源元件，内埋有源器件，具有设计灵活、散热好等特点。本文对基于 LTCC 技术的 SIP 特点和优势进行了讨论，并根据需要结合实际工作给出了一个采用 LTCC 的 WLAN 功率放大器 SIP 的实例。

关键词：低温共烧陶瓷；系统级封装；无限局域网

Abstract：System in a package（SIP）adopts multi-chip assembly and high density interconnection technologies to achieve entire electronic system or subsystem functions in a package. Low temperature co-fire ceramic （LTCC） technology realizes a new higher level of the hybrid integration. It is a good choice for SIP due to its special characteristics, especially in designing flexibility, good heat dissipation, can integrate passive components and active devices buried. The benefits and advantages of LTCC were elaborated, and WLAN power amplifier in SIP LTCC technology based on the actual work was introduced.

Keywords：LTCC，SIP，WLAN

引言

随着雷达、通信、计算机、汽车电子、航空航天工业和其他消费类系统的发展，对电子产品提出了更高更新的要求，即便携性、多功能、高可靠性、高集成、高性能、低功耗和低成本。随着频率的不断提高，原来基于单层电路板和分立器件的设计和工艺已经不能满足设计的要求，片上系统的（SOC, System-on-Chip）的局限性在今天看来也是显而易见的[1]。尽管半导体单片集成电路的集成度沿着摩尔定律向前发展，但是，摩尔定律只对单片集成有着预言，正如佐治亚理工学院 Tummala 教授的所说：他只解决了系统中的 10% 的问题，而占系统体积 90% 的大型元件和电路板的小型化要靠混合集成技术解决，这就是我们今天所说的 SIP （System-in-Package） 技术的关键[2]。在 2005 年国际半导体技术发展路线图（ITRS 2005）中对 SIP 的定义是[3]：系统级封装是采用任何组合，将多个具有不同功能的有源电子元件与可选择的无源器件以及诸如 MEMS 或者光学器件等其他器件首先组装成为可以提供多种功能的单个标准封装件，形成一个系统或者子系统。它强调的是有效而便捷地使用各种工艺组合，实现整机系统的功能。

低温共烧陶瓷（LTCC）技术为高集成度的微波多芯片系统提供了一个很好的途径，其介电常数根据材料的不同可以在很大范围内变动，增加了电路设计的灵活性；陶瓷材料具有优良的高频、高 Q 特性和高速传输特性；使用高电导率的金属材料作为导体材料，有利于提高电路系统的品质因数；制作层数很高的电路基板，减少连接芯片导体的长度与接点数，实现更多布线层数，能集成的元件种类多，参量范围大，易于实现多功能化和提高组装密度；与薄膜多层布线技术具有良好的兼容性，二者结合可实现更高组装密度和更好性能的混合多层基板和混合型多芯片组件；易于实现多层布线与封装一体化结构，进一步减小体积和重量，提高可靠性，降低了成本。

本文主要讨论基于 LTCC 技术的 SIP 的优势和特点，并结合正在研究的 WLAN 干线功率放大器给出应用实例。

1　LTCC 技术实现 SIP 的优势特点

LTCC 技术是将低温烧结陶瓷粉末制成厚度精且致密的生瓷带，在生瓷带上利用冲孔或激光打孔、微孔注浆、精密导体浆料印刷等工艺制作出所需的电路图形，并可将无源元件和功能电路埋入多层陶瓷基板中，然后叠压在一起，在 850～900℃ 下烧结制成三维空间的高密度电路。基于 LTCC 的 SIP 相比传统的 SIP

具有显著的优势，最大优点就是具有良好的高速、微波性能和极高的集成度。具体表现在以下几方面：

（1）LTCC 技术采用多层互连技术，可以提高集成度。IBM 实现的产品已经达到 100 多层。NTT 未来网络研究所以 LTCC 模块的形式制作出用于发送毫米波段 60GHz 频带的 SIP 产品，尺寸为 12 mm ×12 mm×1.2 mm，18 层布线层由 0.1 mm×6 层和 0.05 mm×12 层组成，集成了带反射镜的天线、功率放大器、带通滤波器和电压控制振荡器等元件。LTCC 材料厚度目前已经系列化，一般单层厚度为 10～100μm。

（2）LTCC 可以制作多种结构的空腔[4]，并且内埋置元器件、无源元件，从而减少连接芯片导体的长度与接点数，能集成的元件种类多，易于实现多功能化和提高组装密度。提高布线密度和元件集成度，减少了 SIP 外围电路元器件数目，简化了与 SIP 连接的外围电路设计和降低了电路组装难度和成本。

（3）根据配料的不同，LTCC 材料的介电常数可以在很大的范围内变动，可根据应用要求灵活配置不同材料特性的基板，提高了设计的灵活性。比如一个高性能的 SIP 可能包含微波线路、高速数字电路、低频的模拟信号等，可以采用相对介电常数为 3.8 的基板来设计高速数字电路；相对介电常数为 6～80 的基板完成高频微波线路的设计；介电常数更高的基板设计各种无源元件，最后把它们层叠在一起烧结完成整个 SIP 的设计。另外，由于共烧温度低，可以采用 Au、Ag、Cu 等高电导率的材料作为互连材料，具有更小的互连导体损耗，特别适合高频、高速电路的应用。

（4）基于 LTCC 技术的 SIP 具有良好的散热性。现在的电子产品功能越来越多，在有限的空间内集成大量的电子元器件，散热性能是影响系统性能和可靠性的重要因素。LTCC 材料具有良好的热导率，据研究其热导率是有机材料的 20 倍[5]，并且由于 LTCC 的连接孔采用是填孔方式，能够实现较好的导热特性。

（5）基于 LTCC 技术的 SIP 同半导体器件有良好的热匹配性能。LTCC 的 TCE（热膨胀系数）与 Si、GaAs、InP 接近，可以直接在基板上进行芯片的组装，这对于采用不同芯片材料的 SIP 有着非同一般的意义。

高频、高速、高性能、高可靠性是数字 3C产品发展必然的趋势。预计到 2010 年 SIP 的布线密度可达 6000 cm / cm²，热密度达到 100 W / cm²，元件密度达 5000 / cm²，I/O 密度达 3000 / cm²[6]。基于 LTCC 技术的 SIP 在这些高集成度、大功率应用中，在材料、工艺等方面必将进入一个全新的发展阶段，在未来的应用中占据着越来越重要的地位。

2 应用实例

该 WLAN 干线功率放大器适用于各种不同的应用场合，能有效地增加无线设备的覆盖范围和桥接距离，同时提高覆盖边缘区域接入设备连接的传输数率，满足 802.11g 协议的无线发射指标，特别适合于室内分布系统（多网合一）中进行合路使用，其主要作用是放大无线 AP 的信号，这样能有效地扩大网络的覆盖范围，避免频率交叉产生的干扰，同时降低网络的建设成本。

2.1 系统结构原理

其性能指标是：工作频点：2400～2483 MHz；工作方式：双向时分双工（TDD）；最大输出功率：27dBm、30dBm、33dBm；接收增益：≥15dB ±1dB；发射增益：≥20dB；噪声系数：<3.5dB；时延：<1uS；工作温度：−30～+ 60℃ 。

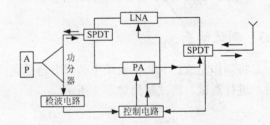

图 1 WLAN 干线功率放大器的结构框图

电路框架结构如图 1 所示：该电路主要由两条干线构成，一条是功率放大（PA）支路，一条是低噪声放大（LNA）支路。这两条支路采用相同的 I/O 端口，两端分别通过一两个单刀双掷开关控制。功分器一端接双干线，另一端通过检波电路、控制电路，最后再控制 PA 与 LNA。

2.2 工艺实现

本文基于 LTCC 技术，研究并设计了一个 WLAN 干线功率放大器的 SIP 基板，如图 2 所示。由电子科技大学电子科学技术研究院

LTCC 工艺实现。材料采用 Ferro 公司的 A6 体系材料，介电常数为 5.9（1～100GHz）；介质损耗角正切：2×10^{-3}（1～100GHz）；单层膜厚约 127μm，x，y 方向的收缩率为 15% 左右，在 z 方向的收缩率为 24%；最小线宽 0.2mm，最小通孔直径为 0.2mm；内部导体与外部导体分别采用不同材料金属。模块的整体尺寸为 33mm×24mm×1mm，中心工作频率在 2.45GHz。采用 LTCC 工艺实现的该基板。经测试，电性能、热性能及可焊性等指标均满足设计要求。

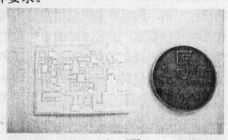

（a）正面

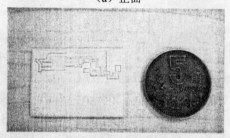

（b）反面

图 2　采用 LTCC 技术实现的 SIP 基板

2.3　测试结果

将制作完成的 SIP 基板经电装焊上器件之后，进行测试，测试结果如图 3 所示。

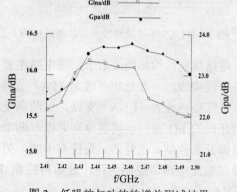

图 3　低噪放与功放的增益测试结果

测试结果显示在 2.4GHz～2.5GHz 范围内，WLAN 干线功率放大器性能良好，低噪放的增益大于 15.6dBm；功放的增益大于 22.7dBm。尽管曲线不是很平稳，但测试结果

基本满足设计要求。

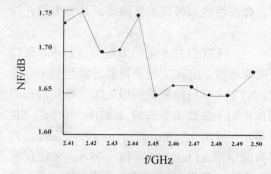

图 4　噪声测试结果

测试结果显示在 2.4GHz-2.5GHz 范围内，如图 4 所示。WLAN 干线功率放大器的噪声大于 1.54dBm，测试结果基本满足设计要求。

3　结语

采用 LTCC 技术实现的高密度的多层布线和无源元件的基板集成，能够将多种集成电路和元器件以芯片形式集成在一个封装内，特别适合高速、射频、微波等系统的高性能集成。本文设计的 WLAN 干线功率放大器基板，表明 LTCC 技术在微波 SIP 方面具有明显的优势。随着电子整机要求的小型化、便携化、多功能、高可靠、低功耗等性能的一步步提高以及 LTCC 技术的不断进步与完善，LTCC 技术在 SIP 领域的应用必将具有广阔的发展前景。

参考文献

[1] High-Density Packaging（MCM, MCP, SIP）: Market Analysis and technology Trends [EB/OI]. [2009-02-02] http://www.theinformation.com

[2] Tummala, R. Packaging: Past, Present and Future[J]. 2005. IEEE. 2005. 6th International Conference on Electionic Packaging Technology

[3] The International Technology Roadmap for Semiconductors: 2005 Edition.

[4] LEE J H, PINEL S, PAPAPOL YMEROU J ,et al. Low-loss LTCC cavity filters using system-on-package technology at 60GHz[J]. IEEE Trans on Microwave Theor ,Tech, 2005, 53（12）:3817～3824

[5] 王悦辉，杨正文，王婷，等. 低温共烧陶瓷 LTCC 技术新进展[C] ∥2006 年中国电子学会第十四届电子元件学术年会论文集. 青海，西宁，中国，2006:10

[6] 吴德馨. 集成电路系统级封装 SIP 技术和应用[R]. 集成电路粤港台论坛演讲稿. 广州，2005

一种准循环 LDPC 码译码器的 FPGA 实现

曹 飞 张义德

（电子科技大学光电信息学院 成都 610054）

摘 要: 针对准循环低密度校验码（LDPC）的译码时延较大的不足，本文提出一种改进型部分并行结构的译码器，基于该结构，在 xilinx 公司 vc5vsx50t-1ff1136 器件上实现码率为 1/2 的（1536，3，6）规则 QC-LDPC 码。结果表明，在与标准部分并行译码结构资源相当的条件下，该结构译码器译码时延小，资源利用率高。

关键词：低密度奇偶校验码；最小和算法；部分并行结构；译码器

FPGA Implement of a QC- LDPC Decoder

CAO Fei   ZHANG Yide

（School of Optic-electronic & Information, University of Electronic Science and Technology of China, Chengdu, 610054 ）

Abstract: In this paper, an improved partially-parallel decoder architecture is proposed to solve the problem of long time delay. Based on the architecture, a decoder for （1536,3,6） regular LDPC codes with the rate of 1/2 has been implemented on the device Xilinx vc5vsx50t-1ff1136. The results show that compared with the standard partially-parallel decoder architecture, this architecture possesses low decoding time delay and high resource using.

Keywords: LDPC，Min-Sum algorithm，Partially-parallel architecture，decoder

1 引言

近年来，低密度奇偶校验（Low-Density Parity-Check LDPC）码[1]作为一种可以接近信道容量上限的信道编码方式，逐渐成为编解码理论研究的热点，在无线通信、深空通信等领域得到广泛应用。准循环 LDPC 码是其中一种，它不仅便于硬件实现，同时又能保持较好的译码性能，因此在实际应用中拥有较大优势，DTMB 标准的信道编码方案中就采用了 QC-LDPC 码。

LDPC 码译码器一般有三种结构：全并行结构、全串行结构和部分并行结构。在全并行译码器中，所有校验节点或者变量节点同时进行更新，译码速度非常快，但是译码器处理单元的复杂度随着码长的增长而快速增加，因此只适合于中短码长和高译码速率场合[2]。全串行译码器中校验节点或变量节点的更新是单个依次进行的，资源消耗比较少，但由于其译码速率过低不适合高速应用。部分并行译码器则是全并行和全串行译码器在硬件资源和译码速率之间的一个折中。在标准部分并行译码器中，校验节点更新和变量节点更新是交替进行，译

码时延较大，硬件资源的使用效率较低[3]。针对部分并行译码器的这种不足，本文提出一种改进型的部分并行译码结构，完成了 QC-LDPC译码器的 FPGA 设计。实践证明，该结构具有控制简单、译码时延小、资源利用率高等特点。

2 准循环 LDPC 码的译码算法

2.1 准循环 LDPC 码

QC-LDPC 码是一类结构规则的 LDPC 码，可以用 $M \times N$ 的校验矩阵 H 定义，其中 M 是校验比特的长度，N 是码长。其校验矩阵如下：

$$H = \begin{bmatrix} P_{0,0} & P_{0,1} & \cdots & P_{0,L-1} \\ P_{1,0} & P_{1,1} & \cdots & P_{1,L-1} \\ \cdots & \cdots & P_{i,j} & \cdots \\ P_{j-1,0} & P_{j-1,1} & \cdots & P_{j-1,L-1} \end{bmatrix}$$

P_{ij} 表示 $Z \times Z$ 的置换矩阵或者 $Z \times Z$ 的全零矩阵。矩阵 H 实际由一个大小为 $J \times L$ 的基本矩阵 Hz 扩展得到的，其中 $N = Z \cdot L$，$M = Z \cdot J$，扩展因子 Z 是一个大于等于 1 的整数。基础矩阵扩展是通过将基础矩阵中的 1 用一个 $Z \times Z$ 置换矩阵替代，0 用 $Z \times Z$ 全零矩阵替代来实现。

2.2 译码算法

广泛使用的 LDPC 译码算法包括：和积算法、最小和算法和改进最小和算法。其中，改进最小和算法是在最小和算法的基础上，增加一些修正项，在译码复杂度变化不大的情况下，换来译码性能的提升。本文采用了改进最小和算法中的一种：偏移最小和（offset BP-Based）算法[4]，其算法流程如下：

（1）初始化

迭代次数 $K=1$，$L(P_i)=y_i$，$L(q_{ij}^0)=y_i$

（2）计算校验节点的更新

$$L(rji) = [\prod_{ir \in R(j)\setminus i} sign(L(q_{irj}^{k-1}))]$$

$$\max(\min_{ir \in R(j)\setminus i}(|L(q_{irj}^{k-2})|) - \beta, 0$$

（3）计算变量节点的更新

$$L(q_{ij}^k) = L(p_i) + \sum_{j \in c(i)\setminus j} L(r_{jri}^k)$$

（4）计算 Z 的后验概率

$$L(Q_i^k) = L(p_i) + \sum_{j \in c(i)} L(r_{jri}^k)$$

（5）对 $L(Q_i^k)$ 的硬判决解码
若 $L(Q_i^k) < 0$，$\hat{zi}=1$；若 $L(Q_i^k) \geqslant 0$，$\hat{zi}=0$；将得到的解码结果序列 $\hat{zi}$ 左乘校验矩阵，获得各个校验式的校验结果。

（6）重复（2）～（5），$k=k+1$，直到校验结果为 0 或到达最大的迭代次数。

3 QC-LDPC 译码器结构与设计

3.1 LDPC 码的译码器结构

在改进最小和算法的基础上，本文提出基于部分并行方式的译码器结构[4]。其解码器结构如图 1 所示。

各主要模块功能如下：

（1）输入模块：迭代次数，解码器信道 LLR 消息、帧同步信号、扩展因子等消息的初始化。

（2）校验节点更新单元（CNU）：实现偏移最小和算法步骤（2）的功能，计算变量节点传递给校验节点的软信息。

（3）变量节点更新单元（VNU）：实现偏移最小和算法步骤（3）的功能，计算校验节点传递给变量节点的软信息，同时完成步骤（4）的后验概率的计算。

（4）存储器单元：信道信息和交互信息的存储和转换。其中，Channel-RAM 存储外部输入信道信息，并向每次迭代中 VNU 单元提供信道信息；C-VRAM 和 V-CRAM 通过 Ping-pong RAM 的方式实现 CNU 单元与 VNU 单元之间的交互信息传递和地址转换，同时将每次的迭代结果写回 Channel-RAM。

（5）控制单元：迭代次数、译码器状态机转换的控制，实现系统的有序工作。

（6）输出模块：译码信息的硬判决和输出。

3.2 节点处理单元起始位置优化

在标准部分并行方案中，校验节点和变量节点信息的更新是交替进行的，一次迭代需要 $2Z$ 个节拍。在同一个节拍内，校验节点处理单元和变量节点处理单元只有一种在工作，硬件的使用效率不高。

改进型部分并行方案通过增加帧标志信号和控制信号，使每次迭代中先完成校验节点更新的信息首先进行变量节点更新，从而实现校验节点的更新与变量节点的更新交叠进行，提高了译码器的硬件使用效率[5]。在相等的迭代次数下，其性能和标准部分并行算法完全相同，只是译码速度更快。这两种方案的时序如图 2 所示。

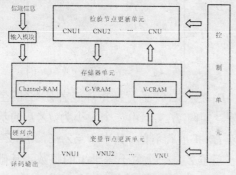

图 1　LDPC 解码器结构

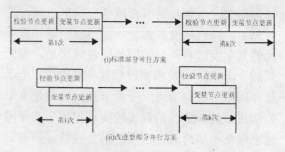

图 2　两种部分并行结构的时序比较

由图 2 可知，两种方案完成 K 次迭代的节拍数[6]分别为：$2KZ$，$2KZ/\eta$，其中 η 为改进型部分并行结构相对与标准部分并行结构的交叠因子，其值为 $1<\eta<2$。

3.3 译码流程设计

改进型部分并行译码流程[7]如下：

（1）复位后，系统处于空闲状态，若检测到帧同步信号上升沿，则转入初始化状态；否则仍处于空闲状态。

（2）设置迭代次数 $K=1$，同时信道信息合并相应同步信号一起初始化 Channel-RAM。

（3）迭代译码

在第 K 次迭代时，检测到同步信号后，在 Z 个节拍下，J 个校验节点单元，同时更新。

交叠等待了 P 节拍，检测到同步信号，然后在 Z 个节拍下，L 个变量节点单元同时更新。

（4）硬判决 $L(Q_i^k)$，并输出。若校验式为零或者到达最大迭代次数，则译码完成，done 信号置'1'，返回空闲状态；否则，返回（3）继续迭代。

其译码流程图如图 3 所示。

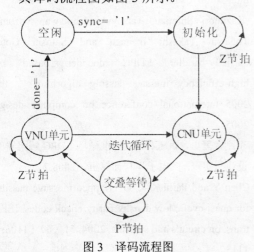

图 3 译码流程图

3.4 校验节点更新单元（CNU）设计

CNU 单元分三级流水线处理，其实现结构[2]如图 4 所示。

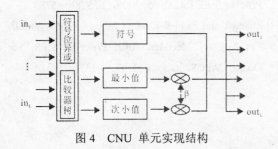

图 4 CNU 单元实现结构

首先，获取信息符号位与绝对值，检测帧同步信号，同时通过行重信息与扩展因子配置并驱动 CNU 状态机；其次，通过符号位异或操作得到行符号信息，通过比较器树计算行最小值与次小值，同时驱动下级流水线；最后，减去偏移量因子，合并相应符号位并输出软信息。

3.5 变量节点更新单元（VNU）设计

VNU 单元分三级流水线处理，其实现结构如图 5 所示。首先，获取输入信息补码，检测帧同步信号，同时通过列重信息与扩展因子配置并驱动 VNU 状态机；其次，通过加法器树获取列和，并驱动下级流水线和使能 Channel-RAM 中的信道信息；最后，加上相应的信道信息，减去对应输入信息，再合并该次迭代的译码并输出软信息。

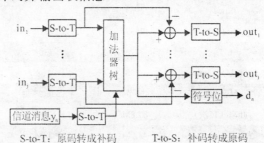

S-to-T：原码转成补码　　T-to-S：补码转成原码

图 5 VNU 单元实现结构

3.6 控制单元设计

控制单元可分为：状态机控制和迭代控制两部分。

状态机控制：通过给首节加载帧同步信号，以类似令牌环的方式依次驱动各模块状态机，并通过扩展因子、行重与列重等信息配置状态机，灵活性高；一旦状态机无效，就自动打回初始状态。同时由于帧同步信号随数据一起迭代，各状态机仅依赖于帧同步信号，易于控制。

迭代控制：当硬判决结果满足校验值为零或者是达到最大迭代次数时，输出译码结果。根据该结构各状态机之间相互依赖性小的特性，可利用各单元的处理时延，突破传统部分并行译码器结构校验节点更新与变量节点更新交替进行的缺陷，实现校验节点更新与变量节点更新的交迭并行处理，提高资源的利用率。

4 FPGA 实现

4.1 资源分析

系统采用自顶向下的设计方式，使用

VHDL 进行 RTL 级描述，采用 ISE10.1 综合、布局布线，最终在 Virtex5 vc5vsx50t-1 ff1136 芯片上，完成扩展因子为 256 的（1536，3，6）规则 LDPC 码[8]的验证。

其中该码的输入信息量化为 8bit，其中 1bit 符号位，3bit 整数部分和 4bit 小数部分，同时译码比特和同步信号随数据一起迭代，故 RAM 的位宽设为 10 比特。最大迭代次数为 30 次，最小偏移和算法中的 β 设为 0.1。

与文献[3]中所提出的标准部分并行译码结构，在相同的处理下做对比分析，其译码器资源占用情况如表 1 所示。

表1　两种译码器资源占用情况

	本文译码器	文献[3]译码器
Slice	2969	2316
Slice F/F	2587	2510
LUT	3776	3308
18K block ram	258	168
译码时延	8400节拍	15360节拍
吞吐率（15次）	87.8M	76M
吞吐率（30次）	43.9M	38M

由上表可以看出，与文献[3]中的译码器结构相比，本文所提出的译码器结构，以少量的帧标志信号与控制信号资源换取了时延和吞吐率性能的提升，其译码延时仅为前者的 54.7%，且数据吞吐率提高 15.5%。

4.2　性能分析

图 6 所示给出了在高斯白噪声信道下，采用 BPSK 调制，码率为 1/2 的（1536，3，6）规则 QC-LDPC 码的最小和浮点算法、偏移最小和浮点算法仿真与基于偏移最小和算法的 FPGA 性能测试曲线。

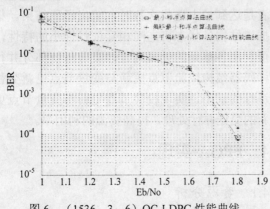

图 6　（1536，3，6）QC-LDPC 性能曲线

由上图可以看出，偏移最小和算法接近甚至超过最小和算法的性能，而基于偏移最小和算法的 FPGA 实现性能有些损失，但总体上来说还是比较接近该浮点算法性能。

5　结论

本文针对标准部分并行译码结构时延较大的不足，提出一种改进型的部分并行译码结构，利用该结构在 xilinx 公司 vc5vsx50t-1ff1136 片子上实现并验证码率为 1/2 的（1536，3，6）规则 QC-LDPC 码。结果表明，该结构译码时延小，状态机配置简单，易于控制，同时实现了资源的有效复用。

参考文献

[1] Gallager R G. Low-density parity-check codes. IRE Trans. Inform. Theory, 1962，IT28: 21～28

[2] Zhongfeng Wang and Zhiqiang Cui, Lowcomplexity high-speed decoder design for quasi-cyclic LDPC codes IEEE transactions on very large scale integration（VLSI）systems，2007，15（1）

[3] Kazunori Shimizu, Tatsuyuki Ishikawa, Nozomu Togawa ,Takeshi Ikenaga and Satoshi Goto, Partially-paraller LDPC decoder based on high-efficiency message-passing algorithm the 2005 international conference on computer design 2005

[4] 李刚，黑勇，仇玉林. 一种准循环 LDPC 解码器的设计与实现. 微电子学与计算机，2008.7

[5] Chen Y and Parhi K K. Overlapped message passing for quasi-cyclic low density parity check codes. IEEE trans. on circuits and systems, 2004, 51（6）：1106～1113

[6] 许恩洋，姜明，赵春明. 同步部分并行结构的准循环 LDPC 码译码器. 电子与信息学报，2008.7

[7] Wang Z and J ia Q. Low complexity, high speed decoder architecture for quasi-cyclic LDPC codes. Proc. of IEEE ISCAS'05, 2005，6: 5786～5789

[8] Zhang T and Parhi K K. A 54 Mbps （3，6）-regular FPGA LDPC decoder. IEEE Proc. of SIPS, San Diego, CA, USA,Oct. 2002: 127～132

12 位高速 D/A 转换器设计

刘辉华　　谭炜烽　　徐小良

（电子科技大学电子科学技术研究院　成都　610054）

摘　要：本文设计了一种基于 CMOS 0.18μm 工艺的电流舵结构数模转换器，提出了 4+4+4 分段式的电流舵结构，权衡了面积与性能的关系；对所设计的电路进行了仿真，并得到了很好的仿真结果。

关键词：D/A 转换器；电流舵结构；LVDS；电流源

Crosstalk Noise Analysis and Control in UDSM

LIU HUIHUA　TANWEIFENG XUXIAOLIANG

（ Institute of Science and Technology of Electronic , UEST of China　ChengDu　610054）

Abstract： A digital-to-analog converter with current-steering architecture suitable for CMOS 0.18μm process is designed. An 4+4 + 4 segmented architecture is presented, and the trade-off between area and performance is considered. The circuit has been simulated and a desirable result is achieved.

Keywords： D/A converter，Current-steering architecture，LVDS，Current source

1　引言

D/A 转换器被广泛用于多种领域，从航空航天、国防军事到民用通信、多媒体、数字信号处理，都涉及 D/A 的应用。特别是在航空航天、国防军事应用方面，对 DAC 的采样率（SR）、精度、工作温度范围、线性特性、无杂散动态范围（SFDR）等指标的要求十分苛刻，而目前高速、高性能 DAC，基本上被国外所垄断，国内仅相当国外 20 世纪 90 年代的设计水平，难以满足发展的需要[1][2]。

本文主要研究了在标准 CMOS 0.18μm 工艺条件下，实现 12 位高速 D/A 转换器的设计。仿真结果表明电路能够在 800MSPS 范围内稳定工作，达到了高速采样的目的。

2　高速 D/A 转换器结构

12 位 D/A 转换器的功能框图如图 1 所示。主要包括接口转换电路电路、编解码电路、基准源、电流源阵列及开关阵列电路。其中接口转换电路目的是将片外 LVDS（低压差分信号）转换成标准单端信号，达到高速传输的目的；编解码电路，主要包括分段温度计编码器以及一些锁存对齐单元等；基准源为 PTAT（低压与温度成正比）结构。

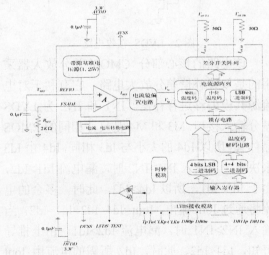

图 1　12 位高速 DAC 功能框图

从结构框图上看，电路有如下三个特点：

（1）独立 LVDS 测试端口。因为 LVDS IO 为自主设计 IP，通过测试电路可以检查 LVDS 接口的性能，该部分电路独立其他模块，设计速度可以达到 1.2GHz。

（2）PTAT 基准源工作模式和备用模式。基准源是 DA 转换中的关键电路，结构上可以单独对其进行测试，或者从片外提供基准。

（3）4+4+4 电流源阵列，4 位 LSB 经过二进制编码后产生 16 位输出，中 4 位和高 4 位分别采用温度码输出，各包括 15 个单位电流。温度码的特点是受失调影响很小，精度高，不足之处是面积较大；二进制码结构简单，面积较小，但精度不足，因此综合面积、功耗、精度的考虑，在高位和中位采用温度码而低位采用二进制码结构，达到面积、精度最优匹配。

2.1 LVDS 接收电路设计

LVDS（Low Voltage Differential Signaling，简称 LVDS）是一种低电压摆幅的差分信号技术，这种技术的核心是利用极低电压摆幅的高速差动信号实现数据的传输，它可以实现点对点或一点对多点的连接技术，具有高速度、低功耗、低噪声以及低成本等特点[3][4]，如图 2 所示。

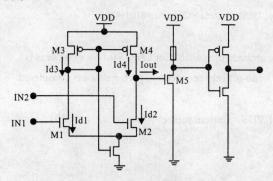

图 2 LVDS 接收电路

该电路的核心部分 CMOS 差分放大器采用的是双镜补偿差分放大电路，它有利于对电流源共模偏移进行补偿。IN1 和 IN2 为 LVDS 差分输入接口。M3 和 M4 是尺寸相同的 PMOS 晶体管，所以 Id4 的大小与 Id3 相同，Id4 由 Id3 来决定。当输入 IN1>IN2 时，漏电流 Id1>Id2，由于 Id3=Id1，所以 Id4>Id2，此时，多余的电流将通过 Iout 流出，Iout=Id4–Id2=Id1–Id2；当输入 IN2>IN1 时，漏电流 Id2>Id1，由上推导可知，Id4<Id2，此时，Id2 所需的电流由 Iout 流入，Iout=Id2–Id4=Id2–Id1，因此，输入的 LVDS 差分信号转变为 Iout 的变化。

NMOS 晶体管 M5 和电阻 R 一起够成了一个共源级放大器，它可以使输出波形更加趋于线性化，有效地防止反向器在高频工作下由于电压突变而引起的毛刺现象，达到很好的输出效果。

2.2 PTAT 基准源设计

半导体工艺中器件的参数大多数都与温度有关，由于 DA 转换器采用的是电流舵形式，电流受基准源控制，因此必须保证基准源的精

度才能保证整个转换电路的性能。

PTAT 基准源设计思路是将具有相反温度系数的量以不同的权重相加使得正负温度系数抵消，这样就能得到我们需要的零温度系数。在半导体工艺的各种不同器件参数中，双极晶体管的特性参数被证实具有最好的重复性，并且具有能提供正温度系数和负温度系数的严格定义的量。下面论述如何产生正、负温度系数。对于双极器件，它的集电极电流可以表示为：

$$I_C = I_S \exp(V_{BE}/V_T) \qquad (1)$$

这里，$V_T = kT/q$，饱和电流 I_S 正比于 $\mu k T n_i^2$；其中，μ 是少数载流子的迁移率；n_i 是硅的本征载流子浓度。这些参数都与温度有关，其中，$\mu \propto \mu_0 T^{-1.5}$；$n_i^2 \propto T^3 \exp[-E_g/(kT)]$，这里，Eg $\approx 1.12eV$ 是硅的带隙能量。

这里略去复杂的推导[5][6]，可以得出当 $V_{BE} \approx 750mV$，$T=300K$ 时，负的温度系数 $\partial V_{BE}/\partial T \approx -1.5mV/K$ 如果两个双极晶体管工作在不相等的电流密度下，那么他们的基极—发射极电压的差值就与绝对温度成正比。例如，如果两个同样的晶体管（$I_{S2} = mI_S$）偏置的集电极电流分别为 nI_0 和 I_0 并忽略它们的基极电流，那么

$$\Delta V_{BE} = V_{BE1} - V_{BE2}$$
$$= V_T \ln \frac{nI_0}{I_S} - V_T \frac{I_0}{mI_S} = V_T \ln mn \qquad (2)$$

这样，V_{BE} 的正温度系数就可以表示为：

$$\frac{\partial \Delta V}{\partial T} = \frac{k}{q} \ln mn \qquad (3)$$

根据上面的论述就可以设计一个电路实现与温度无关的电压源，如图 3 所示。利用上面的正负温度系数电压，可以设计电路使得其输出为：

$$V_{REF} = \alpha_1 V_{BE} + \alpha_2 (V_T \ln n) \qquad (4)$$

这里 $V_T \ln n$ 是两个工作在不同电流密度下的双极晶体管的基极—发射极电压的差值。可以通过推导[5][6]，得出 $\alpha_2 \ln n \approx 17.2$，所以零温度系数的基准为：

$$V_{REF} \approx V_{BE} + 17.2 V_T \approx 1.25V \qquad (5)$$

因此，可以选取合适的电路，调整参数为 17.2 就可以得到 PTAT 基准源。

实际 PTAT 基准源电路如图 3 所示。

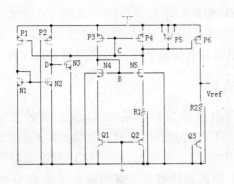

图 3　PTAT 基准源

该电路由两部分构成，其中 P1、P2、N1、N2、N3 构成启动电路，使该电路在电源上电时能使电路摆脱简并偏置点；工作原理上电时，当 C 点为高电平，B 点为低电平时，晶体管 P3、P4、N4、N5 都断开，同时，晶体管 P1、P2、N1、N2、N3 也没有电流，由于 P2 导通，使得 D 点电压升高结果使得 N3 导通，把 C 点的电位拉下来，这样 P3，P4 导通，B 点电位上升，N5, N6 导通，电路摆脱简并偏置点正常工作，启动结束。

其余电路构成 PTAT 电路，其中 P3、P4、N4、N5 均为相同的对管，并构成与电源无关的自偏置电路，故流过 N4、N5 的漏电流必然相等（这里忽略二阶效应）。

电阻 R1 两端的电压为：

$$V_{R1} = V_{BE1} - V_{BE2} = V_T \ln \frac{I_C}{I_S} - V_T \ln \frac{I_C}{nI_S} \qquad (6)$$
$$= V_T \ln n$$

这里取 P6 为与 P3，P4 相同的晶体管，则它的漏电流与流过电阻 R1 上的电流相同，都为 $I = \dfrac{V_T \ln n}{R_1}$，可见该电流的温度系数为正。故

$$V_{REF} = V_{out} = I_{D5}R_2 + V_{BE3}$$
$$= V_{BE} + \frac{R_2}{R_1} V_T \ln n \qquad (7)$$

这里取 n=9，同时（R2/R1）ln9 ≈ 17.2，就可以得到所需要的零温度系数电压。

2.3　电流源阵列设计

电流源阵列按照 4+4+4 结构进行，其中，中 4 位和高 4 位电流源阵列分别由 15 个具有相等电流的电流源单元组成，低 4 位则由二进制码构成，中位的电流值是高位中每个电流源单元的 1/16。I_{OUTA} 和 I_{OUTB} 是 DAC 的两个互补的电流输出端，当所有输入端都为低电平时，$I_{OUTA} = 0$，$I_{OUTB} = I_{OUTFS}$（其中 I_{OUTFS} 是 DAC 的输出满刻度电流值）；当所有输入端都为高电平时，$I_{OUTA} = I_{OUTFS}$，$I_{OUTB} = 0$。电流源是 cascode 结构，基准电流 I_{REF} 由参考电压源 V_{REFIO} 和外接精密电阻 R_{SET} 决定。这里取 625uA；调节管子单位电流源电流值 I=5μA；中位电流源电流值 I=16*5uA=80μA 高位电流源电流值 I=256*5μA=1.28mA，设计总电流值为 20mA。

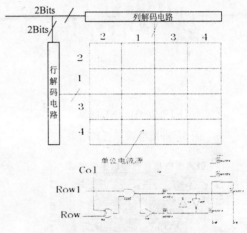

图 4　温度码电流源阵列

高速、高精度 CMOS 电流型 DAC 版图布局中，电流源晶体管阵列是其中最核心的部分，电流源晶体管之间的失配引起的随机误差会限制 DAC 的准确性，采用层次化对称开关能够有效地抑制电流源失配引起的分级误差和对称误差。如图 4 所示，行解码按照"2134"，对应列解码按照"2134"，可以有效地抵消分级误差和对称误差。

3　设计结果分析

分别进行对指标进行仿真，800MHz 时钟采样，20M 正弦波输出时，能够正确恢复出波形；以 250MHz 阶梯波形进行测试，INL 在 0.8LSB，DNL 在 0.6LSB 以下，符合指标较好。5MHz 数据输出，采样时钟 250MHz 时，SFDR 为 65dB，分析结果是开关引入的噪声、数字模拟电源隔离有待提高等原因造成。

芯片采用免费教育计划进行流片封装，工艺为 0.18 μm，内核面积仅为 $0.8 \times 0.8 mm^2$，芯片面积为 $1.2 \times 1.2 mm^2$，采用 44 脚 IO；封装完成面积为 $7 \times 7 mm^2$，封装形式为 QFN48。芯片版图如图 6 所示。

0.8

（a）250MHz DNL 测试　　4.5μs

（b）250MHz INL 测试　　4.5μs

图 5　非线性误差仿真结果

图 6　芯片版图

采用 Agilent 54855A 及 Tektronix TDS2014 示波器对芯片进行测试，最终 SNR 达到 60dBc（48k@100MHz,包括仪器本身信噪 10dB），全程建立时间小于 5ns，优于国内同类产品指标，

但 DNL 和 INL 结果在±3bits 范围内，效果不理想。主要原因是分段码跳转时引入误差较大，芯片后级加入滤波单元，效果得到大大改善。

4　结论

采用差分接口来完成高速信号处理是 DAC 向更高处理速度迈进的趋势。本文通过设计 LVDS 差分电路设计、PTAT 基准源以及 4+4+4 电流源阵列等关键模块，满足了 DAC 高速转换电路处理的需求，综合性能指标达到国内同类产品先进水平。

参考文献

[1] 许居衍，徐世六.关于 A/D 与 D/A 转换器发展动向的一些思考. 微电子学，1998，28（4）

[2] 黄太平. 一种 8 位高精度、低功耗 DAC 的设计. [硕士学位论文]，电子科技大学，成都：2002

[3] 陈书明，刘祥远.LVDS 高速 I／O 接口单元的设计研究. 计算机工程与科学，2001，23(04)：52～56

[4] 倪春波，应建华.LVDS 高速 I/O 接口电路设计. 华中科技大学学报（自然科学版）.2003，31（10）：16～18

[5] 黄兴发."10 位 500MHz 采样率 CMOS DAC 的设计[硕士学位论文]. 电子科技大学，成都：2006

[6] 王彦，韩益锋. 一种高精密 CMOS 带隙基准源，微电子学，2003，33（3）：255～258

NoC 功耗建模研究

胡明浩　李　磊

（电子科技大学电子科学技术研究院　成都　610054）

摘　要：本文对 NoC 功耗进行建模研究，首先介绍了 NoC 的体系结构，然后基于 NoC 体系结构考虑对 NoC 功耗问题进行建模分析，分别分析了 NoC 的互连链路和路由节点的功耗，并给出功耗模型。

关键词：NoC；功耗模型；NoC 体系结构；互连链路；路由节点

Research of Modeling of Power Consumption of NoC

HU Minghao　LI Lei

Abstract：This paper introduces the modeling of power consumption of NoC （Network on Chip），Firstly, the paper introduced the architecture of NoC, then built the modeling of power consumption of NoC based on its architecture, analyzing the power consumption of global interconnect links and routes.

Keywords：NoC，modeling，power consumption，global interconnect，route

引言

随着超大规模集成电路工艺技术的发展，以总线结构为主要特征的 SOC 设计方法越来越难以满足社会需求，一种全新的集成电路体系结构 NoC（Network on Chip）被提出来，并有望成为未来集成电路发展的主流技术。NoC 的核心思想是将计算机网络技术移植到芯片设计中来，从体系结构上彻底解决总线架构带来的问题。相对于 SoC 的片上系统而言，NoC 是更高层次、更大规模的片上系统，是片上的网络系统。集成电路 NoC 技术的核心思想是将计算机网络技术移植到芯片设计中来，彻底解决多 CPU 的体系结构问题。由于网络结构的本质就是多 CPU 系统,因此，基于网络的体系结构是多 CPU 系统的最有前途的解决方案。NoC 的出现不但从本质上解决了多 CPU 系统的体系结构问题，而且一劳永逸地解决了另一个长期困扰总线结构的难题：全局时钟问题。总线结构要求全局同步，SoC 必须有全局时钟的支持。随着工艺技术的提高和系统规模的增大，时钟延迟越来越影响着全局同步的精确。为了克服这个困难，时钟树技术被广泛应用于各种 SoC 芯片的设计。作为一块独立的电路,时钟树大量消耗面积资源和功率资源。进入纳米技术阶段以后，ITRS 的数据表明，50nm 节点的时钟树将消耗 33% 的功率[1]，时钟树消耗资源的比例已经到了无法接受的程度。而异步通信机制是网络结构的基本属性之一，庞大的时钟树将退出舞台，为纳米芯片的低功耗设计提供了最为可观的贡献[2]。

NoC 的高集成度、高时钟频率使得功耗成为影响芯片性能的重要因素[3]，特别是如今越来越多的便携式电子设备走入人们的生活，对于功耗的要求越显严格和迫切。对 NoC 的功耗进行研究，可以从体系结构、中间级、晶体管级开始，本文主要是从中间级的抽象层次上，在折中考虑时间和精确度的情况下，从通信的角度基于互连链路和路由节点对 NoC 的功耗进行建模分析。

1　NoC 体系结构

NoC 体系结构是在 SoC 无法满足未来越来越高的计算和通信需求而发展起来的，它借鉴了计算机网络体系结构的概念，将计算机网络体系结构中基于路由的网络和基于分组交换的通信等概念引入芯片中，从而产生了 NoC 的体系结构。

1.1　NoC 拓扑结构

随着 NoC 的发展，NoC 的拓扑结构主要有：二维网状网络（2-Dmesh）、蜂窝结构（honeycomb）、二维折叠花托结构（2-D Folded Torus）、胖熟网络（Fat-tree Network）、八角形网络（Octagon Network）等。NoC 包括计算和通信两类节点。计算节点（又称为资源，Resource）完成广义的计算任务，它们既可以是 SoC，也可以是各种单一功能的 IP；通信节点（即为路由节点）（又称交换开关，Switch）负责计算节点之间的数据通信。通信节点及其之间的网络称为 OCN（On-Chip Network），它借鉴了分布式计算机系统的通信方式，用路由和分组交换技术替代传统的总线技术完成通信任务。其中，典型的 2 维网状网络拓扑结构如图 1 所示。

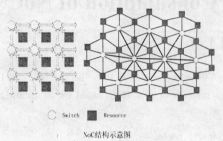

○ Switch ■ Resource

NoC结构示意图

图 1   2 维网状网络拓扑结构

1.2 计算节点

计算节点（又称为资源，Resource）完成广义的计算任务，它们既可以是带缓存的嵌入式微处理器和 DSP 核、专用硬件资源、可重构硬件资源，或者是上述各种硬件资源的组合。计算类的资源节点多是以微处理器核和 DSP 核存在，存储类的资源节点则要求尽可能的分散，以避免访问数据时要跨越整个芯片。

1.3 路由节点

路由节点是 NoC 的主要组成部分，其核心就是交换开关。交换开关的主要功能就是将信息从它的输入端口传输到其中的一个或多个输出端口。交换开关里面的缓冲器对整个芯片的面积有很大的影响，必须在设计时对缓冲器空间的大小和系统性能进行折中考虑。路由节点是 NoC 的关键部分，其内部结构的设计对 NoC 的功耗和延时有很大的影响，决定着整个 NoC 的性能。

2   NoC 的功耗模型

在 NoC 体系结构中，不同的资源节点连接到路由节点上，路由节点再通过互连链路与其他的路由节点相连而形成一个网络。不同资源节点间的数据通信的过程为：数据比特流通过

中间路由节点，经过互连链路，从一个处理节点传到另一个处理节点。其能量消耗是跳数（路由节点的数目）和中间互连线路的数目的一个函数，可以定义单个比特数据消耗的能量为：

$$E_{bit} = n_{router}E_{router} + n_{link}E_{link}$$

其中，n_{router}、n_{link} 分别是路由节点和链路的数目；E_{router}、E_{link} 分别是单个比特数据在路由节点和链路上消耗的能量值。总的能耗即为所有比特数据的能耗之和。

2.1 互连链路的功耗

研究发现互联线的延时近似与线长的平方成正比，可以通过将互联线分段并插入中继器的方法减小互联线的延时[4]。在电路中，一个反相器门的典型连接数目为 4，所以 FO4（fan-out-of-four inverter delay）被作为测量门延时的一个标准[5]，同时具有 FO4 特性的反相器也被作为全局互联线中的中继器。如下图 2 所示给出了具有 k 个中继器的全局互联线模型，其中 FO4 中继器的尺寸大小为最小反相器尺寸大小的 h 倍。

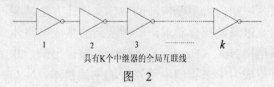

具有K个中继器的全局互联线

图   2

每两个中继器间的连线可以用 RC 模型来等效，其等效的 RC 模型如图 3 所示。

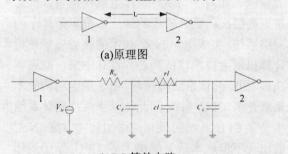

(a)原理图

(b)RC 等效电路

两个相邻反相器间长为l的等效电路

图   3

假设，对于最小尺寸的反相器，其输入电容为 c_o，输出寄生电容为 c_p，输出电阻为 r_s。因此，对于一个尺寸大小为 s 的反相器来说，其输出总电阻为 $R_{tr} = r_s/s$；总的输出寄生电容为 $C_p = c_p s$；输入总电容为 $C_L = c_o s$；对于图 3 所示中长为 l 的连线，其 RC 模型的时间常数

为：

$$\tau = r_s(c_o + c_p) + \frac{r_s}{s}cl + rlsc_o + \frac{1}{2}rcl^2$$

该时间常数值对互联线的延迟和功耗均有影响。

在互联线上，功耗可以分为三部分，即开关功耗 P_{switch}、短路电流功耗 $P_{short\_circuit}$ 和泄露功耗 $P_{leakage}$，它们的表达式分别为：

$$P_{switch} = \alpha V_{dd}^2 f[(c_p + c_0)s + cl]$$

$$P_{short\_circuit} = \alpha f V_{dd} I_{short\_circuit} W_n s\tau \ln 3$$

$$P_{leakage} = \frac{3}{2} V_{dd} I_{offn} W_n s$$

其中，V_{dd} 为电源电压；f 为系统的时钟频率；α 为开关因子，统计平均值为 0.15；$I_{short\_circuit}$ 为每单位宽度上的短路电流，近似为 $65\mu A/\mu m$；W_n 为最小尺寸反相器中 NMOS 晶体管的宽度；I_{offn} 为每单位 NMOS 晶体管宽度上的泄漏电流。总的功耗为：

$$P_{total} = P_{switch} + P_{short\_circuit} + P_{leakage}$$

每单位长度互联线上的功耗值为 $P_{total}\big/l$。

对于任意两个资源节点间的距离，假设为 L，互联线的数目假设为 N，则其互联线上的总功耗为：

$$P = P_{total} \times N \times L\big/l$$

2.2 路由节点的功耗

路由节点通常包括以下部分：输入输出虚通道 buffer，在路由阻塞时用于存储数据包；头部解码器，根据一定的路由算法对数据包的头部进行解码，确定目的地址，以便数据交换；仲裁器，根据输入请求分配输出虚通道；Crossbar（交换开关），将数据包路由到相应的输出虚通道；链路控制器，响应输入链路的请求，对相应输入链路请求进行应答。

针对一个 flit（flow control unit，数据流控制单元）建立其从输入端口进入路由节点，然后按照虫洞路由（wormhole routing）和维序 XY 路由算法通过路由节点，发送到输出端口的能量消耗模型，其能量消耗的表达式为：

$$E_{router} = 2E_{FIFO} + E_{Logic} + E_{Crossbar}$$

其中，E_{FIFO} 对应虚通道的能量消耗值，由于输入和输出端口均采用了虚通道队列，所以等式中有一个 2 倍的因子。影响虚通道能耗的参数主要有虚通道的数目、FIFO 的深度、FIFO 中数据的活动性（数据翻转率），以及其他与芯片实现工艺有关的参数。虚通道的能量近似值如下式所示：

$$E_{FIFO} = n \times depth \times \alpha_F \times \kappa_1$$

其中，n 为虚通道的数目，depth 为 FIFO 的深度，α_F 为 FIFO 中数据的活动因子，κ_1 为与工艺有关的参数。虚通道中由于要对输入的 flit 包进行存储，以及 FIFO 的频繁读写功能，其能量消耗十分巨大，是路由节点中的主要能量消耗单元。

E_{Logic} 为头部解码器、仲裁器、链路控制器等逻辑控制单元的能耗值，可以分为动态能耗、短路电流能耗、泄漏能耗。其中动态能耗和短路电流能耗是数据开关因子的函数，而泄漏能耗则与实现工艺有关。所以 E_{Logic} 可以表示为下式：

$$E_{Logic} = c_1\alpha_L + c_2\alpha_L + \kappa$$

其中，c_1、c_2 是与逻辑门有关的一些电容及电阻值，由实现工艺来决定；α_L 为开关因子，与数据的活动性有关；κ 对应泄漏能量消耗。故：

$$E_{Logic} = C_0\alpha_L + \kappa_2$$

其中，C_0 为与电路的电容和电阻值相关的参数；而 κ_2 为与实现工艺有关的一个参数，对于确定的工艺，其值可以确定。$E_{crossbar}$ 为 Crossbar 交换开关中的能量消耗。由于是基于多路复用器的 5×5 全互连体系结构来实现，其能耗模型和上面的逻辑部分的能耗模型的建立过程类似，近似的计算公式为：

$$E_{Crossbar} = C_1\alpha_C + \kappa_3$$

其中，C_1 为与电路的电容及电阻值相关的参数，α_c 为 Crossbar 的开关因子，与数据的活动性有关，κ_3 是与实现工艺有关的参数。

3 总结

本文从通信的角度对 NoC 的功耗进行建模，将 NoC 的功耗分为互连链路和路由节点两部分考虑，并给出相应的模型。此处并没有考虑计算节点（即资源节点）的功耗情况。计算功耗是指计算节点在执行任务时的功耗，对于具体的应用任务，其值一般是确定的。

参考文献

[1] ITRS. International Technology Roadmap for Semi-con- ductors 【EB/ OL】. http://public. it rs. net. 2003.

[2] TANG Lei，Shashi Kumar. A Two-step Genetic Algorithm for Mapping Task Graphs to a Network on Chip Architecture. Digital System Design, 2003. Proceedings. Euromicro Symposium on, 1-6 Sept. 2008, Pages:180～187

[3] Christ of Debaes, Aparna Bhatnagar et al. Receiver-Less Optical Clock Injection for Clock Distribution Networks. Selected Topics in Quantum Electronics, IEEE Journal of, Volume:9, Issue:2, March-April 2008, Pages:400～409

[4] LIU Jian, ZHENG Lirong, Hannu, Tenhunen "Interconnect intellectual property for Network- on- Chip（NoC）", Journal of Systems Architecture 50 （2004）：65～79

[5] J.-P. Soininen, A. Jantsch, M. Forsell, A. Pelkonen, J. Kreku, and S. Kumar, Extending platform-based design to network on chip systems. In Proceedings of the International Conference on VLSI Design, January 2003

基于 DICE 结构的抗辐射 SRAM 存储单元设计

章凌宇　贾宇明　李　磊

（电子科技大学电子科学技术研究院　成都　610054）

摘　要： 空间应用的静态随机存储器（SRAM）必须具备抗辐射加固能力。本文提出了一种基于双互锁存单元（DICE）技术的 SRAM 存储单元，首先介绍了 SRAM 工作原理与双互锁存储单元（Dual interlocked storage cell, DICE）技术，然后给出了基于 DICE 结构的 SRAM 存储单元的电路设计及其功能仿真。

关键词： SRAM；抗辐射；DICE；存储单元

Design of Radiation Hardened SRAM Memory Cell based on Dual Interlocked Storage Cell

ZHSNG Linyu　JIA Yuming　LI Lei

(Research Institute of Electronic Science and Technology, University of Electronic Science and Technology of China, Chengdu, 610054)

Abstract： Static Random Access Memory （SRAM）applied in space must possess the ability of radiation-hardened. Firstly, the paper introduces the theory of SRAM and the technologies of memory cell based on Dual interlocked storage cell （DICE）, then gives out the SRAM memory cell Circuit design based on the structure of DICE，give its wave-form of function by simulation .

Keywords： SRAM，Radiation-Hardened，DICE，Memory Cell

1　引言

集成电路是当前世界上发展速度、更新速度最快的电子产品。存储器则始终是一种代表集成电路技术发展水平的典型产品。集成电路设计、制造工艺水平的提高使得 SRAM 的容量、性能得以不断改善，国际上已经发展了具有亚微米尺寸的 SRAM 及系统结构，并且产品已经商业化。SRAM 因为读写速度块，成为用作计算机高速缓存的最大量的挥发性存储器。此外，在航空、通信、消费电子类电子产品中，静态随机存储器也有着广泛的应用。

随着航空航天事业和半导体技术的飞速发展，各类电子设备早已应用到环境非常恶劣的空间中，如人造卫星、宇宙飞船和远程导弹的控制系统中。空间中充斥着各种辐射粒子，其产生的辐射作用对设备上的电子元件造成不同程度的破坏，使设备的性能和寿命受到严重威胁。辐射效应会导致半导体存储器内存储单元的数据翻转混乱，并导致整个逻辑电路的传输数据错误。因此，提高 SRAM 的抗辐射能力，成为 SRAM 设计者必须面临的问题[1]。

存储单元设计是 SRAM 的核心，它对芯片的面积和功耗起着主要作用，同时还影响工作的稳定性、可靠性和速度。传统的 SRAM 大多采用六管单元，不能满足空间抗辐射要求，本文中采用了一种新型的被称为双互锁存储单元（DICE）结构来实现抗单粒子翻转效应[2]。

2　SRAM 工作原理

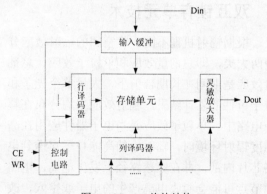

图 1　SRAM 总体结构

SRAM 的总体机构如图 1 所示。从 SRAM 存储单元中读出数据，首先要通过读单元相应的行和列地址来选中这个存储单元，然后判断存储单元的状态并把数据送到数据输出端口。要往某个存储单元中写入数据，同样需要通过该单元相应的行和列地址来选中该存储单元，然后把要存储的数据送到数据输入端口，并把数据写入选中的存储单元中。不管对于读操作还是写操作，所有的地址信号和数据输入控制信号都必须就绪并在时钟由低变高之前保持一定时间，同样，它们要在时钟由低变高之后保持一定时间。当片选信号（CE）为低时，该片处于选中状态；如果高，则这个芯片不接受任何输入信号。而读写控制信号（WR）用于在读操作和写操作之间进行选择[3]。

SRAM读操作一般包括以下几个步骤：

（1）当时钟由低变为高，即开始读之前，行和列地址必须在地址输入端口就绪，并且片选有效，而且写允许为高。

（2）地址在时钟的上升沿被寄存，读周期开始。

（3）如果输出允许信号用于控制数据输出到输出端口，那么它必须为低。

（4）数据在某个时刻到达SRAM的输出端口。这个时刻和存储器的存取时间、输出允许信号的延时及SRAM本身种类有关。

SRAM的写过程为：

（1）在时钟由低变高，即开始写之前，行和列地址必须在地址输入端口就绪，并且片选有效，而且写允许为低，要写入的数据在数据输入端口就绪。

（2）地址和输入的数据在时钟上升沿被锁存，写周期开始；数据被存储到选中的存储单元，写周期结束。

3　双互锁存单元技术

根据辐射机理不同，将空间的辐射效应分为两大类，即总剂量效应和单粒子效应。总剂量效应是期间在长期辐射下，大量单个光子和粒子事件的累计结果，辐射效应平均分布在整个电路中。单粒子效应是当电子器件应用在高强度辐射环境时，辐射中的高能粒子穿透到电路芯片内部，并在穿透路径上发生电离，电路的节点可能会吸收电离产生的电子或空穴，改变原来自身的电平，从而产生多种辐射效应。随着工艺的提高，单粒子效应的影响急剧增加，在深亚微米甚至纳米级工艺下，单粒子效应称为航天环境下电子设备的最大潜在威胁，因此也成为抗辐射理论中的热点问题。随着单粒子

效应研究的不断深入，以及被辐射器件中新现象的不断出现，对单粒子效应的分类也越来越细。其中单粒子翻转将引起存储单元逻辑改变，对存储器的威胁最大[4][5]。

双互锁存储单元（Dual interlocked storage cell, DICE）的加固设计中，完全采用单管反相器构成反馈环，获得一个和其他结构相比具有突破性进展的锁存结构。这种新的SEU加固存储单元的设计，采用了新奇的四节点的冗余锁存，如图2所示，图中的N、P反相器分别代表N型和P型单管反相器。图中采用了两个传统的交叉耦合的反相锁存结构N0-P1和N2-P3和两个双向连接反馈反相器结构N1-P2和N3-P0。四个节点X1，…，X3存储了两对互补的数据（如1010或者0101），可以通过传输门的同时存取来进行读/写操作。

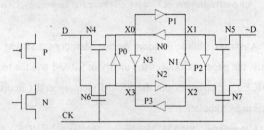

图2　DICE存储单元原理图

节点X_i通（i＝0，…，3）通过晶体管Ni-1，和Pi+1，互补反馈的控制相应的对角上互补的两个节点X_i-1和X_i+1，这里的i为以4为模的1位整数，这里的反相器用的都是单管反相器。图2所示中的反相器符号（symbol）事实上或者是P-型晶体管、或者是N-型晶体管，分别用字符标示。它们形成了两个相对的反馈环，一个顺时针的P-型晶体管环，P0，…，P3，和一个逆时针的N-型晶体管环，N3，…，N0。如果把X0，…，X3=0101作为逻辑状态"0"，由晶体管N0-P1和N2-P3形成的横向的反相器环导通，形成两个锁存器，在节点X0-X1和X2-X3上存储了同样的数据。晶体管对N1-P2和N3-P0的竖直方向的反相器处于关闭状态，起到一个反馈互锁功能，隔离两个横向的锁存器。对于逻辑状态位"1"的情况，X0，…，X3＝1010，竖直方向的反相器对N1-P2，N3-P0导通；同样，起到锁存功能；横向的晶体管对N0-P1，N2-P3关闭，起到反馈互锁功能，隔离两个竖直方向的锁存器。

单粒子事件产生的原因是当一个高能粒子入射到一个反偏的PN结耗尽区及其以下体硅

区域时，沿着粒子入射途径，硅被电离，产生电子—空穴对的等离子体，它的密度比衬底掺杂浓度要高出几个数量级。该等离子体周围的耗尽区被中和，造成耗尽区电场的等位面变形，此区域会产生很强的电场，使沿着粒子入射途径产生的电子—空穴对发生电离。在体硅器件中，空穴被移向衬底，形成衬底电流，电子则在电场作用下被正电极收集。当被正电极收集的电子数目增加到一定称度时，可能会使器件所在的电路节点发生逻辑翻转。

设计中采用附加晶体管的冗余锁存结构，减轻了单粒子翻转效应的影响。在仅有单个节点发生翻转的情况下，由于单元中有四个节点存储逻辑状态，其中每个节点的状态都由相邻对角的节点控制，而这对角的节点并不互相联系，它们的状态也由其他的相邻对角的节点的状态控制，因而获得很好的抗单粒子翻转效果。

4　SRAM 存储单元设计

存储单元设计是 SRAM 的核心，它对芯片的面积和功耗起着主要作用，同时还影响工作的稳定性、可靠性和速度。

SRAM 器件可随时从存储器的任何一个单元读出信息，也可以随时向任一单元写入信息。传统的 SRAM 器件的基本存储单元通常由 6T 结构的双稳态触发器组成，如图 3 所示。

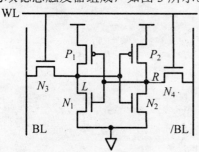

图 3　6T CMOS 存储单元

本文应用 SMIC 0.13μm CMOS 工艺进行电路设计，基于 DICE 单元设计的 SRAM 存储单元如图 4 所示。N_0、N_1、N_2、N_3 为存取管，P_0、P_1、P_2、P_3、P_4 为上拉管，N_4、N_5、N_6、N_7 为传输管。WL 为字线，控制传输管开关，BL 与/BL 分别为位线和反位线。首先假设"1"存放在 X_0 和 X_2 中，X_1 和 X_3 存放"0"，进一步假设两条位线在读操作开始之前都被预充电到 1.2V。通过使字线有效以开始读周期，在经过字线的最初延时之后使传输管 N_5-N_8 导通。在正确的读过程中，BL 维持在它的预充电值而

/BL 通过 N_6、N_1 及 N_8、N_3 放电，从而把 X_1 和 X_3 存放的"0"及 X_0 和 X_2 中存放"1"分别传送到位线 BL 与/BL，BL 与/BL 上产生点位差，经过灵敏放大器放大后输出，从而实现从存储单元中读出存储值。但为避免以外的把位线上的高电平写入该单元，发生读破坏，需要确定晶体管的尺寸。写操作与读过程相反，SRAM 输入 Din，通过使位线 BL 置"1"和/BL 置"0"，可以把"1"写入这个单元，如图 4 所示。

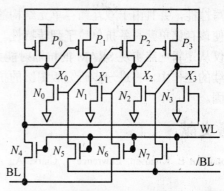

图 4　抗辐射 SRAM 存储单元

经过计算，确定存取管 N0-N3，W=560nm；上拉管 P0-P3，W=300nm；传输管 N4-N7，W=280nm，所有晶体管的 L 为 130nm。

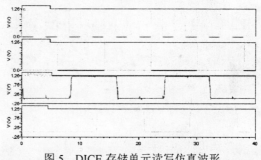

图 5　DICE 存储单元读写仿真波形

对 DICE 存储单元进行功能仿真，CLK 周期为 4ns，仿真结果如图 5 所示。D 为 SRAM 输入，X 为写入存储单元的数据，OUT 为读出数据。

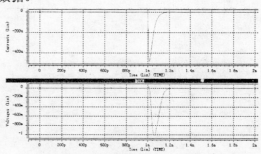

图 6　DICE 存储单元抗单粒子效应模拟

为了仿真 DICE 存储单元的抗单粒子翻转特性，在 SPICE 中，单粒子撞击效应通过在敏

感点注入瞬间脉冲来模拟。注入脉冲为双曲函数形状的电流脉冲，上升时间为 30ps，上升和下降因子分别为 10ps 和 200ps。在仅对单节点注入的情况下，如图 6 所示，显示节点电压受到干扰脉冲的影响，但可以瞬间恢复正常。

5　总结

通过对比分析仿真波形，基于 DICE 结构的 SRAM 存储单元可实现传统 SRAM 所具备的读写性能，并且由于双互锁存单元结构的应用，使该存储单元具备抗单粒子翻转特性。但本文仅从逻辑电路实现 SRAM 的抗辐射能力，在后续的工作中，将进一步研究版图级的抗辐射加固。

参考文献

[1] Jonathan E. Knudsen, Lawrence T. Clark, "An Area and Power Efficient Radiation Hardened by Design Flip-Flop", IEEE TRANSACTIONS ON NUCLEAR SCIENCE, DECEMBER 2006, 53（6）：3392～3399

[2] 李海霞，李卫民，谭建平，陆时进. 一种低功耗抗辐照加固 256kb SRAM 的设计[J]. 微电子学与计算机. 2007,24（7）：142～145

[3] 潘培勇，李红征. 一款异步 256KB SRAM 的设计[J]. 电子与封装. 2007，54（10）：17～20

[4] 李玉红，赵元富，丘素格等. 0.18μm 工艺下单粒子加固锁存器的设计与仿真[J]. 微电子学与计算机. 2007,24（12）：10～15

[5] 陆虹，尹放，高杰. CMOS SRAM 抗辐照加固电路设计技术研究[J]. 微处理机. 2005,10（5）：6～7

网络芯片概述

李 磊 胡明浩

（电子科技大学电子科学技术研究院 成都 610054）

摘 要：本文主要对网络芯片（NoC）基本概念、理论体系结构、关键技术等进行了介绍；首先给出 NoC 的基本概念，并介绍其理论体系结构所设计的知识；最后介绍了 NoC 的 OCN 关键技术、库设计技术及系统集成与验证技术。

关键词：NoC；理论体系；OCN；库设计；系统集成与验证

Network on Chip

LI Lei Hu Minghao

Abstract： This paper introduces the concept of Network on Chip（NoC）, and its theory, key techniques, and so on. Firstly this paper introduced the basal concept of NoC, talking about some knowledge interrelated, and then introduced some key techniques of NoC, like OCN, design of library, system integrated and verification.

Keywords： NoC，basal concept，OCN，library，system integrated，verification

引言

随着集成电路制造工艺的发展，在未来几年中，集成电路的电路规模将超过 40 亿晶体管[1]，单一处理器及总线结构是无法实现如此庞大的电路规模的。多处理器联合工作的超复杂电路是必须的，而体系结构是多处理器电路最基础的问题。以 PC 机体系结构为蓝本的传统 SoC 体系结构及其相应的设计方法将在多处理器的超复杂系统中遇到无法逾越的障碍。SoC 可以看成在单一芯片上实现的数字计算机系统，包括一个 CPU 及其总线和外设组成的硬件部分，以及由操作系统组成的软件部分。SoC 就是一个简化的 PC 机。多 CPU 体系是系统向更大规模发展的趋势，但总线结构的原始构思是基于单一 CPU 的。传统总线结构必须经过复杂的改造才能支持多 CPU 系统，每增加一个 CPU 都是一个个案。总线的单一 CPU 属性决定了无法形成基于总线结构的多 CPU 理论体系。基于总线结构的多 CPU 系统是无法应对越来越大的电路规模的。试想一下，构造一个包含 100 个 CPU 的总线结构将会多么困难。新的体系结构的出现只是时间问题，而新的体系结构是在总线结构的基础上逐步发展起来的。随着 CPU 数量的增加，各种拓扑结构和通信方式的复杂总线纷纷出台，以支持多 CPU 系统。其中的一个分支进入网络结构和路由通信的领域，并发展出全新的 NoC（Network-on-chip）体系结构。相对于 SoC 的片上系统而言，NoC 是更高层次、更大规模的片上系统，是片上的网络系统。集成电路 NoC 技术的核心思想是将计算机网络技术移植到芯片设计中来，彻底解决多 CPU 的体系结构问题。由于网络结构的本质就是多 CPU 系统，因此，基于网络的体系结构是多 CPU 系统的最有前途的解决方案。

NoC 的出现不但从本质上解决了多 CPU 系统的体系结构问题，而且一劳永逸地解决了另一个长期困扰总线结构的难题：全局时钟问题。总线结构要求全局同步，SoC 必须有全局时钟的支持。随着工艺技术的提高和系统规模的增大，时钟延迟越来越影响着全局同步的精确。为了克服这个困难，时钟树技术被广泛应用于各种 SoC 芯片的设计。作为一块独立的电路，时钟树大量消耗面积资源和功率资源。进入纳米技术阶段以后，ITRS 的数据表明，50nm 节点的时钟树将消耗 33% 的功率[2]，时钟树消耗资源的比例已经到了无法接受的程度。而异步通信机制是网络结构的基本属性之一，庞大的时钟树将退出舞台，为纳米芯片的低功耗设计提供了最为可观的贡献。

总线不支持一对以上用户的同时通信，时间分片和中断技术是总线仲裁的基本途径。从本质上说，基于总线结构的多任务、多进程并行操作在通信时还是时间串行的，众多用户必须排队等待总线服务。无论总线本身的性能多么优秀，总线结构的"时间串行"本质造成了无法回避的低效率通信。基于路由技术的网络结构从根本上解决了这个时间串行问题，各节点之间的通信不再局限在一条路径上，多任务、多进程的通信可以在时间轴上并行操作。各节点的并行运算和节点间的并行通信实现了真正意义上的并行操作。

片上网络（NoC）的研究开始于 1999 年[3]，研究的初衷是探索 SoC 通信部分的系统级设计方法。随着技术的迅速发展，研究就涉及到从物理设计到体系结构、操作系统，以及应用等各个层面。目前，NoC 的概念很宽泛，包括硬件通信结构、中间件、操作系统通信服务以及设计方法和工具等。NoC 满足了大规模集成电路发展对扩展性、能耗、面积、时钟异步、重用性、QoS 等方面的需求[4]，它是对原有设计模式的一次革新。

1 学术界、产业界动态

NoC 概念在 2000 年第一次被提出，经过几年的发展，现在已经成了气候。推动着这项新技术发展的重要单位有美国的斯坦福大学[5]、普林斯顿大学[6]、KTH[7]，法国的 Pierre et Marie Curie 大学等[8]。专门的国际年会有：自 2001 年开始，每年一度的"International Forum on Application-Specific Multi-Processor SoC"。生产出产品样片的有：IBM、东芝、索尼三家公司联合开发的"Cell Proces-sor"[9]（包含 1 个 64 位控制处理器和 8 个通用处理器），Sandbridge 公司的"SB3000"[10]（包含 1 个 ARM 核和 4 个 DSP 核）等。国内也有一些高校及科研机构在从事相关方面的研究[11]。

2 NoC 体系结构及关键技术

NoC 是在一块硅片上构建的网络系统。它集成多个具有特定功能的 SoC 或 IP 模块，以及从物理底层到应用顶层的完整通信网络。集成电路上的 SoC 及其网络与 PC 机及其网络只是在体系结构上相通，在理论体系和技术实现上还是有很大差别的。下面简要介绍 NoC 的基本概念、理论体系和体系结构领域中的几项关键技术。

2.1 Noc 的基本概念

NoC 可以定义为在单一芯片上实现的基于网络通信的多处理器系统。NoC 包括计算和通信两类节点。计算节点（又称为资源，Resource）完成广义的计算任务，它们既可以是 SoC，也可以是各种单一功能的 IP；通信节点（又称交换开关，Switch）负责计算节点之间的数据通信。通信节点及其之间的网络称为 OCN（On-Chip Network），它借鉴了分布式计算机系统的通信方式，用路由和分组交换技术替代传统的总线技术完成通信任务。典型的 NoC 结构示意图如图 1 所示。

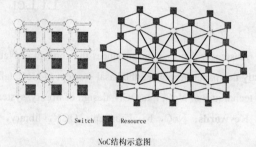

○ Switch　■ Resource

NoC结构示意图

图 1　NoC 结构示意图

NoC 与 SoC 有两点本质的区别：处理器数量的不同和通信机制的不同。前者是多处理器系统，而后者是单一处理器系统；前者使用网络通信，而后者使用总线通信。从体系结构的角度来看，NoC 使用网络替代总线有如下优点：

· 具有良好的地址空间可扩展性，理论上可集成的资源节点的数目不受限制；

· 提供良好的并行通信能力，从而提高数据吞吐率及整体性能；

·使用全局异步局部同步（Global Asynchronous Local Synchronous，GAL S）机制，每一个资源节点都工作在自己的时钟域，而不同的资源节点之间则通过 OCN 进行异步通信，很好地解决了总线结构的单一时钟同步问题，从而彻底解决了庞大的时钟树所带来的功耗和面积问题。

NoC 技术从体系结构上彻底解决了 SoC 的总线结构所固有的三大问题：由于地址空间有限而引起的扩展性问题；由于分时通信而引起的通信效率问题；以及由于全局同步而引起的功耗和面积问题。

值得注意的是，NoC 技术虽然移植了计算机网络中的关键技术，但是，由于通信媒介存在着根本差异以及纳米级工艺条件下芯片设计的特定需求，使得 NoC 在以下几个方面与传统计算机网络之间存在着明显的不同：

- 连线资源远比计算机网络丰富；
- 流量分布函数的差别（传统计算机网络的流量服从泊松分布）；
- 资源节点的异类性（NoC 中的计算节点的功能可以从单一功能的 IP 到整个 SoC）；
- 显著的低功耗需求（纳米级工艺条件下任何芯片都无法回避的最重要的问题之一）。

2.2　Noc 基础理论体系

经过几年多的发展，NoC 技术的领域框架已经基本成形。如图 2 所示给出了 NoC 基础理论的体系。

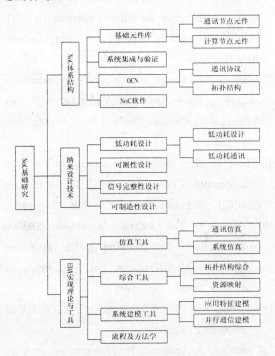

图 2　NoC 基础研究理论体系示意图

NoC 技术领域包括体系结构、纳米设计技术、EDA 实现理论与工具等主要方面。

"体系结构"研究 NoC 的基本软硬件结构，是当前学术界的研究重点，其中的"OCN 结构"研究 NoC 的基础通信架构（backbone）；"拓扑结构"研究 NoC 通信系统的拓扑框架；"通信协议"着眼于基础架构中的高效通信；"NoC 软件"侧重于操作系统；"NoC 基础元件库"相当于 SoC 时代的 IP 库，库元件既包括 SoC、IP 等传统元件，又包括链接通道（link）、接口、路由器、电开关等 NoC 时代的特有元件；"系统集成和验证技术"研究如何在上述基

上设计 NoC 芯片。

"纳米设计技术"涵盖了纳米工艺条件下芯片设计与实现的各种关键技术，如低功耗设计技术、可制造性设计技术（Design for Manufacture，DFM）、信号完整性设计技术等。纳米设计技术是所有纳米芯片的共同课题，不是 NoC 领域所特有的。但是，由于 NoC 技术的战略地位，纳米设计技术的各种难题将集中体现在 NoC 的所有设计环节中。

"EDA 实现理论与工具"指的是 NoC 自动化设计过程中的各种工具及其算法研究，是产业阶段所需要的研究工作，如通信建模工具（并行通信模型建模、应用特征图建模等）、综合工具（拓扑结构综合、资源映射优化等）、仿真工具（如系统级仿真）等。

2.3　体系结构领域中的几项关键技术

以多处理器和网络通信为主要特征的体系结构给 NoC 设计带来了新的挑战。

2.3.1　操作系统关键技术

计算机网络的主流结构是一台服务器管理着若干台 PC 机。如果把这种结构移植到芯片上，NoC 中的 SoC 节点将分为主控节点和从属节点，每个节点都有本地操作系统（OS）。主控 OS 和从属 OS 需要执行不同层次的调度、同步、分配、互锁（Locking）等任务。网络操作系统将成为 NoC 关键技术之一。典型的 OS 问题有 HAL（Hardware Abstraction Level）中的数据类型、引导代码、环境变量及环境变量切换函数库、处理器模式切换，以及针对 Resource 和 OCN 的通信协议、底层驱动程序及应用接口等。

2.3.2　OCN 关键技术

OCN 通信协议。NoC 片上网络通信既借鉴于传统计算机网络通信，又与之相区别。NoC 通信协议的抽象层次划分和 NoC 通信协议栈模型是开展 NoC 通信研究的起点。其中的关键技术包括 NoC 通信协议的物理层同步技术、网络层路由技术、Resource 与 OCN 的接口协议等。

OCN 拓扑结构。结合集成电路设计的特点，研究计算机网络中现有拓扑结构向 NoC 移植的可行性，开发新的拓扑结构，以及同构结构、异构结构的特性模型，都是十分关键的技术[11]。

2.3.3　NoC 基本元件库设计技术

NoC 基础元件库相当于 SoC 时代的 IP 库，

库元件既包括 SoC、IP 等传统元件，又包括链接通道（link）、接口、路由器、电开关等 NoC 时代的特有元件。为了使 NoC 的任一组合特性和线性工作量特性接近理想状态[12]，从而提高设计效率，NoC 基础元件库设计技术是另一个关键部位之所在。例如，遵循"积木化"原则[13]的内在规律，将积木单元拓展到 SoC 平台时，NoC 基础元件库的设计技术、Resource 与 OCN 接口 IP 技术（Resource Network Interface，RNI），以及 OCN 中基本通信 IP 设计技术等，都是必须受到高度关注的核心部位。

2.3.4　NoC 系统集成与验证技术[14]

系统级软硬件划分技术。在 NoC 软件、OCN 通信基础架构（backbone）的基础上，研究 NoC 软硬件协同设计与验证方法，建立 NoC 系统级软硬件模型。

应用特征提取及应用特征图映射。研究各类用户到同构 OCN 的通用映射与优化、特定用户到异构 OCN 的映射与优化。

重用技术。NoC 重用技术主要指系统级重用，即 SoC 的重用。其他较低层次的重用技术与传统设计方法学没有什么区别，如 RTL 级、门级、版图级的设计重用与验证重用技术等。

NoC 性能评估技术，以及设计、验证的效率与性能在设计流程各个层次的评估方法[15]。

3　总结

为了跟上集成电路制造技术的高速发展，设计技术每 10 年会出现一种战略性技术。20 世纪 90 年代是 SoC-IP 技术，如今则应该是 NoC 技术。NoC 解决了在 SoC 设计中存在的问题，是一种新的设计方法，它在信息吞吐量、延迟、能耗和芯片面积等方面做出了很大的改进。未来 NoC 的主要发展方向是：（1）体系机构的发展，特别是拓扑结构的发展；（2）基于 NoC 的新的设计方法学的发展，主要是在低功耗、可测性设计、可制造性设计方面的新的设计方法学的发展；（3）支持 NoC 的设计工具的发展，新的技术要求新的设计工具的支持。NoC 涉及从物理实现到体系结构，到操作系统，到应用的各个层次，这就要求对其各个层面进行研究，从而满足集成电路发展的需求。

参考文献

[1] ITRS. International Technology Roadmap for Sem-icon-ductors [EB/ OL]. http ://public. it rs. net . 2003

[2] ITRS. International Technology Roadmap for Sem-icon-ductors [EB/ OL] . http :// public. it rs. net . 1999

[3] Tobias Bjerregaard, Shankar Mahadevan,"A Survey of Research and Practices of Network- on- Chip", ACM Computing Surveys, Vol.38, Issue 1, 2006

[4] S. Kumar et al., "A Network on Chip Architecture and Design Methodology", Proc.Int' l Symp .VLSI （ISVLSI）, pp.117～124, 2002

[5] Benini L ,De Micheli G. Networks on chips :a new SoC paradigm[J]. Computer ,2002 ,35 （1）:70278.

[6] Jerraya A, Wolf W, eds. Multiprocessor systems-on-chips[M]. San Francisco, Morgan Kaufman/ Elsevier, 2004

[7] Hemani A , Jantsch A , Kumar S,et al. Network on chip: an architecture for billion t ransistor era [A]]. Proc IEEE NorChip Conf [C]. Turku, Finland. 2000.166～173

[8] Guerrier P , Grenier A. A generic architecture for on-chip packet-switched interconnections[A]. Des Autom and Test in Euro Conf [C]. Paris, France. 2000. 250～256

[9] Pham D. The design and implementation of a first-generation CELL processor [A] . Int Sol Sta Circ Conf[C]]. San Francisco,CA ,USA. 2005. 184～185

[10] Glossner G. The sandbridge sandblaster SB3000 multithreaded CMP platform[A]. 5th Int Forum Appl Spec Multi2Processor SoC [C]. Relais de Margaux ,France. 2005. 18～23

[11] 周干民. NoC 基础研究[D]. 合肥:合肥工业大学博士学位论文. 2005

[12] Jant sch A ,Tenhunen H. Networks on chip[M]. Dordrecht : Kluwer Academic Publishers , 2003

[13] 李丽. 当代集成电路设计方法学[D]. 合肥工业大学博士学位论文. 2002. 24～42

[14] 张多利. 基于功能信息的验证工程学及若干验证技术研究[D]. 合肥:合肥工业大学博士学位论文. 2005.49～95

[15] 张溯. 集成电路工程学及 IP 评测技术研究[D] . 合肥工业大学博士学位论文. 2004. 32～88

添加 ZrO₂ 对 MnZn 功率铁氧体性能的影响

智彦军　余　忠　姬海宁　兰中文　刘　治

（电子科技大学电子薄膜与集成器件国家重点实验室　成都　610054）

摘　要：本文采用氧化物陶瓷工艺制备了 MnZn 功率铁氧体，通过对铁氧体微结构的分析及电、磁性能的测试，研究了 ZrO₂ 含量对 MnZn 功率铁氧体起始磁导率（μ_i）和损耗（P_{cv}）的影响。结果表明：少量 ZrO₂ 的添加量可以使材料的晶粒尺寸增大，起始磁导率、饱和磁感应强度及其电阻率增大，损耗减小；随着 ZrO₂ 添加量的增加，晶粒尺寸异常长大，且大小变得不均匀，起始磁导率、饱和磁感应强度及电阻率均减小，损耗增大；当 ZrO₂ 添加量为 0.02wt% 时，起始磁导率、饱和磁化强度和电阻率达到最大值，损耗最低。

关键词：MnZn 功率铁氧体；ZrO₂ 添加剂；微结构；磁性能

Influence of ZrO₂ Addition on the Properties of MnZn Power Ferrites

ZHI Yanjun　YU Zhong　JI Haining　LAN Zhongwen　LIU Zhi

（State Key Laboratory of Electronic Thin Films and Integrated Devices, University of Electronic Science and Technology of China, Chengdu, 610054）

Abstract：MnZn power ferrites were prepared by conventional oxide ceramic process. The influence of ZrO₂ addition on the temperature dependence of initial permeability and losses of MnZn power ferrites were investigated by means of analyzing the microstructure, electric and magnetic properties. The results indicate that adding in small amounts ZrO₂ leads the grain size, the initial permeability, saturation magnetic induction and electrical resistivity increase and the losses decreases .With the increase of ZrO₂ addition, the grain grow abnormally, the grain size becomes inhomogeneous, which make the initial permeability, saturation magnetic induction and electrical resistivity decrease and the power losses increase. When doped with 0.02wt% ZrO₂, MnZn power ferrites posses the highest initial permeability, saturation magnetic induction, and the lowest power losses.

Keywords：MnZn power ferrites，ZrO₂ addition，Microstructure，Magnetic property

MnZn 功率铁氧体由于具有高饱和磁感应强度、高磁导率、高电阻率、低损耗等特性，被广泛应用于各种元器件中，如：各种变压器、电感器、扼流线圈、噪声滤波器等[1, 2]。目前随着信息技术和电子产品的飞速发展，为了实现电子产品向小型化、大功率化、高集成度及其高稳定度的方向发展，制备宽温、低损耗的 MnZn 功率铁氧体具有非常重要的意义。

影响 MnZn 功率铁氧体电磁性能的因素有很多，目前国内外的研究者研究的主要方向有：选择最佳的主配方；优化工艺条件；添加适量的添加剂。然而，添加剂是改善铁氧体电磁性能最有效的方法，因此，国内外很多专家对添加剂的作用机理进行了深入细致的研究[3-7]。在众多的添加剂中，ZrO₂ 一直是人们研究的添加剂之一，在 LiZn、NiZn、CuZn、MgZn 中添加 ZrO₂ 可以改善材料的微结构、磁性能和电性能[8-12]；然而添加 ZrO₂ 对 MnZn 功率铁氧体性能的影响却很少有研究报道。基于此，本文主要研究了 ZrO₂ 添加剂对 MnZn 功率铁氧体性能的影响。

1　实验

1.1　样品的制备

采用传统氧化物陶瓷工艺，按照铁氧体分子式组成 $Mn_{0.7}Zn_{0.24}Fe_{2.06}O_4$ 进行配料，将配好的料于行星式球磨机中用钢球湿磨 1h，将球磨后的浆料在 100℃烘干，并在 930℃预烧 2h，然后在预烧过筛后的粉料中分别加入 0.02%

（质量百分比，下同）$CaCO_3$、0.08%TiO_2 等以及 0~0.05%ZrO_2，再湿法球磨 2h，烘干后加入 10%的聚乙烯（PVA）作黏合剂造粒，并在 60Mpa 压力下压制成环形样品；并将样品在钟罩炉中于 1350℃平衡气氛烧结 4h。

1.2　样品的表征

利用岩崎 SY8232 B-H 分析仪测试 MnZn 功率铁氧体的起始磁导率，并在 100KHz，200mT 条件下测试 MnZn 功率铁氧体磁芯损耗；利用 JEOL JSM-6490LV 扫描电子显微镜对烧结体的断面显微形貌进行观察；用 SZ-82 四探针测试仪测试样品的电阻率；用阿基米德排水法测试样品密度。

2　实验结果与分析

2.1　添加 ZrO_2 对 MnZn 功率铁氧体微结构的影响

图 1 所示为掺杂 ZrO_2 的 MnZn 功率铁氧体烧结样品断面的 SEM 图片。从图中可以看出，没有添加 ZrO_2 时（见图 1（a）），晶粒较小，平均晶粒尺寸为 12.3μm；掺入少量的 ZrO_2 可以使晶粒生长均匀，晶粒的平均尺寸变大，平

均晶粒尺寸为 13.5μm，晶界处气孔变少（见图 1（c））；随着 ZrO_2 掺入量的增加，材料的微结构中开始出现不连续的晶粒生长，同时材料中的气孔也逐渐增多（见图 1（d）），其平均晶粒尺寸为 10μm。

由于，Zr^{4+} 离子是高价金属离子，添加少量的 ZrO_2 时，为了保持电中性及氧化还原平衡，晶界区的金属阳离子空位浓度上升，使得烧结时图相反应过程中晶界移动加速，促进了晶粒的生长[3]，气孔率下降，密度增大（见表1）。因此，适量添加 ZrO_2 有利于促进晶粒均匀生长，改善微观结构；但是添加过量的 ZrO_2，容易造成空间点阵上离子极化作用的不平衡和变形，这种极化作用使点阵的变形部分具有较低的熔点，而形成新的反应中心，从而加速了晶粒生长，最终导致晶粒的异常长大；同时晶粒异常长大使气孔卷入晶粒难以排出，引起气孔率上升，密度减小（见表1）。

表1　ZrO_2 对 MnZn 功率铁氧体密度的影响

ZrO_2concentration /%	0.00	0.01	0.02	0.05
Density（g/cm³）	4.968	4.976	4.984	4.961

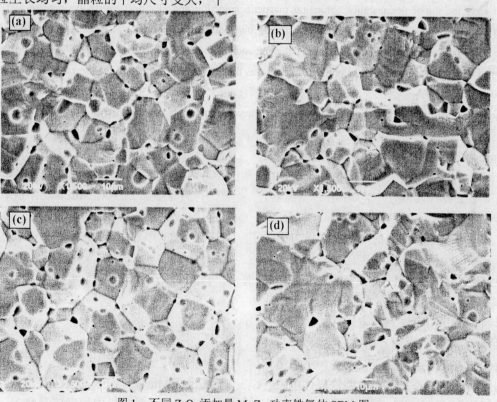

图 1　不同 ZrO_2 添加量 MnZn 功率铁氧体 SEM 图
（a）0.00%；（b）0.01%；（c）0.02%；（d）0.05%

2.2 添加 ZrO2 对 MnZn 功率铁氧体起始磁导率和饱和磁化强度的影响

如图 2 所示为添加 ZrO2 的起始磁导率(μ_i)及其温度特性的影响。从图 2 和表 2 所示中可以看出，在室温下随着 ZrO2 添加量的增加，MnZn 功率铁氧体的 μ_i 和 B_s 呈现先增大后减小，当 ZrO2 添加量为 0.02%时，二者均达到最大值。

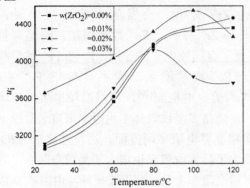

图 2 ZrO2 对 MnZn 铁氧体起始磁导率温度特性的影响

表2 ZrO2对MnZn功率铁氧体饱和磁感应强度的影响

ZrO2concentration /%	0.00	0.01	0.02	0.03
B_S （mT）	496	504	512	509

在低磁场强度下，软磁铁氧体的磁化一般以畴壁位移和磁畴转动为主[13]。由于随着 ZrO2 添加量的增加，晶粒长大，且大小比较均匀，气孔率降低，畴壁位移和磁畴转动容易，从而使 μ_i 和 B_s 增大；同时，由于 Zr^{4+} 是高价金属离子，进入到晶格的 Zr^{4+} 离子就会使 Fe^{3+} 向 Fe^{2+} 转变，即：$2Fe^{3+} \leftrightarrow Zr^{4+}+Fe^{2+}$，因此，随着 Zr^{4+} 离子的增多，晶格中 Fe^{2+} 数量就会越多，而在 MnZn 铁氧体中 Fe^{2+} 离子的磁晶各向异性常数 K_1 和磁致伸缩系数 λ_s 为正值，其他离子为负值。因此，Fe^{2+} 离子的增多可以使铁氧体的磁晶各向异性常数 K_1 和磁致伸缩系数 λ_s 正负补偿，使得 K_1 和 λ_s 值减小[14]。根据公式[15]：

$$\mu_i \propto \frac{\mu_0 M_s^2}{(K_1 + 3\lambda_s\sigma/2)\beta^{1/3}\delta/d} \quad (1)$$

式中，μ_0 为真空磁导率；M_s 为饱和磁化强度；K_1 为磁晶各向异性常数；λ_s 为磁致伸缩系数；σ 为内应力；β 为杂质或气孔的体积浓度；δ 为畴壁厚度；d 为杂质半径。随着 ZrO2 添加量的增加，气孔率降低 β、K_1 与 λ_s 减小，导致起始

磁导率增大；同时，Zr^{4+} 是非磁性离子，添加量较少时，首先进入到四面体间隙（A 位），随着 ZrO2 添加量的增加，Zr^{4+} 会进入到八面体间隙（B 位）[9]，而 MnZn 铁氧体的分子磁矩 $M_s = |M_B-M_A|$，因此使得单元铁氧体的饱和分子磁矩增大，铁氧体的饱和磁化强度 M_s 增大，饱和磁感应强度 B_s 也增加，并在 ZrO2 为 0.02%时达到最大值；当 ZrO2 的添加量超过 0.02%后，由于晶粒的大小不均匀，气孔率升高，且密度降低，畴壁位移困难，同时，非磁性 Zr^{4+} 进入到 B 位，导致 B 位的磁矩下降，饱和磁化强度 M_s 减小，所以材料的饱和磁感应强度和起始磁导率下降。

同时，由图 2 所示中可以看出，随着 ZrO2 添加量的增加，μ_i~T 曲线 II 峰所对应的温度点向低温移动。主要是因为 Zr^{4+} 的增加为了维持电中性就会使材料中的 Fe^{2+} 增多，可对 MnZn 铁氧体的负磁晶各向异性常数进行补偿，使铁氧体在 II 峰处 $K_1 \approx 0$，且当 Fe^{2+} 含量增多时，其对 MnZn 铁氧体材料的 K_1 值补偿能力增强，MnZn 铁氧体的 μ_i~T 曲线 II 峰位置移向低温。

2.3 添加 ZrO2 对 MnZn 功率铁氧体损耗的影响

如图 3 所示是 ZrO2 对 MnZn 功率铁氧体的总损耗（P_{cv}）的影响。从图中可以看出，在室温下随着 ZrO2 添加量的增加，MnZn 功率铁氧体的 P_{cv} 呈现先减小后增大，当 ZrO2 添加量为 0.02%时，达到最小值。

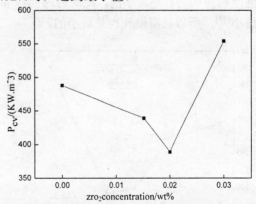

图 3 ZrO2 添加量对 MnZn 功率铁氧体总损耗的影响

MnZn 功率铁氧体的总损耗（P_{cv}）由磁滞损耗（P_h）、涡流损耗（P_e）和剩余损耗（P_r）三部分组成[16]，即：

$$P_{cv} = P_h + P_e + P_r \quad (2)$$

而已有的研究表明：当工作频率低于 500kHz 时，损耗主要以磁滞损耗与涡流损耗为主，剩余损耗可以忽略[17,18]，因此有：

$$P_{cv} \approx P_h + P_e \qquad (3)$$

由前面的分析可知，ZrO_2 通过影响饱和磁化强度（M_s）、磁晶各向异性常数（K_1）和磁致伸缩系数（λ_s）以及气孔率（β），使得室温下 MnZn 功率铁氧体的起始磁导率随 ZrO_2 添加量的增加先增大后减小（如图4所示），而磁滞损耗与起始磁导率的三次方成反比，即：$P_h \propto 1/\mu_i^{3\,[19]}$。因此，随 ZrO_2 添加量增加，磁滞损耗（P_h）先减小后增大，且当 ZrO2 添加到 0.02% 时最小。

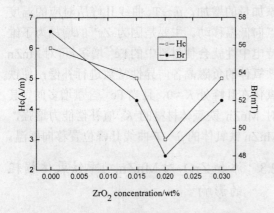

图 4 ZrO_2 对 MnZn 铁氧体磁滞损耗和涡流损耗的影响

如图 5 所示表示的是剩余磁感应强度（Br）和矫顽力（Hc）随 ZrO_2 添加量变化关系曲线。当 ZrO_2 添加量为 0.02% 时，铁氧体的剩余磁感应强度和矫顽力都是最小的，此时磁滞回线面积最小[14]，所以磁滞损耗也是最小的。

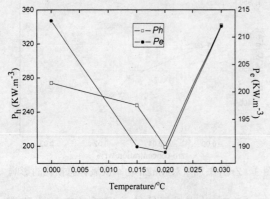

图 5 ZrO_2 对 MnZn 铁氧体矫顽力和
剩余磁化强度的影响

表3 ZrO_2对MnZn功率铁氧体电阻率的影响

ZrO_2 concentration /%	0.00	0.01	0.02	0.03
Electrical resistivity（$\Omega \cdot m$）	2.7	4.0	6.0	3.5

表3所示反映的是 ZrO_2 对铁氧体电阻率的影响。由结果可见，随着 ZrO_2 添加量增加，MnZn 铁氧体的电阻率（ρ）先增大后减小，且在 ZrO_2 添加量为 0.02% 时达到最大值，相应的，材料涡流率损耗 P_e 则在 ZrO_2 添加量为 0.02% 时出现最小值（如图 4）。这主要是因为随着 ZrO_2 添加量增加，ZrO_2 富集于晶界处，使得晶界电阻率增大；此外，进入尖晶石晶格中的 Zr^{4+} 离子，会发生电荷补偿作用：$2Fe^{3+} \rightarrow Zr^{4+}+Fe^{2+}$，$Fe^{2+}$ 数量增加，但是高价 Zr^{4+} 离子有局域电子的作用，即使 Fe^{2+} 数量相对于 Fe^{3+} 数量增加，也不会参与 $Fe^{2+} - e \leftrightarrow Fe^{3+}$ 的导电机制[20]，使得晶粒电阻率也增大。在烧结多晶铁氧体中电阻率来自于晶粒电阻率和晶界电阻率两方面，适量地添加 ZrO_2 既增大了晶界电阻率也增大了晶粒电阻率，导致材料电阻率上升，而涡流损耗与电阻率 ρ 成反比[21]，即：$P_e \propto 1/\rho$，所以随着 ZrO_2 添加量增加，铁氧体的涡流损耗 P_e 减小。而当 ZrO_2 添加量大于 0.02% 时，由于晶粒过分长大，晶界变薄，晶界电阻率降低，因此烧结铁氧体的电阻率下降，导致铁氧体的涡流损耗 P_e 增大。

综上分析，随着 ZrO_2 添加量的增加，室温下 MnZn 功率铁氧体的磁滞损耗和涡流损耗均先减小后增大，因此 MnZn 功率铁氧体的总损耗也先减小后增大。

3   结论

适量地添加 ZrO_2 可以改善铁氧体的微观结构，提高 MnZn 功率铁氧体起始磁导率和饱和磁化强度，降低铁氧体的损耗。其适宜的添加量为 0.02%。加入过多则会使晶粒的大小不均、气孔率上升、材料的性能变差。

参考文献

[1] YU Zhong, SUN Ke, LI Lezhong, et al. Influences of Bi_2O_3 on microstructure and magnetic properties of MnZn ferrite[J]. J. Magn. Magn. Mate，2008，320（6）：919～923

[2] 孙科，兰中文，余忠. MnZn 功率铁氧体的研究进展[J]. 磁性材料及器，2005，36（12）：17～20

[3] H.Shokrollahi, K.Janghorban. Influence of additives on the magnetic properties,microstructure and densification of Mn-Zn soft ferrites. Mater. Sci. Eng.

B. 2007，141（3）：91～107

[4] Janghorban K, Shokrollahi H. Influence of V2O5 addition on the grain growth and magnetic properties of Mn-Zn high permeability ferrites [J].J. Magn. Magn. Mater.，2007，308（2）：238～242

[5] 余忠，兰中文，王京梅. 添加 CaO、V_2O_5 对高频 MnZn 铁氧体性能的影响[J] 材料研究学报，2004，18（2）：176～180

[6] 孙科，兰中文，陈代中等. 添加钛和锡对锰锌铁氧体微结构和高频性能的影响.[J]硅酸盐学报. 2006，34（7）：818～822

[7] A. A. Sattar, et al. Magnetic properties and electrical resistivity of Zr substituted Li-Zn ferrite, Amer. J. Appl. Sci.，2007，4（2）：89～93

[8] N. Rezlescu and E. Rezlescu, Effects of addition of Na_2O, Sb_2O_3, CaO, and ZrO_2 on the properties of lithium zinc ferrites, [J],J. Amer. Ceram. Soc，1996，79（8）：2105～2108

[9] S. Besenicar，et al. Magnetic and mechanical properties of ZrO_2 doped NiZn ferrites [J]. IEEE Trans. Magn. 1988，24（2）：1938～1940

[10] S.R..Jadhav, et al Temperature and frequency dependence of initial permeability in Zr^{4+}-substituted Cu-Zn ferrites [J]. Journal of the Less-Common Metals，158（1990）：199～205

[11] R.B. Pujar, S.S. Bellad, S.C. Watawe, et al. Magnetic properties and microstructure of Zr^{4+}-substituted Mg-Zn ferrites Mater. [J] Chem. Phys，1999，57（3）：264～267

[12] 宛德福，马兴隆.磁性物理（修订版）[M].北京：电子工业出版社，1999

[13] L. Z. Li, Z. W. Lan, Z. Yu, et al. Influence of Fe2O3 Stoichiometry on Initial Permeability and Temperature Dependence of Core Loss in MnZn Ferrites [J]. IEEE Transactions on Magnetic, 2008, 44（1）：13～16

[15] 李乐中，兰中文等. 添加 Ta2O5 对 MnZn 功率铁氧体性能的影响[J]. 无机材料学报. 2009,24（2）：379～382

[16] A. Fujita, S. Gotoh. Temperature dependence of core loss in Co-substituted MnZn ferrites [J].Journal of Applied Physics，2003，93（10）：7477～7479

[17] XU Zhiyong, YU Zhong, et al. Microstructure and magnetic properties of Sn-substituted MnZn ferrites [J]. J. Magn. Magn. Mate，2009，321：2883～889

[18] O. Inoue, N. Matsutani, K. Kugimiya. Low loss MnZn-ferrites: frequency dependence of minimum power loss temperature [J]. IEEE Trans. Magn，1993，29（6）：3532～3534

[19] JI Haining, LAN Zhongwen, et al. Influence of Sn-substitution on temperature dependence and magnetic disaccommodation of manganese–zinc ferrites [J]. J. Magn. Magn. Mate，2009，321：2121～2124

[20] R.B. Pujar, S.S. Bellad, S.C. Watawe, et al. Magnetic properties and microstructure of Zr^{4+}-substituted Mg-Zn ferrites Mater. Chem. Phys, 1999，57（3）：264～267

[21] S. Otobe, Y. Yachi, T. Hashimoto, et al. Development of low loss Mn-Zn ferrites having the fine microstructure [J]. IEEE Trans. Magn, 1999，35（5）：3409～3411

一种低成本低相噪的 X 波段 VCO 设计

胡季岗　金　龙　蒋万兵

（电子科技大学电子科技技术研究院　成都　610054）

摘　要：本文采用小信号 S 参数，结合负阻振荡理论，对 X 波段 VCO 进行了分析与设计。测试结果显示振荡器工作频率为 9.01GHz，电调范围接近 100MHz，相噪优于–103dBc/Hz@100kHz，基本实现了预期的低成本低相噪设计。

关键词：低成本低相噪 VCO；小信号 S 参数；负阻振荡理论

Development of a Low Cost Low Phase Noise X-band VCO

HU Jigang　JIN Long　JINAG Wanbing

（RIEST, University of Electronic Science and Technology of China，Chengdu，610054）

Abstract：This paper present the analysis and design process of a X-band VCO using small signal S-parameters combined with negative resistance technologies. The test result shows that operating frequency of the VCO is 9.01GHz, electronical tuning rage is nearly 100MHz, the phase noise is better than -103dBc/Hz@100KHz,and the expected low cost low phase noise design is reached.

Keywords：low cost low phase noise VCO，small-signal S-parameters，negative resistance technologies

1　引言

近年来，商业微波毫米波无线系统得到了迅猛发展，作为其中的关键部件，微波振荡器是必不可少的，在这些地方需要的振荡器往往需要低成本、低相噪、小型化，有一定的电调范围。此外，在实际工程项目中常常需要一些模块化的 VCO，而购买成本过高且不划算，因此，本文根据实际需要研制一种低成本低相噪的 X 波段 VCO，并为将来的 VCO 的小型模块化打下了基础。

当前微波固态振荡器常用三端器件有场效应管（FET）与双极晶体管（BJT），两者相比 FET 噪声系数小，能够工作至毫米波频段，但闪烁频率、成本高。综合考虑对低成本、低相噪的要求，本文选用 infineon 公司的 BFP740-NPN 硅锗射频晶体管进行设计。

由于无法得到该晶体管的大信号参数模型，本文首先采用小信号 S-参数结合负阻振荡理论，使振荡器满足稳定起振条件，并考虑低相噪对电路的要求进行优化设计。制作电路后

测试表明该 VCO 基本实现了低成本低相噪设计，中心频率为 9.01GHz 相噪优于–103dBc/Hz@100dBc，且有近 100MHz 的电调范围。

2　负阻振荡器的一般理论及相噪分析

2.1　负阻振荡器的一般理论

在微波段，由于各种分布参数和寄生效应的影响，一般多采用负阻理论来分析振荡器，将振荡器看成一个单端口网络，考察的是该网络的输入阻抗或导纳[1]，如图 1 所示。

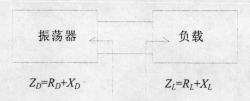

$$Z_D=R_D+X_D \qquad Z_L=R_L+X_L$$

图 1　负阻原理框图

下面考虑串联谐振的电路设计。

由于振荡器起振时工作在小信号状态，分

析起振条件时通常使用器件的小信号 S 参数。事实上[2]，从起振到平衡的过程中，有源器件的非线性对振荡器输出的阻抗的实部，即负阻影响较大，对虚部影响较小，故振荡器输出频率主要由阻抗的虚部决定，由实部决定输出功率，因此，稳态时的振荡频率常常与起振的频率非常接近。所以，在对振荡器输出功率没有严格限制的场合，可以用器件的小信号 S 参数进行设计。

设计时，首先让三端器件在需要的起振频率上提供一个合适的负阻抗。然后设计负载阻抗，为了保证稳定的起振，经验上一般取[2]:

$$Z_L(\omega) = \frac{-1}{3} R_D(\omega) - X_D(\omega) \quad (1)$$

由于是按照串联谐振设计的，还需满足条件（2）。

$$dX_D/d\omega > 0 \quad and \quad dX_L/d\omega > 0 \quad (2)$$

按照对偶定理，同理可推得并联谐振设计。

2.2 相噪分析

对于一般的变容管调谐 VCO，相位噪声主要有以下来源。

按照 Leeson 公式[3]，振荡器引入的单边带相位噪声为:

$$L(f_m) = 10\log[0.5((\frac{f_o}{2Q_l f_m})^2 + 1)(\frac{f_c}{f_m} + 1)(\frac{FkT}{P_s})] \quad (3)$$

其中，f_m 是频偏；f_c 是闪烁频率；f_o 是载波频率；F 是有源器件的开环的噪声系数；Q_l 是有载 Q 值；P_s 是振荡器的输出功率。因此，器件应选择闪烁频率低、噪声系数小的；电路设计时应使 Q_l 尽量高，输出功率大。

变容管引入的调制相位噪声表示为[4]:

$$L(fm) = 20\log(\frac{\sqrt{8kT R_{enr} K_v}}{2f_m})) \quad (4)$$

其中，R_{em} 是变容管的等效噪声热阻；K_v 是变容管的电压调谐增益。因此，对于给定的调谐范围，应使变容管的电压调谐增益尽量小。

其他如电源噪声及推频现象引入的噪声，设计时应良好地进行电源滤波及稳压。

3 VCO 线性仿真与设计

首先是负阻网络的设计。电路采用共射结构，这种结构比较简单，可用在调谐带宽要求不大的情况下，且输出功率和效率也是可观的。

该晶体管在我们需要的频率有 10dB 的增益，因此加适当长度短路微带线的串联正反馈即实现负阻，这种设计也有利于直流接地。变容管调谐电路放在基极，其后的一小段短路微带线有利于变容管直流接地。电路原理如图 2 所示。

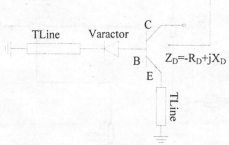

图 2　晶体管单端口负阻网络原理图

由于我们是按照串联起振来设计的，为了便于负载阻抗的设计，端口呈现的负阻应大一点，同时应满足起振条件（2），经过适当的设计调整，端口的阻抗如图 3 所示，可等效为一负阻与电感串联。

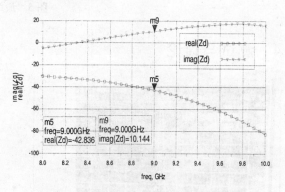

图 3　单端口负阻振荡器输入阻抗值

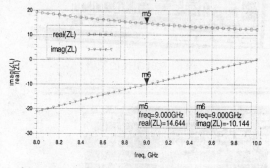

图 4　负载输入阻抗值

设计负载阻抗时，为得到较大的振荡功率和避免振荡器在稳态时停振，按照式（1），同时也必须满足起振条件（2），设计的负载阻抗如图 4 所示，可等效为一正电阻与电容串联。

为了实现低相噪，在电路设计时应满足稳定起振的条件下:

$$\max\left\{ \frac{d(X_D + X_L)/d\omega}{R_L} \right\} \quad (5)$$

即电路的无载 Q 值最大化。

另外，设计直流偏置电路时，通过合理使用 1/4 波长线，使射频分量不能进入直流通路。经过最终优化的电路如图5所示。

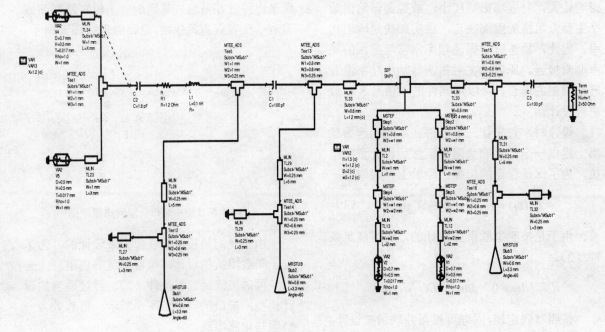

图5　最终优化电路图

4　测试与讨论

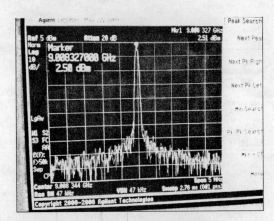

图6　9.01GHz 的频谱

偏置点使其工作在 $Ic=12mA@Vc=3.3V$。经过适当调试，起振荡频率为 9.01GHz，输出功率为 2.5dBm，如图6所示。使用 Agilent 的 E4447A 3Hz～42.98GHz 频谱仪对其进行测试，该点相位噪声为–103dBc/Hz@100KHz，如图7所示。

电调范围测试近 100MHz，并不是很宽，具体关系如表1所示。

表1　调谐电压与频率关系

V_t（V）	1	2	3	4
F（GHz）	9.023	9.030	9.038	9.044
V_t（V）	5	6	7	8
F（GHz）	9.052	9.059	9.065	9.072
V_t（V）	9	10	11	12
F（GHz）	9.078	9.083	9.091	9.098

测试结果还显示该VCO频率稳定度不高，可能是因为：

（1）没有腔体，受外部影响干扰大；

（2）设计的电源电路不合理，也没有加稳压器，有可能存在耦合干扰；

（3）电路片加工与设计有一定的偏差。

5　结论

本文采用小信号 S-参数，结合负阻理论，实现 X 波段 VCO，基本达到了预期的目的，

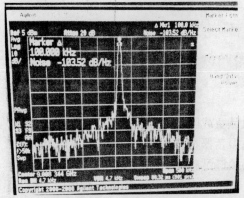

图7　9.01GHz 的相噪测试

将电路制作好后进行测试。首先调节直流

该 VCO 还具有电流小、功耗低等优点，并能够很好地模块化。

参考文献

[1] 文德林. 用 S 参数法设计放大器和振荡器. 北京：科学出版社，1986

[2] 顾其净，项家祯，袁孝康. 微波集成电路设计. 北京：人民邮电出版社，1978

[3] D. B.Leeson," a simple model of feedback oscillator noise spectrum," in Pro.IEEE, 1966, 54（2）426～434

[4] Randall W.Rhea, Oscillator Design and computer Simulation, 1995, hardcover：320

基于 ADS 的低温低噪声放大器的设计

史跃跃　张天良　罗正祥　孔根升

(电子科技大学光电信息学院　成都　610054)

摘　要：本文给出了利用 ADS 软件仿真设计低温低噪声放大器的设计方法及步骤，指出了在设计低温低噪声放大器时需要特别注意电路的稳定性，并用源级反馈技术保证低温低噪声放大器的稳定性。

关键词：低噪放；串联反馈；稳定性；ADS；匹配

Abstract：In this paper, based on the Advanced Design System, one method of designing Cryogenic Low noise amplifier （CLNA） is introduced, and the stability of the LNA is discussed in detail. The source backward feedback is introduced to achieve the stability in the full frequency band, the simulation and test result are presented to verify the. design of LNA.

Keywords：low noise amplifier，Series feedback，Stability，ADS，match network

1　引言

低噪声放大器作为接收机前端的重要部件，其噪声系数的大小在很大程度上决定了接收机灵敏度。为了提高灵敏度，在一些高性能接收机系统中，往往将低噪声放大器置于低温环境工作，从而有了低温低噪声放大器。

由于低温测试提取器件参数需要专门的设备，而许多 HEMT 器件实际上在低温下保持了常温的一些特性，如低温 HEMT 漏极电流被适当调整后 S 参数与常温相差不大，但噪声显著减小[1]，因此，本次低温 LNA 设计采用基于常温 LNA 设计流程。

晶体管的稳定系数在低温下会降低，所以在设计低温 LNA 时，稳定性是要考虑的首要因素。

本文利用设计一个 S 波段基于源级串联反馈技术的低温低噪声放大器，设计指标：工作频率：2.5～3GHz，噪声系数：NF < 0.5dB，输入输出反射小于–18dB，增益：G > 11dB。

2　晶体管的选择

本放大器要求具有很低的噪声系数，且需工作于液氮温区，普通 BJT 管和 FET 管很难实现，需选用性能优异的 HEMT 器件。HEMT 又称高电子迁移率晶体管，具有低噪声、高增益和高功率容量等优势，并且在低温下具更低的噪声、更高的跨导和更大的电流处理能力。

综合考虑，最终选定 Agilent 的 ATF-34143。

3　低噪声放大器的主要技术指标[2]

3.1　噪声系数 NF

噪声系数的定义为放大器输入信噪比与输出信噪比的比值，即：

$$NF = \frac{S_{in}/N_{in}}{S_{out}/N_{out}} \tag{1}$$

对单级放大器而言，其噪声系数的计算为：

$$NF = NF_{min} + 4R_n \frac{|\Gamma_s - \Gamma_{opt}|^2}{(1-|\Gamma_s|^2)|1-\Gamma_{opt}|^2} \tag{2}$$

其中，Fmin 为晶体管最小噪声系数，是由放大器的管子本身决定的；Γopt、Rn 和 Γs 分别为获得 Fmin 时的最佳源反射系数、晶体管等效噪声电阻、以及晶体管输入端的源反射系数。

3.2　放大器增益 G

放大器的增益定义为放大器输出功率与输入功率的比值：

$$G = P_{out}/P_{in} \tag{3}$$

一般来说低噪声放大器的增益确定应与系统的整机噪声系数、接收机动态范围等结合起来考虑。

3.3　输入输出的驻波比

低噪声放大器的输入输出驻波比表征了其输入输出回路的匹配情况，我们在设计低噪声放大器的匹配电路时，输入匹配网络一般为获得最小噪声而设计为接近最佳噪声匹配网络，而不是最佳功率匹配网络，而输出匹配网络一般是为获得最大功率和最低驻波比而设计。所以，低噪声放大器的输入端总是存在某种失配，这种失配在某些情况下会使系统不稳定。一般情况下，为了减小放大器输入端失配所引起的端口反射对系统的影响，可用插损很小的隔离器等其他措施来解决。

3.4 反射系数

由式（2）可知，当 $\varGamma s = \varGamma opt$ 时，放大器的噪声系数最小，NF=NFmin，但此时从功率传输的角度来看，输入端是失配的，所以放大器的功率增益会降低，但有时为了获得最小噪声，适当牺牲一些增益也是低噪声放大器设计中经常采用的一种办法。

3.5 稳定性

稳定工作是放大器指标得以实现的前提，只有在保证稳定工作条件下性能指标的好坏才有意义。电路的稳定系数 K。其定义为：

$$K = \frac{1 - |S_{11}|^2 - |S_{22}|^2 + |\Delta|^2}{2|S_{12}||S_{21}|} \quad (4)$$

其中，$|\Delta| = |S_{11}S_{22} - S_{12}S_{21}|$。必须

$$\begin{cases} K > 1 \\ 1 - |S_{11}|^2 > |S_{12}S_{21}| \\ 1 - |S_{22}|^2 > |S_{12}S_{21}| \end{cases} \quad (5)$$

才能保证电路的绝对稳定。式（5）中任何一个条件不满足，放大器都将是潜在不稳定的。当放大器出现不稳定的情况时，常常采用在其不稳定的端口串联或者并联一个电阻的方法来稳定。

4 利用 ADS 设计电路[3]

因为低噪声放大器主要用于接收机前端，所以，首先要考虑匹配网络的噪声匹配最佳化。利用小信号 S 参量仿真 ATF34143 场效应管的最佳噪声系数下的源阻抗匹配及负载阻抗匹配的条件。根据器件特性选择最佳条件，选择 $V_{DS}=3V$，$I_{DS}=20mA$。

4.1 稳定性分析

由 ADS 设计电路匹配状态模型，如图 1

所示。

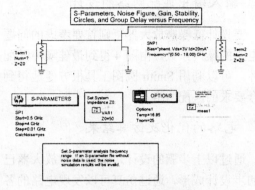

图 1　电路匹配状态模型

由如图 1 所示模型可得电路并不稳定。可以利用源级串联反馈原理来增强电路的稳定性，而本设计为微带线结构，所以源极反馈是一段短传输线[4]。如图 2 所示。

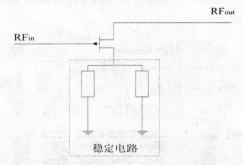

图 2　源级反馈的稳定性电路

将稳定性电路加于 ADS 的原理图中可得到整个工作频率内稳定性的大小表示图，如图 3 所示。

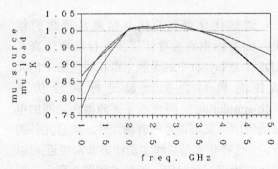

图 3　增加源极电感条件下的稳定性结果

同时可得到增加源极电感条件下的最佳噪声匹配，如图 4 所示。

图 4　增加源极电感下的最佳噪声匹配

4.2　输入输出匹配网络的设计

要设计低噪声放大器，则首要考虑的问题是电路的噪声系数。由图4得到最佳噪声匹配条件。可以利用 Smith 圆图工具很方便地得到符合要求的匹配网络。

4.3　电路的优化及仿真结果

通过以上步骤的设计，本低噪声放大器已经初步设计成形，通过仿真可以发现电路的各项指标基本上都达不到要求。所以下一步将对电路各项指标进行优化，ADS 电路设计仿真工具提供了一个极其强大的优化平台。在优化设计时作者对噪声系数、S11、S21、S22、电路稳定因子 K 都进行了优化。

通过多次优化得到完整的电路原理图如图5 所示。

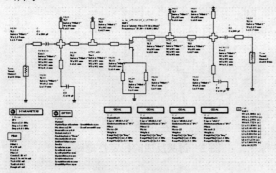

图5　电路原理图

4.4　联合仿真

通过优化得到的仿真结果是理想的结果，而实际电路的设计需要进行联合仿真。ADS 中把 layout 中的无源电路和原理图中的元器件有机结合在一起进行联合仿真（co-simulation），既考虑了无源器件之间的电磁场效应，又可以考虑有源元件、集总元件的效应，这样仿真结果和实测结果非常接近，可以缩短制版调试的时间。如图6和图7所示分别是联合仿真原理图和仿真结果。

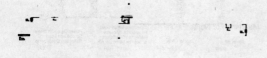

图6　联合仿真原理图

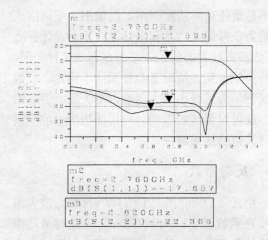

（a）联合仿真 S11,S22,S21 结果

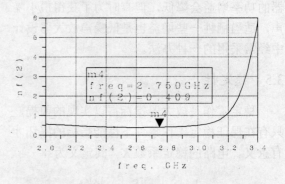

（b）联合仿真噪声系数

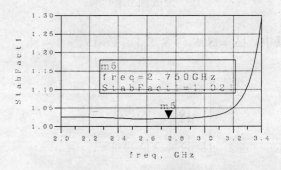

（c）联合仿真稳定系数

图7　联合仿真结果

从联合仿真结果图可看出，电路的性能有一定变差，根据联合仿真的结果和电路的响应特性再对电路进行修改，反复优化，最后得到满意的结果。

5　测试结果

设计结束后，绘制版图和屏蔽盒图拿去加工，之后进行实物的焊接和调试，最后在噪声仪和网络分析仪上测试出结果。实物图和测试结果如图8～图10及表1所示。

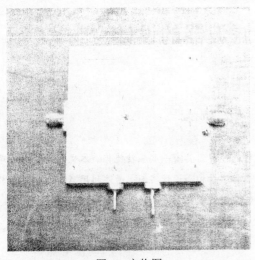

图 8　实物图

图 9　液氮测试环境

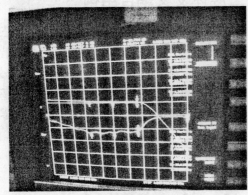

图 10　测试结果图

表 1　噪声系数测试结果

频率（GHz）	噪声系数（dB）
2.5	0.48
2.6	0.46
2.7	0.43
2.8	0.47
2.9	0.51
3.0	0.52

测试结果增益比仿真时小 1dB 左右，反射系数比仿真时大 5dB 左右，噪声系数基本符合要求。

6　结论

本文采用 ADS 软件设计并制作了一个低温低噪声放大器，根据设计和测试结果分析了噪声匹配、驻波匹配和增益匹配的相互联系，引入源级负反馈技术解决了电路的稳定性。最终基本上符合了指标要求。

参考文献

[1] 刘国赢. 高灵敏度信道化超外差接收机前端系统研究[硕士学位论文]. 成都：电子科技大学，2009

[2] 黄香馥，陈天麒，张开智. 微波固体电路. 成都：成都电讯工程学院出版社. 1988.140～158

[3] 吴国增，杨颖. 低噪声放大器（LNA）的网络匹配设计方法研究. 电子元器件研究，2007，9（1）64～66

[4] 张士化，何子述. S 波段低噪声放大器的分析与设计. 现代电子技术，2005（18）：75～77

[5] 清华大学《微带电路》编写组. 微带电路. 1976.1～29

[6] 沈致远. 高温超导微波电路. 北京：国防工业出版社，2000

[7] ADS2006 基础仿真实验教程.Agilent Technologies

微带三腔体交叉耦合滤波器的设计

孙 欣 罗正祥

（电子科技大学光电信息学院 成都 610054）

摘 要：三腔体交叉耦合是一种特别的耦合结构，用其所设计的滤波器具有一些独特优势。本文对 S 波段微带三腔体交叉耦合滤波器进行了理论探讨，根据其特点给出了其基本物理结构和设计实例。通过利用 ADS 和 IE3D 软件对设计的滤波器进行了仿真，表明其在高选择性滤波和一些特殊要求滤波应用方面的独到优势。

关键词：三腔体；类椭圆函数滤波器；交叉耦合

Design of Cascaded Trisection Microstrip Filters

SUN Xin LUO Zhengxiang

（School of Opto-Electronic Information, UESTC, Chengdu, 610054）

Abstract: It's a special coupling structure of trisection cross-coupling. Filters designed in this way will have some original superiority. According to its characteristics, this article discussed the cascaded trisection（CT）microstrip filters in theory, provided the basic physical structure and design examples. From the simulation result, we can see that it has the original superiority to be used for high selective filters and special filters.

Keywords: cascaded trisection，quasi-ellipse，cross-coupling

1 引言

随着移动通信系统、微波通信技术的飞速发展，射频谱的日益拥挤对滤波器的性能指标提出了越来越高的要求。微带带通滤波器具有体积小、重量轻等优点，因而得到了较为广泛的应用。但由于其品质因数较低，难以实现低损耗窄带的要求。高温超导材料的开发和应用有效地解决了这个难题，但高额的成本使其目前还无法得到广泛的应用[1]。为了解决这个问题，类椭圆函数滤波器引起了广泛的关注。与传统的 Chebyshev 函数相比，它带边陡峭；与椭圆函数相比更易于实现。其特点就是在通带内与 Chebyshev 滤波器特性相同；通过在不相邻的谐振腔间引入交叉耦合，在带外产生有限传输零点，以此来增加截止频率的陡度，使阻带下降更快，从而提高滤波器的优越性。三腔体交叉耦合滤波器与其他常用的滤波器结构相比，具有较小的通带损耗、较陡的通带边沿和较好的谐波抑制作用，对高选择性滤波器的设计有很好的实用价值[2]。

2 三腔体交叉耦合结构[3][4]

如图 1（a）（b）所示显示了两种常用的三腔体交叉耦合结构，图中每个节点代表一个谐振器，实线代表直接耦合，虚线代表交叉耦合。可见，这种滤波器的每三个谐振器构成一个基本单元，而每个基本单元能够产生一个传输零点。

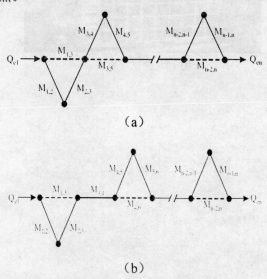

（a）

（b）

图 1 三腔体交叉耦合滤波器节点示意图

其传递函数可表示为：

$$|S_{21}| = 1 + \sqrt{1 + \varepsilon^2 F_n^2(\Omega)}$$

$$F_n = \cosh\left[\sum_{i=1}^{n} \cosh^{-1}\left(\frac{\Omega - 1/\Omega_{ai}}{1 - \Omega/\Omega_{ai}}\right)\right]$$

式中，Ω表示中心频率；Ω_{ai}表示第 i 个传输零点；ε 是波纹系数；n 代表滤波器级数。

耦合系数计算公式为：

$$M_{ij}\Big|_{i \neq j} = \frac{\omega_{0n}}{\sqrt{\omega_{0i}\omega_{0j}}} \frac{1}{\sqrt{(g_i + FBW \cdot B_i/2)(g_j + FBW \cdot B_j/2)}}$$

$$\omega_{0i} = \omega_0 \sqrt{1 - \frac{1}{g_i/FBW + B_i/2}}$$

式中，B_i 代表第 i 个并联谐振回波的电纳。

通常容性耦合对信号产生的相移为 90°，感性耦合为 -90°。若交叉耦合为正 90°，将在低频端产生传输零点；交叉耦合为负 90°，将在高频端产生传输零点。其传输特性如图 2 所示。

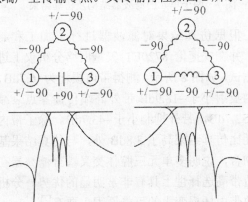

图 2　三腔体交叉耦合滤波器的传输特性

如果只对单边滤波提出严格要求，那么，采用三腔体交叉耦合结构，只需一个或多个基本单元就能很好地满足要求。相比于满足同样要求的对称响应的滤波器，它减少了谐振器的个数和滤波器的尺寸，而且能获得较小的通带损耗。其理论性能的比较如图 3 所示。

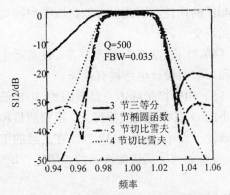

图 3　带宽为 3.5% 的不同滤波器理论性能比较

由于很多电路仿真软件已具备了优化功能，因而实际应用中多采用仿真获得所需的 M 值。本论文采用电路仿真软件 ADS 实现 M 值的获取。

3　三腔体交叉耦合滤波器的实现

该滤波器以三级谐振器为一个基本单元，在单边具有高选择性。为了突出其特点，以高端引入传输零点为例。通过 ADS 软件对其电路原型进行仿真和优化，可以获得所需的耦合系数[5]。电路原型及仿真结果如图 4 所示。耦合系数如表 1 所示。

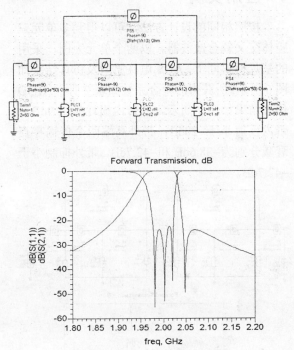

图 4　ADS 电路原型及仿真结果

表 1　仿真获得的耦合系数

$k_{12}=0.01717$	$k_{23}=0.0204$
k13=0.01373	

图 5 所示为通过 IE3D 软件仿真得到的中心频率为 2GHz、带宽为 2.5% 的微带带通滤波器。采用的是介电常数 εr=2.2，损耗角正切 tg σ=0.0011，基片厚度为 h=0.762mm，金属层厚度 T=0.035mm 的基片。其通带损耗为 -1.45dB，高端传输零点衰减为 -31.4dB。可以看到，虽然一个单元就可以实现高端的高选择性，但是其在高端带外抑制并不是很理想，往往需要多个单元来实现较高的带外抑制[6]。

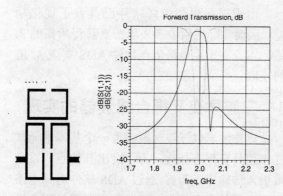

图 5 　一个单元的滤波器结构及仿真结果

4 　应用实例

　　按照相同的设计方法，可以得到多单元三腔体交叉耦合滤波器。以两个单元为例，采用的基片材料同上。ADS 电路原型及仿真结果如图 6 所示。所获得的耦合系数如表 2 所示。IE3D 仿真结果如图 7 所示。其带内损耗为–2.9dB，带内反射小于–20dB，带外高端两个传输零点衰减分别为–38.6dB 和–42.7dB，带外抑制小于–42.7dB。

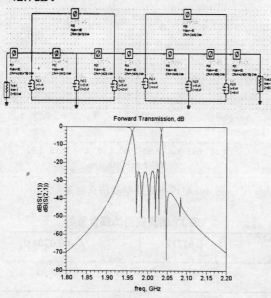

图 6 　ADS 电路原型及仿真结果

表 2 　仿真获得的耦合系数

$K_{12}=0.0238$	$K_{23}=0.0165$
$K_{13}=0.013$	
$K_{34}=0.0191$	
$K_{45}=0.0215$	$K_{56}=0.0205$
$K_{46}=0.0176$	

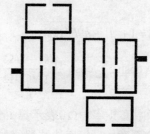

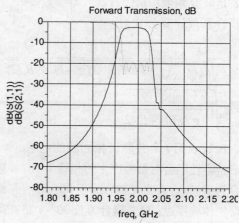

图 7 　两个单元的滤波器结构及仿真结果

　　根据仿真结果对滤波器进行了加工和制作，并在安捷伦 8720ET 矢量网络分析仪上进行测试，如图 8 所示。测得带内损耗为–6.7dB，带内反射小于–18.9dB,带外高端传输零点衰减为–52.7dB，带外抑制小于–43.7dB。除了带内损耗比仿真结果高了 3.8dB 外，与仿真结果基本吻合，说明多单元三腔体交叉耦合滤波器在单边带高选择性上具有非常明显的优势。分析导致带内插损变大的可能原因主要有[7]：

　　（1）在进行电路基片的粘贴时，导电胶涂抹不均匀或者黏合后，部分接地不良导致插损变大。

　　（2）SMA 接头的场结构对滤波器电路的场结构产生一定影响，导致插损变大。

　　（3）所使用的 SMA 接头自身具有一定的损耗。通过测仪器测量，该类型接头确实具有约 0.4dB 的损耗。因此，可能是该类型接头造成了插损变大。

　　（4）加工工艺的精度不够高，使实际电路尺寸和形状与设计电路稍有差异。

　　（5）由于微带线本身品质因数 Q 较低，而较小的 Q 值将造成插损变大。根据测量和计算，该滤波器 Q 值仅为 34.74，在后续的工作中,也将对如何提高该滤波器的 Q 值进行研究。

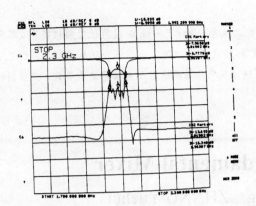

图 8　加工实物图和测试结果

5　结论

　　本文通过一定的理论分析，结合 ADS 和 IE3D 软件的仿真结论，设计并制作了 6 级三腔体交叉耦合滤波器，并且充分证实了三腔体交叉耦合滤波器是一种具有高选择性的滤波器。由于其有单边带高选择性的特点，可以应用到对带外抑制有特殊要求的设计中去。

参考文献

[1] 顾其净.微波集成电路的设计.北京：人民邮电出版社,1978.49～55

[2] C.-C. Yang and C.-Y. Chang, "Microstrip cascaded trisection filter," IEEE MGWL, 9, July 1999. 271～273

[3] Jia sheng hong,Lancaster M J.Mierostrip filter for RF/Microwavc application[G].Jone Wiley & Sons, Inc. 2001, 11～27

[4] 甘本祓，吴万春.现代微波滤波器的结构与设计.科学出版社,1973. 20～56

[5] Ruwan N. Gajaweera, *Student Member, IEEE,* and Larry F. Lind, *Senior Member, IEEE,"* Coupling Matrix Extraction for Cascaded-Triplet （CT） Topology," IEEE TRANSACTIONS ON MICRO-WAVE THEORY AND TECHNIQUES, VOL. 52, NO. 3, MARCH 2004, 768～772

[6] R. Hershtig, R. Levy, and K. Zaki, "Synthesis and design of cascaded trisection （CT） dielectric resonator filters," Proceedings of European Microwave Conference, Jerusalem,Sept. 1997, pp. 784～791

[7] 清华大学《微带电路》编写组.微带电路.北京：人民邮电出版社，1975，227～230

W 波段基波混频器设计

刘　勇　　唐小宏　　张跃辉

（电子科技大学电子工程学院　成都　610054）

摘　要：本文采用 Alpha 公司的 DMK-2790 Schottky 势垒混频二极管，设计了一种 W 波段低变频损耗基波混频器。该混频器在射频、本振输入端，采用了宽带低插入损耗的波导-鳍线-微带过渡，利用混合环构成功率混合电路将射频和本振能量传递给混频二极管，中频信号通过跳线输出。通过优化输入输出匹配电路等结构参数，变频损耗在 92.4GHz～93.5GHz 范围内小于 11dB。

关键词：W 波段；基波混频器

Design of W-Band Fundamental Mixer

LIU Yong　　TAMG Xiaohong　　ZHANG Yuehui

（School of Electronic Engineering, University of Electronic Science and Technology of China, Chengdu, 610054）

Abstract: In this paper, a W-band low conversion loss fundamental mixer is designed. Schottky barrier mixer diodes DMK-2790 are adopted in the fundamental mixer. The RF and LO signals are introduced by broadband low insertion loss waveguide-finline-microstrip transition, and delivered to mixer diodes by power hybrid circuit. The IF signals are fed out by wire. By optimizing the structural parameters of input and output matching networks, the conversion loss in the band of 92.4GHz~93.5GHz is less than 11dB.

Keywords: W-Band，Fundamental Mixer

1 引言

混频器是微波通信、射电天文学、雷达、等离子物理、遥控、遥感、电子对抗，以及许多微波测量系统中至关重要的部件。在现代通信系统中，毫米波频段通常采用超外差接收机，混频器作为第一级就成为关键部分[1]。相比于谐波混频器，基波混频器具有更低的变频损耗。W 波段基波混频器可分为单端混频器、单平衡混频器和双平衡混频器。相比于单端混频器，单平衡混频器具有更优良的混频性能；而相对双平衡混频器，单平衡混频器的结构要简单得多，因此，单平衡混频器得到广泛的应用[2]。

2 基波混频器工作原理

以本振反相型平衡混频器为例进行原理分析[3]。由于信号在两个混频二极管上同相并且幅度相等，因此设信号电压：

$$v_{s1} = v_{s2} = V_s \cos \omega_s t \qquad (1)$$

而本振信号在两个混频二极管上相位相反，因此设两只二极管上的本振电压为：

$$v_{L1} = V_L \cos w_L t$$

$$v_{L2} = V_L \cos(w_L t + \pi) \qquad (2)$$

如果两个二级管特性相同，电路也是平衡的，则每个二极管上的信号电压和本振电压都相等，它们的混频时变电导分别为：

$$g_1(t) = g_0 + 2\sum_{n=1}^{\infty} g_n \cos n w_L t \qquad (3)$$

$$g_2(t) = g_0 + 2\sum_{n=1}^{\infty} g_n \cos n(w_L t + \pi) \qquad (4)$$

根据小信号理论分析，考虑到电流方向与二极管的极性后，则流过两个混频管的电流表达式为：

$$i_1 = V_{s1} g_1(t) = V_s \cos \omega_s t \left[g_0 + 2\sum_{n=1}^{\infty} g_n \cos n\omega_L t \right] \qquad (5)$$

$$i_2 = V_{s2} g_2(t) = V_s \cos w_s t \left[g_0 + 2\sum_{n=1}^{\infty} g_n \cos n(w_L t + \pi) \right] \qquad (6)$$

考虑到：

$$\cos n(w_L t + \pi) = \cos n w_L t \quad (n=偶数) \qquad (7)$$

$$\cos n(w_L t + \pi) = -\cos n w_L t \quad (n=奇数) \quad (8)$$

将以上各式展开可得：

$$i_1 = V_s \cos w_s t (g_0 + 2g_1 \cos w_L t + 2g_2 \cos 2w_L t + 3g_3 \cos 3w_L t + \cdots)$$
$$i_2 = V_s \cos w_s t (g_0 + 2g_1 \cos w_L t + 2g_2 \cos 2w_L t - 2g_3 \cos 3w_L t + \cdots)$$

则总电流为：

$$i_\Sigma = i_1 + i_2 = 4g_1 V_s \cos w_s t \cos w_L t + 4g_3 V_s \cos w_s t \cos_3 3w_L t + \cdots$$
$$= 2g_1 V_s \cos(w_s + w_L)t + 2g_1 V_s \cos(w_s + w_L)t + 2g_3 V_s \cos(3w_L - w_s)t$$
$$+ 2g_3 V_s \cos(3w_L + w_s)t + \cdots$$

于是得到中频电流：

$$i_{if} = 2g_1 V_s \cos(w_s - w_L)t \quad (9)$$

由此可见，输出总电流中信号和本振偶次谐波产生的电流都相互抵消了，只剩下本振奇次谐波产生的电流相加。因此输出频谱比较纯净，输出中频电流是单个管子的中频电流的两倍。由于平衡混频器使用两个二极管，与单端混频器相比，在同样的输入信号强度下，分配到每个二极管的信号功率小 3 分贝，因此，它的动态范围大 3 分贝。平衡混频器能有效抑制本振引入噪声。

由分析可知，i_1 与 i_2 中的信号电流相连续，它们自成信号通路。同样本振电流、直流和中频也在二极管桥内自成通路，因此不需要高、低频旁路短路线，这样克服了窄带元件对频带宽度的限制。

从电流公式分析可知，在信号输入端存在着本振偶次谐波频率与信号频率差拍产生的电流，这些电流中包括镜频电流，使得镜频功率消耗在信号电路中，因此，这种平衡混频器是镜频匹配混频器[3]。

3 电路设计与仿真

本文介质基片采用 RT/Duroid5880，$\varepsilon_r = 2.22$，基片厚度 $h=0.127mm$。混频二极管选用的是 Alpha 公司的 DMK-2790，设计一个射频频率为 93GHz~95GHz，固定 1GHz 中频输出，本振功率 10dBm 的基波单平衡混频器。

利用混合环构成功率混合电路[4]，本振和射频的输入通过波导－微带鳍线过渡将能量传给功率混合电路，中频通过跳线输出，如图 1 所示。

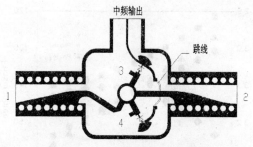

图 1 W 波段基波混频器

本振从 1 端口输入，因为 1 端口到 3 端口的线长与 1 端口到 4 端口的线长相差 $\lambda/2$，它们的相位差为 180°。但由于两二极管极性相反，故加在两管上的本振电压相位相同。射频信号从 2 端口输入，经过相等长度 $\lambda/4$ 的线段传输到 3，4 端口，两处的信号电压相位相同，但由于两管的极性相反，故加在两管上的信号电压相位相反。同时，信号口到本振端口的两路线长相位差 180°，传输到信号口的本振电压就大小相等，相位相反，相互抵消，在信号口没有本振电压。同理，在本振端口也没有信号电压，这种电路结构保证本振和信号口之间具有良好的隔离。

根据上述对混合环的讨论，我们以 94GHz 为中心频率设计混合环，仿真结果如图 2 所示。

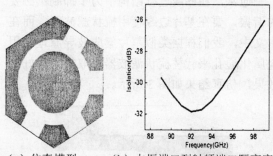

（a）仿真模型   （b）本振端口到射频端口隔离度

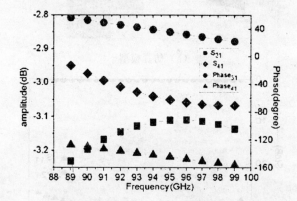

（c）本振到两分支端口幅度和相位不平衡度

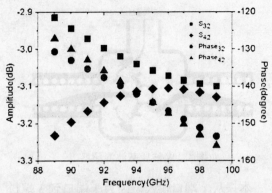

（d）射频到两分支端口幅度和相位不平衡度

图 2 混合环仿真结果

从仿真结果看，该混合环本振和射频间的隔离度较好，本振、射频分别到两输出端口的功率和相位不平衡度都较小，满足单平衡混频器对混合环的要求。

波导-微带过渡结构的基本要求：（1）低传输损耗和高反射损耗；（2）有足够的频带宽度；（3）便于设计加工。本文选用对脊鳍线过渡结构[5]，该结构的两个金属鳍按照余弦平方逐渐渐变成微带线：

$$W(x) = \frac{b+w}{2}\sin^2\left(\frac{\pi x}{2L}\right), \ 0 \leq x \leq L \qquad (10)$$

通常，在鳍线过渡结构中为了抑制不必要的谐振，要在基片边缘使用梳状滤波器。而在本文中，我们根据类似基片集成波导原理，用金属化通孔来代替梳状滤波器，取得了很好的效果，仿真结果如图 3 所示。

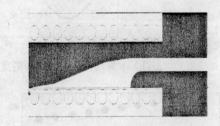

（a）仿真模型

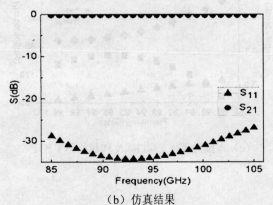

（b）仿真结果

图 3 鳍线过渡仿真

从仿真结果可以看出，在 85GHz～105GHz 的频率范围内，插入损耗小于 0.2dB，回波反射大于−20dB，实现了信号由波导到微带的良好过渡。

使用 ADS 软件设计混频器电路，采用谐波平衡法来优化电路。该电路采用 2 只 DMK-2790 混频二极管与功率混合电路结合构成单平衡混频器。仿真电路原理图如图 4 所示。图中，SNP1 为 HFSS 中优化混合环两输出支路实现与二极管阻抗匹配的 S4P 数据；SNP2，SNP3 为在 HFSS 中优化高频短路接地块的 S2P，S3P 数据；SNP4 为 HFSS 中仿真中频输出电路的数据。通过对混频二极管输入输出匹配电路进行优化后得到的结果如图 5 所示。

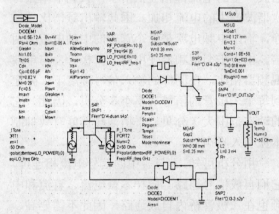

图 4 基波混频器仿真原理图

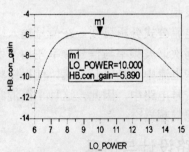

（a）随本振功率变化

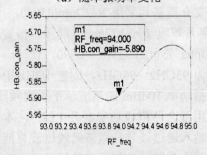

（b）随射频频率变化

图 5 基波混频器变频损耗仿真结果

从仿真结果可以看出，最佳变频损耗为 5.9dB，在射频频率范围内，变频损耗波动 0.3dB。

4 电路测试

按照图6所示的测试方案对W波段基波混频器进行测试,测试实物与结果如图7、8所示。

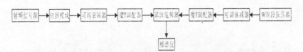

图6 基波混频器测试方案

图7 W波段基波混频器

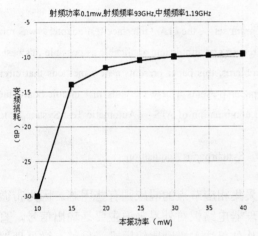

射频功率0.1mw,射频频率93GHz,中频频率1.19GHz

（a）随本振功率变化

本振频率91.81GHz,射频功率0.1mw

（b）随射频频率变化

图8 W波段基波混频器变频损耗测试结果

从测试结果可以发现,通过对混频器本振和射频输入端口的魔T调配器进行调节后,在射频频率为93GHz,功率为-10dBm,中频频率为1GHz时,当本振功率大于35mW,变频损耗小于9.8dB;当本振频率为91.81GHz,功率为35mW时,随射频频率变化,中频频率在0.59GHz～1.69GHz范围内变频损耗均小于11dB,波动小于1.5dB。

在测试过程中还发现,混频器对本振功率的要求受到魔T调配器的影响很大,说明混频器射频和本振输入端口与测试系统端口匹配不好,这可能是在鳍线过渡结构的设计和装配过程中出现问题引起的。此外,测试结果中最佳变频损耗与仿真结果相比存在4dB左右的差异,这可能是由于在装配过程中两个混频二极管以及二极管焊接位置的不一致造成的。

5 总结

本文介绍了单平衡基波混频器的基本原理,据此分别设计了宽带波导-微带鳍线过渡、四端口混合环电路,得到一种性能良好的W波段基波混频器。射频功率-10dBm,本振频率为91.81GHz,随射频信号在92.4～93.5GHz变化时,变频损耗都小于11dB,最低变频损耗9.8dB,波动小于1.5dB。

参考文献

[1] 丁德志,徐金平.W波段八次谐波混频器设计.2009年全国毫米波会议,2009,404～407

[2] 黄香馥,陈天麒,张开智.微波固体电路

[3] 孙钰.W频段混频技术研究.电子科技大学研究生学位论文,2006

[4] 顾其诤,项家桢,袁孝康.微波集成电路分析与设计

[5] BAI Rui, DONG Yuliang and XU Jun, Broadband Waveguide-to-Microstrip Antipodal Finline Transition without Additional Resonance Preventer, IEEE 2007 International Symposium on Microwave, Anternna, Propagation, and EMC Technologies for Wireless Communications

带微处理器、ROM 和 RAM 电路板的故障诊断方法研究

刘小波　谢　华　兰京川

（电子科技大学自动化工程学院　成都　611731）

摘　要：过去，在进行电路板测试程序集开发时，测试接口适配器做得比较复杂，违背了在测试诊断的过程中要求其尽量简单、适用，最好只起到信号调理、连接作用的基本原则。针对这样的问题，本文在充分结合了 ATS（自动测试系统）测试资源和电路板自身特点的基础上，提出了一种带微处理器、ROM 及 RAM 电路板故障诊断的新方法。

关键词：自动测试系统；测试程序集；测试接口适配器；总线分析仪；状态分析；同步采集

The Research Of CircuitBoardFault Diagnosis Method With a Microprocessor, ROMand RAM

LIU Xiaobo　XIE Hua　LAN Jingchuan

（School of Automation,University of Electronic Scienceand Technology of China, Chengdu 610054, China）

Abstract：In the past, developing circuit board TPS（test program set）, the ITA（interface test adapter）was more complicated ,contrary to the Basic Principles that diagnostic testing requires as simple and applicable as possible ,it's best to play the role of signal conditioning, connecting. For solve such problems, this paper presents a new methods that circuit board fault diagnosis with microprocessor, ROM and RAM this paper presents a new methods that circuit board fault diagnosis with microprocessor, ROM and RAM on the basis of full combination of ATS （Automatic Test System） test resources and Circuit Boards their own characteristics.

Keywords：ATS，TPS，ITA，Bus Analyzer，State Analysis，Synchronous Acquisition

1　引言

随着科学技术的迅猛发展，单片机得到了广泛的发展，它已渗透到我们生活的很多方面，包括通信设备、仪器仪表、家用电器控制等领域。同时随着电路板集成度、小型化程度的提高，在给我们带来使用方便的同时，也增加了对这些电路板进行测试诊断的困难。带 CPU、ROM 和 RAM 电路板的测试诊断是数据域测试的一个重点，同时也是一个难点。

考虑到测试接口适配器要做得简单、适用，在充分利用测试资源的基础上，结合被测电路板自身的特点，我们对带微处理器电路板的故障诊断方法进行阐述。带微处理器电路板通常是以芯片为核心，配以存储器（ROM、RAM）、I/O 接口芯片等器件。它是总线结构形式的，通过执行程序指令来实现相应的功能，总线上的数据随着程序指令的执行而变化。如果采用通用的测试方法，通过一些节点注入激励，而后采集相应节点的响应则有些困难。因为带微处理器电路板对外界来说主要是输出信号，直接从外界注入激励比较困难。另外，微处理器一旦发生故障，整个系统将无法运行，也就无法进行下一步的测试。

针对上述问题，本文采用测试微处理器有代表性意义的管脚和用总线分析仪仿真探头替代被测电路板中的微处理器相结合的方法对带微处理器电路板进行故障诊断。

2　微处理器电路板的测试方法

首先，由于现在芯片的工艺和技术都比较成熟，而且从实际使用的经验中，微处理器的某个子功能出现故障的较少，一般讲，若处理器出现故障，整个芯片通常就不工作了。因此，对微处理器中有代表意义的管脚的信号进行检测，以达到检测微处理器是否正常工作的目的。通常 CPU 都有"地址锁存允许信号（ALE）"，以及为防止程序"跑飞"而设置的监控电路，

如，看门狗电路。地址锁存允许信号（ALE）用于表示当前在地址/数据复用总线上输出的是否为地址信息。在任意总线周期的 T1 状态，ALE 输出有效电平，其他状态 T2、T3、T4 时处于无效状态。当"程序飞"时或 CPU 故障时，ALE 输出固定不变，因此根据 ALE 的引脚状态可以判断 CPU 是否出了问题。而为防止程序"跑飞"而设置的监控电路，CPU 专门用某一个管脚跟它相连，CPU 正常工作，它会定时给这个监控电路一复位信号，称之为"喂狗信号"，检测这个有代表性的信号也可以诊断 CPU 工作是否出了问题。虽然采用这些检测方法简单，易于实现，但是它只保证 CPU 本身出现故障，但对于 CPU 的外围总线通路工作是否正常这个方法就无法进行诊断。这时可以用自动测试系统中总线分析仪的仿真探头替换被测电路板的 CPU 进行故障诊断。

该测试系统的硬件是由 PC 机、测试接口适配器、总线分析仪和被测电路板组成（如图 1 所示）。

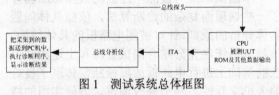

图 1　测试系统总体框图

系统中的计算机完成测试的监控、数据分析和人机交互等功能。被测电路板 UUT（Unit Under Test）以某 CPU 为核心，配以 RAM、ROM、I/O 接口芯片等。

总线分析仪通常有三种数字通道类型：地址域、数据域和一些时序及控制通道。它可以对各种微处理和具有总线结构接口的总线进行仿真，用户可以根据各种不同的数字接口特点进行软件配置。在 PC 机把控制数据和测试程序加载给总线分析仪后，总线分析仪启动内部时序，完成对被测电路板的测试，PC 机把总线分析仪采集到的被测电路板响应数据取回进行分析。此系统中的总线分析仪采用 PXI 总线结构设计，包含输入通道 34（数据：32，时钟：2），1Mb/通道；输出通道 32，存储深度 64Kb/通道，时钟输入范围为 1kHz～50MHz。在进行电路板故障诊断时，我们把总线分析仪的总线探头替换被测电路板中的 CPU，同时把被测电路板中 CPU 的工作时序集写入总线分析仪，启动诊断程序，总线分析仪就会在先前写入的时序集的控制下工作，同时采集被测电路板中 ROM 输出的数据及其他相关的输出数据。将

这些数据与标准的数据进行比较，若两者的数据基本相符，说明 CPU 外围电路工作正常；若换上 CPU 后电路出现故障，说明 CPU 出现故障；若两者数据不符，说明 CPU 外围电路出现故障。通过上述方法，我们可以方便地诊断出 CPU 及其外围电路的故障。

3　非 CPU 结构的 ROM、RAM 测试

3.1　ROM 的测试方法

根据被测电路板的特点，我们可以把 ROM 归结为两大类，一类是 ROM 的地址总线来自计数器的数据输出端，另一类是 ROM 的地址总线外挂在 CPU 的地址总线上。针对第一类 ROM 的测试，以前在进行电路板故障诊断的时候，测试接口适配器（ITA）的设计采用"CPU+CPLD"的架构，以 CPU 为控制核心，CPLD 为通道选通器。通过 CPU 把被测电路板中已经分好组的 ROM 中的数据采集回来，然后通过 CPLD 通道选通器按步骤有顺序地把采集到的数据与标准数据一组一组地进行比较核对，通过比较结果的分析就可以把有故障的 ROM 进行检测出来。采取这样的步骤进行故障诊断，虽然可以把有故障的 ROM 检测出来，但是它存在以下不足：（1）接口测试适配器复杂化，违背了在可以满足故障测试诊断需求的同时，测试接口适配器要做得简单、适用；（2）采用"CPU+CPLD"的架构进行数据采集，采集的精度不够，难免会造成采集到的数据不准确甚至导致故障诊断的失败。基于上述问题的考虑，可以充分利用自动测试系统（ATS）中总线分析仪的状态分析功能，先从任意波形发生的输出端输出一时钟信号到被测电路的时钟输入端，同时，将这个时钟信号通过 ITA 输入到总线分析仪的外部时钟输入端。这样在触发时钟的控制下，总线分析仪和计数器、ROM 同步工作，因为它们都受同一时钟信号控制，即来一个时钟脉冲，计数器会输出一个地址信号给 ROM，从而 ROM 在数据总线上输出一个数据，同时，这个数据会被总线分析仪同步采集，并保存在自动测试系统的主控计算机里面。通过这样有顺序的、同步的采集数据，把所有采集到的数据保存在主控计算机，并把这些采集到的数据与原始标准数据进行比较，就可很方便地诊断出 ROM 是否出现了故障（这种方法简单而且也很实用）。以上过程可以用如图 2 所示来描述。

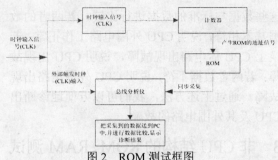

图 2　ROM 测试框图

3.2　RAM 的测试

本次RAM的测试摈弃了烦琐而复杂的故障诊断算法，结合被测电路板的特点提出了一种切实可行的故障诊断方法。被测试的RAM是写使能低电平有效、读使能高电平有效。在外部时钟信号CLK和读写使能信号的控制下，RAM进行正常的数据读写操作。

针对这种电路结构中RAM的测试，可以像上述ROM的故障诊断一样，用总线分析仪的状态分析功能，利用总线分析仪实时同步采集RAM输出的数据。与ROM故障诊断不同的是，ROM中的数据是非易失的，标准数据已经存在的，只要将采集到的数据与标准数据比较就可以诊断出ROM是否有故障，而RAM是随机存储器，数据是易失的、暂时的。所以对RAM的故障诊断我们采用如下的办法：给被测电路板加入一时钟信号，同时在RAM的读写使能端给它加入一个占空比为1∶1的方波信号，在时钟信号的控制下，计数器、RAM和总线分析仪同步工作。RAM的读写使能信号为高电平时RAM处于读状态，RAM将外部输入的数据按照地址信号线上的地址信号把数据存在相应的地址单元。此时总线分析仪没有采集数据。RAM的读写使能信号为低电平时RAM处于写状态，RAM将其内部事先写好的数据按照输入的地址信号有条不紊的输出，同时被总线分析仪实时采集并保存在主控计算机里面，将这些数据与事先输入的数据进行比较，我们就可以很方便地诊断出RAM是否有故障。此过程可以用如下图3来描述：

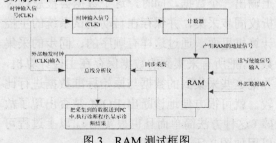

图 3　RAM 测试框图

根据工程实践的经验所知，RAM 出现故障的几率很低，鉴于对 RAM 芯片的相信，一般仅在判断其他电路都没有故障时才对 RAM 进行故障诊断。

不同的 CPU、ROM 和 RAM，他们各自的工作时序是不同的。针对这个问题，我们可以根据它们各自工作时序的特点，在总线分析仪中进行软件编程。比如，不同的 ROM 和 RAM 它们的读写使能信号的工作时序是不同的，总线分析仪的采集时序必须与 ROM 和 RAM 它们的读写使能信号在时序上要严格一致；否则，总线分析仪采集回来的数据是不准确的，从而影响我们进行故障诊断。而这些时序上的要求是可以通过软件编程来实现的。不同的 CPU、ROM 和 RAM 必然对应不同的时序集。这样我们就可以依据不同的 CPU、ROM 和 RAM 其各自的工作时序特点比较方便地改变激励信号所要求的时序。

4　结论

本测试系统对被测电路板的故障诊断摒弃了一些烦琐而复杂的诊断算法，依照具体问题具体分析的原则，针对被测电路板的具体结构，该测试系统在充分结合测试资源和上述测试方法的基础上进行电路板故障诊断，体现了良好的人机交互性、易于修改调试、方便实用的特点，系统测试的故障覆盖率比较高，基本满足了本测试系统故障诊断的技术指标。

参考文献

[1] 毕增军，颜容江，李桂祥，胡宝珍.带微处理器电路板的故障测试系统[J]. 航空计测技术，2000，20（6），25～26

[2] 覃战冰，邓斌.基于单片机仿真器的单片机应用电路板故障测试系统的研究. 国外电子测量技术，2006，25（11），16～19

[3] 李行善，左毅，孙杰. 自动测试系统集成技术. 北京：电子工业出版社，2004.1

[4] 陈光祸，张世箕. 数据域测试及仪器——数字系统的故障诊断及可测性设计（第三版）. 成都：电子科技大学出版社，2001,2

[5] 艾小川，张琪，李胜勇. 基于微处理器件 8031 电路板的 TPS 开发研究. 计算机测量与控制，2006，14（2）：177～178

[6] P.J.Dickkinsonand B.R.Wilkins.Interconnect Testing for Bus-Structured Systems. IEEE International Test Conference, 1993

[7] JohnMasciola, GrayRoberts. TestingMicroprocessor Boardsand Systems-aNewApproach[C]. IEEE Conference. on Test, 1983:46-50.

LVDS 技术介绍及其应用实例

曾高强

（电子科技大学电子科技大学电科院，成都 610054）

摘 要：本文介绍了 LVDS 技术的基本工作原理、技术特点，并结合实际设计经验，重点对设计中的考虑因素等内容进行阐述，介绍其在雷达侦收、高速数传等领域的应用。本文旨在介绍 LVDS 技术的特点和简单用法，突出与传统接口技术 RS-232 和 RS-485 等的优势与区别。

关键字：低压差分信号；高速数据传输

Abstract：The paper expatiates the operation principle and characterstics of Low Voltage Differential Signaling （LVDS）in detail,and emphasizes the factors coming frompractical experiences in engineering design using LVDS. The LVDS used in radar receiving and high speed data receiver fields is presented.So,this paper can provide us information about LVDS's characterstic and some sample using,what can make point and difference to traditional interface like as RS-232 or RS-485.

Keywords：LVDS，high speed data transmitting

引言

随着电子设计技术的不断进步，高速率信号的互连及宽带信道的应用与日俱增，所需传送的数据量越来越大，速度越来越快。目前，存在的点对点物理层接口如 RS-422、RS-485、SCSI 以及其它数据传输标准，由于在速度、噪声、EMI/EMC、功耗、成本等方面所固有的限制，使其越来越难以胜任实际应用。同样，随着军事电子技术的发展，在空间通信领域，如跟踪与数据中继卫星系统（TDRSS）中，为了实现高速数据中继和测距、测速，必须首先解决传输速率高、占用带宽宽所带来的问题；在雷达应用领域，各种新体制雷达的出现以及在宽带侦收、电子对抗等不同领域的应用，同样不可避免地面临高速数站、大型交换机以及其它高速数据传输系统中，LVDS 正在发挥着不可替代的作用。本文对 LVDS 技术的基本原理、特点、设计及在上述领域中的应用等方面作一简介。

1 LVDS 技术

LVDS（Low Voltage Differential Signaling）是一种低振幅差分信号技术，它使用幅度非常低的信号（约 350mV）通过一对差分 PCB 走线或平衡电缆传输数据。它能以高达数千 Mbps 的速度传送串行数据。由于电压信号幅度较低，而且采用恒流源模式驱动，故只产生极低的噪声，消耗非常小的功率，甚至不论频率高低，功耗都几乎不变。此外，由于 LVDS 以差分方式传送数据，所以不易受共模噪音影响。

LVDS 最早是由美国国家半导体公司（National Semiconductor）提出的一种高速信号传输电平，此后，LVDS 在下列两个标准中作了定义：IEEE P1996.3（1996 年 3 月通过），主要面向 SCI（Scalable Coherent Inter-face），定义了 LVDS 的电特性，还定义了 SCI 协议中包交换时的编码；ANSI/EIA/EIA-644（1995 年 11 月通过），主要定义了 LVDS 的电特性，并建议了最大传输速率及理论极限速率等参数。通常提到的 LVDS 标准是指后者。2001 年 ANSI/EIA/EIA-644 标准已重新修订发表。标准推荐的最高数据传输速率是 655Mbps，而理论上，在一个无衰耗的传输线上，LVDS 的最高传输速率可达 1.923Gbps[1]。

1.1 LVDS 工作原理

LVDS 的基本工作原理如图 1 所示。其源端驱动器由一个恒流源（通常约为 3.5mA，最大不超过 4mA）驱动一对差分信号线组成。接收端的接收器本身为高直流输入阻抗，所以几乎全部的驱动电流都流经 100Ω 的终端匹配电阻，并在接收器输入端产生约 350mV 的电压。当源端驱动状态反转变化时，流经匹配电阻的电流方向改变，于是在接收端产生高低逻辑状态"0"、"1"的变化[2][3]。

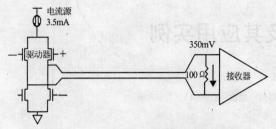

图 1 LVDS 基本工作原理简图

为适应共模电压在宽范围内的变化，一般情况下，LVDS 的接收器输入级还包括一个自动电平调整电路，该电路将共模电压调整为一固定值，其后面是一个 Schmitt 触发器；而且，为防止 Schmitt 触发器不稳定，设计有一定的回滞特性,Schmitt 后级才是差分放大器。

1.2 LVDS 的主要技术特点

LVDS 物理接口使用 1.2V 偏置电压提供 350mV 摆幅的信号，驱动器和接收器不依赖于特定的供电电压，因此它很容易迁移到低压供电的系统中去而性能不变。作为比较，ECL（Emitter-Coupled Logic）和 PECL（Positive Emitter-Coupled Logic）技术依赖于供电电压，ECL 要求负的供电电压，PECL 参考正的供电电压总线上电压值（Vcc）而定，而且，二者的功耗都相对较大；而 CML（Current Mode Logic）的偏置电压及摆幅等限制了其应用；LVPECL（LowVoltage Positive Emitter-Coupled Logic）则具有低偏置电压、小摆幅和适合高速传输等与 LVDS 类似的特点，同样，越来越受到各个芯片厂商的青睐。

不同低压逻辑信号的差分电压摆幅及偏置电压比较如图 2 所示。

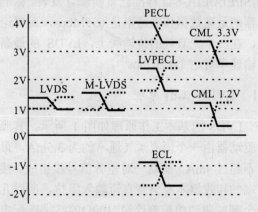

图 2 几种差分信号的摆幅及偏置电压比较

LVDS 技术之所以能够解决目前物理层接口的瓶颈，正是由于其在速度、噪声／EMI、功耗、成本等方面有如下优点：

（1）高传输能力

LVDS 技术的恒流源模式低摆幅输出意味着 LVDS 能高速驱动，例如，对于点到点的连接，传输速率可达 800Mbps；对于多点互连 FR4 背板，十块卡作为负载插入总线，传输速率可达 400Mbps。

（2）低噪声

LVDS 产生的电磁干扰低。这是因为低电压摆幅、低边沿速率、奇模式差分信号以及恒流驱动器的 Iss 尖峰只产生很低的辐射。传输通路上的高频信号跳变产生辐射电磁场场强正比于信号携带的能量，通过减小电压摆幅和电流能量，LVDS 把该场强减到最小；差分驱动器引入了奇模式传输。在传输线上流过大小相等、极性相反的电流，电流在该线对内返回，使面积很小的电流回路产生最低的电磁干扰。当差分传输线紧耦合时，串入的信号是作为共模电压出现在接收器输入的共模噪声中，差分接收器只响应正负输入之差。因此，当噪声同时出现在 2 个输入中时，差分信号的幅度并不受影响。共模噪声抑制也同样适用于其他噪声源，比如，电源波动、衬底噪声和接地回跳等。如图 3 所示说明了 LVDS 差分信号如何消除共模干扰。

（3）低功耗

1）LVDS 器件是用 CMOS 工艺实现的，这就提供了低的静态功耗；

2）负载（100Ω 终端电阻）的功耗仅为 1.2mW；

3）恒流源模式驱动设计降低系统功耗，并极大地降低了 Iss 的频率成分对功耗的影响。与其相比，TTL/CMOS 收发器的动态功耗相对频率呈指数上升[4]。

（4）节省成本

LVDS 器件采用经济的 CMOS 工艺制造，用低成本的电缆线和连接器件就可以达到很高的速率。由于功耗较低，电源、风扇等其他散热开销就大大降低。LVDS 产生极低的噪声，噪声控制和 EMI 等问题迎刃而解。与并行连接相比，可以减少大量的电缆、连接器和面积费用。

（5）集成能力强

由于可在标准 CMOS 工艺中实现高速 LVDS，因此用 LVDS 模拟电路集成复杂的数字功能是非常有利的。LVDS 内集成的串行化器和解串行化器使它能在一个芯片上集成许多通道。较窄的链路大大减少了引脚数量和链路的总费用。差分信号能承受高电平的切换噪声，因而能用大规模数字电路进行可靠的集成。恒定电流的输出模式使 LVDS 只产生很低的噪声，因此能实现完整的芯片接口系统。

此外，优秀的抗磁干扰能力、低电压供电、时序定位精确、适应地平面电压变化范围大等也是其主要特点。正是因为 LVDS 具有上述的主要特点，才使得 HyperTansport（byAMD），Infiniband（by Intel），PCI-Express（by Intel）等第三代 I/O 总线标准（3GI/O）不约而同地将低压差分信号（LVDS）作为下一代高速信号电平标准。

2 LVDS 系统设计及主要问题

LVDS 系统的设计要求设计者应具备超高速单板设计的经验并了解差分信号的理论。设计高速系统时应全面考虑各个因素，包括系统整体的布局、PCB 的设计、连接件的选择和使用以及 EMI/EMC 的设计等。在此，结合实际应用中的经验，介绍 LVDS 板级设计时应注意的几个方面：

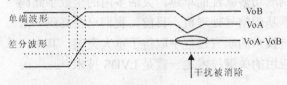

图 3   LVDS 共模输入噪声降低原理

①至少使用 4 层 PCB 板（从顶层到底层）：LVDS 信号层、地层、电源层、TTL 及其它信号层。要使 LVDS 信号与 TTL 等其它信号分布在一层，也要保证二者之间较大间隔。实验证明，保持 2cm 以上的距离，并要有宽地线隔开，在传输几百 Mbps 的速率信号时是没有太大问题的；

②将 LVDS 的两根迹线作为一个信号看待，线对的两根线应尽可能靠近并且与其他信号远离。两根差分线长度应尽量相等，长度差应限制在 100mil 内；

③在满足②的前提下，要使整体走线长度尽量短，以缩短 EMI 及 EMC 的路径；

④保持 LVDS 信号线的 PCB 地线层返回路径的连续，不要跨越分割；否则，跨越分割部分的传输线会因为缺少参考平面或参考平面的不连续而导致阻抗的不连续；

$$Z_0 = \frac{87}{\sqrt{\varepsilon_r + 1.41}} \ln\left(\frac{5.98H}{0.8W + T}\right)$$

⑤LVDS 信号尽量不要换层，即走线尽量不要改变参考平面，当必须换层时，要正负线同时换，并尽量不改变参考平面；

⑥尽量避免过多地打孔，而且在满足通过电流的前提下，孔径越小，所产生的容性、感性越小；

$$Z_{diff} = 2Z_0\left(1 - 0.374 e^{-0.96\frac{S}{H}}\right)$$

⑧相邻的差分对与差分对之间的距离一般要求在 4～6 倍的差分对内的间距，当传输速率较高时，应保持在 10 倍的差分对间距，以减少线间串扰。必要时，在不同的差分对之间放置隔离用的地线或接地过孔；

⑨使用终端电阻实现对差分传输线的最大匹配，差分阻抗一般控制在 85～115Ω 之间，最好为 100Ω，匹配电阻在这里主要起到吸收负载反射信号的作用，系统也需要此终端电阻来产生正常工作的差分电压；终端电阻要用不大于 0603 封装的贴片式电阻，并紧靠接收端管脚，终端电阻与管脚的距离控制在 5mm 以内。必要时也可使用两个阻值各为 50Ω 的电阻，并在中间通过一个电容接地，以滤去共模噪声。有些芯片厂商，通常将终端匹配电阻集成到芯片内部，节省了 PCB 版面空间，并获得较好的电气特性；

⑩在应用电缆和连接器时，使 LVDS 驱动器和接收器尽可能地靠近连接器的 LVDS 端，电缆必须满足 LVDS 阻抗匹配的要求。电缆应该具有非常低的时序误差。

由理论分析及实际的设计测试可知，应用 LVDS 设计高速系统时，只要按照上述的规则进行设计，一般都会得到较好的信号质量。概括而言，为了确保信号在传输线中传播时不受反射信号的影响，将反射和振铃等传输线效应抑制到最小。最重要的是阻抗匹配的设计，其中，包括传输线的特征阻抗和端接匹配阻抗。如何使用端接电阻进行阻抗匹配，已在上述内容中给予说明。传输线的特征阻抗控制问题，必须充分重视，LVDS 要求的线上特征阻抗为单端 50Ω，差分 100Ω。对 LVDS 信号线在顶层其下相邻层为连续地层的微带模型（推荐使用此模型），可应用公式（1）计算单端阻抗，公式（2）计算差分阻抗。

$$Z_0 = \frac{87}{\sqrt{\varepsilon_r + 1.41}} \ln\left(\frac{5.98H}{0.8W + T}\right)$$

（当 0.1<W/H<2.0 且 1<ε_r<15 时） （1）

$$Z_{diff} = 2Z_0\left(1 - 0.374e^{-0.96\frac{S}{H}}\right) \quad (2)$$

其中，Z_0、Z_{diff} 分别为单端阻抗和差分阻抗。

由以上特征阻抗的计算公式可以看出，单端特征阻抗随着传输媒质的介电常数、线宽及线厚的增大而减小，随着传输线与地平面之间的距离的增大而增大；差分阻抗随着线间距的增大而增大。通常，单端 50Ω，差分 100Ω很难同时兼顾，所以在有阻抗要求的设计中，要对各个参量进行合理的折中设计，一般以差分阻抗为主。必须强调，在保证特征阻抗时，不但要有理论设计，而且要与 PCB 生产厂商进行交流，以确认厂商最终产品的阻抗控制能力。

以上是在 LVDS 布线时应注意的几个方面。在具体的 PCB 设计中，一般不要完全依赖于设计软件的自动布线功能，即使自动布线功能很完善，也应该进行仔细的手工修改，以使设计达到最佳。

3　LVDS 技术的应用

在雷达应用领域，随着技术的发展，新体制雷达如 DBF 体制雷达、相控阵雷达等的出现和普及，所需处理的信号带宽和信号通道数大幅度增加，面临着大数据量的传输问题。因此采用的新的技术解决 I/O 接口问题成为必然趋势，LVDS 这种高速低功耗接口标准使解决这一传输瓶颈问题成为可能。所以，目前 LVDS 技术在高速雷达及高速接收系统中应用非常广泛；利用 LVDS 技术实现点对点的单板互联，系统结构可扩展性非常好，实现了线卡及各个分系统的高集成度，并且完全能满足数据的采集和传输的要求。

在民用方面，这种技术可支持高速数据传送，最适用于基站、交换器、加/减多路转换器等通信结构应用方案机顶盒和家庭/企业视频链路等消费产品应用方案以及医疗用超声波影像设备与数字影印机等，确保系统分区操作可以发挥更大的灵活性。系统设计工程师可以利用 LVDS 技术将模拟及数字信号处理区段设于不同的电路板，然后利用电缆或底板传送 A/D 转换器输出的数字数据，以确保结构设计可以发挥更大的灵活性。目前，各类高速 A/D 转换器基本上都选择使用 LVDS 信号作为采样数据的输出格式，其输出形式多为并行输出。同时，支持 LVDS 与其他电平互换的专用芯片和 LVDS 降速专用芯片也是层出不穷，主要以 MAXIM、NI 以及 TI 等几家国外公司为代表。

另外，在测控系统的高速数传、SAR 雷达侦察接收和高速数字图像传输应用中，LVDS 都有非常广阔的应用空间。尤其是最近和未来数年，航空航天、军事、通信等部门对体制灵活的高码率通信系统的需求持续增长。一方面，传统通信系统的核心、滤波器、混频器等诸多环节由于多是采用模拟器件实现，在系统的可靠性、灵活性、升级维护等方面都受到了极大的制约；另一方面，近 20 年来、微电子技术、集成电路、数字通信理论等高速发展，为采用数字方式实现高码率通信系统的诸多环节提供了可能。根据目前所获得的资料，国外已经研制成功多款性能卓越，灵活多用的全数字高码率基带信号处理机。目前，我们已在高码率数传技术的研究过程中取得了重大突破，其中，应用的关键技术之一就是 LVDS 技术[5]。

4　结束语

随着信息化的发展，LVDS 的高性能、低功耗、低噪声的优点，使得 LVDS 将成为很多设计适合的方案。LVDS 不但能够以数百兆的速率传输数据而且驱动距离可达 10 m，远胜于其他标准。这些优点都完全可能使 LVDS 成为下一代的高速数据传输的标准。

参考文献

[1] 张健，吴晓冰. LVDS 技术原理和设计简介.电子技术应用，2000，35（5）66~67

[2] 赵忠文，曾峦，熊伟. LVDS 技术分析和应用设计. 装备指挥技术学院学报，2001，12（6）：89~93

[3] 宋正勋，谭宝华. 低压差份信号技术. 长春光学精密机械学院学报，2000，23（2）：33~36

[4] LVDS Owner's Manual[S].National Semiconductor, 2000

[5] 王胜，王新宇. LVDS 技术及其在高速系统中的应用[J]遥测遥控，2005，26（4）：4~46

离子推力器 LaB₆ 空心阴极热特性模拟分析

孙明明　顾　佐　郭　宁

（兰州物理所，真空低温技术与物理国家级重点实验室　兰州　730000）

摘　要： 本文对离子推力器 LaB₆ 空心阴极进行了热分析，利用 ANSYS 有限元软件对阴极罩开启、闭合状态下的空心阴极热启动过程和达到稳态工作时温度场分布进行了模拟，得出了空心阴极内部能量主要损耗在热阻丝和阴极顶部分，并且阴极罩及热屏是降低空心阴极温度损耗提高其热效率的关键部件；在使用阴极罩及热屏后使得空心阴极的总体温度值提升了约 2.3%～13.2%，其中，发射体温度提升约 2.3%-4.2%，模拟结果与热实验数据吻合较好。分析结果填补了国内 LaB₆ 空心阴极热研究的空白，并可对空心阴极研制的优化设计提供参考。

关键词： 离子推力器；空心阴极；热分析；温度分布

Thermal Analysis of Ion Thruster LaB₆ Hollow Cathodes

SUN Mingming　GU Zuo　GUO Ning

（National Key Lab of Vacuum & Cryogenic Technology on Physics, Lanzhou Institute of Physics, Lanzhou, 730000）

Abstract： This paper describes the thermal behaviour of LaB₆ hollow cathode as core components in a ion thruster, including simulation of warm-up time, steady-state temperature distribution by using the finite element software ANSYS while the cathode keeper opened/enclosed. The analysis describe temperature distribution in interior hollow cathode, which also shows that the heat is chiefly loss in heater and orifice plate of interior cathode and cathode keeper and heat shield are pivotal heat loss components and the temperature of hollow cathode increases about 2.3%-13.2% by using cathode keeper and heat shield, also emitter's temperature increasing about 2.3%-4.2%. The simulation results and experiment data are fit better. This research can fill the domestic blank about LaB₆ hollow cathode thermal analysis. The results can give advice for optimizing design of hollow cathode.

Keywords： ion thruster，hollow cathode，thermal analysis，temperature distribution

1 引言

空心阴极作为电推进系统的核心部件，对整个电推进系统的性能和稳定性有着显著的影响，同时空心阴极也是制约离子推力器使用寿命的一个重要部件[1]。随着电推进技术在航天中的应用，为了得到更高的使用时限和效率，需要对空心阴极的热特性进行详细的分析。空心阴极热分析主要为了提高热效率，提高热效率可以延长空心阴极的寿命和提高电子发射效率以及缩短推力器的启动时间；同时，提高热效率也会减少空心阴极对离子推力器中其他部件的热影响[2]。

本文利用了 ANSYS 有限元仿真分析软件，对离子推力器 LaB₆ 空心阴极组件建立了有限元模型，并且对阴极罩开启/闭合情况下分别进行了热模拟，得到其对应的温度梯度分布图，以及空心阴极温度随时间变化曲线。

2 理论模型

热辐射计算公式。空心阴极各部件之间的净热量传递可以根据史提芬-波尔兹曼公式

$$dQ_r = \varepsilon \sigma A_i F_{ij}(T_i^4 - T_j^4)$$

来计算。

式中，Q 为热流量；ε 为辐射率（黑体度）；σ 为史提芬波尔兹曼常数；A_{ij} 为辐射面 i 的面积；T_i，T_j 分别为辐射面 i，j 的绝对温度值；F_{ij} 为由辐射面 i 到辐射面 j 的形状系数。在 ANSYS 中提供了隐藏/非隐藏的方法计算二维和三维形状系数，或者用半立方的方法来计算 3 维问题形状系数[1]。

（1）有限元热传导模型。根据三维傅里叶

热传导公式，利用变分原理得到泛函表达式，离散化后得到稳态热传导一般格式，即方程

$$K\Theta = P$$

根据能量守恒原理，采用迦辽金法建立瞬态温度场的有限元一般格式，n 个节点温度 Θ_i 的矩阵方程，即

$$[C]\{\dot{\Theta}\} + [K]\{\Theta\} = \{P\}$$

以上 2 式中，$[K]$ 矩阵为传导矩阵，包含导热系数、对流系数、辐射率以及形状系数；$[C]$ 矩阵为热容矩阵，并且 $[K]$ 和 $[C]$ 同时都为对称正定矩阵；$[P]$ 为温度载荷列阵。式中，$\{\Theta\} = [\Theta_1, \Theta_2 \cdots \Theta_x]^T$ 为节点温度列阵；$\{\dot{\Theta}\} = d\{\Theta\}/dt$ 表示节点温度对时间的导数列阵[6]。

稳态热传导的有限元求解方程是线性代数方程组，通过线性代数中矩阵分解可以计算得出结果；瞬态热传导有限元求解方程为一阶常微分方程组，求解办法有很多；有限元分析中常采用直接积分法求解，与 ANSYS 中瞬态热分析求解器算法相同[1]。

3 建立有限元模型

首先，根据空心阴极结构设计图建立关键点，由点生成面，得到空心阴极的二维实体模型，利用布尔操作对二维模型进行细化及补充，根据空心阴极轴对称特点，最后将二维实体模型沿轴线旋转即得到了三维实体模型。采用 ANSYS 中 8 节点六面体 SOLID70 热分析单元对建立起的三维实体模型进行网格划分，在划分中采用手动控制单元大小，过渡部分采用自动划分。

在划分好网格的阴极罩开启、闭合模型中，于所有可能辐射的部件表面覆盖 SURF152 单元，并且在模型外部定义一空间节点，用以吸收实体模型发出的热辐射以保证能量守恒。图 1 所示分别为空心阴极结构图，8 节点六面体 SOLID70 热分析单元模型以及 SURF152 热分析表面单元模型。

4 施加载荷及边界条件

在空心阴极实体模型中输入各部件相对应的材料热导率，在阴极部件上覆盖的辐射单元处定义材料表面发射系数，以模拟模型内部热辐射情况。在模型外部定义一空间节点并设定温度值为20℃，来模拟空心阴极工作和实验时所处的环境温度。

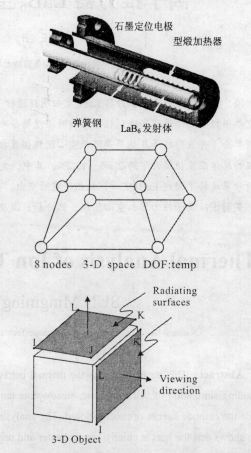

图 1 空心阴极结构图及 8 节点 SOLID70 和表面辐射 SURF152 热分析单元

ANSYS 中提供了热生成率载荷，可以模拟化学反应生热或电流生热。它的单位是单位体积的热流率。作为空心阴极的热量来源，定义热生成率作为体载荷施加于热丝有限元模型模拟电流生热，即 $q = H_f/V$[5]。本文中热流率即空心阴极工作所均匀加载的直流稳压电源功率为 80W，热阻丝体积为 75mm^3，则在热阻丝上加载的热生成率为 $1.07 \times 10^9 \, W/m^3$。

5 模拟结果及实验结果比较分析

为了检验 ANSYS 空心阴极热模拟结果的可信度，我们对空心阴极进行了热实验。试验中我们分别测量了空心阴极的伏安特性、电阻值随电源关闭时间变化、阴极罩以及热屏闭合/开启状态下各处温度分布以及空心阴极的热启动过程。

实验过程主要是将空心阴极放置在抽为真空的真空实验设备里，通过直流稳压稳流电源给实验设备供电；数字微欧计接在空心阴极引出的正负端用以测量空心阴极随温度上升其阻

值的变化过程；精密光学高温计用来测量空心阴极温度分布。得到的实验数据经过温度校正公式 $1/t_s - 1/t = \lambda/c_2 \ln(1/\varepsilon_\lambda)$ 来校正，并且考虑到光学玻璃的透光率，乘以一个系数 0.95 得到空心阴极的真实温度[3]。

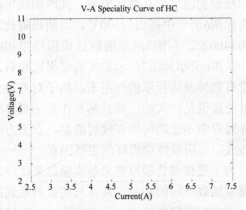

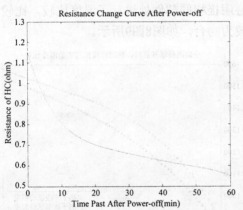

图2　空心阴极伏安特性与电源关闭后阻值随时间变化曲线图

实验中微欧计测得的空心阴极的冷电阻大约为 497mΩ，整个输入/输出端电阻为 563mΩ，从图 2 所示可以看出，空心阴极的伏安特性基本呈线性关系。在达到稳定工作后，将电源关闭，空心阴极电阻随时间发生明显变化，前 20 分钟阻值下降剧烈；而随着时间的增加，阴极温度的逐渐降低，阻值慢慢趋于平衡。整个稳定过程大约持续 1～1.5 小时。

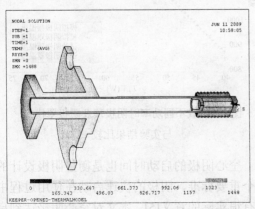

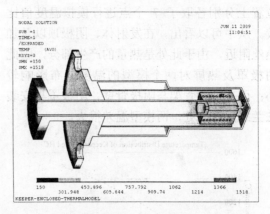

图3　ANSYS 模拟分别得到的阴极罩开启与阴极罩闭合阴极温度梯度

图3所示分别为ANSYS模拟出的阴极罩开启/闭合状态下的空心阴极温度梯度彩云图，为了观察得更详细，取了1/4截面。从温度分布图可以得出，在同样加载80W的功率条件下，在阴极罩和热屏的作用下，图3所示温度比图2所示高出约30～200℃左右。在本文所建模型中，热屏厚度取为0.3mm（3层热屏），使得空心阴极总体温度提升大约2.3%～13.2%左右，而发射体的温度则提高了约2.3%～4.2%。

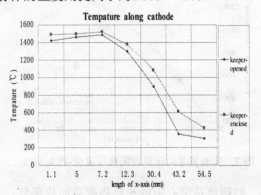

图4　ANSYS 模拟阴极罩开启/闭合时温度沿 X 轴向分布比较

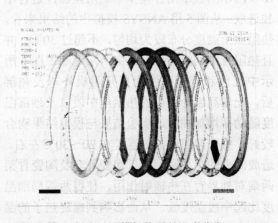

图5　ANSYS 模拟热阻丝温度分布

如图 4 所示为在如图 3 所示两个模型相同

位置上分别各取了 7 个点进行模拟温度值比较。从中可以看出，在发射体、阴极顶以及加热丝附近，由于此处是热量的产生部分，因此阴极罩及热屏对两个模型的温度分布影响较小；而在陶瓷骨架与阴极管壁、阴极罩与安装法兰之间结合处，两模型温差很大。

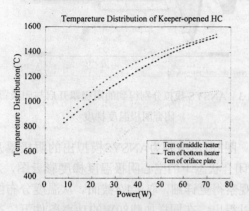

图6　实验测量阴极罩开启热阻丝及
阴极顶温度-功率曲线

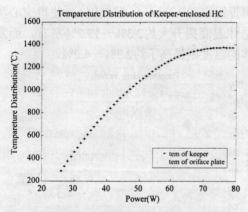

图7　实验测量阴极罩及阴极顶温度-功率曲线

　　加热丝是空心阴极主要热载荷加载部件，为了更详细地分析，利用 ANSYS 后处理对如图 3 所示阴极罩闭合模型中热阻丝部件进行单独选取。从图 5 用 ANSYS 模拟出的结果来看，热阻丝上温度分布较为均匀，不超过 30℃，并且热阻丝中间温度最高，向两端递减；图 6 所示中红色和蓝色曲线为打开阴极外罩及热屏后，光学高温计测得的热阻丝中段以及顶部温度随功率增加曲线，实验结果与模拟结果吻合较好，整个热阻丝上的温差在 20～30℃左右。造成温差的主要原因在于陶瓷外套及陶瓷骨架两端对外界存在热辐射作用，使得两端局部温度比起中段温度低，从而影响到螺旋热子的温度分布；其次，热阻丝的螺旋特性也是导致这一结果的原因[3]。

　　图6中绿色曲线为阴极罩开启后阴极顶温

度，在功率加到约80W时，其温度大约只有1080℃，并且高温计测量到的阴极管壁只有大约850～950℃，阴极罩开启后实验结果与图2ANSYS分析结果贴近。

　　图7所示为阴极罩闭合时测得的阴极罩以及阴极顶的温度。从曲线来看，此时阴极顶的温度比图6所示中高出约300℃，而阴极罩此时约为1400℃，与图3所示的软件模拟结果相吻合。从图6所示和图7所示的实验结果比较看，在没有热屏及阴极罩的作用下，热子对外界的辐射能量值是巨大的，并且热量在沿阴极管壁传导过程中不断的向外界辐射能量。以上方面是造成空心阴极能量损耗的主要因素。

　　为了更详细将模拟结果与实验结果比较，对模型加载不同的功率，并且与实验测量到的空心阴极相同部件处进行了温度比较，比较结果较为吻合，如图8图9所示。

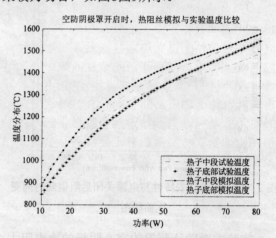

图8　加载不同功率时热阻丝模拟与实验温度比较

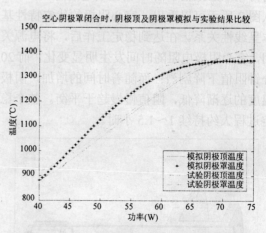

图9　加载不同功率时阴极顶及阴极罩模拟
与实验结果比较

　　空心阴极的启动时间也是衡量阴极设计的一个重要标准，阴极的快速启动在使用过程中具有很实际的意义[5]。本文对空心阴极达到启动的标准以发射体到达放电所需温度并稳定为准则（大约为1400-1500℃），模拟计算出的空心阴极启动的时间约在180s～200s之间，而在实验启动时间约为300～350s，如图10所示。结果明显低于实际的启动时间，主要原因：一是空心阴极内部通入Xe气，实际是存在对流影响，但是在加载边界条件时忽略掉了Xe气的对流作用；二是ANSYS模拟时，假设所有的空心阴极组件都是紧密接触，但是实际中各个组件之间都存在焊接缝隙以及接触热阻。尽管如此，用有限元热模拟这种技术方法是可以直观地反映电子枪中阴极组件工作时的热状态，其结果虽有一定的近似性，但是，它是可信并且可利用的[4]。

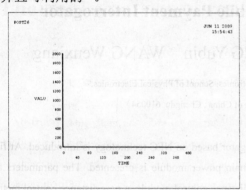

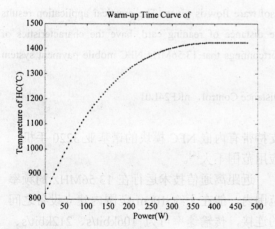

图10　模拟结果与实验测量空心阴极热启动时间曲线

5　结论

本文利用ANSYS软件建立LaB₆空心阴极

有限元模型，并对阴极罩打开/闭合情况下分别进行了瞬、稳态热模拟，得到了空心阴极达到稳态工作时温度分布和启动时间，模拟结果与实验数据吻合较好。得出热量主要损耗在热阻丝和阴极顶部分，而热屏及阴极罩是能够显著降低空心阴极热损耗的部件。适当提高热屏的发射率、降低阴极罩的发射率和热导率可以有效地减少热损耗、提高发射体温度以及延长阴极使用寿命，并且能够缩短LaB₆空心阴极的启动时间。

参考文献

[1] ANSYS, Inc. ANSYS Thermal Analysis Guide[S], Release 5.6. 2000

[2] Sharma R K, Sinha A K, Gupta R K. Thermal analysis of elect ron gun for a miniature helix TWT[J] .*IETE Technical Review* , 2000 , **17**（5）:269～274

[3] S.Sakhiev, G.P.Stel'makh, N.A.Chesnokov, Kharitonov, Axial Tempurature Distribution Of A Thermionic Cathode[J]. *Beit aus der plasma phys,* Vol .28, No.1, pp.103-107, January, 1975

[4] 宋芳芳，何小琦. 行波管阴极组件热特性模拟分析[J].电子产品可靠性与环境试验，2005，12（s1）:68-70.（Song F F,He X Q. Thermal analysis of heater-cathode assembly of TWT. *Electronic Product Reliability and Environmental Testing* , 2005, 12（s1）:68～70）

[5] 姚列明，肖礼，杨中海. 行波管电子枪阴极组件的热计算[J].强激光与粒子束，2004，16（10）:1317-1320.（Yao L M, Xiao L, Yang Z H. Thermal-stress analysis of the electron gun. *High Power Laser and Particle Beams,* 2004，16（10）:1317～1320）

[6] 王勖成. 有限单元法[M]. 北京：清华大学出版社，2003

UHF 频段移动支付系统读卡器设计与实现

朱忠迁　魏彦玉　宫玉彬　王文祥

（电子科技大学物理电子学院，大功率微波电真空器件国防重点实验室　成都　610054）

摘　要：本文介绍一种基于NFC技术的UHF移动支付系统读卡器方案。首先对整个系统的框架进行了说明；然后分别介绍主要功率模块的设计，重点描述了nRF24L01的性能参数和工作原理，并通过对距离控制模块的分析，提出了一种新型的UHF移动支付系统距离控制方法；最后描述了该系统的主程序流程图。实际应用结果表明，该读卡器刷卡距离可控，具有抗干扰、抗冲突等特点，不需要更换手机，有效地解决了 13.56MHz NFC移动支付系统只支持内嵌NFC模块手机的缺点。

关键词：射频识别；NFC 移动支付；读卡器；距离控制；nRF24L01

Design and Realization of UHF Mobile Payment Interrogator

ZHU Zhongqian　WEI Yanyu　GONG Yubin　WANG Wenxiang

（National Key Laboratory of High Power Vacuum Electronics, School of Physical Electronics,

University of Electronic Science and Technology of China , Chengdu, 610054）

Abstract：In this paper, a UHF mobile payment system interrogator based on NFC technology is introduced. At first, the configuration of this system is explained. Then the design of main power module is presented. The parameters and principle of nRF24L01 are mainly described. Trough the analysis of distance control module, a new distance control method of UHF mobile payment system is presented. At last, the main software flow is given. The practical application results showed that the reader presented by this paper can control the distance of reading card, have the characteristics of anti-interference and anti-collision and effectively resolve the shortcomings that 13.56MHz NFC mobile payment system only supports the phones which are embedded NFC module.

Keywords：RFID，NFC Mobile Payment，Interrogator，Distance Control，nRF24L01

1 引言

射频识别（Radio Frequency Identification, RFID）技术是一项利用无线信号来实现目标识别或数据交换的射频技术，可用来跟踪和管理几乎所有的物理对象，在工业自动化、商业自动化、交通运输控制管理、防伪及军事等众多领域都有广泛的应用前景。根据工作频段的不同，RFID 系统可分为低频（135 kHz 以下）、高频（13.56 MHz）、超高频（860～960 MHz）和微波（2.4 GHz 以上）等几类[1][2][3]。

近年来，由 Philips、Nokia 和 Sony 等公司在 RFID 技术的基础上发展了一种新型的通信技术，称为近距离通信技术（Near Field Communication，NFC）。2006 年 6 月厦门启动了中国首个 NFC 手机支付试验，但是该试验只支持带有内嵌 NFC 模块的诺基亚 3220 手机，应用范围不大[4]。

近距离通信技术运行在 13.56MHz 的频率范围内，能在大约 10cm 范围内建立设备之间的连接，传输速率可为 106kbit/s、212kbit/s、424 kbit/s，未来可提高到 848kbit/s 以上[5]。文献[6]介绍了 NFC 技术的基本特点、技术架构，以及 NFC 移动通信终端的功能模块。文献[7]分析了近距离无线通信（NFC）国际标准 ISO/IEC18092、ISO/IEC21481 协议的主要内容，并与 Bluetooth、UWB 和 ZigBee 等无线个人区域网络（WPAN）的近距离无线通信技术做了比较。文献[8]对 NFC 移动支付系统国内外的相关应用现状进行了说明，给出了 NFC 在手机上的应用形式，并分析了当前 NFC 移动支付系统的主流方案，包括：NFC 方案、eNFC

方案、双界面智能卡等方案，提出了 NFC 移动支付可能存在的问题。目前移动支付系统大多工作在 13.56MHz，但超高频（UHF）频段的移动支付系统具有芯片选择多、传输速率快、成本低、尺寸小、射频信号更容易穿透手机等优点，更适合未来移动支付的应用，特别是 2.4GHz 属于 ISM（Industrial Scientific Medical）频段，不需要特别申请使用，具有更好的发展前景。移动支付系统主要由 POS 终端，读卡器及 SIM 组成，读卡器是 POS 终端和 SIM 卡的通信桥梁。当前，移动支付读卡器系统的设计是移动支付系统的重点内容。

2　读卡器基本结构及工作原理

图 1 所示给出了 2.4G 频段移动支付系统读卡器的总体结构，该系统主要由 8 个部分组成：基于 ZTEIC 公司 Z32H256UF 安全芯片的主控制器模块；基于 Nordic 公司 nRF24L01 射频收发模块；用于时间控制的时钟模块；用于系统电源供应的电源管理模块；用于系统和 PC 通信的串行通信接口模块；用于工作模式识别的显示模块；用于距离定位的距离控制模块。

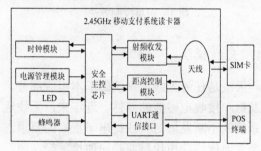

图 1　读卡器基本结构

2.4G 移动支付系统一般工作在主动模式，即读卡器通过天线主动发出射频信号，去读/写带射频芯片的 SIM 卡。当 SIM 卡靠近读卡器的时候，读卡器必须要在规定的时间内与 SIM 卡建立点对点可靠的通信连接。这个阶段称为接入阶段。接入阶段完成后，进入通信阶段。通信阶段进行上层应用程序的数据交换，以完成小额支付、门禁、购物等功能。其中接入阶段又划分为 4 个子阶段：（1）寻卡阶段；（2）参数交换和选择阶段；（3）距离控制阶段；（4）身份认证阶段。寻卡阶段完成读卡器对一个 SIM 卡的锁定功能。由于靠近读卡器的 SIM 卡可能不只一个，因此读卡器必须能从中找出一张与其建立连接，这也是抗冲突的过程。参数交换和选择阶段位于寻卡阶段之后，也就是

读卡器锁定一张 SIM 卡后，与其进行参数的交换，并选定一个双方都支持的方法进行通信。距离控制阶段完成距离控制功能，以保证读卡器和手机只能在限定的近距离内才能通信。身份认证阶段完成 SIM 卡与读卡器的身份认证，防止非授权读卡器连接卡和非授权 SIM 卡连接读卡器。

3　系统硬件设计

3.1　安全主控芯

该系统采用 ZTEIC 公司自主研发的 Z32H256UF 芯片，它是在国产 32 位 Arca2S 处理器的基础上开发出来的，具备高处理能力、高安全性、多种接口、低功耗、低成本等特点。CPU 核采用五级流水和哈佛高速缓存结构。它集成了带 32 路全关联 TLB 和段/页式物理地址保护的存储管理单元和 1K 字节的指令和数据高速缓存，使其具有高性能、低功耗的特点，并适合复杂的多应用系统，可以实现 DES、3DES（2 KEY 和 3 KEY）加密解密运算，支持 EBC 模式和 CBC 模式的加密和解密。

3.2　射频模块[9]

该系统的射频模块采用了 Nordic 公司的 nRF24L01 收发芯片，nRF24L01 是一款工作在 2.4GHz～2.5GHz 通用 ISM 频段的单片无线收发器芯片。nRF24L01 收发器包括：频率发生器、增强型 SchockBurst 模式控制器、功率放大器、晶体振荡器、调制器、解调器等。

nRF24L01 的主要特性：（1）GFSK 单片式收发芯片；（2）自动应答及自动重发功能；（3）无线速率：1 或 2Mbps；（4）SPI 接口速率：0～8Mbps；（5）125 个可选工作频道；（6）低工作电压：1.9～3.6V。

nRF24L01 主要工作模式有以下几种：（1）接收模式；（2）发送模式（两种）；（3）待机模式 II；（4）待机模式 I；（5）掉电模式。

nRF24L01 工作原理[10]：发射数据时，首先将 nRF24L01 配置为发射模式，接着把地址 TX_ADDR 和数据 TX_PLD 按照时序由 SPI 口写入 NRF24L01 缓存区，TX_PLD 必须在 CSN 为低时连续写入，而 TX_ADDR 在发射时写入一次即可；然后 CE 置为高电平并保持至少 10μs，延迟 130μs 后发射数据；若自动应答开启，那么 NRF24L01 在发射数据后立即进入接

收模式，接收应答信号。如果收到应答，则认为此次通信成功，TX_DS 置高，同时 TX_PLD 从发送堆栈中清除；若未收到应答，则自动重新发射该数据（自动重发已开启），若重发次数（ARC_CNT）达到上限，MAX_RT 置高，TX_PLD 不会被清除；MAX_RT 或 TX_DS 置高时，使 IRQ 变低，以便通知 MCU。最后发射成功时，若 CE 为低，则 NRF24L01 进入空闲模式 1；若发送堆栈中有数据且 CE 为高，则进入下一次发射；若发送堆栈中无数据且 CE 为高，则进入空闲模式 II。接收数据时，首先将 nRF24L01 配置为接收模式，接着延迟 130μs 进入接收状态等待数据的到来。当接收方检测到有效的地址和 CRC 时，就将数据包存储在接收堆栈中，同时中断标志位 RX_DR 置高，IRQ 变低，以便通知 MCU 去取数据。若此时开启自动应答，接收方则同时进入发射状态回传应答信号。最后接收成功时，若 CE 变低，则 NRF24L01 进入空闲模式 I。

如图 2 所示为 nRF24L01 的单端匹配网络原理图。

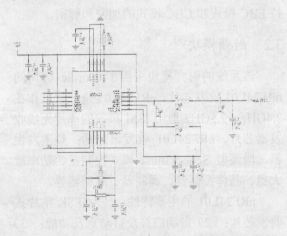

图 2   nRF24L01 的单端匹配网络

3.3　距离控制模块

移动支付系统要求具有高可靠性、高保密性的特点，因此，对读卡器的可读范围要进行精确控制。用于距离控制模块的芯片是 ZTEIC 公司的 Zi2121。Zi2121 是一款用于 2.4 GHz ISM 频段的无线应用射频芯片，该芯片可以作为高灵敏度（250Kbps@~99dBm）以及高效率的功率放大器。它还包括信号强度检测（Received Signal Strength Indicator，RSSI）功能[11]。

NFC 移动支付系统距离控制的方法如图 3

所示：首先，在距离读卡器 10cm 高度对不同类型的手机进行发射功率参数的采集。采集方法是：SIM 卡发射功率，Zi2121 接收信号，得到信号强度转换为 RSSI 值，并把此 RSSI 值存储在 SIM 卡的主控芯片中；不同的手机采集到的 RSSI 值不同，但同一种手机都有一确定 RSSI 值。当手机进行刷卡时，在距离控制阶段，读卡器可以通过检测接收到的信号强度和对应的手机中存储的信号强度并进行比较判断，如果该类型的手机功率大于存储的信号值，则进行双方通信；否则，不予理会。

实现步骤如下：

A. 测试每种类型手机在距其 10cm 处的信号强度，制表存储在手机中；

B. 通信时，SIM 卡首先告诉读卡器手机的型号，检测到信号强度后查表比较，确定是否通信。

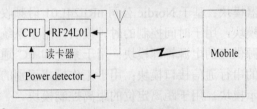

图 3   距离控制方法

3.4　天线模块

天线是任何无线电系统的基本组成部分，是发射和接收电磁波的器件。近年来，无线通信系统的不断发展对天线提出了更高的要求。如个人通信终端模块日益趋向便携、轻、薄、短、小，这也是当前及将来很长一段时间内的设计重点，如此便需要小型但高性能的天线的支持。微带天线就是小型天线发展的一个最重要的方向。其中 LTCC 天线把微带天线从平面结构发展到了空间结构，电路形式更加多样化，设计更加灵活，是微带天线发展的新方向[12]。移动支付读卡器采用了一种 2.45G LTCC 天线。天线结构为 5.3x2.0x1.25mm，天线中心频率为 2.45GHz，带宽不小于 200MHz，驻波小于 2，峰值增益为 4dBi。

4　系统软件设计

由于读卡器是 POS 终端和 SIM 卡的通信桥梁，当读卡器上电后，要进行初始化读卡器的过程，包括初始的功率及增益设置；然后等待 POS 机发来要求与 SIM 卡建立连接的指令。

当收到指令，读卡器即处于扫描状态（寻卡阶段），寻卡阶段完成读卡器对一个 SIM 卡的锁定功能；当找到周围有 SIM 卡存在，进入参数设置状态，也就是读卡器与 SIM 卡其进行参数的交换，并选定一个双方都支持的方法进行通信；接着进入距离控制阶段，这个阶段完成读卡器与手机的精确定位，以保证读卡器和手机只能在限定的近距离内才能通信。身份认证阶段完成 SIM 卡与读卡器的身份认证，防止非授权读卡器连接卡和非授权 SIM 卡连接读卡器。主程序流程如图 4 所示。

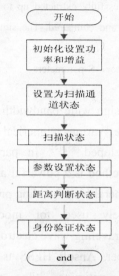

图 4　读卡器主程序流程

5　总结

　　本文设计的 2.45GHz 移动支付读卡器系统具有距离可控、抗干扰、抗冲突、刷卡时间短、传输数据快等特点。不需要更换手机，有效地解决了 13.56MHz NFC 移动支付系统只支持内嵌 NFC 模块手机的缺点，具有广泛的应用前景。

参考文献

[1] Klaus Finkenzeller. 射频识别（RFID）技术[M]. 北京：电子工业出版社，2002

[2] 游战清，李苏剑. 无线射频识别技术（RFID）理论与应用[M]. 北京：电子工业出版社，2004：24～30

[3] 单承赣，单玉峰，姚磊. 射频识别（RFID）原理与应用[M]. 北京：电子工业出版社，2008

[4] 移动支付牵动着谁的神经[J].产业观察.金卡工程.2007：24～28

[5] S.Ortiz.Jr.Is. Near-Field Communication Close to Success[J].　IEEE Computer Society March，2006：18～20

[6] 陆凯，孟旭东. NFC 移动通信终端的研究与应用[J]. 现代电信科技，2008 年 11 月第 11 期

[7] 蒋华，孙强. 近距离无线通信技术标准解析[J].南通大学电子信息学院. 信息技术与标准化. 2006 年第 5 期：26～30

[8] 王宇伟，张辉. 基于手机的 NFC 应用研究[J]. 中国无线电，2007（6）:3～8

[9] nRF24L01datasheet.

[10] 时志云，盖建平，王代华，张志杰. 新型高速无线射频器件 nRF24L01 及其应用[J]. 国外电子元器件 2007-08-05

[11]　Zi2121 datasheet.

[12] 许人佳. 小型 LTCC 天线的研究与分析[D]. 浙江工业大学硕士学位论文

[13] 张晓鹏，朱云龙，罗海波. 超高频射频识别系统读写器设计[J]. 电子器件，2005 年 9 月第 3 期第 28 卷

Analysis of Electro-optic Modulators with Coplanar Waveguide Electrode

ZHANG Chengyu   ZHANG Xiaoxia   HOU Shidong   ZHANG Jianing

（School of Opto-Electronic Information, Univ. of Elec. Sci. and Tech. of China,Chengdu, 610054）

Abstract：The model design and characterization of a traveling wave electro-optic modulator are discussed. The dependence of impedance match condition on electrode thickness, center electrode width and the gap between electrodes is analysed by HFSS. Three kinds of electrode structures are also simulated to study the microwave performance in the modulator electrode. The S-parameters of both the active section and nonactive section of Mach–Zehnder modulators is attained. The S-parameters of the two sections of the modulator have been successfully extracted up to 20 GHz from simulation. Three kinds of electrode in LiNbO$_3$ modulators have been analysed and compared. The simulation results indicate that this method is feasible in practice.

Keywords：coplanar waveguide，impedance matching，electro-optic modulator，S-parameters

Introduction

Optical modulator is one of the crucial elements in fiber communication systems since it transforms the electrical signal to the light signal. Current optical modulators are required to possess many high performances such as high-speed modulation, broad bandwidth, low optical and electrical loss, and low driving voltage, etc. Optical modulators based on direct modulation of laser have served low data rate telecommunication systems and short distance transmission [1]. The external optical modulators, thus, have been developed for more than three decades in order to overcome these limits and enable to transmit data over thousands of kilometers through transoceanic fiber cabeles [2]. Among the various kinds of modulators Mach-Zehnder （MZ） intensity modulator based on electro-optic （EO） effect has served as one of fundamental and important elements in optical fiber data transmission system. There has been considerable interest in employing high speed integrated electro-optic modulators into fiber-optic communications. At present the coplanar waveguide （CPW） electrode is commonly used as a traveling-wave electrode for optical modulator because it provides good connection to an external coaxial line. A key factor to achieve efficient high-speed modulation in Electro-optic devices is to design wide bandwidth electrodes. For this purpose, various numerical techniques have been developed [3]-[5]. In particular, the finite-element method is a powerful and efficient tool for most general wave-guiding problems and has been widely used for modeling and optimization of traveling-wave electrode [5].

In this paper, Ansoft HFSS is applied to analysis and optimize the micro-wave performances of CPW electrode, such as the characteristic impedance, the S-parameters. Ansoft HFSS employs the Finite Element Method （FEM）, and adaptive meshing to solve arbitrary 3D EM problems [6]. As an example, we designed a CPW electrode of LiNbO$_3$ electro-optic modulator with a bandwidth of 20GHz and analyzed the microwave performance of this electrode. This paper is organized as follows. In section II, we build up model of CPW electrode of LiNbO$_3$ electro-optic modulator and analyze the characteristic impedance only in active section. In section III, we build three type of structure in non-active section and Compare the S-parameters of the different structures. Conclusions are presented in section IV.

analyze of the active regions

First, It should be checked whether the transmission line simulation results by HFSS11.0 is correct when the dielectric material is LiNbO$_3$, the relative permittivity of the anisotropic LiNbO₃ slab is εx=εz=44,εy=28 （Z-cut X-propagating occasion）. Referred to the theory and data published [7], for LiNbO₃ slab with a band-width of 20GHz, Z0=50Ω, when W=10um, G=39um; and Z0=32Ω when G=15um, W=20um. Two CPW models above are built up respectively in HFSS11.0. The simulation results of Z0 are respectively 50.3091Ω and 31.9562Ω. It is obvious that the simulation results are very close to the theoretical value and this simulation is validated. Following optimization of electrode geometry and buffer layer thickness is discussed.

In order to achieve broadband modulation, the modulator electrodes are usually used coplanar waveguide traveling-wave electrode, which is actually a kind of transmission line structure. When the impedance between traveling-wave electrode and the microwave source is matched, the traveling wave is propagating along the electrodes. This article analyzes the microwave characteristics of the CPW electrode by use of HFSS soft-ware. The modulator performance is optimized by selecting the appropriate electrode size, so as to meet the velocity matching and impedance matching.

Our design model is shown in Fig.1 （a）, Gold is used for the electrode design our devices due to its high conductivity. SiO2 buffer layer is used. The relative dielectric constant of SiO2 buffer layer is taken as 3.9. The εx, εz, εy is the relative permittivity of the anisotropic LiNbO₃ slab; h is the thickness of the slab; W is the center electrode width of CPW; G is the inter-electrode gap width of CPW; T is The thicknesses of gold electrode; L is the interaction length. The main parameters are initially chosen as follows: εx=εz=44, εy=28 （Z-cut X-propagating occasion）, h=0.5mm, G=15um, W=20um, and L=20mm.Variations of the characteristic impedance of the modulator Z with the center electrode width （W） and the electrode spacing （G） is shown in Fig. 1.

We could see in Fig. 1 （b） that the characteristic impedance （Z₀） decreases as the width of the center electrode （W）is increased in

this case the electrode width were kept constant at G=15um. Also, for the case of G=15um and W=2um, the characteristic impedance is 48Ω. However, if the center electrode is increased to 20um, the value of Z₀ will be reduced to 27Ω. Fig.3 （c） shows the variation of the Z₀ with the G, when W=20um. It may be observed from Fig.3 （c） that as G increases, Z₀ is increases only slowly. Therefore, in order to change the characteristic impedance of the electrode in wide range, we still have to change the width of the center electrode to achieve it.

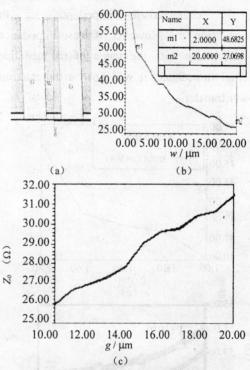

Fig.1 （a） The model of CPW electrode
（b） Z₀ versus the center electrode width
（c） Z₀ versus the gap between electrodes

Next, the thicknesses of buffer layer and gold electrode are considered for the design optimization process. According to the above analysis, we selected the simulation parameters are: width of center electrode W = 8um, thickness of electrode T = 10um, the gap of electrode G = 15um, thickness of SiO₂ buffer layer b = 1.2um. Characteristic impedance of the modulator versus the center electrode thickness （T） and the thickness of buffer layer （b） is shown in Fig. 2.

It can be noted that as the buffer layer thickness is increases, Z₀ is also increasing. In order to achieve the impedance matching, the necessary value of buffer layer would be needed. The variation of electrode thickness necessary to match the value of Z=50Ω, is shown in Fig. 2 （a）. We could see in the Fig. 2（b）that in order to get near impedances to 50Ω, the thickness of electrode T=5um, the thickness of buffer layer b=1.2um and the gap of electrode G=15um. Getting impedances of 50Ω or near it, guarantees a better matching of the transmission line because the microwave generators generally have 50Ω. The electric load at final of the transmission line must have the same value or approximately equal to the characteristic impedance of the transmission line. However, if these impedances do not match with the value of the generator internal impedance, it will not be the maximal power transfer.

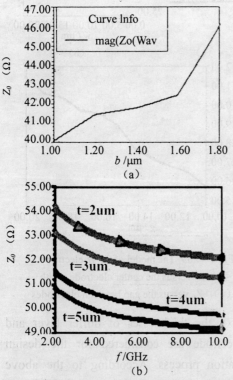

Fig.2（a）Z_0 versus the thickness of the buffer layer
（b）Z_0 versus the thickness of the electrode

analyze of the non-active regions

The modulator's electrode is much smaller than the connector in dimension so that the inner electrode should gradually broaden out and the size of broadened electrodes becomes fit for the coaxial microwave K connecter. Thus, we have to analyze the transmission characteristics of non

active regions of the modulator. The non active regions of a Mach–Zehnder modulator is composed of several different sections: input/output, taper, and bends. The nonactive sections are designed in conjunction with the active section to allow for external electrical and optical access to the modulator. As shown in Fig. 3, We build up three kinds of model of the CPW with different bends. Ansoft HFSS11 is used to simulate the model with FEM code to obtain its S parameters.

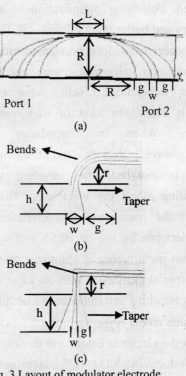

Fig. 3 Layout of modulator electrode
(a) an elliptical asymptote bend
(b) a circular form bend
(c) a right angle form bend

To be clear, simplification is taken in some cases: the electrode is assumed as a perfect conductor of 0 thickness, SiO_2 buffer layer is used. Referred to above, the main parameters of the modulator are initially chosen as follows: the relative permittivity of the anisotropic $LiNbO_3$ slab is $\varepsilon x=\varepsilon z=44$, $\varepsilon y=28$（Z-cut X-propagating occasion）, the thickness of the slab is 0.5mm, the electrode gap G=15um, the center electrode width W=8um, and the interaction length L=20mm.

At the input/output port, the electrode gap g=0.305mm, the center electrode width w=0.305mm

In Fig. 3（a）, an elliptical asymptote is designed to make the transitional part of electrodes continuous and smooth. Port 1 is faced to the modulating electrode and port 2 to 50Ω connection part. The inner diameter of the standard K connecter Φ=0.305mm. As the impedance of port 2 is 50Ω, thus g=0.305um, w=0.305m are calculated and four elliptical asymptote formulas are shown as follows:（unit: um）

In Fig. 3（b）, a circular form is designed to make the bends of electrodes continuous and smooth. the circular radius r=0.1mm. taper length h=1mm.

In Fig. 3（b）, a right angle form is designed to make the bends of electrodes. the bend legnth r=0.1mm. taper length h=1mm.

The S-parameters of the modulating part can be obtained from the above data at 20GHz. In Fig. 4（a）, Fig. 4（a）, and Fig. 4（c）we compare return losses, respectively, of results from the model with simulation. As shown, there is lower S_{11} between a circular form and a right angle form.

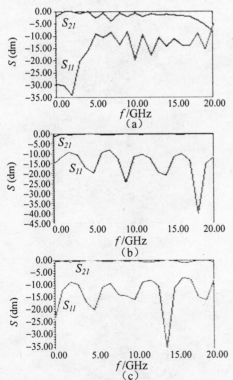

Fig. 4 S-parameters of CPW electrode versus frequency
(a) an elliptical asymptote bend
(b) a circular form bend
(c) a right angle form bend

Characteristic impedance of three kinds of the modulator electrode versus frequency is shown in Fig. 5. It can be noted that the characteristic impedance of an elliptical asymptote structure varies significantly.

From Fig. 5, it can be concluded that the simulation results accord with the practical performance and this modularization method is validated. At the same time it can also be seen that a relative big return loss occurs in the taper part and a very low return loss occurs in the modulating part. Consequently the future optimization should be focused on the taper part.

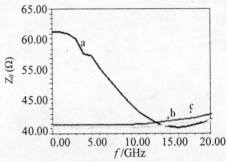

Fig. 5 the characteristic impedance of CPW electrode versus frequency

conclusion

We build up a model and simulate the microwave performance of electrode. The simulation results are coincided with the theoretical data. The simulation results show that a relative big return loss occurs in the taper part and a very low return loss occurs in the modulating part. This clearly verifies the feasibility of the proposed scheme. Our approach has a simple structure, and allows the following optimization.

Acknowledgment

This work was supported by the National High Technology Research and Development Program for Advanced Materials of China （Grant No. 2009AA03Z413）.

References

[1] S. C. Chuang, Physics of Optoelectronic Devices, John Wiley& Sons, New York, 1995

[2] E. A. Saleh, M. C. Teich, Fundamentals of Photonics, John Wiley& Sons, New York, 1991

[3] Francesco Dell'Olio, Vittorio M. N. Passaro, "Simulation of a high speed interferometer optical modulator in polymer materials," J Comput Electron Vol. 6:297–300, 2007

[4] Lewen R,Irmscher S, Microwave CAD circuit modeling of a traveling-wave electro-absorption modulator. IEEE Trans Microwave Theory Tech, 2003, 51（4）:1117～1128.

[5] B. M. Azizur Rahman, V. Haxha, S. Haxha, and etc, Design Optimization of Polymer Electrooptic Modulators,

Journal of Lightwave Technology, VOL. 24, NO. 9, SEPTEMBER 2006, 3506～3513.

[6] Ansoft High Frequency Structure Simulator v10 User's Guide, Ansoft Corporation, 2005.

[7] Joseph P.Donnelly,and Anand Gopinath,"A Comparison of Power Requirements of Traveling Wave LiNbO₃ Optical Couplers and Interferometric Modulators,"IEEE Journal of Quantum Electronic., Vol.QE-23,No.1, Jan.1987

Investigation of Open-Loop Dual-Mode Resonator and Its Application to the Design of Three-Order Microstrip Transversal Filter

ZHOU Mingqi   TANG Xiaohong   ZHANG Yuehui

（School of Electronic Engineering, University of Electronic Science and Technology of China, Chengdu, 610054）

Abstract： In this letter, a particular investigation of open-stub loaded open-loop dual-mode resonator is presented. It is found that the transmission zero of the open-loop dual-mode resonator filter can be tuned by changing the impedance ratios and electrical lengths of several sections in the resonator. Furthermore, a novel fully canonical three-order microstrip transversal filter incorporating the open-loop dual-mode resonator（ODMR） and the open end split quarter wavelength resonator （OESR） is proposed, one transmission zero below the passband and two above are created. A 1.8 GHz bandpass filter with 200MHz bandwidth is designed. The measured result agrees well with the simulation.

Keywords： Open-loop dual-mode resonator，Transmission zeros，Three-order microstrip transversal filter.

1 Introduction

High performance microwave bandpass filters are highly desirable in wireless communications systems. Dual-mode microstrip resonators are attractive because it can be used as a doubly tuned resonant circuit and, therefore, the number of resonators required for a given degree of filter is reduced by half, resulting in a compact filter configuration [1]-[2]. Recently, an open-loop dual-mode resonator filter is presented in [3], the size of the open-loop dual-mode resonator is only approximately one-quarter of the dual-mode loop resonator, resulting in a significant size reduction. A transmission zero can be observed on the high side of the passband when even mode frequency is larger than odd mode frequency and on the low side when even mode frequency is smaller than odd mode frequency. However, how to tune the location of the transmission zero is not discussed in [3]. Thus, the characteristic of the resonator is not fully investigated.

In this letter, a particular investigation of the open-loop dual-mode resonator is presented. By changing the impedance ratios and electric lengths of several sections in the resonator, the location of the transmission zero can be tuned in a relative large range without altering the central frequency and fractional bandwidth of the pass band .Furthermore, a three-order microstrip fully canonical transversal filter is proposed by incorporating this open-loop dual-mode resonator and the open end split resonator. It also should be the first three-order transversal filter realized by full microstrip technology as far as authors' known.

2 Analysis of Open-loop Dual-mode Resonator

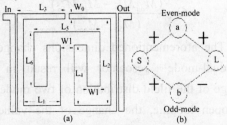

Fig.1 （a）Layout of the open-loop dual-mode resonator filter （b） Coupling shcematic of the filter

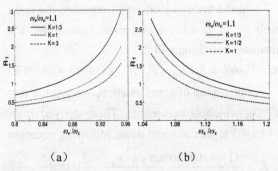

(a)   (b)

Fig.2 variation of ω_e/ω_z with respect to different R_1 and k on the conditions of （a） ω_e/ω_o=1.1 （b） ω_o/ω_e=1.1

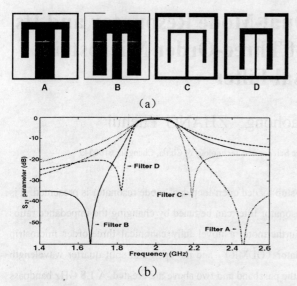

（a）

（b）

Fig.3 （a） Layout of four oepn-loop dual-mode filters
（feed lines excluded） （b） S_{21} parameter of four filters

The layout of the open-loop dual-mode resonator filter is shown in Fig.1, for odd mode resonant, the resonant condition will be

$$0\theta_0 = \pi \quad (at \quad \omega = \omega_o) \quad (1)$$

where $\theta_0 = \beta (L_1 + L_2 + L_3 + (W_1 + W_0)/2)$ is the electrical length of the open loop. For even mode resonant, the resonant condition will be

$$R_1 \tan\theta_2 + R_2 \tan\theta_1 + R_1 R_2 \tan\theta_0 = R_1^2 \tan\theta_1 \tan\theta_2 \tan\theta_0$$

$$(at \quad \omega = \omega_e) \quad (2)$$

where $\theta_1 = \beta (L_4 + W_0/2 + W_2/2)$, $\theta_2 = \beta (L_5/2 + L_6)$ are electrical lengths of the two sections of the open stub, respectively. Z_1 and Z_2 are characteristic impedances of two sections, respectively. $R_1 = 2Z_1/Z_0$ and $R_2 = Z_2/Z_0$, Z_0 is the characteristic impedance of the open loop.

At the transmission zero frequency, the open stub is in quarter wavelength resonating, the resonant condition will be
$$\tan\theta_1 \tan\theta_2 = Z_2/2Z_1 = R_2/R_1 = k (at \quad \omega = \omega_z) (3)$$

For reason of simplification, we assume that $\theta_1 = \theta_2$, which is reasonable. Thus, derived from （1）-（3）, we can write down following equation

$$R_1 = [\frac{(1+k)\tan(\arctan\sqrt{k} \cdot w_e/w_z)}{\tan^2(\arctan\sqrt{k} \cdot w_e/w_z) - k}]/\tan(\frac{\pi}{2} \cdot \frac{w_e}{w_0})$$

（4）

From （4）, if we want $\omega_z > \omega_e$ and ω_o, i.e, a transmission zero on the high side of the passband, ω_e must be larger than ω_o to make sure

$R_1 > 0$. It also can be demonstrated that $\omega_e < \omega_o$ is needed to make sure $R_1 > 0$ if we want a transmission zero on the low side of the passband. This conclusion coincides well with the observation in [3]. We can also find that ω_e/ω_z can be tuned without affecting ω_e/ω_o by alternating R_1 and k. Therefore, we can tune the location of the transmission zero without change the FBW and central frequency of the passband by choosing proper R_1, k, θ_0, θ_1 and θ_2.

Fig. 2 shows the variation of ω_e/ω_z with respect to different R_1 and k on the conditions of $\omega_e/\omega_o = 1.1$ and $\omega_o/\omega_e = 1.1$. From Fig.2, we can see that small values of R_1 and k will make the transmission zero move away from the passband, and large values of R_1 and k will make the transmission zero move towards the passband. The simulation by Ansoft HFSS 10 software also demonstrates the conclusion. Fig.3 shows four open-loop dual-mode filters with different dimensions but the same 2 GHz central frequency and 10% 3 dB FBW. From Fig.3, we can see that R_1 plays a key role in shifting the transmission zero on one side of the passband and k is more important for shifting the transmission zero from one side to another side.

From the view of synthesis, the ODMR filter is a typical second-order transversal filter, as shown in Fig. 1 （b）. The signal is coupled to two resonant modes at the same time, providing two main paths for the signal between the source and load, two modes operate at an even and odd resonance, respectively, and no coupling between two modes is introduced. The transmission zero is due to two path signals counteraction, and can be provided in a low-pass prototype as follows [5].

$$\Omega = \frac{(M_{aa}M_{Sb}^2 - M_{bb}M_{Sa}^2)}{(M_{Sa}^2 - M_{Sb}^2)} \quad (5)$$

The aforementioned dimensions change of the dual-mode resoantor will result in the change of the fileld distribution of two modes in the open loop, i.e, the change of the value of M_{Sa}/M_{Sb}. Therefore, the value of Ω can be tuned. From （4） and （5）, it can also be noted that

M_{Sb} is always larger than M_{Sa}, i.e, the external coupling for odd mode is always larger than that for even mode. Thus, an additional transmission zero can be created on the high （low） side of the passband if sourc-loading capacitive （inductive） coupling is introduced.

3　Three-order Transversal Filter

In transversal filter, the input/output ports must couple to all resonators while at the same time inter-coupling between resonators must be avoided. Thus, the practical realization of a planar transversal filter is difficult when the order is higher than two. In [4], a three orders transversal bandpass filter combining waveguide and microstrip techniques with source- load capacitive coupling is proposed, two transmission zeros below and one above the passband are created. But a filter with two transmission zeros above and one below the passband can not be obtained by this hybrid structure since it consists of two odd modes and one even mode resonators. The use of waveguide also makes the filter larger than conventional planar filters and difficult to be integrated to planar circuit.

In this letter, base on the discussion in section II,

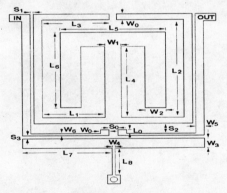

Fig. 4 Schematic of the proposed transversal filter

TABLE　I

DIMENSIONS OF THE FILTER （UNIT: MM）

W_0	W_1	W_2	W_3	W_4	W_5	W_6
0.5	0.95	1.2	0.8	0.16	0.5	0.2
S_0	S_1	S_2	S_3	L_0	L_1	L_2
0.5	0.16	0.8	0.15	0.1	3.535	8
L_3	L_4	L_5	L_6	L_7	L_8	
3.8	5.8	6	6.6	5.22	3.49	

we propose a three orders fully canonical transversal filter incorporating the ODSR and the OESR with source-load capacitive coupling, as shown in Fig.4.

The first resonance of the OESR is an even mode resonance, the resonance condition will be

$$\tan\theta_3 \tan\theta_4 = Z_3/2Z_4 \quad （\text{at } \omega = \omega_e^{'}） \quad （6）$$

where $\theta_3=\beta（L_7+W_3/2）$, Z_3 and $\theta_4=\beta（L_8+W_4/2）$, Z_4 are electric lengths and characteristic impedances of the two sections, respectively. Thus, three resonant frequencies in the passband are ω_e, ω_o and $\omega_e^{'}$. As explained in [4], one transmission zero below and two above the passband can be created since it consists of one odd mode and two even modes resonance.

Fig.5 shows the simulated response of the filter with respect to different source-load coupling length L_0. Transmission zeros TZ_1 and TZ_2 are due to the counteraction of the odd mode signal with two even mode signals, and TZ_3 due to source-load capacitive coupling. It is noted that the increase of L_0 will move TZ_3 close to the passband without affecting TZ_1 and TZ_2. Thus, the selectivity can be improved by TZ_1 and TZ_2, while TZ_3 can be used to reject unwanted signal above the passband. A 1.8GHz transversal filter with 200MHz 3dB bandwidth is designed to validate the concept. TZ_1 and TZ_2 are set to be 240 MHz away from the central frequency. The dimensions obtained by Ansoft HFSS are list in Table I. The substrate used here has a relative dielectric constant of 9.5 and a thickness of 0.635 mm. The size of the filter is about 15.1mm×10.6 mm. Fig. 6 shows the simulated and measured results of the filter. The simulated/measured minimum insertion losses and return losses are 0.8dB/1.5dB and 21dB/12dB, respectively.

The measured bandwidth is 208MHz. The shift of the passband frequency and other discrepancy might be due to unexpected tolerance of fabrication and implement.

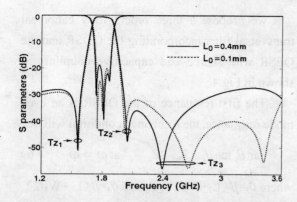

Fig.5 Simulated response of the filter with respect to different L_0

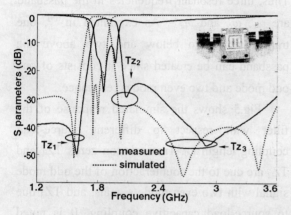

Fig.6 Simulated and measured results

4 Conclusion

In this letter, a particular investigation of the ODMR filter is presented. It is found that the transmission zero of the filter can be shifted without changing the central frequency and 3dB FBW. A novel three-order microstrip transversal bandpass filter combining the ODMR and the OESR is proposed, three transmission zeros are created to enhance the performance of the filter. The measured result agrees with the simulation.

References

[1] I. Wolff, "Microstrip bandpass filter using degenerate modes of a microstrip ring resonator," Electron. Lett., 1972, 8（12）: 302

[2] J-S. Hong and M. J. Lancaster, "Bandpass characteristic of new dual-mode microstrip square loop resonators," Electron. Lett. 1995, 31（11）: 891～892

[3] J-S.Hong, H. Shaman and Y-H. Chun, "Dual-mode microstrip open-loop resonators and filters," IEEE Trans. Microw. Theory Tech., Vol.55, no. 8, pp. 1764-1770, Aug. 2007

[4] Monica. M-M, Juan. S.G-D, David. C-R, Jose. L.G-T and Alejandro. A-M, "Design of band -pass transversal filters employing a novel hybrid structure," IEEE Trans. Microw. Theory Tech., 2007, 55（12）: 2670～2678

[5] C.K.Liao, P.L.Chi, and C.Y.Chang, "Microstrip realization of generalized Chebyshev filters with box-like coupling schemes," IEEE Trans. Microw. Theory Tech. 2007, 55（1）: 147～153

The design of eight-pole quasi-elliptic response microstrip filter with group delay equalization

KONG Gensheng   LUO Zhengxiang

（School of Opto-Electronic Information, UESTC, Chengdu, 610054）

Abstract: This paper presents the simulation design of a linear phase microstrip filter with quasi-elliptic response. The coupling structure of the filter contains two quadruplets, two special cross coupled lines have been developed to realize either transmission zeros at finite frequencies or linear phase for group delay self-equalization. The filter is design to have a 200MHz pass band at the center frequency of 5GHz. The simulation result is demonstrated, the simulation result and the structure size is also feasible for fabrication.

Keywords: microstrip filter，linear phase，quasi-elliptic response

1 Introduction

The development of microstrip filters has been in great demand due to the rapid growth of wireless communication systems in this decade. Quasi-elliptic response filters are very welcomed because of their high selectivity. However, usually the traditional high selectivity filters have large group delay distortion over the pass band. In some high-capacity communication systems, both high frequency selectivity and group delay equalization of a filter are required. In recent years, plentiful research works have been done about linear phase filter [1-5]. The group delay of a filter can be improved by inserting an external group delay equalizer, or by designing a group delay self-equalization filter, and the second method is better for it doesn't need the external equalizer and so it will reduce the size of the filter largely. The group delay self-equalization filter is implemented by introducing transmission zeros on the real axis of the complex plane. At the same time, the high selectivity can be realized by introducing transmission zeros on the image axis of the complex plane [3].

In this paper, one type of linear phase filter is presented. It contains two cascaded quadruplets, one is responsible for group delay equalization of the pass band, and the other one is responsible for producing a pair of transmission zeros at stop band of the filter for high selectivity. As a result, the filter simulated in this paper demonstrates not only flat group delay but also high frequency selectivity. The group delay variation is less than 5 ns over 80% of the pass band.

2 Structure and simulation

2.1 Coupling structure of the filter

The coupling structure of the filter is shown in Fig.1, where each node with a number represents a resonator, the full line between adjacent resonators indicates direct coupling and the broken line indicate cross coupling. The symbols close to the line denote the polarity of the coupling, the positive ones indicate the magnetic coupling, and the negative ones indicate the electric coupling. The cross coupling k14 of the first quadruplet section of resonators 1-4 is in-phase coupling, and this quadruplet will generate a pair of transmission zeros on the real axis of complex plane for group delay equalization. As while, the cross coupling k58 of the second quadruplet section of resonators 5-8 is out-of-phase coupling, and so this quadruplet will generate a pair of transmission zeros on the image axis of complex plane for high selectivity, and the transmission zeros are arranged at 4.842GHz and 5.157GHz respectively. Resonators 1 and 8 are coupled to the input and output ports

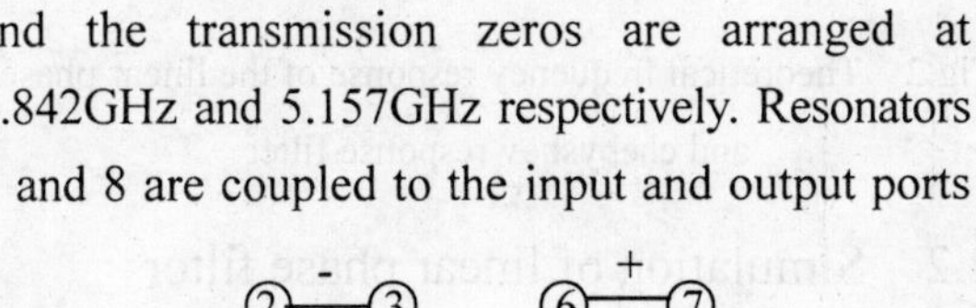

Fig.1 Coupling structure of linear phase filter

respectively, which are indicated by external quality factors Q_{e1} and Q_{e2}.

During the design of the filter, the coupling coefficient matrix should be extracted firstly. In this paper, the coupling coefficient matrix is obtained by the optimization of equivalent circuit model of the linear phase filter in Advanced Design System simulator. The desired coupling coefficient is shown in Table.1, and the frequency response of the equivalent circuit model is shown in Fig.2, besides, the traditional chebyshev response filter is shown in Fig.2 for comparing.

Table.1 Value of coupling coefficient

k12=0.04301	k23=-0.02118
k34=0.02509	k14=-0.012
k45=0.024	
k56=-0.02173	k67=0.03117
k78=-0.039	k58=-0.00885

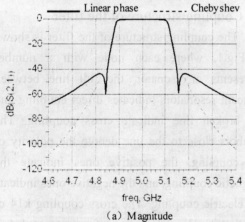

(a) Magnitude

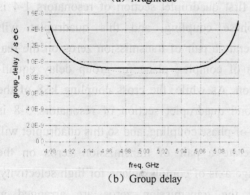

(b) Group delay

Fig.2 Theoretical frequency response of the linear phase and chebyshev response filter

2.2 Simulation of linear phase filter

In this paper, the cross coupling needed for quasi-elliptic response linear phase filter is implemented by cross line, and in this way, the parasitical coupling among resonators that is not desired can be avoided greatly. And a novel resonator and coupling structure is proposed. The electric and magnetic coupling desired can be realized by different coupling types of the novel meandered open loop resonator [4]. The layout of the microstrip resonator and coupling structure is shown in Fig.3. The first quadruplet section is shown in Fig.3 （a）, the resonators from down to up and left to right are numbered 1-4 respectively, the cross coupling k14 is in-phase coupling [3,5], and it's responsible for group delay equalization in the pass band of the filter, the frequency response is shown in Fig.3 （b）. The second quadruplet section shown in Fig.4 （a） is responsible for high selectivity, the resonators from down to up and left to right are numbered 5-8 respectively, the cross coupling between resonator 5 and 8 is out-of-phase coupling, and it will generate a pair of transmission zeros at finite frequency, the frequency response is shown in Fig.4 （b）.

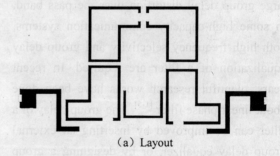

(a) Layout

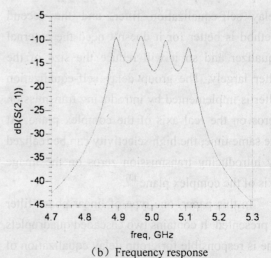

(b) Frequency response

Fig.3 The first quadruplet of resonators 1-4 for group delay equalization

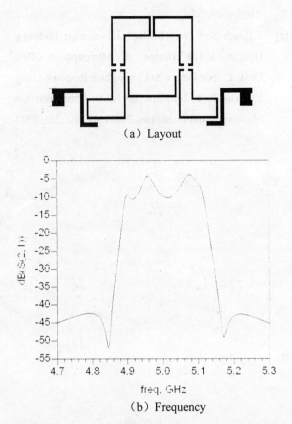

（a）Layout

（b）Frequency

Fig.4 The second quadruplet of resonators 5-8 for high selectivity

The final layout of the quasi-elliptic response group delay self-equalization filter is shown in Fig.5. The substrate with thickness of 0.762mm, and the relative dielectric constant of the substrate is 2.2, the filter circuit is designed on copper which is double-side silver plated to obtain good conductivity, it will reduce the insertion loss of the filter. The simulation result is demonstrated in Fig.6, and it can be seen from the simulation result that the group delay variation is less than 5ns over 80% of the pass band. The insertion loss is about 2.3dB in the center region of the pass band. One pair of transmission zero occurs at the stop band to get high selectivity. The width of the lines and gaps of the layout are large than 0.2mm, so this design is doable for fabrication.

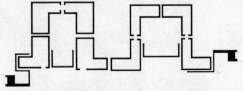

Fig.5 Layout of the linear phase filter

3 Conclusion

An eight pole quasi-elliptic response linear phase filter has been introduced, utilizing two different coupling structures quadruplets to realize the group delay self-equalization and high selectivity. The design method is simple but very efficient. The simulation result demonstrates the potential of this filter.

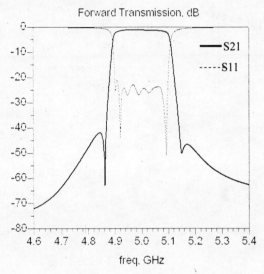

（a）Magnitude

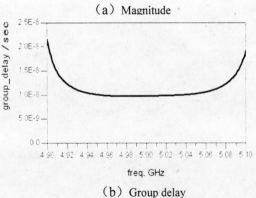

（b）Group delay

Fig.6 Simulation result of the filter

Reference

[1] Jia-Sheng Hong, Eamon P McErlean, Bindu Karyamapudi, et al. High-Order Superconducting Filter with Group Delay Equalization [C]. Microwave Symposium Digest, 2005 IEEE MTT-S International,2005:1467～1470

[2] LI Fei, ZJAMG Xueqiang, Qingduan Meng,et al.Superconducting filter with a linear phase for third-generation mobile communications[J]. Supercond. Sci. Technol,2007（20）:611～615

[3] Tao Zuo,Shaolin Yan,Xinjie Zhao,et al. The design

of a linear phase superconducting filter with quasi-elliptic response[J].Supercond Sci. Technol, 2008（6）:1～6

[4] HONG Jiasheng, M J Lancaster. Couplings of microstrip square open-loop resonators for cross-coupled planar microwave filters[J]. IEEE Transcation on Microwave Theory Tech, 1996, 44（11）: 2099～2109

[5] Kenneth S K Yeo, Michael J Lancaster, Jia-Sheng Hong,et al.The Design of Microstrip Six-Pole Quasi-Elliptic Filter with Linear Phase Response Using Extracted-Pole Technique[J]. IEEE Transaction On Microwave And Techniques, 2001，49（2）:321～327